사진측량과 컴퓨터비전의 기술

김의명 저

도서출판 구미서관

the author's words

저자의 말

본 교재에서는 사진측량과 컴퓨터비전의 기초 개념에서 부터 실무에서 사용되고 있는 알고리즘에 이르기까지 체계적으로 학습할 수 있는 지침서를 만들고자 하였다. 정보통신기술의 발달로 인하여 사진측량은 컴퓨터비전에서 사용되고 있는 기술을 활용할 필요성이 요구되고 있다. 또한 컴퓨터비전에서도 높은 정확도를 요구하는 결과물을 생성하기 위해서는 사진측량에서 사용되고 있는 여러 개념들을 이해할 필요가 있다. 그러나 두 분야에서 사용되고 있는 용어, 좌표계, 수식, 지향점 등의 차이로 인해서 이를 상호보완적으로 활용하기가 쉽지 않다.

저자도 사진측량과 컴퓨터비전을 배우는 과정에서 이와 같은 어려움을 겪었으며 독자들에게 알기 쉽도록 사진측량과 컴퓨터비전의 개념을 전달할 필요성을 공감하고 본 교재를 준비하게 되었다. 교재에서는 사진측량과 컴퓨터비전의 두 분야에서 공통의 목적으로 사용되고 있으나 서로 다르게 사용되고 있는 용어나 개념 등을 이론 및 예제를 통해서 독자가 이해할 수 있도록 노력하였다.

본 교재의 서술방식은 기본이론의 소개를 통해 학습목표를 설정하고 예제를 통해 문제를 해결하는 능력을 배양시키고 학습한 내용은 단원정리를 통해서 한 번 더 확인할 수 있도록 하였다. 뿐만 아니라 연습문제에서 학습한 내용을 점검하고 문제를 풀면서 응용력을 향상시키고 이를 통해 교재에서 기술한 이론 및 기술을 프로그램으로 구현할 수 있도록 노력하였다.

사진측량과 컴퓨터비전 기술을 통해서 실내, 지상, 항공, 우주 등 다양한 환경에서 취득되는 센서정보를 통해서 지도제작, 3차원 모델 생성, 정사영상 뿐만 아니라 자율주행, 로봇 등 실생활과 밀접한 분야에서도 이러한 기술이 활용되고 있다.

본 교재가 출간되기까지 최한승, 박정훈, 홍송표, 권상일, 서홍덕, 최인하, 박성근 군 등 디지털사진측량연구실을 거쳐 간 많은 학생들의 노력에 다시 한 번 감사를 드린다.

contents

목차

PART I

chapter 01 사진측량과 컴퓨터비전 개요

chapter 02 카메라 기초

contents

목차

chapter 05 디지털 영상처리

contents

목차

chapter 06 사진측량의 원리

PART Ⅱ

chapter 07 관측값처리의 기초

contents

목차

chapter 10 사진의 표정

contents

목차

사진측량과 컴퓨터비전의 기술

PART I

chapter

01 사진측량과 컴퓨터비전 개요

이 단원에서는 사진측량과 컴퓨터비전의 정의와 역사 등의 내용을 서술하였다. 사진측량학은 사진 또는 영상을 이용하여 대상물의 위치와 형태를 결정하기 위한 학문이다. 반대로 컴퓨터비전은 인간의 시각을 대신하여 카메라를 이용하여 촬영된 영상에서 영상에 담겨있는 다양한 정보를 추출하는 것을 목표로 하는 학문이다. 본 교재에서는 사진측량과 컴퓨터비전에 대한 개념적인 이해를 바탕으로 두 학문의 분류와 활용 등을 학습하며 두 학문의 공통점과 차이점에 대하여 설명한다. 이를 통해 사진측량과 컴퓨터비전의 상호보완적 관계와 어떻게 발전하고 있는지에 대해 해할 수 있을 것이다.

chapter

01 사진측량과 컴퓨터비전 개요

학습목표

1. 사진측량과 컴퓨터비전의 정의 및 역사와 차이점을 설명할 수 있다.
2. 사진측량을 촬영방향, 관측방법, 도화축척, 화각, CCD배열에 따른 분류를 설명할 수 있다.
3. 사진측량과 컴퓨터비전이 활용되는 분야를 설명할 수 있다.

01 사진측량학의 정의

사진측량학(Photogrammetry)이라는 용어는 19세기 후반부터 사용되기 시작하여 1934년 미국 사진측량학회(American Society of Photogrammetry)의 설립으로 전세계적으로 통용되어 사용되고 있다.

사진측량학은 사진 또는 영상(항공사진, 항공영상, 위성영상, 디지털 영상 등)을 이용하여 대상물의 위치와 형태를 결정하기 위한 학문으로 대상물에 대한 직접적인 접촉 없이 대상물을 복원(reconstruction)하는 기법이다. 영상은 각종 센서(sensor)를 이용하여 다양한 방법으로 취득되는데 지상, 항공 및 우주에서 가시광선 영역 뿐만 아니라 비가시광선 영역에 관해서도 관측이 가능하다.

사진측량에서 위성영상을 이용한 응용분야에 대한 중요성이 증대됨에 따라 1934년 설립된 미국사진측량학회는 1975년에 미국 사진측량 및 원격탐사학회(ASPRS : American Society of Photogrammetry and Remote Sensing)로 변경되었다. 사진측량학은 넓은 의미에서 전자기파에 의해 취득된 사진 또는 영상을 관측 및 해석하여 자연 대상물 및 환경에 대한 정보를 취득하는 자연과학 및 기술로 정의할 수 있고, 정량적인 측면에서의 사진측량학은 공간적인 위치, 즉 대상물의 3차원좌표를 구하는 것이라 할 수 있다.

사진측량은 카메라를 이용하여 대상물을 촬영하면 사진이 만들어지는 역(inverse) 과정을 통해 사진으로부터 대상물을 재현하는 것으로 이해할 수 있다. 사진은 3차원 대상물을 2차원 사진으로 저장하는 반면에 사진측량은 2차원 사진을 이용하여 3차원 좌표를 복원하는 것이다. 사진측량의 궁극적인 목적은 정량적인 측면에서는 대상물의 3차원좌표를 취득하는 것이고

정성적인 측면에서는 다양한 센서로부터 취득된 영상의 변화탐지(change detection)를 통해서 대상물을 판독하는 것까지 포함한다.

- 사진 : 3차원 대상물을 2차원으로 저장
- 사진측량 : 2차원 사진(영상)을 이용하여 3차원 위치 결정

$$\text{사진측량}=(\text{사진})^{-1}$$

디지털사진측량은 이러한 사진측량의 정의에 대한 부분을 정보통신기술과 접목하여 디지털화된 환경에서 수행하는 일련의 과정을 나타낸다. 디지털사진측량에서는 과거 아날로그 기반의 사진(또는 필름)을 이용하는 대신에 다양한 센서로부터 취득된 디지털 영상을 입력 데이터로 하여 사진측량의 이론을 적용하여 대상물 및 환경에 대한 정보를 취득하는 것이다.
정보통신기술의 발달에 힘입어 사진측량은 다중 센서(multi-sensor)에 의해 취득된 데이터를 처리할 수 있으며 기본적인 초기 입력 데이터를 이용하여 데이터 처리를 상당 부분 자동화하였으며 이를 통해 사용자가 원하는 디지털 기반의 지형도, (실감)정사영상, 수치표고모형, 3차원 건물 등의 다양한 결과물을 효율적으로 생성할 수 있다.
사진측량이 특별히 필요한 이유는 다음과 같다.

- 지상측량에 비해 대규모 지역의 지도를 제작하는 데 매우 효율적인 방법이다.
- 사진측량은 현장에 접근할 수 없는 지역에 대해서도 지도를 제작할 수 있다.
- 위험한 지역에 사람이 직접 접근하지 않고도 측량이 가능하기 때문에 사진측량은 다른 측량 방법보다 상대적으로 안전하다.

02 사진측량의 역사

사진측량은 사진을 이용하는 것으로 그 개념은 기원전 350년대의 아리스토텔레스까지 거슬러 올라간다. 고대 그리스시대인 아리스토텔레스 시대부터 바늘구멍을 통해서 들어오는 광선이 영상을 만든다는 사실은 알려져 있었다. 10세기의 아라비아 학자인 알하젠(Alhazen)은 그 광학적 원리와 밖으로 조그만 구멍이 뚫려 있는 어두운 방(카메라 옵스큐라 : camera obscura)에서 일식을 관찰하는 방법에 대해 설명하고 있다. 이러한 카메라 옵스큐라는 현대 카메라의

효시이다. 또한, 15세기 후반 레오나르도 다빈치(Leonardo da Vinci : 1452~1519)는 광학과 기하학과의 관계를 탐구하였다.

사진측량은 사진이 발명되기 오래전부터 오늘날에 이르기까지 많은 발전을 해왔다. 18C 초에 테일러는 사선 원근화법에 대한 논문을 발표하였으며 뒤이어 램버트가 이를 이용한 지도제작의 가능성을 시사하였다. 첫 번째 사진은 1815년 요셉 니세포르 니엡스(Joseph Nicephone Nie pce : 1765~1833)에 의해서 취득되었으나 그 사진은 불안정하였다. 이를 발전시켜 1839년 프랑스인 루이스 다게르(Daguerre)는 금속평면에 은 입자를 입혀 감광재료를 개발하는 데 성공하였고 이를 통해 실질적인 사진을 만들 수 있는 사진술이 탄생하게 되었다. 사진술을 발명한 이후 1849년 사진측량의 아버지라 불리는 프랑스인 로세다(Laussedat)가 지상사진을 이용하여 지형도를 제작하였다. 사진의 발명과 사진술에는 프랑스의 혁신적인 과학자들이 많은 기여를 하였다.

사진측량학(photogrammetry)이라는 용어를 처음 사용한 사람은 메이덴바우어(Meydenbauer : 1834~1921)이다. 라이트 형제에 의해 발명된 비행기를 이용한 최초의 항공사진측량은 1913년에 시도되었다. 항공사진측량기술은 제1차 및 제2차 세계 대전에서 적국의 정찰을 목적으로 항공사진이 이용되면서 비약적인 발전이 이루어졌다.

사진측량의 세대구분은 [표 1]과 [그림 1]과 같이 사진측량의 태동기(1850~1900), 기계식(analog) 사진측량(1901~1950), 해석적(analytical) 사진측량(1951~2000), 디지털(digital) 사진측량(2001~현재)의 4단계로 분류할 수 있다. 사진측량의 세대구분에서 기계식 사진측량은 1950년을 넘어서 거의 2000년까지도 명맥을 유지하기도 하였으나 2000년 이후에는 거의 사라졌다. 해석적 사진측량은 2000년 이후에도 컴퓨터가 발달하지 않은 나라에서는 여전히 사용되기도 한다. 따라서, 사진측량을 특정한 기간으로 명확하게 구분 짓기는 쉽지 않으나 주류가 되었던 시대를 중심으로 하여 각각의 세대를 약 50년으로 구분하기도 한다. 물론 기계식, 해석적, 디지털 사진측량을 50년 간격으로 구분하였지만 상호 간에는 서로 중복되는 기간이 있음을 유의해야 한다.

표 1 사진측량의 세대구분

구분	시기	주요 계기	주요 내용
사진측량의 태동기	1850~1900	사진술의 발명	지형도 제작을 위해 지상사진 이용
기계식 사진측량	1901~1950	비행기의 발명	입체경의 사용이 일반화, 항공사진이 지상사진보다 더 좋은 플랫폼을 제공
해석적 사진측량	1951~2000	컴퓨터의 발명	수치해석적인 접근법을 이용하여, 카메라캘리브레이션, 내·외부표정, 항공삼각측량
디지털 사진측량	2001~현재	컴퓨터의 발달	디지털 사진측량용 워크스테이션, 개인용 PC에서도 사진측량 활용

기계식 사진측량은 첫째, 입체경(stereoscopy)의 사용이 활용하게 이루어졌고 둘째, 1903년 라이트(Wright) 형제에 의해 비행기가 발명되면서 지상사진 뿐만 아니라 항공사진 촬영이 가능하였다는 두 가지 측면에서 사진측량의 태동기에 비해 괄목할 만한 성장을 하였다.

해석적 사진측량은 1940년대 컴퓨터의 발명을 계기로 수학적인 원리 뿐만 아니라 실질적인 응용이 이루어진 시기로서 핀스터월드(Finsterwalder), 폰 그루버(von Gruber), 헬라바(Helava:1923~1994) 등의 많은 사진측량 전문가에 의해서 카메라 캘리브레이션, 항공사진의 표정, 항공삼각측량(aerial triangulation) 등의 개념과 활용이 이루어졌다. 특히 해석 도화기(analytical plotter)의 아버지라고 불리는 Helava*가 1957년에 개발되었으며 이를 모태로 디지털사진측량의 장비가 개발되었다.

디지털사진측량은 캐나다 출생의 호브러(Hobrough:1918~2002)에 의해 개척되었으며 1957년에 최초의 디지털사진측량의 개념이라고 하기에는 미흡하나 영상상관관계의 개념을 도입한 장치를 선보였다. 디지털사진측량은 컴퓨터가 발달하게 된 2000년 초가 되어서야 다양한 디지털 사진측량용 워크스테이션(DPW : Digital Photogrammetry Workstation)이 선보이기 시작하였다. 디지털사진측량은 아날로그 카메라에 의해 촬영된 필름을 사용하는 대신 영상을 직접 사용하기 때문에 데이터 처리의 일관성을 확보하고 자동화된 작업을 수행할 수 있는 장점이 있다.

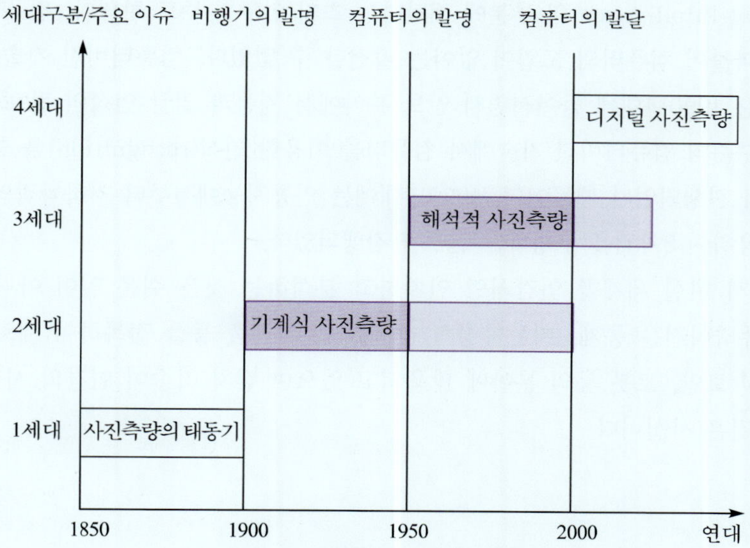

그림 1 사진측량의 세대구분도

* Helava는 사진측량용 해석도화기의 명칭이면서 사진측량 전문가 이름이기도 함

03 컴퓨터비전의 정의 및 역사

컴퓨터비전은 인간의 시각을 대신하여 카메라를 이용해 촬영된 영상에서 영상에 담겨있는 다양한 정보를 추출하는 것이다. 컴퓨터비전 분야는 영상을 이용하여 인간과 비슷한 수준으로 정보를 추출하는 것에 목적을 두고 발전해 왔다.

컴퓨터비전은 1963년 MIT의 래리 로버츠(Larry Roberts)가 컴퓨터를 이용하여 2차원 사진으로부터 나무토막과 같은 대상물을 3차원으로 구성하고 디스플레이할 수 있는 연구에서부터 시작되었다. 초기 단계의 컴퓨터비전은 주로 영상에서 경계선 추출과 영상 분할(segmentation)과 같은 기초적인 연구에서 머물렀다. 인간 경험의 많은 부분이 영상과 시각정보 처리와 연관되어 있기 때문에 이러한 분야를 연구하는 컴퓨터비전은 많은 다양한 적용 분야가 있다. 컴퓨터비전은 생물학적 관점에서 보면 인간의 눈, 시신경, 뇌가 하는 작업인 시각시스템을 수학적으로 이해하고 따라할 수 있는 모델을 제시하는 것이고 공학적인 관점에서 보면 인간의 시각시스템을 통해서 사물 인식, 3차원 정보의 추출과 같이 사람의 눈처럼 보고 인지하고 이해할 수 있게 분석을 수행할 수 있는 작업을 자동화하는 것이다.

1970년대에서 1980년대는 주로 인간의 시각과 인간의 인식을 모방하는 분야로 일종의 인공지능(AI : Artificial Intelligence)의 부분에 해당하는 초기 연구를 주로 하였다. 컴퓨터비전은 카메라의 등장과 더불어 컴퓨터의 도입이 없이는 발전할 수 없었다. 컴퓨터비전 기술이 좀 더 발달하게 된 계기는 1990년대에 들어서면서 안보 분야에서 지문과 얼굴 인식의 필요성이 높아지게 되면서 낮은 수준의 컴퓨터비전 기술에서 컴퓨터를 이용한 인식(recognition)을 중심으로 한 연구가 활발하게 진행되었기 때문이다. 1990년대에는 인공지능에서부터 기하학적인 접근을 통해서 영상을 이용하여 3차원을 구성하는 연구가 진행되었다.

컴퓨터비전에서 현실 세계를 인간처럼 인지하고 분석하는 것은 쉬운 일이 아니다. 그럼에도 불구하고 컴퓨터비전은 통계, 미분방정식, 최적화 알고리즘 등을 접목하여 새로운 시도와 접근법을 통해서 보안, 로봇 등의 분야에 활용되고 있으며 점차 기술이 인간의 시각체계와 가까워지고 있는 것은 사실이다.

04 사진측량과 컴퓨터비전의 공통점과 차이점

4.1 사진측량과 컴퓨터비전의 공통점

사진측량과 컴퓨터비전에서 대표적인 관심사는 카메라 캘리브레이션, 카메라의 위치와 자세 결정, 3차원 객체의 투영, 3차원 모델의 복원 등이 있다.

4.1.1 카메라 캘리브레이션

카메라 캘리브레이션은 초점거리, 픽셀 비대칭, 주점과 같은 내부표정요소를 결정하는 것으로 정의된다. 컴퓨터비전에서 내부표정요소는 카메라 행렬로 나타낸다. 이러한 카메라의 내부적인 특성을 나타내는 매개변수(내부표정요소, 카메라 행렬)가 결정되면 스테레오 영상을 이용하여 절대위치를 결정하는 데 사용할 수 있다. 카메라 캘리브레이션은 사진측량의 근본적인 문제가 무엇인지 해결하기 위한 것으로 컴퓨터비전 분야에서도 많은 연구가 진행되고 있다.

4.1.2 카메라의 위치와 자세 결정

카메라 캘리브레이션을 수행한 후 카메라의 초점거리, 주점, 렌즈 왜곡을 알고 있으면 스테레오 영상에서 카메라의 위치와 자세를 상호표정을 통하여 결정할 수 있다. 컴퓨터비전에서 상호표정은 필수행렬(essential matrix)로 나타낸다. 카메라의 위치와 자세 결정은 모델 기반 컴퓨터비전의 핵심 기술이다. 여기서 모델이라는 것은 동일한 대상물을 촬영한 스테레오 영상을 이용하여 만들 수 있는 가상의 3차원을 나타내는 것이다. 사진측량에서 3차원 공간에서 이미 알고 있는 지상점을 이용하여 카메라의 위치와 자세를 결정하는 것을 공간후방교회법(spatial resection)이라고 한다.

4.1.3 3차원 객체의 투영

특정한 시점에서 3차원 공간상의 객체는 2차원 사진(또는 영상)에 투영된다. 컴퓨터비전과 사진측량은 3차원 객체가 2차원에 투영된 사진을 이용하여 카메라의 특성을 나타내는 투영 문제를 해결하고자 하는 공통점이 있다.

4.1.4 3차원 모델의 복원

사진측량과 컴퓨터비전은 모두 중심투영의 특성을 갖고 있는 사진에서 3차원 모델을 복원하는 것에 중점을 두고 있다.

4.2 사진측량과 컴퓨터비전의 차이점

컴퓨터비전의 역사에서 알 수 있듯이 컴퓨터비전은 많은 응용분야를 갖고 있기 때문에 다양한 학문분야 또는 연구분야와의 협업이 필요하다. 예를 들면 컴퓨터비전에서 영상처리와 사진측량 분야는 아주 밀접한 관계가 있다.

사진측량은 기본적으로 대규모 지역의 지도를 제작하기 위한 목적으로 주로 카메라의 안정성이 확보된 것을 이용하여 지상의 대상물을 3차원화 하는 분야에 주로 활용되었다. 이에 반해, 초기의 컴퓨터비전 분야는 주로 캘리브레이션이 수행되지 않은 카메라를 이용하더라도 3차원 좌표를 추출하는 분야에 사용되었다.

사진측량 분야는 주로 높은 정확도를 갖는 지도제작에 초점을 맞추어 발달하였기 때문에 항공사진측량용 카메라, 비행기, 지상기준점 측량 등과 같은 초기 투자비용이 많이 필요하였다. 이에 비해 컴퓨터비전은 대략적인 초기값과 지상기준점 측량 등과 같은 복잡한 절차를 거치지 않더라도 3차원 좌표를 얻을 수 있는 분야가 발달되었다.

컴퓨터비전과 사진측량 분야는 모두 카메라의 내부표정요소(초점거리, 주점, 렌즈 왜곡 등)와 외부표정요소(카메라의 위치와 자세)와의 관계를 해석하고 복잡한 문제를 쉽게 해결하기 위한 부분에서 공통점을 갖고 발전하고 있으며, 서로의 장점을 공유하면서 발전해 나가고 있다.

다만, 두 분야에서 동일하게 사용하고 있는 개념에 대해서 다소 다른 용어를 사용하기 때문에 초보자들이 동시에 두 분야를 이해하기 쉽지 않다는 문제점이 있다.

예를 들면, 사진측량은 주로 사진의 중앙을 원점으로 하는 사진좌표계를 사용하고, 컴퓨터비전에서는 영상의 좌측상단을 기준으로 하는 영상좌표계를 사용한다. 또한, 사진측량에서의 상호표정(relative orientation)은 컴퓨터비전에서 필수행렬로 나타낸다.

05 사진측량의 분류

사진측량은 촬영방향, 관측방법, 도화축척, 화각, CCD배열의 형태 등에 따라 분류할 수 있다.

5.1 촬영방향에 의한 분류

사진측량을 촬영방향에 따라 분류하면 [그림 2]와 같이 수직사진, 경사사진, 수평사진으로 구분된다. 수직사진은 경사각이 3°이내로 촬영한 사진을 나타내며 주로 항공기에 의해서 취득되며 수치지형도 제작에 이용된다. 경사사진은 경사각에 따라 고각도 경사사진과 저각도 경사사진으로 구분된다. 수평사진은 광축이 수평선과 거의 일치하도록 촬영한 것으로 주로 지상사진에 해당한다.

5.1.1 수직사진

광축이 연직선과 거의 일치하도록 공중에서 촬영한 사진(경사각 3°이내)을 뜻하며, 주로 지형도를 제작할 때 이용하는 항공사진도 [그림 3]과 같은 수직사진으로 가장 많이 촬영한다. 수직사진은 경사사진과 달리 사진 전반의 축척이 거의 균일하다. 또한 수직사진은 경사사진에 비해 거리와 방향을 관측하는 것이 더 쉽고 정확하다. 이는 촬영할 대상물을 거의 90°로 바라보기 때문이다. 사진의 축척이 하나의 값으로 일정하면 마치 지도처럼 사진상에서 거리, 면적 등의 관측이 용이하다.

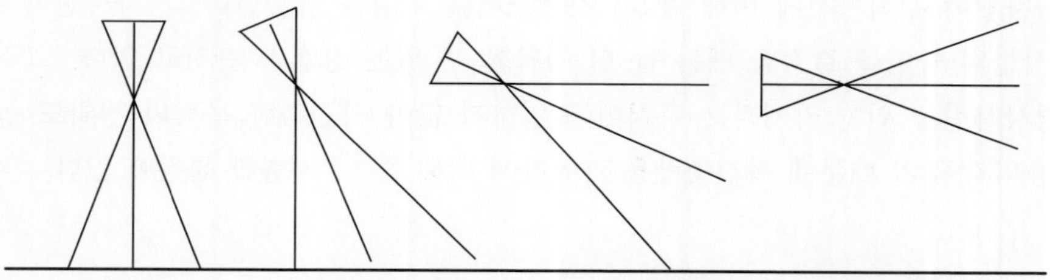

그림 2. 사진의 촬영방향에 따른 분류

(a) 수직사진 (b) 경사사진

그림 3. 수직사진과 경사사진

5.1.2 경사사진

광축이 연직선 또는 수평선에 경사지도록 촬영한 사진(경사각 3°이상)으로 경사각에 따라 저각도 경사사진과 고각도 경사사진이 있다. 경사사진은 과거 필름을 이용하던 시기에는 수직사진에 비해서 활용도가 높지 않았으나 항공기로 비행할 수 있는 영공에서 카메라의 각도를 기울여 접근이 불가능한 지역의 사진을 촬영하기 위해서 활용되었다. 예를 들어, 전투기에 경사사진용 카메라를 장착하여 접근불능지역을 촬영한다. 대상물의 3차원 모형화에 대한 관심도가 증가함에 따라 경사사진의 경우 항공기에 카메라를 여러 대 동시에 장착하여 촬영하는 기법을 통해서 주로 건물의 벽면을 효율적으로 촬영할 수 있을 뿐만 아니라 카메라가 여러 대 있음으로 인해 사진의 중복도가 높다는 장점이 있다.

경사사진은 동일한 촬영고도와 초점거리를 가지고 있는 수직사진보다 [그림 3]과 같이 더 넓은 지상영역을 담을 수 있다. 사람들은 지상의 대상물을 경사방향으로 보는 것이 익숙하기 때문에 경사사진이 수직사진에 비해 좀 더 자연스러운 광경을 연출한다. 경사사진이 수직사진에 비해 사물의 높이를 결정할 때는 좀 더 정확할 수 있는 장점을 가지고 있다. 그러나 일반적으로 경사사진을 위한 카메라는 축척이 균일하지 않아 사진측량 목적의 정확도 높은 관측에 잘 사용되지 않기 때문에 사진측량용 카메라에 비해 좀 더 저렴한 특징이 있다.

5.1.3 수평사진

광축이 수평선과 거의 일치하도록 촬영한 사진으로 주로 지상사진에서 활용되고 있다. 지상사진은 항공사진에 비해 대상물과 카메라와의 거리가 상대적으로 짧기 때문에 지상사진을 이용하여 3차원 좌표를 취득하거나 모형화하는 것을 근거리(close range) 사진측량이라고도 한다.

5.2 관측방법에 의한 분류

5.2.1 항공사진측량

항공기, 무인항공기(또는 드론) 등에 탑재된 사진측량용 카메라를 이용하여 촬영된 사진을 이용하여 대상물의 크기, 위치 및 형상을 해석하고 사진판독에 의한 환경 및 자원해석 등을 한다. 국내에서는 2000년대에 들어서면서부터 항공사진측량에 필름 기반의 아날로그 카메라를 사용하지 않고 항공사진측량용 디지털카메라를 도입하였다. 그러나 필름 기반의 아날로그 카메라를 대체하여 실질적으로 항공사진측량용 디지털카메라의 도입을 국토지리정보원에서 제도적으로 허용한 것은 [그림 4]와 같이 2009년부터이다.

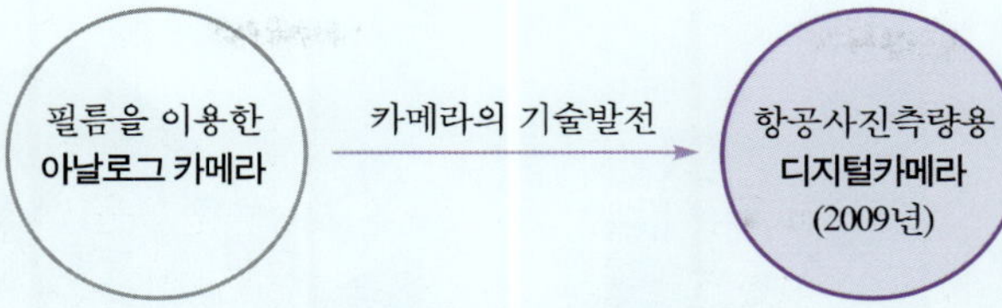

그림 4. 항공사진측량용 디지털카메라의 도입

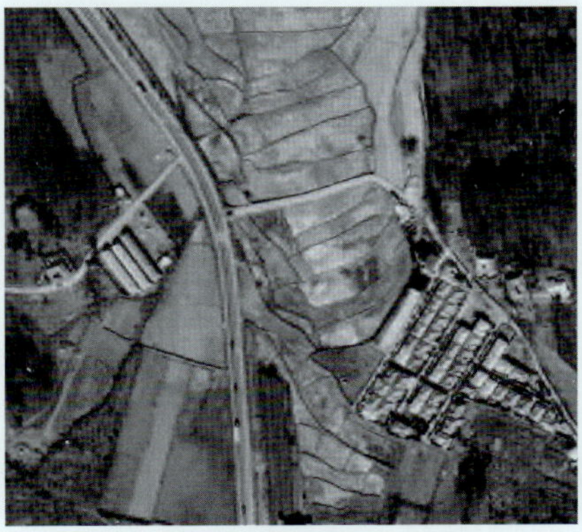

(a) 필름 기반 항공사진

(b) 디지털 항공사진

그림 5. 필름 기반 항공사진과 디지털 항공사진

5.2.2 지상사진측량

지상에서 촬영한 사진[그림 6]을 이용하여 시설물의 형태 및 변위관측을 한다. 지상사진은 항공사진측량에 비해 촬영거리가 짧기 때문에 근거리 사진측량이라고도 한다.

5.2.3 수중사진측량

수중사진측량은 해저사진측량이라고도 하며, 이는 수중카메라에 의해 얻어진 영상을 해석함으로써 수중자원 및 환경을 조사하는 것으로 해저의 기복현황, 수중식물의 활력도, 분포량 등을 조사한다.

5.2.4 원격탐측(위성사진측량)

센서에서 반사 또는 태양에서 방사된 전자기파를 주로 인공위성을 통해서 수집하여 지형도제작, 지형분류, 자원조사 등에 이용한다. [그림 7]은 우리나라에서 발사한 아리랑(KOMPSAT) 1호와 아리랑 3A호에서 촬영한 영상을 나타낸다. 1999년에 발사되어 2008년에 임무를 종료한

그림 6. 지상사진

아리랑 1호의 광학 해상도는 약 6.6m이고 2015년에 발사된 아리랑 3A호의 광학 해상도는 약 50cm로 위성영상 기술의 발전을 확인할 수 있다.

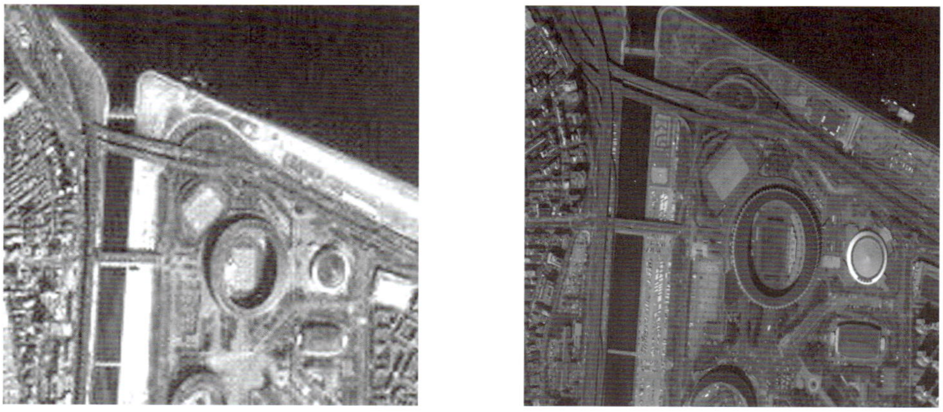

(a) KOMPSAT-1 영상 (b) KOMPSAT-3A 영상

그림 7. 잠실 경기장을 촬영한 KOMPSAT 영상

5.2.5 비지형사진측량

사진측량의 주요 대상은 주로 지형도를 제작하는 것이다. 이에 반해 비지형사진측량은 엑스(X)선 사진, 레이저 사진 등을 이용하여 의료치료 목적으로 인체를 모델링하여 인체에 맞는 의료기기를 제작하는 의학 분야, 문화재조사 시 유물을 훼손하지 않고 보존하기 위한 고고학 분야 등에 이용된다. [그림 8]은 원숭이의 손과 사람의 목을 촬영한 X-선 영상을 나타낸다.

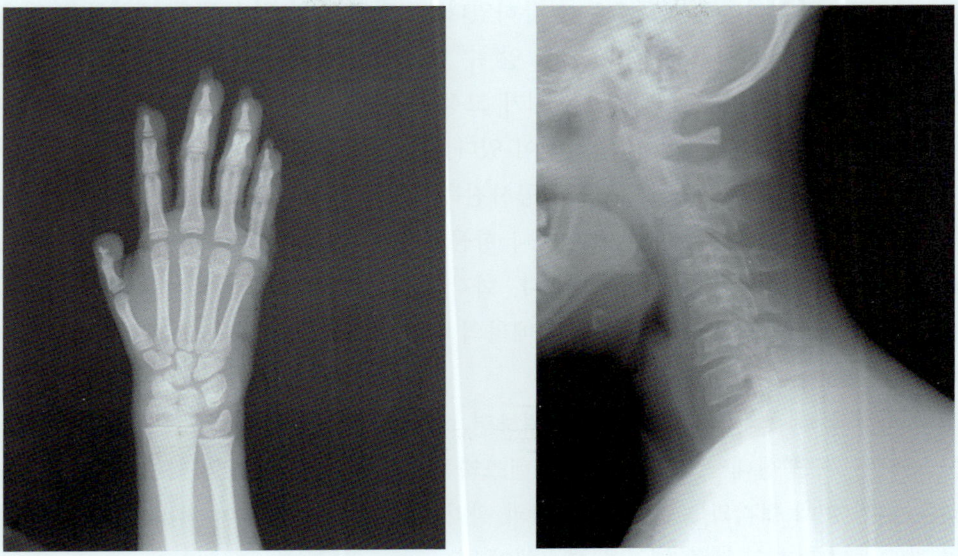

그림 8. X-선 영상

표 2 사진의 축척과 지도의 축척

카메라종류	화각(시야각)	초점거리(mm)	촬영고도(m)	사진의 축척	지도의 축척
광각 카메라	90°	153	800	≈ 5,000(5,229)	1,000
			4,000	≈ 26,000(26,144)	≊ 5,000(5,200)

5.3 항공사진의 도화축척에 의한 분류

과거 필름기반의 아날로그 항공사진측량용 카메라는 지도제작을 목적으로 초점거리가 거의 150mm 주변의 광각카메라를 사용하였다. 또한, 사진의 크기가 23cm×23cm로 일정하였기 때문에 비행기의 촬영고도에 의해서 대축척, 중축척, 소축척 지도를 제작할 수 있는 도화축척이 결정되었다. 사진의 축척은 초점거리와 촬영고도의 비로 결정할 수 있으며 사진과 지도의 축척은 [표 2]와 같이 대략 1:5의 관계가 있다. 예를 들어, 사진축척이 1/5,000이면 이를 이용하여 약 1/1,000의 지형도를 제작할 수 있다.

5.4 화각에 따른 분류

필름을 이용하였던 과거의 항공사진측량용 카메라의 사진 크기는 23cm×23cm로 일정하였으며 화각 또는 촬영시야각(Angle of View, FOV : Field of View)에 따라 [표 3]과 같이 협각,

보통각, 중간각, 광각, 초광각 등으로 분류하였다. 화각은 렌즈를 통해서 대상물을 담을 수 있는 카메라의 각를 나타낸다. [표 3]에서 알 수 있듯이 협각카메라에 비해 초광각카메라는 촬영시야각이 넓다. 이에 반해 사진의 크기가 고정되어있기 때문에 초점거리는 초광각카메라가 짧고 협각카메라는 초점거리가 긴 특징이 있다.

수치지형도 제작목적으로 사용된 과거 항공사진측량용 카메라의 초점거리는 약 150mm이고 화각이 약 90°인 광각카메라를 이용하였으나 항공사진측량용 카메라가 디지털로 되면서 초점거리와 사진의 크기가 다양하게 변화하였다. 화각에 따른 카메라의 분류는 주로 아날로그 카메라를 사용할 때 중요하였으나 디지털 카메라의 사용으로 인해 화각과 초점거리가 다양해지고 있다.

카메라의 화각과 렌즈왜곡과의 관계를 살펴보면 화각이 작으면 방사방향 렌즈왜곡이 작게 나타나고 화각이 크면 상대적으로 방사방향 렌즈왜곡이 크게 나타난다. 따라서, 카메라 캘리브레이션을 수행할 때 협각과 보통각, 중간각과 광각, 초광각으로 화각이 커질수록 방사방향 렌즈왜곡 계수를 추가하여 렌즈 왜곡을 보정해야 한다.

표 3 화각에 따른 분류

종류	촬영시야각	초점거리(mm)	사진의 크기(cm)	사용 목적
협각카메라	50°이하	> 305	23×23	
보통각 카메라	약 58°(56°~60°)	305	23×23	도시지역측량, 산림조사용
중간각 카메라	약 72°(70°~75°)	210	23×23	–
광각 카메라	약 90°(85°~95°)	152	23×23	지형도 제작, 판독용
초광각 카메라	약 120°(110°~ 130°)	88	23×23	소축척도화용, 광역의 판독용

예제 1

항공사진측량용 디지털카메라와 일반 디지털카메라의 차이는 무엇일까?

항공사진측량용 디지털카메라는 일반 디지털카메라에 비해 크기가 크고, 카메라를 구성하는 CCD 또는 CMOS 배열의 개수가 많다. 또한, 항공사진측량용 디지털카메라는 사전에 카메라의 초점거리, 주점의 위치, 방사왜곡, 편심왜곡 등을 정확하게 계산한 캘리브레이션된 정보를 제공해주는 반면 일반 디지털카메라는 그러한 정보가 포함되어있지 않다. 통상적으로 제공되는 일반 디지털카메라의 초점거리는 엄밀히 말하면 실제와 차이가 있을 수 있다.

표 4 CCD/CMOS 배열의 형태에 따른 분류

형태	카메라 종류	초점거리(mm)	픽셀*크기(μm)	배열크기(pixels)
프레임 센서 (Frame sensor)	DMC I	120	12	7,680 × 13,824
	DMC II-250	112	5.6	14,016 × 16,768
	DMC III	92	3.9	14,592 × 25,728
	DMC IV	107	3.76	13,440 × 31,520
	UltraCam-X	100	7.2	9,420 × 14,430
	UtraCam-Xp	100	6	11,310 × 17,310
	UltraCam-Osprey 4.1	80	3.76	14,016 × 20,544
	CityMapper-2	71	3.76	10,640 × 14,192
	UrbanMapper-2	90	3.76	14,000 × 34,800
선형센서 (Linear sensor)	ADS80	65	6.5	12,000
	ADS100	62.5	5	20,000

5.5 CCD 또는 CMOS 배열의 형태에 따른 분류

아날로그 카메라는 피사체에서 반사된 빛을 렌즈를 통해서 필름에 상을 형성하였다. 디지털 카메라가 등장함에 따라 필름을 사용하지 않고 이러한 빛을 전하로 변화시켜 영상을 얻어내는 센서가 개발되었으며 그것이 바로 CCD(Charge-Coupled Device)와 CMOS(Complementary Metal-Oxide-Semiconductor)이다.

항공사진측량용 디지털 카메라는 CCD 또는 CMOS 소자의 배열형태에 따라 [표 4]와 같이 프레임 센서(frame sensor, 면형 센서)와 선형 센서(linear sensor)의 2가지 방식으로 나뉜다.

프레임 센서(또는 면형 센서)는 2차원 평면형태의 CCD 또는 CMOS 배열을 이용하여 일정 면적을 동시에 촬영하는 방식으로 기존의 필름 카메라와 동일한 촬영방식을 가진다. 일반적으로 가로와 세로를 동시에 촬영하여 일정한 면적을 갖는 촬영방식을 프레임 방식이라고 한다. 이와 달리 선형 센서는 마치 1차원 CCD 또는 CMOS 배열을 가지고 있는 복사기와 같이 지표면을 스캐닝하는 방식이다. 프레임 센서는 각각의 영상마다 외부표정요소(카메라 위치와 자세)를 가지고 있는 반면에 선형 센서는 각각의 라인별로 서로 다른 외부표정요소를 가지고 있는 것이 특징이다.

따라서 프레임 센서와 선형 센서는 대상물을 촬영한 방식과 촬영된 결과로 생성된 영상이 매우 다르며 이로 인해 지도제작을 위한 작업공정에서도 차이가 있다.

---

* 픽셀(pixel)은 picture element의 줄인 말로서 한글로 영상소 또는 화소 등으로 번역한다. 여기서 픽셀은 물리적인 CCD 또는 CMOS를 구성하고 있는 네모 모양의 작은 단위를 나타낸다.

[그림 9(a)]는 프레임 센서 카메라(DMC, UltraCam)의 촬영방식과 촬영된 영상의 기하를 나타내며, [그림 9(b)]는 선형 센서 카메라(ADS : 3-line 스캐너)의 촬영방식과 촬영된 영상의 기하를 나타낸다.

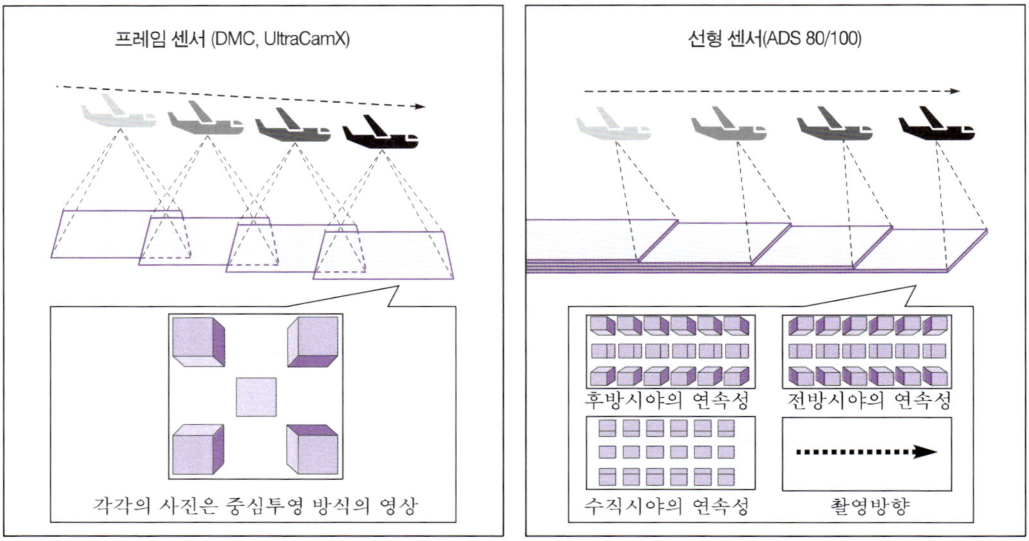

(a) 프레임 센서 (b) 선형 센서

그림 9 프레임과 선형 센서

06 사진측량 및 컴퓨터비전의 활용분야

6.1 사진측량의 활용분야

사진측량을 통해서 할 수 있는 일들은 [그림 10]에 나타낸 것과 같이 수치지도제작, 수치표고모델제작, 정사영상제작, 입체시모형생성, 3차원 가시화 등 다양하다.

사진측량은 토지, 건축토목, 도시계획, 자원, 환경, 의공학, 조선 등의 다양한 분야에 활용된다.

① 토지와 관련하여 국가기본도 제작, 토지이용도, 도시계획도 작성, 지적도재정비, 해안선 및 해저수심조사, 임야도 및 토양도 작성에 활용되고 있다.

② 건축 분야에서는 역사적 가치가 있는 문화재 보존과 복원, 항공사진의 판독을 통한 건축물 단속 분야에 활용되고, 토목 분야에서는 원자력 발전소, 댐 등 접근이 곤란한 지역의 지도

그림 10 사진측량을 통해서 할 수 있는 일

제작 및 토목구조물의 변위관측 및 분석에 활용되고 있다.

③ 도시계획 분야에서는 도시발달과 도시 분포상태조사, 경관분석 등에 활용되고 있다.

④ 자원 분야에서는 지질조사 및 광물자원조사, 농작업의 종별 분포 및 수확량조사, 삼림의 종류 및 삼림자원조사, 임상도 제작 등에 활용되고 있다.

⑤ 환경 분야에서는 멀티센서를 이용하여 토양의 함수비 및 환경오염 조사 등에 활용되고 있다.

⑥ 의공학 분야에서는 주로 비지형사진측량을 통해서 인체를 3차원 모형화한 후 인체에 최적화된 의료기구를 제작하고 치료하는 등의 분야에 활용되고 있다.

⑦ 조선 분야에서는 선박블럭결합 시 용접지점에 대한 정밀측량, 갑판제작 시 편평도 측량 등의 분야에 활용되고 있다.

⑧ 그 외 기타분야로 고고학, 교통, 산업생산품설계 및 제품조사, 우주개발 등의 다양한 분야에 활용되고 있다.

6.2 컴퓨터비전의 활용분야

컴퓨터비전을 통해서 할 수 있는 일들은 [그림 11]에 나타낸 것과 같이 문자 및 생체 인식을 통한 보안과 감시, 모션 캡쳐, 가상 수술 시뮬레이션, 지능형 자동차, 비전 시스템을 이용한 로봇 등 다양하다.

컴퓨터비전은 인공지능, 의학, 군사, 농업, 로봇 등의 다양한 분야에도 활용된다.

① 인공지능 분야에서는 영상에서 물체의 감지・인식・분류・위치 파악, 연속 영상에서 물체를 추적, 인간의 자세와 팔다리 움직임을 3차원으로 추정, 콘텐츠에 따라 디지털 영상을 탐색하는 등에 활용되고 있다.

② 의학 분야에서는 컴퓨터 단층 촬영(CT: Computerized Tomography) 및 자기공명영상(MRI: Magnetic Resonance Imaging)과 같은 의료 영상의 인식 및 개발, 초음파 영상 또는 X-선 영상 해석, 임상 시험, 의료 초음파 디지털 신호 처리 등에 활용되고 있다.

③ 군사 분야에서는 자율 주행 차량 탐색, 자동 표적 인식, 미사일 유도, 적군 병사를 감지하는 스마트 헬멧, 지휘 통제 센터의 전투 제어 시스템 등에 활용되고 있다.

④ 농업 분야에서는 농업자율로봇, 작물 및 토양 모니터링, 작물 및 병해충 감별, 초기 감염 측정, 작물 발육상황 감지 등에 활용되고 있다.

⑤ 로봇 분야에서는 용접 로봇, 자재관리용 로봇, 도장 로봇, 조립용 로봇, 수확 로봇 등에 활용되고 있다.

⑥ 자동차 산업에서는 차선 이탈 경고 시스템, 지능형 주차 지원 시스템, 자동 주차, 운전자 모니터링, 교통 표지 인식 등에 활용되고 있다.

⑦ 그 외 기타분야로 품질검사, 보안과 감시, 전자 상거래, 재고관리, 미용 산업 등의 다양한 분야에 활용되고 있다.

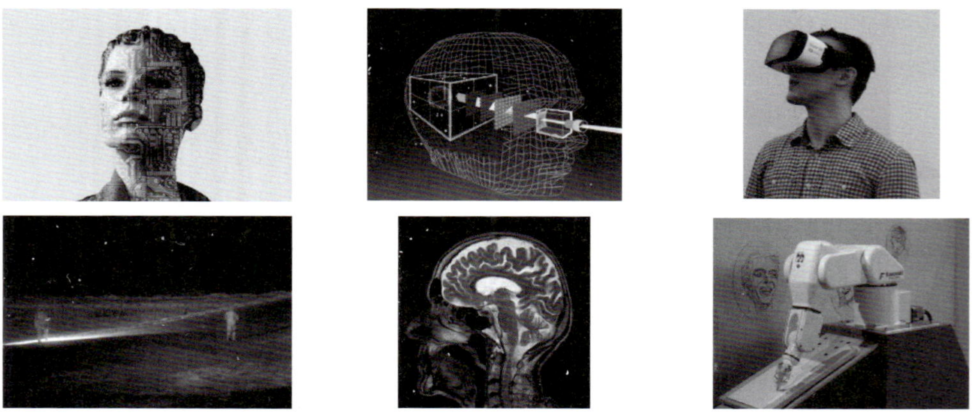

그림 11 컴퓨터비전을 통해서 할 수 있는 일

단원정리

01. 사진측량학은 사진 또는 영상(항공사진, 항공영상, 위성영상, 디지털 영상 등)을 이용하여 대상물의 위치와 형태를 결정하기 위한 학문으로 대상물에 대한 직접적인 접촉 없이 대상물을 복원할 수 있다.

02. 사진측량의 궁극적인 목적은 정량적인 측면에서는 대상물의 3차원좌표를 취득하는 것이고 정성적인 측면에서는 다양한 센서로부터 취득된 영상의 변화탐지(change detection)를 통해서 대상물을 판독하는 것까지 포함한다.

03. 사진측량의 세대구분은 사진측량의 태동기(1850~1900), 기계식(analog) 사진측량(1901~1950), 해석적(analytical) 사진측량(1951~2000), 디지털(digital) 사진측량(2001~현재)의 4단계로 분류할 수 있다.

04. 컴퓨터비전은 생물학적 관점에서 보면 인간의 눈, 시신경, 뇌가 하는 작업인 시각시스템을 수학적으로 이해하고 따라할 수 있는 모델을 제시하는 것이고 공학적인 관점에서 보면 인간의 시각시스템을 통해서 사물인식, 3차원 정보의 추출과 같이 사람의 눈처럼 보고 인지하고 이해할 수 있게 분석을 수행할 수 있는 작업을 자동화하는 것이다.

05. 사진측량은 기본적으로 대규모 지역의 지도를 제작하기 위한 목적으로 주로 카메라의 안정성이 확보된 것을 이용하여 지상의 대상물을 3차원화 하는 분야에 주로 활용되었다. 이에 반해, 초기의 컴퓨터비전 분야는 주로 캘리브레이션이 수행되지 않은 카메라를 이용하더라도 3차원 좌표를 추출하는 분야에 사용되었다.

06. 사진측량은 촬영방향, 관측방법, 도화축척, 화각, CCD 또는 CMOS 배열의 형태 등에 따라 분류할 수 있다.

07. 수직사진과 경사사진의 구분은 촬영한 사진의 경사각으로 구분할 수 있다. 수직사진은 촬영한 사진의 경사각이 3°이내이며 경사사진은 촬영한 사진의 경사각이 3°이상이다.

08. 화각 또는 촬영시야각이란 렌즈를 통해서 대상물을 담을 수 있는 카메라의 각도를 나타내며, 화각에 따라 협각, 보통각, 중간각, 광각, 초광각 등으로 분류할 수 있다.

09. 아날로그 항공사진의 도화축척은 비행기의 촬영고도에 따라 대축척, 중축척, 소축척 지도를 제작할 수 있다. 사진의 축척은 초점거리와 촬영고도의 비로 결정할 수 있으며 사진과 지도의 축척은 대략 1:5의 관계가 있다.

10. CCD 또는 CMOS 배열의 형태에 따라 프레임 센서와 선형 센서로 구분할 수 있다. 프레임 센서는 2차원 평면형태의 CCD 또는 CMOS 배열을 이용하여 일정면적을 동시에 촬영하는 방식으로 기존의 필름 카메라와 동일한 촬영방식을 지니며, 선형 센서는 마치 1차원 CCD 또는 CMOS 배열을 가지고 있는 복사기와 같이 지표면을 스캐닝하는 방식이다. 프레임 센서는 각각의 영상마다 외부표정요소를 가지고 있는 반면에 선형센서는 매 라인별로 서로 다른 외부표정요소를 가지고 있는 것이 특징이다.

연습문제

1. 사진측량을 4세대로 구분하고 설명하시오.

2. 사진측량학(Photogrammetry)이라는 용어를 처음으로 사용한 사람은 누구인가?

   ① 메이덴바우어　② 헬라바　③ 레오나르도 다빈치　④ 폰 그루버

3. 항공사진측량용 카메라와 일반 디지털 카메라를 구분하여 설명하시오.

4. 사진측량의 목적은 무엇이고 적용 가능한 분야를 나열하시오.

5. 컴퓨터비전 기술이 발달하게 된 계기는 무엇인가?

6. 사진과 지도와의 차이점에 대해서 비교하여 설명하시오.

7. 수직사진과 경사사진은 어떻게 구분하는가?

8. 화각 또는 촬영시야각이란 무엇인가?

9. 디지털 항공사진측량용 카메라를 CCD 또는 CMOS 배열의 형태에 따라 구분하여 설명하시오.

10. 항공사진측량용 디지털카메라가 국내에 제도적으로 도입된 시기는 언제인가?

① 1995년 ② 2000년 ③ 2005년 ④ 2009년

11. 프레임 카메라란 무엇인가?

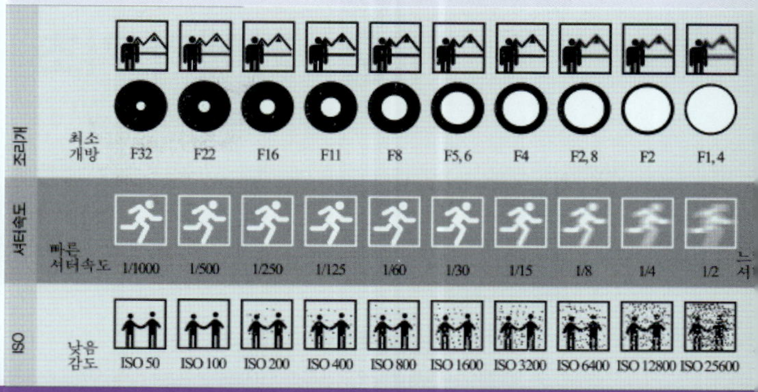

chapter

02 카메라 기초

이 단원에서는 사진측량과 컴퓨터비전을 학습하기 위해 기본적으로 알아야 할 카메라에 대한 기초지식에 대해 소개한다. 사진측량과 컴퓨터비전에서 가장 중요한 데이터는 사진 또는 영상이다. 이러한 데이터는 대부분 카메라에 의해 촬영되기 때문에 카메라의 기초에 대해 학습할 필요가 있다. 본 단원에서는 카메라의 기초용어에 대해 설명하며 기초용어의 개념적인 이해를 돕기 위해 렌즈의 초점거리와 주점거리, 렌즈의 수차, 렌즈의 왜곡, 해상도 등에 대해 다루었다. 또한, 초점거리, 카메라 렌즈의 지름, 피사체와의 거리 등에 따른 피사계 심도의 변화에 대해 설명하였다. 본 단원을 통해 빛의 양, 셔터속도, 조리개, ISO 감도 등을 통해 어떻게 피사체를 촬영한 영상이 변화해 가는지 이해할 수 있을 것이다.

chapter

02 카메라 기초

학습목표

1. 카메라의 기초용어를 설명할 수 있다.
2. 주점거리와 초점거리의 차이를 설명할 수 있다.
3. 빛의 양, 셔터속도, 조리개, ISO 감도 등에 따른 변화를 설명할 수 있다.

01 렌즈는 왜 필요한가?

일반적으로 광선은 피사체(대상물)에서 반사되어 흩어지게 되는데, 만약 피사체로부터 반사된 광선 중에서 특정한 광선을 선택할 수 있다면 이를 이용하여 하나의 영상을 형성할 수 있을 것이다. 바늘구멍카메라 또는 핀홀카메라(pinhole camera)는 [그림 1]과 같이 캄캄한 방의 한쪽 벽면에 0.5mm 정도의 작은 구멍을 뚫고 그 구멍으로만 광선이 들어오도록 만든 카메라 옵스큐라(camera obscura) 원리를 이용한 것이다.

핀홀카메라는 작은 구멍으로 인하여 광선이 조금밖에 통과하지 못하기 때문에, 필름에 상을 만들어 내기 위해서는 아주 긴 노출시간이 필요하다. 만일 바늘구멍의 크기를 키운다면 노출시간은 짧아지겠지만 상은 아주 흐릿해질 것이다.

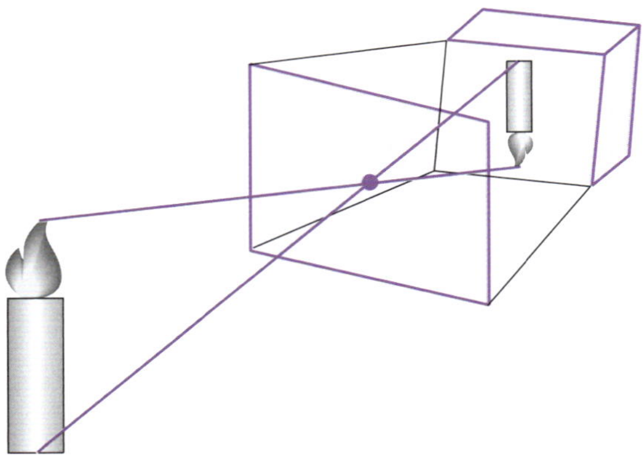

그림 1 바늘구멍카메라의 원리

선명한 사진을 만들기 위해서는 착란원(circles of confusion)*이 가능한 한 작아야 한다. 따라서 핀홀카메라로 선명한 영상을 얻으려면, 구멍을 아주 작게 뚫어서 적은 양의 광선만을 통과시키고 노출시간을 길게 주는 것이 유일한 방법이다. 한 번에 많은 양의 광선을 통과시키면서 선명한 상을 얻으려면 또 다른 방법이 필요하다. 그 방법이 바로 렌즈(lens)를 사용하는 것이다.

사진측량 및 컴퓨터비전에서는 주로 [그림 1]과 같은 핀홀카메라가 사용되는 것이 아니라 렌즈를 갖춘 카메라를 사용한다. 렌즈를 사용하는 이유는 피사체를 촬영한 아주 밝고 선명한 상을 얻기 위해서이다. 사진측량 및 컴퓨터비전에서는 주로 핀홀카메라와 달리 렌즈를 사용하기 때문에 핀홀카메라와는 기하학적으로 같은 성질을 갖지는 않는다.

3차원 공간상에 존재하는 임의의 대상물의 한 점에서 빛이 발산되면 그 중 하나의 광선이 바늘구멍을 통과하여 상이 맺히게 된다. 핀홀카메라에서 대상물과 바늘구멍, 상이 맺히는 영상면의 관계는 [그림 2]와 같다.

도형의 닮음을 이용하여 카메라와 대상물 사이의 거리 Z와 핀홀카메라의 초점거리 f_c는 각각 대상물의 X와 영상면의 x와 비례관계에 있고, 이를 수식으로 표현하면 식 (1)과 같다.

$$Z : X = -f_c : x$$

$$x = -f_c\left(\frac{X}{Z}\right) \qquad (1)$$

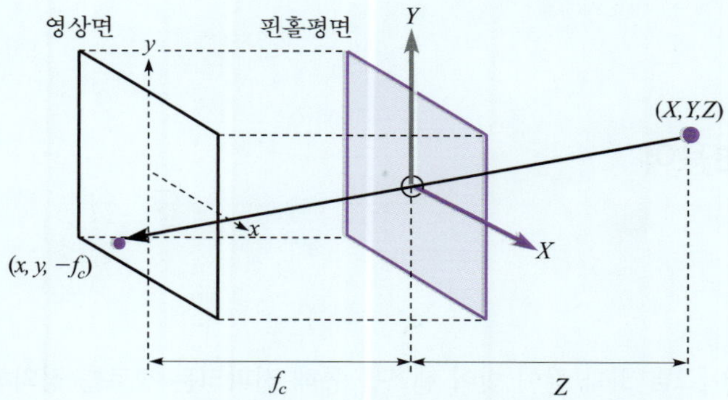

그림 2 대상물과 바늘구멍, 영상면의 관계

* 착란원이란 핀홀평면에서 떨어져 있는 대상물은 초점거리에 따라서 대상물이 영상면에 맺히는 상이 흐려지는 현상이 나타나게 되며 이를 착란원이라고 한다.

유사한 방법으로 대상물의 Y와 영상면의 y의 비례관계를 수식으로 표현하면 식 (2)와 같다.

$$Z : Y = -f_c : y$$
$$y = -f_c\left(\frac{Y}{Z}\right) \tag{2}$$

대상물에서 바늘구멍을 통과한 빛이 영상면에 맺혀 생기는 상의 크기는 핀홀카메라의 초점거리에 비례한다.

예제 1 대상물의 좌표를 이용한 사진좌표 계산

핀홀카메라 모델에서 대상물의 3차원 좌표(X, Y, Z)가 각각 10m, 30m, 20m이고, 초점거리가 35mm일 경우, 영상면의 x, y를 계산하시오.

$Z : X = -f_c : x$

$x = -f_c\left(\frac{X}{Z}\right)$

$x = -0.035m\left(\frac{10m}{20m}\right) = -0.0175m$

$Z : Y = -f_c : y$

$y = -f_c\left(\frac{Y}{Z}\right)$

$y = -0.035m\left(\frac{30m}{20m}\right) = -0.0525m$

$x = -1.75cm$

$y = -5.25cm$

02 카메라 기초용어

2.1 광축

광축(optical axis)은 [그림 3]과 같이 빛이 렌즈를 통해 전파되는 경로를 정의하는 가상 선이다.

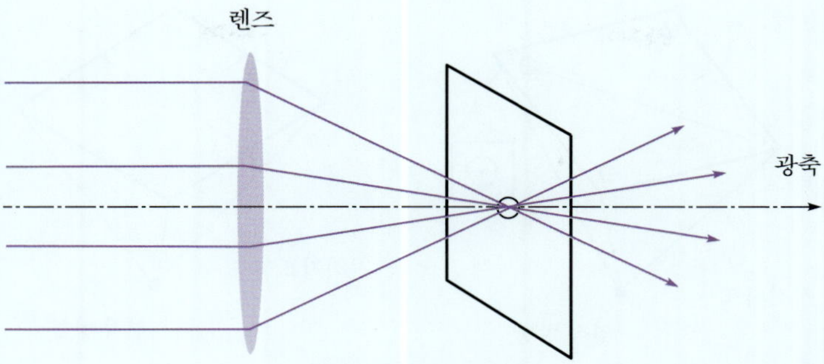

그림 3 렌즈와 광축

2.2 주점과 주점면

사진의 주점(principal point)은 [그림 4]와 같이 사진의 실질적인 원점 또는 중심점으로 렌즈의 광축에서 사진면(또는 영상면)에 내린 수선이 교차하는 점이다. 일반적으로 카메라를 제작할 때 렌즈의 광축과 사진면의 원점이 일치하도록 제작하기 위해서 노력하지만 실제 제작된 후 렌즈의 광축과 사진면의 원점이 완전히 일치하지 않는 경우가 대부분이다. 이로 인해 사진의 원점 (0, 0)에서 아주 미세하게 벗어난 지점에서 사진의 주점이 존재하게 된다.

과거 아날로그 사진측량용 카메라는 사진의 주점을 결정할 수 있도록 사진지표(fiducial mark)를 제공하였다. 최근에는 사진측량 기술 및 컴퓨터비전 기술의 발달로 인하여 카메라 캘리브레이션(camera calibration)을 통해서 일반 사용자도 카메라에서 사진의 주점과 초점거리를 알아낼 수 있게 되었다. 사진의 주점은 사진의 실질적인 원점에 해당하고, 주점면(principal planes)은 주점에 위치하고 광축에 수직인 평면을 나타낸다.

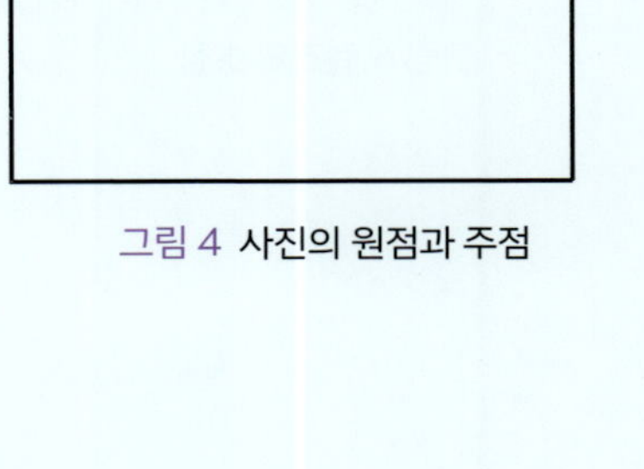

그림 4 사진의 원점과 주점

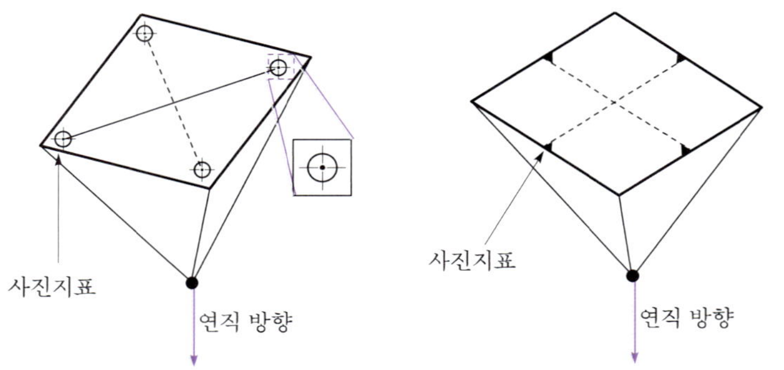

그림 5 사진지표

2.3 사진지표

사진지표(fiducial mark)란 아날로그(필름기반) 사진의 주점을 찾기 위해서 [그림 5]와 같이 사진의 네 모서리 또는 네 변의 중앙에 위치한 특별한 표시이다. 사진 상에서 서로 마주보는 사진지표를 잇는 두 선의 교점이 사진의 실질적인 원점인 사진 주점으로 결정된다.

2.4 렌즈의 초점

광축과 나란한 광선 다발이 볼록렌즈를 통과하면 [그림 6]과 같이 광선 다발이 렌즈를 지나면서 안쪽으로 꺾여 광축 위의 한 점에 모였다가 다시 퍼지는데, 이 때 광선 다발이 모이는 점을 초점이라 한다. 반대로 오목렌즈일 경우는 광선 다발이 렌즈를 지나면서 바깥쪽으로 퍼지는데, 퍼지는 광선 다발의 궤적을 거꾸로 연장하면 렌즈 앞쪽, 광축 위의 한 점에 모이는데 그 점을 초점이라 한다.

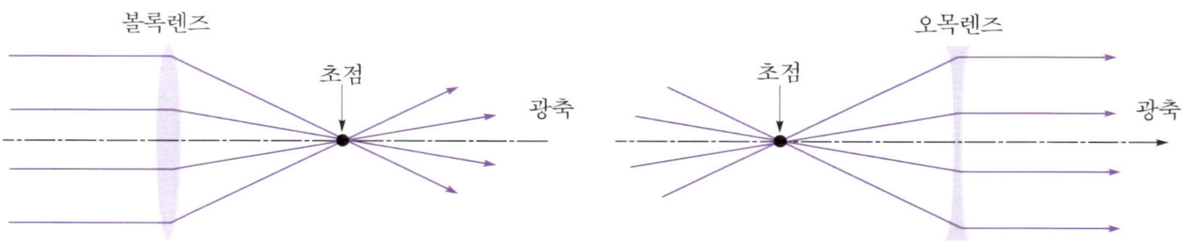

그림 6 렌즈의 초점

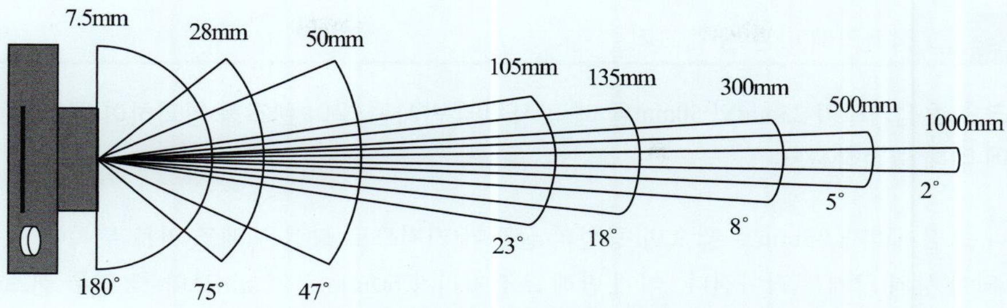

그림 7 카메라 초점거리에 따른 화각

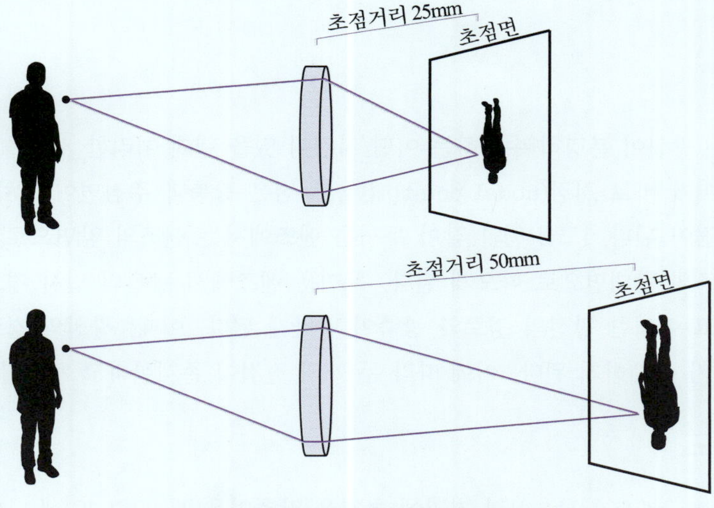

그림 8 초점거리에 따라 맺히는 상의 크기

2.5 초점거리

초점거리(focal length)란 피사체(대상물)에 초점을 맞추었을 때 렌즈와 사진면(또는 영상면) 사이의 거리를 나타낸다. 좀 더 광학적으로 나타내면 렌즈로부터 초점이 위치하는 곳까지의 거리로서 초점과 절점(nodal point)사이의 거리이다. 렌즈의 초점거리에 따라서 [그림 7]에 나타낸 것과 같이 대상물의 크기가 변화하고 일정 크기의 영상에 담기는 장면의 범위인 화각(field of view)이 달라진다.

[그림 8]에 나타낸 것과 같이 카메라의 초점거리가 짧으면 광선의 굴절이 커지고 광선은 렌즈 바로 뒤쪽에 초점을 맺게 되고 거기에 형성되는 영상의 크기는 작아진다. 이에 반해 초점거리가 길수록 렌즈에서 생기는 광선의 굴절이 작아진다. 따라서 초점을 맺는 점이 렌즈의 뒤쪽으로 더 멀어지면서 맺히는 상의 크기가 커진다.

예제 2 초점거리에 따른 상의 크기

카메라의 초점거리가 25mm와 50mm일 때 피사체에 반사된 빛이 렌즈를 통과하여 맺히는 상의 크기에 대해 설명하시오.

카메라 초점거리가 25mm로 짧으면 광선의 굴절이 커지므로 광선은 렌즈 바로 뒤쪽에 초점을 맺게 되어 상의 크기는 작아진다. 이에 반해 초점거리가 50mm로 25mm보다 클 경우 렌즈에서 생기는 광선의 굴절이 작아지므로 초점을 맺는 점이 렌즈의 뒤쪽으로 더 멀어지면서 맺히는 상의 크기가 커진다.

2.6 절점

렌즈에 들어오는 광선이 분명히 수렴하는 어떤 지점이 있을 텐데 이러한 지점을 정의하기 위해서 만들어진 용어가 바로 절점(nodal point)이다. 절점은 광축과 주점면이 교차하는 교차점으로 렌즈의 중심점이 된다. [그림 9]와 같이 두꺼운 렌즈에서는 렌즈의 앞면으로 들어오는 광선이 굴절하여 렌즈의 반대면으로 나오게 된다. 두꺼운 렌즈에서 광선의 입사 경로와 출사 경로는 평행하게 되고 이러한 광선의 경로와 광축이 만나게 된다. 이때, 광선의 경로와 광축이 만나는 점은 두 개가 존재하게 된다. 이에 따라 두 개의 절점이 존재한다고 표현할 수 있다.

2.7 피사계 심도

피사계 심도(depth of field)는 일정 거리에 초점을 맞추었을 때 [그림 10]에 나타낸 것과 같이 일정 거리 또는 범위 내에서 초점이 맞는 범위를 나타낸다.

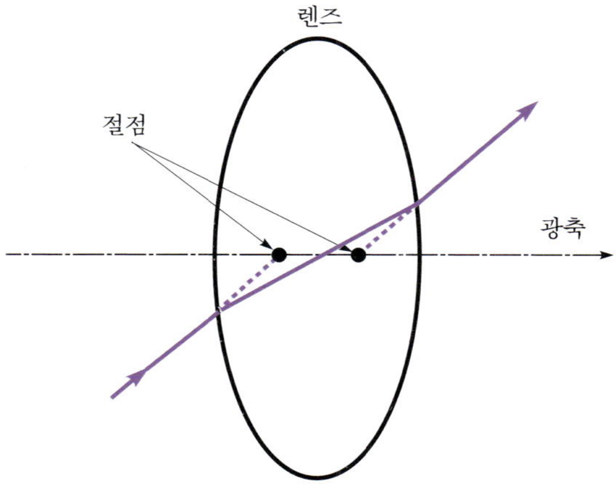

그림 9 입사 경로와 출사 경로에 의한 절점

피사계 심도는 카메라의 초점거리, 카메라 렌즈의 지름, 피사체와의 촬영 거리에 따라 달라진다. 협각, 중간각, 광각 카메라로 갈수록(초점거리가 짧아질수록) 피사계 심도는 깊어진다. 이는 필름면에 닿는 빛의 세기가 동일하다고 가정할 때 초점거리가 긴 경우보다 짧은 경우 더 많은 양의 빛이 필름면에 맺히기 때문으로 이해할 수 있다.

피사계 심도는 렌즈의 지름을 작게 할수록 깊어진다. 다시 말해, 조리개를 조이면 렌즈의 지름이 작아지게 되고 조리개를 통과하는 빛은 좁은 조리개를 통과하는 작은 양의 빛만 통과할 수 있다. 이로 인해 조리개를 통과한 빛의 착란원은 작아지고 선명한 상이 맺히게 된다. 우리가 눈을 찡그리면 빛이 눈을 통해 들어오는 구멍이 좁아지기 때문에 눈을 크게 떴을 때보다 사물이 잘 보이는 것을 경험해 본 적이 있는 것과 같은 원리이다.

피사계 심도가 얕다는 것은 사진에서 선명하게 나타나는 범위가 좁다는 것을 의미하고 피사계 심도가 깊다는 것은 가까운 피사체에서부터 먼 곳에 있는 모든 피사체까지 선명하게 보인다는 것을 나타낸다.

카메라 렌즈와 촬영해야 될 피사체가 가까이 있다면 피사체에서 나온 빛이 렌즈면에서 굴절이 많이 일어나고 이로 인해 착란원의 크기가 커져 피사계의 심도는 얕아지고 피사체가 멀리 있을 때는 피사계의 심도는 깊어진다. 피사계 심도에 대해서 초점거리, 렌즈의 지름, 촬영거리와의 관계를 정리하면 다음과 같다.

① 카메라 초점거리가 짧을수록 피사계 심도는 깊어진다.

② 카메라 렌즈의 지름을 작게 할수록(또는 조리개를 조일수록) 피사계 심도는 깊어진다.

③ 피사체와 카메라간의 촬영거리가 멀수록 피사계 심도는 깊어진다.

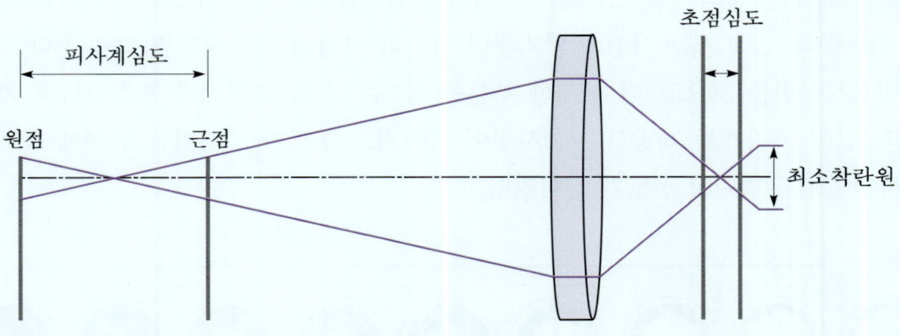

그림 10 피사계 심도

예제 3 카메라와 피사계의 심도의 관계

다음 중 맞는 문장에 (O), 틀린 문장에 (x)를 표시하시오.
① 카메라 초점거리가 짧을수록 피사계 심도는 깊어진다. (　　)
② 카메라 렌즈의 지름을 크게 할수록 피사계 심도는 깊어진다. (　　)
③ 피사체와 카메라간의 촬영거리가 가까울수록 피사계 심도는 깊어진다. (　　)

정답
① (O)
② (x)
③ (x)

사진측량 및 컴퓨터비전에서 입력데이터로 사용되는 사진(또는 영상)은 최초 촬영할 때의 품질이 이후의 데이터처리 과정에 많은 영향을 미친다. 그렇기 때문에 사진의 밝기와 품질에 영향을 미치는 노출에 대해서 간단히 살펴본다. 사진(또는 영상)의 노출과 관련된 ① 조리개 ② ISO 감도 ③ 셔터는 사진의 밝기와 품질을 다르게 할 수 있다.

2.8 사진의 노출

2.8.1 조리개

조리개(aperture)는 사람 눈의 홍채와 같은 역할로 빛을 초점으로 모으는 주 렌즈나 거울로서 렌즈를 통과하는 빛의 양을 조절한다. 조리개 직경(D)은 일반적으로 밀리미터(mm) 단위를 주로 사용한다. 조리개는 사진의 밝기뿐만 아니라 사진의 심도에도 영향을 준다. 조리개가 클수록 더 많은 빛을 모으고 더 섬세한 부분을 볼 수 있다. 조리개를 조절한다고 가정할 때 [그림 11]과 같이 조리개를 개방할수록 사진이 밝아지고 심도가 옅어지는 반면에 조리개를 닫을수록 사진이 어두워지고 심도가 깊어진다.

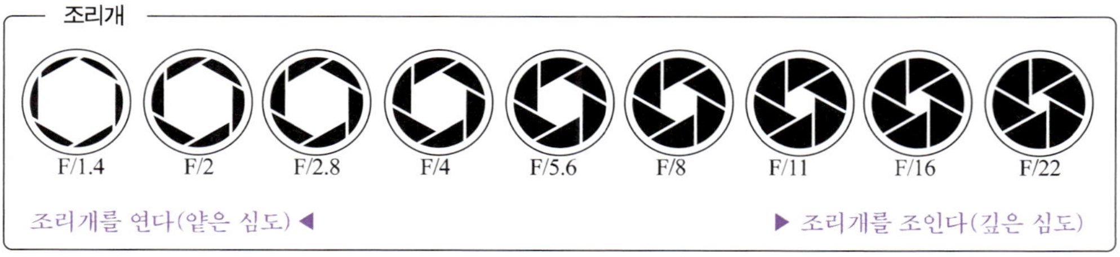

그림 11 조리개 조절 정도

사진의 노출에 영향을 미치는 요소 중 하나가 바로 조리개이며, [그림 11]은 조리개의 조정 정도를 나타낸 것이다. 이는 F/번호로 나타내며 식 (3)과 같이 조리개 직경에 대한 초점거리의 비율이다. 예를 들어, 초점거리가 35mm인 카메라에서 조리개를 최대로 열어 직경이 25mm인 경우, F/번호는 $35mm\,/\,25mm = 1.4$ 가 되어 $F/1.4$가 된다. 이에 반해, $F/22$ 라는 것($35mm\,/\,1.59mm \approx 22$)은 초점거리가 35mm인 카메라에서 조리개를 최대로 조여 직경이 거의 1.59mm가 되었다는 것을 나타낸다. 조리개 값을 나타내는 F/번호는 광학 시스템의 속도와 선명도를 측정한 값이다. 고속으로 움직이는 피사체를 촬영하기 위해서는 $F/1$, $F/2$, $F/3$과 같은 작은 값을 사용하고 저속으로 움직이는 피사체를 촬영할 때는 $F/8$, $F/15$, $F/20$과 같은 큰 값을 사용하면 된다. [그림 12]에 나타낸 것과 같이 조리개 값(F/번호)이 낮으면 빛의 양이 증가하고, F/번호가 크면 빛의 양이 감소한다는 것을 나타낸다.

$$F \;/\; \text{번호} = \text{초점거리}(f_c) \;/\; \text{조리개의 크기(D)} \tag{3}$$

조리개 값을 나타내는 F/번호는 F–stop이라고도 한다. 조리개 값을 F–stop 단위로 나타낼 때에 조리개는 셔터 속도나 ISO 감도와 달리 $\sqrt{2}$ 배(제곱근의 값으로써 1.4배) 증감되는 것이 한 스탑(stop)이다. 구경이 1.4배 줄어들면 면적은 그의 제곱으로 2배 줄어들어 통과하는 빛의 양이 절반이 되기 때문이다.

1 스탑(stop)이란 광량의 배수가 증가했다는 것을 나타내는 것으로 예를 들어, F/2.8의 2배 광량이라면 F/2.0($\equiv$ (2.8/ $\sqrt{2}$)의 값을 정수로 나타낸 것)으로 빛의 양이 2배가 되었다는 것을 뜻한다.

빛은 직진성과 파동성을 모두 가지고 있다. 조리개를 조절한다는 것은 빛이 들어오는 광량을 조절한다는 것이다. 만약 조리개를 적게 열어 빛이 들어오는 입구가 좁아지게 되면 조리개를 많이 열었을 때 보다 회절이 더 많이 발생하게 된다. 이로 인해 빛이 갈라지는 현상이 나타난다.

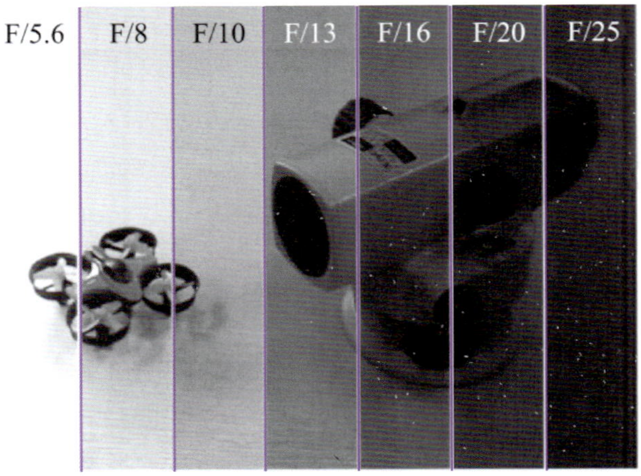

조리개에 따른 사진의 밝기 변화입니다. ISO 감도 100, 셔터 속도 1/10초 조건에서 오른쪽으로 갈수록(조리개가 닫힐수록) 사진이 점점 어두워지는 것을 볼 수 있습니다.

그림 12 조리개에 따른 사진의 밝기

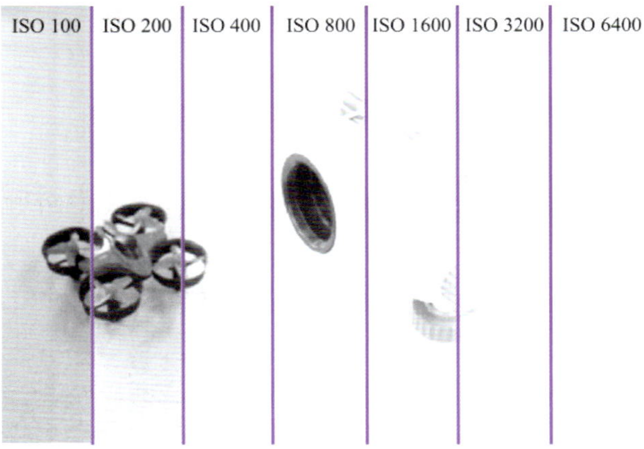

ISO 감도에 따른 사진의 밝기 변화입니다. 조리개 F/5.6, 셔터 속도 1/10초 조건에서 오른쪽으로 갈수록(감도가 높아질수록) 사진이 점점 밝아지는 것을 볼 수 있습니다.

그림 13 ISO 감도에 따른 사진의 밝기

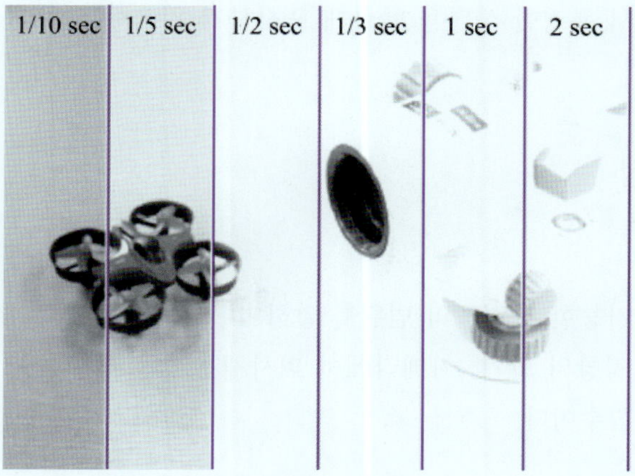

셔터 속도에 따른 사진의 밝기 변화입니다.
조리개 F/5.6, ISO 감도 100 조건에서 오른쪽으로 갈수록(셔터 속도가 느려질수록) 사진이 점점 밝아지는 것을 볼 수 있습니다.

그림 14 셔터 속도에 따른 사진의 밝기

2.8.2 ISO 감도

ISO(International Organization for Standardization, 국제표준화기구) 감도란 필름 카메라에서 필름의 감광 속도를 나타내는 수치로 필름이 빛에 얼마나 민감하게 반응하는가를 나타낸 수치이다. ISO 감도는 800, 1600, 3200 등과 같이 수치가 높을수록 작은 빛에도 민감하게 반응하여 사진이 밝아지지만 그만큼 상을 구성하는 입자가 커지기 때문에 사진에 거친 느낌이 나타나 잡영이 생겨 사진의 화질이 떨어진다. 이와 반대로 400, 200, 100으로 ISO 감도가 낮아지면 사진이 어두워진다.
[그림 13]에 나타낸 것과 같이 ISO 100, ISO 200, ISO 400, ISO 800 등 ISO 감도 값이 커질수록 빛에 감응하는 속도가 빨라지기 때문에 적은 노출로도 밝은 영상을 얻을 수 있다.

2.8.3 셔터

셔터(shutter)란 필름 등의 감광 재료에 빛을 비추기 위해 일정 시간만 여는 카메라의 장치이다. 셔터 속도란 셔터가 한 번 열렸다 닫히는 속도를 나타내는 수치이다. [그림 14]에 나타낸 것과 같이 카메라 셔터를 빨리 닫으면 빛이 적게 들어와 사진이 어둡게 되고 셔터를 느리게 닫으면 빛이 많이 들어와 사진이 밝게 된다. 셔터 속도는 사진의 밝기뿐만 아니라 사진의 역동감에도 영향을 준다. 빠르게 움직이는 피사체를 느린 셔터 속도로 촬영하면 셔터가 열려있는 시간이 길어지고 빛이 많이 들어와 그 시간만큼 피사체의 움직임도 오래 찍혀 잔상이 남는다. 따라서 스포츠 경기에서 특정한 장면을 빠르게 포착하기 위해서는 셔터 속도를 빠르게 할 필요가 있다.

2.8.4 포커싱과 자동초점

1) 포커싱

포커싱(focusing)은 허용 가능한 선명도의 범위를 말하며 초점 심도라고도 한다. 렌즈의 초점 심도는 렌즈의 초점거리, 영상의 크기, 카메라에서 피사체까지의 거리, 피사체의 크기, F/번호를 비롯한 여러 요인의 함수이다.

2) 자동초점

자동초점(AF : Auto Focus)은 피사체에 초점을 자동으로 맞추는 것을 나타낸다. 카메라 캘리브레이션을 수행할 때에 자동초점으로 설정하면 카메라의 심도가 조절되면서 초점거리도 바뀌게 되므로 반드시 수동초점(MF: Manual Focus)으로 설정해야 한다.

예제 4 카메라의 특성 비교

다음과 같이 3개의 아마추어 카메라가 있고 가격은 같다고 가정할 때 카메라의 특성을 비교하시오.

카메라 C는 조리개의 크기가 작기 때문에 3개의 카메라 중에서 가장 적은 양의 빛을 모을 수 있고 이로 인해 영상이 희미하게 된다.
카메라 A와 B는 조리개의 크기가 비슷하기 때문에 거의 동일한 양의 빛을 모을 수 있기 때문에 카메라 C에 비해서 더 선명한 영상을 얻을 수 있다. 카메라 A는 카메라 B에 비해서 F/번호가 더 작기 때문에 훨씬 빠르게 피사체를 촬영할 수 있고 초점거리가 카메라 B에 비해서 작기 때문에 훨씬 가볍게 작동할 수 있다.

카메라 구분	F/번호	조리개의 크기	초점거리
A	F/2.0	D=200mm	f_c=100mm
B	F/5.0	D=254mm	f_c=1270mm
C	F/15.0	D=50mm	f_c=750mm

03 렌즈의 초점거리와 주점거리

3.1 초점거리

초점거리(focal length)는 렌즈의 주점으로부터 초점까지의 거리를 말한다. 초점거리에 따라 화각과 배율이 결정되며 [그림 15]에 나타낸 것과 같이 초점거리가 길수록 화각이 좁으며 배율이 높으며 반대로 초점 거리가 짧을수록 화각이 크며 배율이 낮다. 따라서 초점거리가 길수록 촬영되는 면적이 좁으며 초점거리가 짧을수록 촬영되는 면적이 넓다.

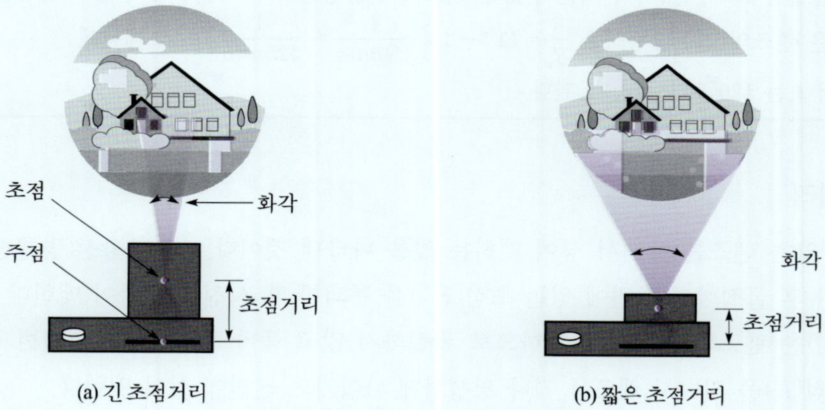

그림 15 초점거리에 따른 촬영 면적

얇은 렌즈의 초점거리는 [그림 16]을 통해 나타낼 수 있으며 식 (4)와 같이 계산할 수 있다.

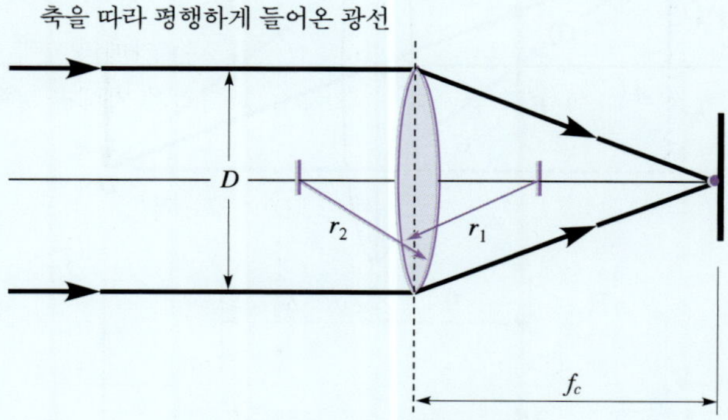

그림 16 얇은 렌즈의 초점거리

$$\frac{1}{f_c} = (n-1)\left(\frac{1}{r_1} + \frac{1}{r_2}\right) \tag{4}$$

[그림 16]에서 D는 렌즈의 직경을 나타내고, r_1, r_2는 각각 렌즈의 전면부와 후면부의 반경을 나타낸다. 또한, n은 굴절률을 나타내고, f_c는 초점거리를 나타낸다.

예제 5 얇은 렌즈의 초점거리

유리로 제작된 단순(얇은) 렌즈의 전면부의 반경이 150mm이고 렌즈의 후면부의 반경이 125mm일 때, 렌즈의 초점거리는 얼마인가? (단, 유리의 굴절률은 1.5이다.)

유리의 굴절률(n)이 1.5이기 때문에 얇은 렌즈의 결상방정식에 전면부와 후면부 반경을 고려하면 얇은 렌즈의 결상방정식은 $\frac{1}{f_c} = (1.5-1)\left(\frac{1}{150mm} + \frac{1}{125mm}\right)$이기 때문에, 초점거리 f_c는 $136.3636mm$가 된다.

3.2 주점거리

[그림 17]은 얇은 렌즈를 통해서 상이 맺히는 것을 나타낸 것이다. (1)번 광선(평행광선)은 렌즈를 통과한 후 굴절하여 후면에 있는 초점(F')을 통과한 후 사진면에 상이 맺힌다. (2)번 광선(중심광선)은 렌즈의 중심을 통과하므로 굴절하지 않고 똑바로 진행한다. (3)번 광선(초점광선)은 초점(F)을 지나서 렌즈를 지나 평행하게 나아가 사진면에 상이 맺힌다.
[그림 17]에서 얇은 렌즈의 결상방정식은 도형의 닮음을 이용하여 증명할 수 있다.

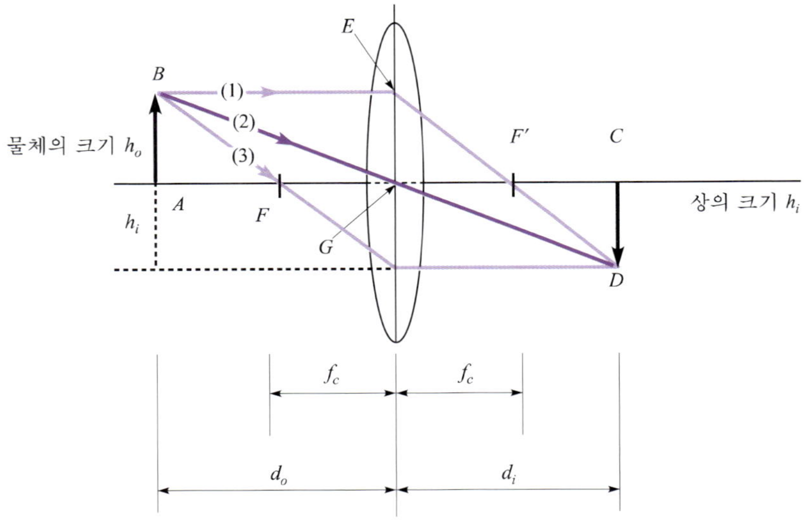

그림 17 얇은 렌즈를 통한 상 맺힘

[그림 17]에서 삼각형 $EF'G$와 삼각형 $CF'D$는 서로 닮았다. 이러한 도형의 닮음을 이용하면 식 (5)를 얻을 수 있다.

$$\frac{CD}{EG} = \frac{CF'}{GF'},\ \frac{CD}{EG} = \frac{d_i - f_c}{f_c} = \frac{d_i}{f_c} - 1 \tag{5}$$

유사한 방법으로 이번에는 삼각형 AGB와 삼각형 CGD가 서로 닮았다. 이를 이용하면 식 (6)을 얻을 수 있다.

$$\frac{CD}{AB} = \frac{GC}{AG} = \frac{d_i}{d_O} \tag{6}$$

식 (6)에서 거리 AB는 거리 EG와 동일하기 때문에 식 (6)은 식 (7)과 같이 나타낼 수 있다.

$$\frac{CD}{EG} = \frac{d_i}{d_O} \tag{7}$$

식 (5)와 식 (7)을 정리하면 식 (8)과 같고 양변에 $1/d_i$를 곱한 후 정리하면 얇은 렌즈의 결상방정식을 식 (9)와 같이 얻을 수 있다.

$$\frac{d_i}{d_O} = \frac{d_i}{f_c} - 1 \quad \rightarrow \quad \frac{d_i}{f_c} = \frac{d_i}{d_O} + 1 \tag{8}$$

$$\frac{d_i}{f_c d_i} = \frac{d_i}{d_O d_i} + \frac{1}{d_i} \quad \rightarrow \quad \frac{1}{d_O} + \frac{1}{d_i} = \frac{1}{f_c} \tag{9}$$

여기서 d_O, d_i, f_c는 각각 렌즈중심에서 대상물까지의 거리, 렌즈중심에서 사진면까지의 거리, 초점거리를 나타낸다.

일반적으로 항공사진에서는 렌즈중심에서 대상물까지의 거리(d_O)는 촬영고도(H)가 된다. 대상물과의 거리가 커지면 $d_O \rightarrow \infty$가 되어 $\frac{1}{d_O}$은 0이 되고 $\frac{1}{d_i} = \frac{1}{f_c}$ 이므로 렌즈중심에서 사진면까지의 거리(d_i)는 바로 초점거리(f_c)와 같게 되는 것을 알 수 있다. 그러나 지상사진의 경우에 렌즈의 결상방정식에서 알 수 있듯이 렌즈중심에서 대상물까지의 거리(d_O)가 상대적으로 작아서 렌즈중심에서 사진면까지의 거리(d_i)는 초점거리와 일치하지 않는 것을 알 수 있다. 이로 인해 일반적으로 렌즈중심에서 사진면까지의 거리를 주점거리(principal distance)로 나타낸다.

① 촬영거리가 짧은 경우 : 렌즈중심에서 사진면까지의 거리는 주점거리(principal distance)
② 촬영거리가 먼 경우 : 렌즈중심에서 사진면까지의 거리는 초점거리(focal length)

항공사진측량에서는 지상사진에 비해서 촬영거리가 멀기 때문에 주점거리 대신에 초점거리를 사용한다.

예제 6 사진면과의 거리

초점거리가 170.45mm인 얇은 렌즈로 부터 대상물과의 거리가 1.0m 일 때, 렌즈 중심에서 사진면과의 거리(image distance)는 얼마인가 ?

얇은 렌즈의 결상방정식은 $\frac{1}{d_O}+\frac{1}{d_i}=\frac{1}{f_c}$ 이기 때문에,

$\frac{1}{1.0}+\frac{1}{d_i}=\frac{1}{0.17045}$ 가 된다.

따라서, $d_i=0.2055$mm가 된다.

04 렌즈의 수차

수차(aberration)란 렌즈를 통과한 빛이 한 점에 모이지 않고 일그러지는 현상을 나타내는 것을 말한다. 이러한 수차는 촬영된 영상의 선명도를 저하시킨다.

① 구면수차

구면수차(spherical aberration)는 렌즈구면의 연마불량으로 인하여 발생하는 것으로 구면거울이 상(像)을 만들 때 렌즈 또는 거울의 면의 만곡도가 크거나 빛의 축에 대하여 큰 경사를 나타내기 때문에 물체의 상이 선명하지 못하게 되는 것을 말하며, 일반적으로 광학계에서 빛

의 파장 차이로 인하여 생기는 색수차를 제외하고 나머지 모든 수차는 구면 수차에 속한다. 하지만 좁은 범위에서 구면 수차란, 광축상의 한 점에서 나온 광선 다발이 렌즈의 어느 부분을 지났는가에 따라서 광선 다발로 만들어지는 상의 위치가 다르기 때문에 일어나는 수차를 말한다.

② 코마수차

코마수차(coma)는 렌즈 축에서 비스듬히 입사하는 광선에 관련된 구면수차이다. 상의 모양이 혜성(coma)과 같으므로 이러한 이름을 얻게 되었다. 코마수차도 렌즈의 외곽으로 입사하는 빛을 차단함으로써 막을 수 있다.

③ 비점수차

렌즈의 두 수직축(tangential and sagittal planes)의 초점이 달라서 점광원의 상이 점광원이 되지 않는 현상이다. 두 축의 초점의 중간 부분에서 가장 크기가 작은 상(circle of least confusion)을 얻을 수 있다.

④ 색수차

색수차는 렌즈의 굴절률이 빛의 파장에 따라 다르기 때문에 생기는 수차를 나타낸다.

05 렌즈의 왜곡

렌즈의 기하학적 위치오차를 발생시키는 렌즈왜곡에는 방사왜곡(RLD: Radial Lens Distortion), 편심왜곡(DLD: Decentric Lens Distortion), 부등각왜곡(AD: Affine Distortion) 등이 있다. 렌즈의 왜곡과 관련된 부분은 10장 사진의 표정 중에서 10.2 내부표정에서 자세히 기술하였다.

06 해상도

해상도(resolution)는 사진측량 및 원격탐사에서 다양한 의미를 가지고 있다. 해상도는 공간 해상도, 분광 해상도, 방사 해상도, 주기 해상도로 분류되고 활용목적에 따른 적합한 영상을 선택하기 위한 기준으로 이러한 해상도가 사용된다.

① 공간 해상도

공간해상도(spatial resolution)는 항공기 또는 위성에 장착된 물리적인 센서의 한 픽셀(pixel)이 지표면에서 차지하고 있는 크기 또는 넓이로 표현한다. 예를 들어, KOMPSAT2 위성영상의 한 픽셀은 지상에서 가로×세로가 약 1m×1m의 면적을 차지하고 있으며 이를 공간해상도라고 표현한다. 이러한 공간해상도는 지상해상도(GSD : Ground Sampling Distance)로 표현하기도 한다.

공간해상도는 지표면에서 대상물을 식별할 수 있는 능력을 나타내는 것으로 축척을 결정하는 중요한 매개변수 중 하나이다. 디지털 사진측량용 카메라를 이용하여 1:1,000 축척의 수치지도를 제작하기 위해서 공간해상도는 약 12cm(GSD 〈 12cm)보다 높은 능력을 가지고 있어야 한다.

② 주기 해상도

주기 해상도(temporal resolution)는 특정 지역을 얼마나 자주 방문하여 영상을 취득할 수 있는지를 나타내는 것이다. 항공사진측량에서 기상조건이 허락된다면 원하는 시각에 동일한 지역을 방문할 수 있을 것이다. 그러나 위성의 경우는 일정한 궤도를 돌고 있기 때문에 동일한 지역을 다시 촬영할 수 있는 주기해상도가 중요하다. 위성영상을 이용하여 지도를 제작하기 위해서는 동일한 지역에 대해 서로 다른 위치에서 촬영한 두 장 이상의 영상이 필요하다. 이러한 이유로 주기해상도가 높은 경우(방문 주기가 짧은 경우) 재촬영 주기가 짧아 위성을 이용하여 지도를 쉽게 제작할 수 있다.

③ 분광 해상도

분광 해상도(spectral resolution)는 카메라 또는 위성에 장착된 센서가 얼마나 좁은 파장 대역의 전자파 에너지를 관측할 수 있는가를 나타낸다. 분광해상도는 일반적으로 센서에서 취득한 밴드수를 나타내며 사진측량용 카메라의 경우는 B(Blue), G(Green), R(Red),

NIR(Near Infra Red)의 4개 밴드를 주로 취득하고 다중분광대 위성의 경우는 4 ~ 11개 정도의 밴드를 취득하고 있다.

④ 방사 해상도

방사 해상도(radiometric resolution)는 센서가 지표로부터 반사 또는 방사된 파장을 기록할 때 얼마나 작은 신호강도의 차이를 구별하여 기록할 수 있는가를 나타낸다. 8비트(bit)의 방사해상도를 갖는 영상은 픽셀(또는 화소)의 값이 0 ~ 255의 ($2^8 = 256$단계)의 범위를 기록할 수 있는데 반해 12bit 방사해상도를 갖는 영상은 0 ~ 4095의 ($2^{12} = 4096$단계)의 범위를 기록할 수 있기 때문에 미세한 밝기 차이나 색의 변화를 기록할 수 있다.

예제 7 해상도의 종류

공간 해상도, 주기 해상도, 분광 해상도, 방사 해상도에 대해 설명하시오.

- 공간 해상도는 항공기 또는 위성에 장착된 물리적인 센서의 한 픽셀(pixel)이 지표면에서 차지하고 있는 크기 또는 넓이로 표현한다.
- 주기 해상도는 특정 지역을 얼마나 자주 방문하여 영상을 취득할 수 있는지를 나타내는 것이다.
- 분광 해상도는 카메라 또는 위성에 장착된 센서가 얼마나 좁은 파장 대역의 전자파 에너지를 관측할 수 있는가를 나타낸다.
- 방사 해상도는 센서가 지표로부터 반사 또는 방사된 파장을 기록할 때 얼마나 작은 신호강도의 차이를 구별하여 기록할 수 있는가를 나타낸다.

07 카메라의 종류

사진측량에서 가장 중요한 데이터는 사진 또는 영상이다. 이러한 데이터는 대부분 카메라에 의해서 촬영된다. 카메라의 종류는 [그림 18]과 같이 항공사진측량을 목적으로 정밀하게 개발된 RC30, DMC Ⅰ, DMC Ⅱ, ADS80, ADS100, UltraCam 등에서 부터 일반 사용자들이 사용하는 DSLR 형태의 저가형 카메라 등이 있다. 뿐만 아니라 인공위성에 탑재된 CCD배열도 지상의 대상물을 촬영할 수 있는 카메라의 형태라고 할 수 있다.

RC30
DMC
DMC Ⅱ
Canon
DSLR
UltraCam
ADS100
Satellite
SAMSUNG
DSLR

그림 18 카메라의 종류

단원정리

01. 광축이란 빛이 렌즈 시스템을 통해 전파되는 경로를 정의하는 가성선이다. 렌즈로 구성된 시스템의 경우 축은 각 표면의 곡률 중심을 통과하고 회전 대칭축과 일치한다.

02. 사진의 주점이란 사진의 실질적인 원점으로 렌즈의 광축에서 사진면에 내린 수선이 교차하는 점이다.

03. 사진지표란 사진에서 원점을 표시하지 않기 때문에 사진의 네 모서리 또는 네 변의 중앙에 위치한 특별한 표시를 나타내는 것으로 서로 마주보는 사진지표를 잇는 두 선의 교점이 사진의 실질적인 원점으로 결정된다.

04. 초점이란 광축과 나란한 광선 다발이 볼록렌즈를 통과하면 광선 다발이 렌즈를 지나면서 안쪽으로 꺾여 광축 위의 한 점에 모였다가 다시 퍼지는데, 이 때 광선 다발이 모이는 점을 초점이라 한다.

05. 초점거리란 피사체에 초점을 맞추었을 때 렌즈와 영상면 사이의 거리를 나타낸다. 렌즈의 초점거리에 따라서 대상물의 크기가 변화하고 일정 크기의 영상에 담기는 장면의 범위인 화각이 달라진다.

06. 절점이란 광축과 주점면이 교차하는 교차점으로 렌즈의 중심점이 된다. 두꺼운 렌즈에서 광선의 입사 경로와 출사 경로는 평행하게 되고 이러한 광선의 경로와 광축이 만나게 되며 이로 인해 두 개의 절점이 존재한다.

07. 피사계 심도는 일정 거리에 초점을 맞추었을 때 초점이 맞는 일정 거리 또는 범위를 뜻하며 카메라의 초점거리, 카메라 렌즈의 지름, 피사체와의 촬영 거리에 따라 달라진다.

08. 피사계 심도에 대해서 초점거리, 렌즈의 지름, 촬영거리와의 관계를 정리하면 다음과 같다.
① 카메라 초점거리가 짧을수록 피사계 심도는 깊어진다.
② 카메라 렌즈의 지름을 작게 할수록(또는 조리개를 조일수록) 피사계 심도는 깊어진다.
③ 피사체와 카메라간의 촬영거리가 멀수록 피사계 심도는 깊어진다.

09. 수차란 렌즈를 통과한 빛이 한 점에 모이지 않고 일그러지는 현상을 나타내는 것을 말한다. 이러한 수차는 촬영된 영상의 선명도를 저하시킨다. 수차는 구면수차, 코마수차, 비점수차, 색수차로 분류할 수 있다. 일반적으로 광학계에서 빛의 파장 차이로 인하여 생기는 색수차를 제외하고 나머지 모든 수차는 구면 수차에 속한다.

10. 렌즈의 기하학적 위치오차를 발생시키는 렌즈왜곡에는 방사왜곡(RLD: Radial Lens Distortion), 편심왜곡(DLD: Decentric Lens Distortion), 부등각왜곡(AD: Affine Distortion) 등이 있다.

11. 해상도는 공간 해상도, 분광 해상도, 방사 해상도, 주기 해상도로 분류할 수 있다.
① 공간 해상도: 항공기 또는 위성에 장착된 물리적인 센서의 한 픽셀(pixel)이 지표면에서 차지하고 있는 크기 또는 넓이
② 주기 해상도: 특정 지역을 얼마나 자주 방문하여 영상을 취득할 수 있는지를 나타내는 것
③ 분광 해상도: 카메라 또는 위성에 장착된 센서가 얼마나 좁은 파장 대역의 전자파 에너지를 관측할 수 있는 정도
④ 방사 해상도: 센서가 지표로부터 반사 또는 방사된 파장을 기록할 때 얼마나 작은 신호강도의 차이를 구별하여 기록할 수 있는 정도

연습문제

1. 다음의 용어에 대해서 정의하시오.

   ① 광축(optical axis)
   ② 주점면(principal planes)
   ③ 절점(nodal point)
   ④ 초점(focal point)
   ⑤ 초점거리(focal length)

2. 렌즈수차의 종류에 대해서 쓰시오.

3. 렌즈방정식을 사용하여 항공사진측량 작업을 수행할 때 주점거리(principal distance)와 초점거리(focal length)는 서로 같다는 것을 증명하시오.

4. 조리개의 역할과 가장 거리가 먼 것은?

① 렌즈를 통과하는 빛의 양을 조절한다.
② 피사계 심도를 조절한다.
③ 모든 수차를 조절한다.
④ 영상의 밝기를 균일화 한다.

5. 조리개를 2단계(step) 열어주면 노출의 양은 몇 배가 되는가?

① 1/4배 ② 1/2배 ③ 2배 ④ 4배

6. 파장이 다른 빛은 굴절의 정도가 서로 달라 각기 다른 곳에 초점이 맺히는 것과 관련 있는 것은?

① 구면수차 ② 콤마수차 ③ 왜곡수차 ④ 색수차

7. 렌즈의 수차에 대한 설명 중 틀린 것은?

① 구면수차(spherical aberration)는 렌즈에 평행 광선이 입사될 때 광축에서 가까운 곳과 먼 곳의 입사각 차이로 발생하는 수차이다.
② 코마수차는 광축에 평행이 아닌 경사광선에 의한 수차이다.
③ 왜곡수차는 물체의 한 점으로부터 광축에 직교하는 접선 방향에서만 나타난다.
④ 상면만곡(curvature of field)은 렌즈에 의하여 맺힌 상면이 평면이 아닌 구면이 되는 현상을 말한다.

8. 카메라 심도를 깊게 하기 위해서 조리개를 너무 많이 조이게 되면 영상의 해상력이 저하되는데 그 이유로 옳은 것은?

① 빛의 반사 ② 빛의 굴절 ③ 빛의 직진 ④ 빛의 회절

9. ISO100 필름으로 촬영할 때 노출이 1/125초에 $F11$이라면, 감도가 동일한 필름으로 1/500초로 촬영할 때 같은 값의 노출량을 얻기 위해 필요한 조리개의 수치는?

① $F4$ ② $F5.6$ ③ $F8$ ④ $F11$

10. 피사계 심도에 대한 설명이 틀린 것을 모두 고르시오.

① 카메라의 조리개를 조일수록 깊어진다.
② 카메라의 초점거리가 짧을수록 깊어진다.
③ 피사체와 카메라간의 촬영거리가 멀수록 깊어진다.
④ 초점이 맞는 범위가 좁을수록 깊어진다.
⑤ 조리개 구경이 커질수록 피사계 심도는 깊어진다.

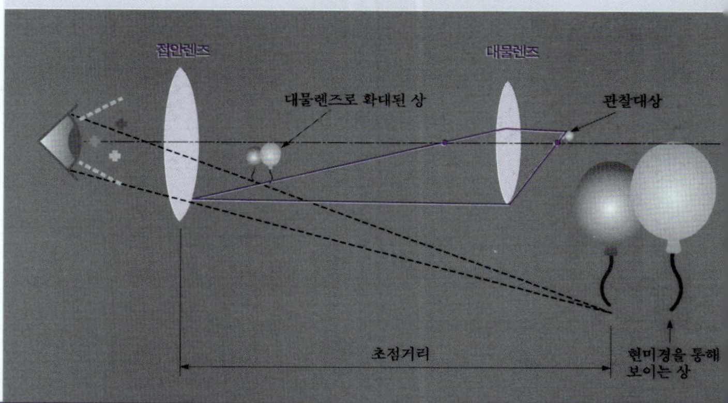

chapter

03 인간의 시각체계와 광학

이 단원에서는 인간의 시각체계와 광학에 대해 소개한다. 카메라는 눈과 유사하게 설계되어 있으며 사진을 취득하는 원리와 조건 등도 유사하다. 눈으로 보는 대상은 홍채에 들어오는 광량에 따라 달라진다. 따라서 광량을 조절하기 위한 눈의 구조와 시각체계를 학습할 필요가 있다. 또한 빛과 전자기파에 대해서도 언급하였다. 빛과 전자기파에 대한 이해는 사진 또는 영상을 취득하기 위한 과정을 살펴보는데 중요한 요소이다. 이것을 학습함으로서 여러분은 카메라에 상이 맺히는 원리를 간접적으로 경험한 것이나 다름이 없다. 인간의 눈에 대한 개념적인 이해를 바탕으로 실제 전자기파의 특성을 설명하고 인간의 눈에 존재하는 홍채, 동공, 모양근의 변화에 대해서도 다루었다. 이를 통해 카메라에 상이 맺히기까지 전자기파와 빛의 성질을 통해 상이 어떻게 맺히는 것인지 구체적으로 이해할 수 있을 것이다.

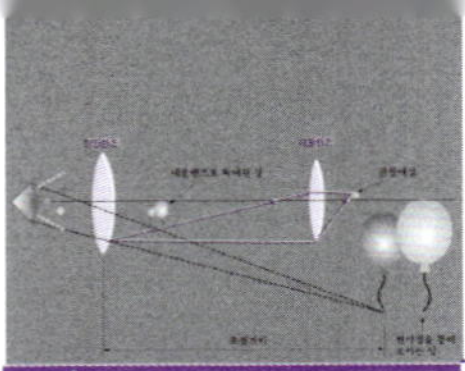

chapter

03 인간의 시각체계와 광학

학습목표

1. 사진 또는 영상을 취득하기 위해 가장 기본이 되는 빛이 가진 성질에 대해 설명할 수 있다.
2. 파장의 길이를 기준으로 전자기파를 분류할 수 있으며 전자기파에 따른 특성을 설명할 수 있다.

01 인간의 눈

[그림 1]은 인간의 시각체계를 이해하기 위해 눈과 망막의 구조를 나타낸 것이다. 홍채는 눈으로 들어오는 광량을 조절하는 역할을 하며 동공의 크기에 따라 눈으로 들어오는 빛의 양이 조절되다. 홍채는 [표 1]에 나타낸 것과 같이 카메라의 조리개와 같은 역할을 수행한다. 동공 반사란 빛의 양에 따라 동공의 지름이 커지거나 또는 작아짐으로써 망막에 도달하는 빛의 양을 조절하는 반사를 말한다.

가까운 대상물을 볼 때와 먼 곳을 볼 때에는 초점거리의 변화가 있어야 한다. 이러한 초점거리의 변화는 수정체가 두꺼워지거나 얇아지게 함으로서 가능하다. 가까운 곳을 볼 때는 [그림 2]와 같이 모양근의 수축이 일어나면 진대가 이완하고 수정체가 상대적으로 두꺼워진다. 이

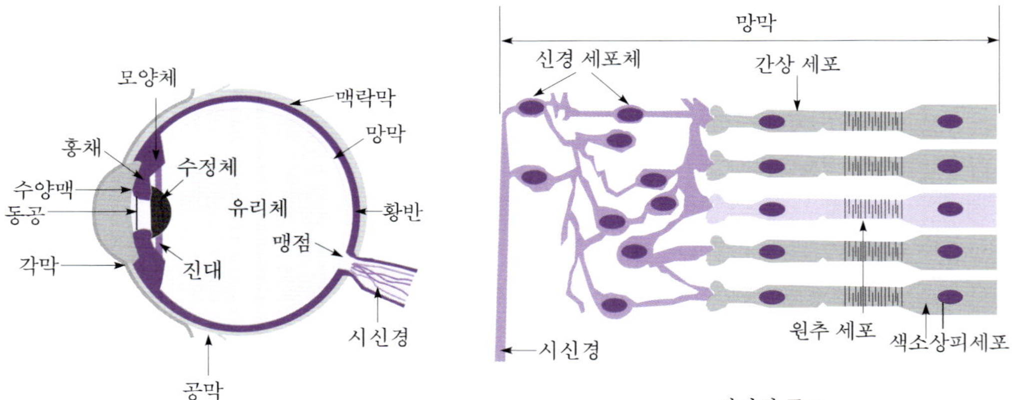

눈의 구조　　망막의 구조

그림 1 눈과 망막의 구조

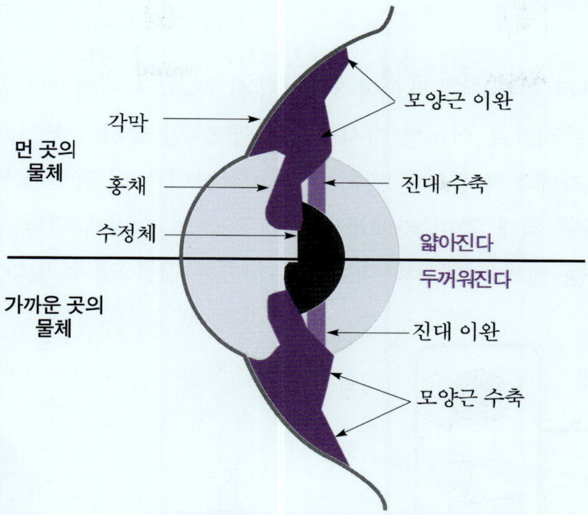

그림 2 물체의 거리에 따른 수정체의 형태

에 반해 먼 곳을 볼 때는 모양근의 이완이 일어나고 진대가 수축하며 수정체가 얇아진다.

사람 눈의 망막에는 간상세포와 원추세포의 두 종류가 있다. 원추세포는 망막의 중앙부분에 분포하며 주로 밝은 빛에서 물체의 형태와 색깔을 구분하는 역할을 수행한다. 이에 반해 간상세포는 망막의 주변부에 분포하고 색깔에 대한 식별력은 없으며 약한 빛에서 물체의 형태를 구별하는 역할을 수행한다.

사물(나무)이 망막에 맺힌 상의 크기는 간단히 [그림 3]과 식 (1)을 통해서 알 수 있다. [그림 3]에서 100m 떨어진 거리에 있는 15m 높이의 나무를 사람이 보았을 때 성인 눈의 초점거리가 약 17mm라고 가정하면 망막에 맺힌 상의 크기는 식 (1)의 비례식에 의해 2.55mm가 된다.

$$15/100 = x/17,\ x = 2.55mm \tag{1}$$

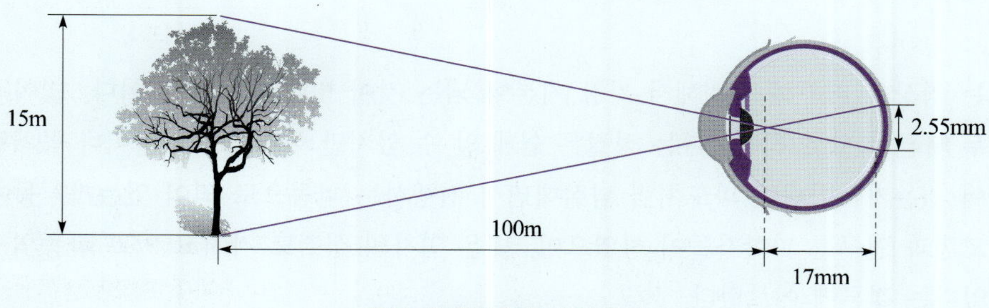

그림 3 망막에 맺힌 상의 크기

빛이란 인간의 눈 입장에서 살펴보면 밝다는 느낌을 주는 광선이다. 빛은 시각적인 측면에서 볼 수 있는 전자기 광선을 말하는 것으로 흔히 가시광선(visible light)이라 부른다. 다시 말하면 전자기파에서 극히 일부분인 파장이 380nm에서 780nm사이의 광선을 가시광선이라고 말한다. 인간의 눈은 일반적으로 이러한 가시광선의 약 8%인 극히 일부를 흡수한다.
[그림 4]는 각각 상이 카메라의 필름에 맺히는 모습과 상이 눈의 망막에 맺히는 모습을 나타낸 것이다. [표 1]에 나타낸 것과 같이 카메라의 렌즈는 눈의 수정체 역할, 조리개는 홍채 역할, 필름은 망막 역할, 어둠 상자는 맥락막 역할을 수행하는 것을 알 수 있다.

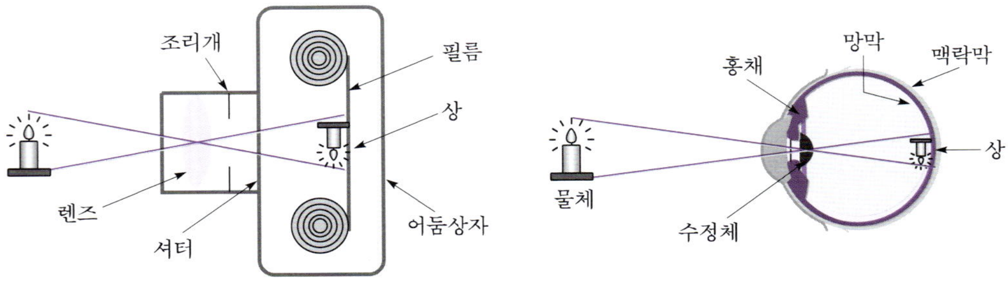

그림 4 눈과 카메라의 비교

표 1 눈과 카메라 비교표

구분 \ 작용	빛의 차단	빛의 굴절	명암 조절	상의 맺음	빛의 퍼짐 방지
카메라	셔터	렌즈	조리개	필름	어둠 상자
눈	눈꺼풀	수정체	홍채	망막	맥락막

02 빛

사진 또는 영상을 취득하기 위해서 가장 기본이 되는 것이 빛에 대한 이해이다. 빛이 기본적으로 매우 빠른 속도로 직진한다는 성질은 쉽게 알 수 있지만 이것이 모래알이나 공처럼 알갱이로 되어 있는가? 아니면 파도처럼 넘실대면서 진행하는 파동으로 되어 있는가? 등에 대한 다양한 고민과 연구를 과학자들이 하였으며, 빛은 입자의 성질도 가지고 있고 파동의 성질도 가지고 있다는 결론에 이르렀다.
사진측량학과 컴퓨터비전에서는 전자기파(electro-magnetic wave)에 의해 취득한 사진 또는 영상을 이용하여 대상물 또는 피사체에 대한 정성적, 정량적인 해석을 한다.

2.1 전자기파

전자기파*는 줄여서 전자파라고도 부르며 [그림 5]와 같이 전기장과 자기장이 서로 수직하면서 주기적으로 변하며 공간 속으로 전파해 나간다. 전자기파의 전파방향은 전기장과 자기장의 방향과 수직이다. 전기장과 자기장의 상호관계성을 규명한 사람은 영국의 물리학자이자 화학자인 마이클 패러데이(Michael Faraday)이다. 또한, 영국의 제임스 클러크 맥스웰(James Clerk Maxwell)은 전자기학의 기초이론을 정리하였으며 독일의 물리학자인 하인리히 루돌프 헤르츠(Heinrich Rudolf Hertz)가 실험을 통하여 전자기 파동의 존재를 입증하였다. 주파수의 단위인 Hz는 독일인 헤르츠에서 유래한 것이다.

전자기파는 진공 속에서 초속 30만 킬로미터(㎞)로 진행한다. 전자기파는 주파수와 파장에 따라 감마선, X선, 자외선, 가시광선, 적외선, 극초단파, 라디오파 등으로 분류된다.

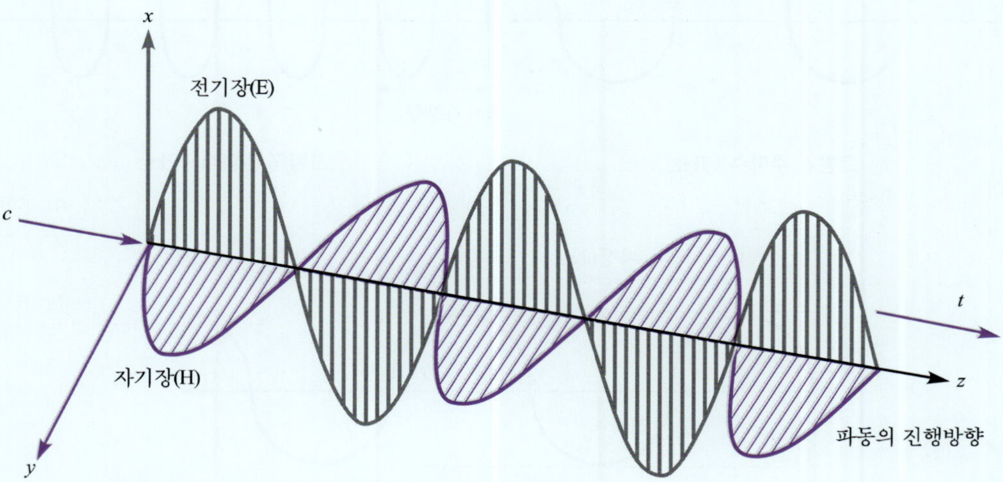

그림 5 전자기파로서의 빛

2.2 주파수, 파장, 위상

빛이 전파하는 속도를 광속도(light velocity)라고 한다. 빛이 진공 속을 전파하는 속도(광속도)는 어떠한 경우라도 같으며 1초에 약 30만 ㎞이다. 광속도는 식 (2)와 같이 주파수×파장의 관계가 있다. 광속도는 진공상태에서 30만㎞/s로 일정하기 때문에 주파수와 파장간에는 서로 반비례관계가 성립된다. 즉, 파장이 짧으면 주파수는 커지고, 파장이 길면 주파수는 낮아진다.

* 전자기파는 줄여서 전자파라고 부르며 전기장과 자기장의 두 가지 성분으로 구성된 파동으로서 서로 반복해서 퍼져나간다.

$$광속도(c) = 주파수(f) \times 파장(\lambda) \tag{2}$$

주파수(frequency)는 1초 동안 진동한 횟수를 나타내며 단위는 헤르츠(Hz)로 나타낸다. [그림 6]은 주파수가 1 Hz인 신호를 나타내고 [그림 7]은 주파수가 2 Hz인 신호를 나타낸 것이다. 파장(wave length)은 파동이 일정한 주기 동안 나아가는 거리를 나타낸다. 전파방향의 횡파에서는 파장을 [그림 8]과 같이 마루(crest)에서 마루까지 또는 골(trough)에서 골까지의 거리로 나타낸다. 진폭은 주기적인 진동이 있을 때 진동의 중심으로부터 마루나 골까지의 거리를 나타낸다.

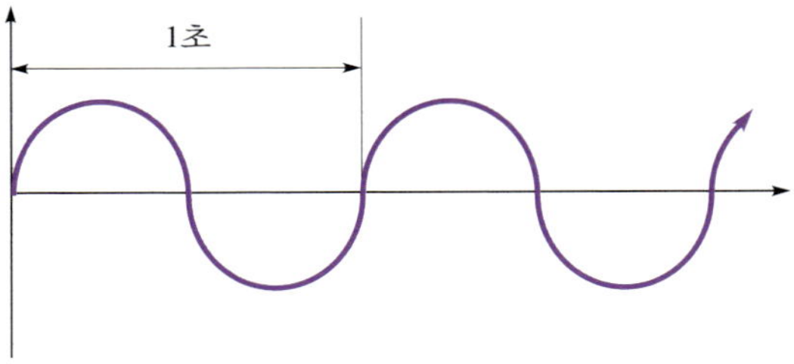

그림 6 주파수 - 1Hz

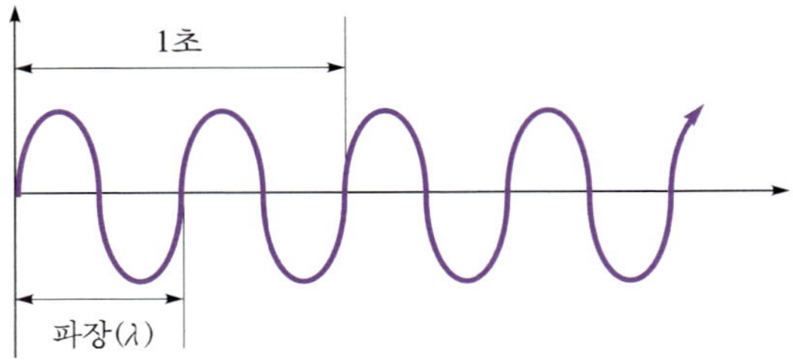

그림 7 주파수 - 2Hz

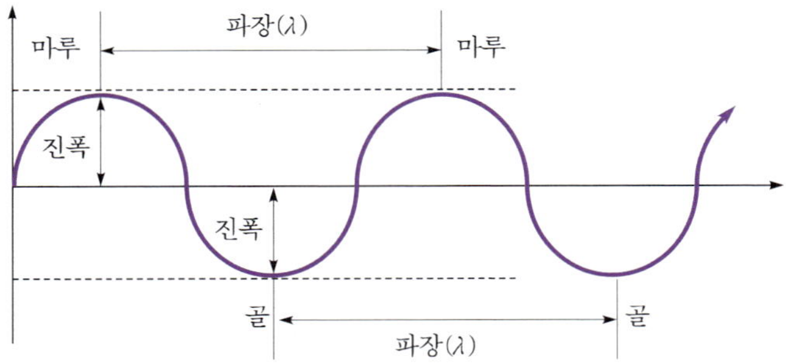

그림 8 파동의 표시

표 2 주파수와 파장의 관계

주파수(GHz)	0.1	0.3	1.0	2.0	3.0	30.0
파장(mm)	3,000	1,000	300	150	100	10
광속도(km/s)	300,000	300,000	300,000	300,000	300,000	300,000

전자기파가 전파된다는 것은 매질 뿐만 아니라 진공 속에서도 일어난다. 주파수와 파장간의 관계는 [표 2]와 같다.

예제 1 광속도, 주파수, 파장의 이해

주파수가 1,575 MHz인 신호의 파장의 길이는 얼마인가 ?

$c=\lambda\cdot f$ 이므로 파장의 길이 $\lambda=\frac{c}{f}=\frac{300,000,000m/s}{1,575\times10^{6}/s}=0.1904m\cong 19cm$ 이다.

03 전자기파의 종류

전자기파는 파장의 길이를 기준으로 분류할 수 있으며 파장이 짧을수록 주파수(진동수)가 크고 에너지도 크며 직진성이 강한 특징이 있고 파장이 길면 길수록 매질 속에서 멀리 전파되는 특징이 있다. 빛의 에너지와 진동수와의 관계는 식 (3)과 같이 플랑크상수를 통해서 알 수 있다.

$$E=hv \tag{3}$$

여기서, E는 빛 에너지를 나타내고 h는 플랑크 상수 그리고 v는 빛의 진동수(주파수)를 나타낸다. 식 (3)에서 알 수 있듯이 플랑크상수는 고정된 값으로 진동수가 높으면 에너지가 많게 되고 진동수가 낮으면 에너지가 적게 된다. 다시 말해 진동수와 파장은 반비례 관계에 있으므로 파장이 짧으면 산란(scattering)이 많이 된다는 것을 나타내고 파장이 길면 상대적으로 산란이 적게 된다는 것을 나타낸다. [그림 9]전자기파의 종류를 나타낸 것으로 감마선, 엑스선, 자외선, 가시광선, 적외선, 극초단파, 라디오파가 있다.

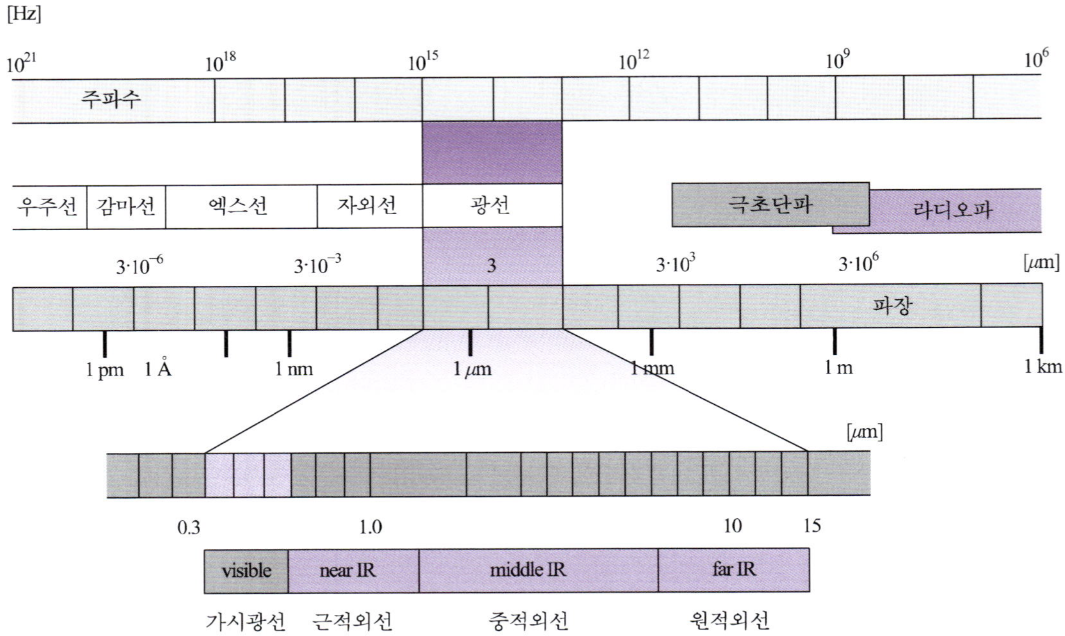

그림 9 전자기파의 종류

예제 2 파장과 주파수의 이해

다음의 질문에 맞으면 ○로 표시하고 그렇지 않은 경우에 ×로 표시하시오.

① 광속도가 일정할 때 파장이 짧으면 주파수가 길다.(　)

② 광속도가 일정할 때 파장이 짧으면 에너지가 멀리 전달된다.(　)

③ 광속도가 일정할 때 파장이 길면 주파수가 길다.(　)

④ 광속도가 일정할 때 파장이 길면 에너지가 멀리 전달된다.(　)

해설

① 파장이 짧으면 주파수가 길다. (○)

② 파장이 짧으면 에너지가 멀리 전달된다. (×) → 파장이 짧으면 에너지가 멀리 전달되지 못한다.

③ 파장이 길면 주파수가 길다. (×) → 파장과 주파수는 반비례 관계이다.

④ 파장이 길면 에너지가 멀리 전달된다. (○)

3.1 감마선

감마선은 핵폭발과 같은 알파(α)붕괴나 베타(β)붕괴를 한 불안정한 상태의 원자핵이 안정화

되는 과정에서 진동수가 매우 큰 감마(γ)선을 방출한다. 감마선은 방사성 붕괴를 이용하여 발생시킨다. 감마선은 전자기 스펙트럼의 한 부분으로, 대략 10억 분의 1 cm가 되는 가장 짧은 파장을 가지고 있으며, 전자기 스펙트럼 중에서 가장 높은 주파수를 가지고 있다.
감마선은 방사성 붕괴를 이용하여 암치료 등의 의학분야에 주로 사용된다.

3.2 엑스선

엑스선은 독일의 과학자 빌헬름 콘라트 뢴트겐(Wilhelm Conrad Röntgen)이 발견한 전자기파이다. 엑스선은 주로 인체 내부의 이상을 알아보거나 물질의 구조를 알아보는데 사용된다. 생활 속에서 대표적으로 활용되고 있는 것이 병원에 가서 흔히 촬영하는 흉부 엑스선 촬영이다. 엑스선은 인체의 피부와 살은 통과하면서 뼈는 통과하지 못하는 성질이 있다.

3.3 자외선

자외선은 지상에 도달하는 태양광선 중 파장이 200 ~ 400nm 사이인 광선으로 강력한 화학 작용을 일으킨다. 자외선은 감마선과 엑스선에 비해서 파장이 상대적으로 길어서 그 양이 지구표면에 도달하는 태양광선의 5% ~ 6%에 불과하지만 인간의 피부에 다양한 광생물학적 반응을 유발한다. 대표적으로 여름에 바닷가에서 강한 태양에 피부를 오랫동안 노출시키면 빨갛게 되는데 이는 피부가 자외선에 노출된 것으로 인체에 해로운 성격을 가지고 있어 피부암을 유발시킬 수 있다.

3.4 가시광선

가시광선은 사람의 눈에 보이는 전자기파의 영역으로 [표 3]에 나타낸 것과 같이 인간의 눈은 일반적으로 380nm ~ 750nm까지를 감지할 수 있다.

3.5 적외선

적외선은 마이크로파(극초단파)와 가시광선 사이에 있는 전자기파로 파장이 750nm에서 1mm까지이며 주파수는 300GHz ~ 500GHz이다. 적외선은 통상적으로 파장이 짧은 순으로 근적외선, 중적외선, 원적외선으로 나눈다. 적외선은 열을 갖는 대부분의 따뜻한 물체에서 방사된다. 또한, 적외선은 물체의 온도를 알 수 있어 적외선 온도계, 적외선 카메라 등이 있으며 생활 속에서는 식기 소독기나 컵 건조대 등이 살균기능이 있는 적외선을 사용한다.

- 근적외선(NIR : Near InfraRed)은 태양과 같은 매우 높은 온도의 물체에서 방사되며 파장이 주로 750nm ~ 3,000nm사이이다.
- 중적외선(MIR : Mid InfraRed) : 중적외선은 비행기나 미사일의 연기에서 나오는 온도와 유사하기 때문에 군사용으로 사용되며 주로 파장이 3,000nm ~ 5,000nm사이를 나타낸다.
- 원적외선(FIR : Far InfraRed) : 원적외선을 방출하는 대표적인 물질에는 맥반석 및 토루말린 등이 있으며 원적외선의 파장영역은 주로 5,000nm ~ 1mm사이이다.

표 3 가시광선 파장과 주파수

색상	파장	주파수
보라색	380-450 nm	668-789 THz
파랑	450-495 nm	606-668 THz
초록색	495-570 nm	526-606 THz
노랑	570-590 nm	508-526 THz
주황	590-620 nm	484-508 THz
빨강	620-750 nm	400-484 THz

$nm = 10^{-6}m$를 나타내고 $THz = 10^{12}Hz$를 나타낸다.

3.6 극초단파(또는 마이크로파)

극초단파(또는 마이크로파, microwave)는 파장이 1mm~1m 사이이고 주파수는 1~300GHz이다. 일반적으로 레이다(RADAR : RAdio Detection And Ranging)라고 부른 것들이 이러한 극초단파를 사용한다. 레이다는 모든 날씨와 밤낮의 구분없이 사용이 가능한 센서로 일반적으로 광학센서가 구름에 영향을 받는 것에 비해 레이다는 구름에 의해서 산란되거나 흡수되지 않는 특징을 가지고 있다.

극초단파를 응용한 대표적인 제품이 전자레인지이다. 전자레인지에 사용되는 주파수는 2,400~2,500MHz로 물분자의 양극과 공명하여 급격히 반 회전하는 주파수이기 때문에 식품속의 수분에 선택적으로 에너지를 전달하여 효과적으로 가열한다.

3.7 라디오파

라디오파는 전자기파의 일부로 파장 또는 주파수에 따라 다양한 밴드(band)로 나눌 수 있다. 라디오파는 그 파장에 따라 장파, 중파, 단파로 나누며 그 종류에 따라 다르게 이용된다.

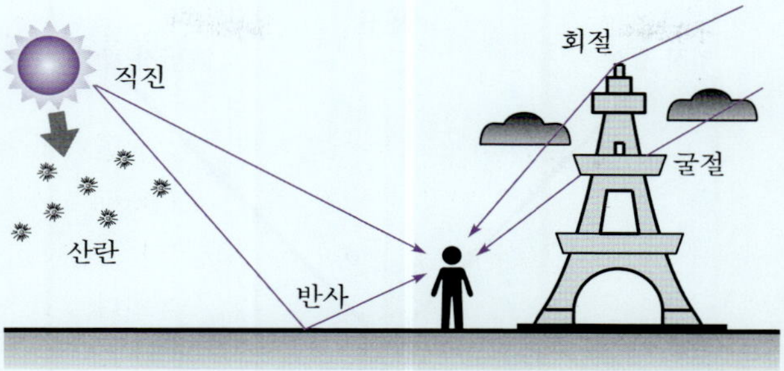

그림 10 전파기파의 특성

우리가 일반적으로 듣는 AM(Amplitude Modulation)과 FM(Frequency Modulation) 라디오 방송을 생각해 보자. FM 라디오 방송에는 대략 100MHz 주변의 주파수를 가지고 있으며 파장은 약 3m 정도이다. 이에 반해 AM 라디오 방송은 대략 파장이 400m이고 주파수는 약 750KHz 주변이다. 따라서, FM 라디오 방송에 비해 AM 라디오 방송은 파장이 길고 회절성이 좋기 때문에 터널과 같은 공간에서도 라디오 방송이 들리는 것이다.

04 전자기파의 특성

전자기파는 [그림 10]과 같이 여느 파동처럼 반사(reflection), 굴절(refraction), 회절(diffraction), 산란(scattering), 흡수(absorption) 등을 한다.

4.1 반사

전자기파의 파동이 진행하다가 매질이 다른 경계면을 만났을 때 파동의 일부는 반사하고 일부는 굴절해 들어간다. 전자기파는 반사하는 물질에 따라 방향이 역으로 변할 수도 있고 그 위치의 상태(위상)가 이동될 수도 있다.

[그림 11]은 입사광선과 반사광선과의 관계를 나타낸 것으로 입사하는 광선과 법선이 이루는 각 θ_i 를 입사각(incident angle)이라고 하고 반사하는 광선과 법선이 이루는 각 θ_r 를 반사각(reflection angle)이라고 한다. 반사의 법칙은 입사각과 반사각이 일치한다는 것이다. 반사의 법칙은 식 (4)와 같이 $\theta_i = \theta_r$ 로 표현할 수 있다.

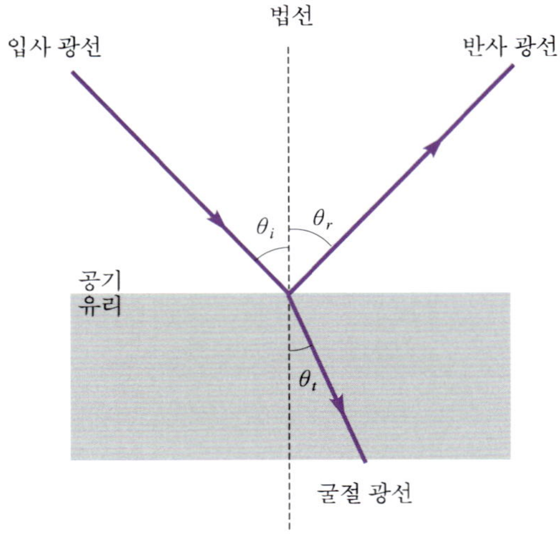

그림 11 입사각과 반사각

$$\theta_i = \theta_r \tag{4}$$

또한, 파동의 반사는 모든 종류의 파에서 나타난다. 파동이 반사할 때는 파동의 속도, 파장, 주파수(진동수)는 변하지 않는다.

4.2 굴절

굴절은 전자기파의 파동이 진행하다가 성질이 다른 매질로 나아갈 때에 그 진행 방향이 꺾여서 진행하는 현상이다. 매질의 상태가 변하는 경계면에서 비스듬히 입사하는 경우에는 파장의 변화뿐만 아니라 경계면을 지나면서 진행방향도 변하게 된다. 이와 같은 현상을 파동의 굴절이라고 한다. 굴절의 법칙은 1621년 네델란드의 수학자인 스넬(Willebord Snell : 1691~1626)이 발견하였으며 스넬의 법칙(Snell's law) 또는 굴절의 법칙이라고 하며 식 (5)와 같다.

$$n_i \sin\theta_i = n_t \sin\theta_t \tag{5a}$$

$$\frac{\sin\theta_t}{\sin\theta_i} = \frac{n_i}{n_t} \tag{5b}$$

광선은 같은 매질에서 직진하고, 매질의 경계에서 광선은 입사각과 같은 각으로 반사하는 성질이 있다. 또한, 광선은 한 매질에서 다른 매질로 진행할 때 파장이 변하는 성질이 있다. 식 (6)은 매질에서의 빛의 속도와 진공에서의 빛의 속도에 대한 수식을 나타낸 것이다.

표 4 굴절률

매질	굴절률	매질	굴절률
진공	1.0	크라운 유리 (typical crown glass)	1.52
공기(표준조건)	1.00029	사파이어	1.77
물(20。C)	1.33	다이아몬드	2.42

$$\text{매질의 굴절률}(n) = \frac{c}{v} = \frac{\text{진공에서의 빛의 속도(광속도)}}{\text{매질에서의 빛의 속도}} \tag{6}$$

광선이 매질 경계면을 통과하여 전송되는 광선방향은 스넬의 굴절법칙을 따른다. [표 4]는 굴절률(refractive index)을 나타낸 것으로 진공에서의 빛의 굴절률은 1.0이고, 물(20。C)에서의 굴절률은 1.33이다.

예제 3 굴절법칙

굴절법칙(Snell's law)을 이용하여 공기 중에서 입사각 60°로 유리를 통과할 때 반사각을 계산하시오. (단, 이 때 유리의 굴절률은 1.5이다)

반사각 : $\frac{\sin\theta_t}{\sin 60°} = \frac{1.0}{1.5} = 35°\ 15'52''$

4.3 회절

회절은 파동이 진행하다가 장애물을 만나면 그 주위를 돌아서 진행하거나 좁은 틈을 통과한 파동이 넓게 퍼져 나가는 현상이다. 회절은 파장이 길고(주파수가 낮을수록) 틈이 좁을수록 잘 일어난다. 예를 들면 산속의 숲에서도 휴대전화로 통신을 할 수 있는 것은 전파가 장애물 뒤로 돌아가는 회절현상 때문이다. 또한 장애물이 많은 지역에서 FM 라디오 방송보다 AM 라디오 방송의 수신도가 좋은 것은 파장의 길이가 AM 전파가 FM 전파보다 길어 회절성이 좋기 때문이다.

4.4 산란

산란이란 전자기파가 진행하다가 만난 물체 표면에서 원자 혹은 분자 수준에서 물체표면과 전자기파의 상호작용의 결과로 전자기파가 사방으로 흩어지는 현상을 의미한다. 다시 말하면, 전자기파가 매질속의 원자, 분자 등에 닿아서 여러 방향으로 진로를 바꾸는 것이다. 빛의 경우 산란의 정도는 입자의 크기가 빛의 파장보다 훨씬 작으며 파장이 짧을수록 산란이 많이 일어난다. 하늘이 파랗게 보이는 현상은 가시광선 중에서 파장이 짧은 파란빛이 공기 중에서 많이 산란되기 때문이다.

전자기파의 반사는 입사각과 반사각으로 거의 모든 에너지가 한꺼번에 움직이는 것을 의미하지만, 산란은 에너지가 분산되어 흩어지는(난반사) 것을 의미한다. 산란은 매질 또는 물체 표면을 확대해 보면 미세하게 울퉁불퉁하기 때문에 적든 많든 산란이 발생하게 된다. 산란은 평평하거나 완만한 굴곡에서 가장 적게 발생하며, 뾰족한 모서리에서 가장 강렬하게 발생한다. 또한, 심한 비가오거나 먼지가 많은 대기의 변화로 인해 산란이 발생한다.

이러한 산란 현상은 영상에 기록되는 태양광선의 위치에 변화를 가져옴으로써 밝은 픽셀은 원래의 값에 비해 다소 어둡게, 어두운 픽셀은 보다 밝게 나타나게 되어 영상데이터의 밝기값의 명확도를 떨어뜨린다. 이와 같은 산란의 효과는 단파장이 장파장에 비해 더 큰 영향을 받게 된다.

4.5 흡수

흡수는 전자기파가 반사, 굴절, 회절될 수 없는 매질에 부딪혔을 때 전자기파가 소실되는 것을 나타낸다. 흡수 현상은 대기에 존재하는 특수 성분의 분자들이 태양 광선의 파장 중 일부를 흡수함으로써 나타나는 현상이다. 대기 중에 존재하는 오존, 탄소화합물, 수증기는 이러한 흡수현상과 밀접한 관계가 있다. 오존은 이미 우리가 알고 있듯이 자외선 영역의 빛에 아주 민감하게 반응하여 상층 대기에서 이들의 대부분을 흡수한다. 이에 반해 하층 대기에 존재하는 탄소화합물이나 수증기 분자는 상대적으로 긴 파장대의 빛에 민감하게 반응한다.

특히 수증기 분자의 경우 원격탐사를 위해서 많이 사용되고 있는 가시광선과 적외선 영역의 빛을 주로 흡수함으로써 영상레이더의 밝기값 저하에 영향을 미친다.

단원정리

01. 빛이란 입자의 성질과 파동의 성질을 지닌 것으로 시각적인 측면에서 볼 수 있는 전자기 광선을 말하며 흔히 가시광선이라 부른다.

02. 전자기파는 전기장과 자기장이 서로 수직하면서 주기적으로 변하며 공간 속으로 전파해 나간다. 전자기파의 전파방향은 전기장과 자기장의 방향과 수직이다.

03. 광속도는 빛이 전파하는 속도를 뜻하며 진공 속을 전파하는 속도는 어떠한 경우라도 같다. 광속도는 1초에 약 30만㎞/s로 일정하며 광속도(c) = 주파수(f) × 파장(λ)의 관계가 있다.

04. 주파수(frequency)는 1초 동안 진동한 횟수를 나타내며 단위는 Hz로 나타낸다.

05. 파장(wave length)은 파동이 일정한 주기 동안 나아가는 거리를 나타낸다. 전파방향의 횡파에서는 파장을 마루(crest)에서 마루까지 또는 골(trough)에서 골까지의 거리로 나타내며, 진폭은 주기적인 진동이 있을 때 진동의 중심으로부터 마루나 골까지의 거리를 나타낸다.

06. 전자기파는 파장의 길이를 기준으로 분류할 수 있으며 파장이 짧을수록 주파수(진동수)가 크고 에너지도 크며 직진성이 강한 특징이 있고 파장이 길면 길수록 매질 속에서 멀리 전파되는 특징이 있다.

07. 가시광선은 사람의 눈에 보이는 전자기파의 영역으로 인간의 눈은 일반적으로 380nm ~ 750nm까지를 감지할 수 있다.

08. 적외선은 마이크로파와 가시광선사이에 있는 전자기파로 파장이 750nm에서 1mm까지 이며 주파는 300GHz ~ 500GHz이다. 적외선은 통상적으로 파장이 짧은 순으로 근적외선, 중적외선, 원적외선으로 나눈다.

09. 전자기파는 파동처럼 반사(reflection), 굴절(refraction), 회절(diffraction), 산란(scattering), 흡수(absorption) 등을 한다.

10. 전자기파의 반사는 파동이 진행하다가 매질이 다른 경계면을 만났을 때 발생한다. 반사의 법칙은 입사각과 반사각이 일치하며 $\theta_i = \theta_r$ 로 표현할 수 있다. 파동의 반사는 모든 종류의 파에서 나타나며 파동이 반사할 때는 파동의 속도, 파장, 주파수(진동수)는 변하지 않는다.

11. 굴절은 전자기파의 파동이 진행하다가 성질이 다른 매질로 나아갈 때에 그 진행 방향이 꺾여서 진행하는 현상이다. 매질의 굴절률의 계산은 스넬의 법칙을 이용하며 (진공에서의 빛의 속도) / (매질에서의 빛의 속도)로 계산할 수 있다.

12. 회절은 파동이 진행하다가 장애물을 만나면 그 주위를 돌아서 진행하거나 좁은 틈을 통과한 파동이 넓게 퍼져 나가는 현상이다. 회절은 파장이 길고(주파수가 낮을수록) 틈이 좁을수록 잘 일어난다.

13. 산란이란 전자기파가 진행하다가 만난 물체 표면에서 원자 혹은 분자 수준에서 물체표면과 전자기파의 상호작용의 결과로 전자기파가 사방으로 흩어지는 현상을 의미한다. 빛의 경우 산란의 정도는 입자의 크기가 빛의 파장보다 훨씬 작으면 파장이 짧을수록 산란이 많이 일어난다.

14. 산란 현상은 영상에 기록되는 태양광선의 위치에 변화를 가져옴으로써 밝은 픽셀은 원래의 값에 비해 다소 어둡게, 어두운 픽셀은 보다 밝게 나타나게 되어 영상데이터의 밝기값의 명확도를 떨어뜨린다.

15. 흡수는 전자기파가 반사, 굴절, 회절될 수 없는 매질에 부딪혔을 때 전자기파가 소실되는 것을 나타낸다. 수증기 분자의 경우 원격탐사를 위해서 많이 사용되고 있는 가시광선과 적외선 영역의 빛을 주로 흡수함으로써 영상레이더의 밝기값 저하에 영향을 미친다.

연습문제

1. 빛이란 무엇인가?

2. 주파수의 단위는 무엇인가?

3. 주파수와 파장간의 관계에 대해서 설명하시오.

4. 수업시간에 사용하는 레이저 포인터는 빨간색의 파장이 약 650nm이다. 이 레이저 포인터의 주파수의 크기는 얼마인가?

5. 파장과 진폭은 무엇인가?

6. 다음과 같이 로프의 파가 있다.

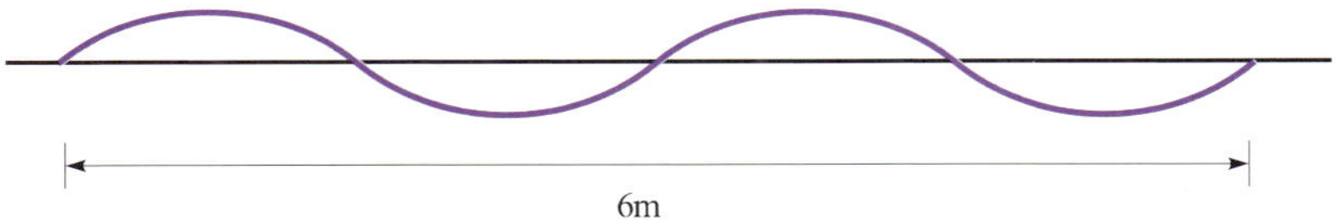

a. 이 파의 파장은?
b. 만약 파의 주파수가 4Hz이면 파장의 크기는 얼마인가?

7. 투명하고 양면이 볼록 렌즈 모양으로 망막에 들어온 상을 명확하게 감지할 수 있도록 초점거리를 맞추는 역할을 하는 것은?

① 간상체 ② 수정체 ③ 추상체 ④ 홍채

8. 사람의 눈으로 볼 수 있는 가시광선의 파장 범위는?

① 120~ 360nm ② 380~ 780nm ③ 800~ 1200nm ④ 1250~ 1450nm

9. 공기 중에서 진행하는 빛이 어느 매질의 경계면에서 꺾여 그 매질 속으로 들어가는 것은 무슨 작용인가?

① 반사 ② 굴절 ③ 회절 ④ 산란 ⑤ 분산

10. 사람의 눈에서 카메라의 조리개 역할을 하는 것은?

① 홍채 ② 맥락막 ③ 수정체 ④ 망막

chapter

04

사진측량과 컴퓨터비전을 위한 기초수학

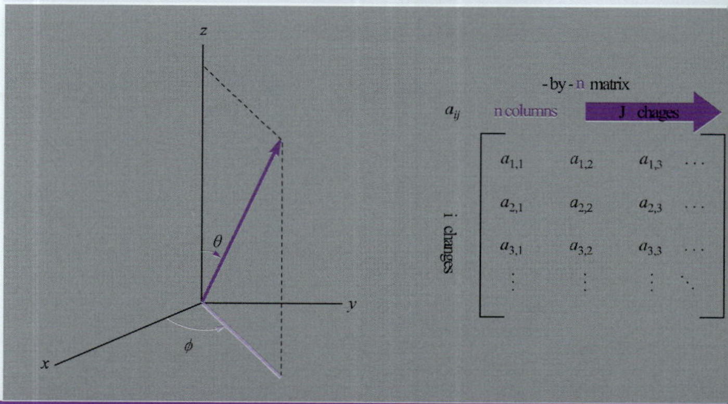

사진측량과 컴퓨터비전에서는 기하학적 해석을 위하여 벡터라는 개념을 주로 사용하며, 이를 처리하기 위해 행렬연산을 이용한다. 따라서 벡터와 행렬에 대한 연관성과 기초이론에 대하여 살펴본다. 행렬은 복잡한 방정식의 문제를 쉽게 구할 수 있게 해준다. 이러한 벡터와 행렬에 대한 이론을 선형대수라 하며, 선형대수란 컴퓨터가 어떤 방정식을 효율적으로 풀기 위한 학문이라 할 수 있다. 이에 본 단원에서는 사진측량과 컴퓨터비전에서 주로 사용되는 선형대수학의 이론에 대하여 살펴보고 다양한 예제를 통하여 이를 이해하는 것을 목적으로 한다. 다만 자세한 증명과 추가적은 내용은 선형대수학 서적을 참고하기 바란다.

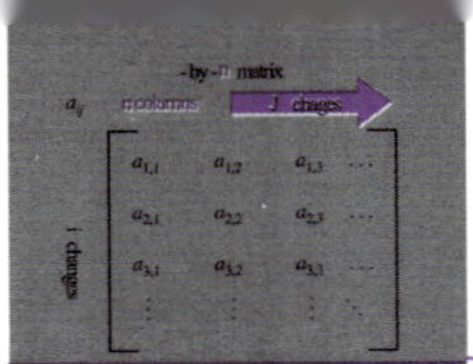

chapter

04 사진측량과 컴퓨터비전을 위한 기초수학

학습목표

1. 벡터 내적과 외적에 대하여 설명할 수 있다.
2. 고유값과 고유벡터에 대하여 설명할 수 있다.
3. 특이값 분해에 대하여 설명할 수 있다.
4. 특이값 분해를 이용한 최적화 방법 및 영공간에 대하여 설명할 수 있다.
5. 2차원 회전에 대해서 설명할 수 있다.
6. 방향코사인에 대해서 설명할 수 있다.

01 벡터

스칼라(scalar)란 주어진 시간과 공간에서 크기만 있고 방향을 가지지 않는 양을 나타낸다. 이에 반해 벡터(vector)는 [그림 1]과 같이 주어진 시간과 공간에서 크기와 방향을 가지고 있는 양을 나타낸다. 대표적인 예로서, 속도는 크기와 방향을 포함하는 벡터를 나타내고 속력은 방향을 가지지 않기 때문에 속력은 스칼라이다. 본 장에서 벡터는 볼드체의 소문자($\mathbf{a}$), 스칼라는 소문자(a), 행렬은 대문자(A)로 사용하며 벡터는 열(column)벡터를 사용한다.

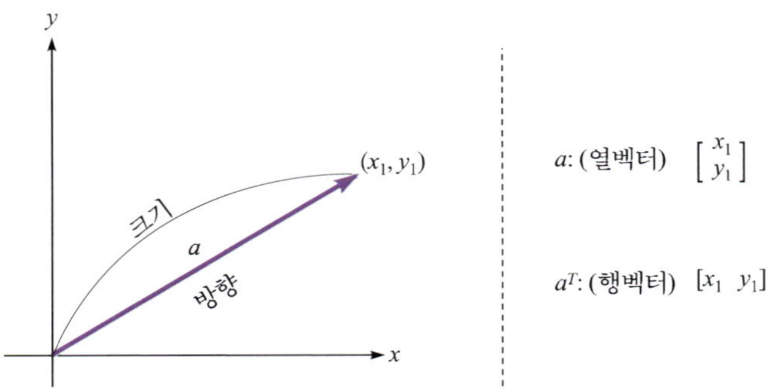

그림 1 크기와 방향을 가지고 있는 벡터

1.1 동일직선 상의 벡터와 평행한 벡터

[그림 2(a)]와 같이 시점이 같은 두 벡터가 “동일직선 상에 있다(collinear)”는 것은 한 벡터가 다른 벡터의 스칼라배수인 경우를 뜻한다. 스칼라 값이 양이면 두 벡터는 같은 방향이고 스칼라 값이 음이면 두 벡터 서로 반대방향에 있다. 만약 두 벡터의 시점이 다를 경우 [그림 2(b)]와 같이 동일 직선상에 있지 않고 평행하게 된다.

1.2 벡터의 덧셈과 뺄셈

벡터의 덧셈은 [그림 3]과 같이 시점을 일치시키고 평행사변형 규칙을 이용하여 벡터 c를 두 벡터 a, b의 합으로 표현할 수 있다.

벡터의 뺄셈은 벡터의 덧셈개념을 응용하여 [그림 4]의 점선과 같이 빼는 벡터의 방향을 반대로 바꿔서 더한 것과 같다.

따라서 벡터의 덧셈과 뺄셈을 수행할 때 시점이 자유롭던 벡터의 시점을 일치시킨 후 연산한다고 생각할 수 있으며 앞으로의 모든 벡터 간의 연산은 시점을 일치시킨 후 연산한다고 생각한다.

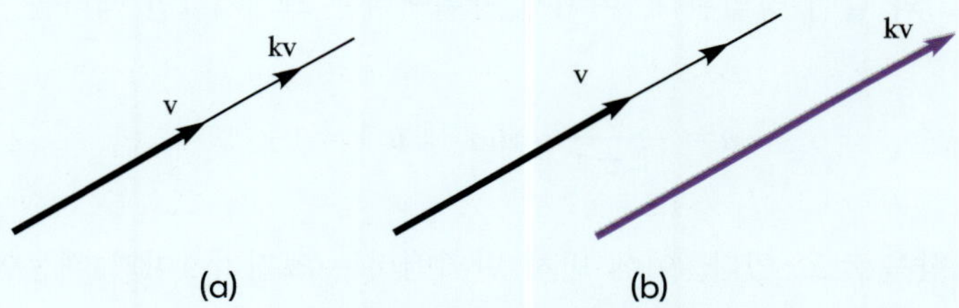

그림 2 동일 직선상의 벡터와 평행한 벡터

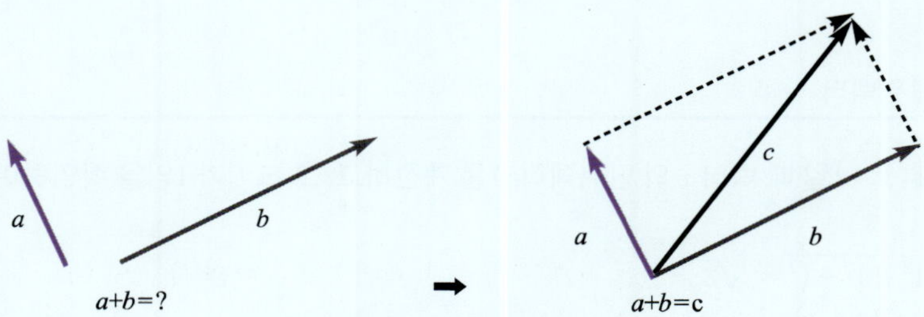

그림 3 벡터의 덧셈

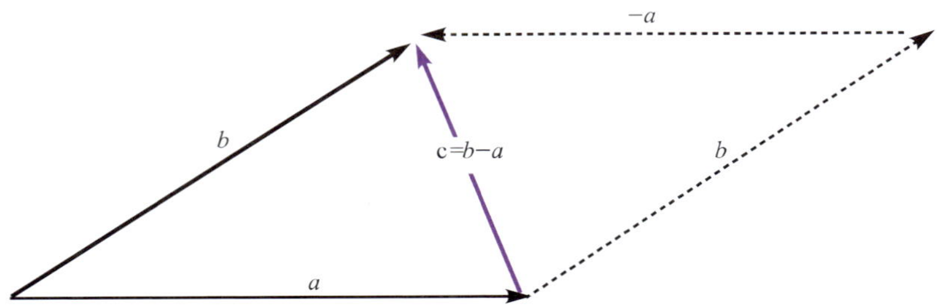

그림 4 벡터의 뺄셈

1.3 벡터의 크기와 단위벡터

n차원의 벡터 $\boldsymbol{v} = (v_1, v_2, \cdots, v_n)$의 길이 혹은 크기(norm)는 $\| \boldsymbol{v} \|$ 로 표시하며 식 (1)과 같이 피타고라스 정리를 n차원으로 확장하여 다음과 같이 정의한다.

$$\| \boldsymbol{v} \| = \sqrt{v_1^2 + v_2^2 + v_3^2 + \cdots + v_n^2} \tag{1}$$

만약 벡터 $\boldsymbol{v} = (v_1, v_2, \cdots, v_n)$가 영이 아닌 벡터이면 같은 방향을 갖는 단위벡터(unit vector) $\boldsymbol{u}$는 식 (2)와 같이 정의된다. 여기서 단위벡터는 크기가 1인 벡터를 뜻한다.

$$\boldsymbol{u} = \frac{\boldsymbol{v}}{\| \boldsymbol{v} \|} \quad \text{and} \quad \| \boldsymbol{u} \| = 1 \tag{2}$$

벡터는 크기와 방향을 갖고 있다. 이에 반해 단위벡터는 크기가 1이기 때문에 방향만 가지고 있는 벡터로 생각할 수 있으며 사진측량 및 컴퓨터비전에서의 단위벡터는 2차원 또는 3차원 좌표계에서 좌표축의 방향(기저벡터)을 나타낼 때 주로 사용된다.

예제 1 단위벡터

벡터 $\boldsymbol{v} = (1, 1, 1)$일 때 벡터 $\boldsymbol{v}$의 단위벡터 $\boldsymbol{u}$를 계산하고, 그 크기가 1임을 확인하여라.

$$\| \boldsymbol{v} \| = \sqrt{1^2 + 1^2 + 1^2} = \sqrt{3}$$

$$\boldsymbol{u} = \frac{\boldsymbol{v}}{\| \boldsymbol{v} \|} = \frac{(1,1,1)}{\sqrt{3}} = \left(\frac{1}{\sqrt{3}}, \frac{1}{\sqrt{3}}, \frac{1}{\sqrt{3}}\right)$$

$$\| \boldsymbol{u} \| = \sqrt{\left(\frac{1}{\sqrt{3}}\right)^2 + \left(\frac{1}{\sqrt{3}}\right)^2 + \left(\frac{1}{\sqrt{3}}\right)^2} = 1$$

1.4 벡터의 내적

n차원의 $\boldsymbol{a}, \boldsymbol{b}$ 두 벡터의 내적은 식 (3)과 같이 각 벡터 성분끼리의 곱을 합한 것으로 $\boldsymbol{a}, \boldsymbol{b}$ 벡터의 내적(dot product)은 $\boldsymbol{a} \cdot \boldsymbol{b}$ 와 같이 나타낸다.

$$\begin{aligned} &\boldsymbol{a} = (a_1, a_2, a_3, \cdots, a_n),\ \boldsymbol{b} = (b_1, b_2, b_3, \cdots, b_n) \\ &\boldsymbol{a} \cdot \boldsymbol{b} = a_1 b_1 + a_2 b_2 + a_3 b_3 + \cdots\ a_n b_n \end{aligned} \tag{3}$$

두 벡터를 열벡터(column vector) 형태의 행렬로 나타내면 식 (4)와 같이 나타낼 수 있으며 일반적으로 벡터를 행렬로 표현할 때 열벡터로 표현한다.

$$\boldsymbol{a} = \begin{bmatrix} a_1 \\ a_2 \\ a_3 \\ \vdots \\ a_n \end{bmatrix},\ \boldsymbol{b} = \begin{bmatrix} b_1 \\ b_2 \\ b_3 \\ \vdots \\ b_n \end{bmatrix} \tag{4}$$

따라서 두 벡터의 내적은 두 벡터 성분끼리의 곱을 합한 것이므로 이를 행렬로 표현하면 식 (5)와 같이 $\boldsymbol{a}^T\boldsymbol{b}$로 나타낼 수 있다.

$$\boldsymbol{a}^T\boldsymbol{b} = [a_1\ a_2\ a_3 \cdots a_n] \begin{bmatrix} b_1 \\ b_2 \\ b_3 \\ \vdots \\ b_n \end{bmatrix} = a_1 b_1 + a_2 b_2 + a_3 b_3 + \cdots\ a_n b_n = \boldsymbol{a} \cdot \boldsymbol{b} \tag{5}$$

이를 통해서 두 벡터의 내적기호(·)와 행렬연산은 식 (6)과 같은 관계가 성립된다는 것을 알 수 있다.

$$\boldsymbol{a} \cdot \boldsymbol{b} = \boldsymbol{a}^T\boldsymbol{b} \tag{6}$$

또한 자기 자신의 벡터를 내적하면 식 (7)과 같이 벡터 크기의 제곱이 된다.

$$\boldsymbol{a} \cdot \boldsymbol{a} = \boldsymbol{a}^T\boldsymbol{a} = \|\boldsymbol{a}\|^2 \tag{7}$$

1.4.1 내적의 연산성질

벡터의 내적은 식 (8)과 같이 교환법칙과 식 (9)와 같이 분배법칙이 성립한다. 그리고 식 (10)과 같이 스칼라곱에 대한 결합법칙이 성립한다.

$$\boldsymbol{a} \cdot \boldsymbol{b} = \boldsymbol{b} \cdot \boldsymbol{a} \quad (\text{교환법칙}) \tag{8}$$

$$\boldsymbol{a} \cdot (\boldsymbol{b} \pm \boldsymbol{c}) = \boldsymbol{a} \cdot \boldsymbol{b} \pm \boldsymbol{a} \cdot \boldsymbol{c} \quad (\text{분배법칙}) \tag{9}$$

$$k \cdot (\boldsymbol{a} \cdot \boldsymbol{b}) = (k\boldsymbol{a}) \cdot \boldsymbol{b} \quad (\text{스칼라 곱}) \tag{10}$$

1.4.2 내적을 이용한 벡터의 사잇각 계산

두 벡터 $\boldsymbol{a}$와 $\boldsymbol{b}$가 있을 때 두 벡터의 내적($\boldsymbol{a} \cdot \boldsymbol{b}$)은 각각의 벡터의 크기를 곱한 값에 두 벡터 사이의 코사인(cosine) 값을 곱한 것으로도 구할 수 있다. 두 벡터 $\boldsymbol{a}$와 $\boldsymbol{b}$가 이루는 사잇각을 θ $(0^\circ \le \theta \le 180^\circ)$ 라고 할 때 두 벡터의 내적은 식 (11)과 같다.

$$\boldsymbol{a} \cdot \boldsymbol{b} = \|\boldsymbol{a}\| \|\boldsymbol{b}\| \cos\theta \tag{11}$$

또한, 두 벡터가 직교한다면 식 (12)와 같이 두 벡터의 내적은 0이 된다.

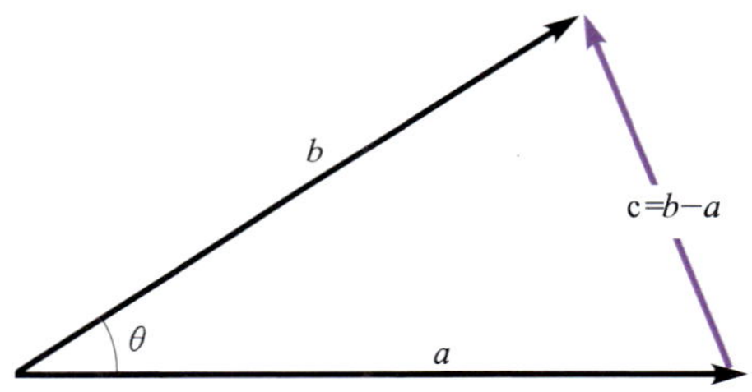

그림 5 삼각형을 구성하고 있는 벡터

$$\boldsymbol{a} \cdot \boldsymbol{b} = \|\boldsymbol{a}\| \|\boldsymbol{b}\| \cos(90^\circ) = 0 \tag{12}$$

[그림 5]와 같이 삼각형의 세변을 벡터 $\boldsymbol{a}, \boldsymbol{b}, \boldsymbol{c}$로 나타내었을 때, 코사인 법칙을 이용하면 벡터의 내적에 대한 사잇각 증명이 가능하다.

$$\|\boldsymbol{c}\|^2 = \|\boldsymbol{b} - \boldsymbol{a}\|^2 = \|\boldsymbol{a}\|^2 + \|\boldsymbol{b}\|^2 - 2\|\boldsymbol{a}\| \|\boldsymbol{b}\| \cos\theta \quad (\text{코사인 법칙}) \tag{13}$$

$$\| \boldsymbol{c} \|^2 = \| \boldsymbol{b} - \boldsymbol{a} \|^2 = (\boldsymbol{b} - \boldsymbol{a})^T (\boldsymbol{b} - \boldsymbol{a}) = \| \boldsymbol{a} \|^2 - 2\boldsymbol{a} \cdot \boldsymbol{b} + \| \boldsymbol{b} \|^2 \quad \text{(내적의 연산성질)} \tag{14}$$

따라서, 식 (13)과 식 (14)가 같다고 하면 식 (15)와 같이 나타낼 수 있다.

$$\| \boldsymbol{a} \|^2 + \| \boldsymbol{b} \|^2 - 2 \| \boldsymbol{a} \| \| \boldsymbol{b} \| \cos\theta = \| \boldsymbol{a} \|^2 - 2\boldsymbol{a} \cdot \boldsymbol{b} + \| \boldsymbol{b} \|^2 \tag{15}$$

식 (15)의 양변을 정리하면 식 (11)과 같게 되어 두 벡터의 내적에 대한 정의를 증명할 수 있다.

$$\therefore \ \boldsymbol{a} \cdot \boldsymbol{b} = \| \boldsymbol{a} \| \| \boldsymbol{b} \| \cos\theta \tag{16}$$

두 벡터의 내적의 정의를 이용하면 시점이 같은 두 벡터의 사잇각(θ)의 계산은 식 (17)과 같이 구할 수 있다.

$$\theta = \cos^{-1}\left(\frac{\boldsymbol{a} \cdot \boldsymbol{b}}{\| \boldsymbol{a} \| \| \boldsymbol{b} \|} \right) = \cos^{-1}\left(\frac{\boldsymbol{a}^T \boldsymbol{b}}{\sqrt{\boldsymbol{a}^T \boldsymbol{a} \ \boldsymbol{b}^T \boldsymbol{b}}} \right) \tag{17}$$

예제 2 벡터의 내적을 이용한 사잇각

두 벡터가 다음과 같이 주어졌을 때 두 벡터 $\boldsymbol{a} = (5,0)$, $\boldsymbol{b} = (2,2)$ 의 사잇각을 계산하시오.

$\boldsymbol{a} \cdot \boldsymbol{b} = \boldsymbol{a}^T \boldsymbol{b} = [5 \ \ 0] \begin{bmatrix} 2 \\ 2 \end{bmatrix} = 10$

$\boldsymbol{a} \cdot \boldsymbol{a} = \boldsymbol{a}^T \boldsymbol{a} = [5 \ \ 0] \begin{bmatrix} 5 \\ 0 \end{bmatrix} = 25$, $\boldsymbol{b} \cdot \boldsymbol{b} = \boldsymbol{b}^T \boldsymbol{b} = [2 \ \ 2] \begin{bmatrix} 2 \\ 2 \end{bmatrix} = 8$

$\theta = \cos^{-1}\left(\frac{\boldsymbol{a}^T \boldsymbol{b}}{\sqrt{\boldsymbol{a}^T \boldsymbol{a} \ \boldsymbol{b}^T \boldsymbol{b}}} \right) = \cos^{-1}\left(\frac{10}{10\sqrt{2}} \right) = 45^\circ$

1.5 벡터의 외적

벡터의 외적은 3차원 공간에서 물체의 회전축과 회전방향을 확인하는 데 주로 사용된다. $\boldsymbol{a} = (a_1, a_2, a_3)$, $\boldsymbol{b} = (b_1, b_2, b_3)$에서 두 벡터의 외적은 식 (18)과 같이 $\boldsymbol{a} \times \boldsymbol{b}$ 로 표현되며, 외적을 벡터 곱이라고도 한다.

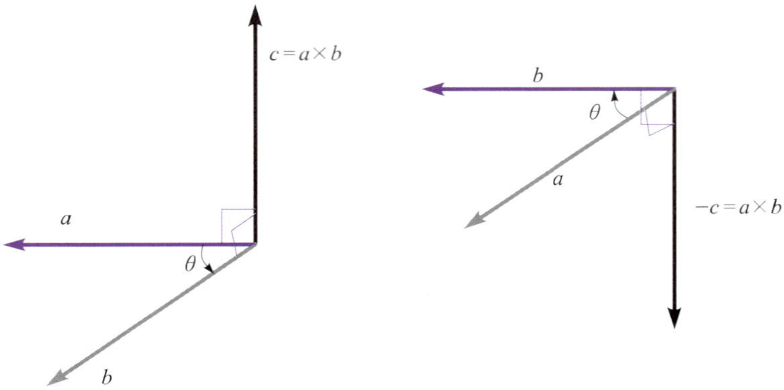

그림 6 벡터의 외적

$$\boldsymbol{a}\times\boldsymbol{b}=(a_2b_3-a_3b_2,\ a_3b_1-a_1b_3,\ a_1b_2-a_2b_1) \tag{18}$$

$\boldsymbol{a}$와 $\boldsymbol{b}$를 외적하면 두 벡터 $\boldsymbol{a}$, $\boldsymbol{b}$의 법선벡터 $\boldsymbol{c}$가 생성된다. 벡터는 방향이 중요하기 때문에 [그림 6]과 같이 오른손 좌표계를 기준으로 하면 $\boldsymbol{a}\times\boldsymbol{b}$와 $\boldsymbol{b}\times\boldsymbol{a}$는 서로 같지 않다. 즉 벡터의 외적은 내적과 달리 교환법칙이 성립하지 않으며 두 벡터의 내적은 스칼라 값이지만 두 벡터의 외적은 벡터인 것에 주의하여야 한다.

또한 외적을 행렬로 표현하면 식 (19), 식 (20)과 같이 나타낼 수 있는데 햇행렬(hat matrix)을 이용하면 벡터 외적을 쉽게 구할 수 있다.

$$\boldsymbol{a}\times\boldsymbol{b}=(a_2b_3-a_3b_2,\ a_3b_1-a_1b_3,\ a_1b_2-a_2b_1)=\begin{bmatrix}0&-a_3&a_2\\a_3&0&-a_1\\-a_2&a_1&0\end{bmatrix}\begin{bmatrix}b_1\\b_2\\b_3\end{bmatrix}=\hat{\boldsymbol{a}}\,\boldsymbol{b} \tag{19}$$

$$\boldsymbol{a}\times\boldsymbol{b}=\hat{\boldsymbol{a}}\,\boldsymbol{b}=\hat{\boldsymbol{b}}^T\boldsymbol{a} \tag{20}$$

여기서, $\hat{\boldsymbol{a}}=\begin{bmatrix}0&-a_3&a_2\\a_3&0&-a_1\\-a_2&a_1&0\end{bmatrix}$ 이고, $\hat{\boldsymbol{b}}^T=\left(\begin{bmatrix}0&-b_3&b_2\\b_3&0&-b_1\\-b_2&b_1&0\end{bmatrix}\right)^T=\begin{bmatrix}0&b_3&-b_2\\-b_3&0&b_1\\b_2&-b_1&0\end{bmatrix}$ 이다.

예제 3 벡터와 햇행렬

벡터 $\boldsymbol{a}=(1,2,3)$ 을 햇행렬(hat matrix) $\hat{\boldsymbol{a}}$으로 나타내시오.

$\boldsymbol{a}=(a_1,a_2,a_3)$ 일때 $\hat{\boldsymbol{a}}=\begin{bmatrix} 0 & -a_3 & a_2 \\ a_3 & 0 & -a_1 \\ -a_2 & a_1 & 0 \end{bmatrix}$ 이므로

$\hat{\boldsymbol{a}}=\begin{bmatrix} 0 & -3 & 2 \\ 3 & 0 & -1 \\ -2 & 1 & 0 \end{bmatrix}$ 이 된다.

1.5.1 벡터 외적의 연산성질

벡터 외적은 반대칭성을 갖고 있으며 식 (21)과 같이 교환법칙이 성립하지 않음에 주의하자. 또한, 자기 자신의 벡터와 외적을 수행하면 그 결과값은 식 (22)와 같이 0이 된다.

$$\boldsymbol{a}\times\boldsymbol{b}=-\boldsymbol{b}\times\boldsymbol{a} \quad \text{(교환법칙)} \tag{21}$$

$$\boldsymbol{a}\times\boldsymbol{a}=0 \quad \text{(자기 자신과의 외적)} \tag{22}$$

또한 벡터는 식 (23)과 같이 스칼라곱(k)에 대한 선형성이 있고 식 (24)와 같이 벡터의 덧셈에 대한 분배법칙이 있다.

$$k\cdot(\boldsymbol{a}\times\boldsymbol{b})=(k\boldsymbol{a})\times\boldsymbol{b} \quad \text{(스칼라 곱)} \tag{23}$$

$$\boldsymbol{a}\times(\boldsymbol{b}\pm\boldsymbol{c})=(\boldsymbol{a}\times\boldsymbol{b})\pm(\boldsymbol{a}\times\boldsymbol{c}) \quad \text{(분배법칙)} \tag{24}$$

1.5.2 벡터 외적의 증명

$\boldsymbol{a}=(a_1,a_2,a_3)$ 는 [그림 7]의 3차원 직교좌표계의 각축의 표준기저벡터(standard basis)인 $\boldsymbol{i},\boldsymbol{j},\boldsymbol{k}$로 식 (25)와 같이 표현할 수 있으며 벡터 $\boldsymbol{a}$를 표준기저벡터 $\boldsymbol{i},\boldsymbol{j},\boldsymbol{k}$의 선형결합(linear combination)이라 한다. 선형결합과 표준기저는 2절에서 자세하게 설명한다.

$$\boldsymbol{a}=a_1\boldsymbol{i}+a_2\boldsymbol{j}+a_3\boldsymbol{k}=a_1\begin{bmatrix}1\\0\\0\end{bmatrix}+a_2\begin{bmatrix}0\\1\\0\end{bmatrix}+a_3\begin{bmatrix}0\\0\\1\end{bmatrix} \tag{25}$$

벡터의 외적을 증명하기 앞서 오른손 좌표계에서 기저벡터간의 외적값은 식 (27)과 같다.

$$\begin{aligned} \boldsymbol{i}\times\boldsymbol{j}=\boldsymbol{k}\ ,\ \boldsymbol{j}\times\boldsymbol{i}=-\boldsymbol{k} \\ \boldsymbol{j}\times\boldsymbol{k}=\boldsymbol{i}\ ,\ \boldsymbol{k}\times\boldsymbol{j}=-\boldsymbol{i} \\ \boldsymbol{k}\times\boldsymbol{i}=\boldsymbol{j}\ ,\ \boldsymbol{i}\times\boldsymbol{k}=-\boldsymbol{j} \\ \boldsymbol{i}\times\boldsymbol{i}=0\ ,\ \boldsymbol{j}\times\boldsymbol{j}=0\ ,\ \boldsymbol{k}\times\boldsymbol{k}=0 \end{aligned} \tag{27}$$

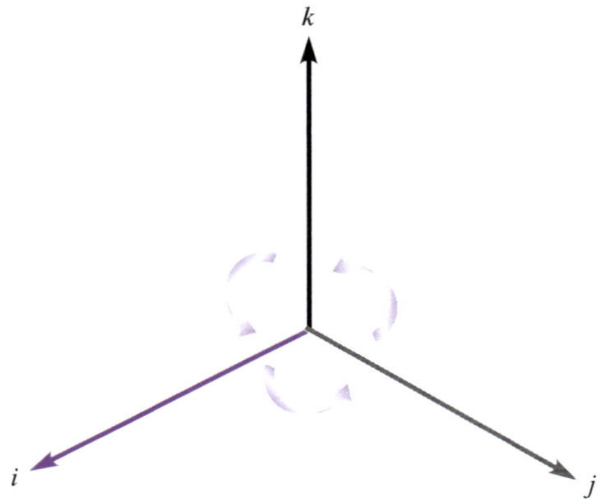

그림 7 3차원 직교좌표계의 기저벡터

3차원 공간상의 임의의 두 벡터 $\boldsymbol{a}=a_1\boldsymbol{i}+a_2\boldsymbol{j}+a_3\boldsymbol{k}$, $\boldsymbol{b}=b_1\boldsymbol{i}+b_2\boldsymbol{j}+b_3\boldsymbol{k}$ 를 곱한다면 그 식은 (28)과 같다.

$$\boldsymbol{a}\times\boldsymbol{b}=(a_1\boldsymbol{i}+a_2\boldsymbol{j}+a_3\boldsymbol{k})\times(b_1\boldsymbol{i}+b_2\boldsymbol{j}+b_3\boldsymbol{k})=\boldsymbol{c} \tag{28}$$

외적의 대수학적 속성(식 27)을 이용하여 $\boldsymbol{i},\boldsymbol{j},\boldsymbol{k}$에 대하여 정리하면 다음과 같다.

$$\begin{aligned} \boldsymbol{a}\times\boldsymbol{b}=&\ a_1b_1(0)+a_1b_2(\boldsymbol{k})+a_1b_3(-\boldsymbol{j}) \\ &+a_2b_1(-\boldsymbol{k})+a_2b_2(0)+a_2b_3(\boldsymbol{i}) \\ &+a_3b_1(\boldsymbol{j})+a_3b_2(-\boldsymbol{i})+a_1b_3(0) \\ =&\ (a_2b_3-a_3b_2)\boldsymbol{i}+(a_3b_1-a_1b_3)\boldsymbol{j}+(a_1b_2-a_2b_1)\boldsymbol{k} \\ =&\ \boldsymbol{c} \end{aligned} \tag{29}$$

따라서 임의의 두 벡터 $\boldsymbol{a}$, $\boldsymbol{b}$를 외적한 벡터 $\boldsymbol{c}$는 $(a_2b_3-a_3b_2,\ a_3b_1-a_1b_3,\ a_1b_2-a_2b_1)$가 된다는 것을 증명하였다.

예제 4 벡터의 외적

두 벡터 $a=(5,1,3)$, $b=(2,2,4)$ 가 주어졌을 때, 벡터 a, b를 외적하여 벡터 c를 구하고 벡터 a, b와 벡터 c가 직교하는 것을 확인하시오. (힌트: 직교여부는 내적을 이용)

두 벡터 a, b 를 외적하면 c가 생성된다.

$$a \times b = \hat{a}\, b = \begin{bmatrix} 0 & -a_3 & a_2 \\ a_3 & 0 & -a_1 \\ -a_2 & a_1 & 0 \end{bmatrix} \begin{bmatrix} b_1 \\ b_2 \\ b_3 \end{bmatrix} = \begin{bmatrix} 0 & -3 & 1 \\ 3 & 0 & -5 \\ -1 & 5 & 0 \end{bmatrix} \begin{bmatrix} 2 \\ 2 \\ 4 \end{bmatrix} = \begin{bmatrix} -2 \\ -14 \\ 8 \end{bmatrix} = c$$

두 벡터 a, b를 벡터 c와 내적하면 0이 계산된다.

$$a \cdot c = a^T c = [5\,1\,3] \begin{bmatrix} -2 \\ -14 \\ 8 \end{bmatrix} = 0$$

$$b \cdot c = b^T c = [2\,2\,4] \begin{bmatrix} -2 \\ -14 \\ 8 \end{bmatrix} = 0$$

따라서 벡터 a, b는 벡터 c와 직교하는 것을 알 수 있다.

02 행렬

행렬이란 수 또는 변수 등의 일련의 개체들을 행(row)과 열(column)에 맞추어 사각형 모양으로 순서 있게 배열하여 괄호로 묶은 것을 나타내며, 식 (30)과 같이 행렬의 곱은 행벡터(r_i)와 열벡터(c_i)의 차원이 같을 경우 각 원소는 내적을 이용하여 구할 수 있다.

$$AB = \begin{bmatrix} 1\,2\,4 \\ 1\,4\,5 \end{bmatrix} \begin{bmatrix} 1\,3 \\ 3\,4 \\ 1\,8 \end{bmatrix} = \begin{bmatrix} -\,r_1\,- \\ -\,r_2\,- \end{bmatrix} \begin{bmatrix} | & | \\ c_1 & c_2 \\ | & | \end{bmatrix} = \begin{bmatrix} r_1c_1 & r_1c_2 \\ r_2c_1 & r_2c_2 \end{bmatrix} = \begin{bmatrix} 11 & 43 \\ 20 & 59 \end{bmatrix} = C \tag{30}$$

행렬의 곱셈에서는 교환법칙이 성립하지 않는 것에 유의해야 한다. 행렬식(determinant)은 정방행렬에 어떤 실수를 대응시키는 어떤 종류의 함수를 나타낸다. 식 (31)과 같은 2×2 행렬 A의 행렬식은 $ad-bc$ 가 되고 이를 기호로 $\det(A)$ 로 표시한다.

$$A = \begin{bmatrix} a & b \\ c & d \end{bmatrix} \tag{31}$$

행렬 A 의 역행렬 A^{-1} 은 식 (32)와 같이 표현할 수 있다.

$$A^{-1} = \frac{1}{\det(A)}(cofactor(A))^T = \frac{1}{\det(A)}\begin{bmatrix} d & -b \\ -c & a \end{bmatrix} \tag{32}$$

2.1 선형결합과 스팬

벡터의 덧셈, 뺄셈, 스칼라 곱을 이용하여 새로운 벡터를 만들 수 있다. 예를 들어 벡터 $\mathbf{v}_1$, $\mathbf{v}_2$가 주어졌을 때, 식 (33)과 같이 새로운 벡터를 만들 수 있으며 이를 벡터 $\mathbf{v}_1$, $\mathbf{v}_2$의 선형결합이라 한다. 또한 스칼라에 해당하는 숫자 3과 4는 선형결합 계수라 한다.

$$\mathbf{w} = 3\mathbf{v}_1 + 4\mathbf{v}_2 \tag{33}$$

또한 식 (34)와 같이 선형결합 계수 c_1, c_2에 임의의 모든 실수를 대입하여 어떤 공간을 생성하는 것을 스팬(span)이라 한다. 그리고 선형대수에서 공간이란 $\mathbf{0}$벡터를 반드시 포함하고 있어야 한다.

$$\mathbf{w} = c_1\mathbf{v}_1 + c_2\mathbf{v}_2 \tag{34}$$

예제 5 선형결합의 개념

선형결합에 대해서 설명하시오.

선형결합이란 $c_1\mathbf{v}_1 + c_2\mathbf{v}_2 \cdots + c_n\mathbf{v}_n$ 과 같이 벡터$(\mathbf{v}_1, \mathbf{v}_2 \cdots, \mathbf{v}_n)$에 스칼라$(c_1, c_2 \cdots, c_n)$를 곱해서 더한 것을 나타낸다.

2.2 선형종속과 선형독립

행렬을 이용하여 방정식을 풀 경우 선형종속과 선형독립을 이해하여야 한다. 선형종속이란 [그림 8]과 같이 2차원 공간에서 두 벡터 v_1, v_2가 주어였을 때 두 벡터 v_1, v_2은 동일 직선상에 존재할 경우를 뜻한다. 즉 두 벡터 v_1, v_2의 선형결합을 스팬하여도 벡터 v_1을 스팬한 것과 v_2를 스팬한 것이 모두 같다(동일 직선상)는 뜻으로 해석할 수 있다. 따라서 v_1, v_2의 0이 아닌 선형결합 계수를 적절하게 조절하여도 선형결합의 결과를 0벡터로 만들 수 있는 것이다.

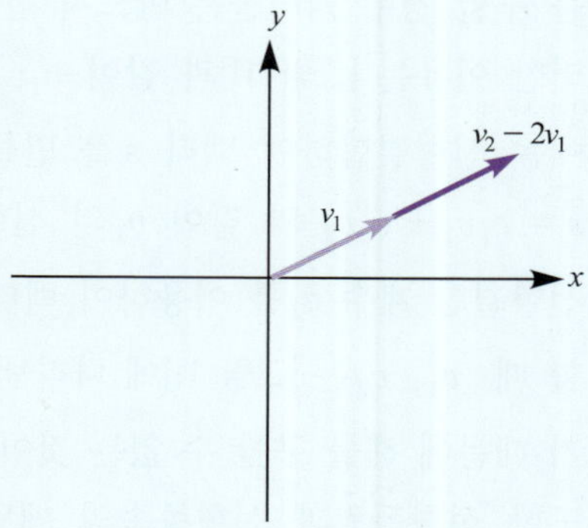

그림 8 선형종속

선형독립이란 [그림 9]와 같이 2차원 공간에서 두 벡터 v_1, v_2가 주어졌을 때 두 벡터 v_1, v_2은 동일 직선상에 존재하지 않는 경우를 뜻한다. 즉 v_1, v_2의 선형결합을 스팬하면 2차원 좌표평면의 모든 공간을 채울 수 있다. 따라서 선형종속과 달리 선형독립은 v_1, v_2의 선형결합 계수가 0이여야만 선형결합의 결과를 0벡터로 만들 수 있다.

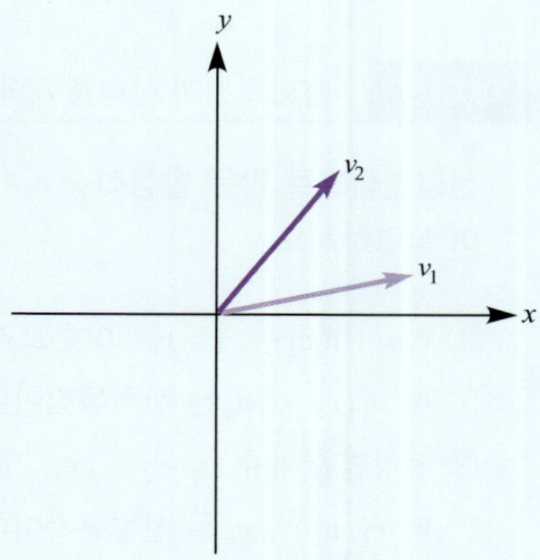

그림 9 선형 독립

그렇다면 [그림 10]과 같을 경우는 어떠한지 생각해보자. 이러한 경우는 벡터 v_1, v_2를 적절하게 선형 결합하면 벡터 v_3를 생성할 수 있기 때문에 벡터 v_1, v_2의 선형결합의 결과와 벡터 v_3는 동일 직선상에 존재하게 된다. 따라서 이러한 경우는 선형종속이 된다.

이를 수식으로 정리하면 선형독립이란 식 (35)와 같이 벡터 $v_1, v_2 \cdots, v_n$가 있을 때 모든 선형결합 계수 $(c_1, c_2 \cdots, c_n)$가 0인 경우를 제외하고 어떤 선형결합으로도 0벡터를 만들 수 없다는 뜻이다.

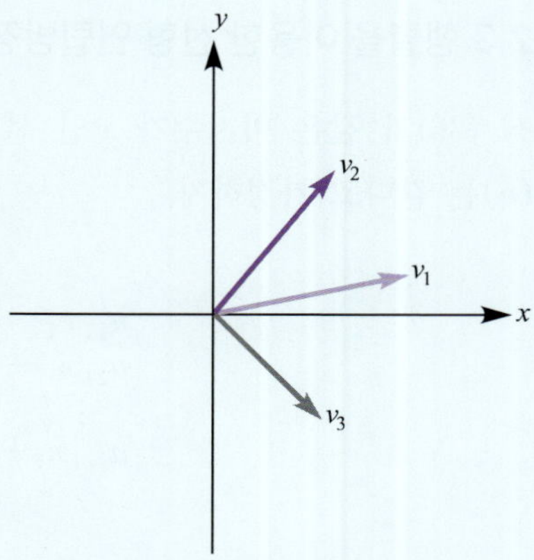

그림 10 선형 종속의 또 다른 예

$$w = c_1 v_1 + c_2 v_2 \cdots + c_n v_n \tag{35}$$

따라서 미지수와 방정식의 개수가 같은 선형방정식의 해를 구할 경우 벡터들은 반드시 선형독립이어야 한다. 이러한 이유는 [그림 11]과 같이 $\boldsymbol{v}_1$, $\boldsymbol{v}_2$가 선형종속일 경우에는 선형결합하여 벡터 $\boldsymbol{s}$를 만들 수 없다. 예를 들어, $\boldsymbol{s} = c_1\boldsymbol{v}_1 + c_2\boldsymbol{v}_2$ 와 같이 $\boldsymbol{v}_1$의 선형결합 계수 c_1과 $\boldsymbol{v}_2$의 선형결합 계수 c_2를 이용하여 벡터 $\boldsymbol{s}$를 구하고자 한다고 할 때 $\boldsymbol{v}_1$, $\boldsymbol{v}_2$는 [그림 11]에 나타낸 것과 같이 선형종속이기 때문에 해를 구할 수 없는 것이다.

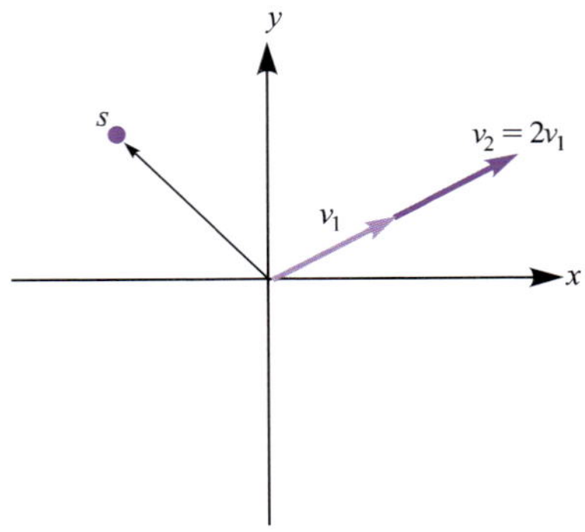

그림 11 선형 종속의 또 다른 예

또한 선형독립과 선형종속의 개념은 향후 배울 영공간(null space) 또는 랭크(rank)라는 개념과 관련이 있다.

예제 6 선형독립과 선형종속의 개념

선형결합으로 만든 방정식 $c_1\boldsymbol{v}_1 + c_2\boldsymbol{v}_2 \cdots + c_n\boldsymbol{v}_n = 0$이 있을 때 선형독립과 선형종속을 구분하여 설명하시오.

① $c_1\boldsymbol{v}_1 + c_2\boldsymbol{v}_2 \cdots + c_n\boldsymbol{v}_n = 0$이 오직 선형결합 계수 $c_1, c_2 \cdots, c_n = 0$인 경우에만 성립한다면 벡터 $\boldsymbol{v}_1, \boldsymbol{v}_2 \cdots, \boldsymbol{v}_n$는 선형독립이다.

② 선형결합 계수 $c_1, c_2 \cdots, c_n$ 가 모두 0이 아니어도 $c_1\boldsymbol{v}_1 + c_2\boldsymbol{v}_2 \cdots + c_n\boldsymbol{v}_n = 0$이 성립한다면 벡터 $\boldsymbol{v}_1, \boldsymbol{v}_2 \cdots, \boldsymbol{v}_n$는 선형종속이다.

2.3 행렬을 이용한 선형 연립방정식 풀이 (방정식=미지수)

식 (36)과 같은 미지수가 x인 선형 연립방정식이 있고 방정식의 개수(m)와 미지수의 개수(n)는 같다고 가정하자.

$$\begin{matrix} a_{11}x_1 & + a_{12}x_2 + \cdots & + a_{1n}x_n = b_1 \\ a_{21}x_1 & + a_{22}x_2 + \cdots & + a_{2n}x_n = b_1 \\ \vdots & \vdots & \vdots \quad \vdots \\ a_{m1}x_1 & + a_{m2}x_2 + \cdots & + a_{mn}x_n = b_m \end{matrix} \tag{36}$$

식 (36)의 선형 연립방정식을 선형 결합형태로 정리하면 식 (37)과 같고 선형독립이라 가정하자.

$$x_1\boldsymbol{a_1} + x_2\boldsymbol{a_2} + \cdots \; x_n\boldsymbol{a_n} = \boldsymbol{b} \tag{37}$$

이러한 선형 연립방정식을 행렬로 표현하면 식 (38)과 같다. 따라서 식 (37)과 같은 선형결합식을 식 (38)과 같이 행렬로 표현할 수 있는 것이다. 또한 행렬의 행의 개수는 방정식의 개수(m), 행렬의 열의 개수는 미지수의 개수(n)라고 생각할 수 있다.

$$\begin{bmatrix} a_{11} & a_{12} & \cdots & a_{1n} \\ a_{21} & a_{22} & \cdots & a_{2n} \\ \vdots & \vdots & & \vdots \\ a_{m1} & a_{m2} & \cdots & a_{mn} \end{bmatrix} \begin{bmatrix} x_1 \\ x_2 \\ \vdots \\ x_n \end{bmatrix} = \begin{bmatrix} b_1 \\ b_2 \\ \vdots \\ b_m \end{bmatrix} \tag{38}$$

이를 행렬과 벡터를 이용하여 간단히 표현하면 선형 연립방정식의 해를 구하는 문제는 벡터 $\boldsymbol{x}$에 대하여 식 (39)와 같은 수식을 푸는 문제로 나타낼 수 있다.

$$A\boldsymbol{x} = \boldsymbol{b} \tag{39}$$

이때 행렬 A를 계수행렬 이라고 하는데 행렬 A는 크기가 $m \times n$이며, m은 방정식의 개수, n은 미지수의 개수가 된다. 따라서 행렬 A는 m, n의 차수(방정식과 미지수의 개수)가 같은 정방행렬이고 역행렬이 존재하면 식 (40)과 같이 $\boldsymbol{x}$에 대한 해를 구할 수 있다.

$$\boldsymbol{x} = A^{-1}\boldsymbol{b} \tag{40}$$

예제 7 행렬을 이용한 연립방정식 풀이

두 직선 $2x+3y=5$, $5x+6y=5$ 의 교점(x, y)을 행렬을 이용하여 구하시오.

두 직선을 $A\boldsymbol{x} = \boldsymbol{b}$ 형태로 만들면

$\begin{bmatrix} 2 & 3 \\ 5 & 6 \end{bmatrix} \begin{bmatrix} x \\ y \end{bmatrix} = \begin{bmatrix} 5 \\ 5 \end{bmatrix}$ 가 된다.

교점(x, y)를 구하기 위해서 다음과 같이 역행렬을 이용하면

$\boldsymbol{x} = A^{-1}\boldsymbol{b}$ 가 된다.

따라서, 두 직선의 교점을 나타내는 $\boldsymbol{x}$는 (−5, 5)가 된다.

$\begin{bmatrix} x \\ y \end{bmatrix} = \begin{bmatrix} 2 & 3 \\ 5 & 6 \end{bmatrix}^{-1} \begin{bmatrix} 5 \\ 5 \end{bmatrix} = \begin{bmatrix} -5 \\ 5 \end{bmatrix}$

2.4 가역행렬과 특이행렬의 판별

가역행렬이란 역행렬이 존재하는 행렬을 뜻하고 특이행렬이란 역행렬이 존재하지 않는 행렬을 뜻하며 이때 방정식과 미지수의 개수가 같아야 한다. 이를 판별하기 위해서는 행렬식을 이용한다. 만약 계수행렬 A가 가역행렬이면 행렬식이 0이 아니고($\det(A) \neq 0$), 계수행렬 A가 특이행렬이면 행렬식이 0이다($\det(A) = 0$). 이러한 성질은 고유값, 특이값 분해에 사용되는 매우 중요한 개념이다.

또한 A가 가역행렬이라는 것은 행렬 A의 열벡터들이 선형독립이라는 뜻이다. 왜냐하면 $A\boldsymbol{x} = 0$일 때, A의 역행렬이 존재한다면, $\boldsymbol{x} = A^{-1}0 = 0$이 되고 $\boldsymbol{x}$를 A의 열벡터들의 선형결합 계수의 벡터라고 생각하면 선형결합의 계수가 0만 존재하기 때문이다. 반대로 $A\boldsymbol{x} = 0$일 때, 역행렬이 존재하지 않는다고 생각하면 $\boldsymbol{x}$가 0벡터 이외에 다른 값들이 존재할 수 있기 때문에 A가 특이행렬이라는 것은 A의 열벡터들이 선형종속이라는 뜻이다.

- A가 가역행렬 : 가역행렬 A의 열벡터들이 선형독립
- A가 특이행렬 : 특이행렬 A의 열벡터들이 선형종속

2.5 과소결정과 과대결정 시스템

$A\boldsymbol{x} = \boldsymbol{b}$와 같이 어떤 선형시스템이 있을 때 행렬 A가 과대결정(over-determined)되었다는 것은 방정식의 개수가 미지수의 개수보다 많은 경우를 뜻하고, 행렬 A의 열벡터가 선형독립일 경우 최적의 해를 구할 수 있으며 이러한 시스템의 해를 구하는 방법은 향후 학습할 특이값 분해(SVD : Singular Value Decomposition)를 이용한다.

만약 행렬 A가 과소결정(under-determined)이면서 선형종속이면 해가 존재하지 않는다. 행렬 A가 과소결정이라는 것은 방정식의 개수가 미지수의 개수보다 적을 경우를 뜻하고 행렬 A의 열벡터가 반드시 선형종속이기 때문에 최적의 해가 존재하지 않는다.

2.6 행렬의 랭크

사진측량 및 컴퓨터비전에서 방정식의 해를 구할 수 있는지를 판단할 때 랭크(rank)라는 개념을 사용한다. 여기서, 랭크는 행렬 A의 열벡터들의 선형독립의 개수를 뜻한다. 따라서 랭크의 개수와 미지수의 개수(=열벡터의 개수)가 서로 같으면 선형방정식의 해의 계산이 가능하다.

예를 들어 식 (41)과 같은 계수행렬 A와 미지벡터 $\boldsymbol{x}$가 있고, 계수행렬 A는 $\boldsymbol{v}_1$, $\boldsymbol{v}_2$, $\boldsymbol{v}_3$의 선형결합으로 이루어져 있다. 열 벡터 $\boldsymbol{v}_1$, $\boldsymbol{v}_2$, $\boldsymbol{v}_3$를 살펴보면 $\boldsymbol{v}_1$과 $\boldsymbol{v}_2$를 더하여 $\boldsymbol{v}_3$를 만들거나, $\boldsymbol{v}_3$에 $\boldsymbol{v}_2$를 빼서 $\boldsymbol{v}_1$를 만들 수 있다.

스칼라 배수가 아닌 두 개의 독립벡터로 하나의 종속벡터를 만들 수 있기 때문에 3개의 열벡터 중에 2개는 선형독립, 1개는 선형종속을 뜻한다. 따라서 행렬 A의 랭크는 2가 되며 일반적으로 $rank(A) = r = 2$ 라고 표현한다.

식 (41)은 방정식의 개수가 4개, 미지수의 개수가 3개인 행렬로 과대결정 행렬이지만 랭크가 2이기 때문에 최적의 해를 계산할 수 없는 행렬이 된다.

$$A\boldsymbol{x} = \begin{bmatrix} 1 & 1 & 2 \\ 2 & 1 & 3 \\ 3 & 1 & 4 \\ 4 & 1 & 5 \end{bmatrix} \begin{bmatrix} x_1 \\ x_2 \\ x_3 \end{bmatrix} = \begin{bmatrix} | & | & | \\ \boldsymbol{v}_1 & \boldsymbol{v}_2 & \boldsymbol{v}_3 \\ | & | & | \end{bmatrix} \begin{bmatrix} x_1 \\ x_2 \\ x_3 \end{bmatrix} = x_1\boldsymbol{v}_1 + x_2\boldsymbol{v}_2 + x_3\boldsymbol{v}_3 \tag{41}$$

이와 달리 식 (42a)의 행렬 A는 과대결정 행렬이며 $\boldsymbol{v}_1$, $\boldsymbol{v}_2$가 서로 스칼라 배수가 아니므로 랭크는 2가 되고 미지수의 개수는 2개이다. 따라서, 랭크의 개수와 미지수의 개수가 서로 같기 때문에 최적해의 계산이 가능하다.

$$A\boldsymbol{x} = \begin{bmatrix} 1 & 1 \\ 2 & 1 \\ 3 & 1 \\ 4 & 1 \end{bmatrix} \begin{bmatrix} x_1 \\ x_2 \end{bmatrix} = x_1\boldsymbol{v}_1 + x_2\boldsymbol{v}_2 \tag{42a}$$

예제 8 행렬의 랭크

행렬 $A = \begin{bmatrix} 1 & 0 & 1 \\ 3 & 3 & 0 \\ -2 & -3 & 1 \end{bmatrix}$의 랭크를 구하시오.

행렬(A)는 3×3의 정방행렬인데 행렬의 첫 번째 열의 원소에서 행렬의 세 번째 열의 원소를 빼면 행렬의 두 번째 열의 원소가 되므로 행렬(A)의 랭크는 2가 된다.

$[1, 3, -2]^T - [1, 0, -1]^T = [0, 3, -3]^T$

즉, 3×3 행렬은 선형독립인 경우 랭크가 3이 될 수 있는데 행렬(A)의 경우는 행렬의 첫 번째 열과 세 번째 열을 빼면 행렬의 두 번째 열의 원소가 되기 때문에 선형 독립인 열의 개수는 2개가 된다는 뜻이다.

2.7 열공간과 기저벡터

어떤 행렬 A에서 열벡터가 이루고 있는 공간을 행렬 A의 열공간이라 한다. 행렬A의 열공간은 행렬 A의 열벡터들의 선형결합을 스팬하여 만들 수 있는 공간을 뜻한다. 예를 들면 [그림 12]에서 행렬 A의 열공간은 붉은색 평면과 같다. 행렬 A에서 첫 번째 열벡터에 5배를 하고 두 번째 열벡터에 3배를 해서 더하면 세 번째 열벡터가 되기 때문에 열공간은 [그림 12]와 같이 평면을 이루고 있다. 또한 선형시스템 $Ax=b$ 가 해를 가지려면 벡터 b가 A의 열공간 안에 존재해야한다. 어떤 행렬 A의 열공간을 일반적으로 $C(A)$라 표현한다.

$$A=\begin{bmatrix} 1 & -3 & -4 \\ -4 & 6 & -2 \\ -2 & 7 & 11 \end{bmatrix},\ b=\begin{bmatrix} 3 \\ 3 \\ -4 \end{bmatrix}$$

기저벡터란 행렬 A에서 열공간의 선형독립인 벡터를 뜻한다. 예를 들어 [그림 13]과 같이 2차원 공간에 v_1, v_2, v_3를 행렬 A의 열벡터라고 하면, v_1, v_2, v_3중 두 개의 벡터만 선형 독립이 되기 때문에 두 개의 열벡터만 선택하여도 행렬 A의 열공간을 생성할 수 있다. 다시 설명하면 v_1, v_2을 스팬하면 2차원 모든 공간을 채울 수 있고, v_1, v_3을 스팬하여도 2차원의 모든 공간을 채울 수도 있다. 따라서 행렬 A의 기저벡터는 무수히 많다.

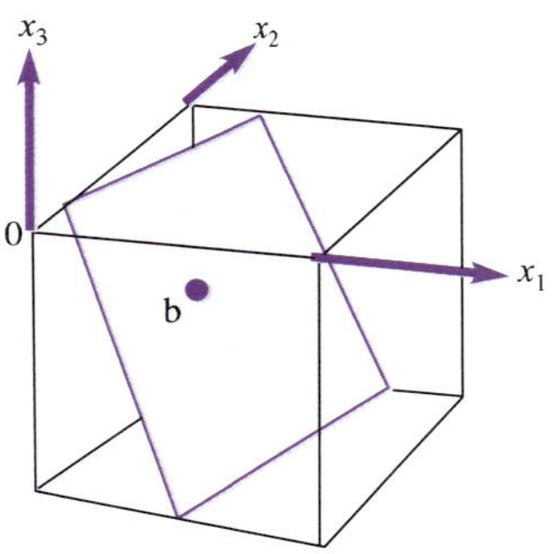

그림 12 열 공간

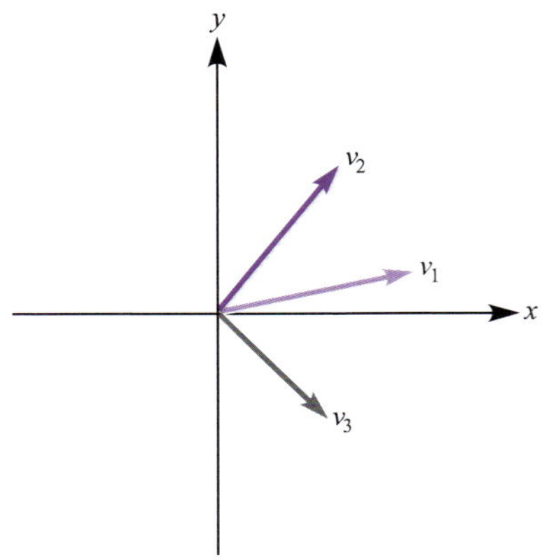

그림 13 기저벡터

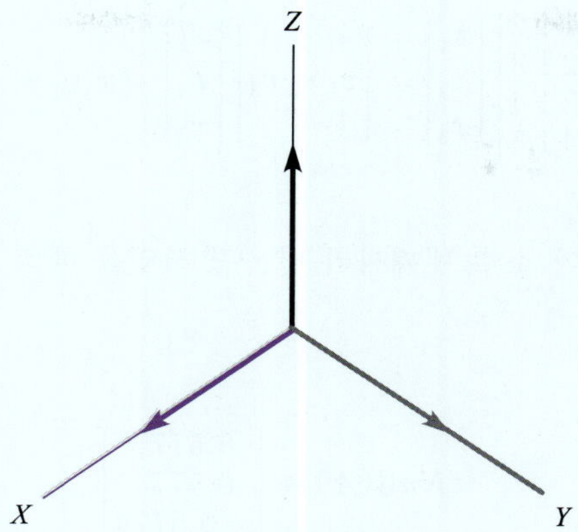

그림 14 표준기저

표준기저란 기저들 중 성분 1개 만이 1이고, 나머지 성분이 모두 0인 표준적인 벡터를 뜻한다. 예를 들면 2차원 공간에서 표준기저는 $[1 0]^T$, $[0 1]^T$이 되고 3차원 공간에서의 표준기저는 [그림 14]에 나타낸 것과 같이 $[1 0 0]^T$, $[0 1 0]^T$, $[0 0 1]^T$이 된다. 즉 어떤 직각 좌표계에서 좌표축으로 생각할 수 있다.

2.8 영공간

영공간이란 $A\boldsymbol{x} = \mathbf{0}$ 일 경우를 만족하는 $\boldsymbol{x}$의 공간을 뜻한다. 또한 영공간은 행렬 A의 열벡터들이 선형종속일 경우에만 존재한다. 이러한 이유는 $A\boldsymbol{x} = \mathbf{0}$ 에서 행렬 A의 열벡터들이 선형독립일 경우에는 선형결합 계수들의 벡터($\boldsymbol{x}$)가 반드시 $\mathbf{0}$벡터이므로 $\mathbf{0}$벡터를 스팬하여도 $\mathbf{0}$벡터이므로 어떤 공간을 생성할 수 없다. 하지만 선형종속일 경우에는 선형결합 계수들의 벡터($\boldsymbol{x}$)가 0이 아닌 경우도 존재하기 때문에 이를 스팬하면 0을 포함하고 있는 어떤 공간이 생성된다. 따라서 이러한 공간을 영공간이라고 한다.

어떤 행렬 A에서 영공간의 기저의 개수를 구하기 위해서는 미지수의 개수와 랭크가 필요하다. 행렬 A의 미지수의 개수가 n, 랭크가 r이라고 하면 영공간의 기저의 개수는 $n-r$이 된다. 즉, 어떤 행렬 A에서 영공간의 기저의 개수는 선형종속의 개수가 된다. 따라서 영공간은 영공간의 기저들을 선형결합하여 스팬하면 된다. 이러한 영공간을 구하는법은 향후 배울 특이값 분해를 이용한다.

간단한 예를 들면 식 (42b)에서 $A\boldsymbol{x}$는 미지수의 개수가 3개이며 랭크가 2이다. 따라서 영공간의 기저벡터는 1개가 된다.

$$A\boldsymbol{x} = \begin{bmatrix} 1 & 1 & 2 \\ 2 & 1 & 3 \\ 3 & 1 & 4 \\ 4 & 1 & 5 \end{bmatrix} \begin{bmatrix} x_1 \\ x_2 \\ x_3 \end{bmatrix} = \begin{bmatrix} | & | & | \\ \boldsymbol{v}_1 & \boldsymbol{v}_2 & \boldsymbol{v}_3 \\ | & | & | \end{bmatrix} \begin{bmatrix} x_1 \\ x_2 \\ x_3 \end{bmatrix} = x_1\boldsymbol{v}_1 + x_2\boldsymbol{v}_2 + x_3\boldsymbol{v}_3 \tag{42b}$$

이를 특이값 분해를 이용하여 소수 넷째짜리 반올림 하였을 때의 영공간의 기저를 구하면 식 (43)과 같다.

$$Null(A) = \begin{bmatrix} 0.5774 \\ 0.5774 \\ -0.5774 \end{bmatrix} \tag{43}$$

식 (43)에서 행렬 A의 영공간의 기저를 스팬하면 식 (44)와 같고 이러한 행렬 A의 영공간을 $Null(A)$라 표현한다.

$$Null(A) = a\begin{bmatrix} 0.5774 \\ 0.5774 \\ -0.5774 \end{bmatrix} \tag{44}$$

또 다른 예로 식(45)의 경우에는 미지수가 4개이고 랭크가 2이므로 영공간의 기저는 2개가 된다.

$$A\boldsymbol{x} = \begin{bmatrix} 1 & 5 & 6 & 1 \\ 1 & 5 & 6 & 2 \\ 1 & 5 & 6 & 3 \\ 1 & 5 & 6 & 4 \end{bmatrix} \begin{bmatrix} x_1 \\ x_2 \\ x_3 \\ x_4 \end{bmatrix} = x_1\boldsymbol{v}_1 + x_2\boldsymbol{v}_2 + x_3\boldsymbol{v}_3 + x_4\boldsymbol{v}_4 \tag{45}$$

이를 특이값 분해를 이용하여 소수 넷째짜리 반올림 하였을 때의 영공간의 기저를 구하면 식 (46)과 같고 이 두 개의 기저를 스팬하면 식 (47)과 같다.

$$Null(A) = \begin{bmatrix} -0.8127 \\ 0.5071 \\ -0.2871 \\ 0 \end{bmatrix}, \begin{bmatrix} 0.5687 \\ 0.5828 \\ -0.5804 \\ 0 \end{bmatrix} \tag{46}$$

$$Null(A) = a\begin{bmatrix} -0.8127 \\ 0.5071 \\ -0.2871 \\ 0 \end{bmatrix} + b\begin{bmatrix} 0.5687 \\ 0.5828 \\ -0.5804 \\ 0 \end{bmatrix} \quad (47)$$

2.9 고유값과 고유벡터

행렬 A가 $n \times n$의 정방행렬(square matrix)이면서 선형독립이고 만약 $A\boldsymbol{x} = \lambda\boldsymbol{x}$이고 0이 아닌 $\boldsymbol{x}$벡터가 존재하면 스칼라 λ를 고유값(eigen value)이라 한다. λ가 A의 고유값이면 $A\boldsymbol{x} = \lambda\boldsymbol{x}$ 인 0이 아닌 모든 벡터 $\boldsymbol{x}$는 λ에 대응하는 고유벡터(eigen vector)라 한다. 선형대수에서 고유값과 고유벡터를 구하는 것은 매우 중요한 일인데, 행렬이 정방행렬이면서 선형독립 경우에만 이러한 고유값과 고유벡터를 구할 수 있다.

정방행렬 A의 고유값을 구하는 가장 직접적인 방법은 식 (48)과 같이 이항한다. 여기서 I는 단위행렬를 나타낸다.

$$A\boldsymbol{x} - I\lambda\boldsymbol{x} = (A - I\lambda)\boldsymbol{x} = \boldsymbol{0} \quad (48)$$

식 (48)의 $(A - I\lambda)\boldsymbol{x} = \boldsymbol{0}$ 에서 $\boldsymbol{x} \neq \boldsymbol{0}$ 이므로 행렬 $(A - I\lambda)$는 특이행렬이다. 따라서 행렬 $(A - I\lambda)$의 행렬식은 0이 되어야 한다. 즉, 식 (49)와 같은 행렬식을 이용하여 고유값 및 고유값에 대응하는 고유벡터를 찾을 수 있으며 식 (49)를 행렬 A의 특성방정식(characteristic equation)이라 한다.

$$\det(A - I\lambda) = 0 \quad (49)$$

예를 들어, 2×2 행렬 $A = \begin{bmatrix} a & b \\ c & d \end{bmatrix}$의 특성방정식은 행렬 A의 대각합(trace)과 행렬식(determinant)를 이용하여 식 (50)과 같이 표현할 수 있다.

$$\det(\lambda I - A) = \begin{vmatrix} \lambda - a & -b \\ -c & \lambda - d \end{vmatrix} = (\lambda - a)(\lambda - d) - bc = \lambda^2 - (a + d)\lambda + (ad - bc) = 0 \quad (50)$$

따라서, 2×2 행렬 A 의 특성방정식은 식 (51)과 같다.

$$\lambda^2 - tr(A)\lambda + \det(A) = 0 \quad (51)$$

여기서, $tr(A) = a + d$, $\det(A) = ad - bc$이다.

행렬의 고유값 분해에 대해서 좀 더 이해하기 위해 직교행렬, 대칭행렬, 정방행렬, 대칭행렬의 대각화(diagonalization) 등 행렬과 관련된 몇 가지 개념에 대해서 살펴보자.

예제 9 고유값과 고유벡터

행렬 $A = \begin{bmatrix} 1 & 3 \\ 4 & 2 \end{bmatrix}$의 고유값($\lambda_1, \lambda_2$)과 대응하는 고유벡터($v_1, v_2$)를 구하여라.

고유값을 찾기 위해 다음과 같이 행렬 A의 특성방정식을 푼다.

$A - I\lambda = \begin{bmatrix} 1-\lambda & 3 \\ 4 & 2-\lambda \end{bmatrix}$

$\det(A - I\lambda) = \begin{vmatrix} 1-\lambda & 3 \\ 4 & 2-\lambda \end{vmatrix} = 0$

행렬식을 전개하면 다음과 같다.

$\lambda^2 - 3\lambda - 10 = (\lambda + 2)(\lambda - 5) = 0$

따라서 A의 고유값은 $\lambda_1 = 5$, $\lambda_2 = -2$ 이다.

이제 고유값에 대응하는 고유벡터를 찾기 위해 $\lambda_1 = 5$, $\lambda_2 = -2$일 때 다음과 같이 행렬에 대입하여 고유벡터를 찾아야 한다.

$\lambda_1 = 5$인 경우 $\begin{bmatrix} 1-\lambda & 3 \\ 4 & 2-\lambda \end{bmatrix}$에 대입 하면 $\begin{bmatrix} -4 & 3 \\ 4 & -3 \end{bmatrix}\begin{bmatrix} x_1 \\ y_1 \end{bmatrix} = \begin{bmatrix} 0 \\ 0 \end{bmatrix}$가 된다.

따라서 고유값 $\lambda_1 = 5$ 에 대응되는 고유벡터 v_1는 $x_1 = \frac{3}{4}t$, $y_1 = t$가 된다.

$\lambda_2 = -2$인 경우 $\begin{bmatrix} 1-\lambda & 3 \\ 4 & 2-\lambda \end{bmatrix}$에 대입하면 $\begin{bmatrix} 3 & 3 \\ 4 & 4 \end{bmatrix}\begin{bmatrix} x_2 \\ y_2 \end{bmatrix} = \begin{bmatrix} 0 \\ 0 \end{bmatrix}$가 된다.

따라서 고유값 $\lambda_2 = -2$에 대응되는 고유벡터 v_2는 $x_2 = -t$, $y_2 = t$가 된다.
여기서 t는 0이 아닌 실수이다.

예제를 살펴보면 다음과 같은 수식을 만족한다.

$Av_1 = \lambda_1 v_1$
$Av_2 = \lambda_2 v_2$

고유값 $\lambda_1 = 5$에 대응되는 고유벡터 v_1는 $(\frac{3}{5}, \frac{4}{5})$ 또는 $(\frac{4}{5}, \frac{3}{5})$이 되고,

고유값 $\lambda_2 = -2$에 대응되는 고유벡터 v_2는 $(-\frac{1}{\sqrt{2}}, \frac{1}{\sqrt{2}})$ 또는 $(\frac{1}{\sqrt{2}}, -\frac{1}{\sqrt{2}})$이 된다.

2.10 행렬 대각화를 이용한 고유값 분해

행렬의 고유값 분해는 정방행렬을 대각화하는 방법을 나타낸다. 정방행렬 $A(n\times n)$를 고유값과 고유벡터로 나타내면 식 (52)와 같이 표현 가능하다. 정방행렬은 행과 열의 크기가 같은 행렬을 뜻한다. 여기서 고유벡터(v_i)는 단위벡터($\| v_i \| = 1$) 이고, 고유값(λ_i)은 내림차순으로 정렬되었다고 하자($\lambda_1 \geq \lambda_2 \cdots \geq \lambda_n$).

$$\begin{aligned} Av_1 &= \lambda_1 v_1 \\ Av_2 &= \lambda_2 v_2 \\ &\vdots \\ Av_n &= \lambda_n v_n \end{aligned} \tag{52}$$

식 (52)를 하나의 행렬로 표현하면 식 (53)과 같다.

$$A[v_1\ v_2 \cdots\ v_n] = [\lambda_1 v_1\ \ \lambda_1 v_2\ \cdots\ \lambda_n v_n] = [v_1\ v_2 \cdots\ v_n]\begin{bmatrix} \lambda_1 & 0 & 0 & 0 \\ 0 & \lambda_2 & 0 & 0 \\ 0 & 0 & \ddots & 0 \\ 0 & 0 & 0 & \lambda_n \end{bmatrix} \tag{53}$$

식 (53)에서 $P = [v_1\ v_2 \cdots\ v_n]$, $\Lambda = \begin{bmatrix} \lambda_1 & 0 & 0 & 0 \\ 0 & \lambda_2 & 0 & 0 \\ 0 & 0 & \ddots & 0 \\ 0 & 0 & 0 & \lambda_n \end{bmatrix}$로 두면 식 (53)은 식 (54)와 같다.

$$\begin{aligned} AP &= P\Lambda \\ A &= P\Lambda P^{-1} \end{aligned} \tag{54}$$

식 (54)에서 행렬 P는 행렬 A의 고유벡터를 열벡터로 하는 행렬, 행렬 Λ는 행렬 A의 고유값을 대각원소로 하는 대각행렬이라 할 수 있다. 다시 한번 설명하면 어떤 행렬 A가 고유값 분해가 가능하다면 행렬 Λ와 행렬 P로 분해 가능하고 행렬 Λ는 고유값이 내림차순으로 정렬된 대각행렬이고, 행렬 P는 고유값에 해당하는 고유벡터를 열벡터로 하는 행렬이며 각 고유벡터의 크기는 1이다.

2.11 직교행렬

직교행렬(orthogonal matrix)은 어떤 행렬 $A(n\times n)$가 있다고 할 때 식 (55)와 같이 A의 전치행렬과 A의 역행렬이 같은 행렬을 직교행렬이라고 한다.

$$A^T = A^{-1} \tag{55}$$

직교행렬은 행렬의 행벡터와 열벡터들이 자기 자신을 제외한 나머지 모든 행벡터, 열벡터와 직교하면서 동시에 벡터의 크기가 1인 단위벡터인 행렬을 나타낸다.
즉, 직교행렬은 열을 구성하고 있는 벡터들이 서로 직교하면서 단위벡터인 정규직교벡터(orthonormal vector)로 구성된 행렬을 의미한다. 또한, 직교행렬의 기하학적 의미는 회전변환으로 생각할 수 있다.

2.12 대칭행렬과 고유값 분해

대칭행렬(symmetric matrix)은 어떤 행렬 $A(n\times n)$가 있다고 할 때, 행과 열을 바꾸어도 원래의 행렬과 같은 행렬을 나타낸다. 대칭행렬은 자신의 전치행렬(transpose matrix)이 원래의 자기 자신과 같은 행렬을 나타내고 n개의 서로 수직인 고유벡터를 가지고 있다는 것을 의미한다. 이 때 대칭행렬은 반드시 정방행렬(square matrix)의 형태이어야 한다. 이를 수식으로 나타내면 A가 대칭행렬(symmetric matrix)이라면 $A^T = A$가 된다.

대칭행렬은 보통의 행렬과는 다른 두 가지 특성이 있다.

① 대칭행렬의 고유값은 전부 실수값을 갖는다.
② 대칭행렬의 고유벡터는 직각을 이룬다.

만약 행렬 A가 대칭행렬이라면 항상 고유값 분해가 가능하며 식 (56)과 같이 고유벡터 행렬 P는 직교행렬($P^{-1} = P^T$)로 대각화가 가능하다.

$$A = P\Lambda P^{-1} = P\Lambda P^T \tag{56}$$

행렬 A가 대칭행렬이면 P가 직교행렬로 대각화가 가능한 이유는 전치행렬의 연산성질 ($(AB)^T = B^T A^T$)을 이용하면 다음과 같이 증명이 가능하다.

$A = P\Lambda P^{-1}$ 이고 Λ는 대각행렬이므로 $\Lambda = \Lambda^T$ 이다. 행렬 A^T는 식 (57)과 같이 나타낼 수 있다.

$$A^T = (P\Lambda P^{-1})^T = (P^{-1})^T \Lambda P^T \tag{57}$$

대칭행렬은 $A = A^T$ 이므로 식 (56)과 식 (57)를 통해서 식 (58)과 같이 나타낼 수 있다.

$$P\Lambda P^{-1} = (P^{-1})^T \Lambda P^T \tag{58}$$

따라서, 식 (58)의 등식이 만족되기 위해서는 $P^{-1} = P^T$ 가 성립되어야 하고, 행렬 P는 직교행렬이다. 이러한 성질은 특이값 분해(SVD : Singular Value Decomposition) 및 주성분분석(PCA : Principal Component Analysis) 등에 사용되는 중요한 개념이다.

03 특이값 분해

사진측량 및 컴퓨터비전에서 특이값 분해는 방정식의 최소제곱의 해를 찾거나 영공간을 구할 때 자주 사용된다. 특이값 분해를 이용하여 최소제곱의 해를 찾는 방법은 랭크와 미지수의 개수가 같을 경우이고, 영공간을 구할 때에는 랭크의 개수가 미지수의 개수보다 작을 경우이다.

고유값 분해는 행렬이 정방행렬이면서 선형독립일 경우에만 가능하다. 그러나 사진측량 및 컴퓨터비전에서 문제를 해결하기 위해 구성한 행렬이 정방행렬 및 선형독립이 아닌 경우도 있는데 이러한 경우에도 행렬의 고유값과 고유벡터를 구할 수 있는 방법이 특이값 분해이다.

다시 말해, 행렬 A가 정방행렬이 아닌 $m \times n$과 같이 직사각형 모양일 때도 식 (59)와 같이 특이값 분해를 통해서 행렬의 고유값과 고유벡터를 구할 수 있다.

$$A = USV^T = \begin{bmatrix} u_1 \, u_2 \cdots u_r \end{bmatrix} \begin{bmatrix} \lambda_1 & & \\ & \ddots & \\ & & \lambda_r \end{bmatrix} \begin{bmatrix} v_1^T \\ v_2^T \\ \vdots \\ v_r^T \end{bmatrix} \tag{59}$$

여기서, 행렬 A는 랭크(rank)가 r인 $(m \times n)$ 행렬, U는 $(m \times m)$ (정규)직교행렬, S는 r개의 고유값을 갖는 $(m \times n)$ 직사각 대칭행렬, V는 $(n \times n)$ (정규)직교행렬이다. 이러한 분해를 특이값 분해(singular-value decomposition), 또는 행렬 A의 SVD라고 부른다.

행렬 U와 행렬 V는 (정규)직교행렬이기 때문에 행렬의 행벡터와 열벡터들이 자기 자신을 제외한 나머지 모든 행벡터와 열벡터들과 직교하면서 동시에 단위벡터인 행렬이다. 따라서, $U^T U = I$이고 $V^T V = I$ 인 특징이 있다.

행렬 U의 열벡터들은 AA^T를 고유값 분해하여 도출된 직교 벡터, V의 열벡터들은 A^TA를 고유값 분해하여 도출된 직교 벡터, 행렬 S는 AA^T, A^TA의 0보다 큰 고유값들의 제곱근을 대각원소로 하는 직사각 행렬을 나타낸다.

다른 말로는 행렬 U을 행렬 A의 좌측 특이벡터(left singular vector) 행렬, 행렬 V를 행렬 A의 우측 특이벡터(right singular vector) 행렬, 행렬 S를 행렬 A의 특이값 행렬이라 한다. 그럼 U와 V는 행렬 A와 어떤 관계에 있는지 좀 더 자세히 살펴보자.

$A = USV^T$ 에서 양변에 (정규)직교행렬 V를 곱하면 $AV = US$ 가 된다.

U와 V를 한꺼번에 구할 수 없기 때문에 식 (60)와 같이 A^TA를 이용해서 먼저 V를 구해보자.

$$\begin{aligned} A^TA &= (USV^T)^T(USV^T) \\ &= VS^TU^TUSV^T \\ &= VS^TSV^T \end{aligned} \tag{60}$$

A^TA는 $(n \times n)$크기를 갖는 대칭행렬이기 때문에 $A^TA = Q\Lambda Q^T$ 라고 한다면 $A^TA = Q\Lambda Q^T = VS^TSV^T$ 와 같이 나타낼 수 있다. 따라서, V는 A^TA의 Q와 동일하기 때문에 V는 A^TA의 (정규)직교행렬이고 S^TS는 A^TA의 고유값행렬 Λ와 같다는 것을 알 수 있다.

유사한 방법으로 U에 대해서 살펴보기 위해서 $A=USV^T$ 에서 A^T를 곱하여 식 (61)과 같이 AA^T를 구해보자.

$$\begin{aligned} AA^T &= (USV^T)(USV^T)^T \\ &= USV^TVS^TU^T \\ &= USS^TU^T \end{aligned} \tag{61}$$

AA^T는 $(m\times m)$크기를 갖는 대칭행렬이기 때문에 $AA^T=Q\Lambda Q^T$ 라고 한다면 $AA^T=Q\Lambda Q^T=USS^TU^T$ 와 같이 나타낼 수 있다.

따라서, U는 AA^T의 Q와 동일하기 때문에 U는 AA^T의 (정규)직교행렬이고 SS^T는 AA^T의 고유값행렬 Λ와 같다는 것을 알 수 있다.

SVD에 대해서 정리하면 다음과 같다.

$A=USV^T$ 에서

U: AA^T 의 고유벡터 $u_1, u_2, \cdots u_r$

S: A 의 고유값 $\lambda_1, \lambda_2, \cdots \lambda_r$

V: A^TA 의 고유벡터 $v_1, v_2, \cdots v_r$

3.1 랭크(r)와 미지수(n)의 개수가 같고 미지수의 개수보다 방정식의 개수가 많은 경우

$A\boldsymbol{x}=\boldsymbol{b}$ 형태의 선형방정식이면서, 정방행렬(방정식 = 미지수) A가 가역행렬이라면 유일한 해 $\boldsymbol{x}$는 $\boldsymbol{x}=A^{-1}\boldsymbol{b}$ 형태로 손쉽게 구할 수 있다. 그러나 행렬 A에서 방정식의 개수가 미지수보다 많은 형태라면 역행렬이 존재하지 않는다.

따라서, $A\boldsymbol{x}=\boldsymbol{b}$ 를 최소제곱법의 원리를 적용하기 위해서 $\boldsymbol{e}=\boldsymbol{b}-A\boldsymbol{x}$ 의 형태로 두면 오차벡터($\boldsymbol{e}$)의 제곱은 식 (62)와 같다.

$$\begin{aligned} \lVert \boldsymbol{e} \rVert^2 &= (\boldsymbol{b}-A\boldsymbol{x})^T(\boldsymbol{b}-A\boldsymbol{x}) \\ &= (\boldsymbol{b}^T-\boldsymbol{x}^TA^T)(\boldsymbol{b}-A\boldsymbol{x}) \\ &= \boldsymbol{b}^T\boldsymbol{b}-\boldsymbol{b}^TA\boldsymbol{x}-\boldsymbol{x}^TA^T\boldsymbol{b}+\boldsymbol{x}^TA^TA\boldsymbol{x} \end{aligned} \tag{62}$$

식 (62)에서 b^TAx와 x^TA^Tb는 둘 다 스칼라 값을 나타내므로 식 (63)과 같이 나타낼 수 있다.

$$\| e \|^2 = b^Tb - 2b^TAx + x^TA^TAx \tag{63}$$

이제 오차제곱의 합을 최소로 하기 위한 목적함수(ϕ)는 식 (64)와 같이 나타낼 수 있다.

$$\phi = b^Tb - 2b^TAx + x^TA^TAx \tag{64}$$

여기서, 목적함수(ϕ)를 구하고 싶은 해인 벡터 x에 대하여 편미분하면 식 (65)와 같은 형태가 된다.

$$\frac{\partial \phi}{\partial x} = 2x^TA^TA - 2b^TA = 0 \tag{65}$$

식 (65)에서 $2x^TA^TA - 2b^TA = 0$ 을 x에 대하여 정리하면 식 (66)과 같다.

$$x = (A^TA)^{-1}A^Tb = A^+b \tag{66}$$

여기서, $A^+ = (A^TA)^{-1}A^T$를 행렬 A의 의사 역행렬(pseudo inverse) 또는 유사역원이라고 한다. 식 (66)에서 A의 의사역행렬($A^+ = (A^TA)^{-1}A^T$)은 식 (67)과 같이 특이값 분해를 이용하여 구할 수 있다.

$$\begin{aligned} &A = USV^T \\ &A^T = VSU^T \\ &A^TA = VS^2V^T \\ &\therefore (A^TA)^{-1}A^T = (VS^2V^T)^{-1}(VSU^T) = VS^{-1}U^T = A^+ \end{aligned} \tag{67}$$

식 (67)에서 알 수 있듯이 $A^+ = VS^{-1}U^T$가 된다. 정리하면, $Ax = b$ 에서 미지벡터 x는 식 (68)과 같다는 것을 알 수 있다.

$$x = (A^TA)^{-1}A^Tb = (VS^{-1}U^T)b = A^+b \tag{68}$$

3.2 랭크(r)가 미지수(n)의 개수 보다 작은 경우

어떤 행렬의 랭크가 미지수의 개수보다 작을 경우에는 영공간이 존재한다. 이러한 행렬은 특이값 분해를 이용하여 영공간의 기저를 구할 수 있다.

행렬 $A=\begin{bmatrix}-1 & 1 & 0\\ 0 & -1 & 1\end{bmatrix}$ 를 특이값 분해($A=USV^T$)하여 행렬의 A의 영공간의 기저벡터를 구해보자. 우선 행렬 A에서 열의 개수는 3개이고, 랭크는 2이다. 따라서 행렬 A는 1개의 기저벡터로 이루어진 영공간을 갖게 된다.

$AA^T=\begin{bmatrix}2 & -1\\ -1 & 2\end{bmatrix}$ 특성 방정식을 이용하면 $(\lambda-3)(\lambda-1)=0$이므로 고유값은 $\lambda_1=3$, $\lambda_2=1$ 이다.

또한, 행렬 A의 특이값을 내림차순으로 정렬하면 $\sqrt{3}$, 1이 된다. 특이값 행렬 S는 특이값을 대각원소로 하는 2×3 직사각 행렬이므로 행렬의 차원을 맞추기 위해 대각원소에 특이값을 채우고 나머지 원소에는 0을 채우면 식 (69)와 같다.

$$S=\begin{bmatrix}\sqrt{3} & 0 & 0\\ 0 & 1 & 0\end{bmatrix} \tag{69}$$

$A^TA=\begin{bmatrix}1 & -1 & 0\\ -1 & 2 & -1\\ 0 & -1 & 1\end{bmatrix}$ 에서 특성 방정식을 이용하면 $\lambda(\lambda-3)(\lambda-1)=0$이므로 고유값은 $\lambda_1=3$, $\lambda_2=1$을 갖는다.

AA^T, A^TA 행렬에서 고유값을 찾았으므로 AA^T, A^TA의 특성 방정식에 고유값을 다시 대입하여 특이벡터행렬 U, V을 구하면 식 (70), 식 (71)과 같다.

$$U=[\boldsymbol{u}_1\ \ \boldsymbol{u}_2]=\begin{bmatrix}\frac{-1}{\sqrt{2}} & \frac{1}{\sqrt{2}}\\ \frac{1}{\sqrt{2}} & \frac{1}{\sqrt{2}}\end{bmatrix} \tag{70}$$

$$V = [v_1 \;\; v_2 \;\; v_3] = \begin{bmatrix} \frac{1}{\sqrt{6}} & \frac{-1}{\sqrt{2}} & \frac{1}{\sqrt{3}} \\ \frac{-2}{\sqrt{6}} & 0 & \frac{1}{\sqrt{3}} \\ \frac{1}{\sqrt{6}} & \frac{1}{\sqrt{2}} & \frac{1}{\sqrt{3}} \end{bmatrix} \tag{71}$$

최종적으로 $A = USV^T$ 형태로 나타내면 식 (72)와 같다

$$A = \begin{bmatrix} -1 & 1 & 0 \\ 0 & -1 & 1 \end{bmatrix} = USV^T = \begin{bmatrix} \frac{-1}{\sqrt{2}} & \frac{1}{\sqrt{2}} \\ \frac{1}{\sqrt{2}} & \frac{1}{\sqrt{2}} \end{bmatrix} \begin{bmatrix} \sqrt{3} & 0 & 0 \\ 0 & 1 & 0 \end{bmatrix} \begin{bmatrix} \frac{1}{\sqrt{6}} & \frac{-1}{\sqrt{2}} & \frac{1}{\sqrt{3}} \\ \frac{-2}{\sqrt{6}} & 0 & \frac{1}{\sqrt{3}} \\ \frac{1}{\sqrt{6}} & \frac{1}{\sqrt{2}} & \frac{1}{\sqrt{3}} \end{bmatrix}^T \tag{72}$$

이를 $AV = US$ 형태로 정리하면 식 (73)과 같다.

$$AV = \begin{bmatrix} -1 & 1 & 0 \\ 0 & -1 & 1 \end{bmatrix} \begin{bmatrix} \frac{1}{\sqrt{6}} & \frac{-1}{\sqrt{2}} & \frac{1}{\sqrt{3}} \\ \frac{-2}{\sqrt{6}} & 0 & \frac{1}{\sqrt{3}} \\ \frac{1}{\sqrt{6}} & \frac{1}{\sqrt{2}} & \frac{1}{\sqrt{3}} \end{bmatrix} = US = \begin{bmatrix} \frac{-1}{\sqrt{2}} & \frac{1}{\sqrt{2}} \\ \frac{1}{\sqrt{2}} & \frac{1}{\sqrt{2}} \end{bmatrix} \begin{bmatrix} \sqrt{3} & 0 & 0 \\ 0 & 1 & 0 \end{bmatrix} \tag{73}$$

여기서, 행렬 A와 U는 그대로 두고, 우측 특이벡터행렬(V)와 특이값 행렬(S)의 3번째 열벡터(v_3) 들을 뽑아내서 식을 구성하면 식 (74)와 같다.

$$Av_3 = \begin{bmatrix} -1 & 1 & 0 \\ 0 & -1 & 1 \end{bmatrix} \begin{bmatrix} \frac{1}{\sqrt{3}} \\ \frac{1}{\sqrt{3}} \\ \frac{1}{\sqrt{3}} \end{bmatrix} = Us_3 = \begin{bmatrix} \frac{-1}{\sqrt{2}} & \frac{1}{\sqrt{2}} \\ 1 & 1 \end{bmatrix} \begin{bmatrix} 0 \\ 0 \end{bmatrix} = \begin{bmatrix} 0 \\ 0 \end{bmatrix} \tag{74}$$

따라서, $Av_3 = \mathbf{0}$을 만족하게 된다는 것을 알 수 있다. 우측 특이벡터 행렬(V)의 3번째 열벡터(v_3)는 행렬 A의 영공간의 기저벡터가 된다.

특이값 분해를 이용하여 영공간의 기저벡터를 구하는 방법은 특이값 행렬의 열벡터들이 0벡터에 해당하는 우측특이벡터 행렬의 열벡터가 특이값 분해한 행렬의 영공간의 기저가 되는 것을 알 수 있다.

3.3 특이값분해의 기하학적 의미

특이값분해(SVD)의 기하학적 의미를 이해하기 위해서 지상좌표계($X-Y$)를 확대하고 45° 회전하여 사진좌표계($x-y$)와 일치시켰다고 가정하자.

① 먼저 지상좌표계의 좌표축 X, Y를 2배 확대하면 식 (75)와 같다.
② 확대된 지상좌표계의 X, Y좌표축을 반시계방향으로 45° 회전하면 식 (76)과 같다.
③ 좌표축을 2배 확대이고 45° 회전한 행렬 A는 식 (77)과 같다.

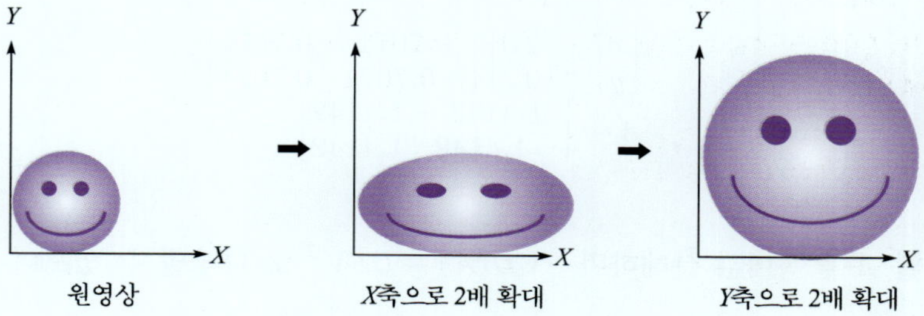

그림 15-① X, Y 2배 확대

$$\begin{bmatrix} x \\ y \end{bmatrix} = \begin{bmatrix} 2 & 0 \\ 0 & 2 \end{bmatrix} \begin{bmatrix} X \\ Y \end{bmatrix} \tag{75}$$

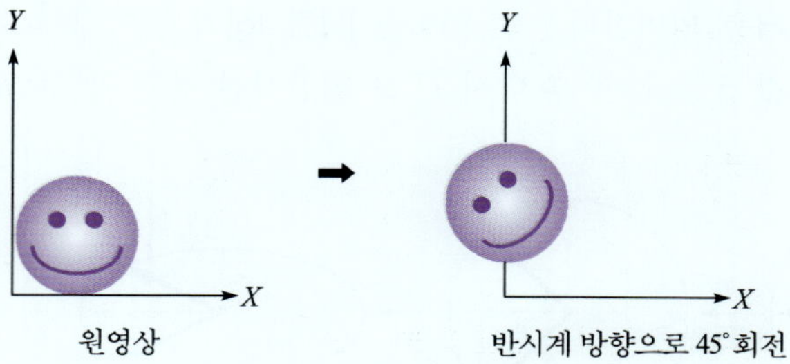

그림 15-② 반시계 방향 회전

$$\begin{bmatrix} x \\ y \end{bmatrix} = \begin{bmatrix} \cos\theta & \sin\theta \\ -\sin\theta & \cos\theta \end{bmatrix} \begin{bmatrix} X \\ Y \end{bmatrix}, \theta = 45^{\circ} \quad (76)$$

$$\begin{bmatrix} x \\ y \end{bmatrix} = \begin{bmatrix} 0.7071 & 0.7071 \\ -0.7071 & 0.7071 \end{bmatrix} \begin{bmatrix} X \\ Y \end{bmatrix}$$

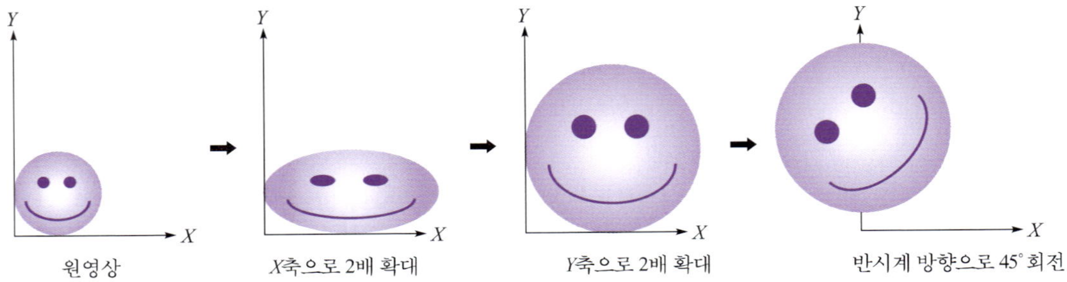

그림 15-③ X, Y 2배 확대 및 반시계 방향 회전

$$\begin{bmatrix} x \\ y \end{bmatrix} = \begin{bmatrix} 2 & 0 \\ 0 & 2 \end{bmatrix} \begin{bmatrix} 0.7071 & 0.7071 \\ -0.7071 & 0.7071 \end{bmatrix} \quad (77)$$

$$A = \begin{bmatrix} 1.4142 & 1.4142 \\ -1.4142 & 1.4142 \end{bmatrix}$$

식 (77)의 행렬 A를 특이값 분해하면 $SVD(A) = USV^T$로 나타낼 수 있으며 그 결과는 식 (78)과 같다.

$$SVD(A) = USV^T = \begin{bmatrix} -0.7071 & 0.7071 \\ 0.7071 & 0.7071 \end{bmatrix} \begin{bmatrix} 2 & 0 \\ 0 & 2 \end{bmatrix} \begin{bmatrix} -1 & 0 \\ 0 & 1 \end{bmatrix}^T \quad (78)$$

SVD의 기하학적 의미를 살펴보면 S는 행렬 A의 고유값이면서 축척을 의미하며 U와 V^T는 행렬 A의 고유 벡터를 의미한다. 즉, SVD는 [그림 16]과 같이 V^T로 좌표를 회전시킨 후 축척에 해당하는 고유값 S를 곱한 후 다시 U로 회전시킨 것을 알 수 있다.

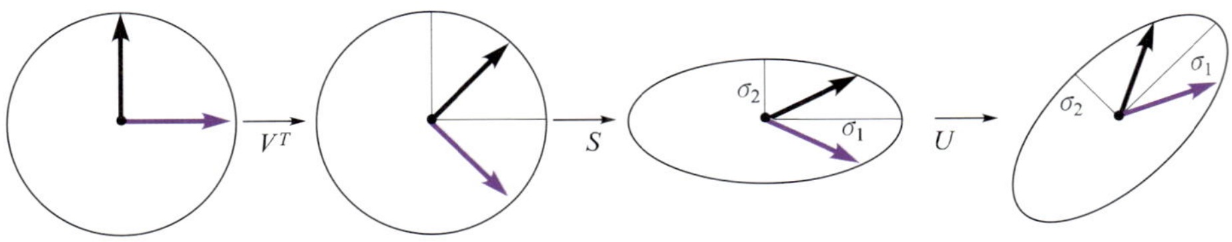

그림 16 특이값 분해의 기하학적 의미

3.4 조건수

$Ax=b$ 형태의 선형방정식에서 A가 가역행렬이라면 x는 $x=A^{-1}b$ 형태로 구할 수 있다. 우리가 구하고자 하는 방정식의 해는 대부분 수치해석적인 방법으로 구하게 되는데 이때 대부분 역행렬을 계산해야 된다. 그럼 이렇게 구한 역행렬이 안정적인지 평가해 볼 필요가 있는데 이를 알 수 있는 방법이 조건수(condition number)를 이용하면 된다. 조건수는 식 (79)와 같이 최대 고유값을 최소 고유값으로 나눈 것으로 조건수가 작을수록 좋다.

$$조건수 = \frac{최대고유값}{최소고유값} \tag{79}$$

수치해석에서 조건수는 어떤 매개변수의 작은 변화에 대해 문제의 해가 얼마나 변화할 수 있는지를 나타내는 척도로서 작은 조건수를 갖는 경우 구한 역행렬이 안정적인 반면에 큰 조건수는 매개변수의 작은 변화에 대해 문제의 해가 크게 변할 수 있기 때문에 역행렬의 안정성이 떨어진다는 의미와 같다. 이로 인해 사진측량 및 컴퓨터비전에서 카메라의 위치와 자세 그리고 3차원 좌표를 결정하기 위해서 미지수를 구하기 위한 식을 행렬행태로 구성한 후 역행렬을 통해서 미지수의 해를 결정했다면 조건수를 살펴볼 필요가 있다.

04 회전

4.1 2차원에서의 회전

2차원 평면에서 좌표축이 $x-y$ 인 좌표축상의 $p(x,y)$ 점을 [그림 17]과 같이 반시계방향으로 θ 만큼 회전하여 새롭게 $x'-y'$로 변환하였다. 이때 원래 좌표축상의 p 점을 변환된 좌표계인 $x'-y'$ 상에서 표현하면 식 (80)과 같다.

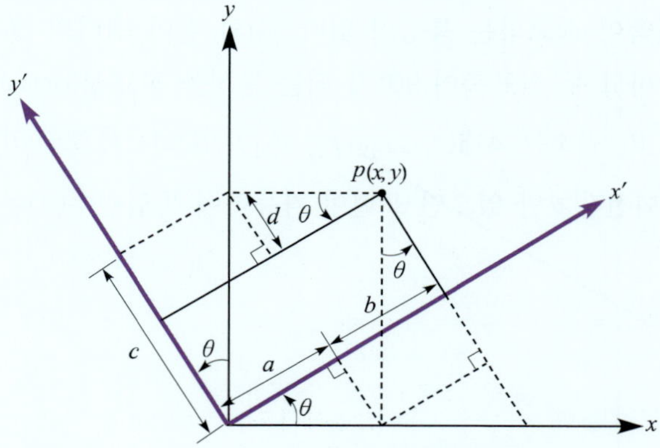

그림 17 2차원에서 좌표축의 회전

$$x' = a + b = x\cos\theta + y\sin\theta$$
$$y' = c - d = y\cos\theta - x\sin\theta \tag{80}$$

식 (80)을 행렬 형태로 표현하면 식 (81)과 같다.

$$\begin{bmatrix} x' \\ y' \end{bmatrix} = \begin{bmatrix} \cos\theta & \sin\theta \\ -\sin\theta & \cos\theta \end{bmatrix} \begin{bmatrix} x \\ y \end{bmatrix} = \begin{bmatrix} r_{11} & r_{12} \\ r_{21} & r_{22} \end{bmatrix} \begin{bmatrix} x \\ y \end{bmatrix} \tag{81}$$

식 (81)은 2차원 $x-y$좌표축에서 반시계반향으로 θ만큼 좌표축을 회전하여 새로운 $x'-y'$좌표계 변환한 것을 나타낸다. 이때 2차원 회전행렬 $R_{xy}^{x'y'}$은 식 (82)에 나타낸 것과 같이 2×2행렬로 행렬원소의 개수는 4개이나 회전각 θ만 있으면 표현이 가능한 것을 알 수 있다.

$$R_{xy}^{x'y'} = \begin{bmatrix} \cos\theta & \sin\theta \\ -\sin\theta & \cos\theta \end{bmatrix} = \begin{bmatrix} r_{11} & r_{12} \\ r_{21} & r_{22} \end{bmatrix} \tag{82}$$

2차원 회전을 나타내는 행렬 $R_{xy}^{x'y'}$은 다음과 같은 3가지 특성이 있다.

① $r_{11}^2 + r_{21}^2 = \cos^2\theta + \sin^2\theta = 1$

② $r_{12}^2 + r_{22}^2 = \sin^2\theta + \cos^2\theta = 1$

③ $r_{11}r_{12} + r_{21}r_{22} = \cos\theta\sin\theta - \sin\theta\cos\theta = 0$

회전 행렬 $R_{xy}^{x'y'}$은 ①②와 같이 벡터의 크기가 1인 단위벡터이고 ③과 같이 두 벡터의 내적이 0이기 때문에 두 좌표축이 직교하는 특징이 있다. 이와 같이 벡터의 크기가 1인 특성을 정규성(normality)이라고 하고 두 좌표축이 90°가 되는 특성을 직교성(orthogonality)이라 한다. 2차원 회전행렬 $R_{xy}^{x'y'}$의 원소는 4개($r_{11}, r_{12}, r_{21}, r_{22}$) 있으나 ①②③의 3가지 제약조건으로 인해서 행렬 $R_{xy}^{x'y'}$는 회전각 θ만 있으면 표현이 가능하여 독립변수(θ)는 1개가 된다.

예제 10 2차원에서의 회전

xy 공간상의 점 A를 반시계반향으로 α만큼 회전하였을 때 변환된 x'y' 좌표축상의 A점의 좌표를 수식으로 표현하시오. 또한 α각이 45°이고 A점의 좌표가 (10, 10)일 때 변환된 좌표계상의 좌표값을 계산하시오

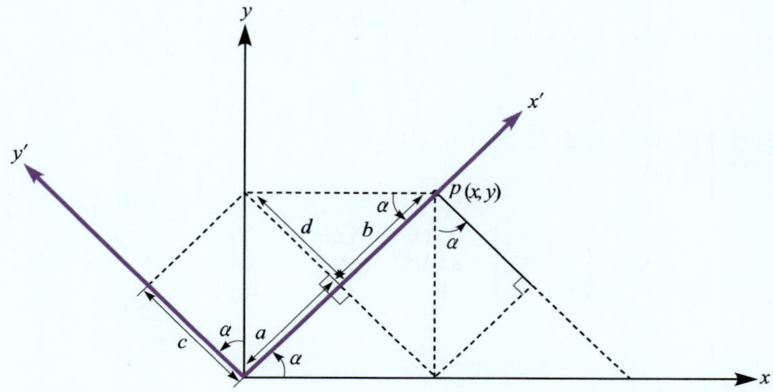

$$x^{'} = a + b = x\cos\alpha + y\ \sin\alpha$$
$$y^{'} = c - d = -x\sin\alpha + y\ \cos\alpha$$

$$\begin{bmatrix} x' \\ y' \end{bmatrix} = \begin{bmatrix} \cos\alpha & \sin\alpha \\ -\sin\alpha & \cos\alpha \end{bmatrix} \begin{bmatrix} x \\ y \end{bmatrix}$$

where:

$$Rotation\ matrix\ \ (\mathrm{R}) = \begin{bmatrix} \cos\alpha & \sin\alpha \\ -\sin\alpha & \cos\alpha \end{bmatrix}$$

$$R = \begin{pmatrix} 0.7071 & 0.7071 \\ -0.7071 & 0.7071 \end{pmatrix} \begin{pmatrix} 10 \\ 10 \end{pmatrix} = \begin{pmatrix} 14.1421 \\ 0 \end{pmatrix}$$

4.2 3차원에서의 회전

3차원에서의 회전은 2차원에서의 회전을 이해하였다면 좀 더 쉽게 접근할 수 있다. 즉, 3차원좌표계에서 각각의 축을 기준으로 회전되었다고 생각하면 이는 다시 2차원 회전과 동일하기 때문이다. 예를 들어 x, y, z 축으로 이루어진 3차원 직교좌표계에서 z 축을 기준으로 반시계방향으로 θ 만큼 회전하면 z 축상에 존재하는 점의 좌표는 변화가 없고 x, y

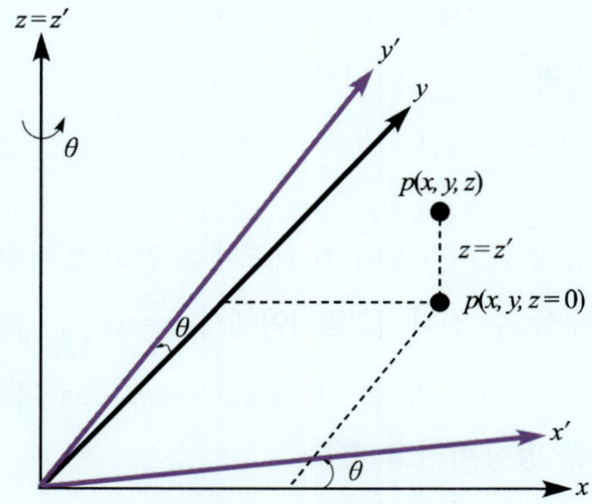

그림 18 3차원에서 축의 회전

평면상에 존재하는 점의 좌표가 회전되기 때문이다. 3차원 직교좌표계상의 $p(x,y,z)$ 점을 z 축을 기준으로 반시계방향으로 θ 만큼 회전하여 새롭게 x', y', z' 로 변환되었다. 이 때 원래 좌표축상의 p 점을 변환된 좌표계인 x', y', z' 상에서 표현하면 식 (83)과 같이 된다.

$$\begin{aligned} x' &= \quad x\cos\theta + y\sin\theta \\ y' &= -x\sin\theta + y\cos\theta \\ z' &= \quad z \end{aligned} \tag{83}$$

식 (83)를 행렬 형태로 표현하면 식 (84)과 같다.

$$\begin{bmatrix} x' \\ y' \\ z' \end{bmatrix} = \begin{bmatrix} \cos\theta & \sin\theta & 0 \\ -\sin\theta & \cos\theta & 0 \\ 0 & 0 & 1 \end{bmatrix} \begin{bmatrix} x \\ y \\ z \end{bmatrix} \tag{84}$$

05 방향코사인

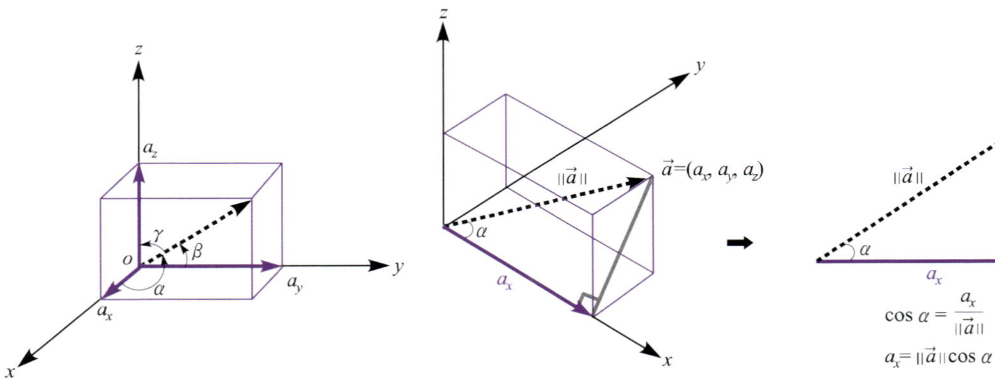

그림 19 방향코사인

만약 A 좌표계와 B 좌표계를 알고 있다면 방향 코사인을 이용하여 A, B 좌표계간의 회전 요소를 구할 수 있다. [그림 19]에서 $\vec{a} = (a_x, a_y, a_z)$와 x축, y축, z축과 각각 양의 방향으로 이루는 각을 α, β, γ라 할 때 $\cos\alpha, \cos\beta, \cos\gamma$를 벡터 $\vec{a}$의 방향코사인이라 하고, $\cos\alpha : \cos\beta : \cos\gamma$를 방향비라고 한다.

$a_x = \| \vec{a} \| \cos\alpha$, $a_y = \| \vec{a} \| \cos\beta$, $a_z = \| \vec{a} \| \cos\gamma$이므로, 벡터 $\vec{a}$와 같은 방향의 단위벡터는 $\frac{\vec{a}}{\| \vec{a} \|} = \left(\frac{a_x}{\| \vec{a} \|}, \frac{a_y}{\| \vec{a} \|}, \frac{a_z}{\| \vec{a} \|} \right) = (\cos\alpha, \cos\beta, \cos\gamma)$가 되며

$\cos^2\alpha + \cos^2\beta + \cos^2\gamma = 1$이 된다.

예를 들어, $\vec{a} = (1, -2, 2)$의 방향코사인을 구하기 위해 벡터의 크기를 먼저 구하면, $\| \vec{a} \| = 3$이 되고 방향코사인은 $\cos\alpha = \frac{1}{3}$, $\cos\beta = -\frac{2}{3}$, $\cos\gamma = \frac{2}{3}$이 되며 방향비는 1: −2: 2가 된다. 방향코사인을 다시 한번 정리하면 어떤 벡터의 각 축과 이루는 각의 코사인 값을 방향코사인이라고 하고 각 방향코사인 값의 제곱합은 항상 1이 된다.

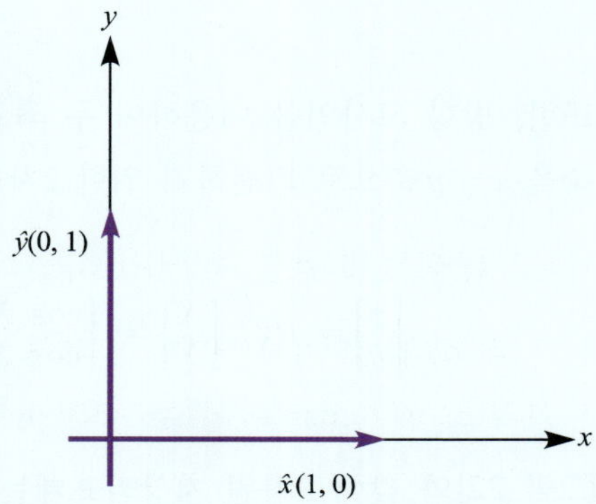

그림 20 2차원 좌표계에서의 기저벡터

방향코사인을 잘 이해하기 위해서는 기저벡터와 기저(basis)변환에 대해서 이해하여야 한다. [그림 20]과 같이 2차원 직교좌표계에서 양의 각 좌표축 방향의 단위벡터($\hat{x}, \hat{y}$)를 기저벡터라 부르고 식 (85)와 같이 나타낼 수 있다. $x-y$ 좌표축의 기저벡터를 선형 조합(linear combination)하면 2차원 평면상의 모든 점을 표현할 수 있다.

$$(x, y) = x\hat{\boldsymbol{x}} + y\hat{\boldsymbol{y}} = x\begin{bmatrix}1\\0\end{bmatrix} + y\begin{bmatrix}0\\1\end{bmatrix} = \begin{bmatrix}1 & 0\\0 & 1\end{bmatrix}\begin{bmatrix}x\\y\end{bmatrix} \tag{85}$$

여기서 $\hat{x}$, $[1, 0]^T$ 를 x축의 기저 벡터, $\hat{y}$, $[0, 1]^T$ 를 y축의 기저 벡터라 한다.

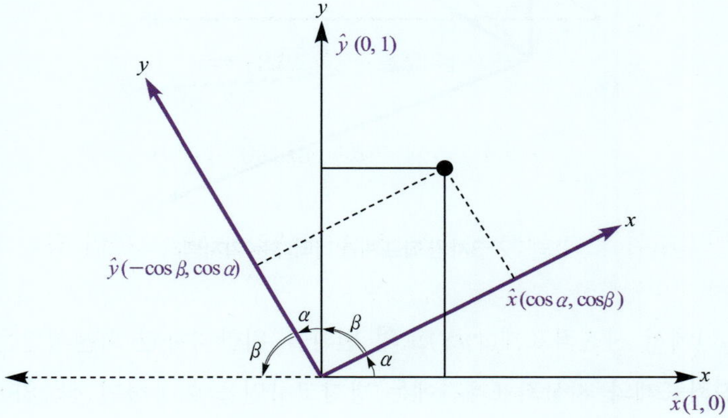

그림 21 기저의 변환

[그림 21]은 표준 기저 벡터($\hat{x}, \hat{y}$)를 방향 코사인을 이용하여 나타낸 것으로 어떤 벡터가 회전이 되면 기저가 변환 되었다고 생각할 수 있고, 이를 수식으로 나타내면 식 (86)과 같다.

$$(x,y)=x\hat{\boldsymbol{x}}+y\,\hat{\boldsymbol{y}}=x\begin{bmatrix}\cos\alpha\\ \cos\beta\end{bmatrix}+y\begin{bmatrix}-\cos\beta\\ \cos\alpha\end{bmatrix}=\begin{bmatrix}\cos\alpha & -\cos\beta\\ \cos\beta & \cos\alpha\end{bmatrix}\begin{bmatrix}x\\ y\end{bmatrix},\ \text{단}\ \alpha+\beta=90^{\circ} \tag{86}$$

또한, 방향 코사인을 이용하여 두 좌표계의 회전행렬을 구할 수 있다. 식 (87)은 $X-Y$ 좌표축을 $x-y$ 축으로 회전하기 위한 2차원 회전행렬을 방향코사인으로 나타낸 것이다.

$$\begin{bmatrix}x\\ y\end{bmatrix}=R_{XY}^{xy}\begin{bmatrix}X\\ Y\end{bmatrix}=\begin{bmatrix}\cos\ Xx & \cos\ Yx\\ \cos\ Xy & \cos\ Yy\end{bmatrix}\begin{bmatrix}X\\ Y\end{bmatrix}=\begin{bmatrix}\hat{X}\bullet\hat{x} & \hat{Y}\bullet\hat{x}\\ \hat{X}\bullet\hat{y} & \hat{Y}\bullet\hat{y}\end{bmatrix}\begin{bmatrix}X\\ Y\end{bmatrix} \tag{87}$$

[그림 22]와 같이 3차원 지상좌표계는 X, Y, Z 축으로 구성되어 있고 회전한 3차원 사진좌표계는 x, y, z 로 구성되어 있다고 가정할 때 두 3차원 좌표계상의 변환을 위해 3×3 회전행렬이 고려되어야 한다.

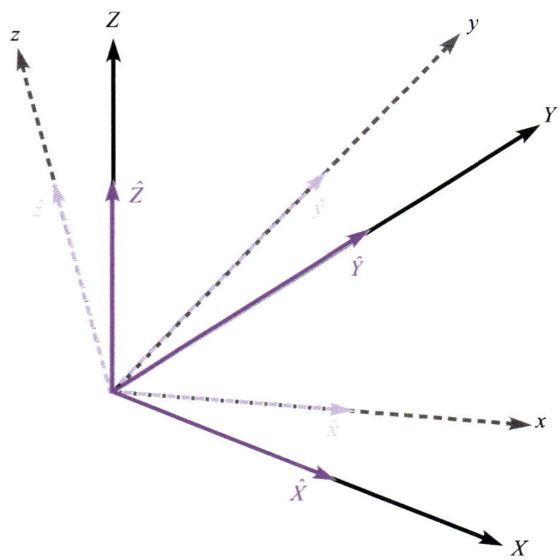

그림 22 3차원 좌표계를 나타내는 기저벡터

지상좌표계(XYZ)에서 사진좌표계(xyz)로의 변환을 위한 3차원 회전행렬을 R_{XYZ}^{xyz} 로 나타낼 수 있다. 사진좌표계와 지상좌표계간에는 방향코사인을 이용하면 식 (88)과 같은 관계가 성립된다.

$$\begin{bmatrix} x \\ y \\ z \end{bmatrix} = X[\overrightarrow{I}] + Y[\overrightarrow{J}] + Z[\overrightarrow{K}] = [\overrightarrow{I}\ \overrightarrow{J}\ \overrightarrow{K}] \begin{bmatrix} X \\ Y \\ Z \end{bmatrix} = R_{XYZ}^{xyz} \begin{bmatrix} X \\ Y \\ Z \end{bmatrix} \tag{88}$$

여기서, I벡터, J벡터, K벡터는 각각 지상좌표계(XYZ)가 사진좌표계(xyz)를 기준으로 방향코사인을 이용하여 회전한 단위벡터를 나타낸 것이며 식 (89)와 같이 표현할 수 있다.

$$\overrightarrow{I} = \begin{bmatrix} \cos(X\,x) \\ \cos(X\,y) \\ \cos(X\,z) \end{bmatrix} \quad \overrightarrow{J} = \begin{bmatrix} \cos(Y\,x) \\ \cos(Y\,y) \\ \cos(Y\,z) \end{bmatrix} \quad \overrightarrow{K} = \begin{bmatrix} \cos(Z\,x) \\ \cos(Z\,y) \\ \cos(Z\,z) \end{bmatrix} \tag{89}$$

지상좌표계상의 한 점 a를 3차원 회전하여 사진좌표계로 변환한다고 가정할 때, $r_a^m = [X, Y, Z]^T$를 지상좌표계(m) 상의 a벡터, $r_a^c = [x, y, z]^T$를 사진좌표계(c) 상의 a벡터라고 하면 두 3차원 벡터간에는 식 (90)과 같은 관계가 성립된다.

$$r_a^c = R_m^c\, r_a^m \qquad (R_{start}^{end},\ r_{end}^{start}) \tag{90}$$

여기서, r_a^c는 사진좌표계(c)에서 a 점을 3차원으로 나타낸 벡터이고, R_m^c 는 지상좌표계(m)에서 사진좌표계(c)로의 3×3 회전행렬을 나타내며 r_a^m는 지상좌표계에서 a 점을 3차원 벡터로 나타낸 것이다. 이 때, 회전행렬 R_m^c 는 방향 코사인을 이용하여 식 (91)과 같이 나타낼 수 있다.

$$r_a^c = R_m^c\ r_a^m \tag{91}$$

$$\begin{bmatrix} x \\ y \\ z \end{bmatrix} = \begin{bmatrix} \hat{X}\cdot\hat{x} & \hat{Y}\cdot\hat{x} & \hat{Z}\cdot\hat{x} \\ \hat{X}\cdot\hat{y} & \hat{Y}\cdot\hat{y} & \hat{Z}\cdot\hat{y} \\ \hat{X}\cdot\hat{z} & \hat{Y}\cdot\hat{z} & \hat{Z}\cdot\hat{z} \end{bmatrix} \begin{bmatrix} X \\ Y \\ Z \end{bmatrix}$$

예제 11 방향코사인

지상좌표계(XYZ)를 기준으로 X축 방향으로 90° 회전하여 사진좌표계(xyz)로 변환하였을 때, 방향코사인을 이용하여 지상좌표계에서 사진좌표계로 변환하기 위한 3차원 회전행렬(R_{XYZ}^{xyz})을 구하시오.

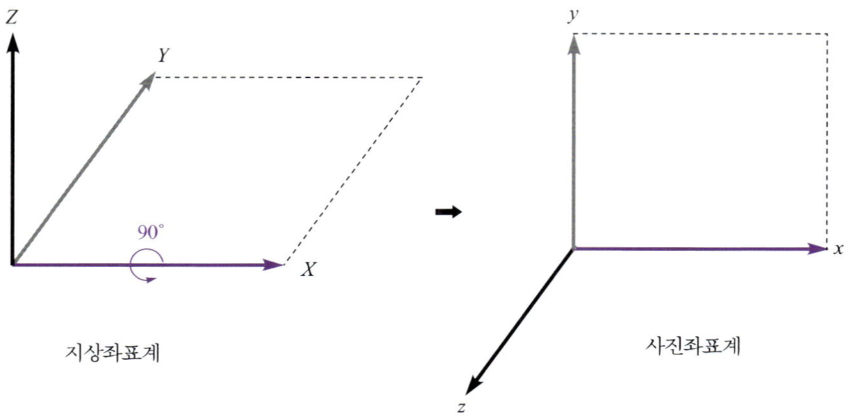

지상좌표계(XYZ)의 기저를 $\hat{X}=[1 0 0]^T$, $\hat{Y}=[0 1 0]^T$, $\hat{Z}=[0 0 1]^T$이라하면 사진좌표계(xyz)의 기저는 $\hat{x}=[1 0 0]^T$, $\hat{y}=[0 0 1]^T$, $\hat{z}=[0 -1 0]^T$가 된다.

따라서 방향코사인 공식

$$R_{XYZ}^{xyz}=\begin{bmatrix}\cos(Xx) & \cos(Yx) & \cos(Zx)\\ \cos(Xy) & \cos(Yy) & \cos(Zy)\\ \cos(Xz) & \cos(Yz) & \cos(Zz)\end{bmatrix}=\begin{bmatrix}\hat{X}\cdot\hat{x} & \hat{Y}\cdot\hat{x} & \hat{Z}\cdot\hat{x}\\ \hat{X}\cdot\hat{y} & \hat{Y}\cdot\hat{y} & \hat{Z}\cdot\hat{y}\\ \hat{X}\cdot\hat{z} & \hat{Y}\cdot\hat{z} & \hat{Z}\cdot\hat{z}\end{bmatrix}$$

을 이용하면 $\begin{bmatrix}1 & 0 & 0\\ 0 & 0 & 1\\ 0 & -1 & 0\end{bmatrix}$이 된다.

예제는 다음과 같이 풀이할 수도 있다.

$\begin{bmatrix}x\\ y\\ z\end{bmatrix}=[\vec{I}\ \vec{J}\ \vec{K}]\begin{bmatrix}X\\ Y\\ Z\end{bmatrix}$에서

I벡터는 지상좌표계의 X축을 사진좌표계(xyz)를 기준으로 회전한 방향코사인 값을 나타낸 것이다.

$$\vec{I}=\begin{bmatrix}\cos(Xx)\\ \cos(Xy)\\ \cos(Xz)\end{bmatrix}\rightarrow\vec{I}=\begin{bmatrix}\cos(0^\circ)\\ \cos(90^\circ)\\ \cos(-90^\circ)\end{bmatrix}\rightarrow\vec{I}=\begin{bmatrix}1\\ 0\\ 0\end{bmatrix}$$

J벡터는 지상좌표계의 Y축을 사진좌표계(xyz)를 기준으로 회전한 방향코사인 값을 나타낸 것이다.

$$\vec{J}=\begin{bmatrix}\cos(Yx)\\ \cos(Yy)\\ \cos(Yz)\end{bmatrix} \rightarrow \vec{J}=\begin{bmatrix}\cos(-90^{\circ})\\ \cos(90^{\circ})\\ \cos(180^{\circ})\end{bmatrix} \rightarrow \vec{J}=\begin{bmatrix}0\\ 0\\ -1\end{bmatrix}$$

K벡터는 지상좌표계의 Z축을 사진좌표계(xyz)를 기준으로 회전한 방향코사인 값을 나타낸 것이다.

$$\vec{K}=\begin{bmatrix}\cos(Zx)\\ \cos(Zy)\\ \cos(Zz)\end{bmatrix} \rightarrow \vec{K}=\begin{bmatrix}\cos(-90^{\circ})\\ \cos(0^{\circ})\\ \cos(90^{\circ})\end{bmatrix} \rightarrow \vec{K}=\begin{bmatrix}0\\ 1\\ 0\end{bmatrix}$$

I, J, K 벡터를 이용하여 지상좌표계에서 사진좌표계로의 3차원 회전행렬 R_{XYZ}^{xyz} 을 구하면 다음과 같다.

$$[\vec{I}\ \vec{J}\ \vec{K}]=\begin{bmatrix}1 & 0 & 0\\ 0 & 0 & 1\\ 0 & -1 & 0\end{bmatrix}$$

예제 12 방향코사인을 이용한 회전행렬

R_m^a 는 $\omega = 30^\circ$, $\varphi = 0^\circ$ $\kappa = 0^\circ$ 로 회전한 행렬이다.

R_m^b 는 $\omega = 0^\circ$, $\varphi = 40^\circ$ $\kappa = 0^\circ$ 로 회전한 행렬이다.

R_a^b은 a좌표계가 b좌표계로 변환되는 3차원 회전행렬이다.

방향코사인을 이용하여 R_a^b를 구하고, $R_m^b = R_a^b R_m^a$ 를 확인하여라.

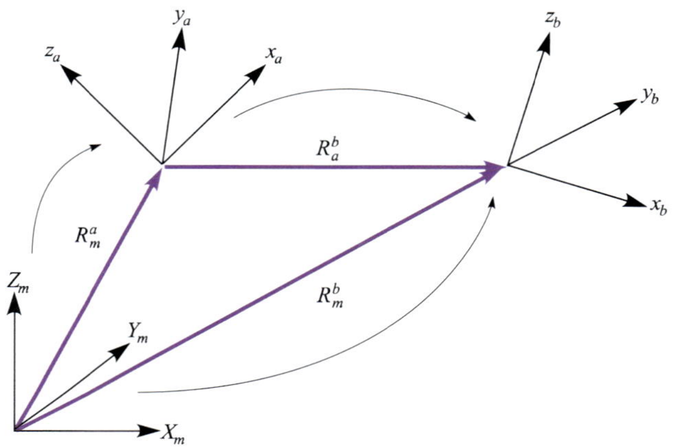

$R_a^b = R_m^b (R_m^a)^T$의 값과 방향코사인을 이용한 R_a^b값이 같으면 된다.

$$R_m^a = \begin{bmatrix} 1 & 0 & 0 \\ 0 & \cos 30^\circ & \sin 30^\circ \\ 0 & -\sin 30^\circ & \cos 30^\circ \end{bmatrix}, \quad R_m^b = \begin{bmatrix} \cos 40^\circ & 0 - \sin 40^\circ \\ 0 & 1 & 0 \\ \sin 40^\circ & 0 & \cos 40^\circ \end{bmatrix}$$ 이다.

여기서 a좌표계의 성분(기저)과 b좌표계를 성분(기저)을 찾기 위하여 R_m^a, R_m^b 를 각각 전치한다.

$$(R_m^a)^T = R_a^m = \begin{bmatrix} 1 & 0 & 0 \\ 0 & \cos 30^\circ & -\sin 30^\circ \\ 0 & \sin 30^\circ & \cos 30^\circ \end{bmatrix} = [\hat{x}_a \ \hat{y}_a \ \hat{z}_a]$$

$$(R_m^b)^T = R_b^m = \begin{bmatrix} \cos 40^\circ & 0 & \sin 40^\circ \\ 0 & 1 & 0 \\ -\sin 40^\circ & 0 & \cos 40^\circ \end{bmatrix} = [\hat{x}_b \ \hat{y}_b \ \hat{z}_b]$$

여기서 방향 코사인을 이용하면 $R_a^b = \begin{bmatrix} \hat{x}_a \cdot \hat{x}_b & \hat{y}_a \cdot \hat{x}_b & \hat{z}_a \cdot \hat{x}_b \\ \hat{x}_a \cdot \hat{y}_b & \hat{y}_a \cdot \hat{y}_b & \hat{z}_a \cdot \hat{y}_b \\ \hat{x}_a \cdot \hat{z}_b & \hat{y}_a \cdot \hat{z}_b & \hat{z}_a \cdot \hat{z}_b \end{bmatrix}$ 과 같이 표현할 수 있다.

$$R_a^b = R_m^b R_a^m = \begin{bmatrix} 0.7660 & 0 & -0.6428 \\ 0 & 1 & 0 \\ 0.6428 & 0 & 0.7660 \end{bmatrix} \begin{bmatrix} 1 & 0 & 0 \\ 0 & 0.8660 & -0.500 \\ 0 & 0.500 & 0.8660 \end{bmatrix} = \begin{bmatrix} 0.7660 & -0.3214 & -0.5567 \\ 0 & 0.8660 & -0.500 \\ 0.6428 & 0.3830 & 0.6634 \end{bmatrix}$$ 가 된다.

예제 13 방향코사인

사진좌표계(xyz)가 지상좌표계(XYZ)를 기준으로 Z축 방향으로 −90°회전하여 다음과 같은 모양을 나타내고 있을 때 방향코사인을 이용하여 지상좌표계에서 사진좌표계로의 변환을 위한 3차원 회전행렬(R_{XYZ}^{xyz})을 구하시오.

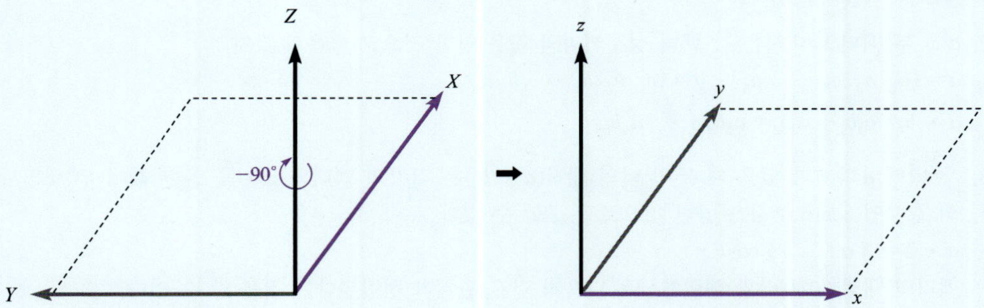

$$R_{XYZ}^{xyz} = \begin{bmatrix} \cos(Xx) & \cos(Yx) & \cos(Zx) \\ \cos(Xy) & \cos(Yy) & \cos(Zy) \\ \cos(Xz) & \cos(Yz) & \cos(Zz) \end{bmatrix} = \begin{bmatrix} \cos(-90°) & \cos(-180°) & \cos(-90°) \\ \cos(0°) & \cos(-90°) & \cos(-90°) \\ \cos(90°) & \cos(-90°) & \cos(0°) \end{bmatrix} = \begin{bmatrix} 0 & -1 & 0 \\ 1 & 0 & 0 \\ 0 & 0 & 1 \end{bmatrix}$$

3차원 회전행렬을 이용하는 방법으로 계산할 경우

$$R_{XYZ}^{xyz} = R_{\omega}(0°)R_{\varphi}(0°)R_{\kappa}(-90°) = \begin{bmatrix} \cos(-90°) & -\sin(-90°) & 0 \\ \sin(-90°) & \cos(-90°) & 0 \\ 0 & 0 & 1 \end{bmatrix} = \begin{bmatrix} 0 & -1 & 0 \\ 1 & 0 & 0 \\ 0 & 0 & 1 \end{bmatrix}$$

단원정리

01. 스칼라(scalar)란 주어진 시간과 공간에서 크기만 있고 방향을 가지지 않는 양을 나타낸다. 벡터는 크기와 방향을 갖고 있는데 단위벡터는 크기가 1이기 때문에 방향만 가지고 있는 벡터이다. 사진측량 및 컴퓨터비전에서의 단위벡터는 2차원 또는 3차원 좌표계에서 좌표축의 방향(기저벡터)을 나타낼 때 주로 사용된다.

02. $\boldsymbol{a}, \boldsymbol{b}$ 두 벡터의 내적은 각 벡터 성분끼리의 곱을 합한 것으로 다음과 같다.

$\boldsymbol{a} = (a_1, a_2, a_3, \cdots, a_n)$, $\boldsymbol{b} = (b_1, b_2, b_3, \cdots, b_n)$

$\boldsymbol{a} \cdot \boldsymbol{b} = a_1b_1 + a_2b_2 + a_3b_3 + \cdots\ a_nb_n$

03. 두 벡터 $\boldsymbol{a}$와 $\boldsymbol{b}$가 있을 때 두 벡터의 내적($\boldsymbol{a} \cdot \boldsymbol{b}$)은 각각의 벡터의 크기를 곱한 값에 두 벡터사이의 코사인(cosine) 값을 곱한 것으로도 구할 수 있다.

$\boldsymbol{a} \cdot \boldsymbol{b} = \|\boldsymbol{a}\|\ \|\boldsymbol{b}\| \cos\theta$

벡터의 내적기호(·)와 행렬연산은 다음과 같은 관계가 성립된다는 것을 알 수 있다.

$\boldsymbol{a} \cdot \boldsymbol{b} = \boldsymbol{a}^T \boldsymbol{b}$

$a.b = 0$ 이면 두 벡터가 이루는 사잇각은 90° 가 된다. $(\cos(\pi/2) = 0)$

04. 벡터의 외적은 3차원 공간에서 물체의 회전축과 회전방향을 확인하는 데 주로 사용된다.

$\boldsymbol{a} = (a_1, a_2, a_3)$, $\boldsymbol{b} = (b_1, b_2, b_3)$ 에서 두 벡터의 외적은 $\boldsymbol{a} \times \boldsymbol{b}$ 로 표현되며, 외적을 벡터 곱이라고도 한다.

$\boldsymbol{a} \times \boldsymbol{b} = (a_2b_3 - a_3b_2,\ a_3b_1 - a_1b_3,\ a_1b_2 - a_2b_1)$

벡터의 외적은 내적과 달리 교환법칙이 성립하지 않으며 두 벡터의 내적은 스칼라 값이지만 두 벡터의 외적은 벡터인 것에 주의하여야 한다. 벡터 외적은 햇행렬(hat matrix)을 이용하면 쉽게 구할 수 있다.

$$\boldsymbol{a} \times \boldsymbol{b} = (a_2b_3 - a_3b_2,\ a_3b_1 - a_1b_3,\ a_1b_2 - a_2b_1) = \begin{bmatrix} 0 & -a_3 & a_2 \\ a_3 & 0 & -a_1 \\ -a_2 & a_1 & 0 \end{bmatrix} \begin{bmatrix} b_1 \\ b_2 \\ b_3 \end{bmatrix} = \hat{\boldsymbol{a}}\,\boldsymbol{b}$$

$$\boldsymbol{a} \times \boldsymbol{b} = \hat{\boldsymbol{a}}\,\boldsymbol{b} = \hat{\boldsymbol{b}}^T \boldsymbol{a}$$

05. 행렬이란 수 또는 변수 등의 일련의 개체들을 행(row)과 열(column)에 맞추어 사각형 모양으로 순서 있게 배열하여 괄호로 묶은 것을 나타낸다. 가역행렬이란 역행렬이 존재하는 행렬을 뜻하고 특이행렬이란 역행렬이 존재하지 않는 행렬을 뜻하며 이때 방정식과 미지수의 개수가 같아야 한다. 이를 판별하기 위해서는 행렬식을 이용한다. 만약 계수행렬 A가 가역행렬이면 행렬식이 0이 아니고($\det(A) \neq 0$), 계수행렬 A가 특이행렬이면 행렬식이 0이다($\det(A) = 0$).

06. 선형 독립이란 2차원 공간에서 두 벡터가 주어졌을 때 두 벡터는 동일 직선 상에 존재하지 않는 경우를 의미한다. 즉 두 벡터의 선형 결합을 스팬하며 2차원 좌표평면의 모든 공간을 채울 수 있다.

07. 행렬 A의 랭크(rank)는 행렬 A의 열벡터들의 선형독립의 개수를 뜻한다.

08. 표준기저란 기저들 중 성분 1개 만이 1이고, 나머지 성분이 모두 0인 표준적인 벡터를 의미하며 어떤 직각 좌표계에서 좌표축으로 생각할 수 있다.

09. 영공간이란 $A\boldsymbol{x}=\mathbf{0}$ 일 경우를 만족하는 $\boldsymbol{x}$의 공간을 뜻한다. 또한 영공간은 행렬 A의 열벡터들이 선형종속일 경우에만 존재한다.

10. 행렬 A가 $n\times n$의 정방행렬이면서 선형독립이고 만약 $A\boldsymbol{x}=\lambda\boldsymbol{x}$ 이고 0이 아닌 $\boldsymbol{x}$벡터가 존재하면 스칼라 λ를 고유값(eigen value)이라 한다.

11. A의 전치행렬과 A의 역행렬이 같은 행렬을 직교행렬이라고 한다.
$A^T=A^{-1}$

12. 대칭행렬(symmetric matrix)은 어떤 행렬 A가 있다고 할 때, 행과 열을 바꾸어도 원래의 행렬과 같은 행렬을 나타낸다. 즉, A가 대칭행렬이라면 $A^T=A$가 된다. 대칭행렬은 보통의 행렬과는 다른 두 가지 특성이 있다.
① 대칭행렬의 고유값은 전부 실수값을 갖는다.
② 대칭행렬의 고유벡터는 직각을 이룬다.

13. 고유값 분해는 행렬이 정방행렬이면서 선형독립일 경우에만 가능하다. 그러나 사진측량 및 컴퓨터비전에서 문제를 해결하기 위해 구성한 행렬이 정방행렬 및 선형독립이 아닌 경우도 있는데 이러한 경우에도 행렬의 고유값과 고유벡터를 구할 수 있는 방법이 특이값 분해이다. 다시 말해, 행렬 A가 정방행렬이 아닌 $m\times n$과 같이 직사각형 모양일 때도 특이값 분해(SVD : Singular Value Decomposition)를 통해서 행렬의 고유값과 고유벡터를 구할 수 있다.

14. SVD의 기하학적 의미를 살펴보면 V^T로 좌표를 회전시킨 후 축척에 해당하는 고유값 S를 곱한 후 다시 U로 회전시킨 것을 알 수 있다.

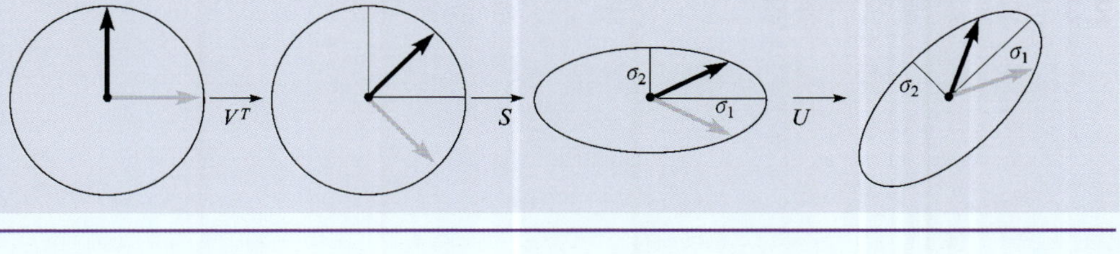

15. $x-y$좌표축에서 반시계반향으로 θ만큼 좌표축을 회전하여 새로운 $x'-y'$좌표계로의 2차원 회전 행렬 $R_{xy}^{x'y'}$은 2×2행렬로 행렬원소의 개수는 4개이나 회전각 θ만 있으면 표현이 가능하다.

$$R_{xy}^{x'y'}=\begin{bmatrix}\cos\theta & \sin\theta \\ -\sin\theta & \cos\theta\end{bmatrix}=\begin{bmatrix}r_{11} & r_{12} \\ r_{21} & r_{22}\end{bmatrix}$$

2차원 회전을 나타내는 행렬 $R_{xy}^{x'y'}$은 다음과 같은 3가지 특성이 있다.

① $r_{11}^2+r_{21}^2=\cos^2\theta+\sin^2\theta=1$

② $r_{12}^2+r_{22}^2=\sin^2\theta+\cos^2\theta=1$

③ $r_{11}r_{12}+r_{21}r_{22}=\sin\theta\cos\theta-\sin\theta\cos\theta=0$

16. $\vec{a}=(a_x, a_y, a_z)$와 x축, y축, z축과 각각 양의 방향으로 이루는 각을 α, β, γ라 할 때 $\cos\alpha, \cos\beta, \cos\gamma$ 를 벡터 $\vec{a}$의 방향코사인이라 하고, $\cos\alpha : \cos\beta : \cos\gamma$ 를 방향비라고 한다. 각 방향코사인 값의 제곱합은 항상 1이다.

17. 만약 A좌표계와 B좌표계를 알고 있다면 방향 코사인을 이용하여 A, B 좌표계 간의 회전 요소를 구할 수 있다. $X-Y$좌표축을 $x-y$축으로 회전하기 위한 2차원 회전행렬을 방향코사인을 이용하여 나타내면 다음과 같다.

$$\begin{bmatrix}x \\ y\end{bmatrix}=R_{XY}^{xy}\begin{bmatrix}X \\ Y\end{bmatrix}=\begin{bmatrix}\cos Xx & \cos Yx \\ \cos Xy & \cos Yy\end{bmatrix}\begin{bmatrix}X \\ Y\end{bmatrix}=\begin{bmatrix}\hat{X}\cdot\hat{x} & \hat{Y}\cdot\hat{x} \\ \hat{X}\cdot\hat{y} & \hat{Y}\cdot\hat{y}\end{bmatrix}\begin{bmatrix}X \\ Y\end{bmatrix}$$

연습문제

1. 고유값분해와 특이값분해의 차이점에 대해 서술하시오.

2. 벡터 $v=(2,-2,1)$ 일 때 벡터 v의 단위벡터 u를 구하시오.

3. 다음과 같이 두 벡터 $a=[1,\ 1,\ 3]^T$, $b=[2,\ 1,-3]^T$ 가 있을 때 두 벡터의 외적을 구하시오.

4. 벡터의 내적을 이용하여 두 벡터 $a=[2,\ 2]^T$, $b=[3,\ 0]^T$ 의 사잇각을 계산하시오.

5. 선형 독립에 대해 서술하시오.

6. 행렬을 이용하여 두 직선 $y=-x+7, y=x-3$의 교점을 계산하시오.

7. 다음 행렬 $A=\begin{bmatrix}1 & -3 & -2 & 4\\ 2 & 1 & 3 & 1\\ 3 & 5 & 8 & -2\\ 4 & 7 & 11 & -3\end{bmatrix}$의 랭크를 구하시오.

8. 열공간과 영공간에 대해서 서술하시오.

9. 다음 식 $Ax = \begin{bmatrix} 3 & 2 & 5 & 1 \\ -2 & 1 & -1 & -3 \\ 1 & -3 & -2 & 2 \\ 4 & 2 & 6 & 2 \end{bmatrix} \begin{bmatrix} x_1 \\ x_2 \\ x_3 \\ x_4 \end{bmatrix}$ 의 영공간의 기저 벡터 개수를 구하시오.

10. 다음 행렬 $A = \begin{bmatrix} 4 & 2 \\ 3 & 5 \end{bmatrix}$ 의 고유값을 계산하시오.

11. 대칭행렬의 특성 두 가지를 서술하시오.

12. A 점의 좌표가 (3, 7)일 때 반시계방향으로 30° 회전한 좌표값을 계산하시오.

13. 지상좌표계(XYZ)를 기준으로 Z축 방향으로 90°회전하여 사진좌표계(xyz)와 같은 모양을 나타내고 있을 때 방향코사인을 이용하여 지상좌표계에서 사진좌표계로의 변환을 위한 3차원 회전행렬(R_{XYZ}^{xyz})을 구하시오.

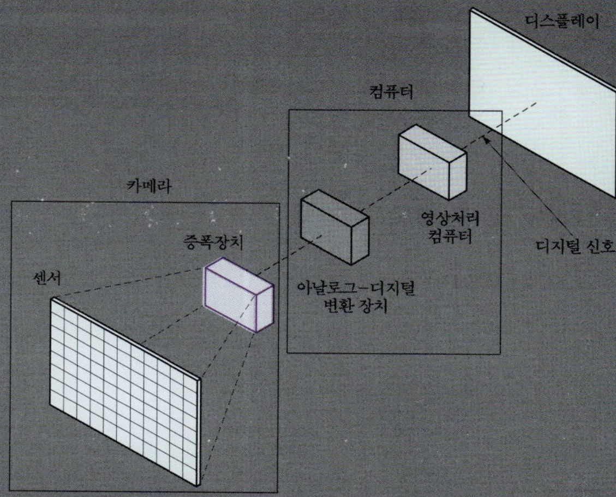

chapter

05 디지털 영상처리

이 단원에서는 사진측량 및 컴퓨터비전의 주요 입력 데이터인 영상의 처리에 대해 알아야 될 내용을 소개한다. 영상처리의 과정을 설명하기 위해 영상의 특성을 간단하게 소개하고 영상처리의 전체적인 과정 또한 간단하게 소개한다. 영상에서 특징점을 추출할 수 있는 다양한 특징점 추출연산자와 스테레오 영상의 매칭을 위한 다양한 방법에 대해서도 설명한다.

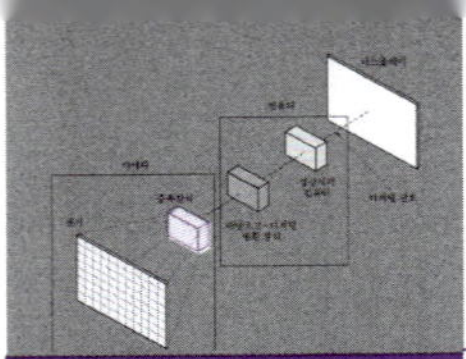

chapter

05 디지털 영상처리

학습목표

1. 영상처리의 목적과 그 과정을 설명할 수 있다.
2. 영상에서 특징점을 추출하는 과정과 방법을 설명할 수 있다.
3. 영상매칭을 위한 비용함수를 이해하고 비용을 계산하는 과정을 설명할 수 있다.

01 디지털 영상

영상은 빛의 굴절이나 반사 등에 의하여 이루어진 물체의 상을 나타내며 디지털 영상은 이러한 영상을 디지털 형태로 만들기 위해서 샘플링(sampling)과 양자화(quantization)한 것을 나타낸다.

[그림 1]은 디지털 센서를 이용하여 디지털 영상을 취득하는 모습을 나타낸 것이다. 광학영상(수동형 센서)에서는 대부분 에너지원으로 태양이 필요하고 대상물에 반사된 빛은 광학센서를 통해서 영상면(또는 사진면)에 맺히게 된다. 이에 반해 능동형 센서는 이러한 빛을 자체적으로 생성하고 발사하여 대상물에 반사된 빛을 수집하여 영상으로 생성한다. 예를 들어 대상물에 일정 간격으로 레이저(laser) 빔을 발사하여 대상물에서 반사된 레이저 빔의 방향과 거리를 이용하여 3차원 좌표를 관측하는 레이저 스캐너는 대표적인 능동형 센서의 종류이다.

디지털 영상을 구성하는데 있어서 가장 작은 단위를 픽셀(pixel : picture element)이라고 한다. 또한, 한 픽셀의 크기가 나타내는 선명도를 해상도(resolution)라고 한다.

디지털 영상처리는 컴퓨터를 이용하여 영상을 조작하고 분석하는 것을 나타내는 것으로 좀 더 상세히 설명하면 영상취득(acquisition) → 전처리(preprocessing) → 영상분할(image segmentation) → 영상표현 및 서술(representation and description) → 인식(recognition) → 해석 또는 판독(interpretation)의 단계로 구성된다.

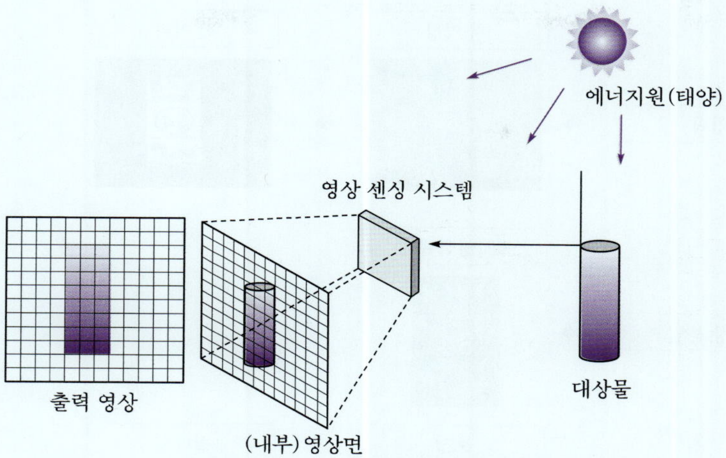

그림 1 디지털 센서를 이용한 영상취득

디지털 영상은 항공사진 측량용 디지털 카메라, 인공위성, 지상 카메라 등 다양한 방법으로부터 취득할 수 있다. 취득한 영상은 잡영(image noise)을 제거하거나 명암을 강조하여 영상을 개선하는 영상의 전처리 과정을 수행한 후 영상처리 과정을 수행할 수 있다.

영상처리는 전처리 과정을 포함하여 영상분할, 영상표현, 영상의 인식 등 다양한 과정이 있으며 [그림 2]는 도로표지판의 문자인식 과정을 나타낸 것이다.

도로표지판의 문자를 인식하기 위해 원 영상을 입력 데이터로 사용하고 전처리를 수행한다. 전처리가 완료된 도로 표지 영상은 영상 분할 단계에서 표지 영역을 추출한다. 추출된 표지 영역은 영상 표현 단계에서 보정과 필터링을 거쳐 객체를 추출하기 수월하도록 한다. 영상 서술 단계에서는 문자 영역을 추출하고 글자와 매칭한다. 매칭된 글자와 글자 영역은 영상 인식 단계에서 문자 분류와 패턴 분류 그리고 그룹핑을 거쳐 글자에 레이블을 부여한다. 마지막으로 출력 단계에서는 도로 표지 영상에서 글자가 위치하는 곳에 글자를 표현하여 인식 결과를 확인한다. 이러한 과정을 종합하여 최종 객체를 인식하게 되며 이를 통해서 영상을 통해서 도로 표지판을 해석할 수 있다.

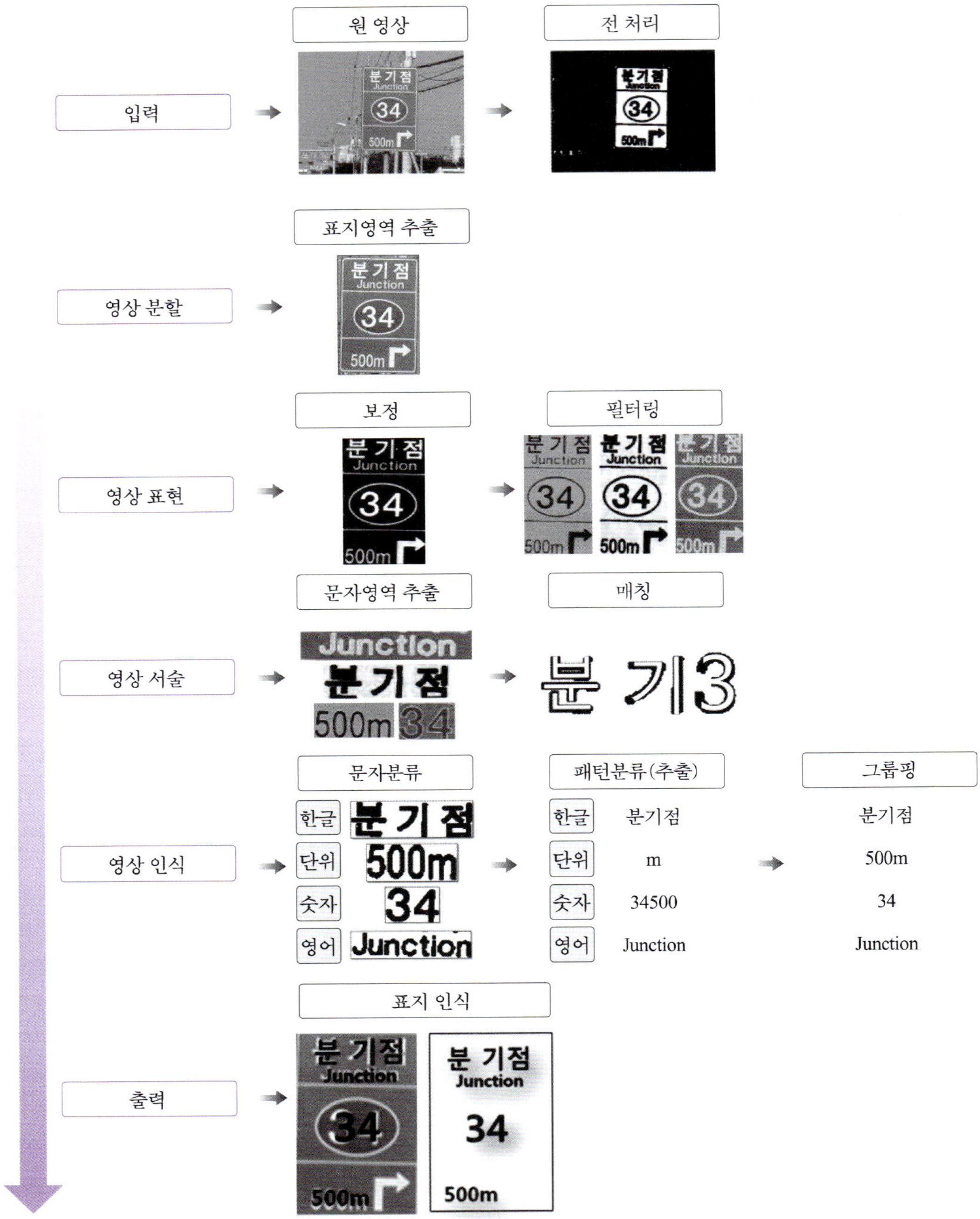

그림 2 도로 표지판의 문자 인식 과정

디지털 영상처리의 과정을 정리하면 다음과 같다.

- 영상취득
- 전처리
- 영상분할
- 영상표현 및 서술
- 인식
- 해석 또는 판독

02 저주파와 고주파

[그림 3]은 1차원의 음성에 대한 저주파(낮은 주파수)와 고주파(높은 주파수) 신호와 2차원의 영상에 대한 저주파와 고주파 영상을 나타낸 것이다. 주파수가 낮다는 것은 1초 동안 진동한 횟수가 작다는 것을 나타내고 주파수가 높다는 것은 1초 동안에 진동한 횟수가 많다는 것을 나타낸다. 이를 2차원의 영상과 관련해서 생각해보면 주파수가 낮다는 것은 영상이 엉성해진다는 것이고 주파수가 높다는 것은 영상이 좀 더 섬세해진다는 것을 나타낸다.

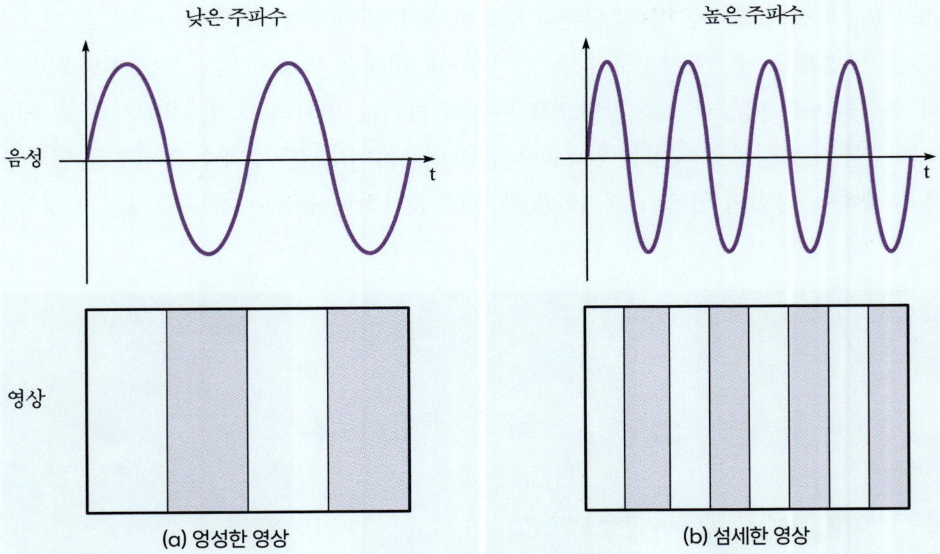

그림 3 저주파와 고주파

원 영상은 [그림 4]와 같이 영상의 전반적인 추세 또는 추정을 나타내는 저주파 영역과 영상에서 경계선과 같은 상세한 특징을 나타내는 고주파 영역으로 구성되어 있다고 생각할 수 있다.
영상에서 저주파는 픽셀 값의 변화율이 작은 영역을 나타내고 고주파는 픽셀 값의 변화율이 큰 영역을 나타낸다. 원 영상에서 픽셀 값의 변화가 큰 고주파 영역을 제거하게 되면 [그림 4]와 같이 영상에서 픽셀 값의 변화가 전반적으로 작은 저주파 영역만 남게 되고 영상이 결국 흐릿하게 보이게 된다. 이에 반해 영상에서 픽셀 값의 변화가 작은 저주파 영역을 제거하면 영상에서 픽셀 값이 큰 부분만 남게 된다. 따라서 영상의 경계선만 주로 보이게 된다.

- 원 영상 ≡ 저주파 영역의 영상 + 고주파 영역의 영상
- 원 영상 ≈ 저주파 영역의 영상

03 영상에서 특징점 추출기법

특징점은 영어로 distinct point, key point, interest point 등으로 나타낸다. 특징점은 대개 건물의 모서리, 도로의 교차점 등 영상에서 주요한 특징이 될 만한 점이다.
특징점 추출 방법은 크게 두 가지로 나눌 수 있는데 첫째는 영상의 밝기값을 기반으로 하여 밝기값의 변화를 x축 방향과 y축 방향으로 나누어 밝기값 변화의 크기, 기울기 등을 이용하는 방법이다. 둘째는 영상을 웨이블릿(wavelet)을 이용하여 시간-주파수 영역으로 변환한 후 특징점을 추출하는 방법이 있으며 웨이블릿에 대한 공학적인 응용이 가능해 지면서 영상공간

(a) 원영상 (original image)
(b) 저주파 영역의 영상 (approximation)
(c) 고주파 영역의 영상 (detail)

그림 4 원 영상의 구성

(image space)에서 수행되던 특징점 추출방법을 웨이블릿을 이용하여 특징점 또는 선형성분을 추출하는 연구가 수행되고 있다.

사진측량분야에서 많이 사용되어온 밝기값 기반 특징점 추출 연산자(operator)로는 Moravec, Förstner 연산자가 있으며 컴퓨터비전 분야에서는 Harris, KLT, SIFT, SURF, FAST 등이 많이 활용되고 있다.

Moravec 연산자는 특징점을 인접 픽셀과의 밝기값의 변화가 아주 큰 픽셀로 정의하였으며 픽셀 주변의 분산값을 이용하여 특징점을 추출한다. Förstner는 분산-공분산 행렬을 이용하여 특징점을 추출하였으며 Moravec 연산자에 비해 좀 더 향상된 연산자라 할 수 있다. KLT 연산자는 Harris가 제안한 이론을 다른 관점에서 해석한 것으로 국부구조행렬(local structure matrix)을 이용한다는 점에서는 서로 관련이 있다.

특징점(distinct point or corner point)은 영상에서 x, y방향 모두에서 밝기값의 변화가 큰 영역을 나타내는 것으로 영상의 모션 추적(motion tracking), 영상매칭(image matching), 영상데이터베이스 검색(image database retrieval) 등 다양한 활용분야가 있다. 영상에서 모션 추적의 경우는 경계선(edge) 정보보다 특징점이 많이 활용되고 있으며 대상물의 형태를 복원하는 경우에도 특징점(또는 모서리점)이 활용되고 있다.

본 교재에서는 사진측량, 패턴인식, 컴퓨터비전 분야에서 많이 활용되고 있는 KLT, Harris, Förstner, Wavelet 방법 등을 이용한 특징점 추출에 대해서 살펴본다. 영상매칭과정의 검증은 각 방법별로 추출된 특징점이 유일성을 확보하고 오매칭 또는 매칭이 되지 않는 경우를 분석하므로써 가능하다.

특징점 연산자가 가져야 할 조건은 특징성(distinctness), 불변성(invariance), 안정성(stability), 판독성(interpretability) 이 있어야 한다.

- 특징성 : 인접한 점들과 구별할 수 있는 특징 있는 점
- 불변성 : 특징점의 선택에 있어서 기하학적, 방사학적 왜곡에 불변하는 구별성이 있는 점을 선택하는 것
- 안정성 : 특징점의 선택은 잡영(noise)에 대해서도 강건해야 함
- 판독성 : 특징점은 경계선, 모서리점과 같이 판독이 가능한 점이어야 함

3.1 Harris

Harris 특징점 추출연산자는 국부구조행렬 C_{str}을 이용하며 식 (1)과 같이 정의한다.

$$C_{str} = w_G(r;\sigma) * \begin{bmatrix} \left(\frac{\partial I}{\partial x}\right)^2 & \left(\frac{\partial I}{\partial x}\right)\left(\frac{\partial I}{\partial y}\right) \\ \left(\frac{\partial I}{\partial x}\right)\left(\frac{\partial I}{\partial y}\right) & \left(\frac{\partial I}{\partial y}\right)^2 \end{bmatrix} \quad (1)$$

여기서, $w_G(r;\sigma)$는 가우시안 필터를 나타내며 $I(x,y)$는 원 영상의 밝기값을 나타내고 $\partial I/\partial x$, $\partial I/\partial y$는 x축과 y축 방향으로의 1차 미분을 나타낸다.
가우시안 필터에 의한 결과를 $\hat{I}$로 두면 식 (1)은 식 (2)와 같이 표현할 수 있다. 식 (2)에 있는 2×2 행렬 C_{str}은 자세히 살펴보면 C_{str}와 C_{str}^T가 서로 같은 대칭행렬이다. 대칭행렬은 첫째, 행렬의 고유값이 실수이고 둘째, 고유벡터가 서로 직각인 특징이 있다.
대칭행렬의 2가지 특징은 다음과 같다.

- 행렬의 고유값이 실수이다.
- 행렬의 고유벡터가 서로 직각이다.

$$C_{str} = \begin{bmatrix} \hat{I}_x^2 & \hat{I}_x \hat{I}_y \\ \hat{I}_x \hat{I}_y & \hat{I}_y^2 \end{bmatrix} \quad (2)$$

식 (2)의 2×2 대칭행렬 C_{str}에서 $C_{str}v = \lambda v$를 만족하는 0이 아닌 열벡터 v를 고유벡터라 칭하고 상수 λ를 고유값라고 한다. 고유벡터는 방향은 보존되고 축척만 변화되는 방향 벡터를 의미한다. 2차원인 영상에서 계산한 C_{str}에서 고유값은 2개(λ_1, λ_2)가 존재하므로 식 (2)를 간략하게 표현하면 식 (3)과 같이 표현할 수 있다.

$$C_{str} = \begin{bmatrix} \lambda_1 & 0 \\ 0 & \lambda_2 \end{bmatrix} \quad (3)$$

λ_1과 λ_2의 고유값이 두 개 있을 때 영상에서 특징점과의 관계는 [그림 5]와 같다.

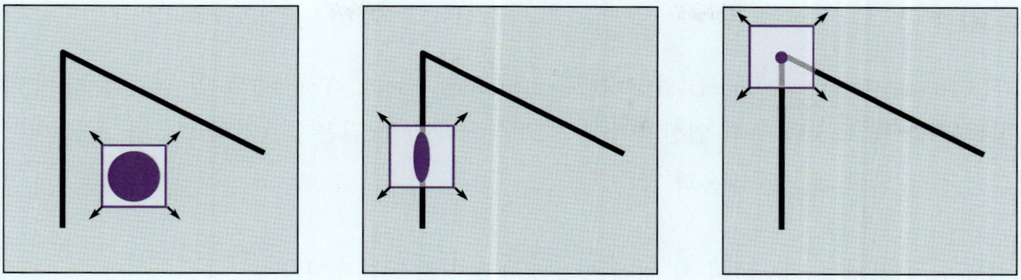

그림 5 고유값과 영상에서 특징점과의 관계

- λ_1과 λ_2가 모두 작은 값일 경우 특징이 없는 편평한 지역(flat region)
- λ_1이 λ_2보다 큰 경우 또는 λ_2가 λ_1보다 큰 경우는 경계선 지역(edge)
- λ_1과 λ_2가 큰 값이면서 서로 유사한 경우는 모서리 지역(corner)

어떤 점에서 행렬 C_{str}의 고유값이 크다면 임의의 방향에 대한 작은 움직임은 밝기값을 변화시키며 이것은 영상에서 특징점을 나타낸다. 특징점의 추출을 위한 응답함수는 식 (4)와 같다. 식 (5)의 행렬식(det)과 행렬의 대각합(trace)은 C_{str}이 대칭행렬이기 때문에 고유값의 곱과 고유값의 합으로 구할 수 있다.

$$H(x,y)=\det(C_{str})-\alpha(trace(C_{str}))^2=\lambda_1\lambda_2-\alpha(\lambda_1+\lambda_2)^2 \tag{4}$$

$$\det(C_{str})=\lambda_1\lambda_2 \tag{5}$$

$$trace(C_{str})=\lambda_1+\lambda_2 \tag{6}$$

여기서, α는 Harris에 의해서 제안된 매개변수(0.04~0.06)이며 $0\le\alpha\le0.25$ 인 경우$H\ge0$이다. 특징점은 $H(x,y)>H_{th}$ 일 경우에 추출되며, 이때 H_{th}는 특징점의 강도(strength)를 나타내는 임계값을 나타낸다.

3.2 KLT

KLT(Kanade-Lucas-Tomasi) 알고리즘은 Kanade, Lucas, Tomasi의 앞 글자를 따서 만든 특징점 추출 및 특징점 추적 연산자이다. KLT도 Harris와 같은 식 (2)의 C_{str}을 이용하며 특징점 추적을 위한 과정은 다음과 같다.

① Harris 연산자를 이용하여 첫 번째 영상에서 특징점을 추출한다.
② 연속해서 촬영된 영상에서 추출한 Harris 특징점에 대해 모션을 계산한다. 이 때 모션은 이동량이 될 수도 있고 부등각사상변환 매개변수가 될 수도 있다.
③ 각각의 Harris 특징점을 추적하기 위해서 연속된 영상에서 모션 벡터를 서로 연결한다.
④ 그런 다음 나머지 영상에서 Harris 연산자를 이용해서 새로운 특징점을 추출한다.
⑤ 기존의 특징점과 새롭게 추출된 Harris 특징점 간에 ①②③의 과정을 거치면서 특징점을 추적한다.

비디오 입력　　　특징점 추출 및 객체 추적

그림 6 KLT 특징점 추출 및 추적

3.3 Förstner

Förstner 연산자는 영상의 회전에 관계없이 특징점을 추출할 수 있으며 수행과정은 특징점 추출을 위한 최적 탐색영역의 선택과정, 선택된 탐색영역의 분류 및 특징점 위치의 결정 등으로 분류할 수 있다.

영상의 x, y 방향의 픽셀값의 변화량(gradient)을 g_x, g_y라 할 때 이것은 Robert 연산자나 Sobel 연산자를 이용하여 영상에서 픽셀값의 변화량인 기울기를 구할 수 있다.

영상에서 변화량을 구한 후 식 (7)과 같은 정방행렬 N을 계산한다.

$$N = \begin{bmatrix} \sum g_x^2 & \sum g_x g_y \\ \sum g_x g_y & \sum g_y^2 \end{bmatrix} \tag{7}$$

이때, 영상 변화량의 크기는 $magnitude(\nabla f(x,y)) = \sqrt{(g_x^2 + g_y^2)}$ 이며, 영상에서 변화량의 크기 값이 클수록 경계선에 가까운 특징점이다. 영상 변화량의 방향(orientation)은 $\theta = \tan^{-1}(g_y / g_x)$ 로 구할 수 있다.

Förstner 연산자는 최적 탐색영역을 선택하기 위해서 두 개의 매개변수 w와 q를 사용한다. w는 식 (8)과 같이 오차타원의 크기를 나타내며, q는 식 (9)와 같이 오차타원의 형상을 나타낸다.

$$w = \frac{1}{tr(N^{-1})} = \frac{\det(N)}{tr(N)} \tag{8}$$

$$q = 1 - (\frac{\lambda_1 - \lambda_2}{\lambda_1 + \lambda_2})^2 = \frac{4\det(N)}{\{tr(N)\}^2} \tag{9}$$

여기서, $\det(N)$: 정규행렬 N의 행렬식(determinant)

$tr(N)$: 정규행렬 N의 대각합(trace)

λ_1, λ_2 : 정규행렬에 대한 고유값(eigen values) 이다.

식 (8)의 w의 수식을 좀 더 자세히 풀이하면 식 (10)과 같다.

$$w = \frac{1}{tr(N^{-1})} = \frac{1}{tr\left\{\frac{1}{\det(N)}\begin{bmatrix} \Sigma g_y^2 & -\Sigma g_x g_y \\ -\Sigma g_x g_y & \Sigma g_x^2 \end{bmatrix}\right\}} \tag{10}$$

$$= \frac{1}{tr\left\{\frac{1}{\Sigma g_x^2 \Sigma g_y^2 - \Sigma g_x g_y \Sigma g_x g_y}\begin{bmatrix} \Sigma g_y^2 & -\Sigma g_x g_y \\ -\Sigma g_x g_y & \Sigma g_x^2 \end{bmatrix}\right\}}$$

$$= \frac{1}{\frac{1}{\Sigma g_x^2 \Sigma g_y^2 - \Sigma g_x g_y \Sigma g_x g_y}(\Sigma g_y^2 + \Sigma g_x^2)}$$

$$= \frac{\Sigma g_x^2 \Sigma g_y^2 - \Sigma g_x g_y \Sigma g_x g_y}{\Sigma g_x^2 + \Sigma g_y^2} = \frac{\det(N)}{\mathrm{tr}(N)}$$

다음으로 식 (9)의 q에 대해서 자세히 살펴보면 식 (11)과 같다.

$$q = 1 - \left(\frac{\lambda_1 - \lambda_2}{\lambda_1 + \lambda_2}\right)^2 \tag{11}$$

$$= 1 - \frac{\lambda_1^2 - 2\lambda_1\lambda_2 + \lambda_2^2}{(\lambda_1 + \lambda_2)^2}$$

$$= \frac{\lambda_1^2 + 2\lambda_1\lambda_2 + \lambda_2^2 - (\lambda_1^2 - 2\lambda_1\lambda_2 + \lambda_2^2)}{(\lambda_1 + \lambda_2)^2}$$

$$= \frac{4\lambda_1\lambda_2}{(\lambda_1 + \lambda_2)^2} = \frac{4\det(N)}{\{tr(N)\}^2}$$

식 (8)과 식 (9)의 두 매개변수 w와 q는 정규행렬 N으로부터 직접적으로 결정될 수 있으며 q는 0에서 1사이의 값을 갖는다.

3.4 Wavelet

웨이블릿은 신호처리, 영상처리 등 다양한 활용분야가 있다. Daubechies 웨이블릿은 다중해상도(multi-resolution) 영상을 생성한 후 영상에서 특징점을 추출한다. 원영상은 다중해상도 분석을 통해 근사영상(LL), 수평성분 영상(LH), 수직성분 영상(HL), 대각성분 영상(HH)으로 분리되며, 근사영상은 다시 LL, LH, HL, HH 성분으로 나뉘며 계층적 구조를 가진다. 수평, 수직성분 영상은 영상에서 경계점(edge)에 해당하는 정보를 가지게 되며 식 (12)와 같이 임계값 이상을 갖는 점을 분석하여 특징점을 추출할 수 있다.

$$W[f(2^j, x, y)] > W_{th} \tag{12}$$

여기서, $W[f(2^j, x, y)]$는 웨이블릿변환에 의해 계산된 밝기값 변화율의 크기를 나타낸다. $W_{th} = \alpha(\sigma + \mu)$특징점을 추출하기 위해 정의된 임계값이며 웨이블릿 변환에 의해 결정된 평균(μ)과 표준편차(σ)와 상수(α)를 이용하여 결정된다.

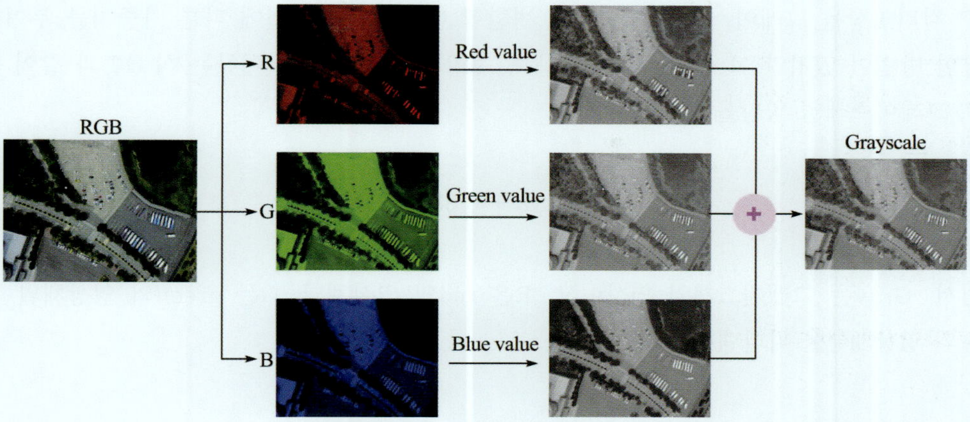

그림 7 RGB 컬러영상을 그레이스케일 영상으로 변환

3.5 SIFT

스테레오 영상에서 3차원 좌표를 추출하기 위해서는 동일점을 찾는 것이 필수적이다. 동일점을 찾는 것은 영상에서 경계선 또는 모서리 등과 같은 특징점을 찾는 것과 깊은 관계가 있다. SIFT(Scale Invariant Feature Transform) 연산자는 2단계로 구분할 수 있다. 1단계는 영상 처리법 중에서 영상 내 물체들의 모서리를 찾는 방법 중 하나인 DoG(Difference-of-Gaussian)를 스케일 공간(scale space)에서 수행하여 극대점 또는 극소점들을 대상으로 후보가 될만한 특징점을 추출한다. 2단계는 안정성·적합성 검사와 보정을 통해 방향성분을 얻어낸 후 이로 이루어진 서술자(descriptor)를 생성하는 방법이다. SIFT 연산자는 회전, 크기의 변화에 강인하며 컴퓨터비전 분야에서 가장 많이 사용되는 특징점 추출 연산자이다.

SIFT 알고리즘의 처리과정은 ①~⑥의 여섯 단계로 구성된다.

3.5.1 RGB 컬러영상을 그레이스케일 영상으로 변환

RGB 컬러영상을 그레이스케일(grayscale) 영상으로 변환하다는 것은 [그림 7]과 같이 세 개의 채널인 RGB 컬러영상을 하나의 채널인 그레이스케일 영상으로 변환하는 것을 나타낸다. RGB 컬러영상은 색상 정보가 포함되어 있는 반면 그레이스케일 영상은 컬러에 대한 색상 정보를 포함하지 않고 밝기값에 대한 정보만으로 영상을 표현하고 검은색이 '0' 하얀색이 '255'로 256개로 구성되어 있다. SIFT연산자는 영상의 밝기값을 이용하는 방법이므로 밝기값을 연산하기 위해 그레이스케일 영상으로 변환한다.

RGB 컬러영상을 그레이스케일 영상으로 변환할 때 각 영상 채널에 다른 가중치를 부여하는 다양한 방법이 있지만 그 중 가장 기본개념인 동일한 가중치를 부여하는 식 (13)과 같이 수식으로 그레이스케일 영상을 얻을 수 있다.

$$Gray = 0.333R + 0.333G + 0.333B \tag{13}$$

여기서, Gray는 그레이스케일 영상이고, R은 red의 영상채널, G는 green의 영상채널, B는 blue의 영상채널을 나타낸다.

3.5.2 영상 피라미드 구성

영상 피라미드의 구성은 다양한 해상도의 영상을 순차적으로 나열하는 것을 의미한다. SIFT연산자는 스케일에 관계없이 강인한 특징을 추출할 수 있는 장점을 가지고 있는데, 영상 피라미드 구성은 스케일 변화에 불변하는 특징을 추출하기 위해서 영상 피라미드 마다 DOG(Difference of Gaussian)계산을 위해 처리하는 과정이다. SIFT연산자에서 영상 피라미드 구성은 2단계로 첫 번째 단계는 가우시안(Gaussian)필터를 사용하여 영상을 필터링하고 두 번째 단계는 다운샘플링(downsampling)을 이용하여 영상의 크기를 조정함으로 영상의 스케일을 조정한다.

첫 번째 단계로 가우시안 필터는 통계학에서 많이 사용되는 표준정규분포를 나타내고 저주파 통과 필터(low-pass filter)로서 고주파는 필터링 되며 저주파만 통과된다. 영상에서 저주파란 영상의 밝기값이 급격하게 변하지 않는 지역이고 고주파는 영상의 밝기값이 급격하게 변하는 지역을 말한다. 따라서 입력 영상에 가우시안 필터를 적용하면 원 영상이 보다 부드럽게 변하는 것을 알 수 있다. 식 (14)는 원 영상과 가우시안 필터를 적용한 영상간의 관계를 수식으로 나타낸 것이다.

$$L(x, y, \sigma) = G(x, y, \sigma) * I(x, y) \tag{14}$$

여기서, $G(x, y, \sigma)$는 표준편차(σ)를 가지고 있는 가우시안 함수이고, $I(x, y)$는 원본 영상이며, $L(x, y, \sigma)$는 가우시안 필터를 적용한 영상을 나타낸다.

가우시안 필터는 정규분포를 나타내고 있기 때문에 표준편차(σ)에 따라 마스크의 크기가 변하고 영상이 부드럽게 변하는 정도를 다르게 할 수 있다. [그림 8]은 가우시안 필터의 표준편차를 크게 할 수 록 영상이 부드럽게 변하는 것을 알 수 있는데 이는 표준편차가 클수록 주위

영상의 밝기값 영향을 많이 받기 때문에 표준편차가 클수록 영상이 부드럽게 변하며 스케일을 증가시키는 효과를 나타낸다.

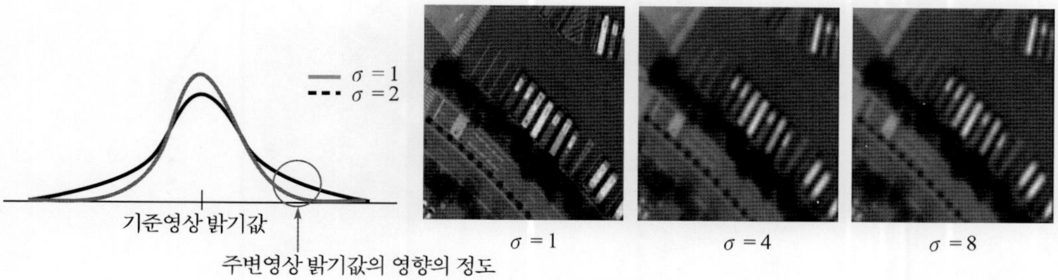

그림 8 가우시안 필터 적용

두 번째 단계로 다운샘플링은 영상의 크기를 작게 하는 과정으로 기본적으로 짝수 번째 픽셀을 제거하고 홀수 번째 픽셀들만 유지하며 2배로 영상이 작아진다. [그림 9]는 원본영상에서 다운샘플링을 수행한 영상을 나타낸다.

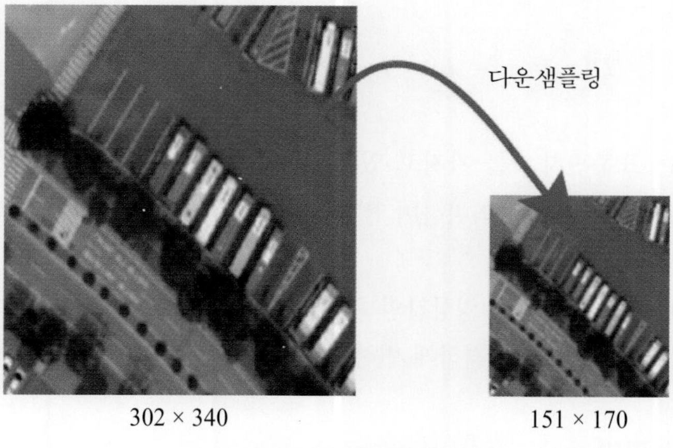

그림 9 다운샘플링 과정

가우시안필터링과 다운샘플링 과정을 통해 [그림 10]과 같이 영상 피라미드를 생성한다. 먼저 가우시안 필터의 표준편차를 $\sqrt{2}$ 간격으로 필터링하여 영상을 점차적으로 스케일을 증가시키고 스케일이 2배가 되는 시점에 다운샘플링을 수행하고 다시 가우시안 필터의 표준편차를 조정하여 위와 같은 방법을 반복하여 수행한 후 영상 피라미드를 구성한다. 이때 가우시안 필터로 생성되는 스케일 공간을 옥타브(octave)라고 한다.

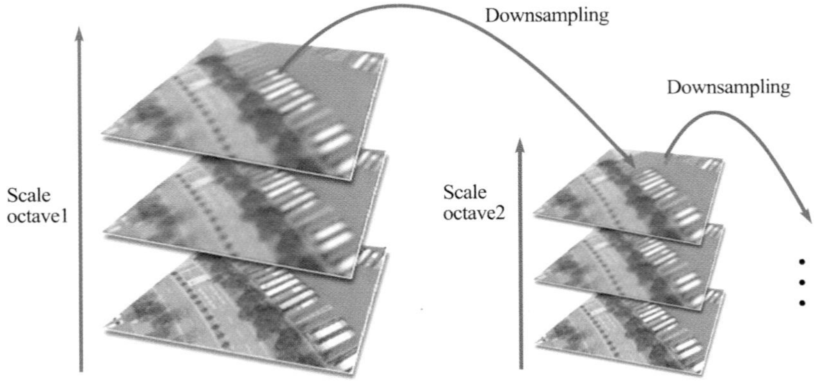

그림 10 피라미드 영상 구성

3.5.3 DoG 계산

DoG(Difference of Gaussian)는 각각 표준편차가 다른 가우시안 필터링 한 영상간의 차분 영상을 의미하는 것으로 피라미드 영상을 생성한 후 수행하게 된다. 이를 수식으로 나타내면 식 (15)과 같다.

$$D(x, y, \sigma) = L(x, y, k\sigma) - L(x, y, \sigma) \tag{15}$$

여기서, $L(x, y, \sigma)$는 표준편차 σ를 가지고 있는 가우시안 함수를 적용한 영상이고, 상수 k는 가우시안함수의 표준편차 간격을 의미하며 일반적으로 $\sqrt{2}$의 값을 사용한다. $D(x, y, \sigma)$는 DoG 영상을 나타낸다.

[그림 11]은 가우시안 필터를 적용한 영상간의 차분 영상을 나타낸다. [그림 11]의 DoG 영상에서 알 수 있듯이 두 영상의 밝기값이 급격하게 변하는 지역의 특징이 추출된 것을 알 수 있다.

3.5.4 특징점 위치 판별

특징점 위치 판별(keypoint localization)의 과정은 크게 두 단계로 이루어진다. 첫 번째 단계는 DoG 영상에서 밝기값의 극대, 극소점의 위치를 찾는 것으로 스케일에 불변하는 특징점들을 후보로 추출한다. 두 번째 단계는 추출된 후보점들 중에서 세부보정을 통해 불안정한 특징점을 제거한다.

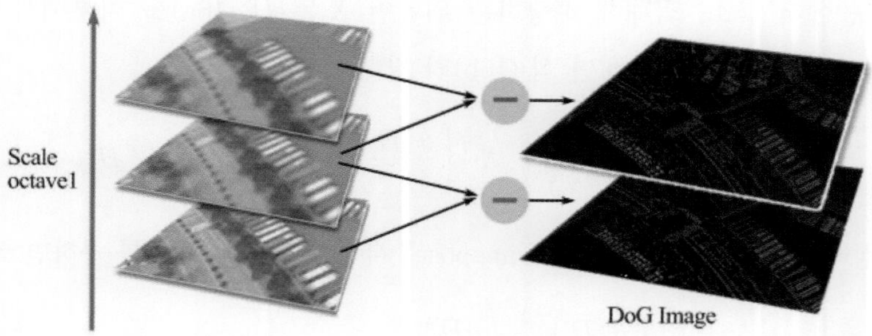

그림 11 DoG 영상 생성

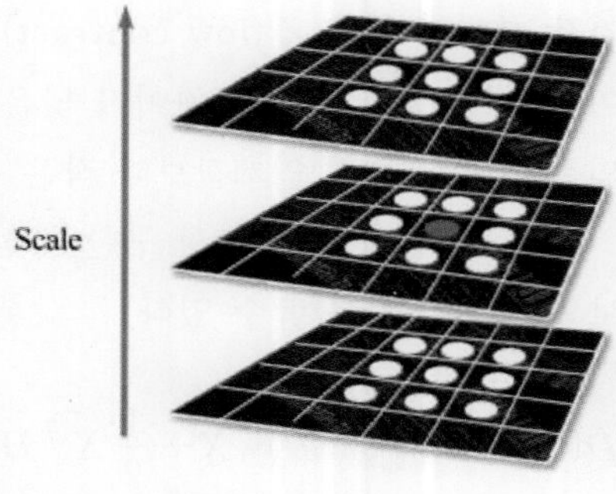

그림 12 극대 극소 특징점 추출

첫 번째 단계인 특징점 후보를 추출하는 방법으로 [그림 12]와 같이 DoG 영상에서 극대·극소 값을 추출한다. 이때 현재 픽셀의 주변 8개의 픽셀 영상밝기값과 DoG 영상의 상위와 하위 층까지 각각 9개의 픽셀 영상 밝기값인 총 26개의 주변 픽셀들보다 크거나 작을 때 특징점 후보로 추출한다.

두 번째 단계는 추출된 특징점 후보점들을 세부 보정한다. 추출된 특징점 후보점들은 불안정한 점들을 포함할 수 있으므로 식 (16a)와 같이 테일러 급수전개*를 2차 항까지 수행한다.

$$D(X)=D_{(X_0)}+\left(\frac{\partial D^T}{\partial X}\right)_{(X_0)}X+\frac{1}{2}X^T\left(\frac{\partial^2 D}{\partial X^2}\right)_{(X_0)}X=D_{(X_0)}+J_{(X_0)}^T X+\frac{1}{2}X^T H_{(X_0)}X \qquad (16a)$$

$$J_{(X_0)}=\begin{bmatrix}\dfrac{D(x+1,y,\sigma)-D(x-1,y,\sigma)}{2}\\ \dfrac{D(x,y+1,\sigma)-D(x,y-1,\sigma)}{2}\\ \dfrac{D(x,y,\sigma+1)-D(x,y,\sigma-1)}{2}\end{bmatrix}_{(X_0)},\quad H_{(X_0)}=\begin{bmatrix}\dfrac{\partial^2 D}{\partial x^2} & \dfrac{\partial^2 D}{\partial x\,\partial y} & \dfrac{\partial^2 D}{\partial x\,\partial \sigma}\\ \dfrac{\partial^2 D}{\partial y\,\partial x} & \dfrac{\partial^2 D}{\partial y^2} & \dfrac{\partial^2 D}{\partial y\,\partial \sigma}\\ \dfrac{\partial^2 D}{\partial \sigma\,\partial x} & \dfrac{\partial^2 D}{\partial \sigma\,\partial y} & \dfrac{\partial^2 D}{\partial \sigma^2}\end{bmatrix}_{(X_0)}$$

여기서, $X=[x,y,\sigma]^T$ 이고 D는 가우시안 차분(DoG) 영상의 테일러 급수전개를 나타내고, $J_{(X_0)}$는 (x,y,σ)에 대한 1차 미분인 3×1 자코비안(Jacobian) 행렬을 나타낸다. 또한 $H_{(X_0)}$는 (x,y,σ)에 대한 2차 미분을 나타내는 3×3 헤시안(Hessian) 행렬을 나타낸다.

* 테일러 급수 또는 테일러 전개는 어떤 미지의 함수를 근사 다항함수로 표현한 것을 말한다.

특징점 후보중에서 극소, 극대에 해당하는 위치인 $\hat{X}$는 식 (16a)를 미분해서 0이 되게 하는 $\hat{X}$을 구하면 되는데 이를 나타내면 식 (16b)와 같다.

$$\frac{\partial D(X)}{\partial X}=\left(\frac{\partial D^{T}}{\partial X}\right)_{(X_0)}+X^{T}\left(\frac{\partial^{2} D}{\partial X^{2}}\right)_{(X_0)}=J^{T}_{(X_0)}+X^{T}H_{(X_0)}=0 \tag{16b}$$

식 (16b)를 정리하기 위해 양변을 전치(transpose) 시킨 후 극점의 위치를 구하면 식 (16c)와 같다.

$$\hat{X}=-\left(\frac{\partial^{2} D}{\partial X^{2}}\right)^{-1}_{(X_0)}\left(\frac{\partial D}{\partial X}\right)_{(X_0)}=-H^{-1}_{(X_0)}\,J_{(X_0)} \tag{16c}$$

식 (16c)를 통해서 극점의 위치를 구했으나 특징점으로서 활용가치가 낮은 점, 예를 들면 밝기값 차이가 낮은 점(low contrast)과 경계선 상(along edge)에 있는 점들은 제거해야 한다. 이를 위해 먼저 밝기값 차이가 낮은 점을 제거해주는 과정은 DoG 영상에서 특징점 후보점들의 픽셀값이 특정 임계값보다 작은 경우 제거하면 된다.

이를 위해 식 (16c)에서 구한 극점의 위치를 식 (16a)에 대입하여 식 (17)과 같이 특징점 후보의 픽셀값을 구할 수 있다.

$$\begin{aligned}
D(\hat{X}) &= D_{(X_0)}+J^{T}_{(X_0)}\hat{X}+\frac{1}{2}\widehat{X^{T}}H_{(X_0)}\hat{X} \qquad (17a)\\
&= D_{(X_0)}+J^{T}_{(X_0)}(-H^{-1}_{(X_0)}\,J_{(X_0)})+\frac{1}{2}(-H^{-1}_{(X_0)}\,J_{(X_0)})^{T}H_{(X_0)}(-H^{-1}_{(X_0)}\,J_{(X_0)})\\
&= D_{(X_0)}-J^{T}_{(X_0)}H^{-1}_{(X_0)}\,J_{(X_0)}+\frac{1}{2}J^{T}_{(X_0)}H^{-1}_{(X_0)}\,H_{(X_0)}H^{-1}_{(X_0)}\,J_{(X_0)}\\
&= D_{(X_0)}-J^{T}_{(X_0)}H^{-1}_{(X_0)}\,J_{(X_0)}+\frac{1}{2}J^{T}_{(X_0)}H^{-1}_{(X_0)}\,J_{(X_0)}\\
&= D_{(X_0)}-\frac{1}{2}J^{T}_{(X_0)}H^{-1}_{(X_0)}\,J_{(X_0)}\\
&= D_{(X_0)}+\frac{1}{2}J^{T}_{(X_0)}\hat{X}
\end{aligned}$$

$$\therefore D(\hat{X})=D_{(X_0)}+\frac{1}{2}\left(\frac{\partial D^{T}}{\partial X}\right)_{(X_0)}\hat{X} \tag{17b}$$

여기서, $D(\hat{X})$는 서브픽셀(sub-pixel) 위치에서의 픽셀값을 나타내며 픽셀값중에서 밝기값의 대비값이 낮은 특징점 후보점은 임계값을 설정하여 제거할 수 있다.

이제 특징점으로 활용가치가 없는 낮은 밝기값 차이를 갖는 점(low contrast)을 식 (17b)를 이용하여 제거하였다면 다음으로 특징점 후보중에서 경계선상에 있는 특징점 후보를 제거해야 한다. 그 이유는 DoG의 경우 경계선을 찾을 때 잡영에도 매우 민감하여 반응하여 잡영을 경계선으로 찾아낼 수도 있기 때문에 좀 더 안정적인 특징점을 찾기 위해서이다. DoG 함수에서 잘못 정의된 극점은 경계선을 가로지르는 큰 곡률을 가지지만 그에 직각방향으로는 작은 곡률을 갖는다. 영상에서 경계선 주변의 곡률은 식 (18a)의 2×2 헤시안(Hessian) H 행렬을 이용하여 계산할 수 있으며 H의 고유값은 D의 주요 곡률에 비례한다.

$$H = \begin{bmatrix} D_{xx} & D_{xy} \\ D_{xy} & D_{yy} \end{bmatrix} \tag{18a}$$

이를 좀 더 자세히 설명하면 특징점 후보 중에서 수평, 수직 방향의 그래디언트(또는 변화도, gradient)를 계산한 후 수평 및 수직 방향의 변화도가 거의 없다면 편평한 지역(flat region)이라고 생각할 수 있고, 수평 또는 수직 방향의 변화도 중에서 한 쪽만 큰 경우는 경계(edge) 지역이 되고, 수평과 수직 방향 모두 변화도가 큰 경우는 모서리(corner)가 되기 때문에 이러한 특성을 알아내기 위해서 2×2 크기를 갖는 H 행렬에서 행렬의 최대 고유값(α)과 최소 고유값(β)의 비(γ)를 이용하여 식 (18b)와 같이 경계선상에 있는 특징점 후보점을 제거할 수 있다. 식 (18)은 가장 큰 변화와 가장 작은 변화의 비를 기반으로 구성한 행렬식($\det(H)$)과 행렬의 대각합($tr(H)$)의 비를 나타낸다.

$$\frac{tr(H)^2}{\det(H)} = \frac{(\alpha+\beta)^2}{\alpha\beta} = \frac{(r+1)^2}{r} \tag{18b}$$

여기서, H는 DoG 영상의 (x, y) 위치에서의 밝기값의 변화도를 나타내는 2×2 행렬을 나타내고, $r = \alpha/\beta$은 고유값의 비를 나타낸다.

예제 1 SIFT에 대한 이해

2×2 크기를 갖는 헤시안 H행렬과 H행렬의 고유값 S행렬 있다고 할 때 최대 고유값과 최소 고유값의 비를 구하시오.

$$H = \begin{bmatrix} 30 & 45 \\ 45 & 100 \end{bmatrix},\ S = \begin{bmatrix} 122.0088 & 0 \\ 0 & 7.9912 \end{bmatrix}$$

최대 고유값과 최소 고유값의 비를 구하기 위해 행렬식($\det(H)$)과 행렬의 대각합($tr(H)$)을 먼저 계산해야 한다.

$$tr(S) = \alpha + \beta = 122.0088 + 7.9912 = 130$$
$$Det(S) = \alpha\beta = 122.0088 \times 7.9912 = 974.997$$

따라서 고유값의 비는 $\frac{tr(S)^2}{\det(S)} = \frac{(130)^2}{974.997} = 17.333$ 이다.

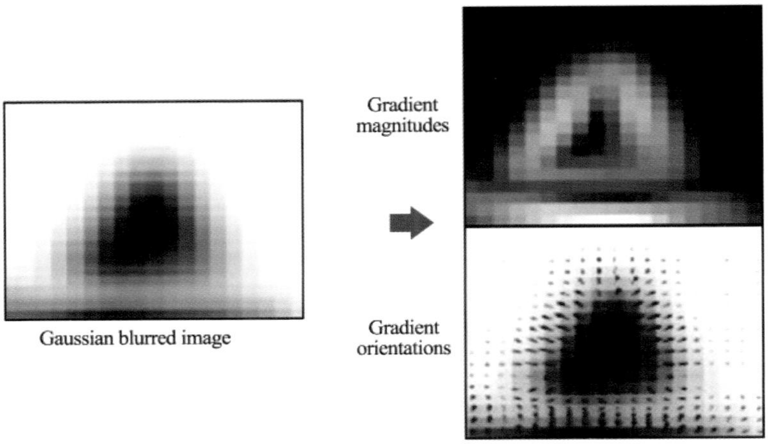

그림 13 **특징점 크기와 방향**

3.5.5 특징점 방향 판별

이전 단계에서 추출한 특징점 후보는 축척에 불변성을 갖는 특징점이다. 그러나 특징점이 되기 위해서는 축척 뿐만 아니라 영상의 회전에도 불변하는 특징점을 찾아야 된다. 특징점 방향(orientation) 판별은 최종적으로 선택된 특징점을 중심으로 각 점들이 가리키는 방향을 계산하여, 회전변화에도 불변하는 특징점을 찾는 것이다. 특징점의 위치를 중심으로 주변의 16×16의 픽셀영역에서 식 (19)를 이용하여 방위각과 크기를 구하고 히스토그램을 구성하여 최대가 되는 방위를 찾는다.

$$m(x,y) = \sqrt{(L(x+1,y) - L(x-1,y))^2 + (L(x,y+1) - L(x,y-1))^2} \tag{19}$$

$$\theta(x,y) = \tan^{-1}\left(\frac{L(x+1,y) - L(x-1,y)}{L(x,y+1) - L(x,y-1)}\right)$$

여기서, $m(x,y)$는 특징점의 변화도의 크기를 나타내고, $\theta(x,y)$는 특징점의 방향을 나타낸다. [그림 13]은 식 (19)에서 계산한 크기와 방향을 그림으로 나타낸 것이다.

3.5.6 특징 기술자 생성

특징 기술자(descriptor) 생성은 ① ~ ⑤사이의 다섯 단계 작업을 통해 특징점 추출과 특징점의 크기 및 방향을 계산한 것을 매칭 계산을 쉽게 수행하기 위해 특징점에 대한 정보를 담아두는 것을 의미한다. 특징 기술자의 생성 방법은 주변의 16×16의 픽셀영역에서 그래디언트(gradient)를 각각 추출한다. 그 후에 이를 4×4단위로 모아서 그 중 8방향의 벡터 중 가장 강한 방향을 찾는다. 따라서, 16×16의 픽셀영역에서 4×4단위로 모아서 데이터처리를 특징점 방향 및 크기를 추출할 때 [그림 14]와 같이 특징점 중심으로 행하기 때문에 총 4×4영역으로 각각 8방향을 입력할 수 있는 공간이 있어야한다. 즉, 4×4×8인 128차원의 벡터를 이용하여 가장 유사한 특징점 매칭을 할 수 있다.

[그림 15]는 드론으로 촬영한 원본 영상에서 각각 SIFT 특징점 연산자를 이용하여 특징점을 추출한 결과를 나타내고 [그림 16]은 Harris 연산자를 이용하여 특징점을 추출한 결과를 나타낸 것이다.

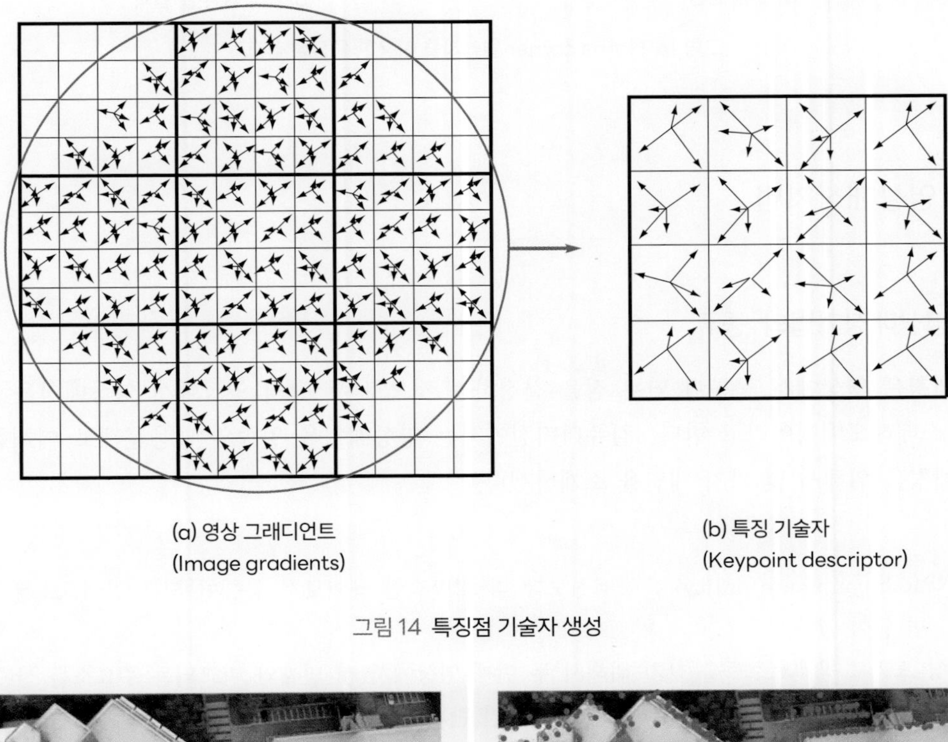

(a) 영상 그래디언트
(Image gradients)

(b) 특징 기술자
(Keypoint descriptor)

그림 14 특징점 기술자 생성

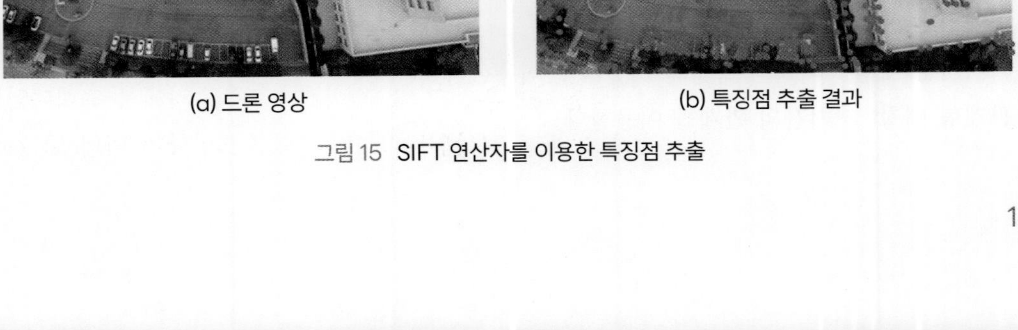

(a) 드론 영상

(b) 특징점 추출 결과

그림 15 SIFT 연산자를 이용한 특징점 추출

(a) 드론 영상 (b) 특징점 추출 결과

그림 16 Harris corner 연산자를 이용한 특징점 추출

04 영상매칭기법

4.1 영상매칭기법의 종류

영상매칭은 영상에서 공통이 되는 점을 결정하는 것으로 두 장의 영상에서 영상매칭을 수행하면 스테레오매칭이라고 한다. 컴퓨터비전에서는 영상매칭을 일종의 대응문제로 이해한다. 영상매칭을 위해서 몇 가지 개념을 소개하겠다.

- 공액요소(conjugate entity) : 공액점보다 더 일반적인 용어로서 공통이 되는 공액요소는 점, 선, 면 등이 있다.
- 매칭 요소 : 공액요소들을 찾기 위해서 두 번째 영상에서 첫 번째와 비교되는 주요소를 산출한다. 주요소는 밝기값, 피처(feature), 상징적인 관계나 기호특성을 포함한다.
- 유사도 평가 : 매칭 요소가 정량적으로 서로 얼마나 잘 대응되는가를 관측하는 것이다.

영상의 매칭은 매칭 요소에 대한 유사성을 관측하는 것으로 영역 기준, 피처 기준, 관계형 매칭법이 있다. [표 1]은 매칭 방법과 유사도 평가방법에 대해 나타낸 것이다.

① 영역기준 매칭 : 픽셀의 밝기값을 이용한다.

② 피처기준 매칭 : 피처의 특징과 서술자를 이용한다.

③ 관계형 매칭: 피처간의 관계를 이용한다.

표 1 매칭방법과 매칭요소와의 관계

매칭방법	종류	유사도 평가
영역기준 매칭	상관계수법, 최소제곱법 등	밝기값의 유사도
피처기준 매칭	SIFT, SURF, FAST 등	피처와 서술자의 유사도
관계형 매칭	그래프	피처간의 관계

영상매칭의 처리방법에는 계층적 방법(hierarchical approach)과 신경망방법(neural networks approach) 등이 있다.

4.2 영역기준매칭

영역기준매칭에서는 좌측 영상에서 일정한 구역을 기준영역(template area)으로 설정한 후 이에 해당하는 우측 영상의 동일구역을 일정한 범위 내에서 이동시키면서 찾아내는 원리를 이용하는 기법이다. 영역기준매칭법은 사전정보가 필요 없으며 좌우 영상의 밝기값의 유사도를 평가하여 비용이 최소가 되도록 점진적으로 매칭을 시행한다.

영역기준매칭에서 비용은 SAD, NCC, CT 등을 이용하여 상관계수법과 최소제곱매칭법(LSM: Least Square Matching) 등을 통해 매칭을 수행한다.

4.2.1 SAD

SAD(Sum of Absolute Difference)는 매칭해야 할 두 영상에 대하여 일정한 크기의 기준영역에 해당하는 커널을 이용한다. 기준영역의 크기는 홀수의 숫자이어야 하고, 동일한 크기의 두 영상에서 동일한 위치에 대한 기준영역과 탐색영역의 유사도를 측정하는 것이다. 기준영역과 탐색영역의 예시는 [그림 17]과 같다.

[그림 17]에서 3×3 크기를 갖는 기준영역과 탐색영역의 사각형에 있는 각각의 숫자는 픽셀의 밝기값을 의미한다. SAD는 기준영역과 탐색영역의 픽셀 값의 차를 구하고, 절대값을 취하여 유사도를 측정한다. 두 영역 간의 유사도를 측정하기 위한 수식은 식 (20)과 같다. 수식에 대한 결과값이 0에 가까울수록 두 영역은 서로 유사한 영역이다.

$$SAD(i,j) = \sum_{i=1}^{n}\sum_{j=1}^{n}|L(i,j) - R(x+i, y+j)| \tag{20}$$

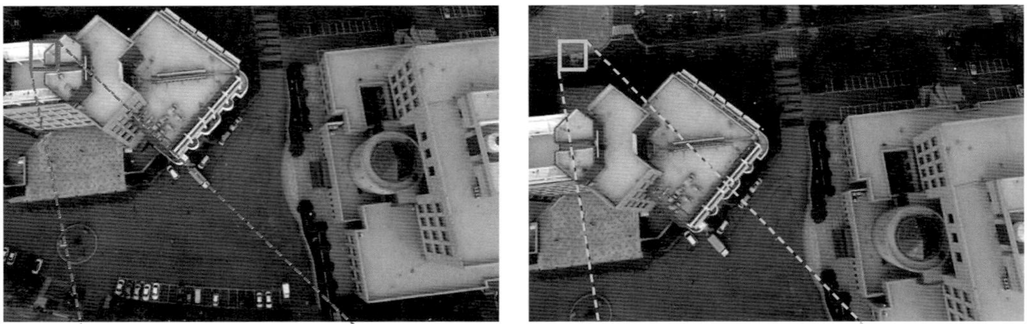

13	12	21
25	35	43
64	63	65

(a) 기준영역

15	14	19
43	35	41
61	59	62

(b) 탐색영역

그림 17 두 영상에서 기준영역과 탐색영역

13	12	21
25	35	43
64	63	65

−

15	14	19
43	35	41
61	59	62

=

−2	−2	2
−18	0	2
3	4	3

Absolute →

2	2	2
18	0	2
3	4	3

Sum →

33

그림 18 SAD를 이용한 비용함수 계산과정

[그림 17]과 식 (20)을 이용하여 SAD의 원리를 간단하게 그림으로 표현하면 [그림 18]과 같다. 좌우 영상의 3×3 영역에 있는 밝기 값의 차이를 구한 후 절대값을 취하여 모두 양수로 나타낸 후 밝기값의 합을 구하면 된다.

예제 2 SAD에 대한 이해

3×3 크기를 갖는 기준 영역(L)과 탐색 영역(R)이 있다고 할 때 SAD 수식을 이용하여 두 영상의 밝기값에 대한 유사도를 구하시오.

L :

3	5	5
4	6	6
2	6	7

R :

4	5	4
4	5	6
3	6	7

기준 영역(L)에서 탐색 영역(R)의 밝기값을 빼고 절대값을 취하면

1	0	1
0	1	0
1	0	0

이 된다.

그리고 나서 절대값을 취한 밝기값을 모두 더하면 4가 된다.

4.2.2 NCC

SAD는 영상에서 픽셀 값의 차이를 비교하기 때문에 두 영상 내부의 객체가 같은 객체이더라도 픽셀 값이 다소 크게 차이나면 같은 객체로 판단하기 어렵다. 이를 해결하기 위해 NCC(Normalized Cross Correlation)는 정규화를 이용한다. 간단한 방법으로 [그림 19]와 같이 좌측 영상에서 정의된 기준영역을 우측 영상의 탐색영역에서 한 점씩 이동하면서 모든 점들에 대해 상관계수를 계산하는 것이다. 계산된 상관계수값 중에서 가장 큰 유사성을 보이는 점을 매칭점으로 선택한다.

식 (21)은 NCC값을 구하기 위한 수식으로 기준영역과 탐색영역에서 밝기값의 평균, 편차, 표준편차, 공분산의 개념을 이용하는 것을 알 수 있다. NCC는 기준영역과 탐색영역의 밝기값의 공분산의 제곱근에 대해 기준영역의 밝기값에 대한 표준편차와 탐색영역의 밝기값에 대한 표준편차로 나누어 정규화 하였기 때문에 −1 ~ 1사이의 값을 가지게 된다.

$$NCC = \frac{\sigma_{LR}}{\sigma_L \sigma_R} \tag{21}$$

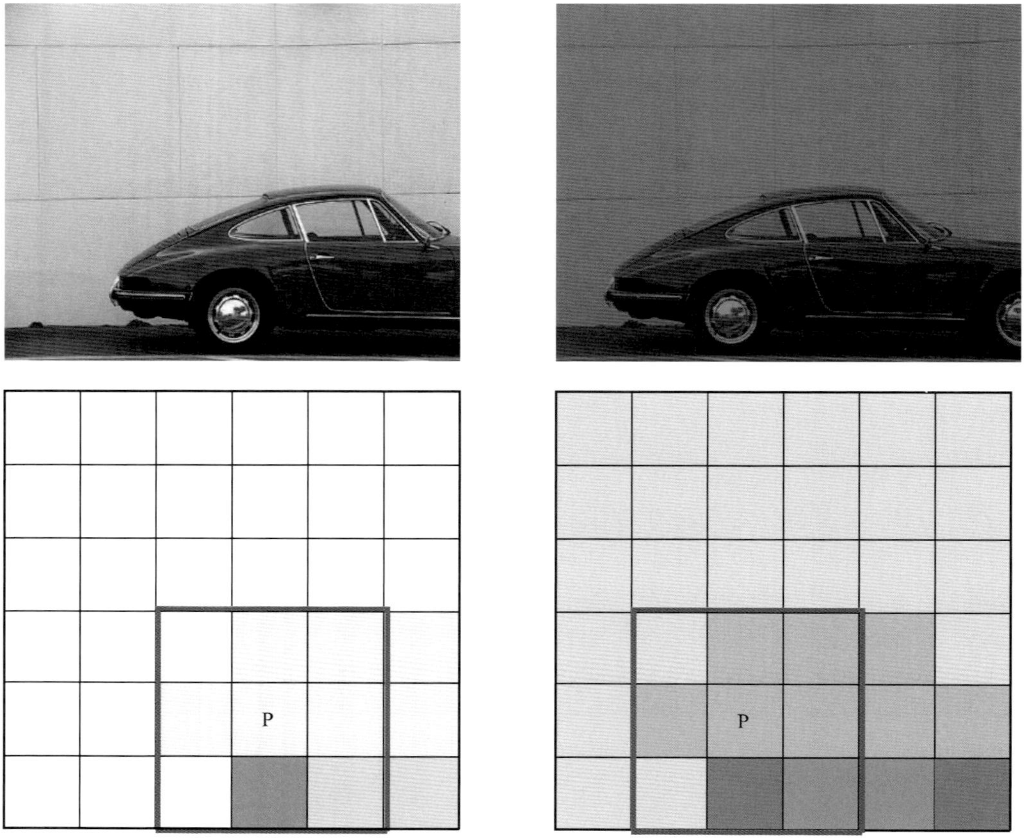

(a) 좌측 영상 (b) 우측 영상

그림 19 영상의 밝기 차이 및 NCC 탐색 영역

여기서, σ_{LR}, σ_L, σ_R은 다음과 같다.

$$\sigma_{LR} = \sqrt{\frac{\sum_{i=1}^{n}\sum_{j=1}^{m}(L(x_i, y_j) - \overline{L})(R(x_i, y_j) - \overline{R})}{(n \times m) - 1}},$$

$$\sigma_L = \sqrt{\frac{\sum_{i=1}^{n}\sum_{j=1}^{m}(L(x_i, y_j) - \overline{L})^2}{(n \times m) - 1}}, \quad \sigma_R = \sqrt{\frac{\sum_{i=1}^{n}\sum_{j=1}^{m}(R(x_i, y_j) - \overline{R})^2}{(n \times m) - 1}}$$

[그림 20]은 좌우영상에서 3×3 크기를 갖는 기준영역과 탐색영역에 대해 NCC를 계산하는 과정을 나타낸 것이다.

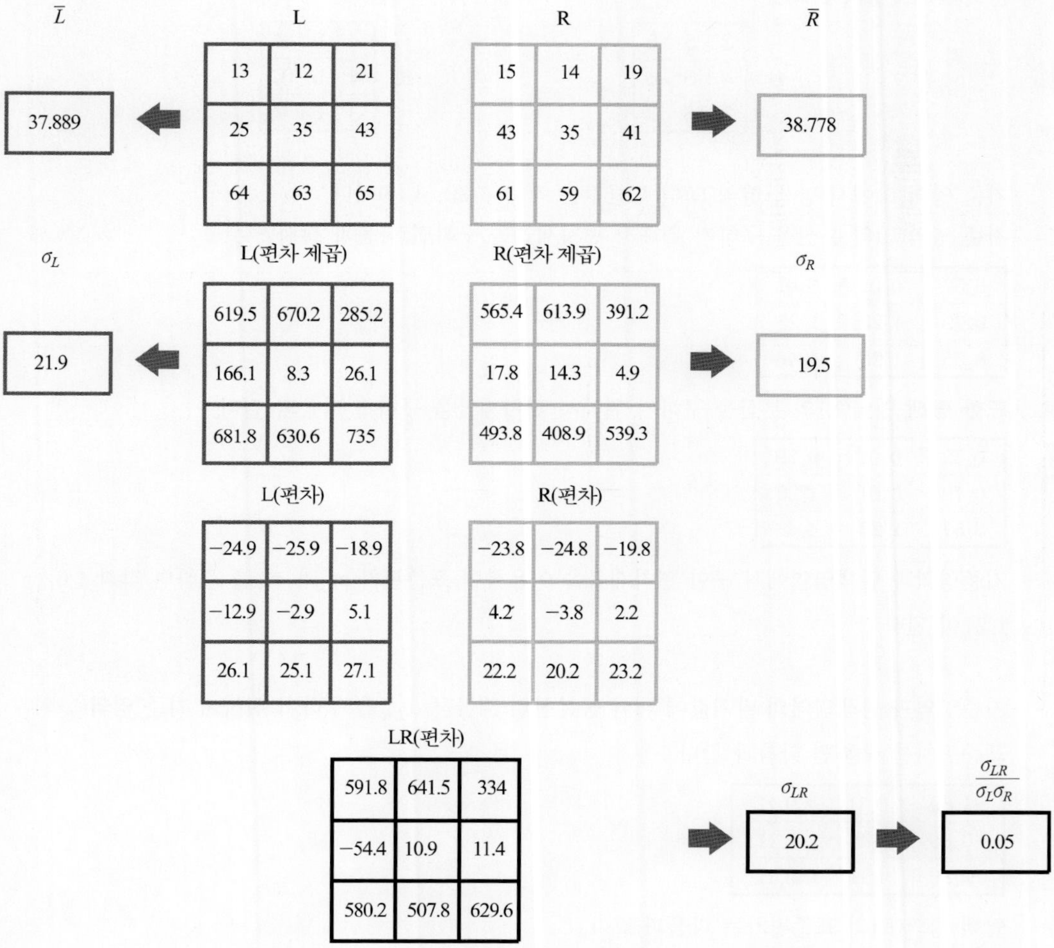

그림 20 NCC 풀이 과정

스테레오 영상에서 영상매칭을 위한 탐색영역의 크기를 줄이기 위해서 일반적으로 에피폴라 영상을 생성한 후 영상매칭을 수행한다.

예제 3 NCC에 대한 이해

3×3 크기를 갖는 기준 영상(L)과 탐색 영상(R)에 있다고 할때 NCC 수식을 이용하여 두 영상 간의 유사도를 구하시오.

L :

3	5	5
4	6	6
2	6	7

R :

4	5	4
4	5	6
3	6	7

기준 영역(L)에서 탐색 영역(R)의 평균값은 각각 4.89, 4.89이다.
기준 영역(L)의 분산을 구하기 위해서 편차제곱을 구하면 다음과 같다.

3.57	0.01	0.01
0.79	1.23	1.23
8.35	1.23	4.46

또한 탐색 영역(R)의 분산을 구하기 위해서 편차제곱을 구하면 다음과 같다.

0.79	0.01	0.79
0.79	0.01	1.23
3.57	1.23	4.46

기준영역과 탐색영역에서 구한 편차제곱을 이용하여 표준편차 σ_L과 σ_R을 구하면 각각 1.62, 1.27이 된다.

기준영역과 탐색영역의 밝기값에 대한 공분산의 제곱근 σ_{LR}을 구하기 위하여 기준 영역(L)의 표준편차를 구하면 다음과 같다.

−1.89	0.11	0.11
−0.89	1.11	1.11
−2.89	1.11	2.11

탐색 영역(R)의 표준편차는 다음과 같다.

−0.89	0.11	−0.89
−0.89	0.11	1.11
−1.89	1.11	2.11

L의 표준편차와 R의 표준편차를 곱하면 다음과 같다.

1.67	0.01	−0.1
0.79	0.12	1.23
5.46	1.23	4.46

이를 이용하여 공분산의 제곱근 σ_{LR}을 구하면 1.36이다.

따라서, $\dfrac{\sigma_{LR}}{\sigma_L \sigma_R}$ 을 구하면 NCC 값은 0.67이 된다.

4.2.3 센서스 변환

센서스 변환(CT : Census transform)은 일정한 크기를 갖는 변환 윈도우(예를 들면, 3×3)에서 윈도우 중앙의 밝기값을 제외한 나머지 밝기값에 대하여 중앙 밝기값과의 크기 비교를 통해 비트 열로 나타낸 후 비트열의 해밍 거리(Hamming distance)를 계산하여 매칭 비용을 산출하는 방법이다.

이를 좀 더 구체적으로 설명하면 일정 크기의 윈도우에서 한 가운데 픽셀의 값보다 작으면 0으로 설정하고 크면 1로 설정한다. 이를 1차원 비트 배열 형태로 변환하여 해밍 거리를 이용하여 유사성을 판단한다. [표 2]는 좌우 영상에서 CT를 이용하여 영상매칭을 위한 비용을 계산한 것이다.

표 2 센서스 변환(CT)을 위한 해밍 거리 계산

	Window	Census transform	Bit array	Hamming distance
Left Area	13 12 21 25 35 43 64 63 65	0 0 0 0 1 1 1 1	0 0 0 1 1 1 1 0	2
Right Area	15 14 39 43 35 41 61 59 62	0 0 1 1 1 1 1 1	0 0 1 1 1 1 1 1	

표 3 XOR 비트 배열

0	0	0	1	1	1	1	0

0	0	1	1	1	1	1	1

⇓ XOR

2^0	2^1	2^2	2^3	2^4	2^5	2^6	2^7
0	0	1	0	0	0	0	1

[표 2]의 1차원 비트 배열에서 서로가 일치하지 않는 위치의 개수를 합하여 해밍 거리라고 한다. 서로 일치하지 않는 위치를 1차원 비트 배열로 나타내면 [표 3]과 같다.

비용을 구하기 위해 [표 3]에서 이진법을 이용하여 계산하면 식 (22)와 같고, 식 (23)에서 n은 영역의 전체 픽셀 개수, b_i는 1차원 비트 배열을 나타낸다. 식 (23)를 이용하여 비용을 계산하면 식 (24)와 같다.

$$1 \times 2^2 + 1 \times 2^7 = 132 \tag{22}$$

$$\frac{\sum_{i=0}^{n-1} b_i \times 2^i}{2^{n-1} - 1} \tag{23}$$

$$\frac{1 \times 2^2 + 1 \times 2^7}{2^{9-1} - 1} = \frac{132}{255} \fallingdotseq 0.518 \tag{24}$$

예제 4 센서스 변환(CT)에 대한 이해

3×3 크기를 갖는 기준 영역(L)과 탐색 영역(R)이 있다고 할 때 센서스 변환(CT) 수식을 이용하여 해밍거리를 구하시오.

L :

3	5	5
4	6	6
2	6	7

R :

4	5	4
4	5	6
3	6	7

기준 영역(L)에서 중앙의 밝기값이 6이므로 이보다 작은 경우 0이 되고 큰 경우 1이 된다.

0	0	0
0		1
0	1	1

탐색 영역(R)에서 중앙의 밝기값이 5이므로 이보다 작은 경우 0이 되고 큰 경우 1이 된다.

0	1	0
0		1
0	1	1

기준 영역(L)에서 1차원 비트 배열 형태로 변환하면 다음과 같다.

2^0 2^1 2^2 2^3 2^4 2^5 2^6 2^7

0	1	0	1	1	1	0	0

탐색 영역(R)에서 1차원 비트 배열 형태로 변환하면 다음과 같다.

2^0 2^1 2^2 2^3 2^4 2^5 2^6 2^7

0	1	0	1	1	1	0	0

기준 영역의 1차원 비트 배열과 탐색 영역의 1차원 비트 배열은 동일하므로 해밍거리는 0이다.

4.3 피처기준매칭

피처기준매칭(feature based image matching)은 영역기준매칭법과 달리 밝기값을 직접적으로 이용하기 보다는 먼저 코너점, 교차점, 직선, 면 등과 같은 구조적인 피처를 찾고 이러한 피처의 정보를 잘 서술하는 서술자를 이용하여 매칭을 하는 방법이다.

대응점을 발견하기 위한 기본데이터로서 코너점, 교차점, 직선 등을 주로 이용하는 기법이다. 피처기준매칭에서 경계선을 추출하기 위한 방법으로 Sobel 연산자, Canny 연산자, LoG(Laplacian of Gaussian)연산자 등이 있다. 이러한 연산자들은 경계선의 강도나 방향 등을 고려하여 특징을 추출한다.

선형쌍의 연관성 분석 과정은 [그림 21]과 같다. 선형쌍의 연관성 분석을 위한 첫 번째 과정은 선형쌍의 내적을 이용하여 사잇각을 계산하고 같은 사잇각의 선형쌍의 경우에는 선형의 중심점과의 거리가 유사한지 판단한다. 선형쌍의 연관성 분석을 위한 두 번째 과정은 선형쌍의 내적 값이 유사하고, 중심점 간의 거리가 유사하지만 방향성이 다른 경우를 제거하는 것으로 두 선형벡터의 외적을 이용한다.

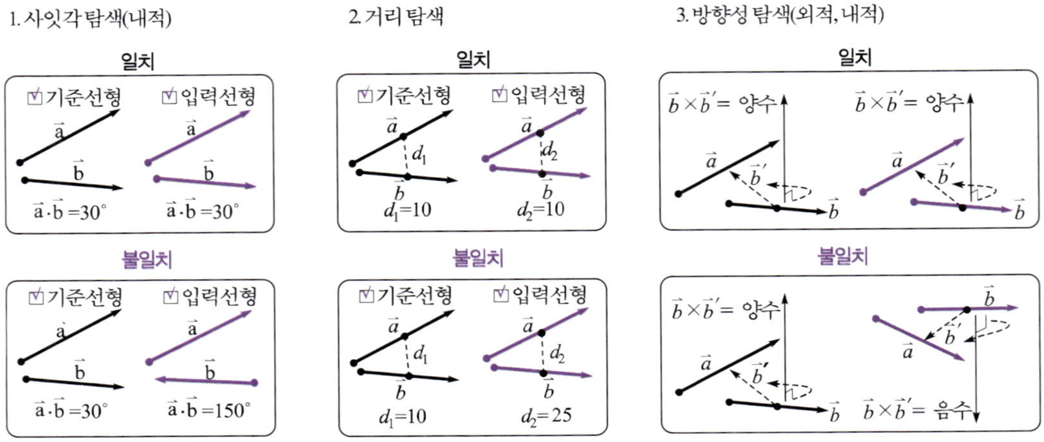

그림 21 선형쌍의 연관성 분석 과정

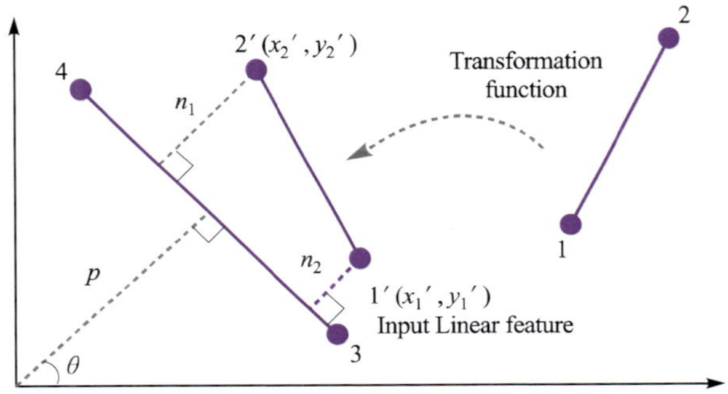

그림 22 선형의 법선벡터 계산

입력영상과 기준영상 간에 유사한 선형쌍을 이용하여 동일한 선형을 탐지하기 위해 연관행렬을 구성하고 유사한 선형쌍인 경우 값을 누적하는 방법을 사용한다. 입력영상에서 추출한 선형과 기준영상에서 추출한 선형의 유사도는 거리, 중복도, 밝기 값을 사용하여 판별할 수 있다. 좌측 영상의 경계선(1-2)을 등각사상변환 매개변수를 이용하여 변환한 선형(1'- 2')과 기준영상의 선형(3-4)과의 법선벡터(n)을 계산한다. 법선벡터를 계산하는 원리를 간단하게 그림으로 표현하면 [그림 22]와 같다. 법선벡터가 '0'에 가까울수록 두 선형의 기울기와 거리가 유사하다는 것을 나타낸다.

4.4 관계형 매칭

영역기준매칭과 피처기준매칭은 영상에서 특징점, 경계선을 이용하는 방법으로 전역적인 매칭관계를 나타내는 데는 다소 부족하다. 관계형 매칭(relational matching)은 영상에 나타난 점, 선, 면 등의 관계를 이용하는 방법으로 피처기준매칭의 확장형이라고 생각할 수 있다.

점(points), 블랍(blobs), 선(line), 면 또는 영역(region) 등과 같은 구성요소들은 길이, 면적, 피처, 평균밝기값 등의 속성을 이용하여 표현된다. 이러한 구성요소들은 공간적 관계에 의해 그래프(graph)로 구성하며 두 영상에서 구성되는 그래프의 구성요소들의 속성들을 이용하여 두 영상을 매칭한다. 스테레오 영상을 촬영한 기하관계로 인하여 특징을 나타내는 구성요소들의 차이가 발생할 수 있으며 관계형 매칭과정에서 이러한 차이를 보상할 수 있는 방법이 필요하다.

4.5 영상매칭의 수행 과정

영상매칭은 다음과 같은 과정에 의해 수행될 수 있다.
① 하나의 영상에서 매칭요소(점, 선, 영역 등)를 선택한다.
② 나머지 영상에서 대응되는 공액요소를 찾는다.
③ 대상공간(object space)에서 매칭된 요소의 3차원 위치를 계산한다.
④ 영상매칭의 품질을 평가한다.

이미 설명한 바와 같이 세 가지 매칭(영역, 피처 및 관계형)은 하나의 계층적 구조로 잘 설명할 수 있다. 피처기준매칭법은 도심지를 촬영한 영상에서 건물, 도로 등에 나타난 코너점, 경계선을 활용할 수 있기 때문에 영역기준매칭을 위한 초기값으로 활용될 수 있다. 영역기준매칭법은 특징점을 이용하여 일종의 커널, 윈도우를 이용하여 매칭하는 방법이다. 관계형 매칭은 전역적인 매칭 관계를 나타내는 데 유리하다.
영역기준매칭과 피처기준매칭은 사진측량분야과 컴퓨터비전 분야에서 많이 활용되고 있는 영상매칭 기법이다.

05 SGM

스테레오 매칭은 크게 지역매칭(local matching)과 전역매칭(global matching)으로 나눈다. 지역매칭은 매칭점을 찾는 기준에 따라서 방법을 구분하며 대표적인 기술로는 밝기값이나 색상 비교가 있다. 이때 주로 기준영역(template)을 이용하여 비교하는데 기준영역이 너무 작으면 잡영에 대한 영향을 많이 받아 오매칭이 발생하기 쉽고 또한 [그림 23]과 같이 패턴 반복이나 패턴이 없는 부분에서 정확하지 않다. 반대로 기준영역의 크기가 너무 크면 물체의 경계에서 깊이값이 흐려지는 현상이 발생한다.
SGM(Semi-Global Matching)은 지역매칭과 전역매칭을 결합한 영상매칭기법으로 픽셀단위의 매칭 비용(cost)과 다수의 1차원 제약조건으로 근사화된 2차원 유연성(smoothness)을 최소화하는 영상매칭기법이다. SGM은 지역매칭과 전역매칭을 결합한 시차를 고려하여 스테레오 영상매칭을 수행하는 기술로서 전처리 단계가 필요하다. SGM의 전처리단계는 좌우 영상간의 종시차(y시차)를 제거하도록 에피폴라 기하학을 이용하여 에피폴라 영상을 생성한다. 에피폴라 영상이란 [그림 24]와 같이 좌측영상의 임의의 점이 우측영상에서 동일한 y축에 존재하도록 만들어진 영상을 나타낸다. SGM 기술을 이용하여 영상매칭을 수행할 때 좌측영상의 특정위치에 대해서 에피폴라 라인의 경로를 따라 픽셀단위별로 매칭하게 된다.

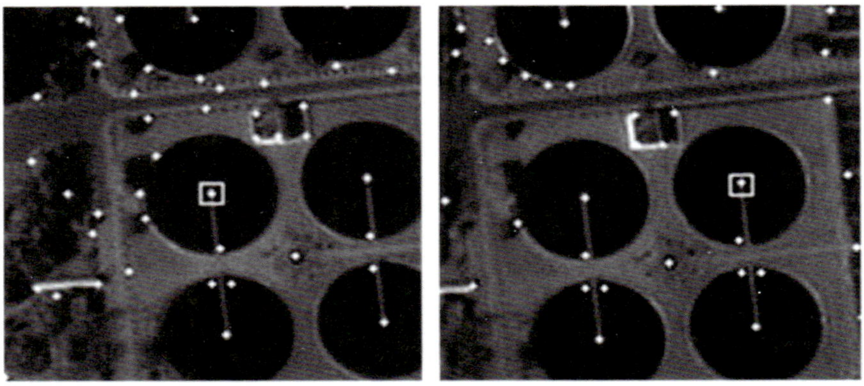

그림 23 좌우 특징점과 반복적인 패턴으로 인한 오매칭

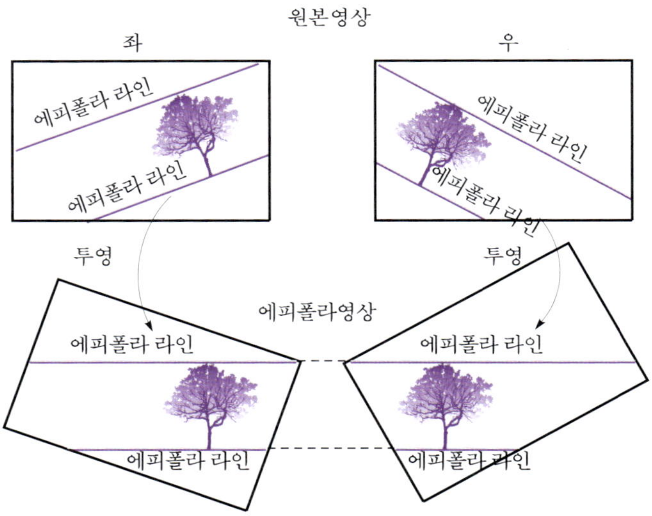

그림 24 에피폴라 영상

SGM 수행을 위한 전처리 단계로서 에피폴라 영상이 생성되면 다음과 같은 과정으로 영상매칭을 수행하게 된다.

① 변위 범위설정

변위 범위란 좌측영상에서 우측영상으로 이동정보량을 나타낸 것이다. [그림 25]는 대상 물체에 대한 좌우 영상에서의 물체의 이동량을 나타낸 것이다.

좌우영상의 변위는 식 (25)와 같이 나타낼 수 있다.

$$d = (x_1 - x_2) \tag{25}$$

여기서, d는 영상에서의 대상물체의 변위량이고, x_1, x_2는 각각 좌우 영상에서 대상물체의 떨어진 거리이다. 영상에서의 대상물체의 변위량이 높이에 따라 다르게 계산되므로 최대 변위량 또는 적절한 변위량을 범위로 설정한다.

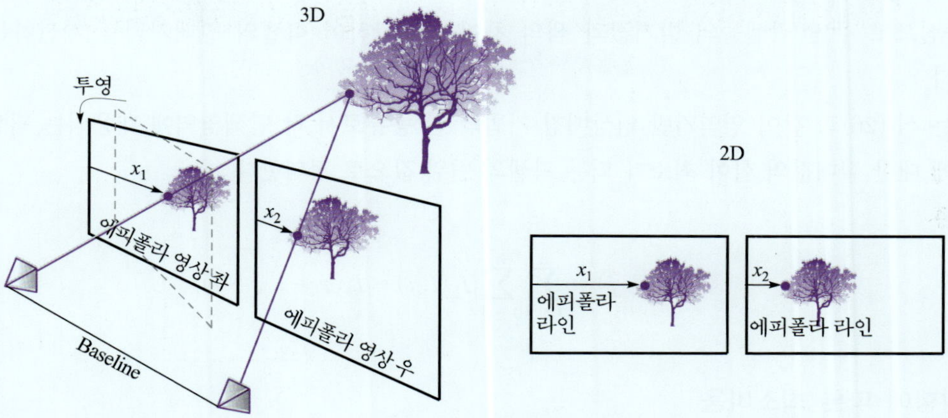

그림 25 변위의 범위

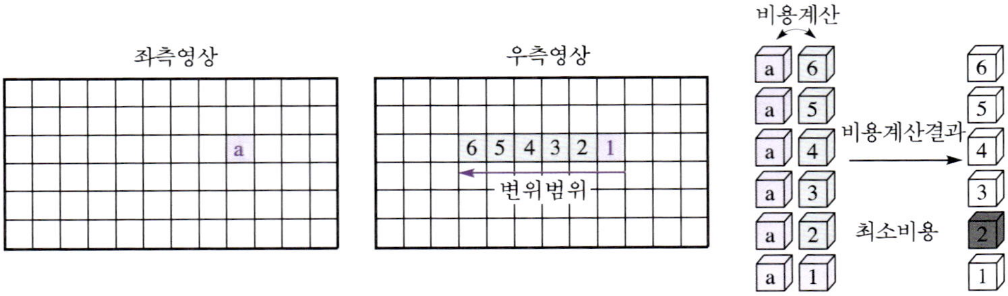

그림 26 **초기비용연산 방법론**

② 초기비용연산

영상매칭을 위한 초기비용은 에피폴라 라인에서 픽셀 단위로 좌우영상의 유사도를 이용하여 계산한다. 유사도를 계산할 때 [그림 26]과 같이 좌측영상에 a픽셀에 대응하는 픽셀-①과 비용을 계산하고 우측영상에서의 변위범위 내에 있는 모든 픽셀과의 비용을 계산을 한다. 따라서, 좌측영상에서 a 위치에 있는 한 점에 대해 우측영상에서 ①~⑥픽셀간의 비용이 모두 계산된다.

초기비용은 기본적으로 BT(Birchfield and Tomasi)알고리즘을 사용한다. BT알고리즘은 Birchfield와 Tomasi가 제안한 SAD(Sum of Absolute Differences)기반으로 매칭하려는 픽셀 중심으로 주변 픽셀들의 밝기값과 색의 차이를 합산하여 픽셀의 절대거리를 계산하는 방법이다.

SAD는 식 (26)과 같이 영역기반 영상매칭 기법의 한 종류로서 각 탐색영역에 대응되는 픽셀 간 차이에 대한 절대값의 합이 최소가 되는 픽셀의 변위 값으로 정의한다.

$$SAD(i,j) = \sum_{i=1}^{n}\sum_{j=1}^{n}|I_1(i,j) - I_2(x+i, y+j)| \quad (26)$$

③ 방향에 따른 최소비용

방향에 따른 최소비용은 전 픽셀의 초기비용연산 결과를 기반으로 각각 방향별로 최소비용을 계산한다. 이때, 방향은 4방향, 8방향, 16방향으로 구분할 수 있는데 8방향을 기준으로 설명하면 [그림 27]과 같이 top-down과 bottom-up의 8방향으로 비용을 계산하는 것이다.

식 (27)은 픽셀위치가 p 이고 변위가 d 이고 방향이 r 일 경우 최소비용을 계산하는 공식을 나타낸 것이다.

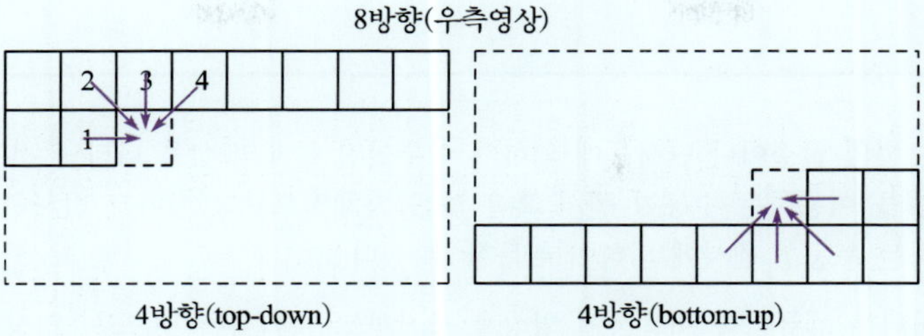

그림 27 8방향 기준방향

$$L_r = C(p,d) + \min(L_r(p-r,d), \quad (27)$$
$$L_r(p-r,d-1) + P_1,$$
$$L_r(p-r,d+1) + P_1,$$
$$\min Lr(p-r,i) + P_2) - \min L_r(p-r,k)$$

여기서, L_r은 우측영상, p는 현재픽셀 위치, r은 방향, d는 변위를 나타낸다. P_1, P_2는 임계값인데 P_1은 작은 변위차가 날 때 더해지는 임계값이고 P_2는 큰 변위차가 날 때 더해지는 임계값이다. k는 최소비용을 가지고 있는 변위를 나타낸다.

[그림 27]과 식 (27)에서 알 수 있듯이 최소 8개 방향으로 각각의 1차원 경로의 합을 구하여 그 중에서 비용이 최소가 되는 상대 픽셀을 이용하여 매칭점을 결정한다.

④ 고밀도 깊이지도(dense disparity map)추출

조밀한 스테레오 매칭 결과를 고밀도 깊이지도(dense disparity map)라고 부른다. SGM 알고리즘은 성능과 연산량을 모두 고려하였을 때 3차원을 생성하는 속도와 정확도가 높기 때문에 드론영상을 이용한 3차원 분야 뿐만 아니라 신속하게 데이터처리를 요구하는 지능형 자동차 인식시스템에서 널리 사용되고 있다.

수치표면모델(DSM : Digital Surface Model) 및 실감정사영상(true ortho-image)을 제작하기 위한 컴퓨터비전의 요소기술인 SIFT, SGM 알고리즘에 대해서 살펴보았다. 컴퓨터비전의 요소기술은 드론으로 촬영한 소규모의 영상을 이용하여 DSM을 제작하거나 정사영상을 생성하는데 사용할 수 있으나 실질적으로 대용량의 항공사진을 처리하기 위해서는 항공사진의 화면 디스플레이, 영상에서 기준점 관측, 넓은 대상지역으로 인한 데이터처리에서 속도가 문제가 된다. 이러한 문제점을 개선하기 위해서 GPU(Graphics Processing Unit)를 기반으로 대용량 항공사진을 처리하고 있다.

단원정리

01. 디지털 영상은 빛의 굴절이나 반사등에 의하여 이루어진 물체의 상을 나타낸 것이다. 영상은 대상물에 반사된 빛을 이용하는 수동형 센서 혹은 빛을 자체적으로 생성하고 발사하여 대상물에 반사된 빛을 이용하는 능동형 센서에 의하여 취득할 수 있다.

02. 디지털 영상처리는 컴퓨터를 이용하여 영상을 조작하고 분석하는 것으로, 영상취득(acquisition) → 전처리(preprocessing) → 영상분할(image segmentation) → 영상표현 및 서술(representation and description) → 인식(recognition) → 해석 또는 판독(interpretation)의 단계로 구성된다.

03. 원 영상은 저주파영역과 고주파영역으로 구성된다. 픽셀 값의 변화율이 작은 영역을 나타내는 저주파 영역을 제거하면 영상에서 픽셀 값이 큰 부분이 남게 되어 주로 영상의 경계선이 남는다. 픽셀 값의 변화율이 큰 영역을 나타내는 고주파 영역을 제거하면 영상에서 픽셀 값이 작은 부분이 남게 되어 영상이 흐릿하게 보이게 된다.

04. 특징점은 주로 영상매칭(image matching)을 위한 초기점으로 사용되며, 특징점의 추출 방법은 크게 두 가지로 나뉜다. 영상의 밝기 값을 기반으로 추출하는 방법은 밝기 값의 변화에 대한 크기, 기울기 등을 이용하고, 웨이블릿(wavelet)을 이용하여 추출하는 방법은 영상을 시간-주파수 영역으로 변환하여 이용한다.

05. 특징점 연산자는 특징성(distinctness), 불변성(invariance), 안정성(stability), 판독성(interpretability) 등의 성질을 가져야하며, 사진측량분야에서는 Moravec, Förstner 연산자가 있으며, 컴퓨터비전 분야에서는 Harris, KLT(Kanade Lucas Tomas), SIFT(Scale-Invariant Feature Transform) 등이 있다.

06. SIFT에서 특징점 후보중에서 낮은 밝기값을 갖는 점과 경계선상에 위치한 점들은 특징점으로서의 활용가치가 낮기 때문에 제거한다.

07. 영상매칭은 영상에서 공통이 되는 점을 결정하는 것으로 매칭의 대상기준에 따라 영역기준매칭(area based image matching), 피처기준매칭(feature based image matching), 관계형 매칭(relational matching) 등이 있다.

08. 기준영역(template)을 이용한 영상매칭은 기준영역이 너무 작으면 잡영에 대한 영향을 받아 오매칭이 발생하기 쉽고, 기준영역이 너무 크면 물체의 경계에서 깊이값이 흐려지는 현상이 발생한다.

09. SGM(Semi-Global Matching)은 지역매칭과 전역매칭을 결합한 영상매칭기법으로 픽셀단위의 매칭 비용(cost)와 다수의 1차원 제약조건으로 근사화된 2차원 유연성(smoothness)을 최소화하는 영상매칭기법이다.

10. SGM의 전처리단계는 에피폴라 영상을 생성하는데, 에피폴라 영상은 중복되는 두 영상에서 한 영상의 임의의 점이 다른 영상에서 동일한 y 축에 존재하도록 만들어진 영상을 말한다.

연습문제

1. 픽셀이란 무엇인지 서술하시오.

2. 디지털 영상처리의 과정을 서술하시오.

3. 영상에서 저주파와 고주파의 차이를 서술하시오.

4. 특징점 추출 연산자는 무엇이 있는지 3가지 이상 쓰시오.

5. 특징점 추출 연산자가 가져야할 조건에 대해 서술하시오.

6. 영상매칭은 매칭의 대상기준에 따라 분류한다. 각 영상매칭은 어떤 요소를 이용하는지 설명하시오.

7. 영상매칭의 수행과정을 순서대로 간략하게 서술하시오.

8. SIFT 알고리즘의 처리 과정에 대해 서술하시오.

9. 3×3크기를 갖는 기준영역(L)과 탐색영역(R)이 있다고 할 때 SAD 수식을 이용하여 두 영상간의 유사도를 구하시오.

기준영역(L)의 밝기값 분포는 다음과 같다.

27	45	47
29	30	43
31	28	45

탐색 영역(R)의 밝기값 분포는 다음과 같다.

34	47	50
30	32	46
31	29	47

10. 3×3크기를 갖는 기준영역(L)과 탐색영역(R)이 있다고 할 때 센서스 변환(CT) 수식을 이용하여 두 영상간의 유사도를 구하시오.

기준영역(L)의 밝기값 분포는 다음과 같다.

27	45	47
29	30	43
31	28	45

탐색 영역(R)의 밝기값 분포는 다음과 같다.

34	47	50
30	32	46
31	29	47

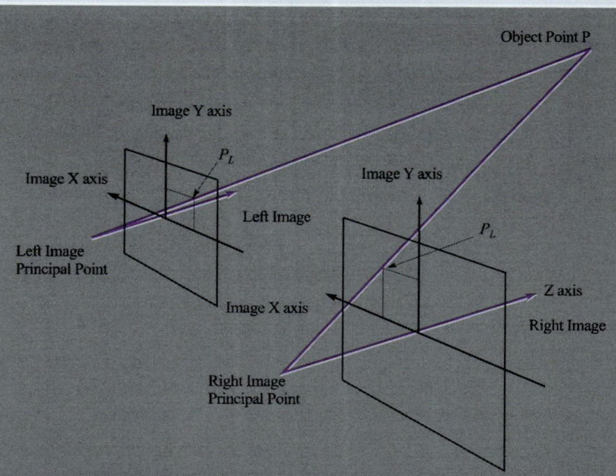

chapter

06 사진측량과 컴퓨터비전의 원리

이 단원에서는 사진측량과 컴퓨터비전 분야를 이해하기 위해 알아야 할 개념들을 소개한다. 이를 위해 먼저 사진의 일반적인 특성들과 사진좌표계에 대하여 소개한다. 카메라의 종류에 따라 사진의 특성은 조금씩 다를 수 있으나, 사진의 특성과 카메라의 촬영 원리를 이해한다면 사진과 카메라 간의 관계에 대해 이해할 수 있을 것이다. 또한, 드론에서 촬영한 영상을 이용한 연습문제를 풀이하면서 이 단원에서 배운 내용을 이해하는 것을 목표로 한다.

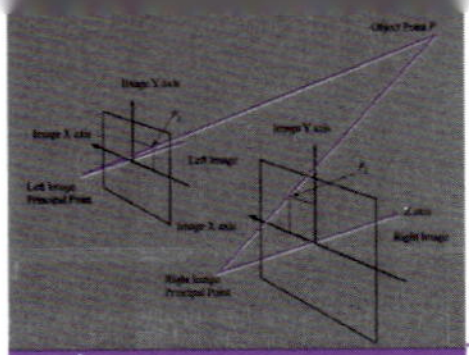

chapter

06 사진측량과 컴퓨터비전의 원리

학습목표

1. 사진 좌표계와 지상 좌표계의 관계를 설명할 수 있다.
2. 2차원 회전과 3차원 회전의 관계에 대해 설명할 수 있다.
3. 2차원 회전과 등각사상변환, 부등각사상변환에 대해 설명할 수 있다.
4. 좌표값 정규화와 사진의 축척에 대해 설명할 수 있다.
5. 방사거리와 기복변위에 대해 설명할 수 있다.
6. 시차와 시차차에 대해 설명할 수 있다.

01 사진의 특성

사진은 대상물에 반사된 빛이 카메라의 렌즈투영중심을 통과하여 영상면에 맺히기 때문에 [그림 1(a)]와 같은 형태의 중심투영(central projection) 원리를 따른다. 이에 반해 지도는 [그림 1(b)]와 같은 형태의 정사투영(orthogonal projection) 원리에 따라 모든 대상물을 바로 위에서 내려다보는 것처럼 묘사하여 나타낸다.

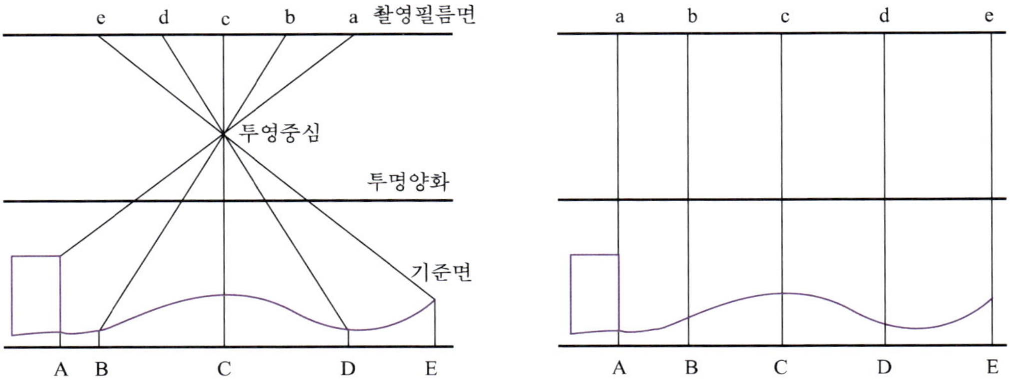

(a) 중심투영　　(b) 정사투영

그림 1 중심투영과 정사투영

사진의 기본원리는 피사체로부터 반사된 빛이 렌즈중심을 지나 필름면에 투영되어 사진의 상이 생성되는 것으로 이와 같은 원리를 중심투영(central projection)이라 부른다. 중심투영은 [그림 1(a)]와 같이 지형상의 모든 점이 투영중심점(perspective center)을 통해서 기준면으로 투영되는 방법이다. 사진상에서 필름은 투영중심 뒤쪽에 음화가 맺혀지게 된다. 이러한 음화를 밀착 인화하면 양화가 만들어진다. 디지털카메라의 도입으로 이제는 필름을 사용하지 않아도 카메라를 이용하여 사진을 촬영하면 바로 양화 형태의 영상을 얻을 수 있다.

지도는 지형을 기준면으로 정사투영(orthogonal projection)하여 일정한 축척으로 재현한 것이다. 따라서, 지도는 [그림 1(b)]와 같이 지형상의 각 점들이 기준면에 수직으로 투영된다. 지도상에서 임의의 두 점 간의 거리는 지도의 축척을 곱해주면 실제 지형에서 직접 관측한 수평거리와 같다.

일반적으로 중심투영에 의해 취득된 영상을 마치 지도처럼 정사투영에 의해 제작한 영상을 정사영상(ortho-image)이라한다. 정사영상은 지도와 같은 기하학적인 특성을 가진 영상으로 항공사진이 갖는 경사와 기복을 제거하여 마치 지도처럼 제작한 영상이다.

- 사진(또는 영상) : 중심투영
- 지도 : 정사투영
- 정사영상 : 정사투영

02 좌표계

사진측량에서 사용되는 좌표계는 1960년 국제사진측량학회에서 권고한 이후 세계적으로 통일하여 사용되고 있다. 사진측량에서 사용하는 좌표계는 오른손좌표계(RHS: Right Handed System)를 채택하고 있으며 주점(principal point)을 실질적인 원점으로 한다. 사진의 주점은 과거 필름을 사용했던 아날로그 기반의 항공사진의 경우는 대각선 위치에 있는 사진지표(fiducial mark)를 연결한 두 직선의 교차점으로 설정하였다. 일반적으로 필름을 이용하는 아날로그 항공사진의 주점은 사진좌표계의 원점과 일치하지 않은 경우가 대부분이다.

사진좌표계는 영어로 Photo Coordinate System 또는 Image Coordinate System으로 사용되고 있으며 영상에서 영상의 좌측 상단 부분을 원점으로 하는 영상좌표계(Pixel Coordinate System) 또는 픽셀좌표계(Pixel Coordinate System)와 혼동하지 않아야 한다.

정보통신기술의 발달로 과거에는 필름을 이용한 카메라를 사용하였기 때문에 이를 이용하여 촬영한 사진이 곧 영상이었다. 그래서 사진측량에서는 사진좌표계를 Image Coordinate System이라고 불렀으나 지금은 디지털 카메라를 이용하여 직접 영상을 취득하기 때문에 이를 구분하기 위해서 영상좌표계를 Pixel Coordinate System으로 구분한다.

- 주점 : 사진의 실질적인 원점
- 사진측량에서의 좌표계 : 오른손 좌표계

2.1 사진좌표계와 영상좌표계

사진좌표계는 [그림 2(b)]와 같이 사진의 중앙을 원점으로 하는 좌표계로서 비행기의 촬영방향을 x축으로 하고 이와 직각인 방향을 y축으로 한다. 과거에는 필름을 인화한 사진을 이용하여 데이터처리를 수행하였으나 현재는 디지털카메라를 이용하여 직접 영상을 취득함으로 인하여 영상좌표계에 대한 이해가 필요하다.

[그림 2(a)]는 좌측 상단 부분을 원점$(0,0)$으로 하는 영상좌표계와 영상의 중심점을 원점으로 하는 사진좌표계를 나타낸 것이다.

사진 좌표계의 경우 단위는 mm와 픽셀 모두를 사용할 수 있으며 사진의 실질적인 원점은 주점(x_p, y_p)으로 정의한다. 사진좌표계에서는 사진의 원점을 기준으로 좌표계를 설정한다. 이러한 이유는 컴퓨터를 이용하여 데이터를 처리할 때, 아주 큰 값과 작은 값이 같이 있는 경우에 역행렬을 구하지 못하는 일이 없도록 하는 수치적 안정성(numerical stability)을 고려하기 위한 것이다. 사진측량에서 카메라의 렌즈왜곡보정 및 사진의 기하학적 연산은 수치적 안정성을 위해 영상(또는 픽셀)좌표를 사진좌표로 변환하여야 한다.

- 영상좌표의 원점 : 좌측 상단 (0 ,0)
- 사진좌표의 실질적인 원점 : 주점 (x_p, y_p)

영상좌표계(단위: 픽셀)에서 사진좌표계(단위: mm)로의 변환은 식 (1)과 같고, 일반적으로 한 픽셀의 x, y크기는 동일하다고 가정한다.

$$
\begin{aligned}
x_{photo} &= (x_{pix} - \frac{Nc}{2}) \times x_{pix\,size} \\
y_{photo} &= (\frac{Nr}{2} - y_{pix}) \times y_{pix\,size}
\end{aligned}
\tag{1}
$$

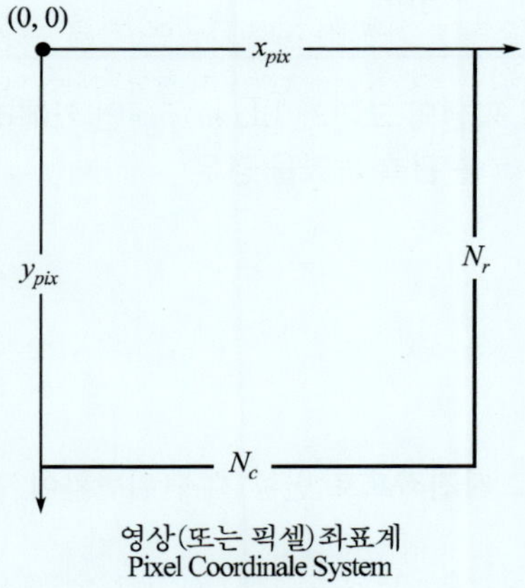

(a) 영상 좌표계

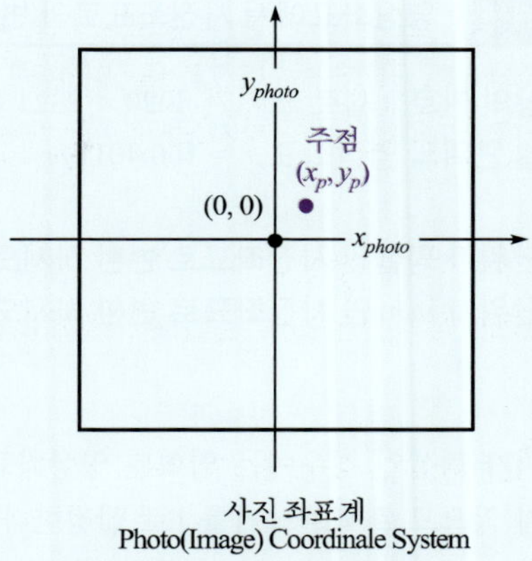

(b) 사진 좌표계

그림 2 영상좌표계와 사진좌표계

이때, Nc: 영상의 열방향(가로) 픽셀 개수, Nr: 영상의 행방향(세로) 픽셀 개수, $x_{pix\,size}$: 한 픽셀의 x 크기 (단위: mm/pix), $y_{pix\,size}$: 한 픽셀의 y 크기 (단위: mm/pix), (x_{photo}, y_{photo}): 사진좌표, (단위: mm), (x_{pix}, y_{pix}): 영상좌표 (단위: 픽셀)

영상(또는 픽셀)좌표에서 사진좌표로 변환되는 식 (1)을 식 (2)와 같이 행렬식의 형태로 나타내는 방법도 있다.

$$\begin{bmatrix} x_{photo} \\ y_{photo} \end{bmatrix} = \begin{bmatrix} a_1 \; a_2 \; a_0 \\ b_1 \; b_2 \; b_0 \end{bmatrix} \begin{bmatrix} x_{pix} \\ y_{pix} \\ 1 \end{bmatrix} \tag{2}$$

이때,

$a_0 = -\dfrac{Nc}{2}\, x_{pix\,size}$, $a_1 = x_{pix\,size}$, $a_2 = 0$, $b_0 = \dfrac{Nr}{2}\, y_{pix\,size}$. $b_1 = 0$, $b_2 = -y_{pix\,size}$

예제 1 영상좌표에서 사진좌표로의 변환

영상의 가로×세로 크기가 4020×2824 픽셀이고, 개별 픽셀의 크기가 $3.1\mu m/pix$ 인 카메라로 픽셀 단위의 영상좌표 $x = 150.401\,pix$, $y = 2000.871\,pix$ 를 관측 하였을 경우

1) 단위가 픽셀인 사진좌표로 변환 하시오.
2) 단위가 mm 인 사진좌표로 변환 하시오.

1)
단위가 픽셀인 경우에는 입력된 영상좌표가 픽셀이므로 사진좌표로 변환 시 단위변환이 필요하지 않으므로 픽셀크기를 1로 설정한다.

$$x_{photo(pixel)} = (150.401\,pix - \frac{4020}{2}pix) = -1859.599\,pix$$
$$y_{photo(pixel)} = (\frac{2824}{2}pix - 2000.871\,pix) = -588.871\,pix$$

2)
단위가 mm 인 사진좌표로 변환하기 위해서 픽셀의 크기를 고려해야 mm 인 사진좌표를 구할 수 있다.

$$x_{photo(mm)} = (150.401\,pix - \frac{4020}{2}pix) \times 0.0031\,mm/pix = -5.765\,mm$$
$$y_{photo(mm)} = (\frac{2824}{2}pix - 2000.871\,pix) \times 0.0031\,mm/pix = -1.826\,mm$$

사진좌표와 영상좌표에 대한 단위체계를 조합하면 ①, ②, ③, ④가 있다.
① 영상좌표계 이면서 단위는 픽셀
② 영상좌표계 이면서 단위는 mm
③ 사진좌표계이면서 단위는 픽셀
④ 사진좌표계이면서 단위는 mm

하지만 일반적으로 ①, ③, ④를 사용한다. 단위체계의 변환은 식 (3)과 같이 나타낼 수 있고 비례식을 이용하여 동일한 좌표계에서 픽셀단위와 mm단위 사이의 단위변환이 가능하다. 일반적으로 카메라의 물리적인 픽셀의 크기에 대한 정보는 카메라 제조사에서 제공한다.

$$x_{pix\,size} = \frac{x_{(mm)}}{x_{(pix)}} \tag{3}$$

$$y_{pix\,size} = \frac{y_{(mm)}}{y_{(pix)}}$$

예제 2 단위 변환

초점거리(f_c)가 $16mm$이고 픽셀크기가 $3.1\mu m/pix$인 카메라가 있을 때 mm단위의 초점거리를 픽셀단위로 변환 하시오.

$1\mu m$은 $0.001mm$ 이므로 $3.1\mu m$은 $0.0031mm$가 된다.

따라서 $pix\ size = \frac{0.0031\,mm}{1\,pix} = \frac{16mm}{f_{c(pix)}}$ 이므로

$f_{c\ (pix)} = \frac{16}{0.0031} = 5161.290\,pix$ 가 된다.

2.2 사진좌표계와 지상좌표계

사진에서 지상의 3차원 정보를 취득하기 위해서는 서로 다른 위치에서 취득한 사진이 최소 두 장 이상 필요하다. 이것은 인간이 두 눈을 통해 대상물을 3차원으로 보는 것과 동일한 원리이다. 그리고 사진이 취득된 당시의 위치와 자세를 재현하기 위해서 사진들을 적절하게 정렬하여야 한다. [그림 3]은 사진좌표계와 지상좌표계를 나타낸 것으로 사진좌표계는 소문자를 사용하고 지상좌표계는 대문자를 사용한다. 사진측량에서는 두 좌표계 모두 오른손좌표계를 사용하는 것에 주의해야 한다.

- 사진좌표계 : 소문자 (오른손 좌표계)
- 지상좌표계 : 대문자 (오른손 좌표계)

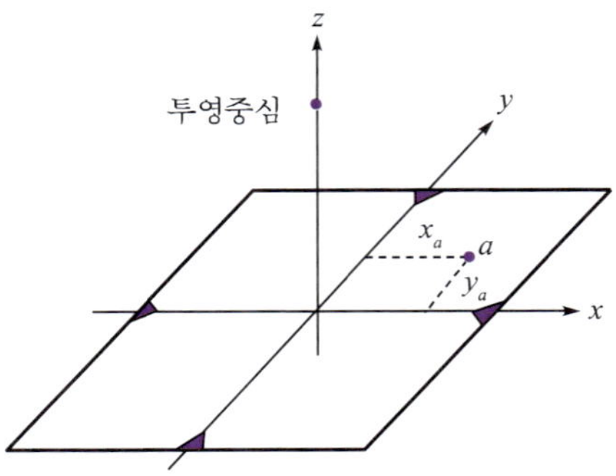

(a) 사진좌표계

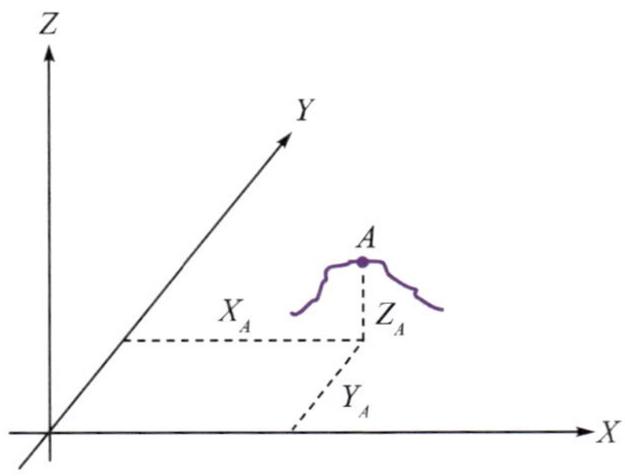

(b) 지상좌표계

그림 3 오른손 좌표계를 사용하는 사진좌표계와 지상좌표계

03 회전

3.1 2차원 회전

[그림 4]는 2차원 평면 $x-y$ 좌표축에서 $p(x,y)$ 점을 $x-y$ 좌표축을 반시계방향으로 θ 만큼 회전하여 새로운 $x'-y'$ 좌표축으로 변환하는 것을 나타낸다. 이 때 $x-y$ 좌표계상의 p 점은 새로운 $x'-y'$ 좌표계에서 수식 (4)와 같이 나타낼 수 있다.

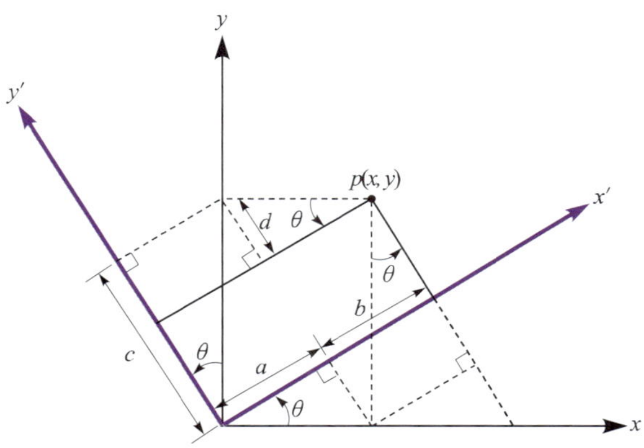

그림 4 2차원 좌표축의 회전

$$x' = a + b = x\cos\theta + y\sin\theta \qquad (4)$$
$$y' = c - d = y\cos\theta - x\sin\theta$$

식 (4)의 변환식은 식 (5)과 같이 행렬 형태로 표현할 수 있다.

$$\begin{bmatrix} x' \\ y' \end{bmatrix} = \begin{bmatrix} \cos\theta & \sin\theta \\ -\sin\theta & \cos\theta \end{bmatrix} \begin{bmatrix} x \\ y \end{bmatrix} \qquad (5)$$

식 (5)의 행렬에서 2차원 회전을 나타내는 행렬을 식 (6)과 같이 R로 나타낼 수 있다.

$$R = \begin{bmatrix} \cos\theta & \sin\theta \\ -\sin\theta & \cos\theta \end{bmatrix} = \begin{bmatrix} r_{11} & r_{12} \\ r_{21} & r_{22} \end{bmatrix} \qquad (6)$$

2차원 회전을 나타내는 행렬 R은 다음과 같은 3가지 특성이 있다.

① $r_{11}^2 + r_{21}^2 = \cos^2\theta + \sin^2\theta = 1$

② $r_{12}^2 + r_{22}^2 = \sin^2\theta + \cos^2\theta = 1$

③ $r_{11}r_{12} + r_{21}r_{22} = \cos\theta\sin\theta - \sin\theta\cos\theta = 0$

이를 좀 더 자세히 설명하면 ①②와 같이 벡터의 크기가 1인 단위벡터의 특성을 정규성(normality)이라고 하고 ③과 같이 두 좌표축이 직교할 경우 두 좌표축이 90°가 되고 이 경우 두 벡터의 내적은 0이 된다. 이러한 특성을 직교성(orthogonality)이라 한다.

2차원 회전행렬의 원소는 4개($r_{11}, r_{12}, r_{21}, r_{22}$) 있으나 ①②③의 3가지 직교성의 제약조건으로 인해서 행렬 R은 1개의 회전각 θ를 이용하여 정의할 수 있다.

모든 직교행렬을 원소로 가지는 집합을 직교그룹(orthogonal gruop)이라고 부른다. 또한, 직교그룹의 행렬식이 1인 직교행렬을 모아놓은 집합을 특수직교 그룹(special orthogonal group)이라고 부른다.

따라서, 2차원 회전행렬은 SO(2)가 된다.

- 특수직교(SO: Special Orthogonal) 그룹 : 회전행렬 R

예제 3 2차원 회전행렬

2차원 회전행렬 $R=\begin{bmatrix} \cos\theta & \sin\theta \\ -\sin\theta & \cos\theta \end{bmatrix}$이 있을 때 다음을 증명하시오.

1) $R^{-1}=R^{T}$

회전행렬 R은 직교행렬이기 때문에 역행렬(R^{-1})과 전치행렬(R^{T})이 같다. 또한 회전행렬 R의 크기는 1이고, 직교행렬의 행렬식(determinant)은 1이다.

2) $R^{T}R=RR^{T}=I_2$

이와 같은 성질을 갖는 회전행렬 R은 특수직교(SO: Special Orthogonal)그룹이라고 한다. 특수직교(SO)그룹의 특징을 정리하면 다음과 같다.

① $RR^{T}=R^{T}R=1$

② $\| R \| = 1$

③ $\det(R)=1$

3.2 3차원 회전

3차원 회전은 2차원 회전의 개념을 확장한 것으로 3차원 지상좌표계 X, Y, Z축을 하나 씩 회전한다고 생각하면 2차원 회전의 원리를 그대로 적용할 수 있다. 사진측량에서 지상좌표계 X축의 회전을 ω로 표시하고 오메가(omega)라고 읽는다. Y축의 회전은 φ로 표시하고 피(phi)라고 읽는다. Z축의 회전은 κ로 표시하고 카파(kappa)라고 읽는다. 사진측량에서의 3차원 회전은 일반적으로 움직이지 않는 지상좌표계를 3차원 회전하여 사진좌표계로 맞춘다. [그림 5]는 지상좌표계의 X, Y, Z축을 각각 회전시킨 모습을 나타낸 것이다.

- X축 회전 : 오메가(omega)
- Y축 회전 : 피(phi)
- Z축 회전 : 카파(kappa)

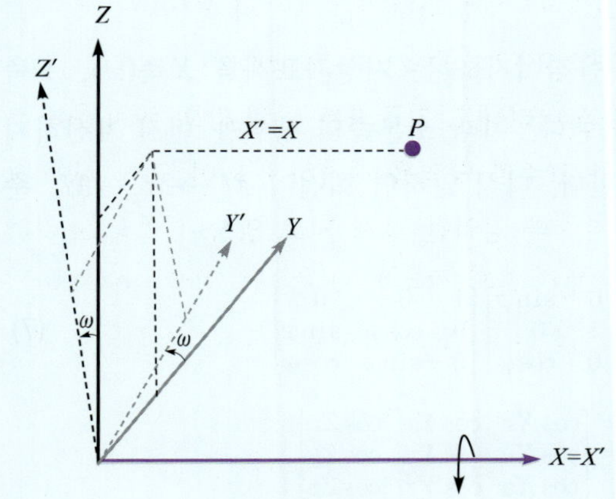

(a) omega 회전

X축 회전(omega, ω)

$$X' = X$$
$$Y' = Y\cos\omega + Z\sin\omega$$
$$Z' = -Y\sin\omega + Z\cos\omega$$

$$\begin{bmatrix} X' \\ Y' \\ Z' \end{bmatrix} = \begin{bmatrix} 1 & 0 & 0 \\ 0 & \cos\omega & \sin\omega \\ 0 & -\sin\omega & \cos\omega \end{bmatrix} \begin{bmatrix} X \\ Y \\ Z \end{bmatrix}$$

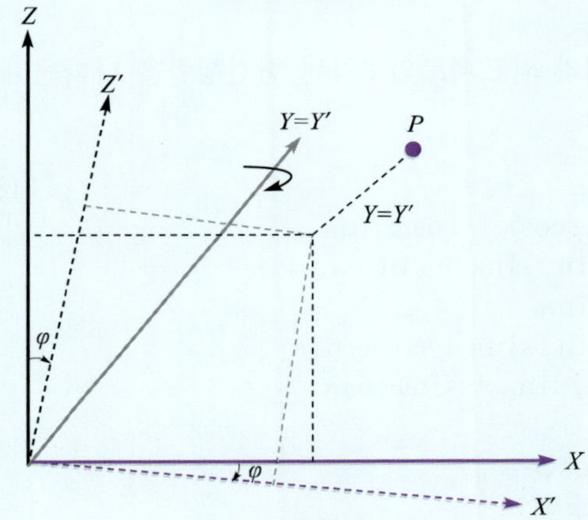

(b) phi 회전

Y축 회전(phi, φ)

$$X' = X\cos\varphi - Z\sin\varphi$$
$$Y' = Y$$
$$Z' = X\sin\varphi + Z\cos\varphi$$

$$\begin{bmatrix} X' \\ Y' \\ Z' \end{bmatrix} = \begin{bmatrix} \cos\varphi & 0 & -\sin\varphi \\ 0 & 1 & 0 \\ \sin\varphi & 0 & \cos\varphi \end{bmatrix} \begin{bmatrix} X \\ Y \\ Z \end{bmatrix}$$

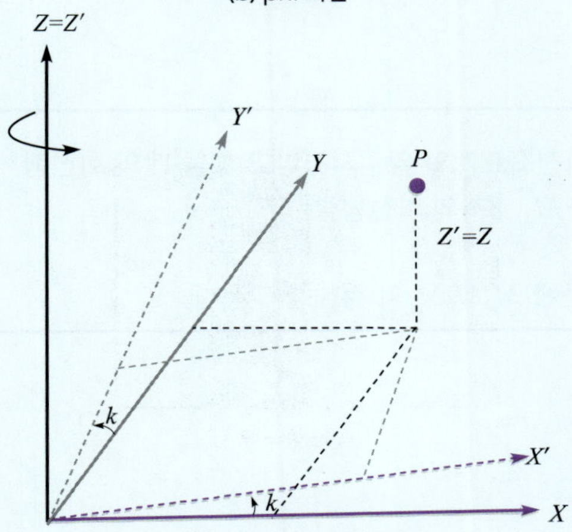

(c) kappa 회전

Z축 회전(kappa, κ)

$$X' = X\cos\kappa + Y\sin\kappa$$
$$Y' = -X\sin\kappa + Y\cos\kappa$$
$$Z' = Z$$

$$\begin{bmatrix} X' \\ Y' \\ Z' \end{bmatrix} = \begin{bmatrix} \cos\kappa & \sin\kappa & 0 \\ -\sin\kappa & \cos\kappa & 0 \\ 0 & 0 & 1 \end{bmatrix} \begin{bmatrix} X \\ Y \\ Z \end{bmatrix}$$

그림 5 3차원 회전

3차원 회전행렬은 $M(\equiv R_m^c)$은 식 (7)과 같이 움직이지 않는 지상좌표계를 X축(ω), Y축(φ), Z축(κ)의 순서로 회전한 3×3 행렬을 나타낸다. 이때 오른쪽의 행렬을 먼저 계산하기 때문에 식 (7)과 같이 $M_\kappa M_\varphi M_\omega$의 형태로 표현한다. 다시 말하면 회전이 $M_\omega \rightarrow M_\varphi \rightarrow M_\kappa$ 순으로 이루어진다는 것이다.

$$M = M_\kappa M_\varphi M_\omega \equiv R_m^c = \begin{bmatrix} \cos\kappa & \sin\kappa & 0 \\ -\sin\kappa & \cos\kappa & 0 \\ 0 & 0 & 1 \end{bmatrix} \begin{bmatrix} \cos\varphi & 0 & -\sin\varphi \\ 0 & 1 & 0 \\ \sin\varphi & 0 & \cos\varphi \end{bmatrix} \begin{bmatrix} 1 & 0 & 0 \\ 0 & \cos\omega & \sin\omega \\ 0 & -\sin\omega & \cos\omega \end{bmatrix} \tag{7}$$

$$M \equiv R_m^c \equiv \begin{bmatrix} m_{11} & m_{12} & m_{13} \\ m_{21} & m_{22} & m_{23} \\ m_{31} & m_{32} & m_{33} \end{bmatrix} = \begin{bmatrix} \cos Xx & \cos Yx & \cos Zx \\ \cos Xy & \cos Yy & \cos Zy \\ \cos Xz & \cos Yz & \cos Zz \end{bmatrix}$$

여기서, R_m^c 는 매핑좌표계(지상좌표계)에서 카메라 좌표계로의 3차원 회전행렬을 나타낸다.

$$\begin{aligned} m_{11} &= \cos\varphi\cos\kappa \\ m_{12} &= \sin\omega\sin\varphi\cos\kappa + \cos\omega\sin\kappa \\ m_{13} &= -\cos\omega\sin\varphi\sin\kappa + \sin\omega\sin\kappa \\ m_{21} &= -\cos\varphi\sin\kappa \\ m_{22} &= -\sin\omega\sin\varphi\sin\kappa + \cos\omega\cos\kappa \\ m_{23} &= \cos\omega\sin\varphi\sin\kappa + \sin\omega\cos\kappa \\ m_{31} &= \sin\varphi \\ m_{32} &= -\sin\omega\cos\varphi \\ m_{33} &= \cos\omega\cos\varphi \end{aligned} \tag{8}$$

예제 4 3차원 회전행렬

지상좌표계를 Z축, X축, Y축 순으로 회전하여 사진좌표계와 일치시켰다고 했을 때의 회전행렬은? (단, X축의 회전행렬=M_ω, Y축의 회전행렬=M_φ, Z축의 회전행렬=M_κ)

먼저 회전되는 축의 행렬이 오른쪽으로 가기 때문에 $M_\varphi M_\omega M_\kappa$의 형태를 갖는다.

예제 5 미소회전량의 경우 3차원 회전행렬

사진좌표계에서 지상좌표계로의 3차원 회전행렬(R_c^m)에서 3차원 좌표축의 회전각이 모두 미소한 경우($\Delta w \cong 0, \Delta\varphi \cong 0, \Delta\kappa \cong 0$) R_c^m은 어떻게 되는가?

사진좌표계에서 지상좌표계로의 3차원 회전행렬을 표현하면 다음과 같다.

$$R_c^m = R_\omega R_\varphi R_\kappa = \begin{bmatrix} 1 & 0 & 0 \\ 0 & \cos\omega & -\sin\omega \\ 0 & \sin\omega & \cos\omega \end{bmatrix} \begin{bmatrix} \cos\varphi & 0 & \sin\varphi \\ 0 & 1 & 0 \\ -\sin\varphi & 0 & \cos\varphi \end{bmatrix} \begin{bmatrix} \cos\kappa & -\sin\kappa & 0 \\ \sin\kappa & \cos\kappa & 0 \\ 0 & 0 & 1 \end{bmatrix}$$

3차원 좌표축의 회전요소가 미소한 경우

① $\cos\omega = 1, \sin\omega = \Delta\omega$

② $\cos\varphi = 1, \sin\varphi = \Delta\varphi$

③ $\cos\kappa = 1, \sin\kappa = \Delta\kappa$ 이므로

R_c^m는 다음과 같이 미소각($\Delta\omega, \Delta\varphi, \Delta\kappa$)으로 구성된 3차원 행렬로 간단하게 나타낼 수 있다.

$$R_c^m = \begin{bmatrix} 1 & 0 & 0 \\ 0 & 1 & -\Delta\omega \\ 0 & \Delta\omega & 1 \end{bmatrix} \begin{bmatrix} 1 & 0 & \Delta\varphi \\ 0 & 1 & 0 \\ -\Delta\varphi & 0 & 1 \end{bmatrix} \begin{bmatrix} 1 & -\Delta\kappa & 0 \\ \Delta\kappa & 1 & 0 \\ 0 & 0 & 1 \end{bmatrix} = \begin{bmatrix} 1 & -\Delta\kappa & \Delta\varphi \\ \Delta\kappa & 1 & -\Delta\omega \\ -\Delta\varphi & \Delta\omega & 1 \end{bmatrix}$$

04 2차원 변환

4.1 등각사상변환

2차원에서 등각사상변환(conformal transformation)은 2차원 상사변환(similarity transformation)이라고도 한다. 등각사상변환은 이름에서 알 수 있듯이 [그림 6]과 같이 변환 전의 $x'-y'$ 좌표축과 변환 후의 $x-y$ 좌표축이 이루는 각이 같은 크기를 가지는, 즉 닮음을 유지하는 변환을 말한다. [그림 6]의 등각사상변환 또는 2차원 상사변환을 수식으로 나타내면 식 (9)와 같다.

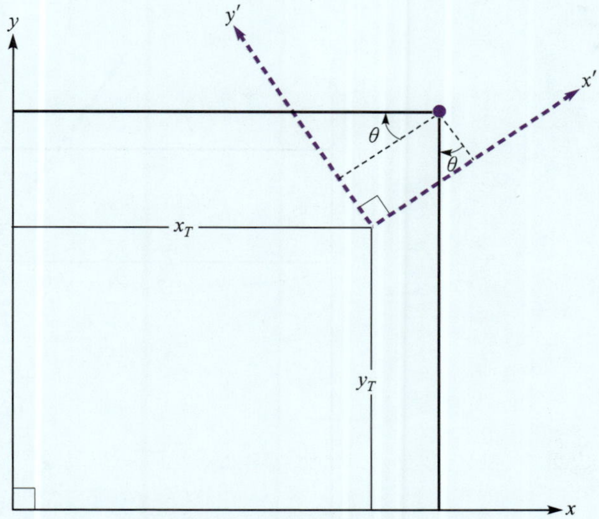

그림 6 등각사상변환

$$\begin{bmatrix} x \\ y \end{bmatrix} = \begin{bmatrix} x_T \\ y_T \end{bmatrix} + S \begin{bmatrix} \cos\theta & -\sin\theta \\ \sin\theta & \cos\theta \end{bmatrix} \begin{bmatrix} x' \\ y' \end{bmatrix} \tag{9}$$

식 (9)의 등각사상변환은 평행이동(x_T, y_T) 2개, 축척(S) 1개, 회전(θ) 1개로 총 4개의 요소가 있다. 등각사상변환에서 2차원 회전을 나타내는 행렬 부분에서 $\sin\theta$의 부호가 반대인 이유는 2차원 회전의 경우 회전축이 반시계방향으로 회전하지만, 등각사상변환의 경우엔 좌표계의 회전축을 시계방향으로 회전하였다고 가정하였기 때문이다.
식 (9)의 비선형으로 구성된 등각사상변환식은 식 (10)과 같이 선형식으로 나타낼 수 있다.

$$\begin{bmatrix} x \\ y \end{bmatrix} = \begin{bmatrix} x_T \\ y_T \end{bmatrix} + \begin{bmatrix} a & -b \\ b & a \end{bmatrix} \begin{bmatrix} x' \\ y' \end{bmatrix} \tag{10}$$

여기서, $a = S\cos\theta, b = S\sin\theta$ 이다.

예제 6 등각사상변환

2차원 $x'-y'$ 좌표계에서 2차원 $x-y$ 좌표계로 등각사상 변환을 실시하였다. $x'-y'$ 좌표계에서의 점 $P'(18,15)$와 $x-y$ 좌표계에서의 점 P가 같은 점이라고 했을 때, P의 좌표값을 $x-y$ 좌표계에서 나타내시오. (단, $\theta = 30°$, $x_T = 12$, $y_T = 10$이며, 축척의 변화는 없다.)

$$\begin{bmatrix} x_P \\ y_P \end{bmatrix} = \begin{bmatrix} 12 \\ 10 \end{bmatrix} + 1 \times \begin{bmatrix} \cos 30° & -\sin 30° \\ \sin 30° & \cos 30° \end{bmatrix} \begin{bmatrix} 18 \\ 15 \end{bmatrix} = \begin{bmatrix} \frac{9+18\sqrt{3}}{2} \\ \frac{38+15\sqrt{3}}{2} \end{bmatrix} = \begin{bmatrix} 20.088 \\ 31.990 \end{bmatrix}$$

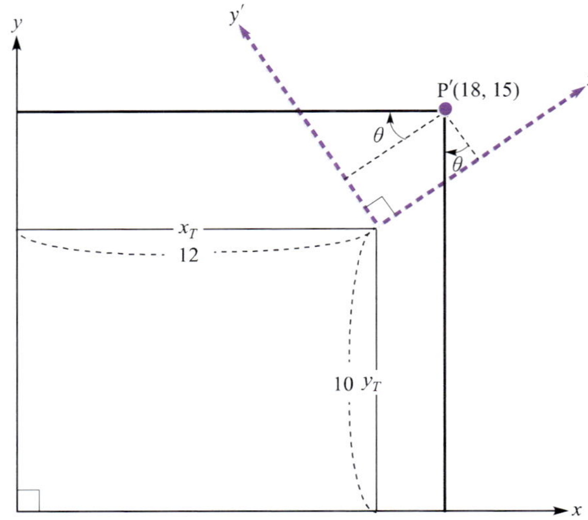

4.2 부등각사상변환

부등각사상변환(affine transformation)은 [그림 7]과 같이 좌표축들이 이루는 각의 크기가 다른 경우에도 사용할 수 있는 변환 방법이다.

부등각사상변환은 식 (11)과 같이 6개의 매개변수를 갖는 비선형 방정식의 형태로 표현할 수 있다. 부등각사상변환은 좌표축의 회전량, 비직교각, 좌표축의 축척을 각각 고려하기 때문에 등각사상변환보다 변환의 정확도가 높다.

$$\begin{bmatrix} x \\ y \end{bmatrix} = \begin{bmatrix} x_T \\ y_T \end{bmatrix} + \begin{bmatrix} S_x \cos(\theta + \delta\theta) & -S_y \sin\theta \\ S_x \sin(\theta + \delta\theta) & S_y \cos\theta \end{bmatrix} \begin{bmatrix} x' \\ y' \end{bmatrix} \tag{11}$$

여기서, x_T는 x축 평행이동량, y_T는 y축 평행이동량, θ는 좌표축의 회전량, $\delta\theta$는 좌표축의 비직교각, S_x는 x축의 축척, S_y는 y축의 축척을 나타낸다.

식 (12)는 식 (11)의 비선형으로 구성된 부등각사상변환식을 선형식으로 나타낸 것이다. 선형식에서 원래 부등각사상변환식을 구성하고 있는 매개변수의 의미를 파악하기 위해서는 비선형식과의 관계를 이용하면 된다.

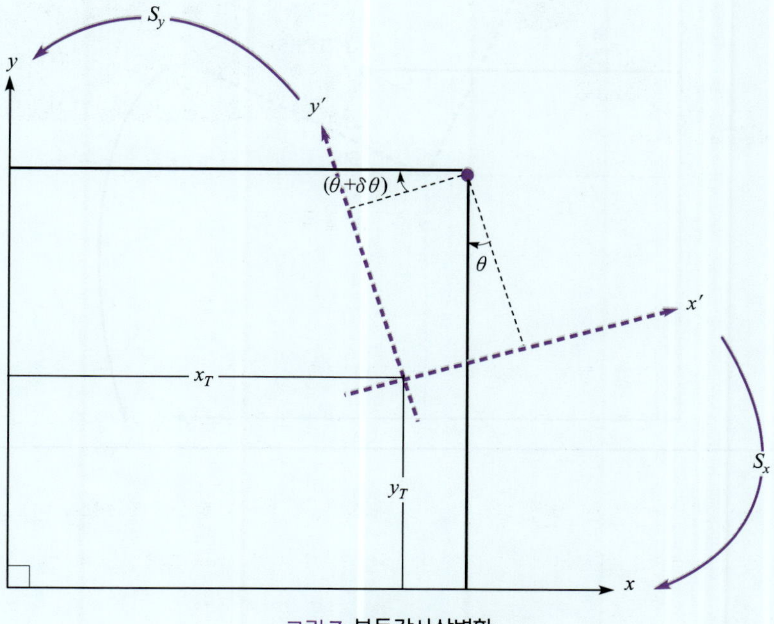

그림 7 부등각사상변환

$$\begin{bmatrix} x \\ y \end{bmatrix} = \begin{bmatrix} a_0 \\ b_0 \end{bmatrix} + \begin{bmatrix} a_1 & a_2 \\ b_1 & b_2 \end{bmatrix} \begin{bmatrix} x' \\ y' \end{bmatrix} \tag{12}$$

여기서,

$a_0 = x_T$, $a_1 = S_x \cos(\theta + \delta\theta)$, $a_2 = -S_y \sin\theta$, $b_0 = y_T$, $b_1 = S_x \sin(\theta + \delta\theta)$, $b_2 = S_y \cos\theta$,

를 나타낸다.

예제 7 부등각사상변환

2차원 $x' - y'$ 좌표계에서 2차원 $x - y$ 좌표계로 부등각사상변환을 실시하였다. $x' - y'$ 좌표계에서의 점 $P'(18,15)$와 $x - y$ 좌표계에서의 점 P가 같은 점이라고 했을 때, P의 좌표값을 구하시오. (단, $\theta = 30^\circ$, $\delta\theta = 1^\circ$, $x_T = 12$, $y_T = 10$, $S_x = 1, S_y = 1.2$이다)

$$\begin{bmatrix} x_{P'} \\ y_{P'} \end{bmatrix} = \begin{bmatrix} 12 \\ 10 \end{bmatrix} + 1 \times \begin{bmatrix} 1 \times \cos(30+1)^\circ & 1.2 \times (-\sin 30^\circ) \\ 1 \times \sin(30+1)^\circ & 1.2 \times \cos 30^\circ \end{bmatrix} \begin{bmatrix} 18 \\ 15 \end{bmatrix} = \begin{bmatrix} 18.429 \\ 34.859 \end{bmatrix}$$

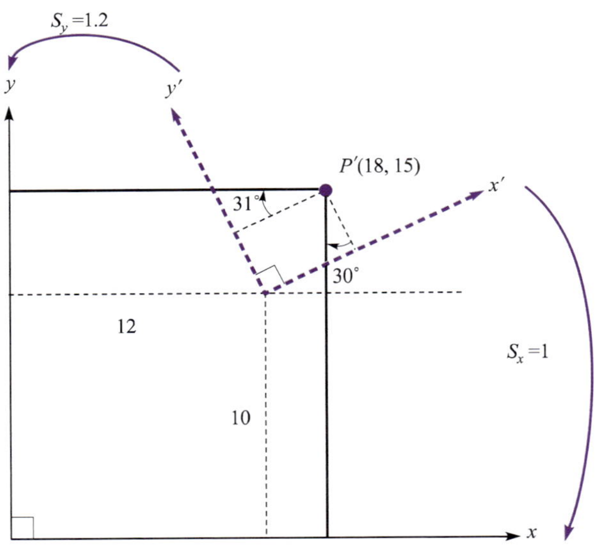

05 좌표값의 정규화

우리가 사용하고 있는 영상은 일상에서 DSLR(Digital Single-Lens Reflex) 카메라로 지상의 대상물을 촬영한 작은 영상에서부터 항공사진측량용 카메라로 촬영한 아주 큰 영상에 이르기까지 그 크기가 다양하다. 연속된 두 영상 간의 관계를 설정하기 위해서 좌표값의 정규화(normalization)가 필요하다.

왜냐하면, 영상좌표에는 0에 가까운 값과 10,000을 훨씬 넘는 아주 큰 값이 존재할 수 있으며 이러한 영상좌표값을 이용하여 수치해석적 방법으로 데이터처리를 수행할 때 좌표값을 행렬에 넣고 역행렬을 계산하면 오류가 발생할 수 있기 때문이다. 또한, 지상좌표값은 영상좌표값에 비해 상대적으로 훨씬 더 큰 값을 가질 수 있으므로 지상좌표와 영상좌표를 동시에 데이터처리하는 경우에 수치해석적 오류가 발생할 수 있다. 이러한 문제점을 해결하기 위해서 좌표값을 −1과 1 사이의 값 또는 0~1 사이의 값으로 변환하는 것을 정규화라고 한다.

정규화를 통해서 좌표값이 -1과 1 사이의 값을 갖는다면 수치해석적 방법으로 데이터처리를 수행할 때 오류가 발생하지 않는다. 다만 정규화를 했다면 역정규화(de-normalization)를 통해서 다시 원래의 값으로 복원하는 과정이 필요하다.

일반적으로 정규화를 위해서 가장 많이 사용하는 방법은 식 (13)과 같이 축척(x_s)과 이동량(x_o)을 이용하는 것이다.

$$x_n = \frac{x_u - x_o}{x_s} \tag{13}$$

여기서, $x_s = \frac{x_{\max} - x_{\min}}{2}$, $x_o = \frac{x_{\max} + x_{\min}}{2}$, x_n은 정규화된 좌표값, x_u는 비정규화된 좌표값을 나타낸다.

예제 8 영상좌표의 정규화

영상의 크기가 가로×세로(3,000×4,000)이고 비정규화된 좌표값으로 x_u: 1,000, y_u: 1,500을 관측했을 경우 정규화된 좌표값은 얼마인가?

x_s, y_s와 x_o, y_o를 구하기 위해 $x_{\max}$, $x_{\min}$, $y_{\max}$, $y_{\min}$를 구해야 한다.

$x_{\max} = 3{,}000$, $x_{\min} = 0$, $y_{\max} = 4{,}000$, $y_{\min} = 0$ 이다.

이를 이용하여 x_s, y_s와 x_o, y_o를 구하면 다음과 같다.

$$x_s = \frac{3{,}000-0}{2} = 1{,}500,\ \ y_s = \frac{4{,}000-0}{2} = 2{,}000$$

$$x_o = \frac{3{,}000+0}{2} = 1{,}500,\ \ y_o = \frac{4{,}000+0}{2} = 2{,}000$$

정규화된 좌표 값인 x_n과 y_n을 구하면 다음과 같다.

$$x_n = \frac{1{,}000-1{,}500}{1{,}500} = -\frac{1}{3} = -0.3333$$

$$y_n = \frac{1{,}500-2{,}000}{2{,}000} = -\frac{1}{4} = -0.2500$$

06 사진의 축척

사진의 축척은 [그림 8]과 같이 비행기에 설치된 항공사진측량용 카메라를 통해서 촬영한 지표면 상의 대상물과 이것이 사진상에 맺힌 거리의 비($\frac{ab}{AB}$)로 결정된다. 그러나 지표면 상에는 다양한 대상물이 존재할 뿐만 아니라 지표면의 높고 낮음이 존재하기 때문에 한 장의 사진에서도 축척은 서로 다를 수 있다. 그러므로 사진의 축척이 적절하게 결정되어야 이를 기반으로 지도를 제작할 수 있다. 일반적으로 사진의 축척은 편의상 식 (14)와 같이 지표면으로부터의 비행기의 평균촬영고도와 카메라의 초점거리의 비를 이용하여 계산한다.

$$\text{사진의 축척}: \frac{ab}{AB} = \frac{f_c}{H-h} = \frac{1}{s} \quad (f_c:\text{초점거리}, H:\text{촬영고도}, s:\text{축척분모수}, h:\text{평균표고}) \tag{14}$$

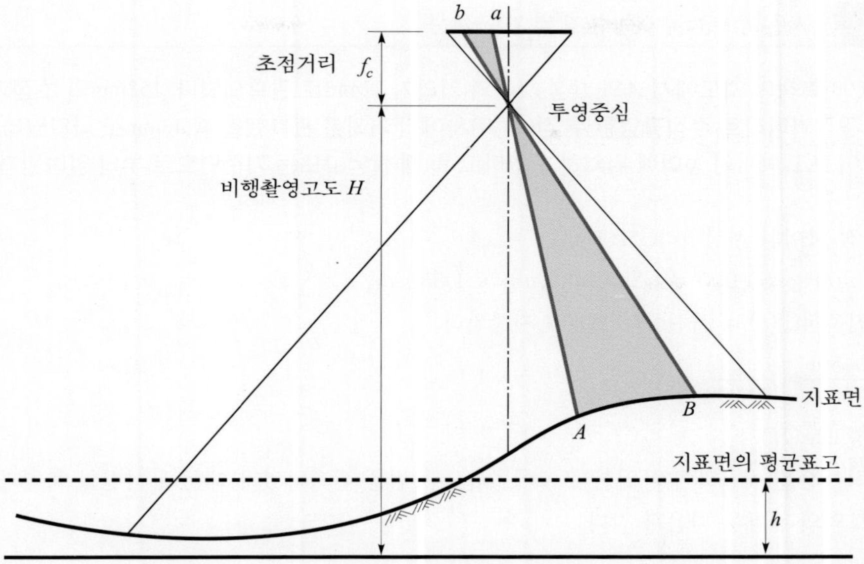

그림 8 사진의 축척

예제 9 사진의 축척

표고 200m의 지점을 초점거리 150mm의 카메라로 비행고도 3,000m에서 촬영한 연직사진의 축척은 얼마인가?

축척은 초점거리, 비행고도, 표고를 이용하여 다음과 같이 구할 수 있다.

$$S = \frac{1}{s} = \frac{f_c}{H-h} = \frac{0.15m}{3{,}000m - 200m} = \frac{1}{18{,}666} \approx \frac{1}{19{,}000}$$

예제 10 사진의 축척을 이용한 촬영 고도 계산

1:50,000 축척의 지도에서 A와 B점 사이의 거리가 27mm로 관측되었다. 152mm의 초점거리를 갖는 광각카메라로 수직촬영한 두 점(A, B)사이의 거리를 관측했을 때 45mm로 나타났다. 만약 두 점이 표고 95m의 높이에 위치하고 있다고 할 때 촬영고도는 기준면으로 부터 얼마인가?

- 두 점 사이의 지상거리($\overline{AB}$)

  $27\ mm \times 50,000 = 1,350,000\ mm = 1,350\ m$

- 사진축척($1/s$) = 사진상의 거리 / 지상거리

  $\frac{0.045m}{1,350m} = \frac{1}{30,000}$

- 촬영고도(H)

  수직사진을 이용하여 동일한 표고에 있는 두 점을 관측하였기 때문에 사진의 축척과 촬영고도와의 관계는 다음과 같다.

  $\frac{1}{s} = \frac{f_c}{(H-h)}$

  $\frac{1}{30,000} = \frac{0.152m}{H-95m}$

  $H = 30,000 \times 0.152m + 95m = 4,655m$

07 방사거리

일반적인 사진은 중심투영의 성질에 따라 사진의 실질적인 원점(주점)을 중심으로 대각선 방향으로 갈수록 수직에서 보는 모습이 아닌 측면에서 보는 듯한 모습이 나타난다. 사진측량을 통하여 사진의 실제 좌표를 계산하기 위해서는 이때 발생하는 왜곡을 고려할 필요가 있는데, 이러한 유형의 왜곡은 주점으로부터의 거리, 즉 방사거리(radial distance)에 따라 왜곡량이 증가하는 성질이 있다. 그러므로 중심투영에 의해 발생한 왜곡을 고려하기 위해서는 우선 방사거리에 대한 개념을 알아야 한다. 방사거리 r을 계산하는 방법은 식 (15)와 같다.

$$r = \sqrt{(x - x_p)^2 + (y - y_p)^2} \tag{15}$$

여기서, r : 방사거리, (x, y) : 사진 좌표, (x_p, y_p) : 주점의 좌표를 나타낸다.

예제 11 방사거리

사진좌표가 $x=3cm,\ y=4cm$ 인 점에서 방사거리를 소수 셋째 자리까지 구하시오(단, 주점의 사진좌표는 $x_p=0.01mm, y_p=-0.03mm$ 이다.

$$r=\sqrt{(30mm-0.01mm)^2+(40mm+0.03mm)^2}=50.018mm$$

08 기복변위

기복변위(relief displacement)는 지표면에 높고 낮음(기복)이 있을 경우 사진을 연직*방향에서 촬영하여도 축척은 동일하지 않으며 사진면에서 연직점을 중심으로 방사상(대각선 방향)의 변위가 발생하며 이를 기복변위라고 한다.

[그림 9]는 기복변위를 결정하기 위한 개념을 나타낸 것으로 지표면을 기준으로 지상의 P점이 사진상의 p점에 맺히고 P점의 높이가 지표면에서 h일 때 $\overline{pa}$의 거리를 사진상의 기복변위 $\triangle r$이라고 한다.

[그림 9]에서 기복변위 $\triangle r$은 삼각형의 닮음을 이용한 비례식을 이용하여 식 (16)과 같이 유도할 수 있다. 사진축척이 작으면 기복변위가 받는 영향이 작지만, 사진축척이 커질수록 기복변위가 받는 영향도 커지므로 대축척지도 제작 시에는 기복변위량을 고려하여 중복도를 증가시키기도 한다.

* 연직 : 연직은 수직과 구분해야 되는 용어이다. 연직은 중력의 방향을 나타내는 것으로 실에 추를 달아 늘어뜨릴 때 실이 나타내는 방향을 뜻한다. 즉, 지표면에 수직인 방향을 연직방향이라고 한다. 이에 반해 수직은 어떤 평면에 직각인 방향을 나타낸다.

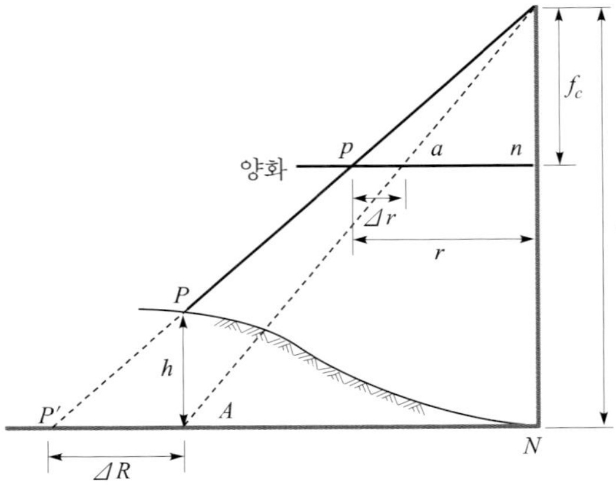

그림 9 기복변위의 모식도

$$\Delta r : f_c = \Delta R : H \qquad r : f_c = \Delta R : h$$

$$\Delta r = \frac{f_c}{H}\Delta R \qquad \Delta R = \frac{r}{f_c}h \tag{16}$$

Δr : 기복변위

ΔR : 기복변위에 대한 지상길이

f_c : 초점거리

H : 촬영비행고도

h : 표고

예제 12 기복변위

항공기의 촬영고도가 3,000m, 지표면의 높이(표고)가 200m, 사진 연직점에서 투영점까지 거리가 12cm인 지점에서 사진상의 기복변위는?

$H = 3{,}000m$, $h = 200m$, $r = 0.12m$ 라고 하였을 때 사진 상의 기복변위는 다음과 같다.

$$\Delta r = \frac{h}{H}r = \frac{200m}{3{,}000m} \times 0.12m = 0.008m = 0.8cm$$

[그림 10(a)]는 중심투영이 적용되어 사진의 원점에서 방사방향으로 멀어질수록 기복변위가 커지는 그림을 나타내고 있다. [그림 10(b)]는 지도처럼 정사투영이 적용되어 기복변위가 나타나지 않는 것을 알 수 있다.

- 사진 : 기복변위 발생
- 지도 : 기복변위 없음

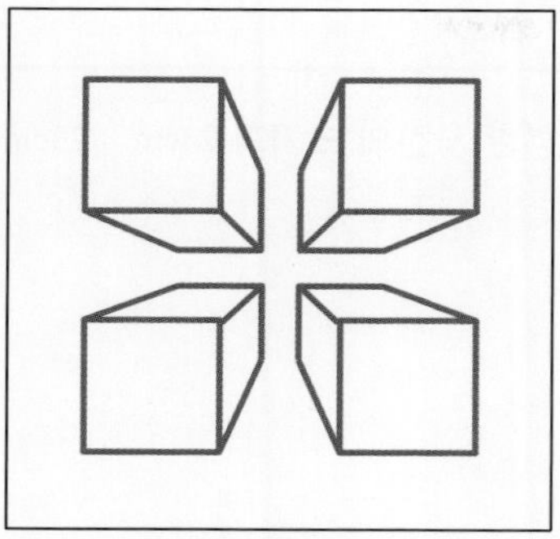
(a) 중심투영

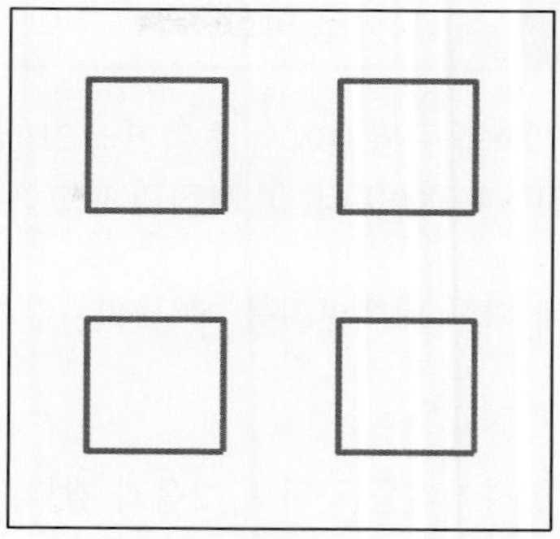
(b) 정사투영

그림 10 중심투영과 정사투영

예제 13 기복변위가 발생하지 않는 곳은?

사진에서 기복변위가 발생하지 않는 곳은 어디인가?

기복변위는 $\Delta r = rh/H$ 로 방사방향 거리가 0이 되는 주점(principal point)에서는 발생하지 않는다.

[그림 11]은 DMC(Digital Mapping Camera) 카메라를 이용하여 대전지역의 정부 제2청사 주변을 촬영한 사진의 일부를 나타낸 것으로 중앙에 보이는 청사 건물에 기복변위가 발생한 것을 알 수 있다.

그림 11 대축척 영상의 기복변위

예제 14 최대(기복)변위

표고 70m의 구릉지에서 초점거리 210mm의 사진기로 촬영한 사진의 크기가 23cm × 23cm이고 축척이 1/40,000이다. 이 사진의 표고에 의한 최대변위는?

표고에 의한 최대변위를 계산하는 수식은 다음과 같다.

$$\triangle r_{\max} = \frac{h}{H} r_{\max}$$

최대 방사거리를 구하면 다음과 같다.

$$r_{\max} = \frac{\sqrt{2}}{2} a = \frac{0.23m}{2} \times \sqrt{2} = 0.163m$$

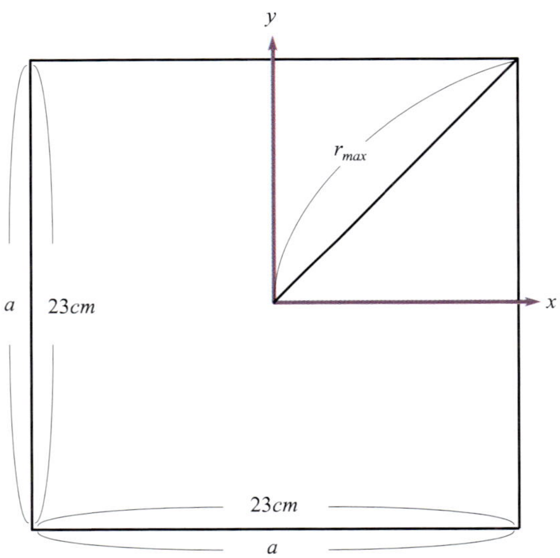

촬영고도는 축척과 초점거리를 통해 구할 수 있다.

$$H = s \times f_c = 40{,}000 \times 0.21m = 8{,}400m$$

$$\therefore \triangle r_{\max} = \frac{70m}{8{,}400m} \times 0.163m = 0.0014m = 1.4mm$$

09 시차와 시차차

시차(parallax)는 서로 다른 두 개의 시점에 따라 발생하는 물체의 외관상 위치의 변위 또는 위치의 차이를 뜻하는 것으로 사진측량과 컴퓨터비전에서 시차는 동일점을 촬영한 두 장의 연속사진에서 위치의 변위를 나타낸다. 이러한 위치의 변위는 2차원상에서 나타나기 때문에 x방향과 y방향으로 구분할 수 있다.

[그림 12]는 서로 다른 두 지점에서 촬영한 항공사진을 간단히 나타낸 것이다. [그림 12]에서 (a)의 붉은색 건물과 (b)의 회색 건물은 동일한 건물이다. 이제, 두 사진을 좌표계의 원점을 중심으로 겹치면 [그림 13]과 같은 모습이 된다.

[그림 12]를 좌표계의 중심에 맞추어 겹쳤을 때, [그림 13]에서 확인할 수 있는 것처럼 건물 바닥면과 옥상면에 시차가 발생한 것을 확인할 수 있다. 이때 p_x를 횡시차, p_y를 종시차라고 부르며, p_x와 p_y를 벡터로 취급하여 합연산한 결과를 시차라고 한다.

옥상면의 횡시차(p_{x1})와 종시차(p_{y1})의 합을 p_1, 바닥면의 횡시차(p_{x2})와 종시차(p_{y2})의 합을 p_2라고 했을 때, p_1과 p_2의 차이를 시차차(parallax difference)라고 부른다. 시차차는 말 그대로 왼쪽 사진의 시차와 오른쪽 사진의 시차의 차이를 나타내는 것인데, 시차차를 이용하면 사진상에서도 건물 등의 구조물의 높이를 구할 수 있다.

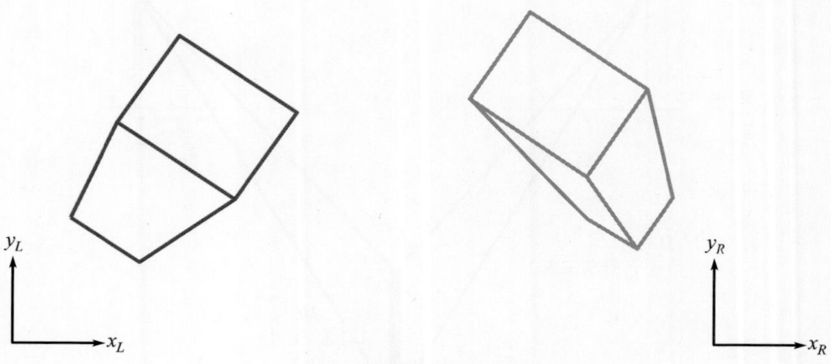

그림 12 시차

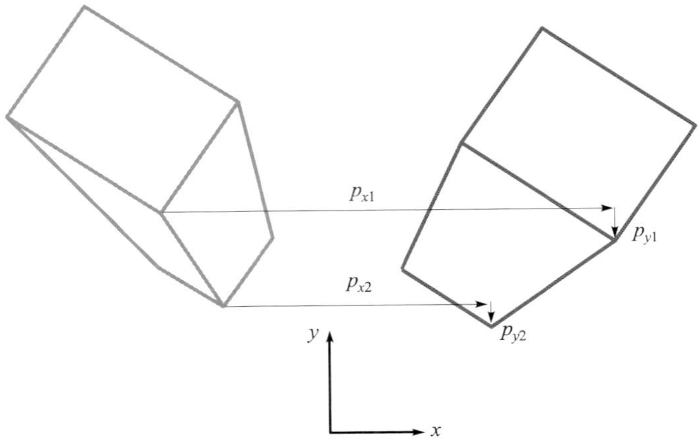

그림 13 **시차 예시**

[그림 14]는 건물 옥상면과 바닥면을 촬영한 스테레오 사진을 묘사한 것이다. 시차차를 이용하여 건물의 높이를 구하는 방법은 삼각형의 닮음의 성질을 이용하면 되고 건물의 높이는 식 (17)과 같이 촬영고도와 기선길이 그리고 시차차를 알면 계산할 수 있다.

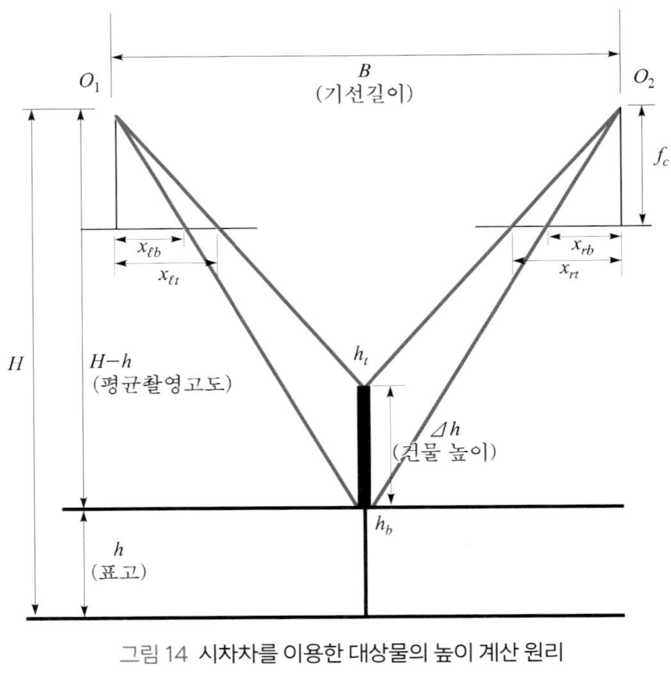

그림 14 **시차차를 이용한 대상물의 높이 계산 원리**

시차차를 이용한 건물 높이 계산의 유도 과정은 식 (17)과 같다.

$$p_x = x_\ell - x_r : \text{시차}$$

$$\begin{aligned}
&\frac{B}{H-h} = \frac{x_{\ell b} - x_{rb}}{f_c} = \frac{p_b}{f_c} \\
&H-h = \frac{Bf_c}{p} \\
&\triangle h = h_t - h_b = (H-h_b) - (H-h_t) = \frac{Bf_c}{p_b} - \frac{Bf_c}{p_t} \\
&\quad = Bf_c(\frac{1}{p_b} - \frac{1}{p_t}) = Bf_c(\frac{p_t - p_b}{p_b p_t}) \\
&\therefore \triangle h = Bf_c(\frac{\triangle p}{p_b p_t})
\end{aligned} \quad (17)$$

여기서,

$$p_b = x_{\ell b} - x_{rb}$$

$$p_t = x_{\ell t} - x_{rt}$$

$$\triangle p = p_t - p_b : \text{시차차}$$

$p_t = p_b + \triangle p$이므로

$$\triangle h = \frac{Bf_c}{p_b}(\frac{\triangle p}{p_b + \triangle p}) = (H-h)(\frac{\triangle p}{p_b + \triangle p})$$

식 (17)에서 평균촬영고도를 나타내는 $(H-h)$를 H라고 두고, 시차차(Δp)가 무시해도 될 정도로 작다면 식 (18)과 같게 된다.

$$\triangle h = \frac{\Delta p}{\Delta p + b} H \; (\Delta p \approx 0) \Rightarrow \triangle h = \frac{\Delta p}{b} H \quad (18)$$

예제 15 시차차 예제 1

초점거리 152mm의 사진기를 이용하여 1,500m 상공에서 기념비를 수직 촬영하여 사진을 중첩했을 때, 기념비 정상부의 시차가 8.04cm, 바닥부의 시차가 7.31cm로 확인되었다. 기념비의 높이를 구하시오.(단, 주점 기선길이는 8.32cm이다.)

$$\Delta p = 8.04cm - 7.31cm = 0.73cm$$

$$\triangle h = \frac{\Delta p}{b} H = \frac{0.73cm}{8.32cm} \times 1{,}500m = 131.61m$$

예제 16 시차차 예제 2

촬영고도 3,000m 항공사진에 나타난 건물의 꼭대기 지점의 시차를 관측하였더니 17.32㎜이고, 건물의 바닥점의 시차를 관측하였더니 15.85㎜였다. 이때 건물의 높이는?

$$\Delta p = 17.32mm - 15.85mm = 1.47mm$$

$$\triangle h = \frac{\Delta p}{p_1 + \Delta p} H = \frac{3{,}000}{15.85mm + 1.47mm} \times 1.47mm = 254.62m$$

10 입체시

2차원 사진으로부터 대상물(또는 사물)을 입체로 보기 위해서는 대상물을 두 번 이상 서로 다른 위치에서 촬영한 사진이 필요하다. 이는 사람이 두 눈을 통하여 대상물의 3차원 위치를 인식하는 것과 같은 원리이다. 단일 카메라를 이용하여 두 장의 사진으로 입체시하기 위해서는 [그림 15]와 같이 가로축(x축)만을 수평으로 이동하여 대상물을 촬영하여야 한다.

애너글리프(anaglyph)는 여색 입체시라고도 하며 사람의 두 눈 간의 시차를 이용하여 영상을 입체로 보는 방법이다. 스테레오 사진에서 좌측은 청색, 우측은 적색으로 겹쳐 현상한 사진을 왼쪽에 적색, 오른쪽에 청색의 안경을 쓴 상태에서 사진을 입체적으로 볼 수 있다.

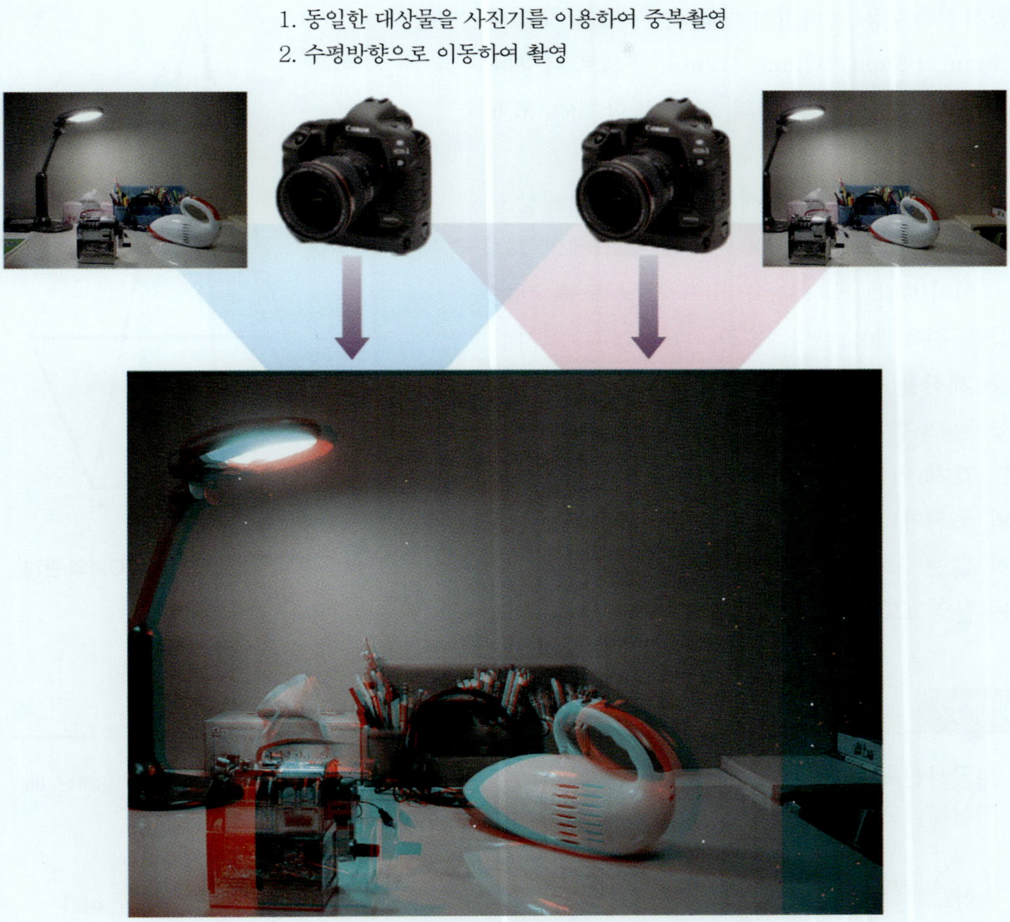

그림 15 스테레오 촬영을 이용한 애너글리프 영상 제작 방법

11 지상해상도

항공사진측량용 디지털카메라는 필름을 사용하지 않기 때문에 식 (19)와 같이 CCD 소자의 물리적인 픽셀(pixel) 크기, 초점거리(f_c), 촬영고도(H)에 의해서 지상해상도(GSD : Ground Sampling Distance, 지상표본거리)가 결정된다.

$$GSD = \frac{H}{f_c} \times CCD\text{픽셀크기} \tag{19}$$

항공사진측량용 디지털카메라는 초점거리가 62.5mm, 65mm, 92mm, 112mm 등으로 다양하며 CCD 소자 내부 픽셀의 크기 또한 5㎛, 6.5㎛, 7.2㎛, 12㎛ 등으로 다양하다.

수치지형도의 제작을 위해서 적절한 지상해상도를 확보해야 하며 1/1,000 수치지형도 제작에는 12cm이하(GSD ≤ 12cm)의 지상해상도를 갖는 영상을 취득해야 한다. 또한, 1/5,000 수치지형도를 제작을 위해서는 25cm(GSD ≤ 25cm)의 지상해상도를 확보해야 한다. 이러한 지상해상도를 갖기 위해서는 항공사진측량용 디지털카메라의 초점거리, CCD소자의 픽셀크기는 거의 변하지 않는 고정값이기 때문에 카메라의 특성에 맞는 촬영고도를 확보하는 것이 중요하다.

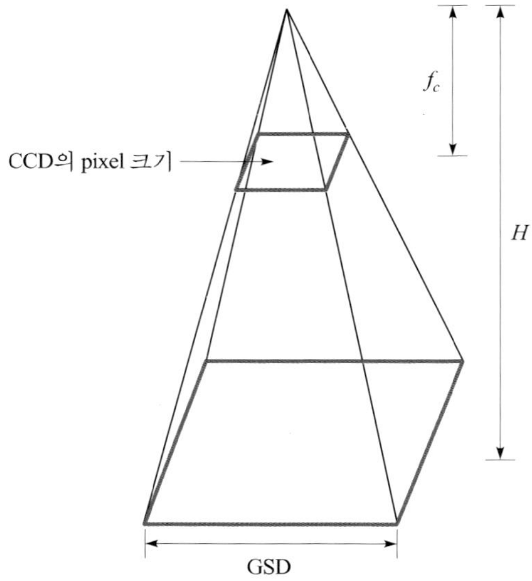

그림 16 CCD 픽셀크기와 GSD와의 관계

예제 17 디지털카메라의 지상해상도의 이해

항공사진측량용 디지털카메라의 초점거리가 112mm이고 CCD 소자의 픽셀크기가 5.6㎛일 때 지상해상도 12cm를 확보하기 위해서 비행기의 촬영고도는 얼마를 유지해야 하는가?

$GSD = \frac{H}{f_c} \times CCD픽셀크기$ 이므로 $H = \frac{GSD \times f_c}{CCD픽셀크기} = \frac{0.12m \times 0.112m}{5.6 \times 10^{-6} m} = 2{,}400m$ 이다.

인공위성에 의해 촬영된 위성영상도 항공사진의 지상해상도와 유사한 방법으로 결정할 수 있다. IKONOS 위성영상의 촬영고도가 680㎞이고 초점거리가 10m이고 CCD 소자의 픽셀크기가 12㎛이라면 [그림 17]과 같이 나타낼 수 있다.

또한, 식 (19)의 공식에 의해 IKONOS 위성의 한 픽셀이 갖는 지상해상도는 식 (20)과 같이 계산할 수 있으며 그 결과 약 0.816m가 된다.

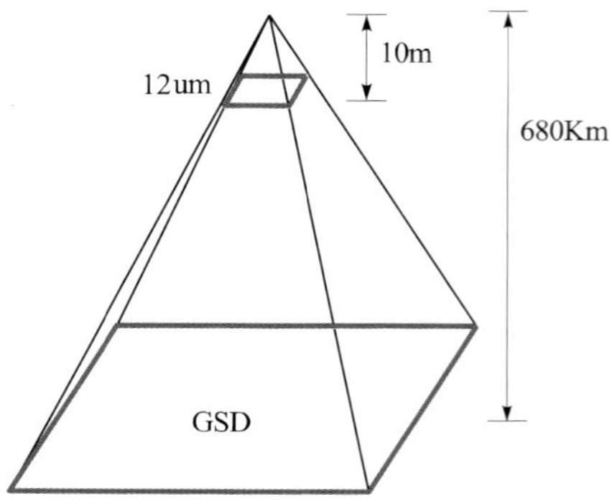

그림 17 IKONOS 위성의 지상해상도 모식도

$$GSD = \frac{H}{f_c} \times CCD\text{픽셀크기} = \frac{680{,}000m \times 12 \times 10^{-6}m}{10m} = 0.816m \tag{20}$$

항공사진과 달리 위성영상의 공간해상도는 영상시스템의 성능, 카메라 캘리브레이션 기술, 촬영 환경 등에 따라 실제 지형지물의 식별력이 다르게 보일 수가 있다. 따라서 위성영상은 GSD로만 지상해상도를 평가하지 않고 영상의 판독력을 설명하는 품질 지표로 국가영상인식등급(NIIRS: National Imagery Interpretability Rating Scales)를 사용하고 있으며 위성영상에서 지형지물이 얼마나 선명하게 식별할 수 있는지를 0-9등급로 10단계의 수치로 영상에 대한 해상력을 정의하고 있다.

NIIRS는 미국의 IRAS(Imagery Resolution Assessments and Reporting Standards)위원회에서 탑재체의 개발과 영상처리 및 응용에 적용할 수 있는 기준을 마련한 것으로, 가시광선, 적외선, 멀티스펙트럴, 레이더에 대해 영상의 판독능력을 10단계로 구분하고 있다.

12 기초용어의 원리 이해를 위한 연습

[그림 18]은 드론을 이용하여 촬영한 영상을 나타낸다. 영상에는 3개의 지상기준점 GCP061, GCP063, GCP066의 위치가 표시되어 있다. 또한, 드론에 장착된 카메라의 정보는 [표 1]과 같다. 이 때 촬영된 영상의 가로×세로의 크기는 4,000×3,000이다.

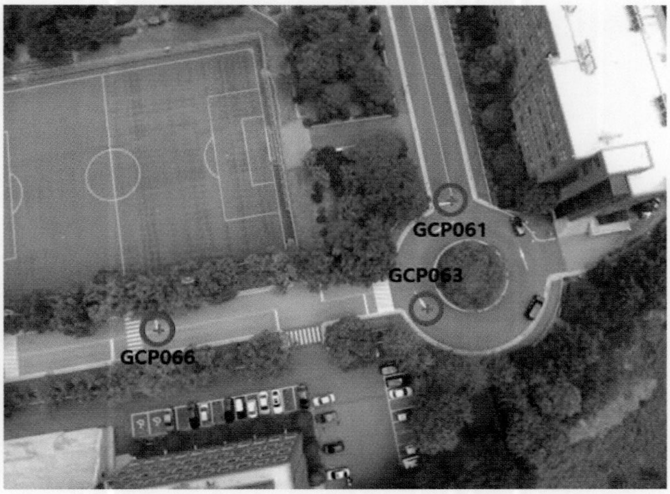

그림 18 드론 영상

[그림 18]에 나타낸 지상기준점은 GNSS-RTK 기법으로 측량을 수행하였으며 중부 원점(경도 127°, 위도 38°)을 기준으로 하여 투영한 평면직각좌표(TM : Transverse Mercator)값과 이를 영상에서 관측한 영상좌표값은 [표 2]와 같다.

표 1 카메라 정보

촬영카메라	픽셀크기	초점거리(f_c)	주점
M100_X3Z	0.0016mm	4.359mm	x_p = 0.061mm, y_p = 0.026mm

표 2 지상기준점 좌표와 영상좌표

기준점 번호	평면직각좌표계(TM)		표고	영상좌표		
	Easting(X)	Northing(Y)	Z	x(col)		y(row)
	단위 : m			단위 : Pixel		
GCP061(A)	212,677.080	478,749.561	41.504	a	2708.505	1,218.907
GCP063(B)	212,653.783	478,755.484	41.575	b	2552.602	1,884.115
GCP066(C)	212,649.166	478,810.872	40.608	c	934.495	2,014.774

[표 2]에서 평면직각좌표계의 Easting을 X로 Northing을 Y로 설정한 이유는 사진측량에서는 오른손 좌표계를 사용하기 때문이다.

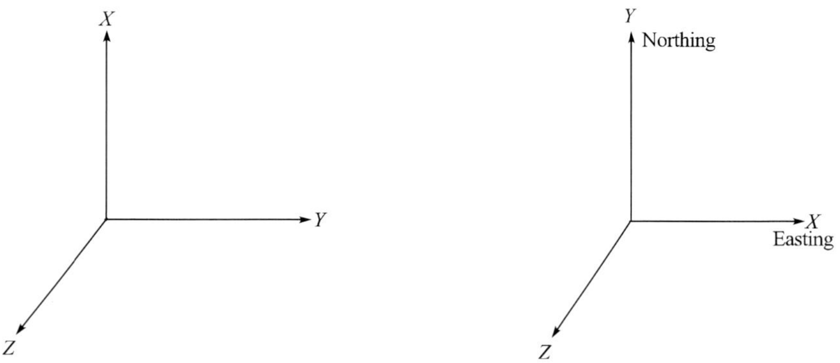

(a) 평면직각좌표계(왼손 좌표계)　　(b) 사진측량좌표계(오른손 좌표계)

그림 19 평면직각좌표계와 사진측량좌표계

12.1 사진의 축척 결정

① 지상기준점 A, B, C간의 거리를 계산하시오.

지상기준점에서 두 점 사이의 거리는 $\sqrt{(X_B - X_A)^2 + (Y_B - Y_A)^2 + (Z_B - Z_A)^2}$ 을 이용하면 된다.

$$\overline{AB} = \sqrt{(212{,}653.783 - 212{,}677.080)^2 + (478{,}755.484 - 478{,}749.561)^2 + (41.575 - 41.504)^2} \quad (21)$$
$$= \sqrt{(-23.297)^2 + (5.923)^2 + (0.071)^2}$$
$$≒ 24.038\,m$$
$$\overline{BC} = \sqrt{(212{,}649.166 - 212{,}653.783)^2 + (478{,}810.872 - 478{,}755.484)^2 + (40.608 - 41.575)^2} \quad (22)$$
$$= \sqrt{(-4.617)^2 + (55.388)^2 + (-0.967)^2}$$
$$≒ 55.589\,m$$
$$\overline{CA} = \sqrt{(212{,}677.080 - 212{,}649.166)^2 + (478{,}749.561 - 478{,}810.872)^2 + (41.504 - 40.608)^2} \quad (23)$$
$$= \sqrt{(27.914)^2 + (-61.311)^2 + (0.896)^2}$$
$$≒ 67.372\,m$$

② 지상기준점 A, B, C를 관측한 영상좌표를 사진좌표로 변환하시오.

사진좌표에서 실질적인 원점은 사진의 주점이다. 주어진 연습문제에서 주점의 위치는 $x_p = 0.061mm$, $y_p = 0.026mm$로 영상좌표를 사진좌표로 변환할 때 주점의 위치값을 빼서 보정을 할 필요가 있다.

$$A(GCP061): x_a = (2{,}708.505 - \frac{4{,}000}{2}) \times 0.0016 - 0.061 = 1.073mm \quad (24)$$
$$A(GCP061): y_a = (\frac{3{,}000}{2} - 1{,}218.907) \times 0.0016 - 0.026 = 0.424mm$$

$$B(GCP063): x_b = (2{,}552.602 - \frac{4{,}000}{2}) \times 0.0016 - 0.061 = 0.823mm \quad (25)$$
$$B(GCP063): y_b = (\frac{3{,}000}{2} - 1{,}884.115) \times 0.0016 - 0.026 = -0.641mm$$

$$C(GCP066): x_c = (934.495 - \frac{4{,}000}{2}) \times 0.0016 - 0.061 = -1.644mm \quad (26)$$
$$C(GCP066): y_c = (\frac{3{,}000}{2} - 2{,}014.774) \times 0.0016 - 0.026 = -0.850mm$$

③ 사진상의 세 점 (a, b, c)간의 거리를 계산하시오.

$$\overline{ab} : \sqrt{(0.823 - 1.073)^2 + (-0.641 - 0.424)^2} \quad (27)$$
$$≒ 1.094\,mm$$

$$\overline{bc} : \sqrt{(-1.644-0.823)^2+(-0.850-(-0.641))^2} \tag{28}$$

$$\fallingdotseq 2.597\,mm$$

$$\overline{ca} : \quad \sqrt{(1.073-(-1.766))^2+(0.424-(-0.85))^2} \tag{29}$$

$$\fallingdotseq 3.112\,mm$$

④ 지상기준점 간의 거리를 이용하여 축척을 계산하고, 각각의 축척이 다른 이유를 설명하시오.

사진의 축척 $= \dfrac{\text{사진상거리}}{\text{실제거리}}$ 이므로 세 점간의 거리비에 따른 축척을 계산하면 다음과 같다.

$$\text{축척}(ab/AB) = \frac{1.094mm}{24{,}038mm} \fallingdotseq \frac{1}{21{,}972.578} \tag{30}$$

$$\text{축척}(bc/BC) = \frac{2.597mm}{55{,}589mm} \fallingdotseq \frac{1}{21{,}405.082} \tag{31}$$

$$\text{축척}(ca/CA) = \frac{3.112mm}{67{,}372mm} \fallingdotseq \frac{1}{21{,}649.100} \tag{32}$$

드론 영상은 중심투영의 원리에 의해서 촬영된 영상으로 사진상의 거리는 사진의 중심에서 멀어질수록 방사방향의 왜곡이 발생한다. 또한 지상기준점은 지표면의 높이가 다르기 때문에 경사거리로 측정된다. 이러한 이유로 축척이 동일하지 않다.

⑤ 평균축척을 계산하시오.

$$\text{평균축척}(S) = \frac{1}{(21{,}972.578+21{,}405.082+21{,}649.100)/3} = \frac{1}{21{,}675.587} \tag{33}$$

12.2 드론을 이용하여 촬영한 영상의 촬영고도 결정

① 사진의 평균축척을 이용하여 드론 영상을 촬영한 고도를 결정하시오

$\dfrac{1}{s} = \dfrac{f_c}{H}$ (s : 축척분모수, f_c : 초점거리, H : 촬영비행고도)이므로 촬영고도는 95.484m가 된다.

$$\frac{1}{21,675.587} = \frac{0.004359m}{H} \quad (34)$$

$$H = 94.484m$$

12.3 기복변위와 건물높이의 결정

드론 영상에서 [그림 20]과 같이 점선으로 되어 있는 건물의 바닥점과 꼭대기점의 영상 좌표를 관측한 값이 [표 3]과 같을 때 건물 꼭대기점까지의 방사거리(r), 기복변위($\triangle r$) 그리고 건물높이($\triangle h$)를 계산하시오.

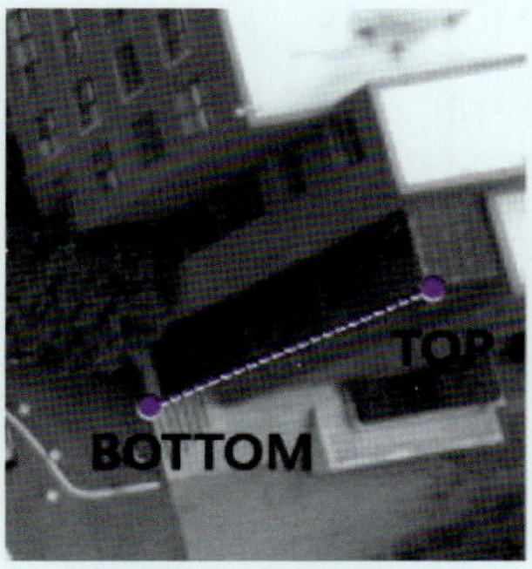

그림 20 건물의 기복변위

표 3 건물의 바닥면과 꼭대기점의 영상좌표

건물의 영상좌표	바닥점	꼭대기점
x (Col)	3,317.276	3,681.311
y (Row)	1,343.104	1,185.419

① 꼭대기점과 바닥점의 영상좌표를 사진좌표로 변환하시오.

$$\text{꼭대기점 : } x_T = (3,681.312 - \frac{4,000}{2}) \times 0.0016 - 0.061 = 2.629mm \quad (35)$$

$$y_T = (\frac{3,000}{2} - 1,185.419) \times 0.0016 - 0.026 = 0.477mm$$

$$\text{바닥점 : } x_B = (3,317.276 - \frac{4,000}{2}) \times 0.0016 - 0.061 = 2.047mm \quad (36)$$

$$y_B = (\frac{3,000}{2} - 1,343.104) \times 0.0016 - 0.026 = 0.225mm$$

② 기복변위 $\triangle r(mm)$을 계산하시오.

$$\triangle r = \sqrt{(2.047-2.629)^2+(0.225-0.477)^2} = 0.634mm \quad (37)$$

③ 기복변위($\triangle r$)의 실제 지상길이($\triangle R$)를 계산하시오.
건물 꼭대기점까지의 방사거리(r)는 다음과 같이 계산할 수 있다.

$$r = \sqrt{(2.629-0.061)^2+(0.477-0.026)^2} \fallingdotseq 2.607mm \quad (38)$$

그리고 기복변위량 $\triangle r$의 실제 지상길이($\triangle R$)는 다음과 같이 구할 수 있다.

$$\triangle r : f_c = \triangle R : H \quad (39)$$
$$\triangle R = \frac{H}{f_c}\triangle r$$

(Δr : 기복변위, f_c : 초점거리, ΔR : 기복변위의 실제 지상거리, H : 촬영고도)

따라서, 기복변위의 실제 지상길이($\triangle R$)는 13.741mm가 된다.

$$\triangle R = 0.634mm \times \frac{94,484mm}{4.359mm} \fallingdotseq 13,740.992mm \quad (40)$$
$$\fallingdotseq 13.741m$$

④ 건물의 실제 높이 $\triangle h$를 계산하시오.

기복변위 공식에서 건물의 높이를 구하는 공식은 다음과 같이 유도할 수 있다.

$$r : f_c = \triangle R : \triangle h \quad (41)$$
$$\triangle R = \frac{r}{f_c}\triangle h$$
$$\therefore \triangle h = \frac{f_c}{r}\triangle R$$

(r : 건물꼭대기까지 방사거리, f_c : 초점거리, ΔR : Δr의 지상거리,
Δh : 건물, 구조물 높이)

따라서, 건물 높이($\triangle h$)는 22.975m가 된다.

$$\triangle h = \frac{4.359mm}{2.607mm} \times 13,740.992mm \fallingdotseq 22,975.445mm \quad (42)$$
$$\fallingdotseq 22.975m$$

12.4 건물 증축에 따른 사진거리와 기복변위의 결정

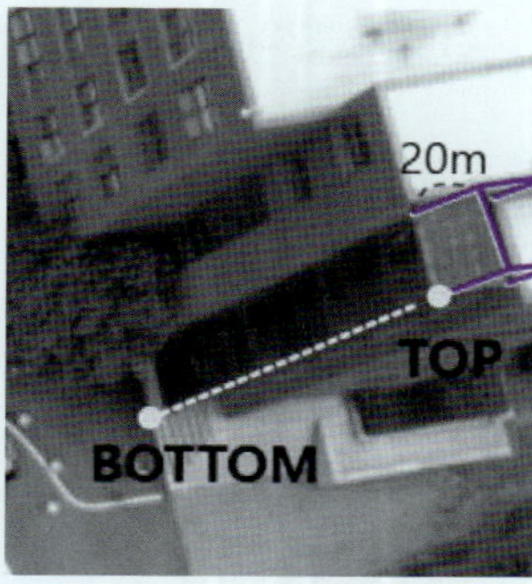

그림 21 건물의 증축

사진 촬영 당시 세워져 있던 건물이 촬영 이후 20m만큼 추가로 증축되었다면 건물의 사진상 길이는 얼마인가?

20m 증축된 건물의 사진상의 거리는 기복변위 공식을 이용하여 다음과 같이 유도할 수 있다.

사진 상의 기복변위($\triangle r$)에 20m 증축으로 인해 추가된 사진거리를 d라고 하면 증축된 부분을 포함한 건물의 사진상 기복변위($\triangle r'$)은 다음과 같이 계산할 수 있다.

$$\begin{aligned} r' &= r + d \\ \triangle r' &= \triangle r + d \\ \triangle h' &= \triangle h + l \\ \triangle R' &= \triangle R + D \\ \triangle r' &= \frac{f_c}{H} \triangle R' \\ \triangle R' &= \frac{r'}{f_c} \triangle h' \end{aligned} \tag{43}$$

여기서, r': 증축된 부분을 포함한 건물 꼭대기점까지의 방사거리, $\triangle r'$: 증축된 부분을 포함한 건물의 기복변위, $\triangle h'$: 증축된 부분을 포함한 건물 높이, $\triangle R'$: 증축된 부분을 포함한 건물의 지상 기복변위를 나타낸다.

증축된 건물의 추가 높이(20m)를 l이라고 두면 비례식을 이용하여 다음과 같이 나타낼 수 있다.

$$\begin{aligned} (\triangle r + d) &= \frac{f_c}{H}(\triangle R + D) \\ (\triangle R + D) &= \frac{(r+d)}{f_c}(\triangle h + l) \end{aligned} \tag{44}$$

$(\triangle R + D)$를 대입하여 증축에 의해 추가된 사진거리(d)를 나타내면 1.041mm가 된다.

$$\begin{aligned} (\triangle r + d)H &= (r+d)(\triangle h + l) \\ d &= \frac{r(\triangle h + l) - (\triangle r H)}{(H - \triangle h - l)} \end{aligned} \tag{45}$$

$$d = \frac{2.607 \times (22{,}975.445 + 20{,}000) - (0.634 \times 94{,}484)}{(94{,}484 - 22{,}975.445 - 20{,}000)}$$

$$\fallingdotseq 1.012mm$$

20m 증축된 건물의 사진거리를 고려한 건물의 기복변위($\triangle r'$)를 계산하면 1.675mm가 된다.

$$\begin{aligned} \triangle r' &= \triangle r + d \\ &= 0.634mm + 1.012mm \\ &= 1.646mm \end{aligned} \tag{46}$$

단원정리

01. 사진은 피사체로부터 반사된 빛이 렌즈 중심을 지나 필름면에 사진의 상이 투영되는 중심투영의 원리를 따르며, 지도는 모든 대상물을 바로 위에서 내려다보는 것 같은 정사투영의 원리를 따른다.

02. 사진측량에서 사용하는 좌표계는 주점을 원점으로 하는 오른손 좌표계를 사용하고, 일반적으로 촬영방향을 x축으로 설정하고, 이와 수직인 방향을 y축으로 설정한다.

03. 영상좌표계 또는 픽셀좌표계는 영상의 좌측 상단 부분을 원점으로 하며 각 픽셀은 밝기값을 가진다.

04. 사진에서 지상의 3차원 정보를 취득하기 위해서는 서로 다른 위치에서 취득한 사진이 최소 2장 이상 필요한데, 그 이유는 사람이 두 눈으로 대상물의 3차원 위치를 인식하는 원리와 같다.

05. 좌표축이 직교하는 2차원 평면좌표계에서 두 좌표계간의 변환식은 다음과 같이 나타낼 수 있다.

$$\begin{bmatrix} x' \\ y' \end{bmatrix} = \begin{bmatrix} \cos\theta & \sin\theta \\ -\sin\theta & \cos\theta \end{bmatrix} \begin{bmatrix} x \\ y \end{bmatrix}$$

06. 사진측량에서 지상좌표계에 대한 X축의 회전을 ω로 표시하고 오메가(omega)라고 읽는다. Y축의 회전은 φ로 표시하고 피(phi)라고 읽는다. Z축의 회전은 κ로 표시하고 카파(kappa)라고 읽는다. 사진측량에서의 3차원 회전은 일반적으로 움직이지 않는 지상좌표계를 3차원 회전하여 사진좌표계로 맞춘다. 3차원 회전행렬의 계산 순서는 ω, φ, κ순이며 다음 식과 같이 표현한다.

$$M(\equiv R_m^c) = M_\kappa M_\varphi M_\omega = \begin{bmatrix} \cos\kappa & \sin\kappa & 0 \\ -\sin\kappa & \cos\kappa & 0 \\ 0 & 0 & 1 \end{bmatrix} \begin{bmatrix} \cos\varphi & 0 & -\sin\varphi \\ 0 & 1 & 0 \\ \sin\varphi & 0 & \cos\varphi \end{bmatrix} \begin{bmatrix} 1 & 0 & 0 \\ 0 & \cos\omega & \sin\omega \\ 0 & -\sin\omega & \cos\omega \end{bmatrix}$$

07. 등각사상변환 또는 2차원 상사변환은 변환 전의 x', y' 좌표축과 변환 후의 x, y 좌표축이 이루는 각이 같은 크기를 가지는, 즉 닮음을 유지하는 변환을 말하며 다음 식과 같이 표현된다.

$$\begin{bmatrix} x \\ y \end{bmatrix} = \begin{bmatrix} x_T \\ y_T \end{bmatrix} + S \begin{bmatrix} \cos\theta & -\sin\theta \\ \sin\theta & \cos\theta \end{bmatrix} \begin{bmatrix} x' \\ y' \end{bmatrix}$$

08. 부등각사상변환은 변환 전의 x', y' 좌표축과 변환 후의 x, y 좌표축이 이루는 각이 다른 경우에도 사용할 수 있는 방법으로 다음 식과 같이 표현된다.

$$\begin{bmatrix} x \\ y \end{bmatrix} = \begin{bmatrix} x_T \\ y_T \end{bmatrix} + \begin{bmatrix} S_x \cos(\theta + \delta\theta) & -S_y \sin\theta \\ S_x \sin(\theta + \delta\theta) & S_y \cos\theta \end{bmatrix} \begin{bmatrix} x' \\ y' \end{bmatrix}$$

09. 방사거리는 주점으로부터 대상지점까지의 거리를 말하며, 이는 중심투영의 원리에 의해 발생하는 기복변위에 영향을 준다. 기복변위는 사진축척과 촬영고도, 대상물의 높이에도 영향을 받는다.

10. 시차차는 서로 다른 두 개의 시점에 따라 발생하는 물체의 외관상 위치의 변위 또는 위치의 차이를 뜻하는 것으로 시차는 동일점을 촬영한 두 장의 연속사진에서 위치의 변위를 나타낸다.

11. 지상해상도(GSD, 지상표본거리)는 촬영고도(H) × 물리적인 픽셀(pixel) 크기 / 초점거리(f_c)로 결정한다.

12. NIIRS는 미국의 IRAS(Imagery Resolution Assessments and Reporting Standards)위원회에서 탑재체의 개발과 영상처리 및 응용에 적용할 수 있는 기준을 마련한 것으로, 가시광선, 적외선, 멀티스펙트럴, 레이더에 대해 영상의 판독능력을 10단계로 구분하고 있다.

연습문제

1. 영상의 크기가 6,000×6,000(가로×세로)이고 한 픽셀의 크기가 12㎛인 영상에서 관측한 영상 좌표값이 (75, 3,750)이다. 이때 관측한 영상좌표를 사진좌표로 변환하시오.

2. 다음 그림과 같이 촬영고도 1,200m에서 150mm의 DMC 카메라를 이용하여 지상점 A, B를 촬영하였다. A, B를 촬영한 사진상의 점 a, b의 사진좌표는 각각 (30.31mm, 12.25mm), (-69.10mm, 72.99mm)이고 지상점 A, B의 높이가 각각 112m와 98m일 때 지상점 A, B 사이의 거리를 소수 셋째 자리까지 구하시오.

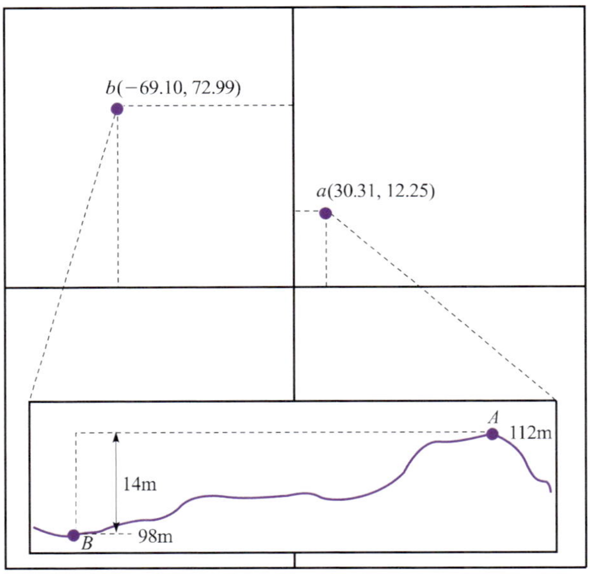

3. 아날로그 사진측량용 카메라에서 사진지표가 왜 필요한지 설명하시오.

4. 등각사상변환(conformal transformation)과 부등각사상변환(affine transformation)을 비교하여 설명하시오.

5. 2차원 $x'-y'$ 좌표계에서 2차원 $x-y$ 좌표계로 등각사상변환을 실시하였다. $x'-y'$ 좌표계에서의 점 $P'(20,16)$와 $x-y$ 좌표계에서의 점 P가 같은 점이라고 했을 때, P의 좌표값을 구하시오. (단, $\theta=90^{\circ}$, $x_T=4$, $y_T=8$, $S=4$이다)

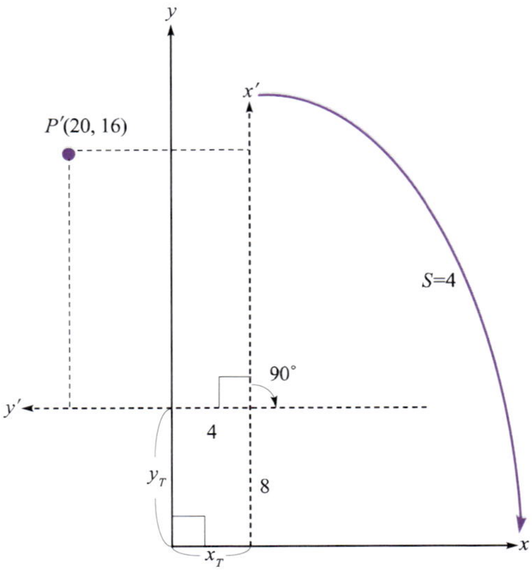

6. 2차원 $x'-y'$ 좌표계에서 2차원 $x-y$ 좌표계로 부등각사상변환을 실시하였다. $x'-y'$ 좌표계에서의 점 $P'(54,28)$와 $x-y$ 좌표계에서의 점 P가 같은 점이라고 했을 때, P의 좌표값을 소수 셋째 자리까지 구하시오. (단, $\theta=45^{\circ}$, $\delta\theta=1^{\circ}$, $x_T=12$, $y_T=6$, $S_x=3$, $S_y=3.2$이다.)

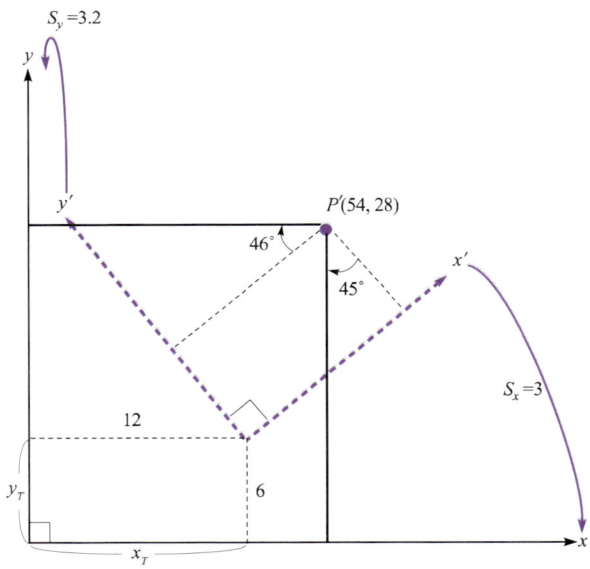

7. 다음 그림과 같이 사진 상의 기념탑의 하단과 상단의 방사거리가 각각 36.6mm, 40.2mm이고 촬영고도가 800m일 때 기념탑의 높이를 소수 셋째 자리까지 구하시오.

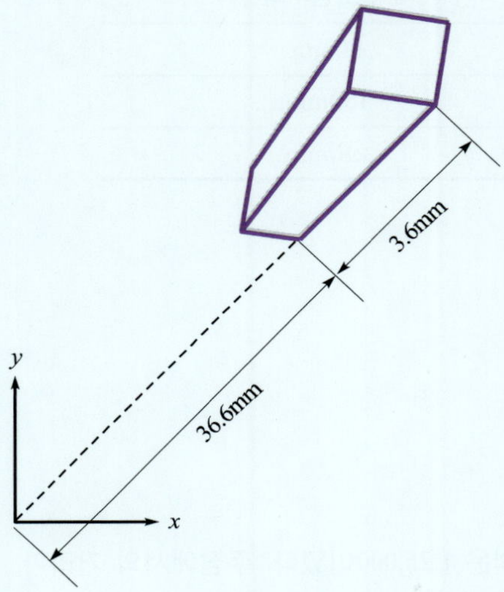

8. 3차원 회전행렬 $M = M_\kappa M_\varphi M_\omega$에서 M_ω회전에 대한 편미분을 구하시오.

9. 지상의 3차원 좌표계를 기준으로 X축, Y축, Z축을 각각 0°, 0°, 90°회전하여 사진좌표계와 일치시켰다고 가정할 때 3차원 회전행렬에 대한 기본식을 쓰고 이를 계산하시오.

10. 항공사진촬영을 표와 같이 실시했을 때, 사진축척이 큰 것부터 순서대로 나열하시오.

구분	촬영고도(H)	카메라 초점거리(f_c)
A	4,000m	80mm
B	3,000m	150mm
C	2,000m	210mm

11. 카메라의 초점거리는 150mm의 사진에서 사진축척은 1:25,000이였다. 주점에서의 거리가 37.4mm, 비고가 150m일 때 비고에 의한 기복변위를 계산하시오.

12. 촬영고도가 3,500m에서 카메라의 초점거리가 153mm, 사진크기가 15cm×15cm인 카메라로 촬영하였을 때, 한 장에 찍힌 면적을 계산하시오.

사진측량과 컴퓨터비전의 기술

PART II

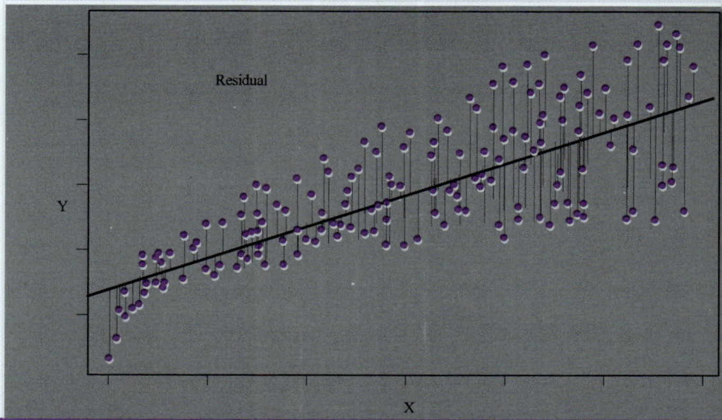

chapter

07 관측값처리의 기초

이 단원에서는 관측값 처리를 수행하기 위해 알아야 될 기초 이론을 설명한다. 수학적으로 임의로 어떤 모델의 수식을 결정하고 이에 대한 참값을 생성할 수 있지만, 사진측량 및 컴퓨터비전에서는 오차가 없는 참값을 알기가 매우 어렵기 때문에 최소제곱법을 통해 최확값을 얻기 위한 관측값 처리를 수행해야 한다. 최소제곱법은 미지수와 조건식 중 어느 것에 바탕을 두고 있느냐에 따라 모델이 달라질 수 있다. 본 단원에서는 관측값 처리에 대한 용어는 물론 관측방정식과 조건방정식, 혼합방정식에 대해 다루었다. 최소제곱법에 대한 개념적인 이해를 바탕으로 경중률을 고려할 경우와 오차전파식, 과대오차를 제거하는 방법에 대해서도 다루었다. 이를 통해 관측값 처리의 과정이 어떻게 수행되어 가는지 이해할 수 있을 것이다.

chapter

07 관측값처리의 기초

학습목표

1. 관측값처리를 위한 용어를 설명할 수 있다.
2. 최소제곱법의 목적과 그 과정을 설명할 수 있다.
3. 벡터의 편미분을 설명할 수 있다.
4. 오차 전파식에 대해서 설명할 수 있다.
5. 과대오차를 제거하는 방법에 대해서 설명할 수 있다.

01 정확도와 정밀도

정확도(accuracy)는 관측값과 참값의 편차를 나타내고, 정밀도(precision)는 관측값의 밀도를 나타내는 것이다. [그림 1(a)]는 정확도가 양호한 경우를 나타내며, [그림 1(b)]는 정확도가 낮은 경우를 나타낸다. [그림 1(c)]는 정밀도가 높으며 정확도도 높은 경우를 나타내며, [그림 1(d)]는 정밀도는 높으나, 정확도가 낮은 경우를 나타낸다. [그림 1(d)]에서 정확도는 참값에서 멀리 떨어져 있으나 관측값이 조밀하게 분포되어 정밀도는 높다고 할 수 있다. 즉, 관측값의 정밀도는 높으나 참값에서 멀리 떨어져 있기 때문에 일종의 편의(bias)가 있다는 것을 알 수 있다.

편의는 일련의 관측에 항상 일정량이 포함되어 있는 오차를 나타내며 같은 방향과 같은 크기로 오차가 발생한다. 이러한 편의는 일종의 정오차(systematic error) 또는 기계오차라고 한다.

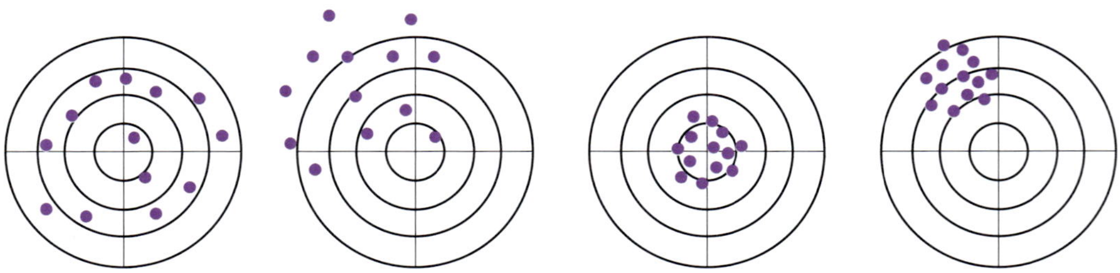

(a) (b) (c) (d)

그림 1 정확도와 정밀도

02 참값과 관측값

수학적으로는 임의로 어떤 모델의 수식을 결정하고 이에 대한 참값을 생성할 수 있지만, 현실세계에서는 오차가 없는 참값(true value : τ)을 알기가 매우 어렵기 때문에 거의 존재하지 않는 값으로 이해할 수 있다. 수학에서는 오차론이라는 용어를 사용하지만 참값을 구하기 힘든 측량에서는 이를 대신하여 관측값 처리론이라는 용어를 주로 사용한다. 사진좌표(또는 영상좌표), 지상기준점, 접합점 등의 다양한 관측값을 이용하며 이러한 관측값의 처리를 이해하기 위해 먼저 관련 용어에 대해서 살펴보자.

관측값(observed value : x)은 측정값과 유사한 의미로 사용되며 수학에서는 변량이라고 한다. 관측값은 측정을 통해서 알아낸 값으로 항상 오차를 포함하고 있다. τ를 어떤 양에 대한 참값이라 하고 x를 그에 대응되는 관측값이라고 할 때 오차는 관측값과 참값의 차이를 나타낸다.

현실세계에서 실질적으로 참값을 알기 어렵기 때문에 오차값이 얼마인지 정확히 알기 어렵다. 따라서, 참값을 대신할 수 있는 참값의 추정값을 사용하게 되는데 이는 확률적으로 가장 발생할 가능성이 높은 값을 의미하며 이를 최확값(most probable value : $\hat{x}$)이라고 한다. 최확값은 일반적으로 평균값(μ)과 거의 유사한 것을 알 수 있다. 편차(deviation)는 관측값과 평균값과의 차이를 나타낸다.

오차를 대신하여 관측값에 대한 품질을 평가하기 위해 사용하는 것이 잔차(residual : v)이다. 잔차는 최확값과 관측값과의 차이를 나타낸다. 관측값에서 최확값을 뺀 불일치(discrepancy)는 거의 오차와 같은 것을 알 수 있다. 편의(bias : β)는 최확값과 참값의 차이를 나타내며, 평균제곱오차(MSE : Mean Square Error)는 오차제곱의 기댓값으로 관측값이 참값에 얼마나 정확한지를 나타내는 척도이다. 분산(variance : σ^2) 은 편차제곱의 기댓값을 나타낸다.

① 오차(error) : $e = x - \tau$

② 잔차(residual) : $\nu = \hat{x} - x, (\nu \cong \mu - x)$

③ 불일치(discrepancy) : $-\nu \cong e$

④ 편차(deviation) : $x - \mu$

⑤ 편의(bias) : $\beta = \mu - \tau$

⑥ 분산(variance) : $\sigma^2 = E\{(x-\mu)^2\} = E(x^2) - \{E(x)^2\}$

⑦ 평균제곱오차(정확도의 척도) : MSE = $E\{(x-\tau)^2\} = \sigma^2 + \beta^2$

⑧ 평균제곱근오차(정밀도의 척도) : RMSE =

$$\sqrt{E\{(x-\tau)^2\}} = \sqrt{(\sigma^2+\beta^2)} \cong \sqrt{E\{(x-\hat{x})^2\}}$$

표 1 관측값 처리를 위한 기초 용어

참값 = 실세계에서 거의 존재하지 않는 값 오차 = 관측값 − 참값 잔차 = 최확값 − 관측값 ≅ 평균 − 관측값 불일치 = 관측값 − 최확값 ≅ 관측값 − 참값 편차 = 관측값 − 평균값	편의 = 평균값 − 참값 분산 = 편차제곱의 기댓값 평균제곱오차 = 오차제곱의 기댓값 평균제곱근오차 = 오차제곱의 기댓값에 대한 제곱근 정확도 = 정밀도² + 편의²

예제 1 분산과 $E(x^2)-\{E(x)^2\}$의 관계

분산이 $E(x^2)-\{E(x)^2\}$ 가 되는 것을 증명하시오.

※ 분산은 편차제곱의 기댓값을 나타낸다.

$Var(x)=\sigma_x^2=E\{(x-\mu_x)^2\}$

$$
\begin{aligned}
Var(x) &= E\{x^2-2x\mu_x+\mu_x^2\} \\
&= E(x^2)-E(2x\mu_x)+E(\mu_x^2) \\
&= E(x^2)-2E(x)\mu_x+\mu_x^2 \\
&= E(x^2)-2\mu_x\mu_x+\mu_x^2 \\
&= E(x^2)-\mu_x^2 \\
&= E(x^2)-\{E(x)\}^2 \\
\therefore\ \sigma_x^2 &= E(x^2)-\{E(x)\}^2
\end{aligned}
$$

평균제곱오차($\sigma^2+\beta^2$)에서 표준편차(σ)가 커지면 정밀도가 감소하고 편의(β)가 커지면 관측값에 대한 정확도가 감소하는 것을 알 수 있다. 표준편차가 작고 편의가 크다는 것은 정밀도는 높고 정확도는 낮다는 것을 의미한다. 이와 반대로 표준편차가 크고 편의가 작다는 것은 정밀도는 낮고 정확도는 높다는 것을 나타낸다. 따라서, 정밀도가 높다고 해서 반드시 정확도가 높다는 것을 나타내지는 않는다는 것에 유의해야 한다.

평균제곱오차에서 편의가 없을 때(β=0)는 분산(σ^2) 값이 평균제곱오차와 같아진다. 이때는 정밀도의 척도가 정확도의 척도와 같게 되는 것을 알 수 있다.

실무에서는 평균제곱오차(MSE)보다 평균제곱근오차(RMSE : Root Mean Square Error)를 많이 사용한다. 수학적으로 평균제곱근오차는 오차제곱의 기댓값에 대한 제곱근을 나타내는 것이나, 실질적으로 참값은 거의 알기가 어렵기 때문에 평균제곱근오차를 계산할 때 잔차의 제곱을 산술평균한 값의 제곱근으로 평균제곱근오차를 계산하는 경우가 있다. 이 경우에는 참값을 고려하지 않았기 때문에 평균제곱근오차는 정밀도에 대한 척도가 된다.

예제 2 평균제곱오차(MSE)와 $\sigma^2+\beta^2$ 의 관계

평균제곱오차(MSE)가 $\sigma^2+\beta^2$ 로 구성되어 있다는 것을 증명하시오.
※ 평균제곱오차는 오차제곱의 기댓값을 나타낸다.
$MSE=E\{(x-\tau)^2\}$

$$\begin{aligned} MSE &= E\{x^2-2x\tau+\tau^2\} \\ &= E(x^2)-E(2x\tau)+E(\tau^2) \\ &= E(x^2)-2E(x)\tau+\tau^2 \end{aligned}$$

여기서, $\{E(x)\}^2$항을 고려하여 정리하면 다음과 같다.

$$= E(x^2)\underline{-\{E(x)\}^2+\{E(x)\}^2}-2E(x)\tau+\tau^2$$

분산의 정의에 의해 $E(x^2)-\{E(x)\}^2$는 σ^2로 나타내고,
편의의 정의에 의해 $\beta=\mu-\tau$에서 $\beta^2=\{E(x)-\tau\}^2$이므로

$$\therefore MSE=\sigma^2+\beta^2 \text{가 된다.}$$

03 비선형 방정식

3.1 테일러 급수전개

테일러 급수(Taylor series)는 어떤 미지수의 함수 $f(x,y)$를 다항 함수로 나타내어 근사화하는 방법 중의 하나이며 식 (1)과 같다. 이 때 함수 $f(x,y)$는 일반적으로 비선형함수이며 보통 1차(또는 2차)의 다항함수로 근사화하여 선형함수로 나타낸다. 이러한 이유는 비선형의 복잡한 함수를 단순화하여 문제를 쉽게 풀기 위한 것으로 원래 식을 테일러 급수 전개를 하여 1차(또는 2차) 함수로 나타내어 근사화하여도 거의 원래 식에 가까운 결과를 나타내기 때문이다.

$$f(x,y)=f(x,y)_0+\left[\frac{\partial f(x,y)}{\partial x}\right]_0\Delta x+\left[\frac{\partial f(x,y)}{\partial y}\right]_0\Delta y+\cdots \tag{1}$$

여기서, $f(x,y)_0$는 $f(x,y)$함수에 대한 초기값을 의미하며, $\left[\frac{\partial f(x,y)}{\partial x}\right]_0$, $\left[\frac{\partial f(x,y)}{\partial y}\right]_0$는 각각 x와 y에 대한 1차 편미분에 초기값을 넣은 것을 나타낸다. 그리고 Δx, Δy는 x와 y에 대

한 변화량을 나타낸다.

비선형함수에 대해서 미지수를 계산하기 위해서는 다음과 같은 3가지 절차가 필요하다.

① 비선형함수는 미지수에 대해서 선형화가 필요하다.

② 미지수를 결정하기 위한 초기값이 필요하다.

③ 미지수의 변화량이 거의 없어 수렴할 때까지 반복적인 과정이 필요하다.

좀 더 이해를 돕기 위해서 식 (2)와 같이 미지수 (x, y)를 포함하고 있는 2개의 비선형방정식 $F(x, y)$와 $G(x, y)$가 있다고 하자. 비선형방정식의 경우는 테일러 급수전개를 통해서 선형화하여 쉽게 해를 구할 수 있다.

$$F(x, y): x + y - 2y^2 = -4 \tag{2}$$
$$G(x, y): x^2 + y^2 = 8$$

$F(x, y)$와 $G(x, y)$ 함수에 대해서 각각 (x, y)에 대해서 편미분을 수행하면 식 (3)과 같다.

$$F(x, y): x + y - 2y^2 + 4 = 0 \tag{3}$$
$$G(x, y): x^2 + y^2 - 8 = 0$$
$$\frac{\partial F}{\partial x} = 1, \quad \frac{\partial F}{\partial y} = 1 - 4y$$
$$\frac{\partial G}{\partial x} = 2x, \quad \frac{\partial G}{\partial y} = 2y$$

비선형방정식의 해를 결정하기 위해서는 초기값이 필요하고 반복적인 과정을 통해서 미지수의 변화량에 변화가 거의 없을 때 최종해로 결정한다.

① 최초 초기값

$F(x, y)$와 $G(x, y)$ 함수에 대한 최초 초기값을 $x_0 = 1, y_0 = 1$이라고 하자.

② 첫 번째 반복과정을 통해서 구한 미지수에 대한 변화량

테일러 급수 전개에 의해서 2개의 비선형방정식 $F(x, y)$와 $G(x, y)$가 식 (4)와 같이 초기항

과 1차항으로 구성되어 있다고 가정하고 해를 구한다.

$$
\begin{aligned}
&F(x,y) = x_0 + y_0 - 2y_0^2 + 4 + 1\Delta x + (1-4y_0)\Delta y = 0 \\
&F: 1+1-2(1)^2+4+\Delta x + [1-4(1)]\Delta y = 0 \\
&G(x,y) = x_0^2 + y_0^2 - 8 + 2x_0\Delta x + 2y_0\Delta y = 0 \\
&G: 1^2+1^2-8+2\Delta x + 2\Delta y = 0
\end{aligned} \tag{4}
$$

$\Delta x, \Delta y$에 대해 2개의 선형식이 있으므로 두 식을 연립하여 해를 구하면 $\Delta x = 1.25$, $\Delta y = 1.75$가 된다.

③ 첫 번째 반복과정을 통한 새로운 초기값의 설정

두 미지수에 대한 최초 초기값과 첫 번째 과정에서 구한 미지수에 대한 변화량을 이용하여 두 번째 반복을 수행하기 위해 식 (5)와 같이 새로운 초기값을 계산할 수 있다.

$$
\begin{aligned}
&x_0 = x_0 + \Delta x, y_0 = y_0 + \Delta y \\
&x_0 = 2.25(=1+1.25), y_0 = 2.75(=1+1.75)
\end{aligned} \tag{5}
$$

④ 두 번째 반복과 미지수에 대한 변화량

새로운 초기값($x_0 = 2.25, y_0 = 2.75$)을 이용하여 두 번째 반복을 수행하면 식 (6)과 같다.

$$
\begin{aligned}
&F: 2.25+2.75-2(2.75)^2+4+\Delta x + [1-4(2.75)]\Delta y = 0 \\
&G: (2.25)^2+(2.75)^2-8+2(2.25)\Delta x + 2(2.75)\Delta y = 0
\end{aligned} \tag{6}
$$

$$\Delta x = -0.25, \Delta y = -0.64$$

⑤ 두 번째 반복과정을 통한 새로운 초기값의 설정

첫 번째 반복과정을 통해서 계산한 초기값과 두 번째 과정에서 구한 미지수에 대한 변화량을 이용하여 세 번째 반복을 수행하기 위해 식 (7)과 같이 새로운 초기값을 계산할 수 있다.

$$
\begin{aligned}
x_0 &= 2.0(=2.25-0.25) \\
y_0 &= 2.11(=2.75-0.64)
\end{aligned} \tag{7}
$$

⑥ 세 번째 반복과 미지수에 대한 변화량

새로운 초기값($x_0 = 2.0, y_0 = 2.11$)을 이용하여 세 번째 반복을 수행하면 식 (8)과 같다.

$$\begin{aligned} &F: 2.0 + 2.11 - 2(2.11)^2 + 4 + \Delta x + [1 - 4(2.11)]\Delta y = 0 \\ &G: (2.0)^2 + (2.11)^2 - 8 + 2(2.0)\Delta x + 2(2.11)\Delta y = 0 \\ &\Delta x = 0, \Delta y = -0.11 \end{aligned} \tag{8}$$

세 번째 반복과정을 통해서 미지수 x에 대한 변화량 Δx는 0이 되었다. 그러나 아직 미지수 y에 대한 변화량 Δy는 아직 값이 0이 아니기 때문에 몇 번의 반복과정을 더 거쳐야 될 수도 있다. 세 번째 반복과정을 통해서 구한 미지수의 변화량을 이용하여 새로운 초기값을 계산하면 식 (9)와 같다.

$$\begin{aligned} x_0 &= 2.0 (= 2.0 + 0) \\ y_0 &= 2.0 (= 2.11 - 0.11) \end{aligned} \tag{9}$$

세 번째 반복과정을 통해서 계산한 새로운 초기값 ($x_0 = 2.0, y_0 = 2.0$)을 원래 식 $F(x, y)$와 $G(x, y)$에 넣으면 두 식을 모두 만족하기 때문에 네 번째 반복을 수행하면 Δx, Δy가 모두 0이 되어 최종해가 된다.

⑦ 최종해

네 번째 반복과정을 수행하면 미지수에 대한 변화량이 0이기 때문에 식 (10)과 같이 최종해를 구할 수 있다.

$$\begin{aligned} x &= 2.0 (= 2.0 + 0) \\ y &= 2.0 (= 2.0 - 0) \end{aligned} \tag{10}$$

3.2 수치 미분을 통한 선형화

비선형방정식의 해를 구하기 위해서 일반적으로 테일러급수 전개를 통해서 초기값과 미지수에 대한 1차미분을 이용해서 선형화하고 반복적인 계산과정을 통해서 미지수를 결정한다. 비선형방정식에서 미지수가 여러 개일 때에는 각각의 미지수에 대한 미분을 해석적(analytical derivative)으로 구할 수 있는데 수치 미분(numerical differentiation)을 수행하면 어떻게 될까? 예를 들어, 식 (11)과 같은 비선형식이 있다고 할 때 해석적 미분과 수치 미분의 차이가 어떻게 되는지 살펴보자

$$F(x) = 2x^2 \tag{11}$$

식 (11)의 비선형식에 대한 해석적 미분은 식 (12)와 같고 수치 미분은 정의에 따라 식 (13)과 같다.

$$\frac{\partial F}{\partial x} = 4x \tag{12}$$

$$\frac{\Delta F}{\Delta x} \cong \frac{F(x^0 + \Delta x) - F(x^0)}{\Delta x} \tag{13}$$

해석적 미분과 수치 미분의 차이값을 살펴보기 위해 초기값 $x^0 = 2$라고 하고, Δx는 변화량이 작을수록 수치 미분의 추정값이 더 정확하기 때문에 $\Delta x = 0.001$ 이라고 가정하고 식 (12)와 식 (13)에 대입해서 값을 구하면 식 (14), 식 (15)와 같다.

$$\frac{\partial F}{\partial x} = 4 \times (2) = 8 \tag{14}$$

$$\frac{\partial F}{\Delta x} \cong \frac{2(2+0.001)^2 - 2(2)^2}{0.001} = 8.002 \tag{15}$$

식 (14)와 식 (15)를 통해서 수치 미분과 해석적 미분의 결과값의 차이가 0.002정도로 두 값은 거의 유사하다는 것을 알 수 있다.

예제 3 수치 미분을 통한 선형화

비선형 방정식이 $F(x) = 3x^2$였을 때, $x^0 = 5$, $\Delta x = 0.001$으로 가정하고 해석적 미분과 수치 미분의 결과를 계산하고 그 차이를 구하시오.

① 해석적 미분은 $\frac{\partial F}{\partial x} = 6x$이고 초기값 $x^0 = 5$을 대입하면 $\frac{\partial F}{\partial x} = 6 \times (5) = 30$ 이 된다.

② 수치 미분은 $\frac{\partial F}{\Delta x} \cong \frac{F(x^0 + \Delta x) - F(x^0)}{\Delta x}$ 이고 초기값 $x^0 = 5$과 변화량 $\Delta x = 0.001$를 대입하면 $\frac{\partial F}{\Delta x} \cong \frac{3(5+0.001)^2 - 3(5)^2}{0.001} = 30.003$ 이 된다.

③ 해석적 미분과 수치 미분의 차이는 −0.003으로 크지 않다는 것을 알 수 있다.

04 최소제곱법

4.1 최소제곱법의 개요

일반적으로 관측값은 참값과 정확하게 일치하지 않는다. 참값을 추정하기 위해서 관측값을 이용하며 관측값이 미지수 보다 많을 경우 잔차 제곱의 합을 최소로 하는 최소제곱법을 이용한다. 잔차 제곱의 합이 최소가 된다는 것은 식 (16)과 같이 잔차가 거의 0에 가깝게 된다는 것을 의미한다.

$$\phi = {v_1}^2 + {v_2}^2 + {v_3}^2 + \cdots + {v_n}^2 = \text{최소} \tag{16}$$

관측값을 이용하여 최소제곱법을 수행하면 미지수에 대한 추정값이 실제의 참값에 가까워진다. 최소제곱법을 통해서 추정된 값은 최확값(most probable value)이 되며 편의(bias)가 없을 경우 참값(true value)으로 가정하여 활용한다.
최확값, 관측값, 그리고 잔차와의 관계를 설명하면 식 (17)과 같다.

$$\text{최확값}(\hat{l}) = \text{관측값}(l) + \text{잔차}(v) \tag{17}$$

모든 관측값에는 잔차가 있고 이러한 잔차를 고려하면 최확값을 얻을 수 있다.

최소제곱법의 설명을 위해서 관련된 기호에 대해서 살펴보면 다음과 같다.

- n : 총 관측수는 관측값의 개수를 나타낸다.
- n_0 : 모델의 미지수를 결정하기 위해 필요한 최소 관측값의 개수
- r : 잉여도(또는 자유도)
- u : 미지수의 개수
- c : 조건식의 개수

조건식의 개수와 미지수의 개수, 그리고 잉여도는 식 (18)과 같은 관계가 있다.

$$c = r + u \tag{18}$$

총 관측수에서 모델을 결정하기 위해 필요한 최소 관측값의 개수를 빼면 식 (19)와 같이 잉여도가 된다.

$$r = n - n_0 \tag{19}$$

관측값, 미지수의 개수, 잉여도 등의 관계를 설명하기 위해 식 (20)과 같이 부등각사상변환식(affine transformation)이 있다고 가정하자.

$$x' = a_0 + a_1 x + a_2 y \tag{20}$$

$$y' = b_0 + b_1 x + b_2 y$$

부등각사상변환의 미지수 $a_0, a_1, a_2, b_0, b_1, b_2$를 결정하기 위해 식 (21)과 같이 20개의 관측값이 있으며, 영상좌표와 사진좌표간의 변환을 위한 모델의 미지수를 결정하기 위해 필요한 최소 관측값의 수를 3이라고 하자. 영상 또는 사진에서 한 점당 관측값이 2개이므로 3점이면 6개의 미지수를 결정할 수 있기 때문이다.

$$n = 20 \tag{21}$$

$$n_0 = 3$$

그러면 미지수의 개수는 식 (22)와 같이 u는 6개가 된다. 여기서 미지수는 $a_0, a_1, a_2, b_0, b_1, b_2$이다.

$$u = 6 \tag{22}$$

잉여도와 조건식의 개수는 공식에 의해 식 (23)과 같이 계산할 수 있다.

$$\begin{aligned} r &= n - n_0 = 20 - 3 = 17 \\ c &= r + u = 17 + 6 = 23 \end{aligned} \tag{23}$$

최소제곱법은 관측방정식 (indirect observation method), 조건방정식 (observation only method), 혼합방정식 (mixed model)을 이용할 수 있다. 관측방정식은 관측값을 이용하여 미지수를 중심으로 해를 구하는 방법이고, 조건방정식은 관측값과 조건식을 이용하여 해를 구하는 방법이다. 또한 혼합방정식은 미지수를 구하고자 하는데 관측값 뿐만 아니라 조건식을 같이 적용해야 될 때 사용하는 방법이다.

- 관측방정식 : 미지수 중심
- 조건방정식 : 조건식 이용
- 혼합방정식 : 관측값과 조건식 이용

최소제곱법의 이해를 돕기 위하여 선형식으로 구성되어 있는 직선식 $y = mx + b$가 있고, [표 2]와 같이 관측값이 주어졌을 때 미지수는 m(기울기)과 b(y−절편)를 구하고자 한다.

표 2 직선의 방정식을 결정하기 위해서 관측한 값

ID	x (상수)	y (관측값)
1	1.0	1.0
2	2.0	2.2
3	3.0	3.0

직선의 방정식을 식 (24)와 같이 $y = mx + b$라고 가정하고 미지수는 m(기울기)과 b(y−절편)로 한다.

$$y = mx + b \tag{24}$$

[표 2]에서 x값은 상수, y값은 관측값이기 때문에 식 (25)와 같이 y에만 잔차 v가 적용된다. 만약, y와 마찬가지로 x도 관측값이라면 식 (26)과 같이 x에도 잔차가 적용된다.

$$y_i + v_i = mx_i + b \tag{25}$$

$$y_i + v_i = m(x_i + v_i) + b \tag{26}$$

예제 4 잉여도(r), 조건식(c)을 계산하시오.

직선의 방정식 ($y = mx + b$)이 있다고 가정하며, 미지수 2개를 결정하기 위한 관측값의 수는 12개이다.

① 총 관측수 $n = 12$
② 직선식의 미지수(m, b)를 결정하기 위해 필요한 최소 관측값의 개수 $n_0 = 2$
③ 직선식의 미지수 $u = 2$가 된다.
④ 따라서, 잉여도(또는 자유도) $r = n - n_0 = 12 - 2 = 10$이고,
⑤ 조건식의 개수 $c = r + u = 10 + 2 = 12$이다.

4.2 관측방정식을 이용한 해법

직선의 방정식에서 미지수를 결정하기 위해서 최소제곱법 중에서 관측방정식(indirect observation method)을 이용하면, 식 (27)과 같다.

$$\underset{(n\times 1)}{v} + \underset{(n\times u)}{B}\,\underset{(u\times 1)}{\Delta} = \underset{(n\times 1)}{f} \tag{27}$$

여기서, v는 잔차벡터, $B\left(= \dfrac{\partial F}{\partial x}\right)$는 매개변수행렬, Δ는 매개변수벡터, f는 조건계수벡터를 나타낸다. [표 2]에서 관측값의 개수(n)는 식 (28)과 같이 관측값이 3개이다. 최소 관측값의 개수(n_0)는 직선의 방정식을 결정하는 것이므로 2개이다. 잉여도(r)는 관측값의 개수와 최소 관측값의 개수의 차이이기 때문에 1개이다. 미지수(u)는 m, b로 2개가 된다.

$$\begin{aligned} n &= 3 \\ n_0 &= 2 \\ r &= n - n_0 = 3 - 2 = 1 \\ u &= 2 \end{aligned} \tag{28}$$

직선의 방정식에서 x값은 상수이고 y값만 관측값으로 가정한 경우, 식 (25)에서 잔차를 기준으로 나머지를 이항시키면 식 (29)와 같다.

$$v_i = mx_i + b - y_i \tag{29}$$

잔차(v)는 관측값과 최확값의 차이이므로 잔차의 개수는 관측값의 개수만큼 존재한다. 관측값의 개수인 n이 3이므로 i는 1~3으로 이루어지고 잔차는 식 (30)과 같이 v_1, v_2, v_3가 된다. 잔차에 대한 방정식에 [표 2]의 x와 y에 해당하는 상수와 관측값을 대입하면 식 (31)과 같다.

$$\begin{aligned} v_1 &= m \times x_1 + b - y_1 \\ v_2 &= m \times x_2 + b - y_2 \\ v_3 &= m \times x_3 + b - y_3 \end{aligned} \tag{30}$$

$$\begin{aligned} v_1 &= m \times 1 + b - 1.0 \\ v_2 &= m \times 2 + b - 2.2 \\ v_3 &= m \times 3 + b - 3.0 \end{aligned} \tag{31}$$

식 (30)과 식 (31)을 이용하여 잔차 제곱의 합이 최소가 되는 목적함수를 표현하면 식 (32)와 같다.

$$\begin{aligned} &\phi = v_1^2 + v_2^2 + v_3^2 = \min \\ &\phi = (x_1 m + b - y_1)^2 + (x_2 m + b - y_2)^2 + (x_3 m + b - y_3)^2 = \min \\ &\phi = (m + b - 1)^2 + (2m + b - 2.2)^2 + (3m + b - 3)^2 = \min \end{aligned} \tag{32}$$

식 (32)에서 미지수(m, b)에 대해 식 (33), 식 (34)와 같이 편미분을 수행하고 최소가 되는 min을 0으로 둔다.

$$\begin{aligned} \frac{\partial \phi}{\partial m} &= 2(x_1 m + b - y_1)x_1 + 2(x_2 m + b - y_2)x_2 + 2(x_3 m + b - y_3)x_3 = 0 \\ \frac{\partial \phi}{\partial m} &= 2(1m + b - 1)1 + 2(2m + b - 2.2)2 + 2(3m + b - 3)3 = 0 \\ &= 28m + 12b - 28.8 = 0 \\ &= 28m + 12b = 28.8 \end{aligned} \tag{33}$$

$$\frac{\partial \phi}{\partial b} = 2(x_1 m + b - y_1) + 2(x_2 m + b - y_2) + 2(x_3 m + b - y_3) = 0 \tag{34}$$

$$\frac{\partial \phi}{\partial b} = 2(1m + b - 1) + 2(2m + b - 2.2) + 2(3m + b - 3) = 0$$

$$= 12m + 6b - 12.4 = 0$$

$$= 12m + 6b = 12.4$$

식 (33)과 식 (34)에서 미지수 m, b를 구하기 위해서 행렬을 구성하면 식 (35)와 같다.

$$\begin{bmatrix} 28 & 12 \\ 12 & 6 \end{bmatrix} \begin{bmatrix} m \\ b \end{bmatrix} = \begin{bmatrix} 28.8 \\ 12.4 \end{bmatrix} \tag{35}$$

식 (35)에서 행렬을 풀어서 미지수 m과 b에 대한 값을 구하면 식 (36)과 같다.

$$\begin{bmatrix} m \\ b \end{bmatrix} = \begin{bmatrix} 1 \\ 0.0667 \end{bmatrix} \tag{36}$$

식 (36)에서 구한 m과 b를 식 (31)에 다시 대입하면 잔차 v_1, v_2, v_3에 대한 잔차 값을 식 (37)과 같이 알아낼 수 있다.

$$v_1 = 0.0667 \tag{37}$$

$$v_2 = -0.133$$

$$v_3 = 0.0667$$

4.3 조건방정식을 이용한 해법

최소제곱법 중에서 관측방정식은 미지수를 중심으로 한 것이라고 하면 조건방정식(observation only method)은 조건식을 이용하는 것이다. 조건방정식을 수식으로 표현하면 식 (38)과 같다.

$$\underset{(c\times n)}{A}\ \underset{(n\times 1)}{v} = \underset{(c\times 1)}{f} \tag{38}$$

여기서, A는 잔차계수행렬, v는 잔차벡터, $f(= d - Al)$는 조건계수벡터를 나타낸다.

관측값의 개수는 앞서 설명했듯이 식 (39)와 같이 관측방정식과 마찬가지로 관측값은 3개, 최소 관측값의 개수는 2개, 잉여도는 1개이다.

$$n = 3 \qquad (39)$$

$$n_0 = 2$$

$$r = n - n_0 = 1$$

조건방정식은 관측방정식과 다르게 조건식의 개수가 필요하다. 조건식의 개수는 식 (40)과 같다. 단, 여기서 미지수는 존재하지 않으므로 u는 0이 된다.

$$c = r + u = 1 \qquad (40)$$

관측값의 개수를 이용하여 3점을 지나는 직선의 방정식을 만들면 식 (41)과 같다.

$$\frac{y_3 - y_1}{x_3 - x_1} = \frac{y_2 - y_1}{x_2 - x_1} \qquad (41)$$

식 (41)에서 관측값에는 잔차가 존재하므로 식 (42)와 같이 나타낼 수 있다.

$$\frac{(y_3 + v_3) - (y_1 + v_1)}{x_3 - x_1} = \frac{(y_2 + v_2) - (y_1 + v_1)}{x_2 - x_1} \qquad (42)$$

식 (42)에서 [표 2]에 해당하는 상수와 관측값을 대입하여 풀이하면 식 (43)과 같은 잔차식에 대한 조건식이 생긴다.

$$v_1 - 2v_2 + v_3 - 0.4 = 0 \qquad (43)$$

최소제곱법에서 조건방정식을 이용하기 위해서는 잔차제곱의 합을 최소로 할 수식과 조건식을 추가하기 위해서 라그랑주 승수를 사용해야 한다. 식 (44)와 같이 조건식의 개수에 따라 라그랑지 승수(k)의 개수가 추가되어야 한다.

$$조건식\ 1개 : k_1 \tag{44}$$

$$조건식\ 2개 : k_1, k_2$$

$$조건식\ n개 : k_1, k_2, \cdots, k_n$$

조건방정식에서는 조건식을 만족하는 잔차 제곱의 합이 최소화되어야 하므로 식 (43)의 조건식을 목적함수에 추가하고 라그랑주 승수(k)를 도입하면 식 (45)와 같다. 식 (45)에서 조건식 앞에 라그랑주 승수를 $-2k$로 설정한 이유는 잔차를 편미분 했을 때 계산을 편리하게 하기 위해서이다.

$$\phi' = v_1^2 + v_2^2 + v_3^2 - 2k(v_1 - 2v_2 + v_3 - 0.4) = \min \tag{45}$$

식 (45)을 잔차와 라그랑주 승수에 대하여 편미분하면 식 (46)과 같다.

$$\frac{\partial \phi'}{\partial v_1} = 2v_1 - 2k = 0 \tag{46}$$

$$\rightarrow v_1 - k = 0$$

$$\frac{\partial \phi'}{\partial v_2} = 2v_2 + 4k = 0$$

$$\rightarrow v_2 + 2k = 0$$

$$\frac{\partial \phi'}{\partial v_3} = 2v_3 - 2k = 0$$

$$\rightarrow v_3 - k = 0$$

$$\frac{\partial \phi'}{\partial k} = -2(v_1 - 2v_2 + v_3 - 0.4) = 0$$

$$\rightarrow -v_1 + 2v_2 - v_3 = -0.4$$

식 (46)에서 잔차와 라그랑주 승수를 구하기 위해서 행렬로 표현하면 식 (47)과 같다.

$$\begin{bmatrix} 1 & 0 & 0 & -1 \\ 0 & 1 & 0 & 2 \\ 0 & 0 & 1 & -1 \\ -1 & 2 & -1 & 0 \end{bmatrix} \begin{bmatrix} v_1 \\ v_2 \\ v_3 \\ k \end{bmatrix} = \begin{bmatrix} 0 \\ 0 \\ 0 \\ -0.4 \end{bmatrix} \tag{47}$$

식 (48)은 잔차와 라그랑주 승수에 대한 값을 계산한 결과이다.

$$\begin{bmatrix} v_1 \\ v_2 \\ v_3 \\ k \end{bmatrix} = \begin{bmatrix} 0.0667 \\ -1.1333 \\ 0.0667 \\ 0.0667 \end{bmatrix} \tag{48}$$

최확값은 관측값에 잔차를 더하면 되기 때문에 $\widehat{y_1}, \widehat{y_2}, \widehat{y_3}$은 식 (49)와 같다.

$$\begin{aligned} \widehat{y_1} &= y_1 + v_1 = 1.0 + 0.0667 = 1.0667 \\ \widehat{y_2} &= y_2 + v_2 = 2.2 - 1.1333 = 1.0667 \\ \widehat{y_1} &= y_1 + v_1 = 3.0 + 0.0667 = 3.0667 \end{aligned} \tag{49}$$

식 (49)의 직선식에 관측값과 잔차를 더하면 식 (50)과 같다.

$$\begin{aligned} & y_i + v_i = mx_i + b \\ & 1.0667 = m + b \\ & 1.0667 = 2m + b \\ & 3.0667 = 3m + b \end{aligned} \tag{50}$$

식 (50)에서 미지수인 m, b를 중심으로 행렬을 구성하면 식 (51)과 같다.

$$\begin{bmatrix} 1 & 1 \\ 2 & 1 \\ 3 & 1 \end{bmatrix} \begin{bmatrix} m \\ b \end{bmatrix} = \begin{bmatrix} 1.0667 \\ 1.0667 \\ 3.0667 \end{bmatrix} \tag{51}$$

식 (51)의 행렬을 풀이하면 미지수 m과 b에 대한 값을 식 (52)와 같이 알아낼 수 있다.

$$\begin{bmatrix} m \\ b \end{bmatrix} = \begin{bmatrix} 1 \\ 0.0667 \end{bmatrix} \tag{52}$$

조건방정식을 이용한 결과도 관측방정식을 이용한 결과와 같다는 것을 알 수 있다.

4.4 혼합방정식을 이용한 해법

혼합방정식은 최소제곱법에서 관측방정식과 조건방정식을 혼합하여 풀이하는 방법이며, 식 (53)과 같다.

$$\underset{(c\times n)}{A}\ \underset{(n\times 1)}{v} + \underset{(c\times u)}{B}\ \underset{(u\times 1)}{\Delta} = \underset{(c\times 1)}{f} \tag{53}$$

여기서, $A\left(=\dfrac{\partial F}{\partial l}\right)$는 잔차계수행렬, v는 잔차벡터, $B\left(=\dfrac{\partial F}{\partial x}\right)$는 매개변수행렬, Δ는 매개변수벡터, f는 조건계수벡터를 나타낸다.

[표 2]에서 관측값의 개수, 최소 관측값의 개수, 잉여도는 식 (54)와 같으며 이 값은 식 (28)과도 같은 것을 알 수 있다.

$$\begin{aligned} n &= 3 \\ n_0 &= 2 \\ r &= n - n_0 = 3 - 2 = 1 \end{aligned} \tag{54}$$

여기서, 관측방정식으로 풀이할 경우 미지수의 개수는 m, b로 2개이지만, 혼합방정식으로 풀이할 경우 식 (55)와 같이 미지수 1개로 풀이한다. 조건식은 잉여도의 개수와 미지수 개수를 합한 2개이다.

$$\begin{aligned} u &= 1 \\ c &= r + u = 2 \end{aligned} \tag{55}$$

먼저, 직선의 방정식을 식 (56)과 같이 관측값의 개수만큼 만든다.

$$
\begin{aligned}
y_1 &= mx_1 + b \\
y_2 &= mx_2 + b \\
y_3 &= mx_3 + b
\end{aligned}
\tag{56}
$$

조건식을 2개로 만들기 위해 직선의 방정식 1개를 선택하여 조건식으로 만들어야 한다. 조건식으로 만드는 직선의 방정식은 미지수 1개를 이용하여 만드는데, 이 때 미지수 1개는 m과 b 모두 상관없지만 여기서는 식 (57)과 같이 m으로 설정하기 위해서 방정식의 우측에 미지수가 위치하도록 직선의 방정식을 나타낸다.

$$
b = y_1 - mx_1 \tag{57}
$$

식 (57)를 이용하여 식 (56)의 나머지 두 선형방정식에 대입하면 식 (58)과 같다.

$$
\begin{aligned}
y_2 &= mx_2 + y_1 - mx_1 \\
y_3 &= mx_3 + y_1 - mx_1
\end{aligned}
\tag{58}
$$

식 (58)에서 관측값인 y에 잔차를 적용하면 식 (59)와 같다.

$$
\begin{aligned}
y_2 + v_2 &= mx_2 + y_1 + v_1 - mx_1 \\
y_3 + v_3 &= mx_3 + y_1 + v_1 - mx_1
\end{aligned}
\tag{59}
$$

식 (59)에 x(상수)와 y(관측값)를 대입하면 식 (60)과 같이 2개의 조건식이 생긴다.

$$
\begin{aligned}
-v_1 + v_2 - m + 1.2 &= 0 \\
-v_1 + v_3 - 2m + 2.0 &= 0
\end{aligned}
\tag{60}
$$

식 (61)은 잔차제곱의 합과 2개의 조건식을 최소로하는 목적함수 ϕ'를 나타낸다.

$$\phi' = v_1^2 + v_2^2 + v_3^2 - 2k_1(-v_1 + v_2 - m + 1.2) - 2k_2(-v_1 + v_3 - 2m + 2.0) = \min \tag{61}$$

식 (61)을 잔차와 라그랑주 승수, 미지수에 대하여 편미분하면 식 (62)와 같다.

$$\begin{aligned}
\frac{\partial\phi'}{\partial v_1} &= 2v_1 + 2k_1 + 2k_2 = 0 \\
\frac{\partial\phi'}{\partial v_2} &= 2v_2 - 2k_1 = 0 \\
\frac{\partial\phi'}{\partial v_3} &= 2v_3 - 2k_2 = 0 \\
\frac{\partial\phi'}{\partial m} &= 2k_1 + 4k_2 = 0 \\
\frac{\partial\phi'}{\partial k_1} &= -2(-v_1 + v_2 - m + 1.2) = 0 \\
\frac{\partial\phi'}{\partial k_2} &= -2(-v_1 + v_3 - 2m + 2.0) = 0
\end{aligned} \tag{62}$$

식 (62)를 이용하여 행렬로 구성하면 식 (63)과 같다.

$$\begin{bmatrix} 2 & 0 & 0 & 0 & 2 & 2 \\ 0 & 2 & 0 & 0 & -2 & 0 \\ 0 & 0 & 2 & 0 & 0 & -2 \\ 0 & 0 & 0 & 0 & 2 & 4 \\ 2 & -2 & 0 & 2 & 0 & 0 \\ 2 & 0 & -2 & 4 & 0 & 0 \end{bmatrix} \begin{bmatrix} v_1 \\ v_2 \\ v_3 \\ m \\ k_1 \\ k_2 \end{bmatrix} = \begin{bmatrix} 0 \\ 0 \\ 0 \\ 0 \\ 2.4 \\ 4 \end{bmatrix} \tag{63}$$

식 (63)의 행렬을 풀이하면 식 (64)와 같이 잔차와 라그랑주 승수, 미지수에 대한 값을 알아낼 수 있다.

$$\begin{bmatrix} v_1 \\ v_2 \\ v_3 \\ m \\ k_1 \\ k_2 \end{bmatrix} = \begin{bmatrix} 0.0667 \\ -0.1333 \\ 0.0667 \\ 1.0000 \\ -0.1333 \\ 0.0667 \end{bmatrix} \tag{64}$$

최확값은 관측값에 잔차를 더하면 되기 때문에 $\widehat{y_1}, \widehat{y_2}, \widehat{y_3}$은 식 (65)와 같다.

$$\begin{aligned} \widehat{y_1} &= y_1 + v_1 = 1.0 + 0.0667 = 1.0667 \\ \widehat{y_2} &= y_2 + v_2 = 2.2 - 0.1333 = 2.0667 \\ \widehat{y_3} &= y_3 + v_3 = 3.0 + 0.0667 = 3.0667 \end{aligned} \tag{65}$$

미지수 m은 1이므로 b를 구하기 위해서 직선식 $(y_i + v_i = mx_i + b)$에 최확값(예를 들어, $\widehat{y_1} = 1.0667$과 $x = 1$)을 넣어서 계산하면 $b = 0.0667$가 된다.
혼합방정식을 이용하여 구한 미지수 m과 b도 관측방정식을 이용한 결과값과 같다는 것을 알 수 있다.

05 벡터에 대한 편미분

5.1 선형함수로 이루어진 벡터함수의 편미분

사진측량과 컴퓨터비전에서 다루는 사진좌표와 지상좌표는 공선조건식으로 연결되어 있다. 공선조건식은 비선형방정식으로 이를 선형화하기 위해서는 편미분이 필요하다. 이러한 편미분을 할 때 각각의 미지수에 대해 편미분을 수행하는 것보다 일종의 벡터에 대한 편미분이 유용할 때가 있다. 예를 들면, 사진좌표는 카메라의 위치, 카메라의 자세, 지상좌표 등과 관련이 있는데 이들 요소를 일종의 벡터로 표현할 수 있다.
선형함수로 이루어진 벡터에 대한 편미분 과정을 설명하기 위해 식 (66)과 같이 $\boldsymbol{x}$가 $[x_1, x_2]^T$로 구성되어 있다고 가정한다. 또한 함수 F는 식 (67)과 같이 $a_1x_1 + a_2x_2$와 같이 선형함수로 구성되어 있다고 가정한다.

$$\boldsymbol{x} = \begin{bmatrix} x_1 \\ x_2 \end{bmatrix} \tag{66}$$

$$F = a_1 x_1 + a_2 x_2 = A\boldsymbol{x} \tag{67}$$

F에 대한 $\boldsymbol{x}$의 편미분을 수행하면 식 (68)과 같이 각각 $\frac{dF}{dx_1}$, $\frac{dF}{dx_2}$의 요소에 대해서 편미분하는 것과 같다.

$$\frac{dF}{d\boldsymbol{x}} = \left(\frac{dF}{dx_1}\ \frac{dF}{dx_2}\right) \tag{68}$$

식 (68)을 행렬로 표현하면 식 (69)와 같다.

$$\frac{d}{d\boldsymbol{x}}\left[a_1\ a_2\right]\begin{bmatrix} x_1 \\ x_2 \end{bmatrix} = \left[a_1\ a_2\right] \tag{69}$$

식 (69)에서 $\left[a_1 \quad a_2\right]$를 A로 두면 식 (70)과 같이 나타낼 수 있다.

$$\frac{dF}{d\boldsymbol{x}} = A \tag{70}$$

Ax 형태로 되어 있는 선형식에서 벡터 $\boldsymbol{x}$에 대한 편미분의 결과는 A가 되는 것을 알 수 있다.

5.2 2개의 선형방정식으로 이루어진 벡터함수의 편미분

주어진 모델식이 식 (71)과 같이 2개의 선형방정식으로 이루어져 있다고 가정해 보자.

$$F = \begin{matrix} a_{11}x_1 + a_{12}x_2 \\ a_{21}x_1 + a_{22}x_2 \end{matrix} = A\boldsymbol{x} \tag{71}$$

식 (71)에서 $\boldsymbol{x}$에 대한 편미분을 수행하고 이를 행렬로 표현하면 식 (72)와 같다.

$$\frac{d}{d\boldsymbol{x}}\begin{bmatrix} a_{11} & a_{12} \\ a_{21} & a_{22} \end{bmatrix}\begin{bmatrix} x_1 \\ x_2 \end{bmatrix} = \begin{bmatrix} a_{11} & a_{12} \\ a_{21} & a_{22} \end{bmatrix} \tag{72}$$

식 (72)를 알파벳 기호로 표현하면 식 (73)과 같다.

$$\frac{dF}{d\boldsymbol{x}} = A \tag{73}$$

여기서, $A = \begin{bmatrix} a_{11} & a_{12} \\ a_{21} & a_{22} \end{bmatrix}$ 이다.

식 (70)과 식 (73)을 통해서 $F = A\boldsymbol{x}$인 선형방정식으로 구성된 벡터의 편미분 결과는 A로 동일한 것을 알 수 있다.

예제 5 2개의 선형방정식으로 이루어진 벡터의 편미분 구하기

$\boldsymbol{x}$는 $[x_1\, x_2]^T$으로 구성된 벡터를 나타낸다. 그리고 2개의 선형식으로 이루어진 다항식 F가 다음과 같이 주어졌을 때 벡터의 편미분 $\frac{dF}{d\boldsymbol{x}}$을 구하시오.

$$F = \begin{matrix} 3x_1 + 5x_2 \\ 4x_1 + 6x_2 \end{matrix}$$

$$\frac{d}{d\boldsymbol{x}}\begin{bmatrix} 3 & 5 \\ 4 & 6 \end{bmatrix}\begin{bmatrix} x_1 \\ x_2 \end{bmatrix} = \begin{bmatrix} 3 & 5 \\ 4 & 6 \end{bmatrix}$$

$$\frac{dF}{d\boldsymbol{x}} = A$$

$$A = \begin{bmatrix} 3 & 5 \\ 4 & 6 \end{bmatrix}$$

5.3 2차 다항식으로 이루어진 벡터의 편미분

x_1, x_2의 두 변수가 2차 다항식 형태로 구성되어 있을 때 이를 벡터로 표현하면 식 (74)와 같이 나타낼 수 있다.

$$F = \begin{bmatrix} a_{11}x_1^2 + a_{12}x_1x_2 \\ a_{21}x_1x_2 + a_{22}x_2^2 \end{bmatrix} \tag{74}$$

$$F = \boldsymbol{x}^T A \boldsymbol{x}$$

여기서, $x = \begin{bmatrix} x_1 \\ x_2 \end{bmatrix}$, $A = \begin{bmatrix} a_{11} & a_{12} \\ a_{21} & a_{22} \end{bmatrix}$ 이다.

식 (74)에서 F에 대한 $\boldsymbol{x}$의 편미분을 나타내면 식 (75)와 같다.

$$\frac{d}{d\boldsymbol{x}} \boldsymbol{x}^T A \boldsymbol{x} \tag{75}$$

식 (75)에서 $\boldsymbol{x}^T$, A, $\boldsymbol{x}$를 대입하여 나타내면 식 (76)과 같다. 여기서, A는 대칭행렬로 가정하여 $a_{21} = a_{12}$로 나타내었다.

$$\frac{d}{d\boldsymbol{x}} \begin{bmatrix} x_1 & x_2 \end{bmatrix} \begin{bmatrix} a_{11} & a_{12} \\ a_{12} & a_{22} \end{bmatrix} \begin{bmatrix} x_1 \\ x_2 \end{bmatrix} \tag{76}$$

식 (76)의 행렬을 풀어서 정리하면 식 (77)과 같이 나타낼 수 있다.

$$\frac{d}{d\boldsymbol{x}} \left[a_{11}x_1^2 + a_{12}x_1x_2 + a_{12}x_1x_2 + a_{22}x_2^2 \right] \tag{77}$$

식 (77)은 2차 다항식 형태이며 $\boldsymbol{x}$의 편미분은 각각 $\frac{dF}{dx_1}$, $\frac{dF}{dx_2}$ 이다.

$\frac{dF}{d\boldsymbol{x}} = [x_1\text{의 편미분} \quad x_2\text{의 편미분}]$ 이므로 이를 편미분하면 식 (78)과 같다.

$$\left[2a_{11}x_1 + 2a_{12}x_2 \quad 2a_{12}x_1 + 2a_{22}x_2 \right] \tag{78}$$

식 (78)을 행렬로 표현하면 식 (79)와 같다.

$$\frac{dF}{d\boldsymbol{x}} = \begin{bmatrix} 2a_{11} & 2a_{12} \\ -2a_{12} & 2a_{22} \end{bmatrix} \begin{bmatrix} x_1 \\ x_2 \end{bmatrix} \tag{79}$$

$$= 2\begin{bmatrix} x_1 & x_2 \end{bmatrix} \begin{bmatrix} a_{11} & a_{12} \\ a_{12} & a_{22} \end{bmatrix}$$

식 (79)를 다시 알파벳 기호로 표현하면 식 (80)와 같다.

$$\frac{dF}{d\boldsymbol{x}} = 2\boldsymbol{x}^T A \tag{80}$$

다시 한번 정리하면 $\boldsymbol{x}^T A \boldsymbol{x}$ 형태로 구성된 2차 다항식을 편미분하면 $2\boldsymbol{x}^T A$ 가 된다.
2차 다항식의 $\boldsymbol{x}$에 대한 편미분을 정리하면 항상 상수 2가 나타나는 것을 알 수 있다. 이러한 이유는 2차 다항식은 변수에 대한 제곱이기 때문에 이를 편미분하면 2가 나오기 때문이다. 또한 1차 선형식과 달리 2차 다항식에 대한 편미분의 경우 식 (81)과 같이 변수를 구성하고 있는 $\boldsymbol{x}^T$가 부가적으로 존재하는 것을 알 수 있다.

$$\frac{dF}{d\boldsymbol{x}} = \frac{d}{d\boldsymbol{x}} \boldsymbol{x}^T A \boldsymbol{x} = 2\boldsymbol{x}^T A \tag{81}$$

예제 6 2차 다항식으로 이루어진 벡터 편미분 구하기

$\boldsymbol{x}$는 $[x_1\ x_2]^T$ 으로 구성된 벡터를 나타낸다. 그리고 2차 다항식 F가 다음과 같이 주어졌을 때 $\frac{dF}{d\boldsymbol{x}}$을 구하시오.

$$F = \begin{matrix} 3x_1^2 + 5x_2^2 \\ 5x_1^2 + 6x_2^2 \end{matrix}$$

$$\frac{dF}{d\boldsymbol{x}} = \frac{d}{d\boldsymbol{x}} \begin{bmatrix} x_1 & x_2 \end{bmatrix} \begin{bmatrix} 3 & 5 \\ 5 & 6 \end{bmatrix} \begin{bmatrix} x_1 \\ x_2 \end{bmatrix}$$

$$\frac{dF}{d\boldsymbol{x}} = \frac{d}{d\boldsymbol{x}} \begin{bmatrix} 3x_1^2 + 5x_1x_2 + 5x_1x_2 + 6x_2^2 \end{bmatrix}$$

$$\frac{dF}{d\boldsymbol{x}} \begin{bmatrix} 2\times 3x_1 + 2\times 5x_2 & 2\times 5x_1 + 2\times 6x_2 \end{bmatrix}$$

$$\frac{dF}{d\boldsymbol{x}} = \begin{bmatrix} 2\times 3 & 2\times 5 \\ 2\times 5 & 2\times 6 \end{bmatrix} \begin{bmatrix} x_1 \\ x_2 \end{bmatrix} = 2\begin{bmatrix} x_1 & x_2 \end{bmatrix} \begin{bmatrix} 3 & 5 \\ 5 & 6 \end{bmatrix}$$

06 경중률을 고려한 최소제곱법

6.1 경중률

일반적으로 경중률이란 여러 관측 값이 있다고 할 때 관측값의 상대적인 신뢰도를 나타내는 것으로 관측값의 분산과 반비례한다. 경중률이 없는 경우는 모두 동일한 신뢰도를 가정하고 관측값을 조정하여 최확값을 구하고, 경중률이 있는 경우에는 관측값에서 경중률을 고려하여 최확값을 구한다. 경중률은 관측횟수, 관측거리, 관측정밀도 등 여러 가지 경우에 따라 달라진다.

관측값 처리를 위해서 필요한 경중률 행렬(W)은 식 (82)와 같이 사전분산(또는 기준분산, σ_0^2)에 분산-공분산 행렬(P)의 역수의 곱과 같다.

$$W = \sigma_o^2 P^{-1} \tag{82}$$

경중률행렬은 분산-공분산 행렬의 역수에 비례하는 관계가 있고 상대적인 수량으로 간주할 수 있다. 분산-공분산을 사전분산으로 나눈 것을 식 (83)과 같이 여인수행렬(Q)이라고 한다.

$$Q = W^{-1} = \frac{1}{\sigma_o^2} P \tag{83}$$

여인수행렬(Q)를 사용하는 이유는 사전분산값을 제외하면 직관적으로 여인수행렬이 바로 분산-공분산 행렬(P)과 같게 되기 때문이다. 분산-공분산 행렬은 사용자가 입력하거나 설정한 관측값의 정확도를 나타낸다.

앞에서 다룬 관측방정식 (indirect observation method), 조건방정식 (observation only method), 혼합방정식 (mixed model)에서 벡터에 대한 편미분을 이용하여 경중률을 고려한 최소제곱법을 풀이한다.

경중률을 고려하지 않은 최소제곱법을 수식으로 다시 한번 나타내면 잔차 제곱의 합을 최소화하는 것으로 식 (84)와 같다.

$$\phi = \min\{v^2\} = v \cdot v = v^T v = 0 \tag{84}$$

[표 3]은 혼합방정식, 관측방정식, 조건방정식을 비교하여 나타낸 것이다.

표 3 최소제곱법 정리

혼합방정식 (관측방정식+조건방정식)	관측방정식	조건방정식
$Av+B\Delta=f$	$v+B\Delta=f$	$Av=f$
미지수, 조건식 존재	미지수 존재, 조건식 없음	조건식 존재, 매개변수 없음
A, B 모두 있음	$A=I$(잔차계수행렬이 없음)	$B=0$(매개변수행렬이 없음)
$W=\sigma_0^2P^{-1}$ $Q=W^{-1}=\frac{1}{\sigma_0^2}P$ $W_e=Q_e^{-1}=(AQA^T)^{-1}$ $Q_e=AQA^T$ $k=Q_e^{-1}(f-B\Delta)$ $N=B^TW_eB$ $t=B^TW_ef$ $\Delta=N^{-1}t$ $\hat{x}=x_0+\Delta$ $v=QA^Tk=QA^TW_e(f-B\Delta)$ $\hat{l}=l+v$ $\hat{\sigma}_0^2=\frac{v^TWv}{r}$	$W=\sigma_0^2P^{-1}$ $Q=W^{-1}=\frac{1}{\sigma_0^2}P$ $N=B^TWB$ $t=B^TWf$ $\Delta=N^{-1}t$	$W=\sigma_0^2P^{-1}$ $Q=W^{-1}=\frac{1}{\sigma_0^2}P$ $W_e=Q_e^{-1}=(AQA^T)^{-1}$ $Q_e=AQA^T$ $k=Q_e^{-1}f=W_ef$ $v=QA^Tk$

$f=d-Al$(선형식일 경우), $f=-F(l^0, x^0)-A(l-l^0)$(비선형식일 경우),
A는 잔차계수행렬, v는 잔차벡터, B는 매개변수행렬, Δ는 매개변수벡터, f는 조건계수벡터
x는 미지벡터
d는 상수벡터, l은 관측벡터, P는 분산-공분산행렬, σ_0^2은 사전분산(또는 기준분산)
W는 경중률행렬, Q는 여인수행렬
k는 라그랑주승수벡터
l_e는 등가관측벡터
W_e는 등가경중률행렬
Q_e는 등가여인수행렬
$\hat{\sigma}_0^2$은 사후분산

예제 7 경중률 구하기

사전 분산은 0.5이며, 분산-공분산 행렬(P)은 다음 표와 같을 때 경중률 행렬을 구하시오.

$P=$

구분	X	Y	Z
X	P_{XX}	P_{XY}	P_{XZ}
Y	P_{YX}	P_{YY}	P_{YZ}
Z	P_{ZX}	P_{ZY}	P_{ZZ}

$=$

구분	X	Y	Z
X	2.20	−0.80	−0.16
Y	−0.80	3.60	0.62
Z	−0.16	0.62	0.76

$W=$

구분	X	Y	Z
X	W_{XX}	W_{XY}	W_{XZ}
Y	W_{YX}	W_{YY}	W_{YZ}
Z	W_{ZX}	W_{ZY}	W_{ZZ}

$=$

구분	X	Y	Z
X	0.2273	−0.6250	−3.1250
Y	−0.6250	0.1389	0.8065
Z	−3.1250	0.8065	0.6579

6.2 경중률을 고려한 관측방정식

관측방정식을 이용한 최소제곱법에서 경중률행렬을 고려한 경우의 수식은 식 (85)와 같다.

$$\phi = v^T W v \tag{85}$$

관측방정식의 기본 식은 $v + B\Delta = f$이며, 이를 잔차를 기준으로 다시 나타내면 $v = f - B\Delta$가 된다. 최소제곱법의 원리에 따라 잔차 제곱의 합을 최소화하는 수식을 나타내면 식 (86)과 같다.

$$\begin{aligned} \phi &= (f - B\Delta)^T W (f - B\Delta) \\ \phi &= (f^T - \Delta^T B^T) W (f - B\Delta) \end{aligned} \tag{86}$$

식 (86)을 분배법칙을 통하여 식을 계산하면 식 (87)과 같다.

$$\begin{aligned} \phi &= f^T W f + \Delta^T B^T W B\Delta - f^T W B\Delta - \Delta^T B^T W f = 0 \\ \phi &= f^T W f + \Delta^T B^T W B\Delta - 2 f^T W B\Delta = 0 \end{aligned} \tag{87}$$

식 (87)을 미지수 △ 에 대하여 편미분하면 식 (88)과 같다.

$\frac{\partial \phi}{\partial \Delta} = 2\Delta^T B^T WB - 2f^T WB = 0$ → 벡터의 편미분식을 이용하였다.

$$\begin{aligned} \frac{\partial \phi}{\partial \Delta} &= \triangle^T B^T WB - f^T WB = 0 \\ \frac{\partial \phi}{\partial \Delta} &= (\Delta^T B^T WB)^T - (f^T WB)^T = 0 \\ \frac{\partial \phi}{\partial \Delta} &\equiv B^T WB\Delta = B^T Wf \end{aligned} \quad (88)$$

전개된 식 (88)을 통하여 미지수 △ 에 대한 식은 식 (89)와 같다.

$$\begin{aligned} \Delta &= (B^T W^T B)^{-1} B^T Wf \\ \Delta &= N^{-1} t \end{aligned} \quad (89)$$

여기서 $N = B^T WB$, $t = B^T Wf$ 이다

6.3 경중률을 고려한 조건방정식

경중률을 고려한 조건방정식을 수식으로 표현하면 식 (90)과 같다.

$$\phi = v^T Wv \quad (90)$$

$Av = f$라는 조건식을 최소로 하는 최소제곱법의 목적함수는 식 (91)과 같다.

$$\phi' = v^T Wv - 2k^T(Av - f) \quad (91)$$

식 (91)을 v(잔차)와 k(라그랑주 승수)에 대하여 편미분하면 식 (92)와 같다.

$$\begin{aligned} \frac{\partial \phi'}{\partial v} &= 2v^T W - 2k^T A = 0 \\ \frac{\partial \phi'}{\partial k} &= -2(Av - f)^T = 0 \end{aligned} \quad (92)$$

식 (92)를 이용하여 행렬을 구성하면 식 (93)과 같다.

$$\begin{bmatrix} W^T & -A^T \\ A & 0 \end{bmatrix} \begin{bmatrix} v \\ k \end{bmatrix} = \begin{bmatrix} 0 \\ f \end{bmatrix} \tag{93}$$

07 오차 전파식

7.1 오차 전파식의 기초

오차 전파(error propagation)는 관측값에 근거하여 그 관측값에 포함되어 있는 오차의 상호 영향을 파악하기 위한 것이다. 오차 전파식은 분산(variance)과 공분산(covariance)을 이용하여 유도할 수 있다. 분산은 단일 변수에 대한 편차제곱의 기댓값이고, 공분산은 두 변수간의 편차제곱의 기댓값을 나타낸다.

분산을 수식으로 표현하면 식 (94)와 같다. 여기서 E는 기댓값, μ_x는 x의 평균(기댓값), σ_x^2 (또는 σ_{xx})은 x의 분산을 나타낸다.

$$E\{(x-\mu_x)(x-\mu_x)\} \tag{94}$$

$$E\{(x-\mu_x)^2\} = \sigma_x^2 \equiv \sigma_{xx}$$

$$E(x+y) = E(x) + E(y)$$

$$E(ax) = aE(x)$$

공분산도 분산과 마찬가지로 편차제곱의 기댓값이라는 정의를 사용한다. 다만, 공분산은 식 (95)와 같이 단일 변수가 아닌 두 변수간의 편차의 기댓값이 된다.

$$E\{(x-\mu_x)(y-\mu_y)\} = \sigma_{xy} \tag{95}$$

$y = Ax$라고 가정하고, x의 분산-공분산(P_{xx})을 알고 있을 때 y의 분산-공분산(P_{yy})은 식 (96)과 같다.

$$P_{yy} = A P_{xx} A^T \tag{96}$$

예제 8 분산-공분산 구하기

$y = Ax$ 라는 식에서 x의 분산-공분산(P_{xx})을 알고 있을 때, y의 분산-공분산(P_{yy})을 계산하시오. 이때, 분산-공분산(P_{xx})과 A 행렬은 다음과 같다.

$$P_{xx} = \begin{bmatrix} 3 & 1 \\ 1 & 3 \end{bmatrix}$$

$$A = \begin{bmatrix} 2 & 1 \\ 1 & 2 \end{bmatrix}$$

$$P_{yy} = AP_{xx}A^T$$

$$P_{yy} = \begin{bmatrix} 2 & 1 \\ 1 & 2 \end{bmatrix} P_{xx} \begin{bmatrix} 2 & 1 \\ 1 & 2 \end{bmatrix}$$

$$P_{yy} = \begin{bmatrix} 2 & 1 \\ 1 & 2 \end{bmatrix} \begin{bmatrix} 3 & 1 \\ 1 & 3 \end{bmatrix} \begin{bmatrix} 2 & 1 \\ 1 & 2 \end{bmatrix}$$

$$P_{yy} = \begin{bmatrix} 19 & 17 \\ 17 & 19 \end{bmatrix}$$

이러한 오차전파식을 증명하기 위해서 먼저, 행렬의 내적과 외적에 대한 개념을 살펴본다.

① 행렬 내적(inner product)

$$\underset{(1\times 3)}{\begin{bmatrix} (x_1-\mu_{x_1}) & (x_2-\mu_{x_2}) & (x_3-\mu_{x_3}) \end{bmatrix}} \underset{(3\times 1)}{\begin{bmatrix} x_1-\mu_{x_1} \\ x_2-\mu_{x_2} \\ x_3-\mu_{x_3} \end{bmatrix}} = (1\times 1) \tag{97}$$

② 행렬 외적(outer product)

$$\underset{(3\times 1)}{\begin{bmatrix} x_1-\mu_{x_1} \\ x_2-\mu_{x_2} \\ x_3-\mu_{x_3} \end{bmatrix}} \underset{(1\times 3)}{\begin{bmatrix} (x_1-\mu_{x_1}) & (x_2-\mu_{x_2}) & (x_3-\mu_{x_3}) \end{bmatrix}} = (3\times 3) \tag{98}$$

식 (98)은 벡터 형태로 표현된 편차제곱을 나타내는 것으로 이에 대한 기댓값을 구하면 식 (99)와 같이 일종의 분산-공분산이 된다.

$$E\{\text{행렬외적}\} \tag{99}$$
$$= E\{a\}$$
$$= \begin{bmatrix} E\{(x_1-\mu_{x_1})(x_1-\mu_{x_1})\} & E\{(x_1-\mu_{x_1})(x_2-\mu_{x_2})\} & E\{(x_1-\mu_{x_1})(x_3-\mu_{x_3})\} \\ E\{(x_2-\mu_{x_2})(x_1-\mu_{x_1})\} & E\{(x_2-\mu_{x_2})(x_2-\mu_{x_2})\} & E\{(x_2-\mu_{x_2})(x_3-\mu_{x_3})\} \\ E\{(x_3-\mu_{x_3})(x_1-\mu_{x_1})\} & E\{(x_3-\mu_{x_3})(x_2-\mu_{x_2})\} & E\{(x_3-\mu_{x_3})(x_3-\mu_{x_3})\} \end{bmatrix}$$
$$= \begin{bmatrix} \sigma^2_{x_1} & \sigma_{x_1x_2} & \sigma_{x_1x_3} \\ \sigma_{x_1x_2} & \sigma^2_{x_2} & \sigma^2_{x_3} \\ \sigma_{x_1x_3} & \sigma_{x_2x_3} & \sigma^2_{x_3} \end{bmatrix}$$

만약, x_1, x_2, x_3가 독립된 변수라면 공분산 값은 0이 되므로 식 (99)에서 행렬의 대각요소만 남게 되어 식 (100)과 같이 분산 행렬이 되는 것을 알 수 있다.

$$P_{xx} = \begin{bmatrix} \sigma^2_{x_1} & 0 & 0 \\ 0 & \sigma^2_{x_2} & 0 \\ 0 & 0 & \sigma^2_{x_3} \end{bmatrix} \tag{100}$$

식 (100)에 대하여 역행렬을 취하면 식 (101)과 같다.

$$P^{-1}_{xx} = \begin{bmatrix} \frac{1}{\sigma^2_{x_1}} & 0 & 0 \\ 0 & \frac{1}{\sigma^2_{x_2}} & 0 \\ 0 & 0 & \frac{1}{\sigma^2_{x_3}} \end{bmatrix} \tag{101}$$

식 (101)에 일종의 상수 역할을 하는 사전분산(σ_0^2)을 곱하면 식 (102)와 같이 경중률을 나타내는 행렬이 되며, 식 (103)과 같이 나타낼 수 있다.

$$\sigma_0^2 P_{xx}^{-1} = \begin{bmatrix} \frac{\sigma_0^2}{\sigma_{x_1}^2} & 0 & 0 \\ 0 & \frac{\sigma_0^2}{\sigma_{x_2}^2} & 0 \\ 0 & 0 & \frac{\sigma_0^2}{\sigma_{x_3}^2} \end{bmatrix} \tag{102}$$

$$\sigma_0^2 P_{xx}^{-1} \equiv W_{xx} \tag{103}$$

$$\sigma_0^2 P^{-1} \equiv W$$

식 (103)에서 좌측 항에 역수를 취하면 여인수행렬이 되는데 이는 식 (104)와 같이 경중률행렬과 역수 관계에 있다.

$$\frac{1}{\sigma_0^2} P_{xx} \equiv W_{xx}^{-1} \equiv Q_{xx} \tag{104}$$

분산-공분산 행렬(P_{xx})와 여인수행렬(Q_{xx}) 그리고 경중률행렬(W_{xx})의 관계를 살펴보기 위해서 식 (104)의 양변에 σ_0^2을 곱하면 식 (105)과 같다.

$$P_{xx} = \sigma_0^2 Q_{xx} \tag{105}$$

$$P_{xx} = \sigma_0^2 W_{xx}^{-1}$$

관측방정식에서 관측값은 정규분포를 따른다고 가정한 것으로 평균은 0이고 분산은 일종의 경중률행렬 W를 고려한 것으로 가정하고 식 (106)과 같이 최소제곱법을 적용한다.

$$f = B\Delta + v, v \sim (0, \sigma_0^2 P^{-1}) \tag{106}$$

x에 대한 분산-공분산 행렬을 P_{xx}와 같이 나타내는 데 수식표현을 단순화하기 위해서 x에 대한 분산-공분산을 식 (107)와 같이 $D\{x\}$로 나타내기도 한다. 앞서 언급한 것과 같이

$y = Ax$ 형태이고 x의 분산–공분산을 알고 있을 때, y의 분산–공분산($D\{y\}$)은 오차 전파식에 의해 식 (107)과 같이 나타낼 수 있다.

$$D\{y\} = AD\{x\}A^T \tag{107}$$

$$P_{yy} = AP_{xx}A^T$$

여기서, D는 Dispersion의 첫 글자를 이용한 것이다. $D\{y\}$와 P_{yy}는 y의 분산–공분산 행렬을 나타내고 $D\{x\}$와 P_{xx}는 x의 분산–공분산 행렬을 나타낸다.

7.2 선형함수의 오차 전파식

식 (107)의 분산–공분산 행렬의 관계를 증명하기 위해서 벡터 ($\boldsymbol{x}$)는 변수 x_1, x_2, x_3로 구성되어 있다고 할 때, $\boldsymbol{x}$의 기대값 $E(\boldsymbol{x})$는 식 (108)과 같다.

$$E(\boldsymbol{x}) = \begin{bmatrix} E(x_1) \\ E(x_2) \\ E(x_3) \end{bmatrix} \tag{108}$$

$\boldsymbol{y}$가 식 (109)와 같이 $\boldsymbol{x}$의 선형함수로 되어 있을 때 $\boldsymbol{y}$의 분산–공분산을 구하기 위해서는 $\boldsymbol{y}$의 기댓값을 구하는 것에서부터 시작하면 된다.

$$\boldsymbol{y} = A\boldsymbol{x} \tag{109}$$

$$E(\boldsymbol{y}) = E(A\boldsymbol{x})$$

$$E(\boldsymbol{y}) = AE(\boldsymbol{x})$$

식 (109)에서 $E(\boldsymbol{y}) = \mu_y$ 이고 $E(\boldsymbol{x})$는 μ_x 이기 때문에 식 (110)과 같이 나타낼 수 있다.

$$\mu_y = A\mu_x \tag{110}$$

분산은 편차 제곱의 기대값이라는 정의에 따라 $\boldsymbol{y}$의 분산은 식 (111)과 같이 나타낼 수 있다.

$$P_{yy} = E\{(\boldsymbol{y}\text{값의 편차})(\boldsymbol{y}\text{값의 편차})^T\} \tag{111}$$
$$= E\{(\boldsymbol{y}-\mu_y)(\boldsymbol{y}-\mu_y)^T\}$$
$$= E\{(A\boldsymbol{x}-A\mu_x)(A\boldsymbol{x}-A\mu_x)^T\}$$

$\boldsymbol{y}$는 $\boldsymbol{x}$의 선형 함수로 구성되어 있기 때문에 식 (111)은 식 (112)와 같이 나타낼 수 있다.

$$= E\{A(\boldsymbol{x}-\mu_x)(\boldsymbol{x}^TA^T-\mu_x^TA^T)\} \tag{112}$$
$$= E\{A(\boldsymbol{x}-\mu_x)(\boldsymbol{x}^T-\mu_x^T)A^T\}$$
$$= E\{A(\boldsymbol{x}-\mu_x)(\boldsymbol{x}-\mu_x)^TA^T\}$$
$$= AE\{(\boldsymbol{x}-\mu_x)(\boldsymbol{x}-\mu_x)^T\}A^T$$
$$\therefore P_{yy} = AP_{xx}A^T$$

여기서, P_{xx}는 $\boldsymbol{x}$의 분산-공분산, P_{yy}는 $\boldsymbol{y}$의 분산-공분산 행렬을 나타낸다. 식 (112)에서 $\boldsymbol{y}$가 Ax와 같이 $\boldsymbol{x}$의 선형 함수로 구성되어 있을 때 분산의 정의를 이용하여 오차전파식을 유도하였다.

7.3 비선형함수의 오차 전파식

만약 $\boldsymbol{y}$가 비선형방정식일 경우 $\boldsymbol{y}=F(x)$ 식을 테일러 급수 전개를 통하여 식 (113)과 같이 표현할 수 있다. 테일러 급수 전개에 의해서 $\boldsymbol{y}$식은 거의 $\boldsymbol{x}$의 초기값(x_0)과 $\boldsymbol{x}$의 1차 미분항의 조합으로 구성되어 있다고 말할 수 있다.

$$\boldsymbol{y} \approx F(x^0) + \frac{\partial F}{\partial x}\Delta x \tag{113}$$

비선형방정식의 오차 전파를 위해서 식 (113)과 같이 편미분을 통해 선형화하여야 한다. $\boldsymbol{y}$에 대한 분산-공분산을 구하기 위한 편미분 식은 식 (114)와 같다.

$$P_{yy} = \left(\frac{\partial F}{\partial x}\right)P_{xx}\left(\frac{\partial F}{\partial x}\right)^T \tag{114}$$

식 (114)의 편미분($\partial F/\partial x$)을 J(자코비안, Jacobian)로 기호화하면 비선형방정식의 오차전파식은 식 (115)과 같이 나타낼 수 있다.

$$P_{yy} = JP_{xx}J^T \tag{115}$$

식 (115)에서 알 수 있듯이 비선형방정식의 오차전파식도 선형방정식의 오차전파식과 유사한 모양을 띄고 있는 것을 알 수 있다.

7.4 독립변수와 상관관계가 있는 변수간의 오차 전파식

수학식에 의해서 값을 생성하지 않고, 관측할 경우 모든 관측값에는 오차가 있다고 할 수 있다. 오차는 관측값과 참값의 차이를 나타내는 것으로 실세계에서 일반적으로 참값은 알기가 어렵다. 따라서 관측값과 최확값 또는 평균과의 차이를 나타내는 잔차를 사용한다.
오차전파식은 관측값에 포함되어 있는 오차가 최종 결과값에 어떤 영향을 미치는지 알아보기 위해서 사용한다. 오차 전파식은 각 요소들 간에 독립적인 요소일 경우와 상관 관계가 있는 경우로 구분할 수 있다.

① 독립 변수일 경우

두 변수 x_1, x_2 가 서로 독립변수이고 관측을 수행할 때 상관관계가 서로 없었다고 가정한다.
$y_1 = a_1x_1$, $y_2 = a_2x_2$ 일 때 P_{xx} 는 다음과 같이 나타낼 수 있다.

각 변수가 서로 간에 독립이기 때문에 P_{xx} 는 식 (116)과 같이 대각요소만 있고 두 변수(x_1, x_2) 간의 공분산은 0이 된다.

$$P_{xx} = \begin{bmatrix} \sigma_{x_1}^2 & \sigma_{x_1x_2} \\ \sigma_{x_2x_1} & \sigma_{x_2}^2 \end{bmatrix} = \begin{bmatrix} \sigma_{x_1}^2 & 0 \\ 0 & \sigma_{x_2}^2 \end{bmatrix} \tag{116}$$

오차전파식에 $P_{yy} = AP_{xx}A^T$ 의해 P_{yy} 는 식 (117)과 같다.

$$P_{yy} = [a_1 \ a_2] \begin{bmatrix} \sigma_{x1}^2 & 0 \\ 0 & \sigma_{x2}^2 \end{bmatrix} \begin{bmatrix} a_1 \\ a_2 \end{bmatrix} \tag{117}$$

행렬을 이용하여 식 (117)을 간단히 하면 식 (118)과 같다.

$$P_{yy} = \begin{bmatrix} a_1\sigma_{x_1}^2 & a_2\sigma_{x_2}^2 \end{bmatrix} \begin{bmatrix} a_1 \\ a_2 \end{bmatrix} \tag{118}$$

$$P_{yy} = \begin{bmatrix} {a_1}^2\sigma_{x_1}^2 & {a_2}^2\sigma_{x_2}^2 \end{bmatrix}$$

② 변수 간에 상관성이 있을 경우

두 변수 x_1과 x_2 간에 상관관계가 있을 경우 P_{xx}는 식 (119)와 같이 나타낼 수 있다.

$$P_{xx} = \begin{bmatrix} \sigma_{x_1}^2 & \sigma_{x_1}\sigma_{x_2} \\ \sigma_{x_1}\sigma_{x_2} & \sigma_{x_2}^2 \end{bmatrix} \tag{119}$$

오차전파식 $P_{yy} = AP_{xx}A^T$에 의해 y에 대한 분산-공분산(P_{yy})을 행렬로 표현하면 식 (120)과 같다.

$$P_{yy} = \begin{bmatrix} a_1 & a_2 \end{bmatrix} \begin{bmatrix} \sigma_{x_1}^2 & \sigma_{x_1}\sigma_{x_2} \\ \sigma_{x_1}\sigma_{x_2} & \sigma_{x_2}^2 \end{bmatrix} \begin{bmatrix} a_1 \\ a_2 \end{bmatrix} \tag{120}$$

$$P_{yy} = \begin{bmatrix} a_1\sigma_{x_1}^2 + a_2\sigma_{x_1}\sigma_{x_2} & a_1\sigma_{x_1}\sigma_{x_2} + a_2\sigma_{x_2}^2 \end{bmatrix} \begin{bmatrix} a_1 \\ a_2 \end{bmatrix}$$

$$P_{yy} = \begin{bmatrix} {a_1}^2\sigma_{x_1}^2 + a_1a_2\sigma_{x_1}\sigma_{x_2} + a_1a_2\sigma_{x_1}\sigma_{x_2} + {a_2}^2\sigma_{x_2}^2 \end{bmatrix}$$

각 변수들 간의 상관계수(ρ_{xy})는 식 (121)과 같이 분산과 공분산을 이용하여 계산할 수 있다.

$$\rho_{xy} = \frac{\sigma_{xy}}{\sigma_x\sigma_y} = [-1 \ \ 1] \tag{121}$$

상관계수 값의 범위는 -1부터 +1까지이다. 상관계수의 절대값이 클수록 두 변수 사이에 강한 관계가 있다. 여기서 절대값 1은 완전한 선형 관계를 나타내며, 0에 가까운 상관계수 값은 변수 사이에 상관성이 약한 것을 나타낸다.

예제 9 상관계수 구하기

다음 표와 같이 주어진 값을 이용하여, x와 y의 상관계수를 구하시오.

구분	x	y	(x_1-x)	$(x_1-\mu_{x_1})^2$	(y_1-y)	$(y_1-\mu_{y_1})^2$	$(x_1-\mu_{x_1})(y_1-\mu_{y_1})$
1	40	84	2	4	18	324	36
2	20	120	−18	324	54	2,916	−972
3	60	24	22	484	−42	1,764	−924
4	50	36	12	144	−30	900	−360
5	45	72	7	49	6	36	42
6	30	84	−8	64	18	324	−144
7	25	96	−13	169	30	900	−390
8	35	48	−3	9	−18	324	54
9	30	60	−8	64	6	36	48
10	45	36	7	49	−30	900	−210
합계	380	660	0	1,360	0	8,424	−2,820
평균	38	66		136		842.4	

$$\rho_{xy}=\frac{\sigma_{xy}}{\sigma_x\sigma_y}$$

$$=\frac{E[(x-\mu_x)(y-\mu_y)]}{\sqrt{E[(x-\mu_x)^2]}\sqrt{E[(y-\mu_y)^2]}}$$

$$=\frac{-2,820}{\sqrt{1,360}\sqrt{8,424}}$$

$$=-0.8331$$

7.5 오차 전파식의 예제

P_{xx}는 식 (122)과 같이 x_1과 x_2에 대한 분산-공분산 행렬이라 하고, y_1과 y_2가 식 (123)과 같이 각각 x_1과 x_2의 선형식으로 구성되어 있다고 할 때 식 (124)의 z에 대한 분산-공분산 행렬을 구하시오.

$$P_{xx} = \begin{bmatrix} 4 & 1 \\ 1 & 4 \end{bmatrix} \tag{122}$$

$$\begin{aligned} y_1 &= x_1 + 2x_2 \\ y_2 &= 2x_1 + x_2 \end{aligned} \tag{123}$$

$$z = y_1 + 2y_2 \tag{124}$$

해설

z에 대한 분산-공분산 행렬을 구하는 방법은 2가지가 있다.
첫 번째 방법(①)은 P_{xx}를 알고 있기 때문에 z를 x_1과 x_2에 대한 식으로 변경한 후, P_{zz}를 구하는 방법이 있다.

두 번째 방법(②)은 y_1과 y_2가 각각 x_1과 x_2에 대한 선형식으로 구성되어 있기 때문에 P_{yy}를 구한 후에 P_{zz}를 계산하는 방법이 있다.

① 첫 번째 방법 이용

$z = y_1 + 2y_2$ 식에 y_1, y_2에 대한 식을 각각 대입하여 z를 식 (125)와 같이 x_1과 x_2에 대한 식으로 변환한다.

$$\begin{aligned} z &= x_1 + 2x_2 + 2(2x_1 + x_2) \\ z &= 5x_1 + 4x_2 \end{aligned} \tag{125}$$

식 (125)을 행렬로 표현하면 식 (126)과 같이 나타낼 수 있다.

$$z = [5\ 4]\begin{bmatrix} x_1 \\ x_2 \end{bmatrix} \tag{126}$$

식 (126)은 $z = Ax$ 형태로 되므로 오차 전파식에 적용하면 식 (127)과 같다.

$$P_{zz} = AP_{xx}A^T \tag{127}$$

여기서, $A = [5\ 4]$, $P_{xx} = \begin{bmatrix} 4 & 1 \\ 1 & 4 \end{bmatrix}$ 이다.

z에 대한 분산-공분산 행렬은 식 (128)과 같다.

$$P_{zz} = [5\ 4]\begin{bmatrix} 4 & 1 \\ 1 & 4 \end{bmatrix}\begin{bmatrix} 5 \\ 4 \end{bmatrix} = 204 \tag{128}$$

② 두 번째 방법 이용

주어진 $z = y_1 + 2y_2$ 식을 행렬로 나타내면 식 (129)와 같다.

$$z = [1\ 2]\begin{bmatrix} y_1 \\ y_2 \end{bmatrix} \tag{129}$$

오차 전파식에 의해 z에 대한 분산-공분산 행렬(P_{zz})은 식 (130)과 같다.

$$P_{zz} = [1\ 2]\,P_{yy}\begin{bmatrix} 1 \\ 2 \end{bmatrix} \tag{130}$$

P_{yy}를 아직 구하지 못했기 때문에 P_{xx}를 이용하여 계산할 수 있다. y_1과 y_2는 각각 x_1과 x_2의 선형함수이므로 P_{yy}는 식 (131)과 같다.

$$P_{yy}=\begin{bmatrix}1&2\\2&1\end{bmatrix}P_{xx}\begin{bmatrix}1&2\\2&1\end{bmatrix} \tag{131}$$

$$P_{yy}=\begin{bmatrix}1&2\\2&1\end{bmatrix}\begin{bmatrix}4&1\\1&4\end{bmatrix}\begin{bmatrix}1&2\\2&1\end{bmatrix}=\begin{bmatrix}24&21\\21&24\end{bmatrix}$$

이제 P_{yy}을 계산하였기 때문에 P_{zz}를 구하면 식 (132)와 같다.

$$P_{zz}=[1\ 2]\begin{bmatrix}24&21\\21&24\end{bmatrix}\begin{bmatrix}1\\2\end{bmatrix}=204 \tag{132}$$

z를 x_1과 x_2의 식으로 변환하여 계산한 식 (128)의 P_{xx}와 값이 204로 같은 것을 알 수 있다.

예제 10 오차전파식을 이용한 분산-공분산 행렬 구하기

P_{xx}는 x_1과 x_2에 대한 분산-공분산 행렬이라 하고, y_1과 y_2가 각각 x_1과 x_2의 선형식으로 구성되어 있다고 할 때 z에 대한 분산-공분산 행렬(P_{zz})을 구하시오.

이 때, $P_{xx}=\begin{bmatrix}2&1\\1&2\end{bmatrix}$이고,

$y_1=2x_1+x_2$

$y_2=x_1+2x_2$ 이다. 또한, $z=2y_1+y_2$의 관계가 있다.

$$z=2(2x_1+x_2)+x_1+2x_2$$

$$z=5x_1+4x_2$$

$$z=[5\ 4]\begin{bmatrix}x_1\\x_2\end{bmatrix}$$

$$P_{zz}=AP_{xx}A^T$$

$$P_{zz}=[5\ 4]\begin{bmatrix}2&1\\1&2\end{bmatrix}\begin{bmatrix}5\\4\end{bmatrix}=122$$

08 과대오차를 제거하는 방법

과대오차(outlier, 아웃라이어)를 제거하는 방법에는 데이터 스누핑(data snooping), IRLS, Ln-norm, RANSAC 4가지가 있다.

8.1 데이터 스누핑

데이터 스누핑(data snooping)은 잔차(v) 대신에 표준화된 잔차인 (v/σ_v)를 이용하여 과대오차를 제거한다. 잔차가 매우 작을 경우, 과대오차를 판단하기 어려울 수 있기 때문에 σ_v로 나누어 과대오차를 제거할 수 있다.

[표 4]는 대략 높이가 10.5m 정도인 건물의 높이값을 6회에 걸쳐서 관측한 값을 가정하여 나타낸 것이다. 이때, 6번째 관측값인 16은 기존의 5가지 관측값에 비해서 매우 큰 값을 갖기 때문에 과대오차로 생각할 수 있다.

이러한 과대오차를 제거하는 과정은 다음과 같다.

① 관측값의 평균을 구한다.

② 평균값을 최확값으로 가정하고 관측값에서 빼서 잔차를 구한다.

③ 잔차값들의 표준편차를 구한다.

④ 잔차(v)와 잔차의 표준편차(σ_v)를 나누어 표준화된 잔차를 구한다.

⑤ 표준화된 잔차의 절대값을 취하여 특정한 기준값보다 큰 경우 제거한다.

만약 [표 4]의 데이터에서 설정된 기준값이 ±1이라고 가정한다면 표준화된 잔차값이 −1.99인 6번째 관측값 16은 제거가 된다.

표 4 데이터 스누핑의 이해

번호	관측값	평균	관측값의 잔차(v) = 평균−관측값	잔차의 표준편차(σ_v)	표준화된 잔차(v/σ_v)
1	10	11.5	1.5	2.3	0.66
2	11	11.5	0.5	2.3	0.22
3	10	11.5	1.5	2.3	0.66
4	11	11.5	0.5	2.3	0.22
5	11	11.5	0.5	2.3	0.22
6	16	11.5	-4.5	2.3	-1.99

8.2 IRLS

IRLS(Iterative Re-weighting Least Square)는 통계적인 이론에 근거하지 않고 있는 방법으로 프로그램의 구현이 쉬운 장점이 있다. 이 방법은 과대오차가 적고 관측값에 대한 잉여도가 높을 때 유용한 방법이다. IRLS는 과대오차가 있는 관측값 처리시에 기여도가 없게 만들고, 나머지 일반 관측값 데이터는 기여도를 높게 주어 해를 구한다. 이를 좀 더 자세히 설명하면, 관측값의 절대값에 대한 평균을 계산한 후 평균과 관측값과의 차이, 즉 잔차가 작으면 경중률을 1에 가깝게 주어 관측값 처리에 대한 기여도를 높이고, 잔차가 크면 경중률을 0에 가깝게 주어 관측값 처리에 대한 기여도를 낮게 주어 반복적으로 해를 구하는 방법이다.

8.3 L1-norm

$\parallel L_1 \parallel$ 은 식 (133)과 같이 잔차의 절대값을 최소화하는 방법이다.

$$\parallel L_1 \parallel = \sum_{i=1}^{n} |v_i| = |v_1| + |v_2| + \cdots + |v_n| \tag{133}$$

$\parallel L_1 \parallel$ 은 과대오차가 있더라고 해를 찾을 수 있는 기법이다.

8.4 L2-norm

최소제곱법은 식 (134)와 같이 잔차(v)의 $\parallel L_2 \parallel$ 을 최소화하는 기법이다. 일반적으로 잔차 제곱의 합을 최소로하는 최소제곱법은 $\parallel L_2 \parallel$ 을 최소화하는 기법으로, 이 방법은 $\parallel L_1 \parallel$ 에 비해서 과대오차가 있을 경우에는 구하고자 하는 해가 많은 영향을 받아 이상해질 수 있다.

$$\parallel L_2 \parallel = \sum_{i=1}^{n} v_i^2 = v_1^2 + v_2^2 + \cdots + v_n^2 \tag{134}$$

과대오차의 영향을 제거하기 위해서 [표 5]와 같이 어떤 사물의 길이를 5번 관측하였는데, 과대오차가 없는 경우와 과대오차가 있는 두 가지를 생각해보자.

표 5 길이 관측값

(단위: mm)

경우	5회 관측한 값
과대오차가 없는 경우	10, 11, 9, 9, 10
과대오차가 있는 경우	10, 11, 9, 9, 509

과대오차가 없는 경우에 길이의 평균은 9.8mm이 되고, 과대오차가 있는 경우에 길이 평균은 109.6mm이 된다. 길이관측에 대한 최확값을 구하기 위해서 길이의 평균이 아닌 중앙값을 살펴보면 과대오차가 없는 경우 중앙값은 10mm이고, 과대오차가 있는 경우 중앙값은 10mm이다. 중앙값과의 잔차를 고려해보면 과대오차 509mm값의 잔차가 큰 것을 알 수 있다.

이와 같이 구하고자 하는 미지수(최확값)가 하나인 경우는 중앙값을 이용하여 과대오차를 제거한 후 나머지 관측값을 이용하여 최소제곱법을 적용하면 된다.

8.5 RANSAC

RANSAC(RANdom SAmple Consensus)은 Fischler와 Bolles에 의해 1981년에 제안된 과대오차를 줄이면서 모델의 매개변수를 예측하는 방법이다. 기존의 방법은 대부분 사용가능한 많은 데이터를 이용하여 초기의 해를 결정하고 이로부터 모델의 범위를 벗어나는 아웃라이어(outlier, 비유효한 데이터)를 제거한다. 이에 반해 RANSAC 알고리즘은 전체 데이터 중에서 모델의 매개변수를 결정하기 위해서 필요한 최소의 데이터를 랜덤하게 샘플링하면서 반복적으로 해를 계산함으로써 최적의 해를 찾는 방법이다. 이러한 방법을 통해 전체 데이터를 탐색하지 않아도 되며 과대오차를 제거할 수 있다.

RANSAC 알고리즘을 이용하여 수학적 모델식을 예측하기 위해서 모델의 매개변수와 매개변수를 계산하기 위한 관측값, 그리고 결정된 모델의 신뢰도를 나타낼 입력데이터가 필요하다. 예를 들어, $y = mx + b$라는 직선의 방정식이 있다고 가정할 때, 모델의 매개변수는 직선의 기울기와 절편을 나타내는 (m,b)가 될 것이고, 관측값은 평면상의 여러 좌표(x,y)쌍이 될 것이다. 직선의 방정식을 결정하기 위해서 입력한 관측값이 100개의 좌표쌍이라고 가정할 때 100개 중에서 99개의 점이 직선에 속한다면 모델의 신뢰도는 99%라고 할 수 있다.

RANSAC 알고리즘에서 모델의 매개변수를 예측하는 과정을 설명하기 위해서 먼저 기호를 정의하면 [표 6]과 같다.

표 6 RANSAC 알고리즘 설명을 위한 기호

구분	기호
프로그램 반복횟수	N
입력데이터의 개수	n
모델의 매개변수를 결정하기 위해 필요한 최소의 데이터 개수	S
원본 데이터중에서 예측된 모델에 잘 맞는 데이터의 개수	K
원본데이터 중 인라이어(inlier)에 속할 확률	ε
N번 시도에서 모델에 속하는 유효한 데이터를 포함할 확률	P (예: 0.99)

① 모델의 매개변수를 결정하기 위해 필요한 최소한의 데이터인 S를 임의로 랜덤하게 선택한다.

② 선택된 데이터를 인라이어(inlier)라고 가정하고 모델의 매개변수를 예측한다.

③ 두 번째 단계에서 예측된 모델의 매개변수를 이용하여 전체 데이터에서 얼마나 많은 데이터가 예측된 모델에 잘 맞는지 검사한다. 모델에 맞는 데이터의 수를 K라고 한다.

④ 만약 전체 데이터 중에서 모델에 맞는 데이터의 수가 K개 보다 많다면 예측한 모델의 매개변수를 확정하고 프로그램을 종료한다. 그렇지 않을 경우 다시 모델에 맞는 데이터(inlier)를 이용하여 매개변수를 예측하기 위해서 ①, ②, ③의 과정을 반복한다.

⑤ 충분히 반복 후에도 전체 데이터대비 모델에 맞는 데이터의 개수가 K보다 작다면 모델 매개변수를 구하지 못한 것으로(실패) 간주한다.

다음과 같이 직선의 방정식을 결정하기 위해서 [그림 2]와 같이 15개의 관측점(n=15)이 있다고 하자. 이 때, 15개의 관측점 중에서 두 점을 골라 직선을 선택하기 위한 경우의 수는 $_{15}C_2 = \frac{15!}{(15-2)!2!} = \frac{15 \times 14}{2} = 105$가 된다.

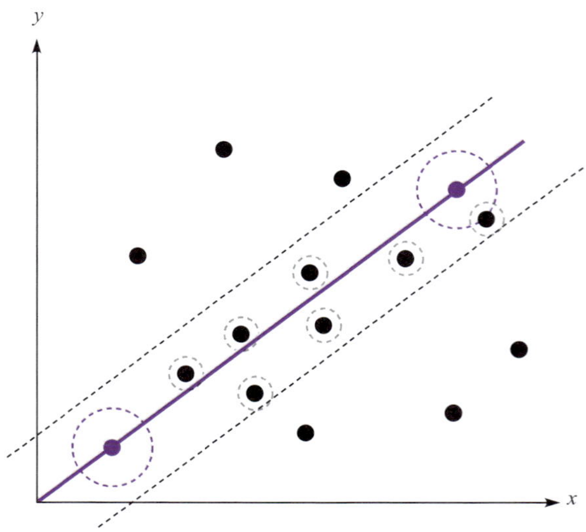

그림 2 직선의 방정식을 결정하기 위한 관측점

① [그림 2]에서 인라이어에 속하는 확률, 즉 직선의 범위에 속하는 한 점을 선택할 확률 ε는 식 (135)와 같다.

$$\varepsilon = \frac{9}{15} = 0.6(60\%) \tag{135}$$

② 직선에 속하는 두 점을 선택할 확률은 전체 15개의 관측점 중에서 9점을 먼저 선택한 후 그 다음으로 14개의 점에서 8점을 선택하는 것과 같다. 만약, 모집단인 분모의 개수가 충분히 클 경우 직선에 속하는 두 점을 선택할 확률은 식 (136)과 같이 $\varepsilon \times \varepsilon$가 되어 ε^2이 되는 것을 알 수 있다.

$$\frac{9}{15} \times \frac{8}{14} \approx \varepsilon^2 = 0.36(36\%) \tag{136}$$

이를 좀 더 일반화시키기 위해서 모델의 매개변수를 정의하기 위한 샘플 데이터의 개수를 S라고 하면 전체 데이터 중에서 인라이어에 속하는 데이터를 선택할 확률은 ε^S가 된다. 여기서, 직선의 방정식을 구하기 위해서 필요한 최소한의 데이터의 개수 $S=2$가 됨을 알 수 있다.

③ 직선상에 존재하지 않는 잘못된 관측점을 선택할 확률은 $(1-\varepsilon^S)$가 된다.

④ 그럼 전체 관측점에서 N번의 시도에서 잘못된 관측점을 선택할 확률은 $(1-\varepsilon^S)^N$가 되는 것을 알 수 있다. 이제 N번의 시도에서 인라이어에 속할 확률을 P로 두면 식 (137)과 같이 나타낼 수 있다.

$$(1-\varepsilon^S)^N = 1-P \tag{137}$$

여기서, 반복횟수 N은 확률 P값이 예를 들면 99%(0.99)와 같이 높은 값을 가질 수 있도록 충분히 높게 선택해야 한다.

⑤ 그러면 반복횟수를 충분히 높게 선택하기 위한 방법을 고려해보자.
이를 위해서 $(1-\varepsilon^S)^N = 1-P$ 식의 양변에 로그(log)를 취하면 식 (138)과 같이 나타낼 수 있다.

$$
\begin{aligned}
\log(1-\varepsilon^S)^N &= \log(1-P) \\
N\log(1-\varepsilon^S) &= \log(1-P) \\
\therefore N &= \frac{\log(1-P)}{\log(1-\varepsilon^S)}
\end{aligned}
\tag{138}
$$

[그림 2]에서 $P=0.99$, $\varepsilon=0.6$, $S=2$라고 하면 반복횟수 N은 10.3189가 되어 11회로 설정할 수 있다.

단원정리

01. 정확도(accuracy)는 관측값과 참값의 편차를 나타낸다. 정밀도(precision)는 관측값의 밀도를 나타내는 것이다.

02. 관측값처리의 용어
- 오차 = 관측값 - 참값
- 잔차 = 최확값 - 관측값 ≅ 평균−관측값
- 불일치 = 관측값 - 최확값 ≅ 관측값 - 참값
- 편차 = 관측값 - 평균값
- 편의 = 평균값 - 참값
- 분산 = 편차제곱의 기댓값
- 평균제곱오차 = 오차제곱의 기댓값
- 평균제곱근오차 = 오차제곱의 기댓값에 대한 제곱근
- 정확도 = 정밀도^2 + 편의^2

03. 테일러 급수(Taylor series)는 어떤 미지수의 함수 $f(x, y)$를 다항 함수로 나타내어 근사화하는 방법 중의 하나이다.

04. 비선형함수에 대해서 미지수를 계산하기 위해서는 다음과 같은 3가지 절차가 필요하다.
① 비선형함수는 미지수에 대해서 선형화가 필요하다.
② 미지수를 결정하기 위한 초기값이 필요하다.
③ 미지수의 변화량이 거의 없어 수렴할 때까지 반복적인 과정이 필요하다.

05. 일반적으로 관측값은 참값과 정확하게 일치하지 않는다. 참값을 추정하기 위해서 관측값을 이용하며 관측값이 미지수 보다 많을 경우 잔차 제곱의 합을 최소로 하는 최소제곱법을 이용한다.

06. 최소제곱법의 종류에는 관측방정식 (indirect observation method), 조건방정식 (observation only method), 혼합방정식 (mixed model)이 있다. 관측방정식은 관측값을 이용하여 미지수를 중심으로 해를 구하는 방법이고, 조건방정식은 관측값과 조건식을 이용하여 해를 구하는 방법이다. 혼합방정식은 미지수를 구하고자 하는데 관측값 뿐만 아니라 조건식을 같이 적용해야 될 때 사용하는 방법이다.

07. 최소제곱법의 설명을 위해 관련된 기호를 살펴보면 다음과 같다.
- n : 총 관측값의 개수
- n_0 : 모델의 미지수를 결정하기 위해 필요한 최소 관측값의 개수
- r : 잉여도(또는 자유도), $r = n - n_0$
- u : 미지수의 개수
- c : 조건식의 개수, $c = r + u$

08. 경중률이란 여러 관측 값이 있다고 할 때 관측값의 상대적인 신뢰도를 나타내는 것으로 관측값의 분산과 반비례한다. 관측값 처리를 위해서 필요한 경중률은 분산-공분산 행렬의 역수에 비례하며 다음과 같다.

$$W = \sigma_o^2 P^{-1}$$

09. $\boldsymbol{y}$가 Ax와 같이 $\boldsymbol{x}$의 선형 함수로 구성되어 있을 때 분산을 이용하여 오차전파식을 유도하면 다음과 같다.

$$P_{yy} = AP_{xx}A^T$$

10. 상관계수(ρ_{xy})는 다음 식과 같이 분산과 공분산을 이용하여 계산할 수 있으며, 상관계수 값의 범위는 -1부터 1까지이다.

$$\rho_{xy} = \frac{\sigma_{xy}}{\sigma_x \sigma_y} = [-1 \;\; 1]$$

11. 과대오차를 제거하는 방법에는 data snooping, IRLS, Ln-norm, RANSAC 4가지가 있다.

12. 데이터 스누핑(data snooping)은 잔차가 매우 작을 경우, 과대오차를 판단하기 어려울 수 있기 때문에 σ_v로 나누어 표준화된 잔차를 이용하여 과대오차를 제거한다.

13. IRLS는 잔차 값이 크면 경중률을 낮게 주어 반복적으로 해를 구하는 방법으로 과대오차에 경중률을 낮게 하여 기여도를 낮추는 방법이다.

14. L1은 잔차의 절대값을 최소화하는 방법이다.

$$\phi = |\boldsymbol{v}_1| + |\boldsymbol{v}_2| + \cdots + |\boldsymbol{v}_n|$$

15. L2는 잔차제곱의 합을 최소화하는 방법이다.

$$\phi = v_1^2 + v_2^2 + \cdots + v_n^2$$

16. RANSAC(RANdom SAmple Consensus)은 과대오차를 줄이면서 모델의 매개변수를 예측하는 방법이며, 모델의 매개변수를 예측하는 과정은 다음과 같다.

① 모델의 매개변수를 결정하기 위해 필요한 최소한의 데이터인 S를 임의로 랜덤하게 선택한다.

② 선택된 데이터를 인라이어(inlier)라고 가정하고 모델의 매개변수를 예측한다.

③ 두 번째 단계에서 예측된 모델의 매개변수를 이용하여 전체 데이터에서 얼마나 많은 데이터가 예측된 모델에 잘 맞는지 검사한다. 모델에 맞는 데이터의 수를 K라고 한다.

④ 만약 전체 데이터중에서 모델에 맞는 데이터의 수가 K개 보다 많다면 예측한 모델의 매개변수를 확정하고 프로그램을 종료한다. 그렇지 않을 경우 다시 모델에 맞는 데이터(inlier)를 이용하여 매개변수를 예측하기 위해서 다시 ①, ②, ③의 과정을 반복한다.

⑤ 충분히 반복 후에도 전체 데이터 대비 모델에 맞는 데이터의 개수가 K보다 작다면 모델 매개변수를 구하지 못한 것으로(실패) 간주한다.

연습문제

1. 다음의 용어의 수식을 작성하시오.

   오차 =

   잔차 =

   불일치 =

   편차 =

   편의 =

   분산 =

   평균제곱오차 =

   평균제곱근오차 =

   정확도 =

2. x의 분산 $Var(x)$가 $E(x^2) - \{E(x)^2\}$이 되는 것을 증명하시오.

3. 다음과 같이 관측값이 주어졌을 경우 x, y의 분산을 계산하시오.

x	y
2.2	3.7
4.6	5.1
3.1	4.2
1.7	3.0
6.3	7.6

4. 비선형함수에서 미지수를 계산하기 위한 절차를 쓰시오.

5. 미지수 (x, y)를 포함하고 있는 2개의 비선형방정식 $F(x, y)$와 $G(x, y)$가 있을 때 테일러 급수 전개를 통해 미지수를 계산하시오. (단, 최초 초기값은 $x_0 = 1, y_0 = 1$이며, 1번 반복하시오.)

$F(x, y) : x + 3y - y^2 = -9$

$G(x, y) : x^2 + y^2 = 8$

6. $z = ax + by + c$되는 평면의 방정식이 있다고 가정할 때, 미지수의 개수는 3이며, 총 관측수는 15일 경우, 잉여도와 조건식의 개수를 계산하시오.

7. 최소제곱법의 종류를 구분하고 기본식을 작성하시오.

8. 다음의 최소제곱법에서 $v^T Wv$ 가 최소가 되는 조건을 만족하도록 하여 $\Delta = (B^T WB)^{-1}(B^T Wf)$ 임을 증명하시오.

9. 다음의 표와 같이 3점을 지나는 직선방정식을 $y-ax-b=0$으로 구성하고자 한다. 이때, 관측방정식을 $v+B\Delta=f$ 형태로 구성하시오.

번호	x(상수)	y(관측값)
P1	2	3.2
P2	4	4.0
P3	6	5.0

10. 다음의 표와 같이 3점을 지나는 직선방정식을 $y-ax-b=0$으로 구성하고자 한다. 이때, 혼합방정식을 $Av+B\Delta=f$ 형태로 구성하시오.

번호	x(관측값)	y(관측값)
P1	2	3.2
P2	4	4.0
P3	6	5.0

11. 다음 표와 같이 직선의 방정식($y=mx+b$)을 결정하기 위해 4개의 관측값이 주어졌다. 직선의 방정식에서 미지수(m,b)를 결정하기 위해 관측방정식을 이용하여 최소제곱조정을 수행하시오.

번호	x (상수)	y (관측값)
1	1.0	1.5
2	2.0	2.1
3	3.0	3.7
4	4.0	4.2

12. 다음과 같이 2차 다항식으로 이루어진 벡터를 편미분하는 과정을 쓰시오.

$$\boldsymbol{x}=[x_1\ x_2]^T$$

$$F=\begin{matrix} 3x_1^2+2x_2^2 \\ 2x_1^2+5x_2^2 \end{matrix}$$

13. 주어진 값을 이용하여 x, y의 상관계수를 구하시오.

구분	x	y	(x_1-x)	$(x_1-\mu_{x_1})^2$	(y_1-y)	$(y_1-\mu_{y_1})^2$	$(x_1-\mu_{x_1})(y_1-\mu_{y_1})$
1	10	57	−19	361	−2	4	38
2	20	48	−9	81	−11	121	99
3	25	70	−4	16	11	121	−44
4	50	80	21	441	21	441	441
5	40	40	11	121	−19	361	−209
합계	145	295	0	1,360	0	1,048	325
평균	29	59		204		209.6	65

14. P_{xx}는 x_1과 x_2에 대한 분산-공분산 행렬이라 하고, y_1과 y_2가 각각 x_1과 x_2의 선형식으로 구성되어 있다고 할 때 z에 대한 분산-공분산 행렬을 구하시오.

$$P_{xx}=\begin{bmatrix}6 & 5\\ 4 & 3\end{bmatrix} \quad y_1=x_1+3x_2 \quad y_2=2x_1+x_2 \quad z=y_1+3y_2$$

15. 다음과 같은 6개의 관측값이 있다고 할 때 데이터 스누핑 방법을 통해서 과대오차를 제거하시오(여기서, 과대오차를 줄이기 위해서 설정한 표준화된 잔차는 ±1로 가정한다).

번호	관측값	평균	관측값의 잔차 (평균–관측값)	잔차의 표준편차	표준화된 잔차
1	10				
2	11				
3	10				
4	11				
5	11				
6	100				

chapter

08 사진측량과 컴퓨터비전의 기하학적 원리

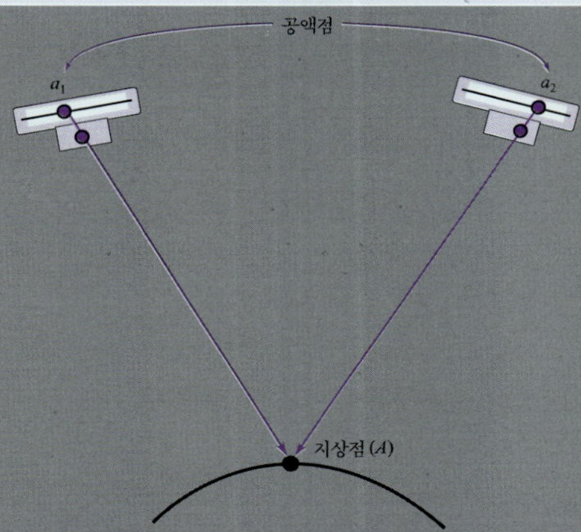

이 단원에서는 사진측량과 컴퓨터비전에서 기본적으로 알아야 할 기하학적 원리와 공선조건, 공면조건의 내용을 소개한다. 공선조건은 지상의 임의의 점과 그에 대응하는 사진상의 점 그리고 카메라의 투영(또는 촬영)중심이 동일 직선상에 있다는 것이다. 본 교재에서는 공선조건식의 유도와 공면조건식을 간단하게 언급하였다. 인간의 시각체계와 광학을 배운 경험이 있기 때문에 여러 분은 이미 공선조건과 공면조건을 간접적으로 경험한 것이나 다름이 없다. 공선조건과 공면조건에 대한 개념적인 이해를 바탕으로 수직사진과 수직사진의 기하학적 정확도를 다루었다. 이를 통해 사진측량과 컴퓨터비전의 기하학적 원리가 인간의 두 눈을 통해서 대상물을 바라보고 이에 대한 3차원 정보를 실시간으로 파악하는 것과 동일한 원리인 것을 이해할 수 있을 것이다.

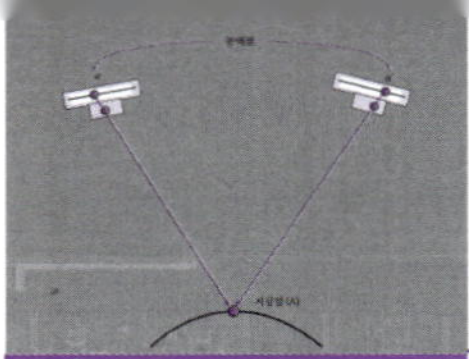

chapter

08 사진측량과 컴퓨터비전의 기하학적 원리

학습목표

1. 공선조건과 공면조건에 대해서 설명할 수 있다.
2. 수직사진과 수직사진의 기하학적 정확도를 설명할 수 있다.
3. 멀티카메라를 위한 수정된 공선조건식을 설명할 수 있다.

01 사진을 통한 위치결정의 원리

인간이 두 눈을 통해 대상물을 바라보고 대상물에 대한 3차원 정보를 실시간으로 파악하는 것과 동일한 원리로 사진측량과 컴퓨터비전에서 3차원 좌표를 결정한다. 사진을 통해서 대상물의 3차원 좌표를 결정하기 위해서 가장 먼저 선행해야 하는 것은 [그림 1]과 같이 동일한 대상물을 서로 다른 시점에서 관측한 두 장 이상의 사진을 취득하는 것이다.

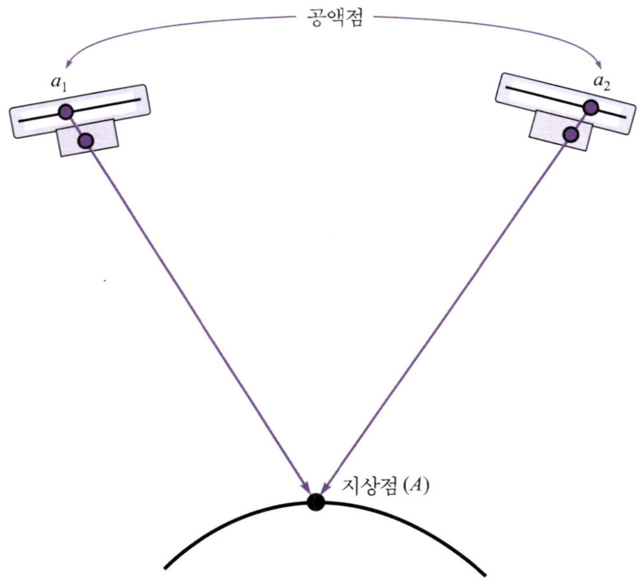

그림 1 지상점을 서로 다른 위치에서 촬영한 사진

02 공선조건

사진측량과 컴퓨터비전에서 사진(또는 영상)을 이용하여 위치를 결정하기 위해서 가장 기본이 되는 공식은 공선조건식(collinearity condition or collinearity equation)이다. 공선조건식은 [그림 2]와 같이 지상의 임의의 점 $A(X_A, Y_A, Z_A)$와 그에 대응하는 사진상의 점 $a(x_a, y_a)$ 그리고 카메라의 투영(또는 촬영)중심 $O(X_O, Y_O, Z_O)$가 동일 직선상에 있다는 것이다.

- 공선조건 : 지상의 점 A와 사진상의 점 a와 투영중심 O가 동일 직선상에 있는 조건

공선조건식의 유도 과정은 벡터를 이용하면 된다. [그림 2]는 지상점 A가 투영중심 O를 통과하여 사진상에 a점에 맺힌 것을 나타낸다. 사진좌표계는 사진지표의 중심에 원점이 있거나 영상인 경우 2차원 CCD 배열의 중심에 원점이 있도록 설계되어 있지만, 실질적으로 카메라 제조과정에서 빛을 통과하는 중심점이 (0, 0)에 있지 않고 약간 이동된 주점(x_p, y_p)에 위치하는 경우가 있다. 사진측량과 컴퓨터비전에서 지표면에서 반사된 빛이 렌즈중심을 통과하는 실질적인 원점을 주점(principal point)이라고 한다.

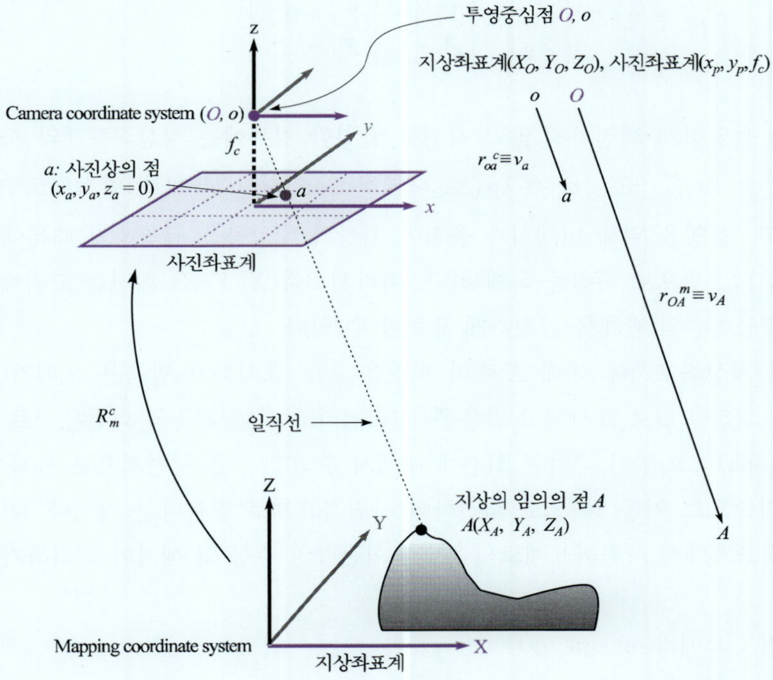

그림 2 공선조건

투영중심 O는 사진좌표계와 지상좌표계로 각각 나타낼 수 있다. O의 사진좌표는 $(x_p, y_p, f_c)^T$이고 f_c는 카메라의 초점거리를 나타낸다. 사진상에 맺힌 a점의 사진좌표는 사진면 상에 존재하기 때문에 $(x_a, y_a, 0)^T$로 나타낼 수 있다. a점은 카메라의 캘리브레이션이 수행되지 않은 상태에서 사진에 맺힌 점으로 왜곡량($\triangle x, \triangle y$)을 보정해야한다. 따라서 사진좌표계로 표현한 투영중심 o(소문자)와 사진상의 a를 연결하는 벡터($\boldsymbol{r}_{oa}^{c} \equiv \boldsymbol{v}_a$)는 식 (1)과 같다.

$$\boldsymbol{r}_{oa}^{c} \equiv \boldsymbol{v}_a = \begin{bmatrix} x_a \\ y_a \\ 0 \end{bmatrix} - \begin{bmatrix} x_p + \triangle x \\ y_p + \triangle y \\ f_c \end{bmatrix} = \begin{bmatrix} x_a - x_p - \triangle x \\ y_a - y_p - \triangle y \\ -f_c \end{bmatrix} \tag{1}$$

유사하게 지상점 A는 지상좌표계상에서 $(X_A, Y_A, Z_A)^T$로 나타낼 수 있다. 또한, 투영중심 O(대문자)를 지상좌표계상에서 표현하면 $(X_O, Y_O, Z_O)^T$로 나타낼 수 있다. 투영중심 O와 지상점 A를 연결하는 벡터($\boldsymbol{r}_{OA}^{m} \equiv \boldsymbol{v}_A$)는 식 (2)와 같다.

$$\boldsymbol{r}_{OA}^{m} \equiv \boldsymbol{v}_A = \begin{bmatrix} X_A \\ Y_A \\ Z_A \end{bmatrix} - \begin{bmatrix} X_O \\ Y_O \\ Z_O \end{bmatrix} = \begin{bmatrix} X_A - X_O \\ Y_A - Y_O \\ Z_A - Z_O \end{bmatrix} \tag{2}$$

지상좌표계와 동일하게 회전하지 않고 사진를 촬영한 경우에는 지상좌표계와 사진좌표계 간의 관계를 $\boldsymbol{r}_{oa}^{c} = \lambda \boldsymbol{r}_{OA}^{m}$ 또는 $\boldsymbol{v}_a = \lambda \boldsymbol{v}_A$로 나타낼 수 있다. 그러나 일반적으로 지상좌표계는 움직이지 않고, 촬영을 위해 비행기가 움직여 지상의 대상물을 촬영하기 때문에 사진좌표계가 지상의 X, Y, Z축으로 회전을 하게 된다. 따라서 3축(X, Y, Z) 회전을 고려해야만 지상좌표계와 사진좌표계간의 관계를 완전하게 표현할 수 있다.

사진측량에서 지상좌표계에 대해 X축의 회전을 ω로 표시하고 발음은 오메가(omega)라고 한다. Y축의 회전은 φ로 표시하고 발음은 피(phi)라고 하며 Z축의 회전은 k로 표시하고 발음은 카파(kappa)라고 한다. 3차원 회전에 대해서 주의할 점은 일반적으로 움직이지 않는 지상좌표계를 기준으로 이를 3축으로 회전하여 사진좌표계로 맞춘다는 것이다. 이러한 이유는 고정된 지상좌표계에서 사진좌표계로의 3차원 회전각의 추정 및 해석이 편리하기 때문이다.

- X축의 회전 : 오메가(omega, ω)
- Y축의 회전 : 피(phi, φ)

• Z축의 회전 : 카파(kappa, k)

3차원 회전행렬은 M은 식 (3)과 같이 움직이지 않은 지상좌표계를 X축(ω), Y축(φ), Z축(κ)의 순서로 회전한 3×3 행렬을 나타낸다.

$$R_m^c \equiv M = M_\kappa M_\varphi M_\omega = \begin{bmatrix} \cos\kappa & \sin\kappa & 0 \\ -\sin\kappa & \cos\kappa & 0 \\ 0 & 0 & 1 \end{bmatrix} \begin{bmatrix} \cos\varphi & 0 & -\sin\varphi \\ 0 & 1 & 0 \\ \sin\varphi & 0 & \cos\varphi \end{bmatrix} \begin{bmatrix} 1 & 0 & 0 \\ 0 & \cos\omega & \sin\omega \\ 0 & -\sin\omega & \cos\omega \end{bmatrix} \quad (3)$$

3차원 회전을 고려하여 공선조건식의 의미를 다시 한번 생각해보면 사진좌표계와 지상좌표계 간의 관계는 $\boldsymbol{r}_{oa}^c = \lambda R_m^c \boldsymbol{r}_{OA}^m$ 또는 $\boldsymbol{v}_a = \lambda M \boldsymbol{v}_A$로 나타낼 수 있다. 이를 행렬형태로 표현하면 식 (4)와 같다.

$$\begin{bmatrix} x_a - x_p - \Delta x \\ y_a - y_p - \Delta y \\ -f_c \end{bmatrix} = \lambda M \begin{bmatrix} X_A - X_O \\ Y_A - Y_O \\ Z_A - Z_O \end{bmatrix} \quad (4)$$

식 (4)에서 회전행렬 M의 행렬요소를 고려하여 표현하면 식 (5)와 같다.

$$\begin{bmatrix} x_a - x_p - \Delta x \\ y_a - y_p - \Delta y \\ -f_c \end{bmatrix} = \lambda \begin{bmatrix} m_{11} & m_{12} & m_{13} \\ m_{21} & m_{22} & m_{23} \\ m_{31} & m_{32} & m_{33} \end{bmatrix} \begin{bmatrix} X_A - X_O \\ Y_A - Y_O \\ Z_A - Z_O \end{bmatrix} \quad (5)$$

여기서 회전행렬 M은 식 (6)과 같다.

$$R_m^c \equiv M_{\kappa\varphi\omega} = \begin{bmatrix} m_{11} & m_{12} & m_{13} \\ m_{21} & m_{22} & m_{23} \\ m_{31} & m_{32} & m_{33} \end{bmatrix} = \begin{bmatrix} \cos\varphi\cos\kappa & \cos\omega\sin\kappa + \sin\omega\sin\varphi\cos\kappa & \sin\omega\sin\kappa - \cos\omega\sin\varphi\cos\kappa \\ -\cos\varphi\sin\kappa & \cos\omega\cos\kappa - \sin\omega\sin\varphi\sin\kappa & \sin\omega\cos\kappa + \cos\omega\sin\varphi\sin\kappa \\ \sin\varphi & -\sin\omega\cos\varphi & \cos\omega\cos\varphi \end{bmatrix} \quad (6)$$

사진측량 관련 서적에서 회전행렬을 M 대신 R로 표현하는 경우도 있는데 두 행렬간의 관계는 $M_{\kappa\varphi\omega}^{-1} = M_{\kappa\varphi\omega}^T \equiv R_{\omega\varphi\kappa}$가 되고 R은 식 (7)과 같이 M 행렬의 전치행렬(M^T)이 된다.

$$R_c^m = R_{\omega\varphi\kappa} = \begin{bmatrix} r_{11} & r_{12} & r_{13} \\ r_{21} & r_{22} & r_{23} \\ r_{31} & r_{32} & r_{33} \end{bmatrix} = \begin{bmatrix} \cos\varphi\cos\kappa & -\cos\varphi\sin\kappa & \sin\varphi \\ \cos\omega\sin\kappa + \sin\omega\sin\varphi\cos\kappa & \cos\omega\cos\kappa - \sin\omega\sin\varphi\sin\kappa & -\sin\omega\cos\varphi \\ \sin\omega\sin\kappa - \cos\omega\sin\varphi\cos\kappa & \sin\omega\cos\kappa + \cos\omega\sin\varphi\sin\kappa & \cos\omega\cos\varphi \end{bmatrix} \quad (7)$$

식 (5)에서 축척계수 λ를 제거하기 위해서 세번째 식을 첫 번째와 두 번째에 나누어 정리하면 식 (8)과 같이 정리된 공선조건식이 된다.

$$x_a = x_p - f_c \frac{m_{11}(X_A - X_O) + m_{12}(Y_A - Y_O) + m_{13}(Z_A - Z_O)}{m_{31}(X_A - X_O) + m_{32}(Y_A - Y_O) + m_{33}(Z_A - Z_O)} + \triangle x \qquad (8a)$$

$$y_a = y_p - f_c \frac{m_{21}(X_A - X_O) + m_{22}(Y_A - Y_O) + m_{23}(Z_A - Z_O)}{m_{31}(X_A - X_O) + m_{32}(Y_A - Y_O) + m_{33}(Z_A - Z_O)} + \triangle y$$

$$x_a = x_p - f_c \frac{r_{11}(X_A - X_O) + r_{21}(Y_A - Y_O) + r_{31}(Z_A - Z_O)}{r_{13}(X_A - X_O) + r_{23}(Y_A - Y_O) + r_{33}(Z_A - Z_O)} + \triangle x \qquad (8b)$$

$$y_a = y_p - f_c \frac{r_{12}(X_A - X_O) + r_{22}(Y_A - Y_O) + r_{32}(Z_A - Z_O)}{r_{13}(X_A - X_O) + r_{23}(Y_A - Y_O) + r_{33}(Z_A - Z_O)} + \triangle y$$

식 (8)에서 알 수 있듯이 사진좌표(x_a, y_a)는 사진의 내부표정요소에 해당하는 주점의 위치(x_p, y_p)와 초점거리(f_c)를 알고 있다고 가정할 때 $Function(\omega, \varphi, \kappa, X_O, Y_O, Z_O)$로 나타낼 수 있다. 다시 말해서, 외부표정요소$(\omega, \varphi, \kappa, X_O, Y_O, Z_O)$를 알면 지상점($A$)에 대한 사진좌표를 결정할 수 있다.

식 (8)의 공선조건식을 다시 한번 간략하게 식 (9)와 같다.

$$x_a = x_p - f_c \frac{N_x}{D} + \triangle x \qquad (9)$$

$$y_a = y_p - f_c \frac{N_y}{D} + \triangle y$$

여기서, N_x, N_y, D는 다음과 같다.

$$N_x = m_{11}(X_A - X_O) + m_{12}(Y_A - Y_O) + m_{13}(Z_A - Z_O) = r_{11}(X_A - X_O) + r_{21}(Y_A - Y_O) + r_{31}(Z_A - Z_O)$$
$$N_y = m_{21}(X_A - X_O) + m_{22}(Y_A - Y_O) + m_{23}(Z_A - Z_O) = r_{12}(X_A - X_O) + r_{22}(Y_A - Y_O) + r_{32}(Z_A - Z_O)$$
$$D = m_{31}(X_A - X_O) + m_{32}(Y_A - Y_O) + m_{33}(Z_A - Z_O) = r_{13}(X_A - X_O) + r_{23}(Y_A - Y_O) + r_{33}(Z_A - Z_O)$$

이미 알고 있는 지상기준점을 이용하여 카메라의 위치와 자세에 해당하는 외부표정요소를 결정하는 것을 공간후방교회법(spatial resection)이라고 하고 카메라의 내외부표정요소와 사진좌표를 이용하여 지상의 3차원 좌표를 결정하는 것을 공간전방교회법(spatial intersection)이라고 한다.

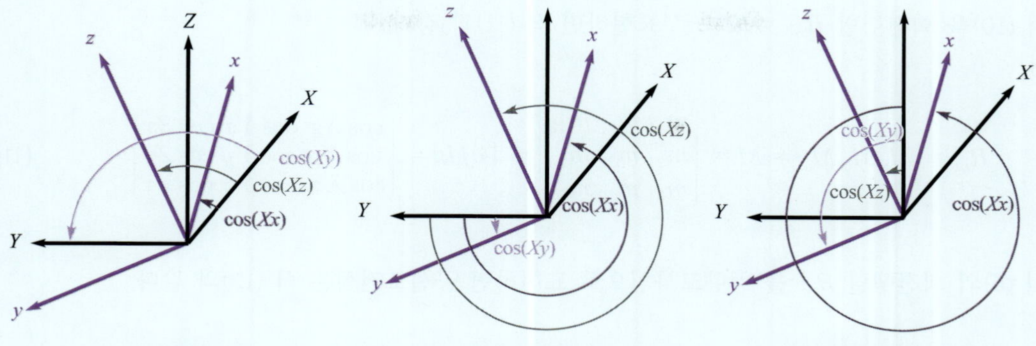

그림 3 방향코사인

예제 1 공간후방교회법과 공간전방교회법

사진측량 및 컴퓨터비전에서 사용되고 있는 공간후방교회법(spatial resection)과 공간전방교회법(spatial intersection)의 용어에 대해서 설명하시오.

① 공간후방교회법(spatial resection) : 기준점을 이용하여 카메라의 위치와 자세에 해당하는 외부표정요소를 결정하는 것

② 공간전방교회법(spatial intersection) : 카메라의 내외부표정요소와 사진좌표를 이용하여 지상의 3차원 좌표를 결정하는 것

공선조건식에서 회전행렬 M은 방향코사인으로 표현할 수 있으며, 방향코사인은 [그림 3]과 같다. 또한, 각 축의 회전을 방향코사인으로 나타내면 식 (10)과 같다.

$$\boldsymbol{i} = M_\omega \begin{bmatrix} 1 \\ 0 \\ 0 \end{bmatrix} = \begin{bmatrix} \cos Xx \\ \cos Xy \\ \cos Xz \end{bmatrix} \tag{10}$$

$$\boldsymbol{j} = M_\varphi \begin{bmatrix} 0 \\ 1 \\ 0 \end{bmatrix} = \begin{bmatrix} \cos Yx \\ \cos Yy \\ \cos Yz \end{bmatrix}$$

$$\boldsymbol{k} = M_\kappa \begin{bmatrix} 0 \\ 0 \\ 1 \end{bmatrix} = \begin{bmatrix} \cos Zx \\ \cos Zy \\ \cos Zz \end{bmatrix}$$

식 (10)을 회전행렬 $R_m^c = M$으로 표현하면 식 (11)과 같다.

$$R_m^c \equiv M_\kappa M_\varphi M_\omega = M = \begin{bmatrix} m_{11} & m_{12} & m_{13} \\ m_{21} & m_{22} & m_{23} \\ m_{31} & m_{32} & m_{33} \end{bmatrix} = [\boldsymbol{i}\ \boldsymbol{j}\ \boldsymbol{k}] = \begin{bmatrix} \cos Xx & \cos Yx & \cos Zx \\ \cos Xy & \cos Yy & \cos Zy \\ \cos Xz & \cos Yz & \cos Zz \end{bmatrix} \tag{11}$$

식 (5)의 회전행렬 R_m^c 를 방향코사인으로 표현하면 공선조건식은 식 (12)와 같다.

$$\begin{bmatrix} x_a - x_p - \triangle x \\ y_a - y_p - \triangle y \\ -f_c \end{bmatrix} = \lambda \begin{bmatrix} \cos Xx & \cos Yx & \cos Zx \\ \cos Xy & \cos Yy & \cos Zy \\ \cos Xz & \cos Yz & \cos Zz \end{bmatrix} \begin{bmatrix} X_A - X_O \\ Y_A - Y_O \\ Z_A - Z_O \end{bmatrix} \tag{12}$$

식 (12)에서 축척계수 λ를 제거하기 위해서 세번째 식을 첫 번째와 두 번째에 나누어 정리하면 식 (13)과 같이 회전행렬을 방향코사인을 이용하여 정리한 공선조건식이 된다.

$$x_a = x_p - f_c \frac{\cos Xx(X_A - X_O) + \cos Yx(Y_A - Y_O) + \cos Zx(Z_A - Z_O)}{\cos Xz(X_A - X_O) + \cos Yz(Y_A - Y_O) + \cos Zz(Z_A - Z_O)} + \triangle x \tag{13}$$

$$y_a = y_p - f_c \frac{\cos Xy(X_A - X_O) + \cos Yy(Y_A - Y_O) + \cos Zy(Z_A - Z_O)}{\cos Xz(X_A - X_O) + \cos Yz(Y_A - Y_O) + \cos Zz(Z_A - Z_O)} + \triangle y$$

03 공면조건

공면조건(coplanarity condition)은 [그림 4]와 같이 좌측 사진의 투영중심과 우측 사진의 투영중심과 지상의 임의의 점 A가 좌우 사진에 맺힌 a_1, a_2가 동일 평면상에 있다는 조건이다.

- 공면조건 : 좌우 사진의 투영중심(O_1, O_2)과 지상점 A가 동일 평면상에 있다는 조건
- 공면조건 : 좌우 사진의 투영중심(O_1, O_2)과 좌우 사진점(a_1, a_2)이 동일 평면상에 있다는 조건

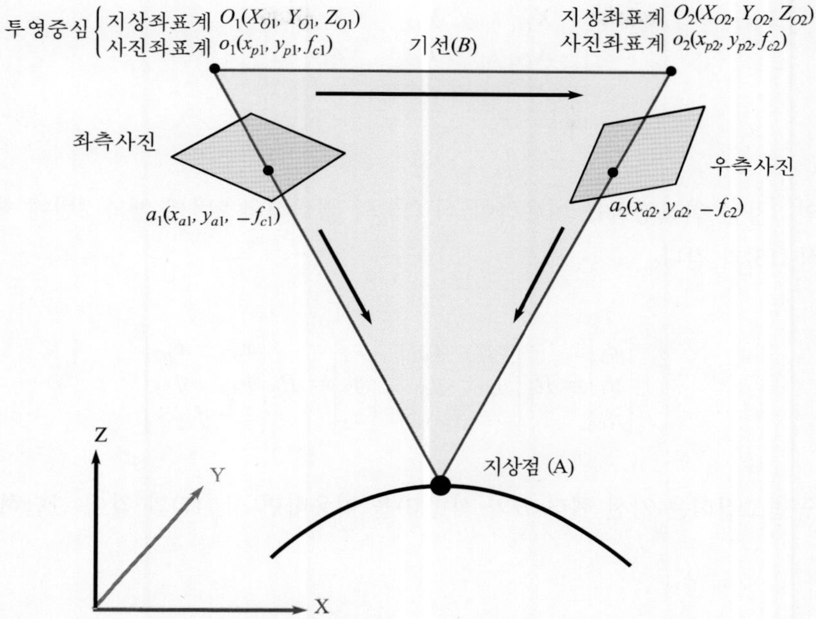

그림 4 공면조건

3차원 공간상에서 평면의 일반식은 $AX+BY+CZ+D=0$ 이다. [그림 4]와 같이 2개의 투영중심$O_1(X_{O1}, Y_{O1}, Z_{O1}), O_2(X_{O2}, Y_{O2}, Z_{O2})$와 지상의 임의의 점 A가 맺힌 사진상의 두 점 $a_1(x_{a1}, y_{a1}, -f_{c1}), a_2(x_{a2}, y_{a2}, -f_{c2})$가 동일 평면에 있기 위한 관계식은 식 (14)와 같다.

$$\begin{bmatrix} X_{O1} & Y_{O1} & Z_{O1} & 1 \\ X_{O2} & Y_{O2} & Z_{O2} & 1 \\ x_{a1}-x_{p1} & y_{a1}-y_{p1} & -f_{c1} & 1 \\ x_{a2}-x_{p2} & y_{a2}-y_{p2} & -f_{c2} & 1 \end{bmatrix} \begin{bmatrix} A \\ B \\ C \\ D \end{bmatrix} = \begin{bmatrix} 0 \\ 0 \\ 0 \\ 0 \end{bmatrix} \tag{14}$$

네 점(O_1, O_2, a_1, a_2)이 동일 평면 내에 있기 위한 조건인 공면조건을 만족하기 위해서는 식 (15)와 같이 행렬식이 0이 되어야 한다. 또한, 좌우 사진의 투영중심을 잇는 기선 B의 X, Y, Z축 성분인 b_X, b_Y, b_Z를 O_1의 좌표와 O_2점의 좌표를 이용하여 나타내면 $B(X_{O2}-X_{O1}, Y_{O2}-Y_{O1}, Z_{O2}-Z_{O1})$와 같이 나타낼 수 있다.

$$\begin{vmatrix} X_{O1} & Y_{O1} & Z_{O1} & 1 \\ X_{O2} & Y_{O2} & Z_{O2} & 1 \\ x_{a1}-x_{p1} & y_{a1}-y_{p1} & -f_{c1} & 1 \\ x_{a2}-x_{p2} & y_{a2}-y_{p2} & -f_{c2} & 1 \end{vmatrix} = 0 \tag{15}$$

좌우 사진의 3차원 회전행렬을 이용하여 식 (15)의 행렬식의 2번째 행과 3번째 행의 벡터를 나타내면 식 (16)과 같다.

$$\begin{bmatrix} x_1 \\ y_1 \\ z_1 \end{bmatrix} = R_1 \begin{bmatrix} x_{a1}-x_{p1} \\ y_{a1}-y_{p1} \\ -f_{c1} \end{bmatrix}, \begin{bmatrix} x_2 \\ y_2 \\ z_2 \end{bmatrix} = R_2 \begin{bmatrix} x_{a2}-x_{p2} \\ y_{a2}-y_{p2} \\ -f_{c2} \end{bmatrix} \tag{16}$$

식 (15)의 공면조건식은 기선 벡터 B와 식 (16)을 이용하면 식 (17)과 같이 간단히 나타낼 수 있다.

$$\begin{vmatrix} b_X & b_Y & b_Z \\ x_1 & y_1 & z_1 \\ x_2 & y_2 & z_2 \end{vmatrix} = 0 \tag{17}$$

스테레오 영상에서 좌우 사진의 투영중심과 두 사진의 매칭점이 대응되는 사진 좌표가 동일 평면내에 있기 위한 필요충분조건을 공면조건이라 한다. 컴퓨터비전에는 이러한 공면조건을 풀이하기 위해서 필수행렬(essential matrix, E)을 이용하는 방법을 사용한다.

04 수직사진과 수직사진의 기하학적 정확도

4.1 수직사진

일반적으로 사진측량에서 카메라의 위치와 자세는 지상좌표계를 중심으로 회전되어 있을 수 있는데 기하구조를 간단하게 설정하기 위해서 수직사진을 이용하여 수평위치와 수직위치에 대한 정확도를 살펴본다. 이를 위해서 수직사진은 다음의 조건을 충족한다고 가정한다.

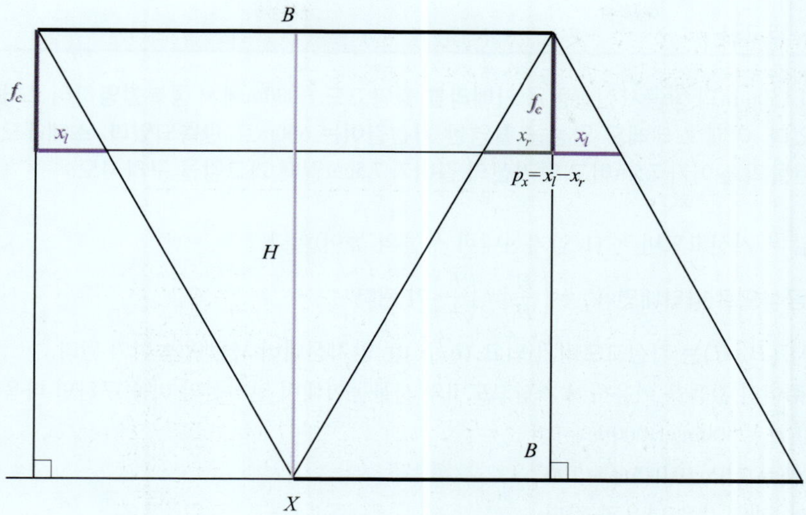

그림 5 수직사진에서 시차와 기선고도비

① 지상좌표계(XYZ)의 Z축과 사진좌표계(xyz)의 z축이 서로 평행해야 한다. 다시 말해서, 지상좌표계를 기준으로 사진좌표계의 x축과 y축의 회전이 없다($\omega = \varphi = 0$)는 것이다.

② 지상좌표계의 XY축이 사진좌표계의 xy축과 평행해야 한다. 다시 말해서, 지상좌표계의 Z축을 회전하여 사진좌표계의 z축과 일치시킬 필요가 없다($\kappa = 0$)는 것이다.

③ 지상좌표계의 원점이 수직으로 사진의 투영중심의 아래쪽에 위치하여야 한다. 즉, $X_O = Y_O = 0$이다.

④ 사진좌표계의 주점의 위치는 사진의 투영중심의 Z축을 따라서 위치하여야 한다. 다시 말해서, 사진 상의 주점의 위치는 $x_p = y_p = 0$이라는 것이다.

⑤ 수직사진에서 카메라의 렌즈왜곡은 없다고 가정한다.

[그림 5]에서 기선고도비(B/H)는 스테레오 사진의 촬영 기선길이(B)와 촬영고도(H)의 비인 B/H로 나타낸다. 이러한 기선고도비는 스테레오 사진을 입체시할 때 사물이 실제 높이보다 과장되어 보이는 정도를 나타내는 과고감과 관련이 있다. 과고감과 기선고도비는 비례관계에 있으며 촬영고도(H)에 비해 촬영기선길이(B)가 길면 기선고도비가 크며 사물의 높이가 과장되어 보이는 정도인 과고감이 크게 나타난다.

두 장의 사진을 통해서 입체시를 할 때 사람의 두 눈을 통해서 대상물의 높이를 인식한다. 일반적으로 기선고도비(B/H)가 안기선대비 사물의 높이(b/h)와 유사할 때 가장 편안하게 입체감을 느낄 수 있다. 이에 반해 기선고도비가 안기선대비 사물의 높이비에 비해 클 경우 과고감을 많이 느낀다.

예제 2 과고감

초점거리 150mm의 항공사진측량용 카메라를 촬영고도 1,000m에서 중복촬영하여 스테레오 영상을 얻었다. 이때 스테레오 영상을 촬영한 기선길이는 600m로 관측되었다. 스테레오 영상에 나타난 건물의 높이가 7.5m이고 안기선의 길이가 7.5cm일때 과고감을 구하시오.

① 과고감 = 기선고도비 × (1/안기선대비 사물의 높이)이다.

이를 공식으로 나타내면 $V_E = \left(\frac{B}{H}\right) \times \left(\frac{h}{b}\right)$가 된다.

여기서, (B/H)는 기선고도비가 되고, (b/h)는 안기선대비 사물의 높이가 된다.

② 이제 주어진 값들을 이용하여 기선고도비와 사물높이대비 안기선의 비를 구하면 다음과 같다.

- $B/H = 600m/1{,}000m = 0.6$
- $h/b = 7.5m/0.075m = 100$

③ 따라서, 과고감은 다음과 같다.

과고감 = 0.6 × 100 = 60이 되어 7.5m의 건물이 매우 과장되어 보인다.

스테레오로 촬영된 수직사진이 있다고 가정할 때 지상의 A점이 좌측사진과 우측사진에서 각각 x_l과 x_r에 상이 맺혔다고 하자. 이때 좌우 사진의 시차 p_x는 지상의 A점이 좌측과 우측에 맺힌 사진 상의 거리를 나타낸다. 즉, $p_x = x_l - x_r$ 이 된다. 우측사진의 x_r은 사진의 원점에서 좌측에 위치하고 있기 때문에 사진좌표의 부호가 (−)가 된다. 따라서 시차를 계산할 때 식 (18)과 같이 좌측 사진의 좌표(x_l)에서 우측 사진의 좌표(x_r)는 빼야 되는 것을 알 수 있다.

$$p_x = x_l - x_r \tag{18}$$

[그림 5]에서 우측사진에 표시된 사진의 삼각형과 지상의 삼각형은 서로 닮은 것을 알 수 있다. 즉, 도형의 닮음을 이용하면 초점거리(f_c), 시차(p_x), 촬영고도(H), 그리고 기선길이(B)와의 관계를 유도할 수 있으며 그 관계는 식 (19)와 같다.

$$H : B = f_c : p_x \tag{19}$$

식 (19)에서 촬영고도를 중심으로 식을 변환하면 식 (20)과 같다.

$$H = \frac{B}{p_x} f_c \tag{20}$$

식 (20)에서 알 수 있듯이 시차가 작을 경우 촬영고도(H)는 높아지고, 시차가 클 경우 촬영고도(H)는 낮아지는 것을 알 수 있다. 식 (19)를 다시 시차를 중심으로 나타내면 식 (21)과 같다.

$$p_x = \frac{B}{H} f_c \tag{21}$$

식 (21)에서 알 수 있듯이 두 수직사진에서 초점거리가 일정하다고 할 때 시차는 기선고도비(B/H)에 비례하는 것을 알 수 있다. 따라서, 시차와 촬영고도, 기선고도비의 관계를 정리하면 [표 1]과 같다.

표 1 시차와 촬영고도, 기선고도비의 관계

구분	수식	관계	
시차와 촬영고도와의 관계	$H = \frac{B}{p_x} f_c$	시차가 작을 경우 촬영고도(H)는 크게 됨	시차가 클 경우 촬영고도(H)는 작게 됨
시차와 기선고도비	$p_x = \frac{B}{H} f_c$	초점거리는 일정하기 때문에 기선고도비 (B/H)에 비례	

촬영고도에 대한 시차의 민감도는 식 (21)에서 시차에 대한 촬영고도의 변화도를 구하면 알 수 있으며 식 (22)와 같다. 식 (22)에서 알 수 있듯이 촬영고도에 대한 시차의 민감도는 기선고도비에 축척을 곱한 것의 관계로 나타나는 것을 알 수 있다.

$$\begin{aligned} \frac{dp_x}{dH} &= -\frac{Bf_c}{H^2} = -\left(\frac{f_c}{H}\right)\left(\frac{B}{H}\right) \\ \frac{dp_x}{dH} &= -S\left(\frac{B}{H}\right) \end{aligned} \tag{22}$$

여기서, S는 축척을 나타낸다.

예제 3 단사진에서 다음 수식을 적용하기 위해서는 어떤 가정이 필요한지 쓰시오.

수식은 다음과 같다.

$X_A = -x_a(H-h_a)/f_c$

$Y_A = -y_a(H-h_a)/f_c$

① 지상좌표계(XYZ)의 Z축과 사진좌표계(xyz)의 z축이 서로 평행해야 한다. 다시 말해서, 지상좌표계를 기준으로 사진좌표계의 x축과 y축의 회전이 없다($\omega = \varphi = 0$)는 것이다.

② 지상좌표계의 XY축이 사진좌표계의 xy축과 평행해야 한다. 다시 말해서, 지상좌표계의 Z축을 회전하여 사진좌표계의 z축과 일치시킬 필요가 없다($\kappa = 0$)는 것이다.

③ 지상좌표계의 원점이 수직으로 사진의 투영중심의 아래쪽에 위치하여야 한다. 즉, $X_O = Y_O = 0$이다.

④ 사진좌표계의 주점의 위치는 사진의 투영중심의 Z축을 따라서 위치하여야 한다. 다시 말해서, 사진 상의 주점의 위치는 $x_p = y_p = 0$이라는 것이다.

⑤ 수직사진에서 카메라의 렌즈왜곡은 없다고 가정한다.

예제 4 사진축척과 초점거리, 기선길이가 다음과 같이 주어질 때 시차를 구하시오.

사진축척과 초점거리, 기선길이는 다음과 같다.

$S = 1:20{,}000$

$B = 20m$

$f_c = 15.3cm$

$$S = \frac{f_c}{H}$$

$$H = f_c/S$$

$$H = 0.153m/(1/20{,}000)$$

$$H = 3{,}060m$$

$$p_x = \frac{B}{H}f_c$$

$$p_x = \frac{20m}{3{,}060m} \times 0.153m = 0.001m$$

예제 5 다음 비례식을 통해 시차의 민감도와 촬영고도의 관계를 증명하시오.

비례식은 다음과 같다.
$H: B = f_c: p_x$

$H: B = f_c: p_x$

$p_x = \frac{B}{H} f_c$

$\frac{dp_x}{dH} = -\frac{Bf_c}{H^2} = -\left(\frac{f_c}{H}\right)\left(\frac{B}{H}\right)$

$\frac{dp_x}{dH} = -S \cdot \left(\frac{B}{H}\right)$

따라서, 촬영고도에 대한 시차의 민감도는 기선고도비에 축척을 곱한 것의 관계이다.

4.2 수직사진의 기하학적 정확도

수직사진에서 스테레오 사진의 시차에 의해서 발생되는 영향을 살펴보자. 이를 위해서, 식 (18)의 시차공식을 식 (23)과 같이 행렬형태로 나타낸다.

$$p_x = x_l - x_r = [1 \ \ -1]\begin{bmatrix} x_l \\ x_r \end{bmatrix} \tag{23}$$

시차에 의해 발생되는 오차의 영향을 살펴보기 위해 7장에서 배웠던 오차 전파식을 이용하여 시차(p_x)의 분산을 계산한다. 여기서, 좌우 사진좌표를 관측할 때 서로 영향을 미치지 않았고 (서로 상관성이 없어서 공분산($\sigma_{x_l x_r}$) 값이 0이다), x_l과 x_r의 분산은 각각 $\sigma^2_{x_l}$과 $\sigma^2_{x_r}$이라고 가정하면 식 (24)와 같이 나타낼 수 있다.

$$\sigma^2_{p_x} = [1 \ \ -1]\begin{bmatrix} \sigma^2_{x_l} & \sigma_{x_l x_r} \\ \sigma_{x_r x_l} & \sigma^2_{x_r} \end{bmatrix}\begin{bmatrix} 1 \\ -1 \end{bmatrix} = [1 - 1]\begin{bmatrix} \sigma^2_{x_l} & 0 \\ 0 & \sigma^2_{x_r} \end{bmatrix}\begin{bmatrix} 1 \\ -1 \end{bmatrix} = \sigma^2_{x_l} + \sigma^2_{x_r} \tag{24}$$

식 (24)에서 좌우 사진의 x_l과 x_r의 분산이 같다($\sigma^2_{x_l} = \sigma^2_{x_r}$)고 가정하면 p_x의 분산과 표준편차는 식 (25)와 같이 나타낼 수 있다.

$$\sigma_{p_x}^2 = 2\sigma_x^2 \qquad (25)$$
$$\sigma_{p_x} = \sqrt{2}\,\sigma_x$$

사진측량과 컴퓨터비전에서 수평위치의 정확도보다 높이의 정확도가 상대적으로 나쁘다고 한다. 이러한 이유를 살펴보기 위해서 수직사진을 기준으로 한 시차공식을 이용하여 간단하게 설명해보자.

수직사진의 높이값에 대한 영향은 촬영고도(H)에 대한 분산과 표준편차를 살펴보면 된다. 이를 위해서 [표 2]의 오차전파식을 이용한다.

표 2 오차전파식

구분	관계식	오차전파식
① 선형일 경우	$y = Ax$	$P_{yy} = AP_{xx}A^T$
② 비선형일 경우	$y = F(x)$	$P_{yy} = \frac{\partial F}{\partial x} P_{xx} (\frac{\partial F}{\partial x})^T$

촬영고도와 시차와의 관계는 이미 식 (20)에서 살펴보았으며, 식 (26)에서 알 수 있듯이 촬영고도와 시차는 서로 반비례 관계에 있는 것을 알 수 있다.

$$H = \frac{Bf_c}{p_x} = Bf_c p_x^{-1} \qquad (26)$$

식 (26)에서 H는 p_x에 대한 비선형함수로 구성되어 있기 때문에 비선형일 경우(②)의 오차전파식을 이용한다. H에 대한 오차전파식의 결과는 식 (27)과 같다. 이때, 시차와 수평위치와의 관계는 앞에서 유도한 $\sigma_{p_x} = \sqrt{2}\,\sigma_x$ 을 이용한다.

$$\sigma_H^2 = \frac{\partial H}{\partial p_x}\sigma_{p_x}^2\frac{\partial H}{\partial p_x} = \frac{-Bf_c}{p_x^2}\sigma_{p_x}^2\frac{-Bf_c}{p_x^2} = \frac{(Bf_c)^2}{(p_x^2)^2}\sigma_{p_x}^2 \qquad (27)$$

$$\sigma_H = \sqrt{2}\,\frac{Bf_c}{p_x^2}\sigma_x$$

식 (27)에서 p_x^2를 소거하기 위해 식 (17)의 $p_x = \frac{B}{H}f_c$를 이용하면 그 결과는 식 (28)과 같다.

$$\sigma_H = \sqrt{2}\,\frac{H}{B}\,\frac{H}{f_c}\sigma_x \qquad (28)$$

식 (28)에서 알 수 있듯이 수직사진의 경우, 촬영고도의 정밀도(정확도) σ_H는 기선고도비의 역수(H/B)와 초점거리(f_c)에 영향을 받는다. 일반적으로 촬영고도의 정밀도(정확도) σ_H가 수평위치 정밀도(정확도) σ_x 보다 큰 값을 갖는 이유를 오차전파식을 이용하여 증명해 보았다.

예제 6 다음 주어진 값을 통해 수평위치의 정밀도(정확도)를 계산하시오.

촬영고도와 기선길이, 초점거리, 촬영고도(H)의 표준편차는 다음과 같다.

$H = 100m$

$B = 20m$

$f_c = 15.3cm$

$\sigma_H = 0.8$

$\sigma_H = \sqrt{2}\,\frac{H}{B}\,\frac{H}{f_c}\sigma_x$ 이므로 수평 위치의 정확도는

$\sigma_x = \frac{1}{\sqrt{2}}\,\frac{B}{H}\,\frac{f_c}{H}\sigma_H$ 와 같다.

$\sigma_x = \frac{1}{\sqrt{2}}\,\frac{20}{100}\,\frac{0.153}{100} \times 0.8$

$\sigma_x = 1.7310e-04m$

05 멀티 카메라를 위한 공선조건식

멀티 카메라 시스템 캘리브레이션을 위한 수정된 공선조건식은 [그림 6]과 같은 관계도로 구성된다. 여기서, $r_b^m(t)$는 GNSS로부터 받는 위치정보, $R_b^m(t)$은 IMU로부터 받는 회전정보이다. R_{cr}^b는 시스템 캘리브레이션의 매개변수로 IMU와 기준 카메라의 회전량($d\omega, d\varphi, d\kappa$)을 나타내며 보어사이트(boresight)라 한다. 또한, r_{cr}^b는 시스템 캘리브레이션의 매개변수로 GNSS와 기준 카메라의 이동거리(dx, dy, dz)를 나타내며 레버암(lever-arm)이라 한다. 멀티

카메라일 경우 기준 카메라(cr)와 종속 카메라(cj) 간에는 상호표정요소를 이용하기 때문에 마운팅 매개변수(보어사이트(R_{cr}^{b})−3개, 레버암(r_{cr}^{b})−3개)와 기준 카메라에 대한 종속 카메라와의 상호표정요소 6×(N−1)의 미지수를 결정하면 된다.

- 보어사이트: IMU와 기준 카메라의 회전량($d\omega, d\varphi, d\kappa$)
- 레버암: GNSS/IMU와 기준 카메라의 이동거리(dx, dy, dz)

[그림 6]과 같이 여러 대의 카메라가 있다고 할 경우, 종속 카메라는 기준 카메라와 연결 시키고 기준카메라만 GNSS/IMU와 연동시키는 것이 효율적이다. 이를 위해 식 (29)의 기존 공선조건식을 수정한 공선조건식을 사용하는 것이 편리하며 식 (30)과 같이 나타낼 수 있다.

$$r_A^m = r_c^m + \lambda R_c^m r_a^c \tag{29a}$$

$$r_a^c = \frac{1}{\lambda} R_m^c (r_A^m - r_c^m)$$

$$\begin{bmatrix} x_a - x_p - \triangle x \\ y_a - y_p - \triangle y \\ 0 - f_c \end{bmatrix} = \frac{1}{\lambda} R_m^c \begin{bmatrix} X_A - X_O \\ Y_A - Y_O \\ Z_A - Z_O \end{bmatrix} \tag{29b}$$

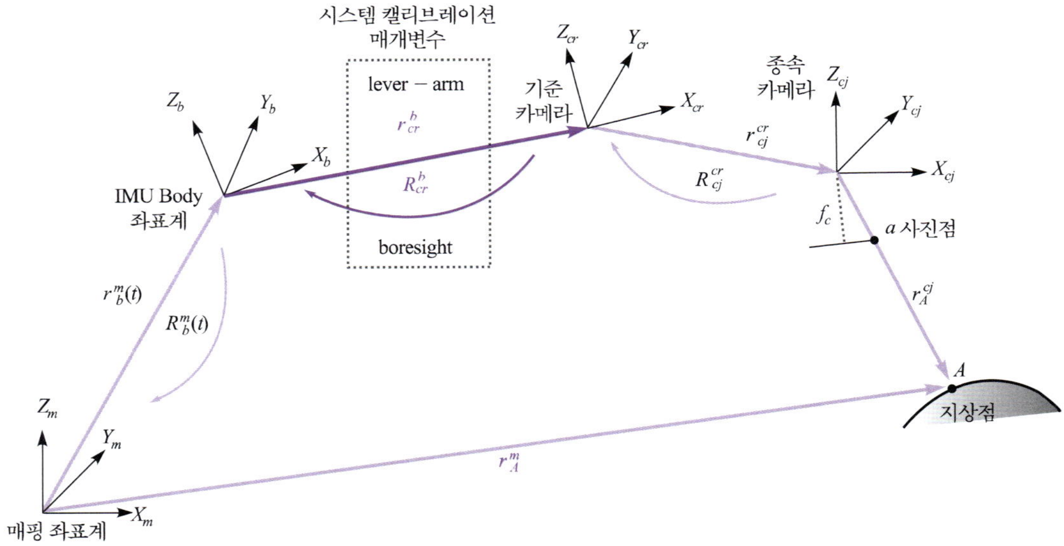

그림 6 멀티 카메라와 시스템 캘리브레이션 매개변수

$$\begin{bmatrix} x_a - x_p - \triangle x \\ y_a - y_p - \triangle y \\ 0 - f_c \end{bmatrix} = \frac{1}{\lambda}\begin{bmatrix} N_x \\ N_y \\ D \end{bmatrix} \tag{29c}$$

$$r_A^m = r_b^m(t) + R_b{}^m(t) r_{cr}^b + R_b{}^m(t) R_{cr}^b r_{cj}^{cr} + \lambda R_b{}^m(t) R_{cr}^b R_{cj}^{cr} r_a^{cj} \tag{30}$$

식 (30)은 지상점을 기준으로 나타낸 수정된 공선조건식으로 이를 식 (29b)와 같이 사진좌표를 기준으로 나타내면 식 (31)과 같다. 여기서, $R_c{}^b, R_b{}^m(t)$는 정규직교행렬로 역행렬과 전치행렬이 같으므로 $(R_c{}^b)^{-1} = R_b{}^c$, $\left(R_b{}^m(t)\right)^{-1} = R_m^b(t)$가 된다.

$$r_A^m - r_b^m(t) = R_b{}^m(t) r_{cr}^b + R_b{}^m(t) R_{cr}^b r_{cj}^{cr} + \lambda R_b{}^m(t) R_{cr}^b R_{cj}^{cr} r_a^{cj} \tag{31a}$$

$$R_m^b(t)(r_A^m - r_b^m(t)) = r_{cr}^b + R_{cr}^b r_{cj}^{cr} + \lambda R_{cr}^b R_{cj}^{cr} r_a^{cj} \tag{31b}$$

$$R_m^b(t)(r_A^m - r_b^m(t)) - r_{cr}^b = R_{cr}^b r_{cj}^{cr} + \lambda R_{cr}^b R_{cj}^{cr} r_a^{cj} \tag{31c}$$

$$R_b{}^{cr}\left\{R_m^b(t)(r_A^m - r_b^m(t)) - r_{cr}^b\right\} = r_{cj}^{cr} + \lambda R_{cj}^{cr} r_a^{cj} \tag{31d}$$

$$R_b{}^{cr}\left\{R_m^b(t)(r_A^m - r_b^m(t)) - r_{cr}^b\right\} - r_{cj}^{cr} = \lambda R_{cj}^{cr} r_a^{cj} \tag{31e}$$

$$R_{cr}^{cj}\left[R_b{}^{cr}\left\{R_m^b(t)(r_A^m - r_b^m(t)) - r_{cr}^b\right\} - r_{cj}^{cr}\right] = \lambda r_a^{cj} \tag{31f}$$

$$r_a^{cj} = \frac{1}{\lambda} R_{cr}^{cj}\left[R_b{}^{cr}\left\{R_m^b(t)(r_A^m - r_b^m(t)) - r_{cr}^b\right\} - r_{cj}^{cr}\right] \tag{31g}$$

식 (31)은 식 (32)와 같이 간단하게 표현할 수 있으며 축척계수($1/\lambda$)를 제거하여 위해 첫째 항과 두번째 항을 세번째 항으로 각각 나누어 정리하면 식 (33)과 같이 수정된 공선조건식이 된다.

$$\begin{bmatrix} x - x_p - \triangle x \\ y - y_p - \triangle y \\ 0 - f_c \end{bmatrix} = \frac{1}{\lambda}\begin{bmatrix} N_x{}' \\ N_y{}' \\ D' \end{bmatrix} \tag{32}$$

$$x = x_p - f_c \frac{N_x'}{D'} + \Delta x$$
$$y = y_p - f_c \frac{N_y'}{D'} + \Delta y \quad (33)$$

[표 3]은 기존의 공선조건식과 수정된 공선조건식의 매개변수와 특징을 나타낸 것이다.

표 3 공선조건식과 수정된 공선조건식의 비교

구분	관계식	매개변수	특징
① 공선조건식	$x = x_p - f_c \frac{N_x}{D} + \Delta x$ $y = y_p - f_c \frac{N_y}{D} + \Delta y$	IOP(주점(x_p, y_p), 초점거리(f_c), 방사왜곡(Δr), 편심왜곡(Δd)), EOP{ 카메라 위치(X_O, Y_O, Z_O), 카메라의 자세$(\omega, \varphi, \kappa)$}	- 카메라 왜곡계수 고려가능
② 수정된 공선조건식	$x = x_p - f_c \frac{N_x'}{D'} + \Delta x$ $y = y_p - f_c \frac{N_y'}{D'} + \Delta y$	IOP(주점(x_p, y_p), 초점거리(f_c), 방사왜곡(Δr), 편심왜곡(Δd)), EOP{ 카메라 위치(X_O, Y_O, Z_O), 카메라의 자세$(\omega, \varphi, \kappa)$) 레버암$(dx, dy, dz)$, 보어사이트$(d\omega, d\varphi, d\kappa)$}	- 카메라 왜곡계수 고려 가능 - 시스템 캘리브레이션 가능 - 상호표정요소 고려 가능

단원정리

01. 공선조건식이란 지상의 임의의 점 $A(X_A, Y_A, Z_A)$ 와 그에 대응하는 사진상의 점 $a(x_a, y_a)$ 및 카메라의 투영(또는 촬영)중심 $O(X_O, Y_O, Z_O)$ 가 동일 직선상에 있다는 것이다.

02. 사진측량에서 3차원 회전에 대해 주의할 점은 일반적으로 움직이지 않는 지상좌표계를 기준으로 이를 3축으로 회전하여 사진좌표계로 맞춘다는 것이다.

03. 이미 알고 있는 지상기준점을 이용하여 카메라의 위치와 자세에 해당하는 외부표정요소를 결정하는 것을 공간후방교선법(spatial resection)이라고 하고 카메라의 내외부표정요소와 사진좌표를 이용하여 지상의 3차원 좌표를 결정하는 것을 공간전방교선법(spatial intersection)이라고 한다.

04. 공면조건(coplanarity condition)은 좌측 사진의 투영중심과 우측 사진의 투영중심과 지상점이 동일 평면상에 있다는 조건이다. 또는 지상점을 사용하지 않고, 좌우 사진의 투영중심과 지상점이 사진에 맺힌 좌우 사진좌표가 동일 평면상에 있다는 조건이다.

05. 수직사진은 다음의 조건을 충족한다고 가정한다.
   ① 지상좌표계(XYZ)의 Z축과 사진좌표계(xyz)의 z축이 서로 평행해야 한다. 다시 말해서, 지상좌표계를 기준으로 사진좌표계의 x축과 y축의 회전이 없다$(\omega = \varphi = 0)$는 것이다.
   ② 지상좌표계의 XY축이 사진좌표계의 xy축과 평행해야 한다. 다시 말해서, 지상좌표계의 Z축을 회전하여 사진좌표계의 z축과 일치시킬 필요가 없다$(\kappa = 0)$는 것이다.
   ③ 지상좌표계의 원점이 수직으로 사진의 투영중심의 아래쪽에 위치하여야 한다.
   즉, $X_O = Y_O = 0$이다.
   ④ 사진좌표계의 주점의 위치는 사진의 투영중심의 Z축을 따라서 위치하여야 한다. 다시 말해서, 사진 상의 주점의 위치는 $x_p = y_p = 0$이라는 것이다.
   ⑤ 수직사진에서 카메라의 렌즈왜곡은 없다고 가정한다.

06. 시차와 촬영고도, 기선고도비의 관계는 다음 표와 같다.

구분	수식	관계	
시차와 촬영고도와의 관계	$H = \frac{B}{p_x} f_c$	시차가 작을 경우 촬영고도(H)는 크게 됨	시차가 클 경우 촬영고도(H)는 작게 됨
시차와 기선고도비	$p_x = \frac{B}{H} f_c$	초점거리는 일정하기 때문에 기선고도비 (B/H)에 비례함	

07. 수직사진의 경우, 촬영고도의 정밀도(정확도) σ_H는 기선고도비의 역수(H/B)와 초점거리(f_c)에 영향을 받으며, 수직위치 정밀도(정확도) σ_H가 수평위치의 정밀도(정확도) σ_x보다 크다.

$$\sigma_H = \sqrt{2}\,\frac{H}{B}\frac{H}{f_c}\sigma_x$$

08. 공선조건식과 수정된 공선조건식을 지상점을 기준으로 나타내면 다음과 같다.

① 공선조건식: $r_A^m = r_c^m + \lambda R_c{}^m r_a^c$

② 수정된 공선조건식: $r_A^m = r_b^m(t) + R_b{}^m(t) r_c^b + \lambda R_b{}^m(t) R_c{}^b r_a^c$

09. 시스템 캘리브레이션은 다음의 매개변수를 결정하는 것이다.

① 보어사이트: IMU와 기준 카메라의 회전량$(d\omega, d\varphi, d\kappa)$

② 레버암: GNSS/IMU와 기준 카메라의 이동거리(dx, dy, dz)

연습문제

1. 공선조건과 공면조건의 차이는 무엇인가 ?

2. 다음 그림과 같은 조건에서 Y_A, Z_A 좌표값을 구하시오.
   (단, 초점거리 f_c = 100mm이고 X_A= 600m이며, 사진좌표는 왜곡량이 보정된 값이다.)

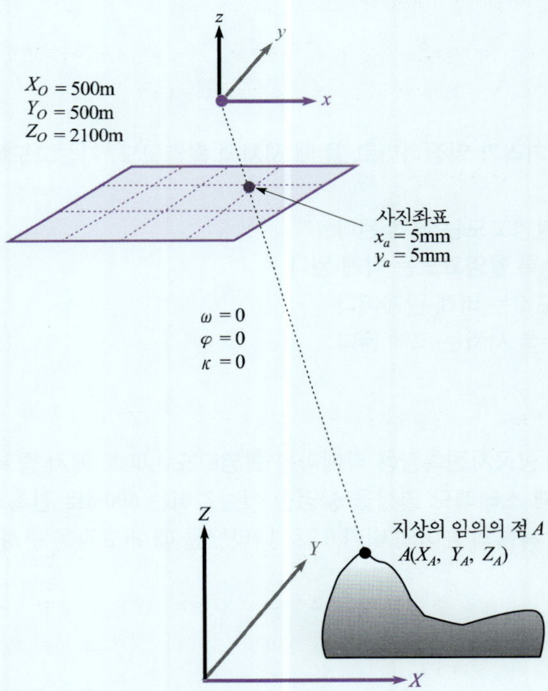

3. 수직사진의 조건을 모두 작성하시오.

4. 수직사진에서 초점거리가 일정하다고 할 때 시차와 촬영고도, 기선고도비의 관계 중 옳은 것은?
   ① 시차가 클수록 촬영고도는 크게 된다.
   ② 기선길이가 클수록 촬영고도는 작게 된다.
   ③ 시차와 기선 고도비는 비례 관계이다.
   ④ 촬영고도가 클수록 시차는 크게 된다.

5. 초점거리 150mm의 항공사진측량용 카메라를 촬영고도 1,000m에서 중복촬영하여 스테레오 영상을 얻었다. 이때 스테레오 영상을 촬영한 기선길이는 600m로 관측되었다. 스테레오 영상에서 안기선대비 사물의 높이의 비가 0.2로 나타났을 때 과고감을 구하시오.

6. 촬영고도의 정밀도(정확도) σ_H가 수평위치 정밀도(정확도) σ_x보다 큰데 그 이유를 오차전파식을 이용하여 증명하시오.

7. 1/5,000 수치지형도를 제작하기 위해서 초점거리(f_c) 120mm 카메라로 촬영고도(H) 1,500m에서 사진을 촬영하여 항공삼각측량을 실시한 결과 수평위치정확도가 0.004mm일 때 높이값에 대한 정확도는 얼마인가? (단, 항공사진은 수직사진으로 촬영되었다고 가정하고, 인접한 사진의 촬영기선길이(B)는 500m로 가정한다)

8. 촬영고도 2,100m, 초점거리 210mm의 카메라를 사용하여 수직사진을 촬영하였다. 지상점 A, B에 상응하는 사진상의 점을 각각 a, b라고 하고 이들의 사진좌표는 다음 표와 같다. A와 B의 표고가 211m와 182m라고 할 경우, AB의 지상 수평거리를 구하시오.(단 소수 4자리에서 반올림하여 소수 3자리까지 나타내시오.)

ID	x(mm)	y(mm)
a	38.72	35.35
b	−23.15	−26.68

9. 그림은 초점거리 150mm의 카메라를 이용하여 1,250m 상공에서 건물을 수직 촬영하여 중첩한 것으로 건물의 정상부와 바닥부에 대해 그림에서와 같은 값을 얻었다. 이때, 건물의 높이를 구하시오.(단, 주점 기선길이는 6.82cm이다.)

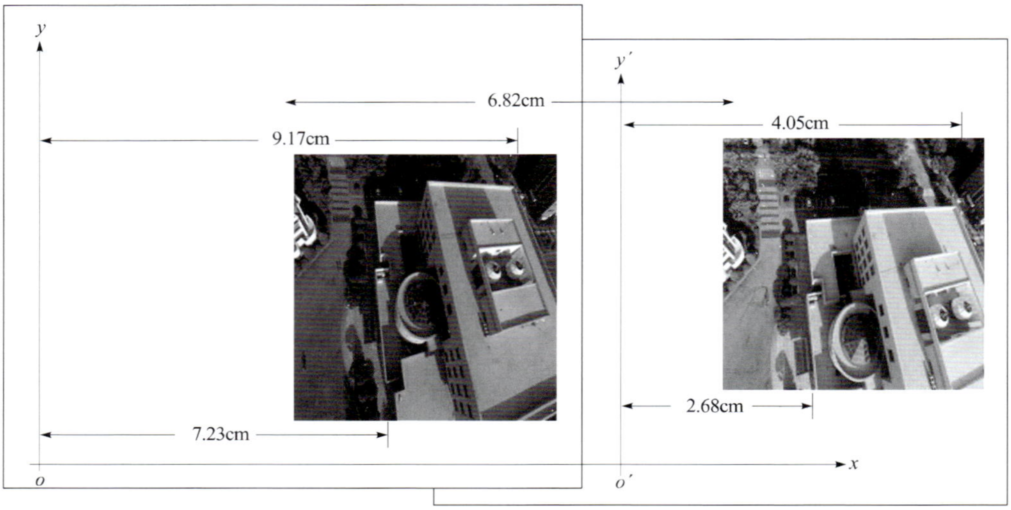

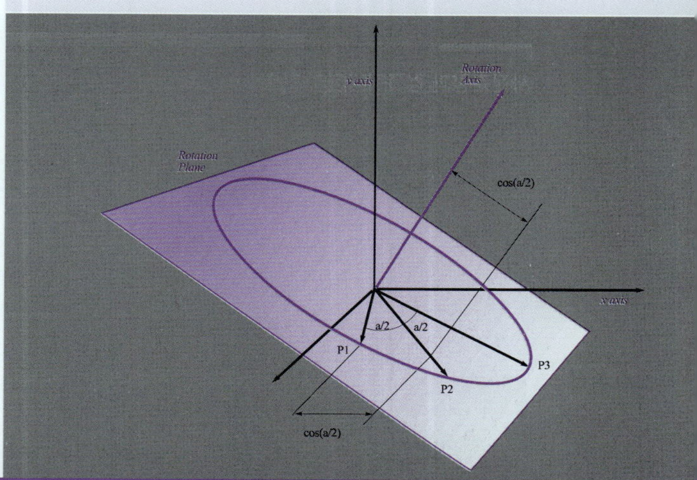

chapter

09 쿼터니언과 회전

이 단원에서는 쿼터니언에 대한 이해를 위해서 먼저 복소수의 개념과 특성들에 대해 소개한다. 복소수에 대한 이해를 바탕으로 쿼터니언의 개념과 성질에 대하여 소개한다. 쿼터니언은 3차원 공간을 정의하기 위하여 1개의 실수와 3개의 허수를 사용한다. 1개의 실수와 1개의 허수를 갖는 복소수가 2차원 평면에서 회전을 표현할 수 있는 것처럼, 쿼터니언을 이용하여 3차원 공간의 회전을 표현하는 원리와 방법을 이해하는 것과 동시에 쿼터니언을 이용한 회전변환이 사진측량과 컴퓨터비전 분야에서 왜 필요한지 설명한다. 또한, 오일러각을 이용하여 3차원 회전을 순차적으로 수행할 때 발생할 수 있는 짐벌락에 대해서 설명한다.

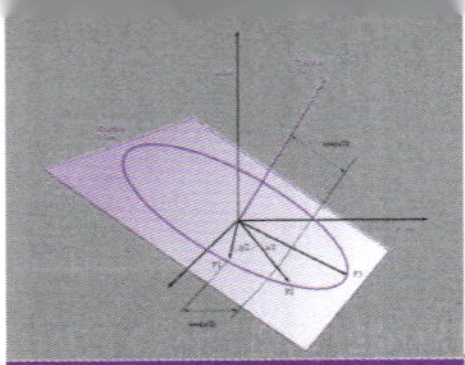

chapter

09 쿼터니언과 회전

학습목표

1. 복소수의 개념과 성질에 대해서 설명할 수 있다.
2. 복소수를 이용하여 2차원 평면에서의 회전을 설명할 수 있다.
3. 짐벌락이 무엇인지 설명할 수 있다.
4. 쿼터니언의 탄생 배경과 개념에 대해 설명할 수 있다.
5. 쿼터니언의 덧셈, 뺄셈, 곱셈, 나눗셈의 방법을 모두 설명할 수 있다.
6. 쿼터니언을 이용하여 3차원 공간에서의 회전을 설명할 수 있다.
7. 쿼터니언과 3차원 회전행렬 간의 변환을 설명할 수 있다.

01 복소수

복소수는 실제로 존재하는 수(실수)와 가상의 수(허수)를 복합한 수라고 할 수 있다. 가상의 수, 허수(i)는 식 (1)의 조건을 만족하는 실존하지 않는 수를 말한다.

$$\sqrt{-1} = i \,,\; i^2 = -1 \tag{1}$$

임의의 두 실수 a, b에 대하여 $a+bi$ 꼴로 나타내어지는 수를 복소수라 하고, 이때 a를 실수부, b를 허수부라 부른다.
a, b, c, d가 실수인 두 복소수 $a+bi$, $c+di$에 대한 사칙연산은 식 (2), (3), (4), (5)를 따른다.

$$\text{덧셈} : (a+bi)+(c+di) = (a+c)+(b+d)i \tag{2}$$

$$\text{뺄셈} : (a+bi)-(c+di) = (a-c)+(b-d)i \tag{3}$$

$$\text{곱셈} : (a+bi)(c+di) = (ac-bd)+(ad+bc)i \tag{4}$$

$$\text{나눗셈} : \frac{a+bi}{c+di} = \frac{(a+bi)(c-di)}{(c+di)(c-di)} = \frac{ac+bd}{c^2+d^2} - \frac{ad-bc}{c^2+d^2}i \quad (\text{단}, c+di \neq 0) \tag{5}$$

복소수의 나눗셈을 계산하려면 원래 복소수와 허수부의 부호가 반대인 켤레(공액)복소수가 필요하다. 분모 유리화 과정과 비슷하게 분모, 분자에 공액요소를 곱해준다.
복소수 $z = a + bi$ (단 a, b는 실수) 에 대하여 허수의 부호를 바꾼 $a - bi$ 를 z의 켤레(공액)복소수라 하고, $\bar{z} = z^* = \overline{a+bi} = a - bi$ 로 나타낸다. 또한, 식 (6)과 같이 복소수와 켤레복소수를 곱한 값은 실수가 된다.

$$z\bar{z} = (a+bi)(a-bi) = a^2 + b^2 \tag{6}$$

켤레복소수 연산의 성질은 식 (7), (8), (9)와 같다.

$$\overline{z_1 \pm z_2} = \overline{z_1} \pm \overline{z_2} \tag{7}$$

$$\overline{z_1 z_2} = \overline{z_1}\,\overline{z_2} \tag{8}$$

$$\overline{\left(\frac{z_1}{z_2}\right)} = \frac{\overline{z_1}}{\overline{z_2}} \ (z_2 \neq 0) \tag{9}$$

2차원 평면상에서 복소수의 순환성을 나타내면 [그림 1]과 같다.

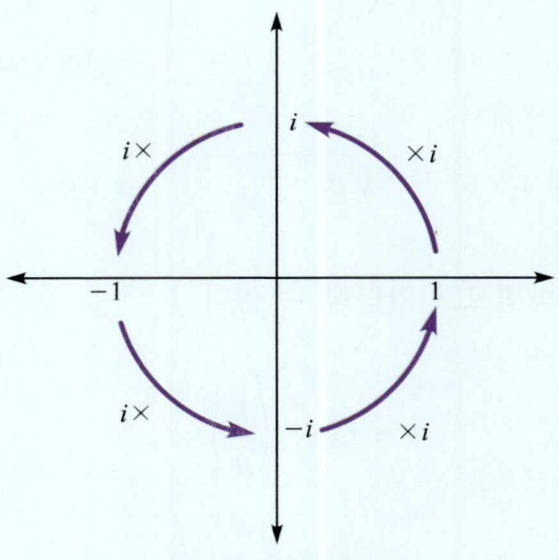

그림 1 복소수의 순환

i^n 의 값은 식 (10)과 같이 i, -1, $-i$, 1 이 계속 반복되어 나타나고, 90° 회전한다.

$$i^n = \begin{cases} 1 & (n = 4k) \\ i & (n = 4k+1) \\ -1 & (n = 4k+2) \\ -i & (n = 4k+3) \end{cases} \quad (\text{단, } k\text{는 정수}) \tag{10}$$

02 복소평면

복소평면의 개념은 2차원에서의 기하학적 해석을 가능하게 한다. [그림 2]와 같이 일반적으로 실수부는 x좌표에, 허수부는 y좌표에 대응시킨다. 복소수의 덧셈연산은 복소평면 상에서 벡터의 덧셈과 같으며, 두 복소수의 곱셈연산은 복소평면 상에서 회전변환과 같다. 식 (13)과 같이 극좌표를 이용하면 복소수를 복소평면에 더 간단하게 표현할 수 있다. 복소수의 크기는 식 (11)의 방법으로 계산할 수 있다.

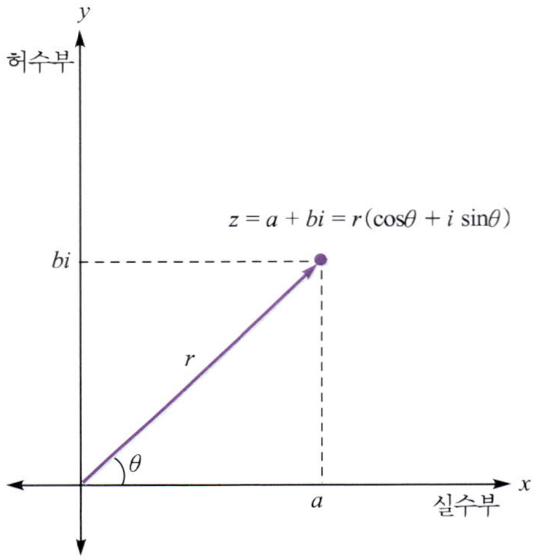

그림 2 극좌표를 이용한 복소평면 표현

$$\| z \| = r = \sqrt{a^2 + b^2}, \ (z = a + bi) \tag{11}$$

복소수의 위상은 식 (12)의 방법으로 확인할 수 있다.

$$\theta = \tan^{-1}\left(\frac{b}{a}\right) \tag{12}$$

복소수는 식 (13)의 방법으로 극좌표를 이용하여 표현할 수 있다.

$$\begin{aligned} &z = r(\cos\theta + i\sin\theta) \\ &\text{단, } r = \sqrt{a^2 + b^2}, \ \cos\theta = a/r, \ \sin\theta = b/r \end{aligned} \tag{13}$$

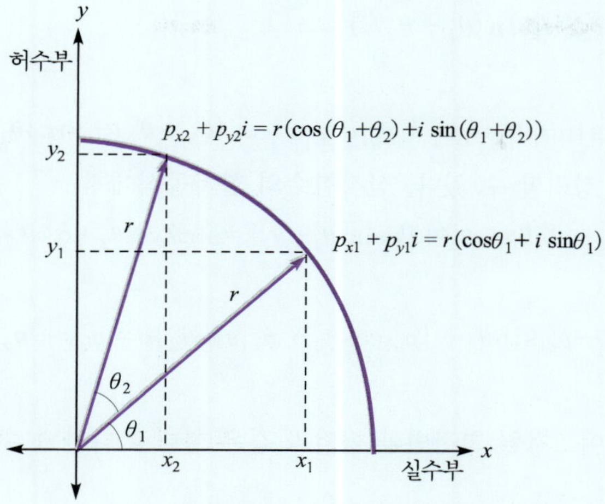

그림 3 극좌표를 이용한 복소수의 회전

$$(\cos\theta_1 + (\sin\theta_1)i)(\cos\theta_2 + (\sin\theta_2)i)$$

$$= (\cos\theta_1\cos\theta_2 - \sin\theta_1\sin\theta_2) + (\sin\theta_1\cos\theta_2 + \cos\theta_1\sin\theta_2)i$$

$$= \cos(\theta_1 + \theta_2) + \sin(\theta_1 + \theta_2)i \quad (14)$$

[그림 3]과 식 (14)에서 크기가 1($\| z \| = r = 1$)인 복소수 $\cos\theta_1 + \sin\theta_1 i$ 에 $\cos\theta_2 + \sin\theta_2 i$ 를 곱한 결과는 극좌표 $\cos\theta_1 + \sin\theta_1 i$ 가 원점을 중심으로 θ_2만큼 회전한 것과 같다는 것을 확인할 수 있다.

회전시키는 복소수(식 (14)에서는 $\cos\theta_2 + (\sin\theta_2)i$)의 크기가 1이라면 회전되는 복소수(식 (14)에서는 $\cos\theta_1 + (\sin\theta_1)i$)의 크기는 1이 아니어도 상관이 없다. [그림 3]은 식 (15), (16), (17)의 과정을 통해 증명할 수 있다.

크기가 r인 복소수 $rcos\theta_1 + r(\sin\theta_1)i$ 에 크기가 1인 복소수 $\cos\theta_2 + (\sin\theta_2)i$ 를 곱하여 극좌표의 회전을 표현하려고 한다.

$$(rcos\theta_1 + r(\sin\theta_1)i)(\cos\theta_2 + (\sin\theta_2)i)$$
$$= r((\cos\theta_1\cos\theta_2 - \sin\theta_1\sin\theta_2) + r(\sin\theta_1\cos\theta_2 + \cos\theta_1\sin\theta_2)i) \quad (15)$$

$$= r(\cos(\theta_1+\theta_2)+\sin(\theta_1+\theta_2)i)$$

식 (15)를 $rcos\theta_1 + r(\sin\theta_1)i = p_{x1} + p_{y1}i$, $r(\cos(\theta_1+\theta_2)+\sin(\theta_1+\theta_2)i) = p_{x2} + p_{y2}i$ 이므로 식 (16)과 같이 정리할 수 있다. 삼각함수의 합차공식에서
$\cos(\theta_1+\theta_2) = \cos\theta_1\cos\theta_2 - \sin\theta_1\sin\theta_2$이고 $\sin(\theta_1+\theta_2) = \sin\theta_1\cos\theta_2 + \cos\theta_1\sin\theta_2$이다.

$$p_{x1}\cos\theta_2 - p_{y1}\sin\theta_2 + (p_{y1}\cos\theta_2 + p_{x1}\sin\theta_2)i = p_{x2} + p_{y2}i \tag{16}$$

식 (16)은 식 (17)과 같이 2차원 회전변환 행렬과 같은 형태로 나타낼 수 있다.

$$\begin{bmatrix} p_{x2} \\ p_{y2} \end{bmatrix} = \begin{bmatrix} \cos\theta_2 & -\sin\theta_2 \\ \sin\theta_2 & \cos\theta_2 \end{bmatrix} \begin{bmatrix} p_{x1} \\ p_{y1} \end{bmatrix} \tag{17}$$

예제 1 극좌표를 이용한 복소수의 표현

$a = 5, b = 10$일 때, 복소수 z를 구하시오.
단, $r = \sqrt{a^2+b^2}$, $\cos\theta = a/r$, $\sin\theta = b/r$, 소수 셋째자리까지 계산

$r = \sqrt{5^2+10^2} = 11.180$

$\cos\theta = \dfrac{5}{11.180} = 0.447, \sin\theta = \dfrac{10}{11.180} = 0.894$

$z = r(\cos\theta + i\sin\theta) = 11.180(0.447 + i0.894) = 4.997 + 9.995i$

예제 2 복소수의 곱셈(2차원 회전)

$z_1 = 1 + i$이고 $z_2 = -2 + 2i$일 때 두 복소수의 곱셈을 구하고 그 의미를 쓰시오

$i^2 = -1$을 고려하여 복소수의 곱셈인 $(a+bi)(c+di)$을 계산하면
$(ac-bd)+(ad+bc)i$와 같은 형태로 표현할 수 있다.
z_1와 z_2의 곱을 수식으로 나타내면 다음과 같다.
$z_1z_2 = (1+i)(-2+2i) = (-2-2)+(2-2)i = -4$
$z_1z_2 = z_3$이라 가정할 때 이를 복소 평면으로 표현하면 z_1를 z_2만큼 회전한 결과가 나타난다.

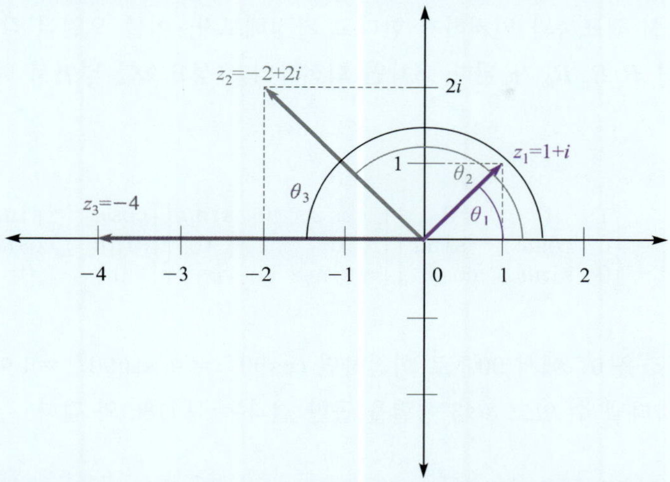

03 짐벌락

짐벌이란 [그림 4]와 같이 물체가 회전하도록 중심축을 가진 구조물을 나타낸다. 3차원 공간에서 오일러 각을 이용하여 3차원 회전을 다룬다고 가정할 때 특정한 상황에서 3차원 회전을 나타내는 두 축이 겹치는 현상을 짐벌락(Gimbal Lock)이라고 한다. 오일러 각을 이용하여 3차원 회전을 나타낼 때 회전각의 순서(예를 들면, $X \rightarrow Y \rightarrow Z$)가 있는데 특정한 상황은 이러한 회전각의 순서에서 두 번째 회전각(Y 축의 회전각)이 ±90°인 경우 첫 번째 회전축(X 축)과 세 번째 회전축(Z 축)이 겹치게 되어 X 축을 기준으로 회전하는 것과 Z 축을 기준으로 회전한 결과가 결국은 하나의 축을 기준으로 회전한 값과 같아지는 현상을 나타낸다.

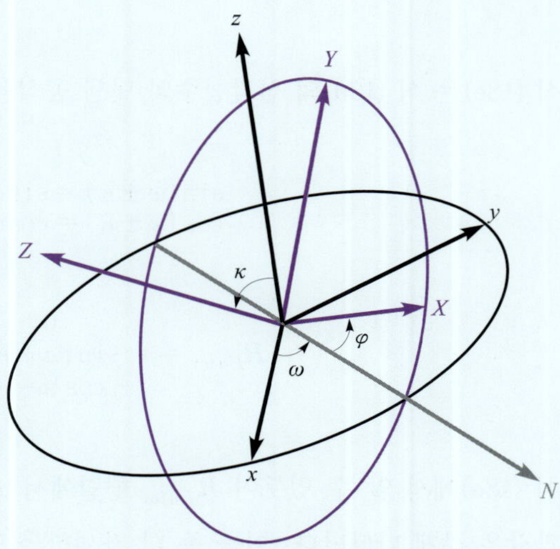

그림 4 짐벌에서의 3차원 회전

짐벌락에 대한 수학적 이해를 돕기 위해서 카메라를 $Z \rightarrow Y \rightarrow X$의 순서로 3차원 회전해서 지상좌표계의 3차원 좌표축과 일치하게 한다고 가정해보자. 이를 오일러 각을 이용한 3차원 회전으로 나타내면 $R_\omega R_\varphi R_\kappa$가 된다. 3차원 회전각의 구성요소를 넣어서 나타내면 식 (18a)와 같다.

$$R_{Euler} = R_\omega R_\varphi R_\kappa = \begin{bmatrix} 1 & 0 & 0 \\ 0 & \cos\omega & -\sin\omega \\ 0 & \sin\omega & \cos\omega \end{bmatrix} \begin{bmatrix} \cos\varphi & 0 & \sin\varphi \\ 0 & 1 & 0 \\ -\sin\varphi & 0 & \cos\varphi \end{bmatrix} \begin{bmatrix} \cos\kappa & -\sin\kappa & 0 \\ \sin\kappa & \cos\kappa & 0 \\ 0 & 0 & 1 \end{bmatrix} \quad (18a)$$

두 번째 회전각인 φ을 0°에서 90°로 회전하면 $\cos 90^\circ = 0, \sin 90^\circ = 1$이므로 식 (18a)는 식 (18b)와 같이 나타낼 수 있고 3×3 행렬을 곱한 결과는 식 (18c)와 같다.

$$R_{Euler} = \begin{bmatrix} 1 & 0 & 0 \\ 0 & \cos\omega & -\sin\omega \\ 0 & \sin\omega & \cos\omega \end{bmatrix} \begin{bmatrix} 0 & 0 & 1 \\ 0 & 1 & 0 \\ -1 & 0 & 0 \end{bmatrix} \begin{bmatrix} \cos\kappa & -\sin\kappa & 0 \\ \sin\kappa & \cos\kappa & 0 \\ 0 & 0 & 1 \end{bmatrix} \quad (18b)$$

$$R_{Euler} = \begin{bmatrix} 0 & 0 & 1 \\ \sin\omega\cos\kappa + \cos\omega\sin\kappa & -\sin\omega\sin\kappa + \cos\omega\cos\kappa & 0 \\ -\cos\omega\cos\kappa + \sin\omega\sin\kappa & \cos\omega\sin\kappa + \sin\omega\cos\kappa & 0 \end{bmatrix} \quad (18c)$$

식 (18c)는 식 (18d)의 삼각함수의 덧셈 공식을 이용하면 식 (18e)와 같이 정리할 수 있다.

$$\begin{aligned} \sin(\omega \pm \kappa) &= \sin\omega\cos\kappa \pm \cos\omega\sin\kappa \\ \cos(\omega \pm \kappa) &= \cos\omega\cos\kappa \mp \sin\omega\sin\kappa \end{aligned} \quad (18d)$$

$$R_{Euler} = \begin{bmatrix} 0 & 0 & 1 \\ \sin(\omega+\kappa) & \cos(\omega+\kappa) & 0 \\ -\cos(\omega+\kappa) & \sin(\omega+\kappa) & 0 \end{bmatrix} \quad (18e)$$

식 (18e)에서 알 수 있듯이 R_{Euler} 행렬에서 ω각 또는 κ각을 회전하더라도 R_{Euler} 행렬의 결과값은 같게 나타난다. 이를 좀 더 자세히 설명하면 R_{Euler} 행렬에서 $\omega+\kappa$ 각에 변화가 있더라도 회전은 항상 Z축을 회전한 결과로 나타나 원하지 않은 결과 값이 발생한다. 이와 같이 오일러각을 이용한 3차원 회전에서 두 번째 회전각(φ)이 $\pm 90^\circ$일 경우 나머지 두 회전각 (ω, κ) 중 하나가 잠겨서 원하는 결과가 나오지 않는 현상을 짐벌락이라고 한다.

04 쿼터니언

4.1 쿼터니언의 기초개념

대수적 관점으로 복소수는 더 이상 확장할 수 없는 가장 큰 수의 체계이다. 기하학적 관점에서 복소수는 복소평면을 이용하여 2차원 공간을 정의할 수 있다. 아일랜드의 수학자 해밀턴은 2차원 공간을 정의할 수 있는 복소수의 개념을 확장하여 3차원 공간을 정의하기 위해 쿼터니언(Quaternion, 사원수, q)이라는 수 체계를 만들었다.

그림 5 해밀턴*

복소수 개념을 확장하여 3차원 공간을 정의하기 위해서 해밀턴*은 실수 성분 하나와 허수 성분 세 개가 필요한 새로운 개념의 수 즉, 쿼터니언을 만들었다. 해밀턴이 쿼터니언을 만든 목적은 3차원 공간의 변화를 대수적인 방법으로 다루기 위함이다.

식 (19a)와 같이 쿼터니언은 $q = q_w + q_x i + q_y j + q_z k$의 형태를 가지며, 이것을 $q = (q_w; \vec{q})$로 간단하게 표현하기도 한다. q_w는 스칼라값을 나타내고 $\vec{q} = q_x i + q_y j + q_z k$ 는 3차원 공간상의 한 점을 가리키는 벡터를 나타낸다.

$$q = q_w + q_x i + q_y j + q_z k = (q_w ; \vec{q}) = \begin{bmatrix} q_w \\ q_x i \\ q_y j \\ q_z k \end{bmatrix} \tag{19a}$$

$q = q_w + q_x i + q_y j + q_z k$ 에서 쿼터니언의 허수 부분의 부호가 반대인 것을 식 (19b)와 같이 켤레(공액) 쿼터니언($\bar{q}$ 또는 q^*)이라 한다.

$$\bar{q} = q^* = q_w - q_x i - q_y j - q_z k = (q_w ; -\vec{q}) = \begin{bmatrix} q_w \\ -q_x i \\ -q_y j \\ -q_z k \end{bmatrix} \tag{19b}$$

* 출처: https://www.sozkimin.com/william-hamilton-kimdir-sozleri-ve-hayati-761.html

식 (13)에서 2차원 공간을 허수가 1개인 복소수로 표현했는데, 어째서 2차원에서 한 차원 증가한 3차원 공간을 표현할 때에는 2개의 허수를 가진 복소수가 아닌 3개의 허수를 가진 복소수를 사용하여 표현할까? 라는 의문이 발생할 수 있는데 그에 대한 설명은 다음과 같다.

[그림 6]과 같이 허수가 2개인 복소수로 3차원 공간을 표현한다고 가정한다. 이 3차원 공간의 임의의 점 $a+bi+cj$을 실수축을 기준으로 90도 회전한 좌표값은 극좌표의 회전을 나타내는 식 (15)에 따라 식 (20)과 같이 계산할 수 있다.

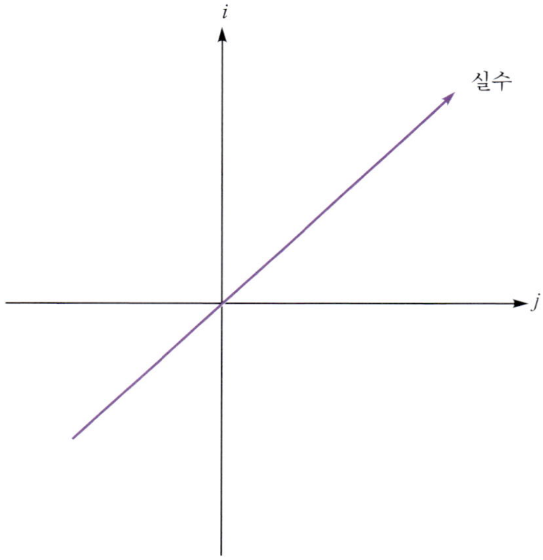

그림 6 2개의 허수를 사용하여 표현한 3차원 공간

$$(a+bi+cj)(0+(\cos 90^\circ)j+(\sin 90^\circ)i)=(a+bi+cj)i=-b+ai+cji \quad (20)$$

하지만 식 (20)의 결과값에는 크게 2가지 오류가 발생했다. 첫 번째로는, 실수축을 회전했으므로 실수부의 값 a가 유지되어야 했지만 $-b$로 변화되었다.

두 번째로는, 두 가지 허수가 모두 붙은 cji를 3차원 공간에 표현할 수 없다는 것이다. cji의 값을 허수 i나 j에 대하여 취급하거나 실수로 취급한다면 j와 i가 모두 허수라는 명제가 틀어지기 때문이다. 그러므로 2개의 허수를 가진 복소수로 3차원 공간을 표현하는 것은 불가능하다는 것을 알 수 있다.

3차원 공간에서 물체를 회전하기 위해서 3차원 회전행렬을 직접 곱하는 것이 쿼터니언을 다루는 것보다 더 간단하지만 3차원 회전행렬을 이용할 경우 짐벌락*의 문제가 발생한다. 이에 반해, 쿼터니언을 이용할 경우 이러한 문제가 발생하지 않고 두 벡터의 회전에서 회전각의 보간이 용이한 장점이 있을 뿐만 아니라 사진측량 및 컴퓨터비전에서는 초기값을 추정하지 않아도 외부표정요소, 절대표정요소를 결정할 수 있기 때문이다.

쿼터니언은 교환법칙($ij \neq ji$)이 성립하지 않는다. 3차원 공간에서 회전변환을 생각해보면 x축을 중심으로 회전한 후 y축 중심으로 회전한 값과 순서를 바꾸어 y축을 중심으로 회전한

* x, y, z축을 회전하는 방식의 오일러 회전변환에서 특정 상황에 두 회전축이 겹쳐 한 회전축이 소실되는 현상

후 x축 중심으로 회전한 값이 다르기 때문이다. 3차원 공간을 나타내기 위한 쿼터니언의 허수 단위 i, j, k는 [그림 7]과 식 (21)과 같은 관계를 가진다.

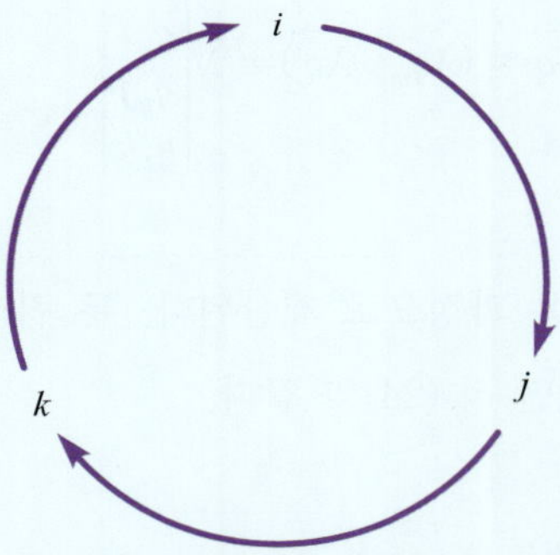

그림 7 쿼터니언에서 허수 $i\ j\ k$의 관계

$$
\begin{gathered}
i^2 = j^2 = k^2 = -1 \\
\\
\begin{aligned}
ij &= k, & ji &= -k \\
jk &= i, & kj &= -i \\
ki &= j, & ik &= -j
\end{aligned}
\end{gathered}
\tag{21}
$$

4.2 쿼터니언의 덧셈과 뺄셈

두 개의 쿼터니언 q_a, q_b를 식 (20)과 식 (21)로 가정하자.

$$
q_a = q_{wa} + q_{xa}i + q_{ya}j + q_{za}k = q_{wa} + \overrightarrow{q_a} = (q_{wa}\ ;\ \overrightarrow{q_a}) = \begin{bmatrix} q_{wa} \\ q_{xa}i \\ q_{ya}j \\ q_{za}k \end{bmatrix} \tag{20}
$$

$$
q_b = q_{wb} + q_{xb}i + q_{yb}j + q_{zb}k = q_{wb} + \overrightarrow{q_b} = (q_{wb}\ ;\ \overrightarrow{q_b}) = \begin{bmatrix} q_{wb} \\ q_{xb}i \\ q_{yb}j \\ q_{zb}k \end{bmatrix} \tag{21}
$$

이때, 두 쿼터니언 q_a, q_b의 덧셈과 뺄셈은 식 (22)와 같다.

$$
\begin{aligned}
q_a \pm q_b &= (q_{wa} \pm q_{wb}) + (q_{xa} \pm q_{xb})i + (q_{ya} \pm q_{yb})j + (q_{za} \pm q_{zb})k = (q_{wa} \pm q_{wb}) + (\overrightarrow{q_a} \pm \overrightarrow{q_b}) \\
&= (q_{wa} \pm q_{wb}\ ,\ \overrightarrow{q_a} \pm \overrightarrow{q_b}) = \begin{bmatrix} (q_{wa} \pm q_{wb}) \\ (q_{xa} \pm q_{xb})i \\ (q_{ya} \pm q_{yb})j \\ (q_{za} \pm q_{zb})k \end{bmatrix}
\end{aligned}
\tag{22}
$$

4.3 쿼터니언의 곱셈

쿼터니언의 스칼라(λ) 곱은 식 (23)과 같다.

$$\lambda q = \lambda q_w + \lambda q_x i + \lambda q_y j + \lambda q_z k = \lambda q_w + \lambda \vec{q} = (\lambda q_w \ , \lambda \vec{q}) = \lambda \begin{bmatrix} q_w \\ q_x i \\ q_y j \\ q_z k \end{bmatrix} \tag{23}$$

두 쿼터니언 $q_{a,}$ q_b의 곱셈은 식 (24) ~ 식 (29)와 같은 과정으로 계산된다. 두 쿼터니언 q_a와 q_b의 곱을 계산하기 위하여 q_a의 각 요소를 q_b와 곱하면 식 (24)와 같다.

$$\begin{aligned} q_a q_b = & \ q_{wa}(q_{wb} + q_{xb} i + q_{yb} j + q_{zb} k) \\ & + q_{xa} i (q_{wb} + q_{xb} i + q_{yb} j + q_{zb} k) \\ & + q_{ya} j (q_{wb} + q_{xb} i + q_{yb} j + q_{zb} k) \\ & + q_{za} k (q_{wb} + q_{xb} i + q_{yb} j + q_{zb} k) \end{aligned} \tag{24}$$

식 (24)를 전개하면 식 (25)와 같다.

$$\begin{aligned} q_a q_b = & \ q_{wa} q_{wb} + (q_{wa} q_{xb} i + q_{wa} q_{yb} j + q_{wa} q_{zb} k) \\ & + q_{wb} q_{xa} i + q_{xa} q_{xb} i^2 + q_{xa} q_{yb} ij + q_{xa} q_{zb} ik \\ & + q_{wb} q_{ya} j + q_{ya} q_{xb} ji + q_{ya} q_{yb} j^2 + q_{ya} q_{zb} jk \\ & + q_{wb} q_{za} k + q_{za} q_{xb} ki + q_{za} q_{yb} kj + q_{za} q_{zb} k^2 \end{aligned} \tag{25}$$

식 (25)에서 허수 i, j, k의 관계를 나타내는 식 (21)을 이용하여 실수부와 허수부를 정리하면 (26)과 같다.

$$\begin{aligned} q_a q_b = & \ q_{wa} q_{wb} - (q_{xa} q_{xb} + q_{ya} q_{yb} + q_{za} q_{zb}) \\ & + q_{wa}(q_{xb} i + q_{yb} j + q_{zb} k) \\ & + q_{wb}(q_{xa} i + q_{ya} j + q_{za} k) \\ & + q_{xa} q_{yb} k + q_{ya} q_{zb} i + q_{za} q_{xb} j \\ & + q_{ya} q_{xb}(-k) + q_{xa} q_{zb}(-j) + q_{za} q_{yb}(-i) \end{aligned} \tag{26}$$

$\overrightarrow{q_a} = q_{xa}i + q_{ya}j + q_{za}k$, $\overrightarrow{q_b} = q_{xb}i + q_{ybj}j + q_{zb}k$, $\overrightarrow{q_a} \cdot \overrightarrow{q_b} = q_{xa}q_{xb} + q_{ya}q_{yb} + q_{za}q_{zb}$이므로, 식 (26)을 벡터의 내적의 개념을 이용하여 식 (27)과 같이 더 간략하게 나타낼 수 있다.

$$\begin{aligned} q_a q_b &= q_{wa}q_{wb} - \overrightarrow{q_a} \cdot \overrightarrow{q_b} + q_{wa}\overrightarrow{q_b} + q_{wb}\overrightarrow{q_a} \\ &\quad + q_{xa}q_{yb}k + q_{ya}q_{zb}i + q_{za}q_{xb}j \\ &\quad + q_{ya}q_{xb}(-k) + q_{xa}q_{zb}(-j) + q_{za}q_{yb}(-i) \end{aligned} \tag{27}$$

또한, q_a와 q_b의 외적

$$\overrightarrow{q_a} \times \overrightarrow{q_b} = \begin{vmatrix} i & j & k \\ q_{xa} & q_{ya} & q_{za} \\ q_{xb} & q_{yb} & q_{zb} \end{vmatrix} = (q_{ya}q_{zb} - q_{za}q_{yb})i + (q_{za}q_{xb} - q_{xa}q_{zb})j + (q_{xa}q_{yb} - q_{ya}q_{xb})k$$ 이므로,

식 (27)을 식 (28)과 같이 정리할 수 있다.

$$\begin{aligned} q_a q_b &= q_{wa}q_{wb} - \overrightarrow{q_a} \cdot \overrightarrow{q_b} + q_{wa}\overrightarrow{q_b} + q_{wb}\overrightarrow{q_a} \\ &\quad + (q_{ya}q_{zb} - q_{za}q_{yb})i + (q_{za}q_{xb} - q_{xa}q_{zb})j + (q_{xa}q_{yb} - q_{ya}q_{xb})k \\ &= q_{wa}q_{wb} - \overrightarrow{q_a} \cdot \overrightarrow{q_b} + q_{wa}\overrightarrow{q_b} + q_{wb}\overrightarrow{q_a} + \overrightarrow{q_a} \times \overrightarrow{q_b} \end{aligned} \tag{28}$$

따라서, 두 쿼터니언의 곱은 식 (29)와 같이 나타낼 수 있다.

$$q_a q_b = (q_{wa}q_{wb} - \overrightarrow{q_a} \cdot \overrightarrow{q_b} \,;\, q_{wa}\overrightarrow{q_b} + q_{wb}\overrightarrow{q_a} + \overrightarrow{q_a} \times \overrightarrow{q_b}) \tag{29}$$

두 쿼터니언의 곱셈을 식 (30)과 같이 행렬형태로 표현하는 방법도 있다.

$$q_a q_b = C_{q_a} q_b = \overline{C_{q_b}} q_a \tag{30}$$

이때, $C_{q_a} = \begin{bmatrix} q_{wa} & -q_{xa} & -q_{ya} & -q_{za} \\ q_{xa} & q_{wa} & -q_{za} & q_{ya} \\ q_{ya} & q_{za} & q_{wa} & -q_{xa} \\ q_{za} & -q_{ya} & q_{xa} & q_{wa} \end{bmatrix}$, $\overline{C_{q_b}} = \begin{bmatrix} q_{wb} & -q_{xb} & -q_{yb} & -q_{zb} \\ q_{xb} & q_{wb} & q_{zb} & -q_{yb} \\ q_{yb} & -q_{zb} & q_{wb} & q_{xb} \\ q_{zb} & q_{yb} & -q_{xb} & q_{wb} \end{bmatrix}$이다.

C_{q_a}, $\overline{C_{q_b}}$는 쿼터니언의 곱셈을 행렬로 나타낸 것으로 4×4의 반대칭(antisymmetric matrix) 행렬인 것을 알 수 있다.

예제 3 두 쿼터니언의 곱셈

$q_a = \begin{bmatrix} 0.70711 \\ 0i \\ 0j \\ 0.70711k \end{bmatrix}$ 와 $q_b = \begin{bmatrix} 0.92388 \\ 0i \\ 0j \\ 0.38268k \end{bmatrix}$ 가 있을 때 두 쿼터니언의 곱 $q_a q_b$ 을 구하시오.

힌트 $q_a q_b = (q_{wa}q_{wb} - \vec{q_a} \cdot \vec{q_b}\, ; q_{wa}\vec{q_b} + q_{wb}\vec{q_a} + \vec{q_a} \times \vec{q_b})$

$$q_a q_b = \begin{bmatrix} 0.38268 \\ 0i \\ 0j \\ 0.92388k \end{bmatrix}$$

쿼터니언과 공액 쿼터니언의 곱은 식 (31)과 같이 쿼터니언 크기의 제곱과 같다.

$$q_a q_a^* = (q_{wa};\, \vec{q_a})(q_{wa};\, -\vec{q_a}) = (q_{wa}^2 + \vec{q_a} \cdot \vec{q_a}\, ;\, q_{wa}\vec{q_a} - q_{wa}\vec{q_a} - \vec{q_a} \times \vec{q_a}) = \|q\|^2 \tag{31}$$

식 (32)와 같이 크기가 1인 쿼터니언을 단위 쿼터니언이라고 한다.

$$\|q\| = \sqrt{q_w^2 + q_x^2 + q_y^2 + q_z^2} = 1 \tag{32}$$

예제 4 단위 쿼터니언

$q = \begin{bmatrix} q_w \\ q_x i \\ q_y j \\ q_z k \end{bmatrix} = \begin{bmatrix} 0.11686 \\ 0.19477i \\ -0.77909j \\ 0.58432k \end{bmatrix}$ 가 단위 쿼터니언인지 확인하시오.

힌트 $\|q\| = 1$

$$\|q\| = \sqrt{0.11686^2 + 0.19477^2 + (-0.77909)^2 + 0.58432^2} = 1$$

예제 5 쿼터니언과 켤레 쿼터니언

$q=\begin{bmatrix}3\\5\\-20\\15\end{bmatrix}$ 을 단위 쿼터니언으로 변환한 값과 그에 대응되는 켤레 쿼터니언을 구하시오.

힌트 켤레 쿼터니언은 쿼터니언의 허수 부분의 부호가 반대

$\| q \| = 25.6710$ 이므로 이를 q 의 모든 요소에 나눠주면 단위 쿼터니언을 구할 수 있다.

$q' = \begin{bmatrix}q_w\\q_x i\\q_y j\\q_z k\end{bmatrix} = \begin{bmatrix}0.11686\\0.19477i\\-0.77909j\\0.58432k\end{bmatrix}$ 가 된다.

이때 쿼터니언 q 의 켤레 쿼터니언 q^* 은 허수 부분의 부호를 음수로 나타낸 것이므로 다음과 같다.

$$\overline{q'} = q'^* = \begin{bmatrix}q_w\\-q_x i\\-q_y j\\-q_z k\end{bmatrix} = \begin{bmatrix}0.11686\\-0.19477i\\0.77909j\\-0.58432k\end{bmatrix}$$

4.4 쿼터니언의 나눗셈(역원)

쿼터니언의 나눗셈은 식 (33)을 따르며, 식 (34)의 방법으로 증명할 수 있다.

$$qq^{-1} = q^{-1}q = 1 \text{ 이면 } q^{-1} = \frac{1}{q} = \frac{q^*}{\| q \|^2} \text{ 이다.} \tag{33}$$

$$q\frac{q^*}{\| q \|^2} = \frac{qq^*}{\| q \|^2} = \frac{\| q \|^2}{\| q \|^2} = 1 \quad (\text{따라서 } \| q \| = 1 \text{ 일 때 } q^{-1} = q^*) \tag{34}$$

4.5 쿼터니언 행렬의 역행렬

q_a 와 q_b 가 식 (35)와 같이 단위 쿼터니언이라고 하자.

$$\| q_a \| = \| q_b \| = 1 \tag{35}$$

이때, 쿼터니언 q_a 는 4×4의 행렬로 나타낼 수 있다. q_a 와 q_b 의 나눗셈은 식 (36)과 같다.

$$C_{q_a} C_{q_a}^{-1} = C_{q_a} C_{q_a}^{*} = C_{q_a} C_{q_a}^{T} = \begin{bmatrix} q_{wa} & -q_{xa} & -q_{ya} & -q_{za} \\ q_{xa} & q_{wa} & -q_{za} & q_{ya} \\ q_{ya} & q_{za} & q_{wa} & -q_{xa} \\ q_{za} & -q_{ya} & q_{xa} & q_{wa} \end{bmatrix} \begin{bmatrix} q_{wa} & q_{xa} & q_{ya} & q_{za} \\ -q_{xa} & q_{wa} & q_{za} & -q_{ya} \\ -q_{ya} & -q_{za} & q_{wa} & q_{xa} \\ -q_{za} & q_{ya} & -q_{xa} & q_{wa} \end{bmatrix}$$
$$= \begin{bmatrix} 1 & 0 & 0 & 0 \\ 0 & 1 & 0 & 0 \\ 0 & 0 & 1 & 0 \\ 0 & 0 & 0 & 1 \end{bmatrix} = I_{4\times 4} \quad (36)$$

이와같이 단위 쿼터니언의 경우 쿼터니언과 그 쿼터니언의 나눗셈은 단위 쿼터니언이 된다. 이와 유사하게 벡터부 외적의 부호가 반대인 쿼터니언을 나타낸 4×4 행렬 $\overline{C_{q_b}}$와 그 역행렬 $\overline{C_{q_b}}^{-1}$의 곱은 식 (37)과 같다.

$$\overline{C_{q_b}}\,\overline{C_{q_b}^{-1}} = \overline{C_{q_b}}\,\overline{C_{q_b}^{*}} = \overline{C_{q_b}}\,\overline{C_{q_b}^{T}} = \begin{bmatrix} q_{ob} & -q_{xb} & -q_{yb} & -q_{zb} \\ q_{xb} & q_{ob} & q_{zb} & -q_{yb} \\ q_{yb} & -q_{zb} & q_{ob} & q_{xb} \\ q_{zb} & q_{yb} & -q_{xb} & q_{ob} \end{bmatrix} \begin{bmatrix} q_{ob} & q_{xb} & q_{yb} & q_{zb} \\ -q_{xb} & q_{ob} & -q_{zb} & q_{yb} \\ -q_{yb} & q_{zb} & q_{ob} & -q_{xb} \\ -q_{zb} & -q_{yb} & q_{xb} & q_{ob} \end{bmatrix}$$
$$= \begin{bmatrix} 1 & 0 & 0 & 0 \\ 0 & 1 & 0 & 0 \\ 0 & 0 & 1 & 0 \\ 0 & 0 & 0 & 1 \end{bmatrix} = I_{4\times 4} \quad (37)$$

크기가 1인 단위 쿼터니언 q_a와 q_b는 $\| q_a \| = \| q_b \| = 1$이므로, $C_{q_a}^{-1} = C_{q_a}^{T} = C_{q_a}^{*}$, $\overline{C}_{q_b}^{-1} = \overline{C}_{q_b}^{T} = \overline{C}_{q_b}^{*}$를 만족한다.

쿼터니언을 행렬으로 표현한 것을 정리하면 [표 1]과 같다.

표 1 쿼터니언의 행렬 표현

기호	수식
C_q	$\begin{bmatrix} q_w & -q_x & -q_y & -q_z \\ q_x & q_w & -q_z & q_y \\ q_y & q_z & q_w & -q_x \\ q_z & -q_y & q_x & q_w \end{bmatrix}$
$\overline{C_q}$	$\begin{bmatrix} q_w & -q_x & -q_y & -q_z \\ q_x & q_w & q_z & -q_y \\ q_y & -q_z & q_w & q_x \\ q_z & q_y & -q_x & q_w \end{bmatrix}$
$C_q^{-1} = C_q^* = C_q^T$	$\begin{bmatrix} q_w & q_x & q_y & q_z \\ -q_x & q_w & q_z & -q_y \\ -q_y & -q_z & q_w & q_x \\ -q_z & q_y & -q_x & q_w \end{bmatrix}$
$\overline{C}_{q^*}$	$\begin{bmatrix} q_w & q_x & q_y & q_z \\ -q_x & q_w & -q_z & q_y \\ -q_y & q_z & q_w & -q_x \\ -q_z & -q_y & q_x & q_w \end{bmatrix}$
$\overline{C}_{q_b}^{-1} = \overline{C}_{q_b}^* = \overline{C}_{q_b}^T$	$\begin{bmatrix} q_{wb} & q_{xb} & q_{yb} & q_{zb} \\ -q_{xb} & q_{wb} & -q_{zb} & q_{yb} \\ -q_{yb} & q_{zb} & q_{wb} & -q_{xb} \\ -q_{zb} & -q_{yb} & q_{xb} & q_{wb} \end{bmatrix}$

예제 6 $q_a \cdot (q_b q_c q_b^*) = (q_a q_b) \cdot (q_b q_c)$ 의 증명

$q_a \cdot (q_b q_c q_b^*) = (q_a q_b) \cdot (q_b q_c)$을 증명하시오.

힌트 $(A^T)^T = A$, $(AB)^T = B^T A^T$, $a \cdot b = a^T b$

$q_b q_c q_b^*$는 쿼터니언 q_c를 q_b를 이용해서 회전한 것을 나타낸다.

$q_a \cdot (q_b q_c q_b^*)$

$= q_a \cdot (\overline{C_{q_b}^*} q_b q_c)$ ←내적(•)은 $Transpose$로 나타낼 수 있다.

$= q_a^T \overline{C_{q_b}^*} q_b q_c$

$= (q_a^T \overline{C_{q_b}^*})(q_b q_c)$

$= (\overline{C_{q_b^*}}^T q_a)^T (q_b q_c)$

$= (\overline{C_{q_b}} q_a)^T (q_b q_c)$

$= (q_a q_b)^T (q_b q_c)$

$= (q_a q_b) \cdot (q_b q_c)$

4.6 쿼터니언의 회전

쿼터니언의 네 단위 $1, i, j, k$ 가운데 3차원 공간을 묘사하는데 필요한 세 단위는 허수단위 i, j, k이다. 즉 3차원 좌표(x, y, z)를 쿼터니언으로 표현하면 $\dot{v} = 0 + xi + yj + zk$가 되고 실수 부분이 0인 쿼터니언을 순 쿼터니언(pure quaternion)이라 한다.

식 (14)에서 설명했듯이 2차원에서 두 복소수의 곱은 회전변환과 같다고 하였다. 해밀턴은 복소수의 개념을 확장하여 쿼터니언을 정의하였기 때문에 쿼터니언의 곱셈 또한 회전변환과 같이 표현하고 싶었다.

두 쿼터니언의 곱의 결과는 식 (29)와 같이 $q_a q_b = (q_{wa}q_{wb} - \overrightarrow{q_a} \cdot \overrightarrow{q_b} ; q_{wa}\overrightarrow{q_b} + q_{wb}\overrightarrow{q_a} + \overrightarrow{q_a} \times \overrightarrow{q_b})$ 이다. 하지만 두 쿼터니언의 곱을 3차원 공간에 대응시키려면 실수부분 $(q_{wa}q_{wb} - \overrightarrow{q_a} \cdot \overrightarrow{q_b})$ 이 0이 되어야 한다. 이를 위해서 해밀턴은 식 (38)과 같이 순 쿼터니언($\dot{v} = 0 + xi + yj + zk$)에 쿼터니언을 앞에 곱할 뿐만 아니라 뒤에서 다시 한번 나누어 주는 방법으로 실수 부분을 0으로 만들었다.

$$q\dot{v}\frac{1}{q} = q\dot{v}q^{-1} = v' \tag{38}$$

쿼터니언의 회전은 복소수의 회전과 같이 크기가 1이어야 하므로 $\| q \| = 1$ 이면 식 (39)가 성립한다.

$$q\dot{v}\frac{1}{q} = q\dot{v}q^{-1} = q\dot{v}q^{*} = v' \tag{39}$$

쿼터니언 $q = q_w + q_x i + q_y j + q_z k$의 회전은 [그림 8]과 같이 스칼라값인 q_w를 회전각, 벡터부분의 $q_x i + q_y j + q_z k$를 회전축으로 생각할 수 있다. $q\dot{v}q^{*} = v'$를 기하학적으로 해석하면 3차원 공간의 한 점 $\dot{v} = 0 + xi + yj + zk$를 $q_x i + q_y j + q_z k$ 축에서 q_w만큼 회전하여 $v' = 0 + x'i + y'j + z'k$로 회전변환 하였다고 해석할 수 있다.

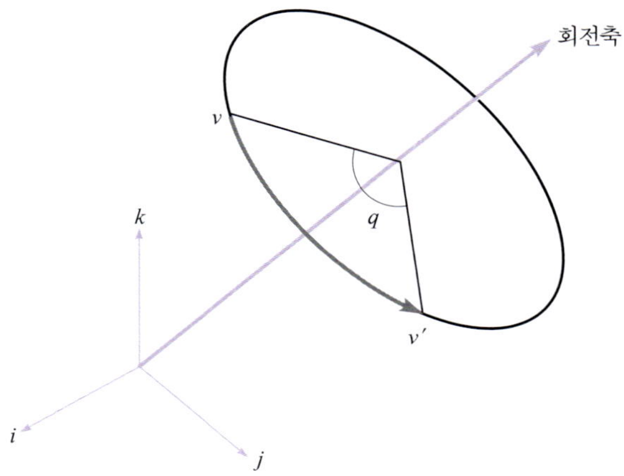

그림 8 쿼터니언의 회전

예제 7 쿼터니언을 이용한 3차원 상의 한 점의 회전

3차원 공간 상의 한 점 $v=(5,9,6)$을 쿼터니언 $q=0.16-0.07i+0.11j-0.98k$을 이용하여 회전하시오.

개념적인 이해를 위해서 v를 단위벡터로 변환하지 않고 연산을 수행하였다.

$$qvq^*=\begin{bmatrix}0.16\\-0.07\\0.11\\-0.98\end{bmatrix}\otimes\begin{bmatrix}0\\5\\9\\6\end{bmatrix}\otimes\begin{bmatrix}0.16\\0.07\\-0.11\\0.98\end{bmatrix}$$

$$C_qvq^*=\begin{bmatrix}0.16&0.07&-0.11&0.98\\-0.07&0.16&-0.98&-0.11\\0.11&0.98&0.16&-0.07\\-0.98&0.11&0.07&0.16\end{bmatrix}\otimes\begin{bmatrix}0\\5\\9\\6\end{bmatrix}\otimes\begin{bmatrix}0.16\\0.07\\-0.11\\0.98\end{bmatrix}=\begin{bmatrix}5.24\\10.28\\-3.04\\-0.22\end{bmatrix}\otimes\begin{bmatrix}0.16\\0.07\\-0.11\\0.98\end{bmatrix}$$

$$\overline{C_{q^*}}C_qv=\begin{bmatrix}0.16&-0.07&0.11&-0.98\\0.07&0.16&0.98&0.11\\-0.11&-0.98&0.16&0.07\\0.98&-0.11&-0.07&0.16\end{bmatrix}\otimes\begin{bmatrix}5.24\\10.28\\-3.04\\-0.22\end{bmatrix}=\begin{bmatrix}0\\-0.99\\-11.15\\4.18\end{bmatrix}$$

예제 8 음의 쿼터니언$(-q)$을 이용한 3차원 상의 한 점의 회전

쿼터니언 $-q$를 이용하여 3차원 상의 한 점(v)을 회전하는 것도 쿼터니언 q를 이용하여 3차원 상의 한 점을 회전하는 것과 동일하다는 것을 증명하시오.

$$(-q)\dot{v}(-q^*)=(-1)^2q\dot{v}q^*=q\dot{v}q^*$$

[예제 8]에서 알 수 있듯이 쿼터니언(q)과 음의 쿼터니언$(-q)$이 3차원 상의 한 점을 회전할 때 동일한 회전을 나타내는 것을 살펴보았다. 이러한 이유는 음의 쿼터니언$(-q)$은 회전축과 회전각을 모두 바꾸었기 때문이다.

4.7 쿼터니언의 극형식 표현

오일러 공식(극형식)에 의하여 단위 쿼터니언은 $q=(\cos\theta;\sin\theta\vec{u})$로 표현할 수 있다. $\vec{u}$는 (u_x,u_y,u_z)이고 크기가 1인 단위벡터를 나타낸다. 단위 쿼터니언은 크기가 1이므로 $\|q\|=\sqrt{\cos^2\theta+\|\vec{u}\|\sin^2\theta}=1$이 되는 것을 알 수 있다.

쿼터니언에서 실수 부분의 값이 0인 것을 순 쿼터니언이라고 하는 것을 알고 있다. 단위벡터

$\vec{u}$에 크기(a)를 곱하면 $a\vec{u}$가 된다. 3차원 공간상에서 어떤 크기와 방향을 갖는 벡터 $a\vec{u}$를 쿼터니언을 이용하여 회전하려고 한다.
이를 수식으로 표현하면 $qa\dot{u}q^*$가 된다. 여기서, $a\dot{u}$는 쿼터니언의 곱셈을 이용하기 위해서 $a\vec{u}$를 순 쿼터니언으로 나타낸 것이다. 3차원 공간상에서 $\vec{u}$축을 기준으로 θ만큼 회전한 것을 살펴보기 위해서 $q, q^*, a\dot{u}$는 식 (40)의 조건을 따른다.

$$
\begin{aligned}
q &= (\cos\theta\,;\sin\theta\vec{u}) \\
q^* &= (\cos\theta\,;-\sin\theta\vec{u}) \\
a\dot{u} &= (0;\,a\vec{u})
\end{aligned}
\tag{40}
$$

$qa\dot{u}q^*$는 쿼터니언을 이용하여 회전축 벡터 $\vec{u}$를 회전한 것으로 그 결과는 $qa\dot{u}q^* = a\dot{u} = (0;\,a\vec{u})$가 된다. 다시 말하면 회전축 $a\vec{u}$를 쿼터니언을 이용하여 회전하면 원래의 $a\vec{u}$가 나온다.

예제 9 $qa\dot{u}q^* = (0;a\vec{u})$ 의 증명

$qa\dot{u}q^* = (0;a\vec{u})$ 을 증명하시오.

힌트 : 쿼터니언의 극형식과 곱셈을 이용하면 된다.

$q_aq_b = (q_{wa}q_{wb} - \vec{q_a}\cdot\vec{q_b}\,;q_{wa}\bullet\vec{q_b} + q_{wb}\cdot\vec{q_a} + \vec{q_a}\times\vec{q_b})$

$qa\dot{u}q^* = aq\dot{u}q^*$ 이므로 $q\dot{u}q^*$의 값을 먼저 구한다.

$$
\begin{aligned}
q\dot{u}q^* &= (\cos\theta;\,\sin\theta\vec{u})(0;\,\vec{u})(\cos\theta;\,-\sin\theta\vec{u}) \\
&= (0-\sin\theta\,\vec{u}\bullet\vec{u};\,\cos\theta\vec{u}+0+\sin\theta\,\vec{u}\times\vec{u})(\cos\theta;\,-\sin\theta\vec{u}) \\
&= (-\sin\theta;\,\cos\theta\vec{u})(\cos\theta;\,-\sin\theta\vec{u}) \\
&= (-\sin\theta\cos\theta+\sin\theta\cos\theta\vec{u}\bullet\vec{u};\,\cos^2\theta\vec{u}+\sin^2\theta\vec{u}-\sin\theta\cos\theta\vec{u}\times\vec{u})
\end{aligned}
$$

위 식에서 동일 벡터의 내적 $\vec{u}\bullet\vec{u}$은 1이 되고, 동일 벡터의 외적 $\vec{u}\times\vec{u}$은 0이므로

$q\dot{u}q^* = (-\sin\theta\cos\theta+\sin\theta\cos\theta;\,\cos^2\theta\vec{u}+\sin^2\theta\vec{u})$ 이 된다.

여기서, $\cos^2\theta+\sin^2\theta=1$ 이므로

$q\dot{u}q^* = (0;\,\vec{u})$ 로 간단하게 표현할 수 있으며, 스칼라 값 a를 곱한다.

$\therefore\ qa\dot{u}q^* = a\dot{u} = (0;\,a\vec{u})$

쿼터니언을 이용하여 3차원 공간상에서 벡터 $\vec{v}$ 를 회전한다고 생각해보자. 여기서, 벡터 $\vec{v}$ 는 식 (41)과 같이 벡터 $a\vec{u}$ 와 $\vec{n}$ 의 합으로 이루어져 있다. [그림 9]와 같이 벡터 $\vec{n}$ 은 벡터 $\vec{u}$ 에 직각이라고 가정한다.

$$\vec{v} = a\vec{u} + \vec{n}\ ,\ \ (\vec{n}\ \perp\ \vec{u}) \tag{41}$$

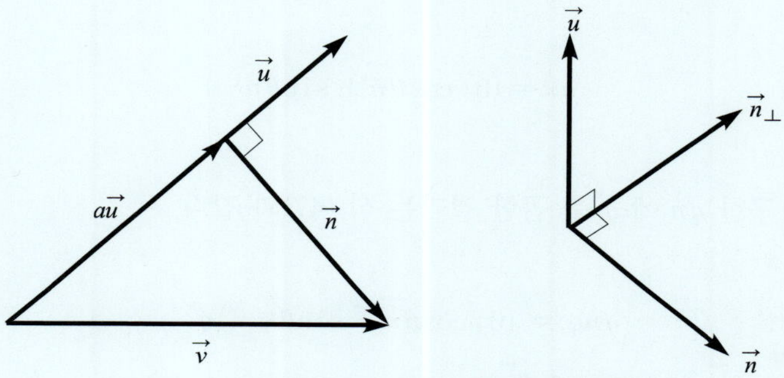

그림 9 식 (41)의 조건을 만족하는 3차원 공간

[그림 9]와 같이 $\vec{u}$ 와 $\vec{n}$ 에 서로 직각인 벡터를 $\vec{n}_\perp$ 이라고 하고 $\vec{u} \times \vec{n} = \vec{n}_\perp$ 라는 조건 하에 증명을 진행한다.

벡터 $\vec{v}$ 를 쿼터니언을 이용하여 회전하기 위해서 먼저 식 (42)와 같이 벡터 $\vec{v}$ 를 순 쿼터니언 $\dot{v}$ 로 나타낸다.

$$\dot{v} = (0; \vec{v}) = (0\,; a\vec{u} + \vec{n}) \tag{42}$$

벡터 $\vec{v}$ 를 쿼터니언을 이용하여 회전하는 것을 식 (43)과 같은 수식으로 표현할 수 있다.

$$q\vec{v}q^* = q\dot{v}\,q^* \tag{43}$$

식 (43)의 $q\dot{v}q^*$ 를 식 (44)와 같이 전개할 수 있다.

$$q\dot{v}q^* = q(0\,; a\vec{u} + \vec{n})q^* = q(0\,; a\vec{u})q^* + q(0\,; \vec{n})q^* = (0\,; a\vec{u}) + q\dot{n}\,q^* \tag{44}$$

여기서, $\dot{n} = (0; \vec{n})$ 이다.

식 (44)의 $q\dot{n}q^*$에서 우선 $q\dot{n}$ 부분을 식 (45)와 같이 전개한다.

$$q\dot{n} = (\cos\theta;\ \sin\theta\vec{u})(0;\vec{n}) = (-\sin\theta\vec{u} \bullet \vec{n};\ \cos\theta\vec{n} + \sin\theta\vec{u} \times \vec{n}) \quad (45)$$

이때, $\vec{u}$와 $\vec{n}$은 서로 직각이므로 두 벡터의 내적($\vec{u} \bullet \vec{n} = 0$)은 0이 되고, $\vec{u}$와 $\vec{n}$의 외적($\vec{u} \times \vec{n} = \vec{n}_\perp$)은 두 벡터에 직각인 벡터가 되므로 식 (45)는 식 (46)과 같이 정리할 수 있다.

$$q\dot{n} = (0;\ \cos\theta\vec{n} + \sin\theta\vec{n}_\perp) \quad (46)$$

이제 식 (46)에서 구한 $q\dot{n}$에 q^*를 곱한 결과는 식 (47)과 같다.

$$\begin{aligned} q\dot{n}q^* &= (0;\ \cos\theta\vec{n} + \sin\theta\vec{n}_\perp)q^* \quad (47) \\ &= (0;\ \cos\theta\vec{n} + \sin\theta\vec{n}_\perp)(\cos\theta;\ -\sin\theta\vec{u}) \\ &= ((\cos\theta\vec{n} + \sin\theta\vec{n}_\perp) \bullet \sin\theta\vec{u};\ (\cos\theta\vec{n} + \sin\theta\vec{n}_\perp)\cos\theta - (\cos\theta\vec{n} + \sin\theta\vec{n}_\perp) \times \sin\theta\vec{u}) \\ &= (\cos\theta\sin\theta\vec{n} \bullet \vec{u} + \sin^2\theta\vec{n}_\perp \bullet \vec{u};\ \cos^2\theta\vec{n} + \sin\theta\cos\theta\vec{n}_\perp - \cos\theta\sin\theta\vec{n} \times \vec{u} - \sin^2\theta\vec{n}_\perp \times \vec{u}) \end{aligned}$$

식 (47)에서, $\vec{n}$과 $\vec{u}$는 서로 직각이고 $\vec{n}_\perp$과 $\vec{u}$도 서로 직각이므로 내적은 모두 0이 되어 식 (48)과 같이 표현할 수 있다.

$$q\dot{n}q^* = (0;\ \cos^2\theta\vec{n} + \sin\theta\cos\theta\vec{n}_\perp - \cos\theta\sin\theta\vec{n} \times \vec{u} - \sin^2\theta\vec{n}_\perp \times \vec{u}) \quad (48)$$

식 (48)에서 $\vec{n} \times \vec{u} = -\vec{n}_\perp$ 이고 $\vec{n}_\perp \times \vec{u} = \vec{n}$ 이므로 식 (49)와 같이 정리할 수 있다.

$$q\dot{n}q^* = (0;\ \cos^2\theta\vec{n} + \sin\theta\cos\theta\vec{n}_\perp + \cos\theta\sin\theta\vec{n}_\perp - \sin^2\theta\vec{n}) \quad (49)$$

식 (49)를 $\vec{n}$과 $\vec{n}_\perp$에 대해서 묶어서 정리하면 식 (50)과 같다.

$$q\dot{n}q^* = (0;\ (\cos^2\theta - \sin^2\theta)\vec{n} + 2\sin\theta\cos\theta\vec{n}_\perp) \quad (50)$$

삼각함수 배각 공식에 의해 $\cos^2\theta - \sin^2\theta = 2\cos^2\theta - 1 = \cos(2\theta)$ 이고, $2\sin\theta\cos\theta = \sin(2\theta)$이므로 $q\dot{n}q^*$의 결과를 식 (51)과 같이 정리할 수 있다.

$$q\dot{n}q^* = (0\,;\cos 2\theta\vec{n} + \sin 2\theta\vec{n}_\perp) \tag{51}$$

$q\dot{n}q^*$의 결과값을 도출했으므로, 이를 이용해 $q\dot{v}q^*$의 결과값은 식 (52)와 같이 나타낼 수 있다.

$$\begin{aligned} q\dot{v}q^* &= (0\,; a\dot{u}) + q\dot{n}q^* \\ &= (0; a\dot{u}) + (0\,; \cos 2\theta\vec{n} + \sin 2\theta\vec{n}_\perp) \\ &= (0\,; a\vec{u} + \cos 2\theta\vec{n} + \sin 2\theta\vec{n}_\perp) \end{aligned} \tag{52}$$

벡터 $\vec{v}$를 쿼터니언 q를 이용하여 회전한 $q\vec{v}q^* = q\dot{v}q^*$는 [그림 10]과 같이 $\vec{u}$를 회전축으로 하여 2θ만큼 회전한 것을 나타낸다. [그림 11]에서 $\vec{n}$과 $\vec{n}_\perp$이 이루는 평면에서의 쿼터니언 회전 $q\dot{v}q^*$의 모습을 확인할 수 있다.

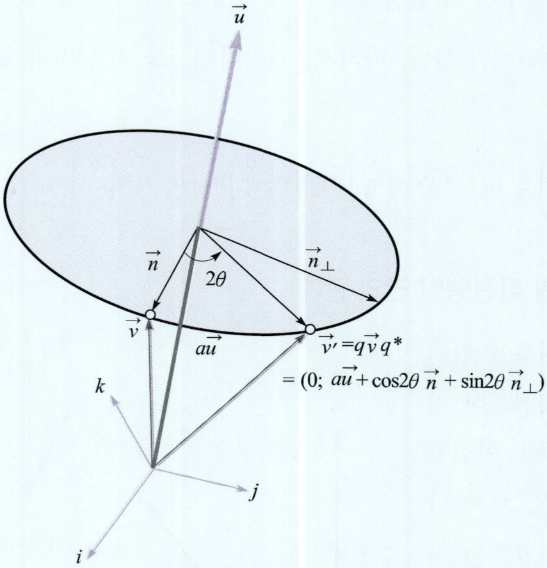

그림 10 3차원 공간에서의 쿼터니언 회전 $q\dot{v}q^*$

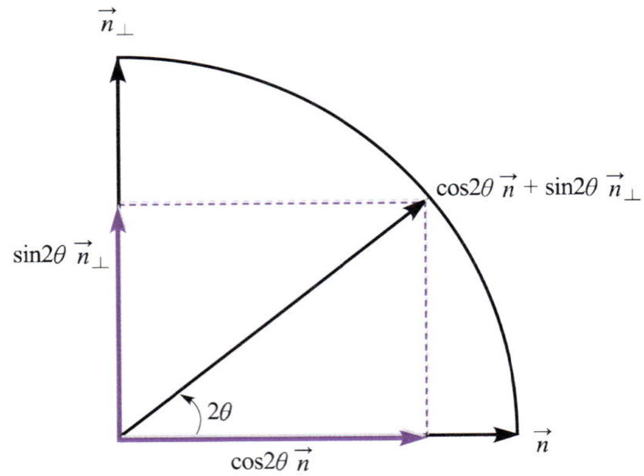

그림 11 $\vec{n}$과 $\vec{n}_\perp$ 이 이루는 평면에서의 쿼터니언 회전 $q\dot{v}q^*$

$q\vec{v}q^*$ 는 $\vec{u}$축을 기준으로 $\vec{v}$를 2θ만큼 회전한 것이므로 $\vec{v}$을 θ만큼 쿼터니언을 이용하여 회전하기 위해서는 $\frac{\theta}{2}$를 입력해야 한다. 따라서, 쿼터니언 q를 식 (53)과 같이 표현해야 한다.

$$q = \left(\cos\left(\frac{\theta}{2}\right);\ \sin\left(\frac{\theta}{2}\right)\vec{u}\right) = \cos\left(\frac{\theta}{2}\right) + \sin\left(\frac{\theta}{2}\right)u_x i + \sin\left(\frac{\theta}{2}\right)u_y j + \sin\left(\frac{\theta}{2}\right)u_z k \qquad (53)$$

4.8 쿼터니언과 3차원 회전행렬 간의 관계

[그림 12]와 같이 사진좌표계(c) 상의 어떤 벡터 $\vec{v}$를 회전하여 지상의 매핑좌표계(m)로 회전한 것을 식 (54)와 같이 $R_c^m\vec{v}$로 나타낼 수 있다. 여기서, R_c^m는 사진좌표계를 회전하여 지상의 매핑좌표계로 변환하기 위한 3×3 회전행렬을 나타낸다.

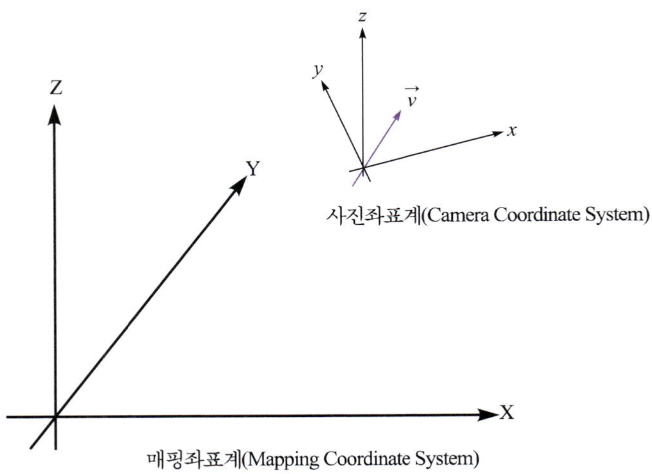

그림 12 매핑좌표계와 사진좌표계

$$R_c^m \vec{v} = R_\omega R_\varphi R_\kappa \vec{v} \qquad (54)$$

4.8.1 쿼터니언을 3차원 회전행렬로 나타내기

단위 쿼터니언을 이용하여 $\vec{v}$를 회전한 것을 나타내면 $q\dot{v}q^*$가 된다. 쿼터니언과 3차원 회전행렬 간의 관계는 식 (55)와 같이 나타낼 수 있다.

$$R_c^m \vec{v} = R_\omega R_\varphi R_\kappa \vec{v} \Leftrightarrow q\dot{v}q^* = \overline{C_{q^*}}\, C_q \dot{v} \qquad (55)$$

$\vec{v}$를 단위 쿼터니언을 이용하여 회전하기 위해서 순 쿼터니언 $\dot{v}$로 나타내면 식 (56)과 같다. 어떤 벡터를 회전하기 위해서 사용되는 쿼터니언은 단위 쿼터니언이어야 하기 때문에 $q_w^2 + q_x^2 + q_y^2 + q_z^2 = 1$ 의 관계가 있다.

$$\dot{v} = \begin{bmatrix} 0 \\ v_x \\ v_y \\ v_z \end{bmatrix}, \quad \overline{C_{q^*}}\, C_q = \begin{bmatrix} q_w & q_x & q_y & q_z \\ -q_x & q_w & -q_z & q_y \\ -q_y & q_z & q_w & -q_x \\ -q_z & -q_y & q_x & q_w \end{bmatrix} \begin{bmatrix} q_w & -q_x & -q_y & -q_z \\ q_x & q_w & -q_z & q_y \\ q_y & q_z & q_w & -q_x \\ q_z & -q_y & q_x & q_w \end{bmatrix} = \begin{bmatrix} 1 & 0 & 0 & 0 \\ 0 & r_{11} & r_{12} & r_{13} \\ 0 & r_{21} & r_{22} & r_{23} \\ 0 & r_{31} & r_{31} & r_{33} \end{bmatrix} \qquad (56)$$

$\overline{C_{q^*}}\, C_q$를 구성하고 있는 $r_{11} \sim r_{33}$ 까지의 3×3 행렬요소는 3차원 회전행렬 R_c^m의 의미를 나타내고 있으므로 식 (57)과 같다.

$$R_c^m = R_\omega R_\varphi R_\kappa = \begin{bmatrix} r_{11} & r_{12} & r_{13} \\ r_{21} & r_{22} & r_{23} \\ r_{31} & r_{32} & r_{33} \end{bmatrix} = \begin{bmatrix} q_w^2 + q_x^2 - q_y^2 - q_z^2 & 2(q_x q_y - q_w q_z) & 2(q_x q_z + q_w q_y) \\ 2(q_x q_y + q_w q_z) & q_w^2 - q_x^2 + q_y^2 - q_z^2 & 2(q_y q_z - q_w q_x) \\ 2(q_x q_z - q_w q_y) & 2(q_y q_z + q_w q_x) & q_w^2 - q_x^2 - q_y^2 + q_z^2 \end{bmatrix} \qquad (57)$$

회전행렬 R_c^m의 요소는 식 (58)과 같다.

$$R_c^m = R_\omega R_\varphi R_\kappa = \begin{bmatrix} r_{11} & r_{12} & r_{13} \\ r_{21} & r_{22} & r_{23} \\ r_{31} & r_{32} & r_{33} \end{bmatrix} \qquad (58)$$

$$= \begin{bmatrix} \cos\varphi\cos\kappa & -\cos\varphi\sin\kappa & \sin\varphi \\ \cos\omega\sin\kappa + \sin\omega\sin\varphi\cos\kappa & \cos\omega\cos\kappa - \sin\omega\sin\varphi\sin\kappa & -\sin\omega\cos\varphi \\ \sin\omega\sin\kappa - \cos\omega\sin\varphi\cos\kappa & \sin\omega\cos\kappa + \cos\omega\sin\varphi\sin\kappa & \cos\omega\cos\varphi \end{bmatrix}$$

식 (58)의 회전행렬요소에서 역으로 오일러 회전각 ω,φ,κ를 구할 수 있다. 두 번째 회전각인 φ를 식 (59)과 같이 r_{13}에서 구할 수 있다.

$$\varphi = \sin^{-1}(r_{13}) \tag{59}$$

세 번째 회전각인 κ를 식 (60)과 같이 r_{11}과 r_{12}, 그리고 $\cos\varphi$를 이용하여 구할 수 있다.

$$k = \tan^{-1}\left(\frac{-r_{12}/\cos\varphi}{r_{11}/\cos\varphi}\right) = \tan^{-1}\left(\frac{\cos\varphi\sin\kappa/\cos\varphi}{\cos\varphi\cos\kappa/\cos\varphi}\right) \tag{60}$$

첫 번째 회전각인 ω를 식 (61)과 같이 r_{23}과 r_{33}, 그리고 $\cos\varphi$를 이용하여 구할 수 있다.

$$\omega = \tan^{-1}\left(\frac{-r_{23}/\cos\varphi}{r_{33}/\cos\varphi}\right) = \tan^{-1}\left(\frac{\sin\omega\sin\varphi/\cos\varphi}{\cos\omega\cos\varphi/\cos\varphi}\right) \tag{61}$$

예제 10 회전행렬 R_c^m에서 오일러 회전각 ω,φ,κ 구하기

3차원 회전행렬 $R_c^m = \begin{bmatrix} 0.8085 & -0.3104 & -0.5000 \\ 0.5698 & 0.6254 & 0.5332 \\ 0.1472 & -0.7160 & 0.6824 \end{bmatrix}$ 에서 오일러 회전각 ω, φ, κ를 구하시오.

$\varphi = \sin^{-1}(-0.5000) = -30°$

$k = \tan^{-1}\left(\frac{0.3104/\cos(-30°)}{0.8085/\cos(-30°)}\right) = 21°$

$\omega = \tan^{-1}\left(\frac{-0.5332/\cos(-30°)}{0.6824/\cos(-30°)}\right) = -38°$

예제 11 쿼터니언을 이용한 회전의 3차원 회전행렬 구하기

(1,1,1)를 회전축으로 60° 만큼 회전하는 쿼터니언 q로부터 3×3 회전행렬을 구하시오

(1,1,1)를 회전축으로 60° 만큼 회전하게 하는 단위 쿼터니언 q를 먼저 구한다.

$$q=(\cos 30°;\sin 30°(\frac{1}{\sqrt{3}},\frac{1}{\sqrt{3}},\frac{1}{\sqrt{3}}))=\frac{\sqrt{3}}{2}+\frac{1}{2\sqrt{3}}i+\frac{1}{2\sqrt{3}}j+\frac{1}{2\sqrt{3}}k$$

q의 각 요소들을 아래 식에 대입하여 회전행렬을 계산한다.

$$R_c^m=\begin{bmatrix} r_{11} & r_{12} & r_{13} \\ r_{21} & r_{22} & r_{23} \\ r_{31} & r_{32} & r_{33} \end{bmatrix}=\begin{bmatrix} q_w^2+q_x^2-q_y^2-q_z^2 & 2(q_xq_y-q_wq_z) & 2(q_xq_z+q_wq_y) \\ 2(q_xq_y+q_wq_z) & q_w^2-q_x^2+q_y^2-q_z^2 & 2(q_yq_z-q_wq_x) \\ 2(q_xq_z-q_wq_y) & 2(q_yq_z+q_wq_x) & q_w^2-q_x^2-q_y^2+q_z^2 \end{bmatrix} \text{ 에 대입}$$

$$R_c^m=\begin{bmatrix} r_{11} & r_{12} & r_{13} \\ r_{21} & r_{22} & r_{23} \\ r_{31} & r_{32} & r_{33} \end{bmatrix}=\begin{bmatrix} \frac{2}{3} & -\frac{1}{3} & \frac{2}{3} \\ \frac{2}{3} & \frac{2}{3} & -\frac{1}{3} \\ -\frac{1}{3} & \frac{2}{3} & \frac{2}{3} \end{bmatrix}$$

4.8.2 3차원 회전행렬을 쿼터니언으로 변환하기

식 (62)과 같이 3차원 회전행렬을 쿼터니언을 이용하여 변환한다는 것는 R_c^m를 q로 나타내고자 하는 것이다.

$$R_c^m=\begin{bmatrix} r_{11} & r_{12} & r_{13} \\ r_{21} & r_{22} & r_{23} \\ r_{31} & r_{32} & r_{33} \end{bmatrix} \Rightarrow q=\begin{bmatrix} q_w \\ q_x \\ q_y \\ q_z \end{bmatrix} \tag{62}$$

식 (62)에서 q는 $q_w^2+q_x^2+q_y^2+q_z^2=1$ 를 만족하는 단위 쿼터니언이다.

3차원 회전행렬 R_c^m를 쿼터니언 q로 변환할 때, [표 2]와 같이 ①②③④의 4가지의 경우가 발생한다. 이 경우 수치적인 안정성이 가장 높은 경우를 따라 3차원 회전행렬에서 쿼터니언으로 변환하여야 한다.

이를 좀 더 쉽게 설명하면 $y=a/b$라는 수식이 있다고 가정할 때, 분모에 해당하는 b값이 작은데 오차가 있다면 y에 큰 영향을 미치게 될 것이다. 이에 반해 b값이 큰데 오차가 있다면 y에 작은 영향을 미치게 되므로 수치적인 안정성을 고려할 때 b값이 큰 것을 선택하는 것이 바

람직하다. 이와 같은 원리로 인해서 3차원 회전행렬을 쿼터니언으로 변환할 때 나누는 값이 가장 큰 경우의 선택에 따라 ①②③④의 4가지 경우가 발생한다.

표 2 수치적 안정성을 고려한 3차원 회전행렬에서 쿼터니언으로의 변환 식

조건	쿼터니언
① q_w 가 가장 큰 경우 $r_{11}+r_{22}+r_{33}+1>0$	$q_w=\frac{\sqrt{(r_{11}+r_{22}+r_{33}+1)}}{2}$ $q_x=(r_{32}-r_{23})/4q_w$ $q_y=(r_{13}-r_{31})/4q_w$ $q_z=(r_{21}-r_{12})/4q_w$
② q_x 가 가장 큰 경우 $r_{11}-r_{22}-r_{33}+1>0$	$q_x=\frac{\sqrt{(r_{11}-r_{22}-r_{33}+1)}}{2}$ $q_w=(r_{32}-r_{23})/4q_x$ $q_y=(r_{12}+r_{21})/4q_x$ $q_z=(r_{13}+r_{31})/4q_x$
③ q_y 가 가장 큰 경우 $r_{22}-r_{11}-r_{33}+1>0$	$q_y=\frac{\sqrt{(r_{22}-r_{11}-r_{33}+1)}}{2}$ $q_w=(r_{13}-r_{31})/4q_y$ $q_x=(r_{12}+r_{21})/4q_y$ $q_z=(r_{23}+r_{32})/4q_y$
④ q_z 가 가장 큰 경우 $r_{33}-r_{11}-r_{22}+1>0$	$q_z=\frac{\sqrt{(r_{33}-r_{11}-r_{22}+1)}}{2}$ $q_w=(r_{21}-r_{12})/4q_z$ $q_x=(r_{13}+r_{31})/4q_z$ $q_y=(r_{23}+r_{32})/4q_z$

예제 12 3차원 회전행렬의 쿼터니언 변환

3차원 회전행렬 $R_c^m = \begin{bmatrix} 0.8085 & -0.3104 & -0.5000 \\ 0.5698 & 0.6254 & 0.5332 \\ 0.1472 & -0.7160 & 0.6824 \end{bmatrix}$ 을 쿼터니언 q로 변환하시오.

$r_{11}+r_{22}+r_{33}+1>0$의 값이 가장 크므로 q_w 가 가장 큰 경우를 따라 회전행렬을 쿼터니언으로 변환한다. 가장 먼저 q_w 를 구한다.

$$q_w = \frac{\sqrt{(r_{11}+r_{22}+r_{33}+1)}}{2} = 0.8827$$

$$q_x = (r_{32}-r_{23})/4q_w = -0.3538$$

$$q_y = (r_{13}-r_{31})/4q_w = -0.1833$$

$$q_z = (r_{21}-r_{12})/4q_w = 0.2493$$

$$q = \begin{bmatrix} q_w \\ q_x \\ q_y \\ q_z \end{bmatrix} = \begin{bmatrix} 0.8827 \\ -0.3538 \\ -0.1833 \\ 0.2493 \end{bmatrix}$$

또한, 오일러 회전각을 계산하면 w,φ,k는 다음과 같다.

$$\varphi = \sin^{-1}(-0.5000) = -30°$$

$$k = \tan^{-1}\left(\frac{0.3104/\cos(-30°)}{0.8085/\cos(-30°)}\right) = 21°$$

$$\omega = \tan^{-1}\left(\frac{-0.5332/\cos(-30°)}{0.6824/\cos(-30°)}\right) = -38°$$

단원정리

01. 복소수는 실수와 허수를 복합한 수를 말하며, 허수 i는 제곱했을 때 -1이 되는 특징을 갖는다.

02. 복소수를 이용하여 2차원 평면에서의 기하학적 해석이 가능하다. 복소수의 합연산은 벡터의 합과 같고, 복소수의 곱연산은 벡터의 회전변환과 같다.

03. 쿼터니언은 1개의 실수와 3가지의 허수를 가진 4개의 원소를 갖는 복소수를 말하며, 3차원 공간의 기하학적 해석을 위해서 고안되었다. 쿼터니언은 크게 두 부분으로 나누어 표현하는데 하나는 실수를 나타내는 실수부와 3가지의 허수를 하나의 벡터로 취급하는 벡터부로 나뉜다.

04. 쿼터니언의 크기가 1인 쿼터니언을 단위 쿼터니언(unit quaternion), 쿼터니언의 벡터부 부호가 다른 쿼터니언을 결레(또는 공액) 쿼터니언, 실수부가 0인 쿼터니언을 순 쿼터니언(unit quaternion)이라 부른다.

05. 쿼터니언의 덧셈과 뺄셈은 일반적인 복소수의 연산과 같지만, 두 개의 쿼터니언 $q_a = (q_{wa}, \vec{q_a})$ 와 $q_b = (q_{wb}, \vec{q_b})$ 의 곱은 $q_a q_b = (q_{wa}q_{wb} - \vec{q_a} \cdot \vec{q_b} \, ; q_{wa}\vec{q_b} + q_{wb}\vec{q_a} + \vec{q_a} \times \vec{q_b})$ 와 같다.

06. 쿼터니언의 곱은 $q_a q_b = C_{q_a} q_b = \overline{C_{q_b}} q_a$와 같은 행렬의 곱으로도 표현할 수 있으며 각 행렬들은 다음과 같은 형태를 갖는다.

$$C_q = \begin{bmatrix} q_w & -q_x & -q_y & -q_z \\ q_x & q_w & -q_z & q_y \\ q_y & q_z & q_w & -q_x \\ q_z & -q_y & q_x & q_w \end{bmatrix}, \quad \overline{C_q} = \begin{bmatrix} q_w & -q_x & -q_y & -q_z \\ q_x & q_w & q_z & -q_y \\ q_y & -q_z & q_w & q_x \\ q_z & q_y & -q_x & q_w \end{bmatrix}$$

$$C_q^{-1} = C_{q^*} = C_q^T = \begin{bmatrix} q_w & q_x & q_y & q_z \\ -q_x & q_w & q_z & -q_y \\ -q_y & -q_z & q_w & q_x \\ -q_z & q_y & -q_x & q_w \end{bmatrix}, \quad \overline{C_q}^{-1} = \overline{C_q}^T = \overline{C_{q^*}} = \begin{bmatrix} q_w & q_x & q_y & q_z \\ -q_x & q_w & -q_z & q_y \\ -q_y & q_z & q_w & -q_x \\ -q_z & -q_y & q_x & q_w \end{bmatrix}$$

07. 쿼터니언을 이용하여 3차원 공간에서의 회전변환을 표현할 수 있다. $qvq^* = v'$ 라는 식은 3차원 공간상의 한 점 $v = (x, y, z)$를 순 쿼터니언으로 표현한 $v = 0 + xi + yj + zk$를 쿼터니언 $q = (\cos\theta, \sin\theta\vec{u})$를 이용하여 회전변환하면 결과가 v'라는 것을 의미한다.

08. 짐벌락(gimbal lock) 현상은 x, y, z축을 회전하는 방식의 오일러 회전변환에서 특정 상황에 두 회전축이 겹쳐 한 회전축이 소실되는 현상을 말한다. 하지만 쿼터니언을 이용하는 회전변환은 임의의 회전축을 기준으로 회전변환을 하므로 짐벌락 현상이 방지된다. 이러한 장점 때문에 3차원 공간에서 쿼터니언을 이용하여 회전을 표현하고 있다.

09. 3차원 회전행렬의 요소들을 알고 있다면, 행렬의 요소들로부터 역으로 회전 쿼터니언을 찾을 수 있다.

연습문제

1. 복소수 $a = 3\sqrt{2} + 3\sqrt{2}i$를 원점을 중심으로 $15°$ 회전시키는 복소수 b의 값과 회전된 복소수 a'의 값을 구하시오.

2. 짐벌락 현상이 발생하는 경우를 설명하시오.

3. 단위 쿼터니언이란 무엇인가?

4. 순 쿼터니언이란 무엇인가?

5. $q_a = \begin{bmatrix} 1 \\ 2 \\ 3 \\ 4 \end{bmatrix}$, $q_b = \begin{bmatrix} 8 \\ 7 \\ 6 \\ 5 \end{bmatrix}$ 일 때, 두 쿼터니언의 곱 $q_a q_b$를 구하시오.

6. 쿼터니언 $q = q_w + q_x + q_y + q_z$ 로 표현할 수 있는 행렬 $C_q, C_{q^*}\ \overline{C_q}, \overline{C_{q^*}}$을 모두 작성하시오.

7. $q_a = (\cos\alpha\,;\sin\alpha\,\vec{\boldsymbol{u}})$, $q_b = (\cos\beta\,;\sin\beta\,\vec{\boldsymbol{u}})$, $\| u \| = 1$, $\| q_a \| = 1$, $\| q_b \| = 1$ 일 때 $q_a q_b$가 단위 쿼터니언임을 증명하시오.

8. $q_a = \begin{bmatrix} 0 \\ 0.4364 \\ 0.2182 \\ 0.8729 \end{bmatrix}$, $q_b = \begin{bmatrix} 0.3939 \\ 0.7878 \\ 0.3939 \\ 0.2626 \end{bmatrix}$, $q_c = \begin{bmatrix} 0.2063 \\ 0.1031 \\ 0.5157 \\ 0.8251 \end{bmatrix}$ 일 때, $q_a \cdot (q_b q_c q_b^*)$ 를 구하시오.

9. 3차원 공간에서 $(1, 1, 1)$를 회전축으로 30° 만큼 회전하는 쿼터니언을 극형식으로 표현하시오.

10. 3차원 공간상의 점 (7, 8, 6)을 쿼터니언 $q = 0.11686 + 0.19477i - 0.77909j + 0.58432k$를 이용하여 회전된 좌표를 구하시오.

11. x축을 60 $^\circ$, y축을 90 $^\circ$, z축을 180 $^\circ$ 만큼 회전시키는 단위 쿼터니언 q를 구하시오.

12. 임의의 벡터 $\vec{u}=(-1,0,1)$을 기준으로 60 $^\circ$ 만큼 회전한 3차원 회전행렬을 구하시오.

13. 3차원 회전행렬 $R_w R_\varphi R_k \equiv R_c^m = \begin{bmatrix} 0.7500 & -0.4330 & -0.5000 \\ -0.4330 & 0.2500 & -0.8660 \\ 0.5000 & 0.8660 & 0.0000 \end{bmatrix}$는 X, Y, Z축을 각각 90°, -30°, 30° 회전한 것이다. 이를 쿼터니언 q로 변환하시오.

14. 3차원 회전행렬을 이용한 회전 표현과 쿼터니언을 이용한 회전 표현의 장점과 단점을 각각 쓰시오.

chapter

10 사진의 표정

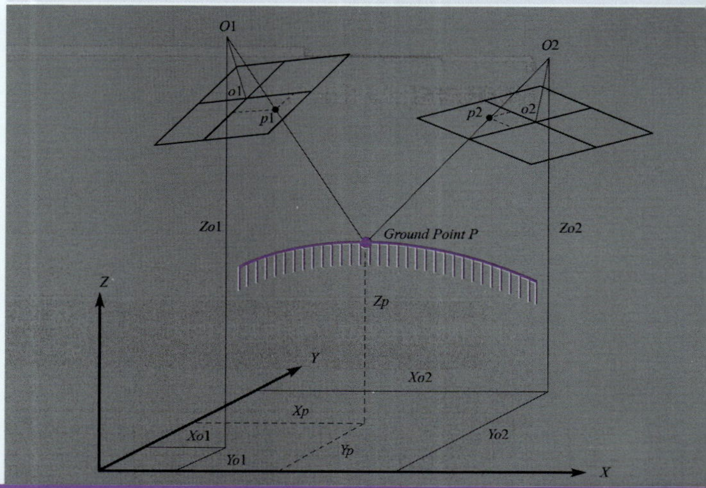

사진의 표정(orientation)이란 사진 촬영 당시의 상황을 그대로 재현하는 것으로 촬영에 사용된 카메라의 내부적인 특성과 촬영 당시의 카메라의 위치와 자세를 결정하는 것을 나타낸다. 이를 위해 카메라의 내·외부적인 특성을 수학적으로 결정하여야 한다. 사진측량 분야에서는 카메라의 주점, 초점거리(또는 주점거리), 렌즈왜곡 등과 같은 내부적인 특성을 내부표정(interior orientation)이라 하며 카메라의 위치와 자세와 같은 외부적인 특성을 외부표정(exterior orientation)이라 한다. 외부표정은 다시 상호표정(relative orientation), 접합표정(successive orientation), 절대표정(absolute orientation)으로 나눌 수 있다. 컴퓨터비전 분야에서는 내부표정요소에 해당하는 것을 카메라 행렬에 나타내고, 내·외부표정요소를 하나의 투영행렬로 나타낸다. 이에 본 단원에서는 사진측량과 컴퓨터비전에서 다루고 있는 각 표정의 요소들을 살펴보고 다양한 예제를 통해 사진의 표정에 대하여 이해하는 것을 목표로 한다.

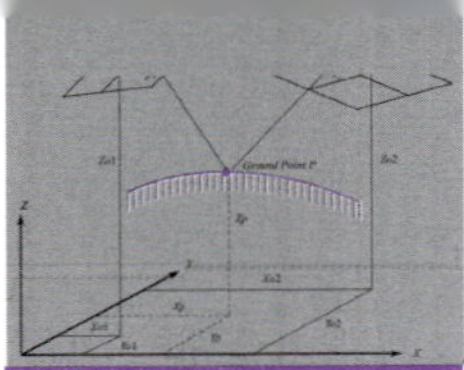

chapter

10 사진의 표정

학습목표

1. 표정의 종류에 대해서 설명할 수 있다.
2. 카메라의 기하학적 왜곡에 대해서 설명할 수 있다.
3. 사진측량과 컴퓨터비전의 좌표계에 대해서 설명할 수 있다.
4. 사진측량과 컴퓨터비전에서 사용하는 렌즈왜곡 계수의 차이에 대해서 설명할 수 있다.
5. 단사진의 외부표정요소의 결정에 대해서 설명할 수 있다.
6. 상호표정의 일반식에 대해서 설명할 수 있다.
7. 스테레오 영상에서 3차원 좌표결정에 대해서 설명할 수 있다.
8. 컴퓨터비전의 기본행렬과 필수행렬을 설명할 수 있다.
9. 쿼터니언을 이용한 외부표정과 절대표정에 대해서 설명할 수 있다.

01 표정의 종류

사진측량의 목적은 사진(또는 영상) 촬영에 사용된 카메라의 내·외부적인 특성을 통해서 대상물의 3차원 위치를 결정하는 것이다. 이를 위해서는 다음의 2가지 조건을 만족해야 한다.

① 사진을 촬영할 때 사용한 카메라에서 사진의 광속(bundle)을 복원(reconstruction)할 수 있어야 한다. 이를 위해서는 카메라의 내부적인 특성을 나타내는 주점, 초점거리, 렌즈왜곡 등을 정확하게 알아야 한다.

② 광속의 위치와 방향을 잘 조정해서 3차원 공간에서 반사된 빛이 사진 상에서 맺힌 사진좌표와 동일 직선상에 위치하도록 해야 한다. 이를 위해서는 카메라의 외부적인 특성을 나타내는 카메라의 위치와 자세를 정확하게 알아야 한다.

사진측량에서 표정(orientation)은 촬영당시의 상황을 그대로 재현하는 것으로 촬영에 사용된 카메라의 내부적인 특성과 촬영당시의 외부적인 특성인 카메라의 위치(X_O, Y_O, Z_O)와 자세(ω, φ, κ)를 결정하는 것을 나타낸다. 이러한 사진의 표정은 크게 내부표정과 외부표정으로 나눌 수 있다. 또한, 외부표정은 다시 상호표정, 접합표정, 절대표정으로 나눌 수 있다.

① 내부표정은 카메라의 주점, 초점거리, 렌즈왜곡계수를 결정하고 보정하는 작업으로 이해할 수 있다. 내부표정이라는 것은 궁극적으로 사진의 광속을 사진을 촬영한 순간의 광속과 거의 유사하게 일치시키는 작업을 말한다.

② 외부표정은 촬영당시의 상황을 재현하여 카메라를 통과하는 광속의 자세와 위치를 정하는 작업이다. 다시 말하면 촬영당시의 카메라의 위치 및 자세를 결정하는 작업으로 이를 통해서 카메라의 투영중심의 위치를 알 수 있다. 이러한 카메라의 투영중심은 물리적으로 존재하는 점이 아니라 수학적으로 존재하는 점이라는 것에 주의해야 한다.

②-1 상호표정은 두 사진간의 상대적인 위치와 자세를 재구성하여 가상의 3차원 좌표를 생성하는 작업이다. 두 사진을 이용하여 만들어진 가상의 3차원 좌표를 하나의 입체모델(model)로 부르기도 한다. 상호표정은 두 사진에서 종시차(y 방향 시차)를 제거하여 입체시가 가능하도록 하는 작업으로 생각할 수도 있다.

②-2 접합표정은 각각의 입체모델을 접합하여 좌표계와 축척을 통일하는 작업을 말한다. 두 장의 사진에서 상호표정을 수행하여 하나의 모델을 만들 수 있다. 사진의 매수가 늘어나 두 장 이상이 될 경우에는 입체모델의 개수가 여러 개 생기게 된다. 그러나 각각의 입체모델은 가상의 좌표를 가지고 있기 때문에 축척이 서로 다르고 좌표계가 모델마다 다르다. 이러한 입체모델을 연결하여 하나의 통일된 모델좌표로 만드는 작업을 접합표정이라 한다.

②-3 절대표정은 상호표정 또는 접합표정을 통해서 만들어진 가상좌표를 실제좌표로 변환하는 작업이다. 이 때 가상좌표를 실제좌표로 변환하기 위해서 축척계수, 회전, 이동을 결정해야 한다.

예제 1 사진의 표정

스테레오 영상을 해석하기 위한 기계식 도화에서는 내부표정, 상호표정, 절대표정을 수행하게 된다. 내부 표정단계에 해당하는 내용을 모두 선택하시오.

① 절대위치의 결정
② 종시차 소거
③ 축척의 결정
④ 사진주점을 투영기의 중심에 일치
⑤ 초점거리의 조정

내부표정은 카메라의 주점, 초점거리, 렌즈왜곡계수를 결정하고 보정하는 작업이다.

정답

④ 사진주점을 투영기의 중심에 일치

⑤ 초점거리의 조정

02 내부표정

내부표정(interior orientation)은 사진을 촬영한 순간의 광속과 매우 유사하게 복원하는 작업이다. 이를 위해서는 카메라의 주점(x_p, y_p), 초점(또는 주점)거리(f_c), 방사왜곡(Δr), 편심왜곡(Δd) 등의 카메라의 내부적인 특성을 알아야 한다. 아날로그 카메라의 경우에는 필름을 사용하기 때문에 내부표정을 위해서 필름면의 신축을 고려해야 되지만, 디지털 카메라는 필름을 사용하지 않기 때문에 필름면의 신축을 고려할 필요가 없다. 내부표정요소에 영향을 미치는 또 다른 요인은 대기굴절과 지구곡률 요소가 있다. 이중에서 지구곡률은 카메라의 내부적인 특성에 영향을 미치는 요인이라기 보다는 지표면의 형상과 관계되어 있다. 따라서, 엄밀히 말하면 지구곡률의 보정은 카메라의 내부표정요소와는 무관하다. 그러나, 기존의 사진측량 관련 도서에는 지구곡률을 내부표정요소로 기술하고 있는 경우가 있다.

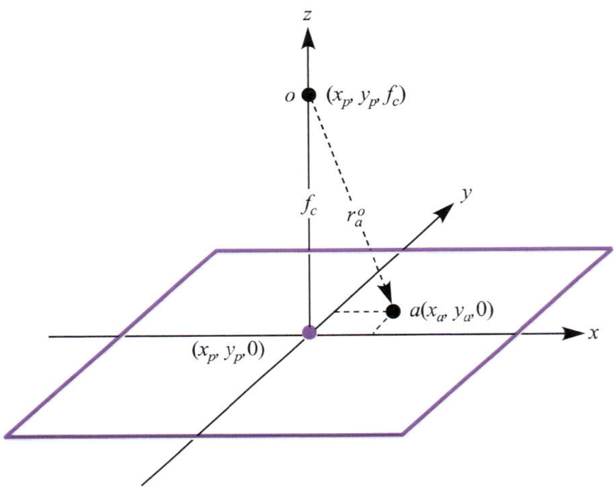

그림 1 렌즈중심으로부터 사진상의 한 점까지의 벡터

내부표정요소(IOP : Interior Orientation Parameters)에는 [그림 1]과 같이 주점(x_p, y_p), 초점거리(f_c)와 3차원 공간에서 물체에 반사된 빛이 사진 상에서 맺힌 사진좌표(x_a, y_a)와 동일 직선상에 위치하지 않아 발생하는 왜곡량(Δx, Δy)이 있으며 왜곡이 존재하지 않을 경우 렌즈(또는 투영) 중심(o)으로부터 사진 상의 점(a)까지의 벡터 r_a^o는 식 (1)과 같이 벡터 뺄셈을 이용하여 나타낼 수 있다.

$$r_a^o = \begin{bmatrix} x_a \\ y_a \\ 0 \end{bmatrix} - \begin{bmatrix} x_p \\ y_p \\ f_c \end{bmatrix} = \begin{bmatrix} x_a - x_p \\ y_a - y_p \\ -f_c \end{bmatrix} \quad (1)$$

여기서, r_a^o는 렌즈 투영 중심에서 사진좌표 a까지의 벡터를 나타내며, 왜곡량이 보정되지 않은 벡터를 나타낸다.

2.1 렌즈왜곡

저가형의 카메라나 시야각(FOV: Field Of View)이 넓은 어안렌즈(fisheye lens)를 사용할 경우 [그림 2(a)]와 같은 렌즈왜곡이 크게 발생한다. 따라서 수학적으로 정의된 렌즈 왜곡모델을 이용하여 [그림 2(b)]와 같이 왜곡을 보정해야 한다. 렌즈왜곡에는 방사왜곡(RLD: Radial Lens Distortion), 편심왜곡(DLD: Decentric Lens Distortion), 부등각왜곡(AD: Affine Distortion) 등이 있다.

2.1.1 방사왜곡

카메라의 투영중심을 통과한 광선은 [그림 3]과 같이 렌즈굴절에 의하여 $\Delta\theta$의 각만큼 방향이 바뀌게 되며 그 차이(Δr)를 방사왜곡(RLD: Radial Lens Distortion)이라 한다. 또한 [그림 4]와 같이 방사왜곡은 주점에서 방사거리(r) 만큼 멀어질수록 방사왜곡(Δr)이 커지는 경향이 있다. 일반적으로 방사왜곡은 렌즈왜곡 중에서 큰 비중을 차지한다.

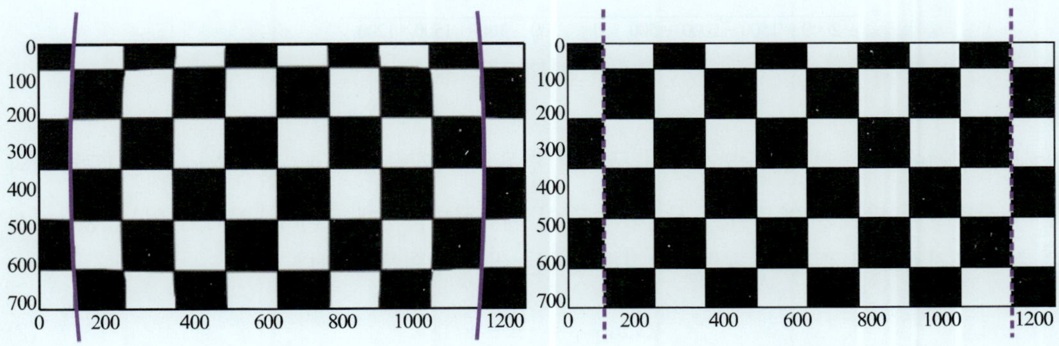

(a) 원본 영상

(b) 왜곡이 보정된 영상

그림 2 왜곡 보정전후 영상

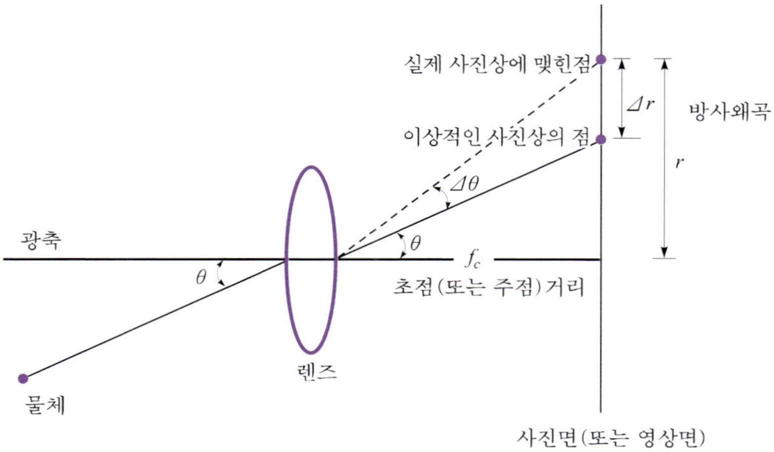

그림 3 렌즈굴절에 의한 방사왜곡

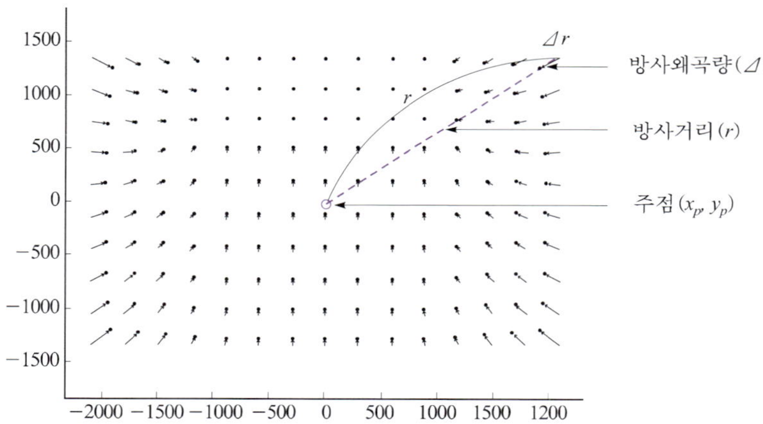

그림 4 방사왜곡량의 예시

방사거리(r)에 대한 방사왜곡(Δr)이 구해진 경우 방사왜곡량 Δx_{RLD} , Δy_{RLD}는 [그림 5]와 같이 삼각형의 닮음을 이용하여 식 (2)와 같이 계산한다. 이때 $\bar{x}, \bar{y}$는 왜곡이 있는 영상에서 관측한 사진좌표에 주점(x_p, y_p)을 보정하였다는 것에 주의해야 한다.

$$\Delta x_{RLD} = \frac{\Delta r}{r}\bar{x} \qquad (2)$$
$$\Delta y_{RLD} = \frac{\Delta r}{r}\bar{y}$$

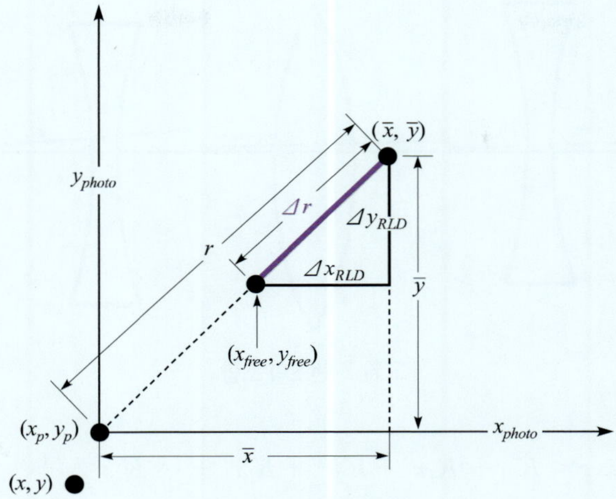

그림 5 방사왜곡량

여기서, Δx_{RLD}, Δy_{RLD} : 방사왜곡량, x, y : 왜곡이 있는 사진좌표, x_p, y_p : 주점, $\bar{x} = x - x_p$, $\bar{y} = y - y_p$: 주점이 보정된 사진좌표, $r = \sqrt{\bar{x}^2 + \bar{y}^2}$: 방사거리, Δr : 방사왜곡을 나타낸다. 방사왜곡량(Δr)의 계산은 [그림 6]과 같이 방사거리(r)에 따른 방사왜곡(Δr)을 나타낸 산점도를 보간하여 계산하는 방법과 식 (3)과 같이 테일러(Taylor) 급수를 이용하는 방법이 있으나, 일반적으로 테일러 급수를 이용하는 방법을 사용한다.

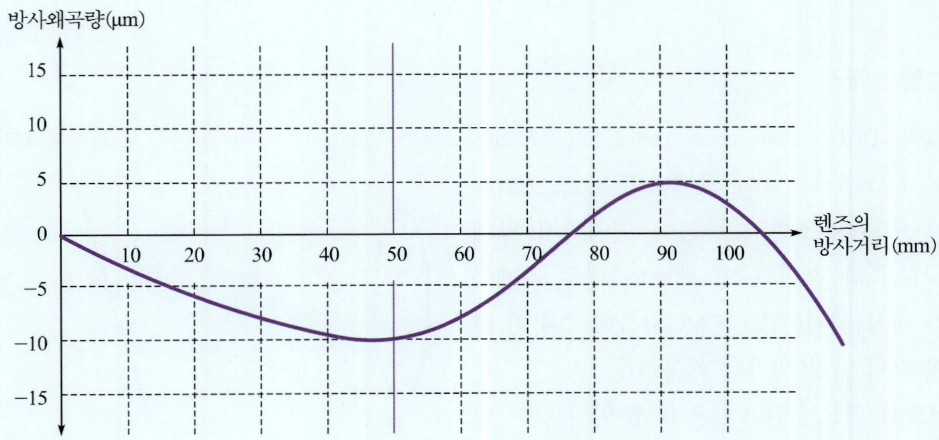

그림 6 방사왜곡 그래프

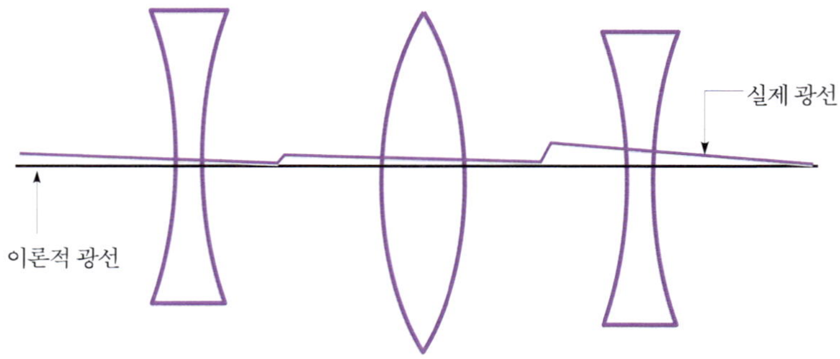

그림 7 렌즈의 조합

$$\triangle r = K_0 r + K_1 r^3 + K_2 r^5 + K_3 r^7 + \cdots K_n r^{2n+1} \quad (3)$$

여기서, $K_0 \sim K_n$: 방사왜곡 계수을 나타낸다.

테일러 급수를 이용한 방사왜곡 식은 일반적으로 r^7항까지 고려하며 식 (3)의 방사왜곡($\triangle r$)을 식 (2)에 대입하면 식 (4)와 같다.

$$\begin{aligned} \triangle x_{RLD} &= \frac{\triangle r}{r}\bar{x} = \bar{x}(K_0 + K_1 r^2 + K_2 r^4 + K_3 r^6) \\ \triangle y_{RLD} &= \frac{\triangle r}{r}\bar{y} = \bar{y}(K_0 + K_1 r^2 + K_2 r^4 + K_3 r^6) \end{aligned} \quad (4)$$

2.1.2 편심왜곡

편심왜곡((DLD: Decentric Lens Distortion, $\triangle d$)은 [그림 7]과 같이 카메라의 렌즈 조합과정에서 여러 렌즈들의 중심이 일치하지 않거나, [그림 8]과 같이 단일 렌즈의 경우 카메라 렌즈와 영상 센서(CCD, CMOS)간의 수평이 완벽하게 맞지 않아 생기는 왜곡이다.

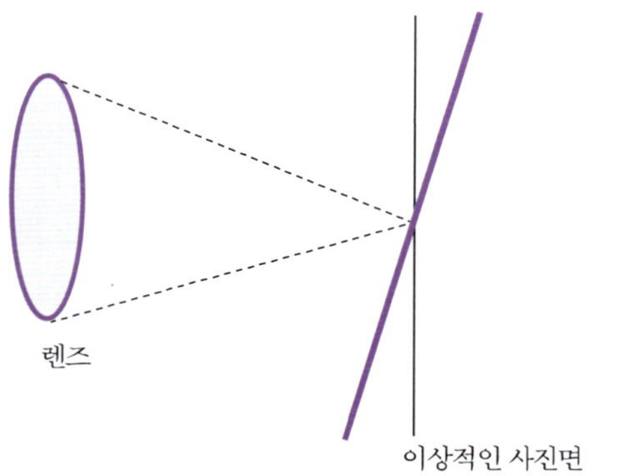

그림 8 편심왜곡의 원인

세부적으로 편심왜곡($\triangle d$)은 [그림 9]와 같이 방사왜곡($\triangle r$)과 접선왜곡(Tangential distortion, $\triangle t$)으로 나눌 수 있다. 접선왜곡량을 구하기 위해 방사왜곡량을 알아야하기 때문에 편심왜곡은 방사왜곡량과 접선왜곡량을 모두 고려해야 한다. 편심왜곡량을 가상의 그리드(grid)에 나타내어 표현하면 [그림 10]과 같이 나타난다. 편심왜곡은 [그림 10]에 나타낸 것과 같이 카메라 제조기술이 발달함에 따라 그 값이 크지 않은 것을 알 수 있다.

편심왜곡($\triangle d$)은 식 (5)와 같이 최대 접선왜곡 축에 접하는 최대 접선왜곡 $P(r)$을 이용하여 방사왜곡($\triangle r$)과 접선왜곡($\triangle t$)을 계산하며, $P(r)$은 일반적으로 r^4항까지 고려한다.

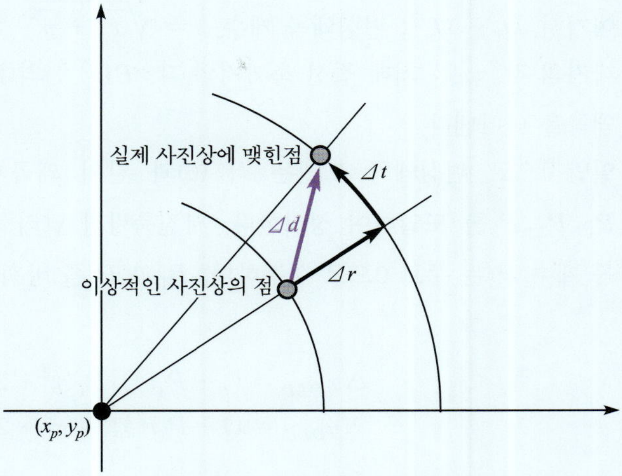

그림 9 편심왜곡

$$P(r) = J_1 r^2 + J_2 r^4 + J_3 r^6 + \cdots J_n r^{2n} \tag{5}$$

$$\triangle r = 3P(r)\sin(\varphi - \varphi_o)$$
$$\triangle t = P(r)\cos(\varphi - \varphi_o)$$

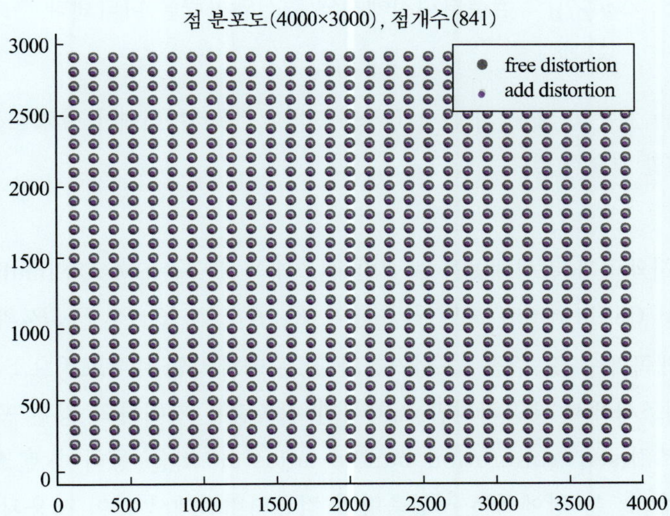

그림 10 편심왜곡량의 예시

여기서, $J_1 \sim J_n$: 편심왜곡 계수, $r= \sqrt{\overline{x}^2 + \overline{y}^2}$: 방사거리, φ : x축 으로부터 방사거리까지의 각, φ_o : 최대 접선 축까지의 각, $P(r)$: 최대접선 왜곡, $\triangle t$: 접선왜곡, $\triangle r$: 방사왜곡을 나타낸다.

일반적으로 편심왜곡 모델은 식 (6)과 같이 왜곡계수 J_1, J_2를 그룹화하여 새로운 계수 P_1, P_2, P_3를 도입하여 정리한다. 사진측량과 달리 컴퓨터비전에서는 식 (7)과 같이 편심왜곡 계수 P_3는 주로 0으로 설정하며, P_1과 P_2를 바꿔 사용하고 있다는 것에 주의해야 한다.

$$\begin{aligned} \triangle x_{DLD} &= (1+P_3 r^2)\left[P_1(r^2+2\overline{x}^2)+2P_2\overline{xy}\right] \\ \triangle y_{DLD} &= (1+P_3 r^2)\left[P_2(r^2+2\overline{y}^2)+2P_1\overline{xy}\right] \end{aligned} \quad (6)$$

여기서, $\triangle x_{DLD}$, $\triangle y_{DLD}$: 사진측량에서의 편심왜곡량, $P_1 = -J_1 \sin\phi_o$, $P_2 = J_1 \cos\phi_o$, $P_3 = J_2 / J_1$을 나타낸다.

$$\begin{aligned} \triangle x'_{DLD} &= 2P_1\overline{xy} + P_2(r^2+2\overline{x}^2) \\ \triangle y'_{DLD} &= P_1(r^2+2\overline{y}^2)+2P_2\overline{xy} \end{aligned} \quad (7)$$

여기서, $\triangle x'_{DLD}$, $\triangle y'_{DLD}$: 컴퓨터비전에서의 편심왜곡량을 나타낸다.

- 편심왜곡 모델의 계수 P_1과 P_2의 순서가 사진측량과 컴퓨터비전에서 서로 다르게 사용하고 있다는 것에 주의할 필요가 있다.

식 (8)과 같이 방사왜곡과 편심왜곡을 보정한 렌즈왜곡 모델은 SMAC(Simultaneous Multi-frame Analytical Calibration) 모델이라 하며 $K_0, K_1, K_2, K_3, P_1, P_2, P_3$의 7개 매개변수로 구성되어 있다. 왜곡계수 및 주점, 초점거리와 같은 카메라의 내부표정요소는 고가의 측량용 카메라의 경우 제조사에서 제공하지만 저가형의 비측량용 카메라의 경우 공선조건식 기반의 자체-검정 번들조정(self-calibration bundle adjustment)을 통하여 렌즈왜곡계수, 주점, 초점거리를 추정한다. 본 장에서는 사진측량과 컴퓨터비전에서 많이 사용되는 SMAC 모델에 대하여 기술하였지만, Kraus, PCI 등의 왜곡모델이 있다. 사진측량에서 사용하는 렌즈왜곡 모델식은 식 (8)과 같고, P_1, P_2 매개변수의 순서에 주의해야한다.

$$\begin{aligned}\triangle x = \triangle x_{RDL} + \triangle x_{DLD} = \bar{x}(K_0 + K_1 r^2 + K_2 r^4 + K_3 r^6) + (1 + P_3 r^2)\left[P_1(r^2 + 2\overline{x^2}) + 2P_2\overline{xy}\right] \\ \triangle y = \triangle y_{RDL} + \triangle y_{DLD} = \bar{y}(K_0 + K_1 r^2 + K_2 r^4 + K_3 r^6) + (1 + P_3 r^2)\left[P_2(r^2 + 2\overline{y^2}) + 2P_1\overline{xy}\right]\end{aligned} \tag{8}$$

여기서, $\triangle x_{RLD}$, $\triangle y_{RLD}$: 방사왜곡량, $\triangle x_{DLD}$, $\triangle y_{DLD}$: 편심왜곡량, K_0, K_1, K_2, K_3 : 방사왜곡 계수, P_1, P_2, P_3 : 편심왜곡 계수를 나타낸다.

방사왜곡과 편심왜곡을 고려한 렌즈왜곡량($\triangle x$, $\triangle y$)은 식 (9)와 같이 행렬로 표현할 수 있으며 식 (10)과 같이 계산된 렌즈왜곡량을 관측한(왜곡이 있는) 사진좌표에 주점이 보정된 좌표($\bar{x}, \bar{y}$)에 빼주어 왜곡이 제거된 사진좌표(x_{free} , y_{free})를 계산한다.

$$\begin{bmatrix}\triangle x \\ \triangle y\end{bmatrix} = (K_0 + K_1 r^2 + K_2 r^4 + K_3 r^6)\begin{bmatrix}\bar{x} \\ \bar{y}\end{bmatrix} + \begin{bmatrix}(1 + P_3 r^2)\left[P_1(r^2 + 2\overline{x^2}) + 2P_2\overline{xy}\right] \\ (1 + P_3 r^2)\left[P_2(r^2 + 2\overline{y^2}) + 2P_1\overline{xy}\right]\end{bmatrix} \tag{9}$$

$$\begin{bmatrix}x_{free} \\ y_{free}\end{bmatrix} = \begin{bmatrix}x - x_p - \triangle x \\ y - y_p - \triangle y\end{bmatrix} = \begin{bmatrix}\bar{x} - \triangle x \\ \bar{y} - \triangle y\end{bmatrix} \tag{10}$$

식 (9)와 식 (10)을 하나의 행렬로 통합하여 정리하면 식 (11)과 같이 왜곡이 있는 사진좌표에서 왜곡이 없는 사진좌표로 변환되는 선형방정식(linear equation or close-form solution)의 형태로 나타낼 수 있다.

$$\begin{bmatrix}x_{free} \\ y_{free}\end{bmatrix} = (1 - K_0 - K_1 r^2 - K_2 r^4 - K_3 r^6)\begin{bmatrix}\bar{x} \\ \bar{y}\end{bmatrix} - \begin{bmatrix}(1 + P_3 r^2)\left[P_1(r^2 + 2\overline{x^2}) + 2P_2\overline{xy}\right] \\ (1 + P_3 r^2)\left[P_2(r^2 + 2\overline{y^2}) + 2P_1\overline{xy}\right]\end{bmatrix} \tag{11}$$

여기서, (x_{free} , y_{free}) : 보정된(왜곡이 없는) 사진좌표를 나타낸다.

예제 2 렌즈왜곡 보정 (SMAC 모델)

다음과 같이 카메라의 내부표정요소가 주어지고 관측점(왜곡이 있는)의 사진좌표가 $x = 30.510$, $y = 40.119$ 일 때 왜곡이 보정된(왜곡이 없는) 사진좌표 x_{free}, y_{free} 를 구하시오. (단위 : mm)

내부표정요소(주점, 초점거리)

$x_p\ (mm)$	$y_p\ (mm)$	$f_c\ (mm)$
0.001	−0.053	153.167

내부표정요소(왜곡계수: 방사왜곡량)

K_0	$K_1\ (mm^{-2})$	$K_2\ (mm^{-4})$	$K_3\ (mm^{-6})$
0	2.997e−08	−3.150e−12	0

내부표정요소(왜곡계수: 편심왜곡량)

$P_1\ (mm^{-1})$	$P_2\ (mm^{-1})$	$P_3(mm^{-2})$
2.764e−4	−1.065e−6	0

① 주점이 보정된 사진좌표

$$\bar{x} = x - x_p = 30.509\ mm$$
$$\bar{y} = y - y_p = 40.172\ mm$$

② 방사거리

$$r = \sqrt{\bar{x}^2 + \bar{y}^2} = 50.4439\,mm$$

③ 방사왜곡량

$$\Delta x_{RLD} = \bar{x}(K_0 + K_1 r^2 + K_2 r^4 + K_3 r^6) = 0.0017\,mm$$
$$\Delta y_{RLD} = \bar{y}(K_0 + K_1 r^2 + K_2 r^4 + K_3 r^6) = 0.0022\,mm$$

④ 편심왜곡량

$$\Delta x_{DLD} = (1 + P_3 r^2)\left[P_1(r^2 + 2\bar{x}^2) + 2P_2\overline{xy}\right] = 1.2153\,mm$$
$$\Delta y_{DLD} = (1 + P_3 r^2)\left[P_2(r^2 + 2\bar{y}^2) + 2P_1\overline{xy}\right] = 0.6714\,mm$$

⑤ 렌즈왜곡량

$$\Delta x = \Delta x_{RLD} + \Delta x_{DLD} = 1.2170\,mm$$
$$\Delta y = \Delta y_{RLD} + \Delta y_{DLD} = 0.6736\,mm$$

⑥ 왜곡이 제거된 사진좌표

$$x_{free} = x - x_p - \Delta x = 29.2920\,mm$$
$$y_{free} = y - y_p - \Delta y = 39.4984\,mm$$

2.1.3 렌즈왜곡이 없는 사진좌표의 왜곡 부여

렌즈왜곡이 있는 사진좌표에서 렌즈왜곡을 제거할 경우 카메라 캘리브레이션으로 추정된 주점, 초점거리, 렌즈왜곡계수를 앞에서 설명한 선형방정식 형태의 식 (11)에 대입하여 왜곡이 제거된 사진좌표를 구할 수 있다. 하지만 렌즈왜곡이 없는 사진좌표에서 렌즈왜곡이 있는 사진좌표로 변환할 경우 왜곡이 보정(제거)된 사진좌표(x_{free}, y_{free})에 대하여 전개된 식 (11)을 왜곡이 있는 사진좌표(x,y)에 대한 식으로 정리해야 한다.

그러나 식 (12)와 같이 방사거리 (r)와 주점이 보정된 사진좌표($\bar{x}$, $\bar{y}$)들의 곱으로 인하여 x,y에 대한 최대 차수가 7차($r^6\bar{x}, r^6\bar{y}$)인 비선형방정식이 유도된다. 즉 선형식으로의 전개가 불가능하다는 뜻이다.

$$\begin{bmatrix} x_{free} \\ y_{free} \end{bmatrix} = (1-K_0-K_1r^2-K_2r^4-K_3r^6)\begin{bmatrix} \bar{x} \\ \bar{y} \end{bmatrix} - \begin{bmatrix} (1+P_3r^2)\left[P_1(r^2+2\bar{x}^2)+2P_2\bar{x}\bar{y}\right] \\ (1+P_3r^2)\left[P_2(r^2+2\bar{y}^2)+2P_1\bar{x}\bar{y}\right] \end{bmatrix} \quad (12)$$

$$= (1-K_0-K_1(\sqrt{\bar{x}^2+\bar{y}^2})^2-K_2(\sqrt{\bar{x}^2+\bar{y}^2})^4-K_3(\sqrt{\bar{x}^2+\bar{y}^2})^6)\begin{bmatrix} \bar{x} \\ \bar{y} \end{bmatrix} -$$

$$\begin{bmatrix} (1+P_3(\sqrt{\bar{x}^2+\bar{y}^2})^2)\left[P_1(\sqrt{\bar{x}^2+\bar{y}})^2+2(\bar{x})^2)+2P_2\bar{x}\bar{y}\right] \\ (1+P_3(\sqrt{\bar{x}^2+\bar{y}^2})^2)\left[P_2(\sqrt{\bar{x}^2+\bar{y}^2})^2+2(\bar{y})^2)+2P_1\bar{x}\bar{y}\right] \end{bmatrix}$$

따라서 왜곡을 부여하기 위해서는 x, y를 편미분하고 초기값과 반복수렴 과정을 통해서 정확한 해를 가질 때까지 해를 풀어야 하지만 왜곡이 없는 사진좌표에서 주점이 보정된 사진좌표 ($x_{free}-x_p$, $y_{free}-y_p$)을 $\bar{x}, \bar{y}$로 가정하고 앞에서 설명한 식 (11)에 대입하여 왜곡을 제거한다. 이렇게 계산된 렌즈왜곡량(Δx , Δy)을 초기 입력값 x_{free}, y_{free}에 더하여 오차가 임계값 이하가 될 때 까지 반복하면 정확한 x, y값을 얻을 수 있다.

- 렌즈왜곡이 있는 사진좌표에서 렌즈왜곡을 제거할 때는 선형식
- 렌즈왜곡이 없는 사진좌표에서 렌즈왜곡을 부여할 때는 비선형식

2.1.4 컴퓨터비전에서의 좌표계

컴퓨터비전에서 렌즈왜곡과 기하학적 연산은 사진측량과 달리 영상좌표계를 정규좌표계로 변환하여 데이터처리를 수행하며 일반적으로 2개의 카메라의 주점(또는 초점)거리 (f_x, f_y)가 사용된다. 주점(또는 초점)거리가 두 개인 이유는 사진측량의 기본식은 공선조건식(collinearity equation)이지만, 컴퓨터비전에서는 직접선형변환(DLT : Direct Linear Transformation)식을 사용하기 때문이다.

[그림 11]과 같이 컴퓨터비전에서의 영상좌표계는 픽셀 단위이며 사진측량에서의 영상좌표계와 동일 하지만 정규좌표계는 주점이 보정되면서 주점(또는 초점)거리가 1인 좌표계의 단위를 없앤 가상의 좌표계를 뜻한다. 이러한 이유는 서로 다른 기종의 카메라를 사용할 경우 초점거리 및 주점이 서로 다르기 때문에 일관적인 기하학적 해석을 하기 위해서는 사진좌표계와 유사하게 수치적 안정성과 주점이 보정되면서 초점거리가 모두 1인 정규화된 좌표계에서 데이터 처리를 하는 것이 수월하기 때문이다. 또한 영상좌표계와 정규좌표계는 오른손 좌표계를 사용하고 컴퓨터비전에서 사용하는 주점(x_p, y_p)은 사진측량과 다르게 영상(또는 픽셀) 좌표계에서 정의되므로 항상 양수임을 주의하여야 한다.

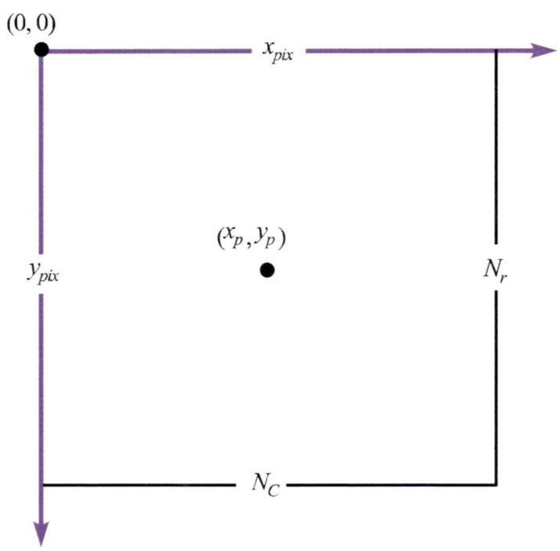

(a) 영상(또는 픽셀) 좌표계

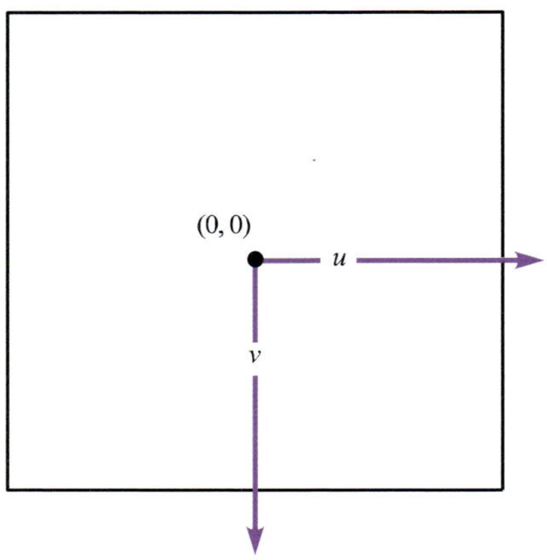

(b) 정규좌표계

그림 11 컴퓨터비전에서의 좌표계

따라서 카메라의 내부표정요소를 알면 식 (13)과 같이 정규좌표계에서 영상좌표로 변환이 가능하며 CCD 배열의 비직교성(non-orthogonality)이 없다면 영상좌표는 식 (14)와 같다. 이때, 행렬 K를 카메라 행렬(camera matrix)이라 한다. 정규좌표는 영상좌표와 주점, 초점거리를 이용하여 식 (15)와 같이 나타낸 것으로 초점거리가 1이고 단위가 없는 좌표계이다.

$$
\begin{aligned}
x_{pix} &= f_x u + x_p \\
y_{pix} &= f_y v + y_p
\end{aligned} \tag{13}
$$

$$
p = \begin{bmatrix} x_{pix} \\ y_{pix} \\ 1 \end{bmatrix} = \begin{bmatrix} f_x & 0 & x_p \\ 0 & f_y & y_p \\ 0 & 0 & 1 \end{bmatrix} \begin{bmatrix} u \\ v \\ 1 \end{bmatrix} = Kp' \tag{14}
$$

$$
K = \begin{bmatrix} f_x & 0 & x_p \\ 0 & f_y & y_p \\ 0 & 0 & 1 \end{bmatrix}
$$

여기서, $p = [x_{pix} \;\; y_{pix} \;\; 1]^T$, 카메라행렬$(K) = \begin{bmatrix} f_x & 0 & x_p \\ 0 & f_y & y_p \\ 0 & 0 & 1 \end{bmatrix}$, x_{pix}, y_{pix} : 영상좌표 (단위: 픽셀), f_x, f_y : x, y축의 초점거리 (단위: 픽셀), x_p, y_p : 주점 (단위: 픽셀), u, v : 정규좌표, $p' = [u \;\; v \;\; 1]^T$ 를 나타낸다.

$$
u = \frac{(x_{pix} - x_p)}{f_x} \tag{15}
$$

$$
v = \frac{(y_{pix} - y_p)}{f_y}
$$

영상좌표에서 역으로 정규좌표로의 변환은 식 (16)과 같이 카메라 행렬(K)의 역행렬을 이용하여 계산한다. 즉 정규좌표계는 카메라의 내부표정요소의 영향을 제거한 일종의 사진좌표계로 볼 수 있다.

$$
p' = \begin{bmatrix} u \\ v \\ 1 \end{bmatrix} = \begin{bmatrix} f_x & 0 & x_p \\ 0 & f_y & y_p \\ 0 & 0 & 1 \end{bmatrix}^{-1} \begin{bmatrix} x_{pix} \\ y_{pix} \\ 1 \end{bmatrix} = \begin{bmatrix} 1/f_x & 0 & -x_p/f_x \\ 0 & 1/f_x & -y_p/f_y \\ 0 & 0 & 1 \end{bmatrix} \begin{bmatrix} x_{pix} \\ y_{pix} \\ 1 \end{bmatrix} = K^{-1} p \tag{16}
$$

예제 3 영상좌표에서 정규좌표로의 변환

컴퓨터비전에서 왜곡이 없다고 가정한 영상좌표가 $x = 30.510\ pix$, $y = 40.119\ pix$ 로 관측되었고, 다음과 같은 내부표정 요소 (단위 : 픽셀)가 주어졌을 때, 영상좌표(x,y)를 정규좌표(u,v)로 변환하시오 (단, 소수 셋째 자리까지). 여기서 주점(x_p,y_p)은 영상좌표계에서 정의된 값이다.

주점		초점거리	
$x_p\ (pix)$	$y_p\ (pix)$	$f_x\ (pix)$	$f_y\ (pix)$
1127.464	711.411	120.500	120.600

$$u = \frac{(x_{pix} - x_p)}{f_x} = \frac{(30.510\ pix - 1127.464\ pix)}{120.500\ pix} = -9.103$$

$$v = \frac{(y_{pix} - y_p)}{f_y} = \frac{(40.119\ pix - 711.411\ pix)}{120.600\ pix} = -5.566$$

2.1.5 컴퓨터비전에서의 렌즈왜곡보정

컴퓨터비전에서의 렌즈 왜곡 모델은 정규좌표계에서 정의되기 때문에 식 (17)과 같이 왜곡이 없는 영상좌표에서 정규좌표계로 변환하여 행렬로 표현하면 식 (18)과 같다. 여기서 비대칭 계수(α) 와 렌즈 왜곡계수(K_i, P_i)는 DLT 기반의 카메라 캘리브레이션을 이용하여 추정하며, Matlab의 카메라 캘리브레이션 툴박스나 OpenCV의 카메라 캘리브레이션 함수들은 모두 컴퓨터비전 기반의 렌즈 왜곡보정을 수행한다.

$$u_{free} = \frac{(x_{free\_pix} - x_p)}{f_x} - \alpha\, v_{free} \qquad v_{free} = \frac{(y_{free\_pix} - y_p)}{f_y} \tag{17}$$

$$\begin{bmatrix} u_{free} \\ v_{free} \\ 1 \end{bmatrix} = \begin{bmatrix} f_x & \alpha f_x & x_p \\ 0 & f_y & y_p \\ 0 & 0 & 1 \end{bmatrix} \begin{bmatrix} x_{free\_pix} \\ y_{free\_pix} \\ 1 \end{bmatrix} \tag{18}$$

여기서, α : 비대칭 계수, u_{free}, v_{free} : 왜곡이 없는 정규좌표, $x_{free\_pix}, y_{free\_pix}$: 왜곡이 없는 영상좌표를 나타낸다.

비대칭 계수(skew coefficient)란 [그림 12]와 같이 카메라의 CCD 배열 (CCD array)의 y축이 기울어진 정도를 나타내며 식 (19)와 같이 계산한다. 비대칭 왜곡이 보정(제거)된 x축 픽셀 크기($x_{pix\,size}$)는 식 (20)과 같이 계산할 수 있지만 실제 카메라의 비대칭 계수는 거의 없기 때문에 일반적으로 0으로 설정한다.

$$\alpha = \tan\theta \tag{19}$$

$$\begin{aligned} \Delta x_{pix\,size} &= \alpha\, y_{pix\,size} \\ x_{pix\,size} &= x'_{pix\,size} - \Delta x_{pix\,size} = x'_{pix\,size} - \alpha\, y_{pix\,size} \end{aligned} \tag{20}$$

여기서, $x'_{pix\,size}$: 실제 x축 픽셀 크기, $x_{pix\,size}$: 비대칭 왜곡이 보정(제거)된 x축 픽셀 크기, $\Delta x_{pix\,size}$: 비대칭으로 인한 x축 픽셀 크기의 왜곡량을 나타낸다.

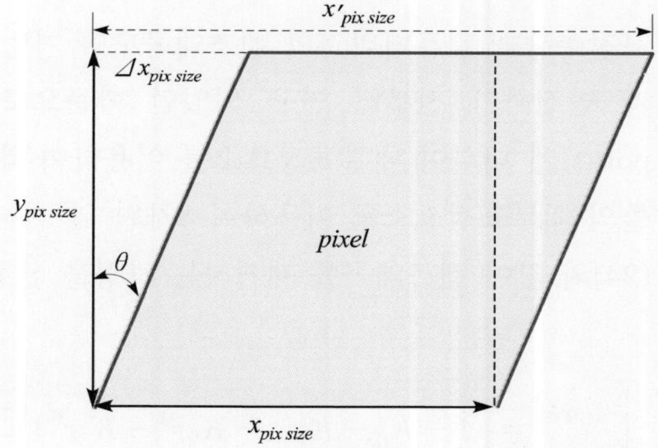

그림 12 비대칭 계수 예시

컴퓨터비전에서는 사진측량에서의 렌즈왜곡 모델과 달리 식 (21)과 같이 왜곡이 없는 정규좌표를 입력값으로 하기 때문에 사진측량과는 반대로 왜곡을 부여하는 식이 되고 P_1, P_2의 순서에도 주의해야 한다. 즉 컴퓨터비전의 경우에는 왜곡을 부여하는 수식을 선형식으로 정의한다.

$$\begin{bmatrix} u_{add} \\ v_{add} \end{bmatrix} = (1 + K_1 r^2 + K_2 r^4 + K_3 r^6) \begin{bmatrix} u_{free} \\ v_{free} \end{bmatrix} + \begin{bmatrix} 2P_1 u_{free} v_{free} + P_2 (r^2 + 2u_{free}^2) \\ P_1 (r^2 + 2v_{free}^2) + 2P_2 u_{free} v_{free} \end{bmatrix} \tag{21}$$

여기서, $r = \sqrt{u_{free}^2 + v_{free}^2}$, K_1, K_2, K_3 : 방사왜곡 계수, P_1, P_2 편심왜곡 계수, u_{add}, v_{add} : 왜곡이 부여된 정규좌표를 나타낸다.

왜곡이 부여된 정규좌표계를 식 (22)와 같이 왜곡이 부여된 영상좌표로 변환하고 이를 행렬로 표현하면 식 (23)과 같다.

$$x_{add\_pix} = f_x(u_{add} + \alpha v_{add}) + x_p \quad (22)$$
$$y_{add\_pix} = f_y v_{add} + y_p$$

$$\begin{bmatrix} x_{add\_pix} \\ y_{add\_pix} \\ 1 \end{bmatrix} = \begin{bmatrix} f_x & \alpha f_x & x_p \\ 0 & f_y & y_p \\ 0 & 0 & 1 \end{bmatrix} \begin{bmatrix} u_{add} \\ v_{add} \\ 1 \end{bmatrix} \quad (23)$$

여기서, x_{add_pix}, y_{add_pix} : 왜곡이 부여된 영상좌표, u_{add}, v_{add} : 왜곡이 부여된 정규좌표를 나타낸다.

2.1.6 사진측량과 컴퓨터비전 렌즈왜곡모델이 다른 이유

사진측량과 컴퓨터비전의 렌즈왜곡모델 기법이 서로 반대인 이유는 사진측량의 경우 컴퓨터가 발전하기 전부터 연구 되었던 학문으로 관측자가 수동으로 관측한 공액점(conjugate point)에 대하여 내부표정요소를 이용하여 왜곡을 제거하고, 왜곡이 제거된 공액점과 카메라들의 외부표정요소를 이용하여 3차원 위치를 정확하게 결정하는 것이 목적이었다. 따라서 식 (24)와 같이 렌즈왜곡을 제거하는 과정을 선형식으로 정의할 필요가 있었던 것이다.

$$\begin{bmatrix} x_{free} \\ y_{free} \end{bmatrix} = (1 - K_0 - K_1 r^2 - K_2 r^4 - K_3 r^6) \begin{bmatrix} \bar{x} \\ \bar{y} \end{bmatrix} - \begin{bmatrix} (1 + P_3 r^2) P_1 (r^2 + 2\bar{x}^2) + 2P_2 \overline{xy} \\ (1 + P_3 r^2) P_2 (r^2 + 2\bar{y}^2) + 2P_1 \overline{xy} \end{bmatrix} \quad (24)$$

반면 컴퓨터비전에서는 3차원 좌표의 정확도 보다는 데이터처리의 자동화 및 연산속도에 중점을 두었기 때문에 렌즈왜곡이 제거된 영상을 신속하게 만들 필요가 있었다. 따라서 [그림 13]과 같이 렌즈왜곡이 없다고 가정한 영상을 먼저 만들어 놓고 식 (25)와 같이 렌즈왜곡을 부여하여 보정(왜곡이 제거된) 영상의 각 영상좌표에 대응되는 원본영상(왜곡영상)의 밝기값을 보간하여 가져오는 것이다. 즉 사진측량의 경우에 렌즈왜곡이 없는 사진좌표에 역으로 렌즈왜곡을 부여할 경우 비선형식이 되므로 반복법을 통하여 렌즈왜곡을 부여 하지만 컴퓨터비전에서의 렌즈왜곡을 부여할 경우 선형식이므로 연산속도 측면에서 효율적이기 때문이다. 뿐만 아니라 사진측량에서의 렌즈왜곡계수는 사진좌표계에서 정의되고 컴퓨터비전에의 렌즈왜곡계수는 정규좌표계에서 정의되기 때문에 카메라 캘리브레이션 프로그램을 사용할 경우에 사진측량용과 컴퓨터비전용인지 정확히 알고 렌즈왜곡계수 식도 확인한 후 사용하여야 한다.

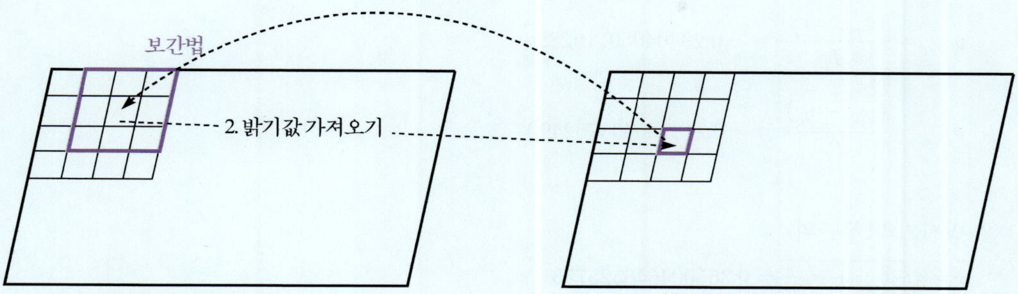

(a) 렌즈왜곡이 있는 영상 (b) 렌즈왜곡이 제거된 영상

그림 13 렌즈왜곡이 보정(제거)된 영상의 생성과정

$$\begin{bmatrix} u_{add} \\ v_{add} \end{bmatrix} = (1 + K_1 r^2 + K_2 r^4 + K_3 r^6) \begin{bmatrix} u_{free} \\ v_{free} \end{bmatrix} + \begin{bmatrix} 2P_1 u_{free} v_{free} + P_2 (r^2 + 2u_{free}^2) \\ P_1 (r^2 + 2v_{free}^2) + 2P_2 u_{free} v_{free} \end{bmatrix} \tag{25}$$

여기서, u_{free}, v_{free} : 왜곡이 없는 정규좌표, $r = \sqrt{u_{free}^2 + v_{free}^2}$, K_1, K_2, K_3 : 방사왜곡 계수, P_1, P_2 편심왜곡 계수, u_{add}, v_{add} : 왜곡이 부여된 정규좌표를 나타낸다.

예제 4 컴퓨터비전에서 렌즈왜곡부여

컴퓨터비전에서 렌즈왜곡이 없다고 가정한 영상좌표가 $x_{pix} = 30\,pix$, $y_{pix} = 40\,pix$ 로 관측되었고, 다음과 같은 내부표정요소가 주어졌을 때, 렌즈왜곡이 부여된 영상좌표를 구하시오(단위 : 픽셀).

주점		초첨거리	
$x_p\ (pix)$	$y_p\ (pix)$	$f_x\ (pix)$	$f_y\,(pix)$
1058.429	797.136	3497.576	3501.038

K_1	K_2	K_3
−0.041196	−0.203893	0

P_1	P_2	α
0.006114	0.002318	0

① 렌즈왜곡 제거 정규좌표(무단위)

$$u_{free} = \frac{(x_{pix} - x_p)}{f_x} = -0.294040501192826$$

$$v_{free} = \frac{(y_{pix} - y_p)}{f_y} = -0.216260434762490$$

② 방사거리(무단위)

$$r = \sqrt{u_{free}^2 + v_{free}^2} = 0.365004646525753$$

③ 정규좌표 왜곡량(무단위)

$$\begin{bmatrix} u_{add} \\ v_{add} \end{bmatrix} = (1 + K_1 r^2 + K_2 r^4 + K_3 r^6) \begin{bmatrix} u_{free} \\ v_{free} \end{bmatrix} + \begin{bmatrix} 2P_1 u_{free} v_{free} + P_2 (r^2 + 2u_{free}^2) \\ P_1 (r^2 + 2v_{free}^2) + 2P_2 u_{free} v_{free} \end{bmatrix}$$

$$= \begin{bmatrix} -0.289875294832465 \\ -0.212609590047670 \end{bmatrix}$$

④ 렌즈왜곡 부여 영상좌표

$$x_{add\_pix} = f_x u_{add} + x_p = 44.5681\,pix$$
$$y_{add\_pix} = f_y v_{add} + y_p = 52.7817\,pix$$

2.2 대기굴절

근거리 사진측량 및 컴퓨터비전에서는 렌즈왜곡만 보정하면 되지만 항공사진측량의 경우 광선이 대기를 통과하면서 밀도 차에 의해 굴절되어 왜곡이 발생한다. 지상점에서 반사된 광선은 고도가 높아짐에 따라 대기의 밀도가 감소하기 때문에 굴절률이 감소하며 [그림 14]와 같이 광선이 굴절한다. 이 때문에 사진의 주점에서 멀어질수록 본래 사진좌표 위치에서 방사방향으로 이동하여 나타나게 되며 이를 보정하는 것을 대기굴절(AR: Atmospheric Refraction) 보정이라고 한다.

대기굴절에 대해서 좀 더 자세히 살펴보기 위해서 수직으로 촬영한 사진에서 대기가 수평으로 층화되었다고 가정하고 대기층에 따라 굴절계수 n 값이 다르다고 하자. 대류권은 지표면에서 시작하며 약 10km까지이며 대류권에서의 고도가 1km 상승할수록 온도는 대략 6.4 ℃씩 감소한다. 지표면에서 올라오는 복사열로 인하여 대류권에서 온도변화가 발생한다. 지표면에서 고도가 높아질수록(멀어질수록) 열을 전달할 대기 입자가 줄어들기 때문에 대류로 인한 가열 역시 줄어들게 되고 온도는 급격히 하강하게 된다. 대기층으로 인하여 대기굴절률이 서로 다르기 때문에 지표면상의 점 Z가 겉보기 상승하여 Z'가 된다.

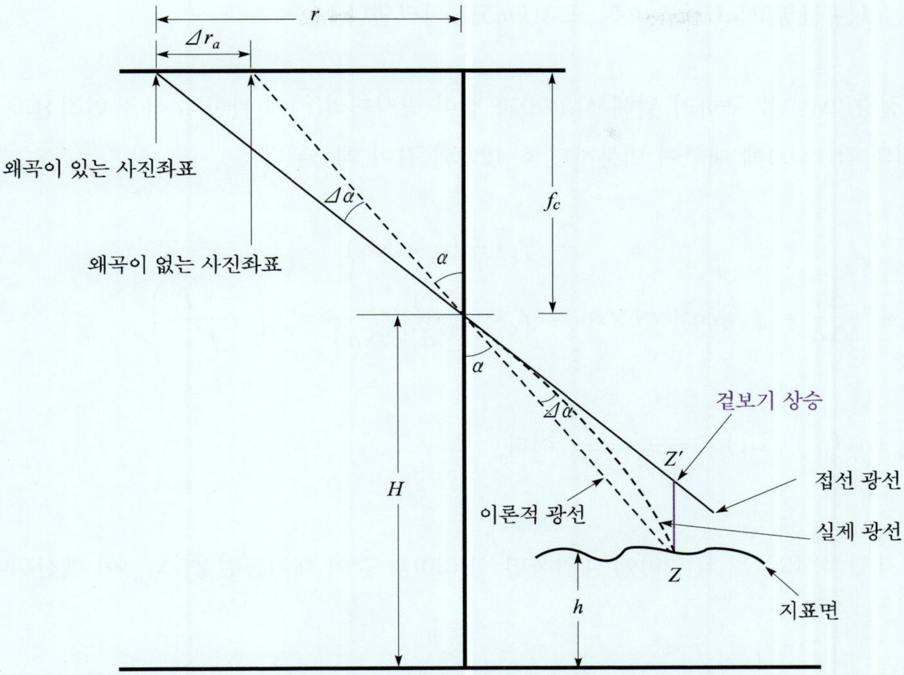

그림 14 대기굴절 왜곡

굴절에 관한 물리법칙인 스넬의 법칙(snell's law)에 의하여 이론적 광선(ideal ray)과 접선 광선(tangent ray)의 각 변위($\Delta\alpha$)는 식 (26)과 같다.

$$\Delta\alpha = K_r \tan\alpha = K_r \frac{r}{f_c} \tag{26}$$

여기서, $\Delta\alpha$: 각변위, K_r : 대기굴절 상수(mm), r : 방사거리(mm), f_c : 초점거리(mm)를 나타낸다.

대기굴절 상수 K_r는 일반적으로 사용되는 ARDC(Air Research and Development Command) 1959 Model에 대하여 기술하였으며 식 (27)과 같다. 여기서 10^{-6}을 곱하는 이유는 km단위를 mm단위로 변환하기 위한 것이다.

$$K_r = \left\{ \frac{2410H}{H^2 - 6H + 250} - \frac{2410h}{h^2 - 6h + 250}\left(\frac{h}{H}\right) \right\} \times 10^{-6} \tag{27}$$

여기서, H는 촬영고도(km), h는 표고(km)를 나타낸다.

대기굴절량($\triangle r_a$)을 구하기 위해 식 (28)과 같이 방사거리(r)에 관한 수식을 연직선과 접선광선 사이의 각($\triangle \alpha$)에 대하여 미분하면 식 (29)와 같이 계산된다.

$$r = f_c \tan(\alpha + \triangle \alpha) \tag{28}$$

$$\frac{\triangle r}{\triangle \alpha} = f_c \sec^2(\alpha + \triangle \alpha) = f_c \frac{1}{\cos^2(\alpha + \triangle \alpha)} = f_c \left(\frac{r^2 + f_c^2}{f_c^2} \right) \tag{29}$$

여기서, $\cos(\alpha + \triangle \alpha) = \dfrac{f_c}{\sqrt{r^2 + f_c^2}}$ 이다.

$\triangle \alpha$에 대한 식 (26)을 식 (29)에 대입하면 식 (30)과 같이 대기굴절량($\triangle r_a$)이 계산된다.

$$\triangle r_a = \triangle \alpha\, f_c \left(\frac{r^2 + f_c^2}{f_c^2} \right) = K_r \left(r + \frac{r^3}{f_c^2}\right) \tag{30}$$

여기서, $\triangle \alpha = K_r \dfrac{r}{f_c}$, $\triangle r_a$: 대기굴절 왜곡(mm)를 나타낸다.

최종적으로 삼각형의 닮음을 이용하여 식 (31)과 같이 대기굴절 왜곡량($\triangle x_{AR}, \triangle y_{AR}$)를 계산할 수 있다.

$$\triangle x_{AR} = \frac{\bar{x}}{r} \triangle r = K_r\, \bar{x} \left(\frac{r^2}{f_c^2} + 1\right) \tag{31}$$

$$\triangle y_{AR} = \frac{\bar{y}}{r} \triangle r = K_r\, \bar{y} \left(\frac{r^2}{f_c^2} + 1\right)$$

여기서, $\triangle x_{AR}, \triangle y_{AR}$: 대기굴절 왜곡량, x, y : 관측한(왜곡이 있는) 사진좌표, x_p, y_p : 주점, $\bar{x} = x - x_p$, $\bar{y} = y - y_p$ 이다.

예제 5 대기굴절 왜곡 보정

렌즈왜곡이 없다고 가정한 카메라의 내부표정요소가 다음과 같다.

$x_p = 0.001\,mm$, $y_p = -0.053\,mm$, $f_c = 153.167\,mm$

사진을 촬영한 촬영고도(H) 및 표고(h)는 다음과 같다.

$H = 8km$, $h = 0.01\ km$

사진좌표(x, y)를 관측하였을 때,

$x = 30.510\,mm$, $y = 35.610\,mm$

대기굴절 왜곡량$(\triangle x_{AR}, \triangle y_{AR})$을 구하고 관측한 사진좌표$(x, y)$를 보정하시오 (단위는 mm).

① 주점이 보정된 사진좌표

$$\bar{x} = x - x_p = 30.509\,mm$$
$$\bar{y} = y - y_p = 35.663\,mm$$

② 방사거리

$$r = \sqrt{\bar{x}^2 + \bar{y}^2} = 46.9324\,mm$$

③ 대기굴절 상수

$$K_r = \left\{\frac{2410H}{H^2 - 6H + 250} - \frac{2410h}{h^2 - 6h + 250}\left(\frac{h}{H}\right)\right\} \times 10^{-6} = 7.2481e - 05\,mm$$

④ 대기굴절 왜곡량

$$\triangle x_{AR} = K_r\,\bar{x}\left(\frac{r^2}{f_c^2} + 1\right) = 0.0024\,mm$$

$$\triangle y_{AR} = K_r\,\bar{y}\left(\frac{r^2}{f_c^2} + 1\right) = 0.0028\,mm$$

⑤ 왜곡이 제거된 사진좌표

$$x_{free} = \bar{x} - \triangle x_{AR} = 30.509 - 0.0024 = 30.5066\,mm$$

$$y_{free} = \bar{y} - \triangle y_{AR} = 35.663 - 0.0028 = 35.6602\,mm$$

2.3 지구곡률

사진측량에서는 [그림 15]와 같은 구면 좌표계를 평면에 투영시킨 직교좌표계를 이용하여 사진좌표(x, y)와 지상좌표(X, Y, Z)를 나타낸다. 이 때문에 [그림 16]과 같이 회전타원체상의 구면좌표인 지상점을 3차원 직교좌표교계 상의 위치로 나타내기 위해서 지구곡률(EC: Earth Curvature)에 대한 왜곡을 보정해야 한다.

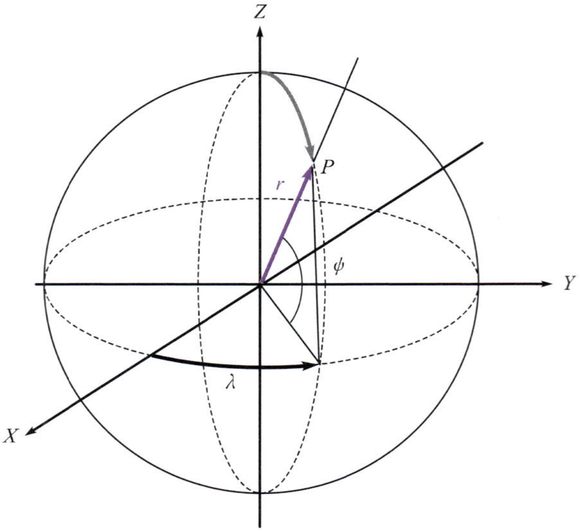

그림 15 구면좌표계

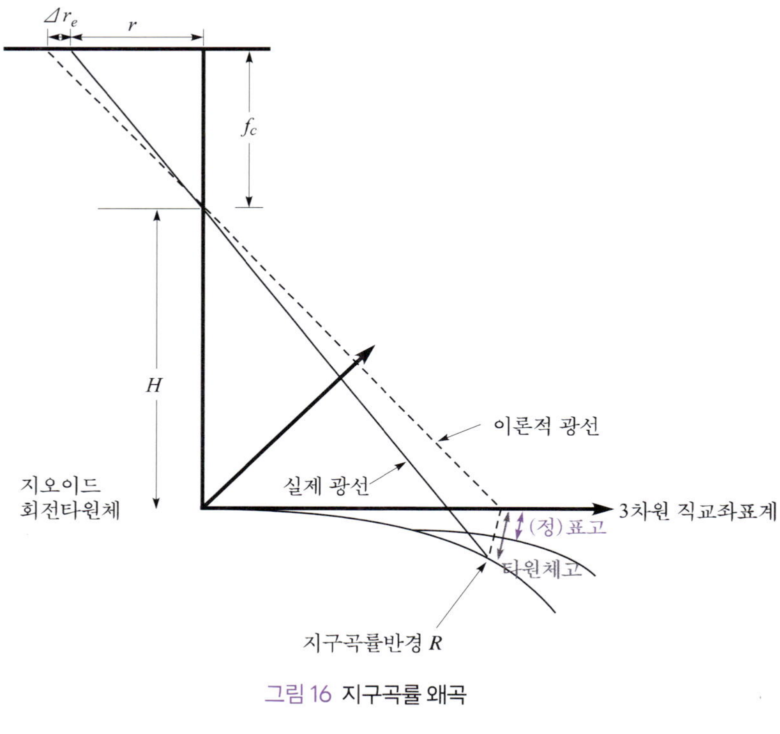

그림 16 지구곡률 왜곡

지구곡률량 ($\triangle r_e$)은 식 (32)와 같으며 삼각형의 닮음을 이용하여 식 (33)과 같이 지구곡률 왜곡량($\triangle x_{CE}$, $\triangle y_{CE}$)를 계산할 수 있다.

$$\triangle r_e = -\frac{r^3(H-h)}{2Rf_c^2} \tag{32}$$

여기서, $\triangle r_e$는 지구곡률 왜곡(mm), R은 지구반경(km)를 나타낸다.

$$\triangle x_{CE} = \frac{\bar{x}}{r}\triangle r_e = -\bar{x}\frac{r^2(H-h)}{2Rf_c^2} \tag{33}$$

$$\triangle y_{CE} = \frac{\bar{y}}{r}\triangle r_e = -\bar{y}\frac{r^2(H-h)}{2Rf_c^2}$$

여기서, $\triangle x_{CE}$, $\triangle y_{CE}$: 지구곡률 왜곡량(mm)을 나타낸다.

구면좌표계인 측지좌표계 또는 경위도좌표계로 기준점 측량한 성과를 이용할 경우 지구곡률을 보정 해야한다. 이러한 이유는 사진측량에서는 3차원 직교좌표계를 기준으로 하기 때문이다. 따라서 구면좌표계를 투영하여 (정)표고로 만든 3차원 직교좌표계를 사용할 경우에는 지구곡률을 보정할 필요가 없다.

예제 6 지구곡률 왜곡 보정

렌즈왜곡이 없다고 가정한 카메라의 내부표정요소가 다음과 같다.
$x_p = 0.001\,mm$, $y_p = -0.053\,mm$, $f_c = 153.167\,mm$

사진을 촬영한 촬영고도(H), 표고(h), 지구반경(R)은 다음과 같다.
$H = 8km$, $h = 0.01\ km$, $R = 6370\,km$

사진좌표(x, y)를 관측하였을 때,
$x = 30.510\,mm$, $y = 35.610\,mm$

지구곡률 왜곡량($\triangle x_{CE}$, $\triangle y_{CE}$)을 구하고 관측한 사진좌표(x, y)를 보정하시오 (단위는 mm).

① 주점이 보정된 사진좌표

$\bar{x} = x - x_p = 30.509mm$

$\bar{y} = y - y_p = 35.663mm$

② 방사거리

$r = \sqrt{\bar{x}^2 + \bar{y}^2} = 46.9324mm$

③ 지구곡률 왜곡량

$$\Delta x_{CE} = -\bar{x}\frac{r^2(H-h)}{2Rf_c^2} = -0.0018mm$$

$$\Delta y_{CE} = -\bar{y}\frac{r^2(H-h)}{2Rf_c^2} = 0.0021mm$$

④ 왜곡이 제거된 사진좌표

$x_{free} = \bar{x} - \Delta x_{CE} = 30.509 - (-0.0018) = 30.5108mm$

$y_{free} = \bar{y} - \Delta y_{CE} = 35.663 - 0.0021 = 35.6609mm$

2.4 카메라의 기하학적 위치에 영향을 미치는 왜곡

대상물이 사진상에 맺힐 때 기하학적인 영향을 미치는 렌즈, 대기굴절, 지구곡률 왜곡을 모두 고려한 왜곡량(Δx, Δy)은 식 (34)와 같으며 식 (35)와 같이 관측된(왜곡이 있는) 사진좌표(x, y)에 주점(x_p, y_p)과 왜곡량을 빼주어 왜곡이 제거된 사진좌표(x_{free}, y_{free})를 계산한다.

$$\begin{aligned} \Delta x &= \Delta x_{RDL} + \Delta x_{DLD} + \Delta x_{AR} + \Delta x_{CE} \\ \Delta y &= \Delta y_{RDL} + \Delta y_{DLD} + \Delta y_{AR} + \Delta y_{CE} \end{aligned} \tag{34}$$

여기서, Δx_{RLD} , Δy_{RLD} : 방사왜곡량, Δx_{DLD} , Δy_{DLD} : 편심왜곡량, Δx_{AR}, Δy_{AR} : 대기굴절 왜곡량, Δx_{CE}, Δy_{CE} : 지구곡률 왜곡량을 나타낸다.

사진측량에서 공선조건식을 이용하여 지상좌표와 사진좌표에 대한 관계를 맺기 위해서는 사진좌표의 왜곡을 보정해야하며 식 (35)와 같이 나타낼 수 있다.

$$\begin{aligned} x_{free} &= x - x_p - \Delta x = \bar{x} - \Delta x \\ y_{free} &= y - y_p - \Delta y = \bar{y} - \Delta y \end{aligned} \tag{35}$$

사진측량에서 고려하는 왜곡에 대한 내용을 모두 정리하면 [표 1]과 같다.

표 1 사진측량에서 사용하는 기하학적 왜곡 정리

구분		왜곡량	계산식
렌즈왜곡	방사왜곡	Δx_{RLD}	$\overline{x}(K_0+K_1r^2+K_2r^4+K_3r^6)$
		Δy_{RLD}	$\overline{y}(K_0+K_1r^2+K_2r^4+K_3r^6)$
	편심왜곡	Δx_{DLD}	$(1+P_3r^2)\left[P_1(r^2+2\overline{x}^2)+2P_2\overline{x}\,\overline{y}\right]$
		Δy_{DLD}	$(1+P_3r^2)\left[P_2(r^2+2\overline{y}^2)+2P_1\overline{x}\,\overline{y}\right]$
대기굴절 왜곡		Δx_{AR}	$K_r\,\overline{x}\,(\frac{r^2}{f_c^2}+1)$
		Δy_{AR}	$K_r\,\overline{y}\,(\frac{r^2}{f_c^2}+1)$
지구곡률 왜곡		Δx_{CE}	$-\overline{x}\,\frac{r^2(H-h)}{2Rf_c^2}$
		Δy_{CE}	$-\overline{y}\,\frac{r^2(H-h)}{2Rf_c^2}$

예제 7 내부표정 정리 문제

1. 사진측량과 컴퓨터비전에서 사용하는 좌표계의 차이점에 대하여 설명하시오.
2. 사진측량과 컴퓨터비전에서 사용되는 주점의 차이점에 대하여 설명하시오.
3. 사진측량과 컴퓨터비전에서 사용하는 초점거리의 차이점에 대하여 설명하시오.
4. 사진측량과 컴퓨터비전에서 사용하는 왜곡계수 및 렌즈왜곡 모델의 차이점에 대하여 설명하시오.

1. 사진측량 및 컴퓨터비전에서 사용하는 영상(또는 픽셀) 좌표계는 동일하나 사진측량의 경우 기하학적 연산 및 왜곡 보정을 수행할 경우 사진좌표계에서 정의되며, 컴퓨터비전의 경우 정규좌표계에서 정의된다.
2. 사진측량에서 사용되는 주점은 사진좌표계에서 정의되고, 컴퓨터비전에서 사용되는 주점은 영상(또는 픽셀)좌표계에서 정의된다.
3. 사진측량의 경우 공선조건식을 이용하기 때문에 초점거리가 1개이지만, 컴퓨터비전의 경우 DLT를 주로 사용하기 때문에 초점거리가 2개이다.
4. 사진측량의 경우 렌즈왜곡계수는 사진좌표계에서 정의되고, 렌즈왜곡을 제거하는 수식이 선형식이다. 하지만 컴퓨터비전의 경우 렌즈왜곡계수는 정규좌표계에서 정의되고, 렌즈왜곡을 부여하는 수식이 선형식이다. 또한 사진측량과 컴퓨터비전에서 편심왜곡 계수 P_1, P_2는 서로 바꾸어 사용된다.

03 외부표정

외부표정(exterior orientation)은 내부표정과 달리 카메라의 외부적인 특징을 알아내는 것이다. 다시 말해 촬영당시의 카메라의 위치와 자세를 구하고 이를 통해서 입체로 보이는 모든 영역의 실제 3차원 좌표를 결정하는 것을 나타낸다. 이를 위해 카메라의 내부표정요소와 지상기준점(GCP: Ground Control Point)이 필요하다.

3.1 쿼터니언을 이용한 단사진의 외부표정요소 결정

이미 알고 있는 카메라의 내부표정요소, 지상기준점, 지상기준점이 사진에 투영된 사진좌표를 이용하여 외부표정요소를 결정하는 방법을 공간후방교회법(spatial resection)이라 한다. [그림 17]과 같이 지상기준점의 3차원 좌표(X, Y, Z)와 지상기준점이 사진에 맺힌 사진좌표(x, y)간의 관계를 통해 외부표정요소 결정하는데 지상기준점과 관측한 사진 좌표에 따라서 외부표정요소가 다르게 추정될 수 있다. 따라서, 지상기준점이 투영된 사진좌표를 관측할 때 주의해서 정확하게 관측하여야 하며 왜곡 또한 제거(보정)하여야 한다. 단사진에서 사진의 외부표정요소를 결정하는 것을 영어로 SPR(Single Photo Resection)이라고 한다.

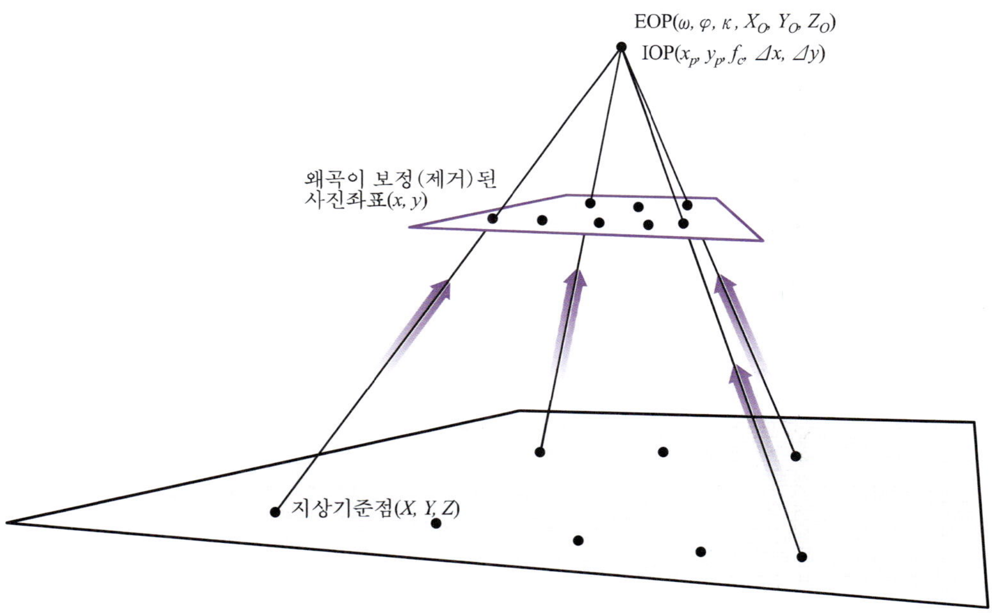

그림 17 공간후방교회법

외부표정요소는 카메라의 위치와 카메라의 자세를 나타낸다.

① 카메라의 위치: X_O , Y_O , Z_O

② 카메라의 자세: ω, φ, κ

공선조건식을 이용하여 외부표정요소를 결정할 수 있지만, 이때 구하고자 하는 미지수인 카메라의 위치와 자세는 비선형방정식이기 때문에 초기값이 필요하다. 반면 쿼터니언을 이용하면 초기값이 없더라도 외부표정요소의 추정이 가능하다. 쿼터니언을 이용하여 외부표정요소를 결정하기 위해서는 [그림 18]과 같이 기하학적인 제약조건을 두어 사진좌표계에서 지상좌표계로의 회전행렬(R_c^m)을 계산하고, 카메라의 투영중심(X_O, Y_O, Z_O)은 선형방정식을 풀이하여 구한다.

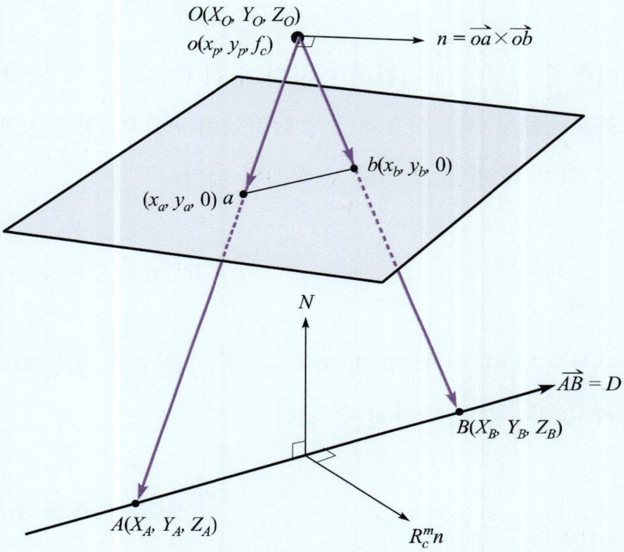

그림 18 카메라의 자세를 추정하기 위한 기하학적 제약조건

3.1.1 쿼터니언기반의 회전행렬 계산(w, φ, k)

쿼터니언을 이용하여 외부표정요소를 추정하기 위한 기하학적인 제약조건을 유도한다. 제약조건은 지상기준점의 A, B점과 그에 대응하는 사진의 상의 a,b점을 관측한다. [그림 18]에서 사진상의 a,b점과 렌즈중심(o)을 지나는 평면의 법선벡터 n은 벡터 $\overrightarrow{oa}$와 $\overrightarrow{ob}$의 외적(cross product)으로 나타낼 수 있다. 투영중심(O)과 지상기준점 A, B로 이루어진 평면위에 벡터 $\overrightarrow{AB}$를 지나는 벡터 D에 직각인 벡터 N을 설정한다. 식 (36)은 n, D 벡터를 나타내며 벡터 $\overrightarrow{oa}$, $\overrightarrow{ob}$는 주점이동(x_p, y_p)과 왜곡(Δx, Δy)이 보정되었다고 가정하며 앞으로 모든 벡터들은 단위벡터로 계산한다. 단위벡터를 사용하는 이유는 사진좌표계와 지상좌표계간의 축척을 고려하지 않아도 되기 때문이다.

$$n = \overrightarrow{oa} \times \overrightarrow{ob} = \begin{bmatrix} x_a - x_p - \Delta x_a \\ y_a - y_p - \Delta y_a \\ -f_c \end{bmatrix} \times \begin{bmatrix} x_b - x_p - \Delta x_b \\ y_b - y_p - \Delta y_b \\ -f_c \end{bmatrix} \tag{36}$$

$$D = B - A = \begin{bmatrix} X_B - X_A \\ Y_B - Y_A \\ Z_B - Z_A \end{bmatrix}$$

이렇게 설정한 벡터들을 이용하여 식 (37)과 같이 기하학적 제약조건을 나타낼 수 있다. 사진좌표계에서 지상좌표계로의 회전행렬 R_c^m 이 정확한 관계를 가지고 있다면 식 (37)을 만족하게 되며 벡터 n, D, N은 단위벡터 이다.

$$R_c^m n = D \times N \tag{37}$$

구하고자 하는 카메라의 자세(ω, φ, κ)를 담고 있는 미지의 회전행렬 R_c^m 을 유도하기 위해서 식 (38)과 같이 나타낼 수 있다.

$$v_i = D_i \times N_i - R_c^m n_i \tag{38}$$

여기서, v_i는 i번째의 좌표쌍의 잔차를 나타내고, i개수를 정하기 위해 조합공식을 이용하여 식 (39)와 같이 계산하여 경우의 수를 구할 수 있다. 즉 n개의 좌표점이 있을 때 좌표쌍을 선택할 수 있는 경우의 수는 p개로 나타낼 수 있다.

$$p = \frac{n(n-1)}{2} \tag{39}$$

R_c^m 을 계산하기 위해 최소제곱법을 이용하며, 식 (38)에서 계산된 잔차의 제곱합이 최소로 되는 R_c^m 을 추정한다. 잔차제곱의 합이 최소가 되기 위해 식 (40)과 같이 나타낼 수 있다.

$$\min_{R_c^m} \sum_{i=1}^{p} v_i^T v_i \tag{40}$$

따라서 식 (40)을 전개하면 식 (41)과 같이 나타낼 수 있다.

$$\min_{R_c^m} \sum_{i=1}^{p} (D_i \times N_i - R_c^m n_i)^T (D_i \times N_i - R_c^m n_i)$$

$$= \min_{R_c^m} \sum_{i=1}^{p} (D_i \times N_i)^T (D_i \times N_i) + (R_c^m n_i)^T (R_c^m n_i) - \left\{ (D_i \times N_i)^T (R_c^m n_i) + (R_c^m n_i)^T (D_i \times N_i) \right\}$$

$$= \min_{R_c^m} \sum_{i=1}^{p} (D_i \times N_i)^T (D_i \times N_i) + n_i^T n_i - 2\left\{ (R_c^m n_i)^T (D_i \times N_i) \right\} \tag{41}$$

여기서, R_c^m 은 직교행렬이므로 식 (42)와 같이 전치행렬과 역행렬이 같다. 식 (41)을 살펴보면 $(D_i \times N_i)^T (D_i \times N_i)$ 와 $n_i^T n_i$는 제곱의 합이므로 양수가 도출된다. 따라서 중괄호 안에 있는 값들이 최대가 되어야 전체적인 수식이 최소가 되므로 식 (43)와 같이 중괄호 안에 있는 값들이 최대로 되는 R_c^m 을 계산한다.

$$\left(R_c^m\right)^T = \left(R_c^m\right)^{-1} \tag{42}$$

$$\max_{R_c^m} \sum_{i=1}^{p} (R_c^m n_i)^T (D_i \times N_i) \tag{43}$$

식 (43)을 계산하기 위해 n, D는 사진좌표와 지상좌표를 이용하여 계산할 수 있으나 N은 카메라의 위치에 종속된 미지수임으로 계산하기 어렵다. 따라서 지상기준점을 주성분 분석(PCA: Principal Component Analysis)하여 계산된 최소 고유값(eigen value)에 해당하는 고유벡터(eigen vector)를 N의 초기값으로 사용한다. 이러한 이유는 지상기준점에 대해 주성분 분석을 수행할 경우 일반적으로 X, Y는 넓게 분포 되어있지만 그에 비해 Z값의 범위는 작기 때문이다. N의 초기값을 적용하여 식 (43)을 식 (44)와 같이 표현할 수 있다.

$$\max_{R_c^m} \sum_{i=1}^{p} (R_c^m n_i) \bullet G_i \tag{44}$$

여기서, G_i는 $D_i \times N_i$의 계산된 벡터를 나타내며 식 (44)에서 n_i벡터가 R_c^m만큼 회전되는 것을 표현하고 있는데 이를 쿼터니언으로 표현하면 식 (45)와 같이 나타낼 수 있다.

$$\max_{\dot{q}} \sum_{i=1}^{p} \left(\dot{q}\dot{n}_i\dot{q}^*\right) \bullet \dot{G}_i \tag{45}$$

여기서, $\dot{n}_i$, $\dot{G}_i$는 순 쿼터니언, $\dot{q}$는 회전을 나타내는 단위 쿼터니언, $\dot{q}\dot{n}_i\dot{q}^*$는 식 (44)의 $R_c^m n_i$를 쿼터니언 회전으로 나타낸 것이다. 쿼터니언의 연산성질인 식 (46)을 이용하면 식 (45)를 식 (47)과 같이 정리할 수 있다.

$$\left(q_a q_b q_a^*\right) \bullet q_c = \left(q_a q_b\right) \bullet \left(q_c q_a\right) \tag{46}$$

$$\max_{\dot{q}} \sum_{i=1}^{p} \left(\dot{q}\dot{n}_i\right) \bullet \left(\dot{G}_i\dot{q}\right) \tag{47}$$

식 (47)의 쿼터니언을 행렬로 표현하기 위해 식 (48)을 이용하여 식 (49)과 같이 표현할 수 있다. 여기서 C , $\overline{C}$ 는 4×4행렬이다.

$$q_a q_b = C_{q_a} q_b = \overline{C_{q_b}} q_a \tag{48}$$

$$\max_{\dot{q}} \quad \dot{q}^T \left\{ \sum_{i=1}^{p} \left(\overline{C_{n_i}}\right)^T \left(C_{G_i}\right) \right\} \dot{q} \tag{49}$$

$$\max_{\dot{q}} \quad \dot{q}^T S \dot{q} \ , \quad S = \sum_{i=1}^{p} \left(\overline{C_{n_i}}\right)^T \left(C_{G_i}\right)$$

식 (49)을 계산하기 위해서는 식 (50)과 같이 단위 쿼터니언($\| \dot{q} \| = 1$) 이면서 최대가 되는 쿼터니언($\max_{\dot{q}}$)을 추정해야 한다.

$$\max_{\dot{q}} \dot{q}^T S \dot{q} \ , \quad \| \dot{q} \| = 1 \tag{50}$$

식 (50)과 같이 $\| \dot{q} \| = 1$이라는 조건식을 만족하면서 최댓값을 찾는 방법은 라그랑주승수를 도입하여 단위 쿼터니언이라는 조건식을 만족하면서 최대가 되는 쿼터니언을 추정하는 식을 하나의 식으로 만드는 것이며 이를 식 (51)과 같이 나타낼 수 있다.

$$\phi = \dot{q}^T S \dot{q} - \lambda(\dot{q}^T \dot{q} - 1) = 0 \tag{51}$$

여기서, 미지수인 단위 쿼터니언을 편미분하면 식 (52a)와 같다.

$$\frac{\partial \phi}{\partial \dot{q}} = 2S\dot{q} - 2\lambda\dot{q} = 0 \tag{52a}$$

$$S\dot{q} = \lambda\dot{q} \tag{52b}$$

식 (52b)에서 λ와 $\dot{q}$ 가 행렬 S에 대응하는 고유값 및 고유벡터인 경우에만 식 (52b)를 만족하게 된다. 즉 식 (51)의 $\dot{q}^T S \dot{q}$ 가 최대가 되기 위해서는 λ는 행렬 S의 최대 고유값, 미지의 쿼터니언 $\dot{q}$ 는 최대 고유값에 해당하는 고유벡터가 되어야 한다. 고유값과 고유벡터의 계산은 식 (53)과 같이 나타낼 수 있으며 λ에 대해 전개하여 풀면 고유값을 얻을 수 있고, 계산된 고유값을 다시 대입하면 고유벡터를 계산할 수 있다.

$$\begin{aligned} &(S - \lambda I)\dot{q} = 0 \\ &det(S - \lambda I) = 0 \end{aligned} \tag{53}$$

이와 같이 계산된 쿼터니언 $\dot{q}$을 이용하여 R_c^m 을 추정하며, 이후 식 (44)부터 반복하여 수렴할 때까지 최종 회전행렬 R_c^m 을 결정한다. 이때 수렴조건은 일반적으로 회전요소의 변화량($\Delta\omega, \Delta\varphi, \Delta\kappa$)이 극소가 될 때이다. 식 (43)에서 초기 N값은 주성분 분석을 이용하여 초기값을 계산하였지만 반복 시 식 (54)와 같이 N을 갱신하여 계산한다.

$$\begin{aligned} &Rn_i = R_c^m n_i \\ &N_i = Rn_i \times D_i \end{aligned} \tag{54}$$

3.1.2 공선조건식을 통해 카메라의 위치(투영중심) 계산(X_O, Y_O, Z_O)

쿼터니언을 통해 추정된 회전행렬(R_c^m)과 공선조건식을 이용하면 카메라의 위치(투영중심)을 계산할 수 있다. 식 (55)는 지상기준점(X, Y, Z)과 왜곡이 제거된 사진좌표(x_{free}, y_{free})를 공선조건식을 이용하여 나타낸 것이다.

$$\lambda\begin{bmatrix} r_{11} & r_{12} & r_{13} \\ r_{21} & r_{22} & r_{23} \\ r_{31} & r_{32} & r_{33} \end{bmatrix}\begin{bmatrix} x_{free} \\ y_{free} \\ -f_c \end{bmatrix} = \begin{bmatrix} X-X_O \\ Y-Y_O \\ Z-Z_O \end{bmatrix}$$

$$R_c^m = \begin{bmatrix} r_{11} & r_{12} & r_{13} \\ r_{21} & r_{22} & r_{23} \\ r_{31} & r_{32} & r_{33} \end{bmatrix} = \begin{bmatrix} 1 & 0 & 0 \\ 0 & \cos\omega & -\sin\omega \\ 0 & \sin\omega & \cos\omega \end{bmatrix}\begin{bmatrix} \cos\varphi & 0 & \sin\varphi \\ 0 & 1 & 0 \\ -\sin\varphi & 0 & \cos\varphi \end{bmatrix}\begin{bmatrix} \cos k & -\sin k & 0 \\ \sin k & \cos k & 0 \\ 0 & 0 & 1 \end{bmatrix} \tag{55}$$

여기서, λ: 축척, x_{free}, y_{free} : 주점 이동 및 왜곡이 보정(제거)된 사진좌표, X, Y, Z : 지상 기준점, X_O, Y_O, Z_O : 카메라의 위치(투영중심)을 나타낸다.

식 (55)를 전개하고, 축척계수(λ)를 제거하기 위해 세 번째 행으로 첫 번째와 두 번째 행을 나누어 정리하면 식 (56)과 같이 된다.

$$\frac{r_{11}x + r_{12}y - r_{13}f_c}{r_{31}x + r_{32}y - r_{33}f_c} = \frac{X-X_O}{Z-Z_O} \tag{56}$$

$$\frac{r_{21}x + r_{22}y - r_{23}f_c}{r_{31}x + r_{32}y - r_{33}f_c} = \frac{Y-Y_O}{Z-Z_O}$$

식 (56)을 간략하게 정리하기 위해 식 (57)과 같이 회전행렬요소의 각 행을 R_1, R_2, R_3으로 두고 사진좌표를 a 벡터로 정의하였다.

$$\begin{bmatrix} R_1 \\ R_2 \\ R_3 \end{bmatrix} = \begin{bmatrix} r_{11} & r_{12} & r_{13} \\ r_{21} & r_{22} & r_{23} \\ r_{31} & r_{32} & r_{33} \end{bmatrix}, \quad a = \begin{bmatrix} x_{free} \\ y_{free} \\ -f_c \end{bmatrix} \tag{57}$$

식 (57)을 이용하여 식 (56)을 다시 정리하면 식 (58)과 같이 나타낼 수 있다.

$$R_1 a(Z-Z_O) = R_3 a(X-X_O) \tag{58}$$

$$R_2 a(Z-Z_O) = R_3 a(Y-Y_O)$$

식 (58)을 X_O, Y_O, Z_O에 대하여 전개하면 식 (59)와 같이 정리할 수 있다.

$$R_3aX_O - R_1aZ_O = R_3aX - R_1aZ \quad (59)$$

$$R_3aY_O - R_2aZ_O = R_3aY - R_2aZ$$

식 (59)의 X_O, Y_O, Z_O를 미지값으로 두는 행렬형태로 나타내면 식 (60)과 같이 나타낼 수 있다.

$$\begin{bmatrix} R_3a & 0 & -R_1a \\ 0 & R_3a & -R_2a \end{bmatrix} \begin{bmatrix} X_O \\ Y_O \\ Z_O \end{bmatrix} = \begin{bmatrix} XR_3a - ZR_1a \\ YR_3a - ZR_2a \end{bmatrix} \quad (60)$$

식 (60)에서 지상좌표 및 사진좌표를 관측하여 선형식으로 카메라의 위치(X_O , Y_O , Z_O)를 구할 수 있다. 이때, 구하고자 하는 미지수(X_O , Y_O , Z_O)가 3개 이므로 최소 2점 이상의 지상기준점과 사진좌표가 필요하다.

3.2 공선조건식을 이용한 단사진의 외부표정요소 결정

지상기준점의 3차원 좌표(X, Y, Z)와 지상기준점이 사진에 맺힌 사진좌표(x,y)간의 관계를 통해 외부표정요소를 결정하는데 식 (61)과 같은 공선조건식을 이용하여 카메라의 위치(X_O , Y_O, Z_O)와 자세(ω, φ, κ)에 해당하는 외부표정요소를 결정할 수 있다.

$$x + v_x = -f_c \frac{r_{11}(X - X_O) + r_{21}(Y - Y_O) + r_{31}(Z - Z_O)}{r_{13}(X - X_O) + r_{23}(Y - Y_O) + r_{33}(Z - Z_O)} = -f_c \frac{U}{W} \quad (61)$$

$$y + v_y = -f_c \frac{r_{12}(X - X_O) + r_{22}(Y - Y_O) + r_{32}(Z - Z_O)}{r_{13}(X - X_O) + r_{23}(Y - Y_O) + r_{33}(Z - Z_O)} = -f_c \frac{V}{W}$$

여기서,

$$R_m^c = (R_c^m)^T = \begin{bmatrix} r_{11} & r_{21} & r_{31} \\ r_{12} & r_{22} & r_{32} \\ r_{13} & r_{23} & r_{33} \end{bmatrix} = \begin{bmatrix} \cos k & \sin k & 0 \\ -\sin k & \cos k & 0 \\ 0 & 0 & 1 \end{bmatrix} \begin{bmatrix} \cos\varphi & 0 & -\sin\varphi \\ 0 & 1 & 0 \\ \sin\varphi & 0 & \cos\varphi \end{bmatrix} \begin{bmatrix} 1 & 0 & 0 \\ 0 & \cos\omega & \sin\omega \\ 0 & -\sin\omega & \cos\omega \end{bmatrix}$$

여기서, r은 카메라의 자세(ω, φ, κ)를 담고 있는 3×3 회전행렬(R_c^m)의 요소, X, Y, Z는 지상기준점, X_O, Y_O, Z_O는 카메라의 위치(투영중심), f_c는 초점거리, x,y는 주점이동 및 왜

곡이 보정(제거)된 사진좌표, v_x, v_y는 잔차를 나타낸다. 즉, $x = x - x_p - \Delta x, y = y - y_p - \Delta y$인 것에 주의해야 한다. 식 (62)와 같이 공선조건식을 이용하여 외부표정요소 $(\omega, \varphi, \kappa, X_O, Y_O, Z_O)$를 추정하기 위해서 식 (63)과 같이 정리하고 테일러 급수를 이용하여 공선조건식을 선형화 한다.

$$F_x = x + v_x + f_c \frac{U}{W} = 0 \tag{62}$$

$$F_y = y + v_y + f_c \frac{V}{W} = 0$$

$$F_x = F_x^0 + \frac{\partial F_x}{\partial \omega} \Delta\omega + \frac{\partial F_x}{\partial \varphi} \Delta\varphi + \frac{\partial F_x}{\partial \kappa} \Delta\kappa + \frac{\partial F_x}{\partial X_O} \Delta X_O + \frac{\partial F_x}{\partial Y_O} \Delta Y_O + \frac{\partial F_x}{\partial Z_O} \Delta Z_O + v_x = 0$$

$$F_y = F_y^0 + \frac{\partial F_y}{\partial \omega} \Delta\omega + \frac{\partial F_y}{\partial \varphi} \Delta\varphi + \frac{\partial F_y}{\partial \kappa} \Delta\kappa + \frac{\partial F_y}{\partial X_O} \Delta X_O + \frac{\partial F_y}{\partial Y_O} \Delta Y_O + \frac{\partial F_y}{\partial Z_O} \Delta Z_O + v_y = 0$$

(63)

여기서, F_x^0은 F_x 수식에 외부표정요소의 초기값$(w^0, \varphi^0, k^0, X_O^0, Y_O^0, Z_O^0)$을 넣은 것을 나타내며, F_y^0은 F_y 수식에 외부표정요소의 초기값$(w^0, \varphi^0, k^0, X_O^0, Y_O^0, Z_O^0)$을 넣은 것을 나타낸다. 최소제곱법을 적용하기 위해 $v + B\Delta = f$ 형태로 나타내면 식 (64)와 같으며. 비선형 방정식이므로 초기값을 이용하여 수렴할 때까지 반복하여 식 (65)와 같이 해를 구하며, 미지수가 6개 이므로 최소 3개의 지상기준점이 필요하다.

$$\begin{bmatrix} v_x \\ v_y \end{bmatrix} + \begin{bmatrix} \frac{\partial F_x}{\partial w} & \frac{\partial F_x}{\partial \varphi} & \frac{\partial F_x}{\partial k} & \frac{\partial F_x}{\partial X_O} & \frac{\partial F_x}{\partial Y_O} & \frac{\partial F_x}{\partial Z_O} \\ \frac{\partial F_y}{\partial w} & \frac{\partial F_y}{\partial \varphi} & \frac{\partial F_y}{\partial k} & \frac{\partial F_y}{\partial X_O} & \frac{\partial F_y}{\partial Y_O} & \frac{\partial F_y}{\partial Z_O} \end{bmatrix} \begin{bmatrix} \Delta w \\ \Delta\varphi \\ \Delta k \\ \Delta X_O \\ \Delta Y_O \\ \Delta Z_O \end{bmatrix} = \begin{bmatrix} -F_x{}^0 \\ -F_y{}^0 \end{bmatrix} = \begin{bmatrix} -x - f_c \frac{u}{w} \\ -y - f_c \frac{v}{w} \end{bmatrix} \tag{64}$$

$$\begin{aligned} & v + B\Delta = f \\ & \Delta = (B^T W B)^{-1} (B^T W f) = N^{-1} t \\ & N = B^T W B \\ & t = B^T W f \end{aligned} \tag{65}$$

3.3 선형식을 이용한 3차원 위치결정

좌우 영상에서 내부표정요소와 외부표정요소를 구하고 사진상의 공액점을 알고 있을 경우 X, Y, Z의 3차원 좌표를 선형식으로 계산할 수 있으며, 이를 공간전방교회법(spatial intersection)이라고 한다.

좌우 사진의 공액점(또는 매칭점)을 공선조건식을 이용하여 표현하면 식 (66), 식 (67)과 같이 표현할 수 있다. 수식에서 주의할 점은 좌우 공액점 (x_1, y_1, x_2, y_2)은 주점이동 및 왜곡이 보정(제거)된 사진좌표를 나타낸다. 주점 이동 및 왜곡이 제거된 좌우 공액점에 대한 식은 (68)과 같다.

$$\begin{bmatrix} X-X_{O1} \\ Y-Y_{O1} \\ Z-Z_{O1} \end{bmatrix} = \lambda_1 R_{c1}^{m} \begin{bmatrix} x_1 \\ y_1 \\ -f_{c1} \end{bmatrix} = \begin{bmatrix} u_1 \\ v_1 \\ w_1 \end{bmatrix} \tag{66}$$

$$\begin{bmatrix} X-X_{O2} \\ Y-Y_{O2} \\ Z-Z_{O2} \end{bmatrix} = \lambda_2 R_{c2}^{m} \begin{bmatrix} x_2 \\ y_2 \\ -f_{c2} \end{bmatrix} = \begin{bmatrix} u_2 \\ v_2 \\ w_2 \end{bmatrix} \tag{67}$$

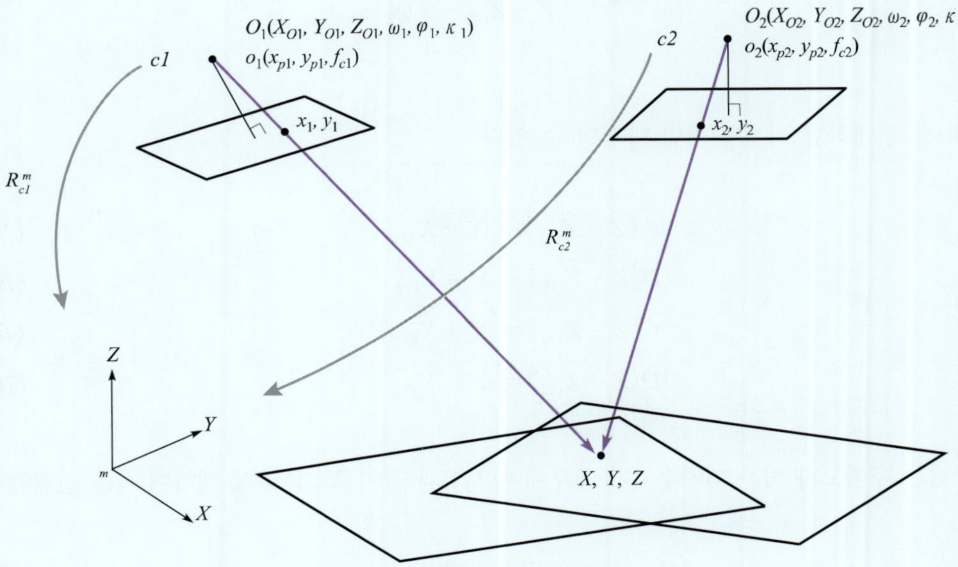

그림 19 공간전방교회법

여기서, $R_c^m = (R_m^c)^T$, f_c: 초점거리, x_1, y_1, x_2, y_2 : 주점이동 및 왜곡이 보정(제거)된 공액점의 사진좌표, X_O, Y_O, Z_O : 투영중심, X, Y, Z : 구하고자 하는 3차원 좌표를 나타낸다.

$$\begin{aligned} x_1 &= x_1 - x_{p_1} - \Delta x_1 \\ y_1 &= y_1 - y_{p_1} - \Delta y_1 \\ x_2 &= x_2 - x_{p_2} - \Delta x_2 \\ y_2 &= y_2 - y_{p_2} - \Delta y_2 \end{aligned} \tag{68}$$

식 (66)과 식 (67)에서 축척계수(λ_1, λ_2)는 알지 못하는 값이기 때문에 식 (69)와 같이 세 번째 항을 첫 번째, 두 번째 항에 나누어주어 λ_1, λ_2을 소거한다.

$$A = \frac{X - X_{O1}}{Z - Z_{O1}} = \frac{u_1}{w_1} \tag{69a}$$

$$B = \frac{Y - Y_{O1}}{Z - Z_{O1}} = \frac{v_1}{w_1} \tag{69b}$$

$$C = \frac{X - X_{O2}}{Z - Z_{O2}} = \frac{u_2}{w_2} \tag{69c}$$

$$D = \frac{Y - Y_{O2}}{Z - Z_{O2}} = \frac{v_2}{w_2} \tag{69d}$$

식 (69)를 전개하면 식 (70)처럼 나타낼 수 있다.

$$A(Z - Z_{O1}) = X - X_{O1} \tag{70a}$$

$$B(Z - Z_{O1}) = Y - Y_{O1} \tag{70b}$$

$$C(Z - Z_{O2}) = X - X_{O2} \tag{70c}$$

$$D(Z - Z_{O2}) = Y - Y_{O2} \tag{70d}$$

X, Y, Z는 구하고자 하는 미지수이기 때문에 식 (71)과 같이 X, Y, Z에 대하여 식을 전개한다.

$$AZ - X = -X_{O1} + AZ_{O1} \tag{71a}$$

$$BZ - Y = -Y_{O1} + BZ_{O1} \tag{71b}$$

$$CZ - X = -X_{O2} + CZ_{O2} \tag{71c}$$

$$DZ - Y = -Y_{O2} + DZ_{O2} \tag{71d}$$

식 (71)을 행렬로 표현하면 식 (72)와 같이 나타낼 수 있다.

$$\begin{bmatrix} -1 & 0 & A \\ 0 & -1 & B \\ -1 & 0 & C \\ 0 & -1 & D \end{bmatrix} \begin{bmatrix} X \\ Y \\ Z \end{bmatrix} = \begin{bmatrix} -X_{O1} + AZ_{O1} \\ -Y_{O1} + BZ_{O1} \\ -X_{O2} + CZ_{O2} \\ -Y_{O2} + DZ_{O2} \end{bmatrix} \tag{72}$$

식 (72)에서 식 (73)과 같이 최소제곱법을 이용하면 X, Y, Z의 해를 식 (74)와 같이 구할 수 있다.

$$B\Delta = f \tag{73}$$

$$\Delta = (B^T B)^{-1}(B^T f) \tag{74}$$

여기서, $B = \begin{bmatrix} -1 & 0 & A \\ 0 & -1 & B \\ -1 & 0 & C \\ 0 & -1 & D \end{bmatrix}$, $\Delta = \begin{bmatrix} X \\ Y \\ Z \end{bmatrix}$, $f = \begin{bmatrix} -X_{O1} + AZ_{O1} \\ -Y_{O1} + BZ_{O1} \\ -X_{O2} + CZ_{O2} \\ -Y_{O2} + DZ_{O2} \end{bmatrix}$, $A = \dfrac{u_1}{w_1}$,

$B = \dfrac{v_1}{w_1}$, $C = \dfrac{u_2}{w_2}$, $D = \dfrac{v_2}{w_2}$를 나타낸다.

04 상호표정

상호표정(relative orientation)은 좌우 사진간의 상대적인 위치와 자세를 재구성하여 가상의 3차원 모델(model)을 생성하는 작업을 나타낸다. 좌우 사진을 촬영한 위치와 자세는 각각 $(X_{O1}, Y_{O1}, Z_{O1}, \omega_1, \varphi_1, \kappa_1)$와 $(X_{O2}, Y_{O2}, Z_{O2}, \omega_2, \varphi_2, \kappa_2)$가 되며, 12개의 표정요소를 알고 있다면 이를 통해서 직접적으로 좌우 사진상의 공액점에 대해 3차원 좌표를 결정할 수 있다.

그러나 상호표정은 절대적인 위치를 결정하기 위한 것이 아니라 두 사진간의 상대적인 관계를 설정하고 이를 통해서 가상의 3차원 모델좌표를 얻는 것이다. 다시 말해 상호표정은 두 사진간의 상대적인 위치와 회전관계를 설정할 수 있으면 된다. 따라서, 좌우 사진에서 카메라의 절대적인 위치(3×2(좌우) =6개)와 자세(3×2(좌우)=6개)를 나타내는 12개의 절대표정요소 중에서 데이텀(datum) 변환을 정의하기 위한 7개값(축척계수(1), 3차원 회전각(3), 3차원 이동량(3))을 제외한 나머지 5개의 표정요소를 결정하는 것이 상호표정이다. 상호표정은 궁극적으로 종시차(p_y)를 제거하여 두 장의 사진으로부터 가상의 3차원 모델을 생성하기 위한 것이다.

이러한 상호표정요소(ROP : Relative Orientation Parameters)를 결정하는 방법은 국지좌표계(local coordinate system)를 어떻게 설정하느냐에 따라 독립적 상호표정(independent relative orientation)과 종속적 상호표정(dependent relatvie orientation)으로 구분한다.

4.1 독립적 상호표정

독립적 상호표정은 [그림 20]과 같이 좌측 사진과 우측 사진의 투영중심$(X_{O1}, Y_{O1}, Z_{O1}, X_{O2}, Y_{O2}, Z_{O2})$과 좌측 사진의 회전각 중 (ω_1)을 임의의 값으로 고정시키고 남아 있는

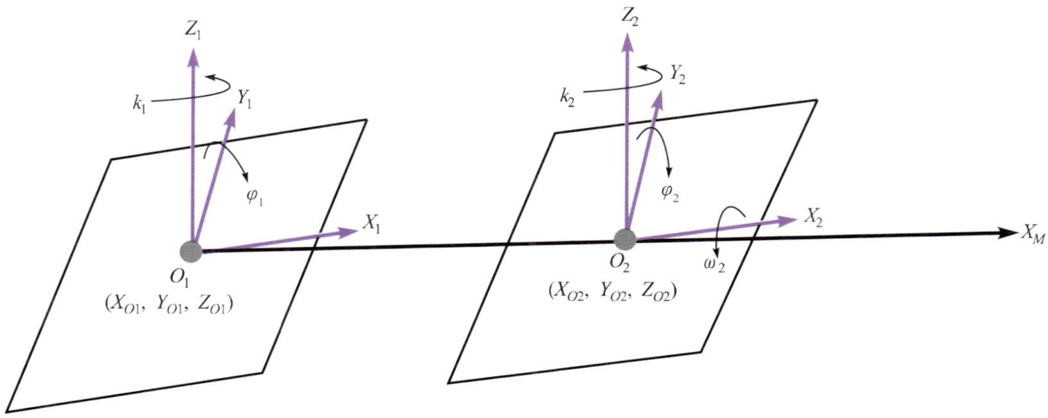

그림 20 독립적 상호표정

$(\varphi_1, \kappa_1, \omega_2, \varphi_2, \kappa_2)$를 독립변수로 두고 이를 결정하는 것이다.

4.2 종속적 상호표정

종속적 상호표정은 좌측 사진의 외부표정요소$(X_{O1}, Y_{O1}, Z_{O1}, \omega_1, \varphi_1, \kappa_1)$와 우측 사진의 투영중심점 중 [그림 21]과 같이 좌측 사진의 투영중심의 위치와 자세를 기준으로 하여 축척을 결정하기 위해서 우측 사진의 (X_{O2})값을 임의로 고정시키고 우측 사진의 5개 표정요소인 $(Y_{O2}, Z_{O2}, \omega_2, \varphi_2, \kappa_2)$를 독립변수로 두고 이를 결정하는 것이다. 종속적 상호표정요소에서 우측 사진의 표정요소 $(Y_{O2}, Z_{O2}, \omega_2, \varphi_2, \kappa_2)$는 좌측 사진을 기준으로 봤을 때 $(b_Y, b_Z, \omega_2, \varphi_2, \kappa_2)$로 일반적으로 표현하며, 실제 데이터처리 시에는 좌측 사진의 외부표정요소는 모두 0으로 설정하고 우측 사진의 X_{O2}는 촬영기선의 길이와 같이 설정한 후 종속적 상호표정요소를 결정한다.

독립적 상호표정 방법과 종속적 상호표정 방법 모두 상호표정요소는 모두 5개가 된다. 그러면 종속적 상호표정요소에서 b_X는 왜 고려하지 않는지 한 번 살펴보자.

[그림 22]에서 b_X는 두 사진사이의 횡시차(p_x)를 나타내는 것을 알 수 있다. 횡시차는 두 사진의 투영중심을 연결하는 기선에 평행한 요소로서 깊이(depth)에 관여한다. 즉, b_X는 대상물의 축척을 결정짓는데 관여하기 때문에 가상의 3차원 모델좌표를 구현하는 데에는 필요 없는 요소인 것을 알 수 있다.

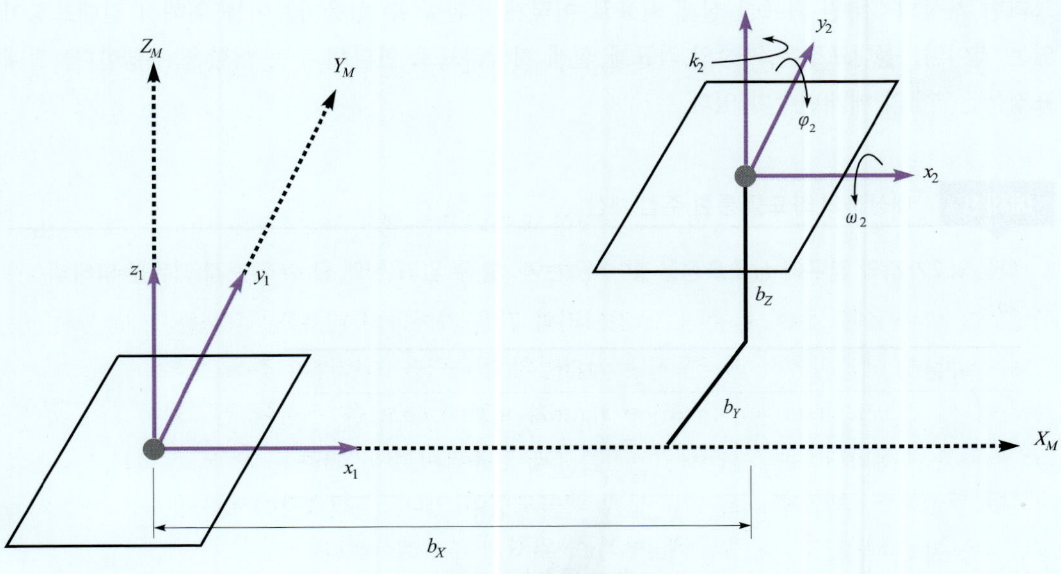

그림 21 종속적 상호표정

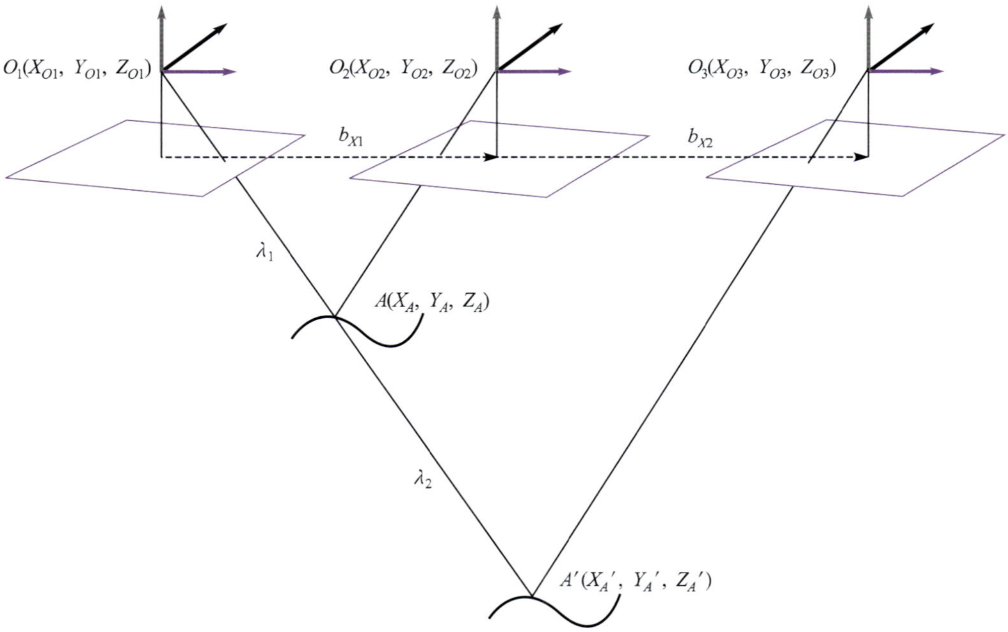

그림 22 b_X 는 축척을 결정

상호표정은 좌우 사진 간의 관계를 재구성하여 가상의 3차원 좌표(모델좌표)를 결정하는 것이 목적이므로 상호표정에서는 지상기준점이 전혀 필요하지 않다는 사실에 유의해야 한다. 그러면 가상의 3차원 좌표를 실제 좌표로 어떻게 변환할 수 있을까? 이를 위해서 절대표정이 있는 것이다. 절대표정은 가상의 좌표를 실제 지상좌표로 변환해 주는 역할을 수행한다. 절대표정에는 7개의 매개변수가 있다.

예제 8 대상물의 좌표를 통한 주점 계산

다음의 2가지의 경우에 상호표정을 할 수 있는지, 할 수 없다면 왜 할 수 없는지 이유를 나타내시오.

구분	조건
①	$X_{O1} = Y_{O1} = Z_{O1} = 0$ $X_{O2} = Y_{O2} =$ 고정 $w_1 = \varphi_1 =$ 고정
②	$X_{O1} = Y_{O1} = Z_{O1} = 0$ $X_{O2} = Y_{O2} =$ 고정 $w_1 = k_1 =$ 고정

구분	조건	해석
①	$X_{O1}=Y_{O1}=Z_{O1}=0$ $X_{O2}=Y_{O2}=$ 고정 $w_1=\varphi_1=$ 고정	$X_{O1}=Y_{O1}=Z_{O1}=0$ 은 카메라의 원점을 정의하고, $X_{O2}=Y_{O2}=$ 고정은 축척과 헤딩(heading)을 정의하며, $w_1=\varphi_1=$ 고정은 롤(roll)과 피치(pitch)를 정의하기 때문에 상호표정이 가능하다.
②	$X_{O1}=Y_{O1}=Z_{O1}=0$ $X_{O2}=Y_{O2}=$ 고정 $w_1=k_1=$ 고정	이 방법에서는 k_1와 X_{O1}, Y_{O1}, X_{O2}, Y_{O2}이 상관관계가 있어 상호표정이 불가능하다.

[표 2]는 지금까지 배운 종속적 상호표정과 독립적 상호표정의 특징을 정리한 것으로 좌측 사진을 기준으로 우측 사진과의 관계를 설정하는 종속적 상호표정을 실무에서 가장 많이 사용하고 있다.

표 2 종속적 상호표정과 독립적 상호표정의 특징

구분	방법	기지값	미지수
종속적 상호표정	- 좌측 사진을 기준으로 좌측 카메라의 위치와 자세 고정 - 축척을 위해서 우측 사진 X_{O2} 고정	X_{O1}, Y_{O1}, Z_{O1}, $\omega_1, \varphi_1, \kappa_1, X_{O2}$	$Y_{O2}(=b_Y)$, $Z_{O2}(=b_Z)$, $\omega_2, \varphi_2, \kappa_2$
독립적 상호표정	- 좌우 사진의 위치를 고정 - 좌측 카메라의 w_1 고정	X_{O1}, Y_{O1}, Z_{O1}, $X_{O2}, Y_{O2}, Z_{O2}, \omega_1$	φ_1, κ_1 $\omega_2, \varphi_2, \kappa_2$

4.3 공면조건식을 이용한 종속적 상호표정

종속적 상호표정요소를 결정하는 방법에는 공선조건식을 이용하는 방법과 공면조건식을 이용하는 방법이 있다. 이 중에서 공면조건식을 이용하면 좌우사진의 접합점 또는 공액점을 이용하여 상호표정을 수행할 수 있기 때문에 대부분의 경우 공면조건식을 사용한다.

다시 말해, 공면조건식을 이용하면 지상좌표를 몰라도 상호표정을 수행할 수 있다. 상호표정에서는 절대좌표계가 아닌 임의의 국지좌표계를 사용한다. [그림 23]에 나타낸 것과 같이 국지좌표계상의 지상점(A)이 좌측 사진의 투영중심(O_1)을 통과하여 사진 상에 맺힌 점 $a_1(x_1, y_1)$에 대한 r_{a1}^{O1} 벡터와 우측 사진의 투영중심(O_2)을 통과하여 사진 상에 맺힌 점 $a_2(x_2, y_2)$에 대한 r_{a2}^{O2} 벡터가 있다고 하자. 그리고 좌우사진의 투영중심을 잇는 r_{O2}^{O1} 벡터와 r_{a1}^{O1}, r_{a2}^{O2} 벡터가 동일 평면 상에 있다는 공면조건을 이용하면 기본행렬 F (fundamental matrix)를 구성할 수 있다.

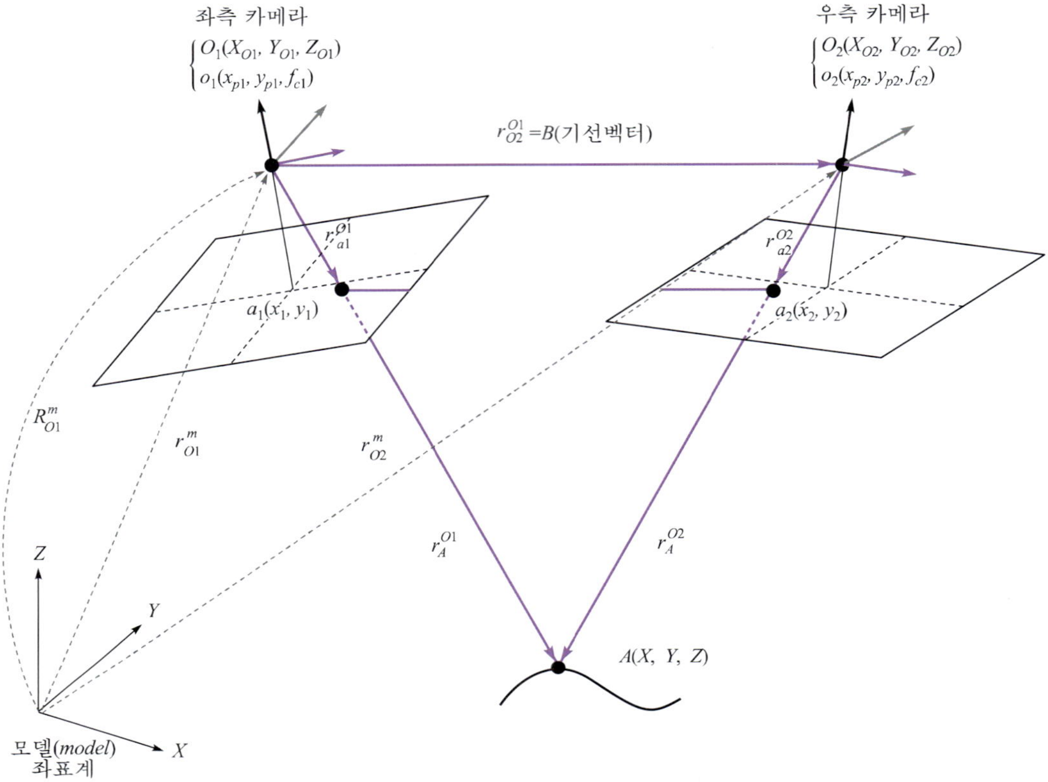

그림 23 공면조건을 위한 기하학적인 관계

공면조건을 이용한 상호표정의 일반식은 식 (75)와 같으며 좌측 카메라와 모델 좌표계의 회전행렬 (R_{O1}^m)은 식 (76), 우측 카메라와 지상좌표계의 회전행렬(R_{O2}^m)은 식 (77)과 같다.

$$\text{상호표정의 일반식}: R_{O1}^m\, r_{a1}^{O1} \bullet \left\{ \left[r_{O2}^m - r_{O1}^m \right] \times R_{O2}^m\, r_{a2}^{O2} \right\} = 0 \tag{75}$$

$$R_{O1}^m = R_{O1}^m(\omega_1) R_{O1}^m(\varphi_1) R_{O1}^m(\kappa_1) = \begin{bmatrix} r_{11}\, r_{12}\, r_{13} \\ r_{21}\, r_{22}\, r_{23} \\ r_{31}\, r_{32}\, r_{33} \end{bmatrix}_{O1} \tag{76}$$

$$R_{O2}^m = R_{O2}^m(\omega_2) R_{O2}^m(\varphi_2) R_{O2}^m(\kappa_2) = \begin{bmatrix} r_{11}\, r_{12}\, r_{13} \\ r_{21}\, r_{22}\, r_{23} \\ r_{31}\, r_{32}\, r_{33} \end{bmatrix}_{O2} \tag{77}$$

[그림 23]의 공면조건식을 위한 기하학적 관계를 나타내는 기호는 다음과 같다.

- m : 모델 좌표계(model coordinate system)
- O_1 : 좌측 카메라 좌표계에서의 투영중심
- x_{p1}, y_{p1} : 좌측 카메라의 주점
- O_2 : 우측 카메라 좌표계에서의 투영중심
- x_{p2}, y_{p2} : 우측 카메라의 주점
- A : 지상좌표
- a_1 : 좌측사진 좌표
- f_{c1} : 좌측 카메라의 초점거리
- a_2 : 우측 사진 좌표
- f_{c2} : 우측 카메라의 초점거리

a_1과 a_2에서 주점 이동량을 제거한 좌표를 나타내면 식 (78)과 같이 표현할 수 있다.

$$r_{a1}^{O1} = \begin{bmatrix} x_1 - x_{p1} \\ y_1 - y_{p1} \\ -f_{c1} \end{bmatrix}, r_{a2}^{O2} = \begin{bmatrix} x_2 - x_{p2} \\ y_2 - y_{p2} \\ -f_{c2} \end{bmatrix} \tag{78}$$

[그림 23]에 나타낸 것과 같이 $r_{a1}^{O1}, r_{a2}^{O2}, r_{O2}^{O1}$ 벡터는 동일한 평면상에 존재한다. 벡터가 동일평면상에 있기 위한 공면 조건은 $Det(r_{a1}^{O1}, r_{a2}^{O2}, r_{O2}^{O1}) = 0$이다. 이를 좀 더 구체적으로 나타내면 r_{O2}^{O1}와 r_{a2}^{O2}의 외적벡터($r_{O2}^{O1} \times r_{a2}^{O2}$)와 r_{a1}^{O1} 벡터의 내적벡터가 90°로 직교하여 0이 된다. 식 (75)의 공면조건식을 이용한 상호표정식은 식 (79)와 같이 나타낼 수 있다.

$$R_{O1}^{m} r_{a1}^{O1} \cdot (r_{O2}^{O1} \times R_{O2}^{m} r_{a2}^{O2}) = 0 \tag{79}$$

식 (79)에서 r_{O2}^{O1}는 좌우 사진의 투영중심을 잇는 기선벡터이므로 지상좌표계를 기준으로 나타내면 [그림 24]와 식 (80)과 같다.

$$r_{O2}^{O1} = r_{O2}^{m} - r_{O1}^{m} = \begin{bmatrix} X_{O2} - X_{O1} \\ Y_{O2} - Y_{O1} \\ Z_{O2} - Z_{O1} \end{bmatrix} = \begin{bmatrix} b_X \\ b_Y \\ b_Z \end{bmatrix} \tag{80}$$

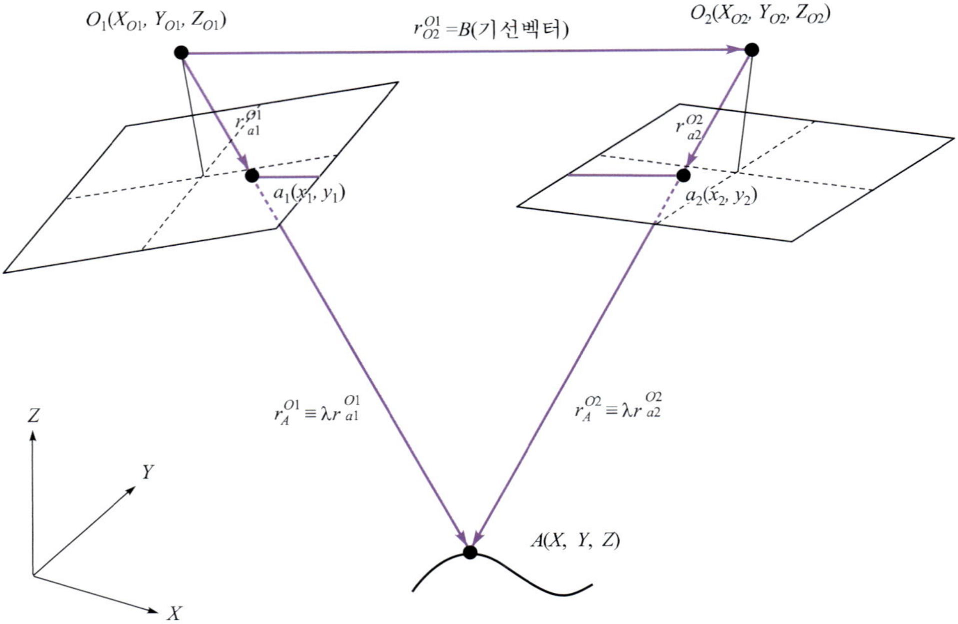

그림 24 공면조건구성을 위한 카메라와 지상점(A)의 벡터

상호표정을 수행할 때 좌측 카메라의 위치와 자세를 고정하고 우측 카메라의 관계를 결정하는 종속적 상호표정(DRO)을 일반적으로 사용한다. 이러한 이유로 좌측 카메라가 기준 카메라가 되기 때문에 식 (81)과 같이 회전(R_{O1}^m)과 이동(r_{O1}^m)이 없다고 할 수 있다.

$$R_{O1}^m = I, \ \ r_{O1}^m = 0 \tag{81}$$

좌우사진의 투영중심(O_1, O_2)에서 좌우 사진 상에 맺힌 점(a_1, a_2)에 대한 벡터(r_{a1}^{O1}, r_{a2}^{O2})와 모델 좌표계의 좌표점(또는 지상점, A)에 대한 벡터(r_A^{O1}, r_A^{O2})의 관계를 축척(λ_1, λ_2)을 고려하면 식 (82)와 같다.

$$r_A^{O1} = \lambda_1 r_{a1}^{O1} \tag{82a}$$
$$r_A^{O2} = \lambda_2 r_{a2}^{O2} \tag{82b}$$

[그림 24]에서 벡터(r_{a1}^{O1}, r_{a2}^{O2})가 동일한 지상점(A)을 바라보고 있을 때 이 두 벡터는 축척과

관계없이 동일한 평면을 구성하기 때문에 축척(λ_1, λ_2)을 고려하지 않는다.

[그림 23]에서 좌측사진의 투영중심(O_1)과 좌측사진 좌표(a_1)와 지상점(A)은 동일직선상에 있으므로 공선조건식을 이용하여 나타내면 식 (83)과 같다. R_m^{O1}은 좌측 사진좌표계와 지상좌표계 간에 3차원 회전행렬을 나타낸 것이다.

$$\begin{bmatrix} x_1 - x_{p1} \\ y_1 - y_{p1} \\ 0 - f_{c1} \end{bmatrix} = R_m^{O1} \begin{bmatrix} X - X_{O1} \\ Y - Y_{O1} \\ Z - Z_{O1} \end{bmatrix} \tag{83}$$

식 (83)의 공선조건식에서 투영중심(O_1)과 사진좌표(a_1)간의 벡터 r_{a1}^{O1}를 기준으로 식을 정리하면 식 (84)와 같다. 여기서, 벡터 r_{a1}^{O1}의 벡터 원소를 u_1, v_1, w_1로 표현할 수 있다.

$$R_{O1}^{m} r_{a1}^{O1} = (R_m^{O1})^T \begin{bmatrix} x_1 - x_{p1} \\ y_1 - y_{p1} \\ 0 - f_{c1} \end{bmatrix} \equiv \begin{bmatrix} u_1 \\ v_1 \\ w_1 \end{bmatrix} = \begin{bmatrix} X - X_{O1} \\ Y - Y_{O1} \\ Z - Z_{O1} \end{bmatrix} \tag{84}$$

우측사진도 유사한 방법으로 공선조건식을 이용하여 투영중심(O_2)과 사진좌표(a_2)간의 관계를 식 (85)와 같이 나타낼 수 있다.

$$\begin{bmatrix} x_2 - x_{p2} \\ y_2 - y_{p2} \\ 0 - f_{c2} \end{bmatrix} = R_m^{O2} \begin{bmatrix} X - X_{O2} \\ Y - Y_{O2} \\ Z - Z_{O2} \end{bmatrix} \tag{85}$$

우측사진의 투영중심(O_2)과 지상점(A)간의 벡터 r_A^{O2}의 원소를 u_2, v_2, w_2로 표현하면 식 (86)과 같다.

$$R_{O2}^{m} r_{a2}^{O2} = (R_m^{O2})^T \begin{bmatrix} x_2 - x_{p2} \\ y_2 - y_{p2} \\ 0 - f_{c2} \end{bmatrix} \equiv \begin{bmatrix} u_2 \\ v_2 \\ w_2 \end{bmatrix} = \begin{bmatrix} X - X_{O2} \\ Y - Y_{O2} \\ Z - Z_{O2} \end{bmatrix} \tag{86}$$

$R_{O1}^{m} r_{a1}^{O1}, R_{O2}^{m} r_{a2}^{O2}, r_{O2}^{O1}$는 동일평면상에 존재하기 때문에 행렬식 $Det(R_{O1}^{m} r_{a1}^{O1}, R_{O2}^{m} r_{a2}^{O2}, r_{O2}^{O1}) = 0$이 되어야 한다. 이를 수식으로 나타내면 식 (87)과 같으며 목적함수는 F이다.

$$F = \begin{vmatrix} b_X & b_Y & b_Z \\ u_1 & v_1 & w_1 \\ u_2 & v_2 & w_2 \end{vmatrix} = 0 \tag{87}$$

식 (87)에서 3×3 행렬의 행렬식이 0인 조건을 전개하면 식 (88)과 같다.

$$b_X(v_1w_2 - v_2w_1) - b_Y(u_1w_2 - u_2w_1) + b_Z(u_1v_2 - u_2v_1) = 0 \tag{88}$$

목적함수(F)는 구하고자 하는 미지수인 상호표정($b_Y, b_Z, \omega_2, \varphi_2, \kappa_2$)에 대해 비선형식으로 구성되어있다. F의 특정행의 원소에 대한 편미분을 구하기 위해서 특정행의 구성원소를 $\begin{vmatrix} R_1 \\ R_2 \\ R_3 \end{vmatrix}$ 라고 할 때 상호표정 매개변수 $P(b_X, b_Y, w_2, \varphi_2, k_2)$에 대한 행렬식 F의 편미분은 식 (89)와 같이 계산할 수 있다.

$$\frac{\partial F}{\partial P} = \begin{vmatrix} \frac{\partial R_1}{\partial P} \\ R_2 \\ R_3 \end{vmatrix} + \begin{vmatrix} R_1 \\ \frac{\partial R_2}{\partial P} \\ R_3 \end{vmatrix} + \begin{vmatrix} R_1 \\ R_2 \\ \frac{\partial R_3}{\partial P} \end{vmatrix} \tag{89}$$

예제 9 종속적 상호표정의 이해

공면조건을 이용한 종속적 상호표정을 위해서 지상기준점이 필요한가?

사진의 내부표정요소를 알고 있다고 가정할 때, 공면조건을 이용할 경우 스테레오 영상에서 동일한 공액점(또는 대응점)의 사진좌표(또는 영상좌표) 5개를 알고 있으면 된다.
따라서, 지상기준점은 필요하지 않다.

4.3.1 편미분

① 좌측사진 좌표(x_1, y_1)

목적함수(F)를 좌측사진 좌표(x_1, y_1)중에서 x_1에 대해 편미분을 수행하면 식 (90)과 같이 나타낼 수 있다.

$$\frac{\partial F}{\partial x_1} = \begin{vmatrix} b_X & b_Y & b_Z \\ \frac{\partial u_1}{\partial x_1} & \frac{\partial v_1}{\partial x_1} & \frac{\partial w_1}{\partial x_1} \\ u_2 & v_2 & w_2 \end{vmatrix} \tag{90}$$

식 (84)를 통해 식 (91)이 성립한다. 따라서 식 (90)에서 두 번째 행에서 식 (91)에서의 $[u_1 \quad v_1 \quad w_1]^T$의 편미분과 같다. 식 (90)에 식 (91)을 대입하면 식 (92)와 같이 풀이할 수 있다.

$$\begin{bmatrix} u_1 \\ v_1 \\ w_1 \end{bmatrix} = (R_m^{O1})^T \begin{bmatrix} x_1 - x_{p1} \\ y_1 - y_{p1} \\ 0 - f_{c1} \end{bmatrix} \tag{91}$$

$$\frac{\partial \left(R_m^{O1}\right)^T \begin{bmatrix} x_1 - x_{p1} \\ y_1 - y_{p1} \\ 0 - f_{c1} \end{bmatrix}}{\partial x_1} = \left(R_m^{O1}\right)^T \begin{bmatrix} 1 \\ 0 \\ 0 \end{bmatrix}_{O1} = \begin{bmatrix} r_{11} \\ r_{21} \\ r_{31} \end{bmatrix} \tag{92}$$

따라서, 목적함수(F)에서 좌측사진의 x_1에 대한 편미분 $\frac{\partial F}{\partial x_1}$을 정리하면 식 (93)과 같다.

$$\frac{\partial F}{\partial x_1} = \begin{vmatrix} b_X & b_Y & b_Z \\ (r_{11})_{O1} & (r_{21})_{O1} & (r_{31})_{O1} \\ u_2 & v_2 & w_2 \end{vmatrix} \tag{93}$$

동일한 방법으로 좌측사진의 y_1에 편미분$(\frac{\partial F}{\partial y_1})$을 수행하면 식 (94)와 같다.

$$\frac{\partial F}{\partial y_1} = \begin{vmatrix} b_X & b_Y & b_Z \\ \frac{\partial u_1}{\partial y_1} & \frac{\partial v_1}{\partial y_1} & \frac{\partial w_1}{\partial y_1} \\ u_2 & v_2 & w_2 \end{vmatrix} \tag{94}$$

마찬가지로 식 (90)에서 두 번째 행은 식 (91)의 편미분과 같다. 식 (94)에 식 (91)를 대입하면 식 (95)와 같이 풀이할 수 있다.

$$\frac{\partial\left(R_m^{O1}\right)^T\begin{bmatrix}x_1 - x_{p1}\\ y_1 - y_{p1}\\ 0 - f_{c1}\end{bmatrix}}{\partial y_1} = \left(R_m^{O1}\right)^T\begin{bmatrix}0\\1\\0\end{bmatrix}_{O1} = \begin{bmatrix}r_{12}\\r_{22}\\r_{32}\end{bmatrix} \tag{95}$$

따라서, 목적함수(F)에서 좌측사진의 y_1에 대한 편미분 $\dfrac{\partial F}{\partial y_1}$을 정리하면 식 (96)과 같다.

$$\frac{\partial F}{\partial y_1} = \begin{vmatrix} b_X & b_Y & b_Z \\ (r_{12})_{O1} & (r_{22})_{O1} & (r_{32})_{O1} \\ u_2 & v_2 & w_2 \end{vmatrix} \tag{96}$$

② 우측사진 좌표(x_2, y_2)

유사한 방법으로 우측사진의 x_2에 대해 편미분$(\dfrac{\partial F}{\partial x_2})$을 수행하면 식 (97)과 같다.

$$\frac{\partial F}{\partial x_2} = \begin{vmatrix} b_X & b_Y & b_Z \\ u_1 & v_1 & w_1 \\ \dfrac{\partial u_2}{\partial x_2} & \dfrac{\partial v_2}{\partial x_2} & \dfrac{\partial w_2}{\partial x_2} \end{vmatrix} \tag{97}$$

식 (86)을 통해 식 (98)이 성립된다. 따라서, 식 (97)에서 세 번째 행은 식 (98)에서의 $\begin{bmatrix}u_2 & v_2 & w_2\end{bmatrix}^T$의 편미분과 같다. 식 (97)에 식 (98)을 대입하면 식 (99)과 같이 풀이할 수 있다.

$$\begin{bmatrix}u_2\\v_2\\w_2\end{bmatrix} = (R_m^{O2})^T\begin{bmatrix}x_2 - x_{p2}\\ y_2 - y_{p2}\\ 0 - f_{c2}\end{bmatrix} \tag{98}$$

$$\frac{\partial\left(R_m^{O2}\right)^T\begin{bmatrix}x_2 - x_{p2}\\ y_2 - y_{p2}\\ 0 - f_{c2}\end{bmatrix}}{\partial x_2} = \left(R_m^{O2}\right)^T\begin{bmatrix}1\\0\\0\end{bmatrix}_{O2} = \begin{bmatrix}r_{11}\\r_{21}\\r_{31}\end{bmatrix} \tag{99}$$

따라서, 목적함수(F)에서 우측사진의 x_2에 대한 편미분 $\dfrac{\partial F}{\partial x_2}$을 정리하면 식 (100)과 같다.

$$\frac{\partial F}{\partial x_2}=\begin{vmatrix} b_X & b_Y & b_Z \\ u_1 & v_1 & w_1 \\ (r_{11})_{O2} & (r_{21})_{O2} & (r_{31})_{O2} \end{vmatrix} \tag{100}$$

동일한 방법으로 우측사진의 y_2에 대해 편미분($\dfrac{\partial F}{\partial y_2}$)을 수행하면 식 (101)과 같다.

$$\frac{\partial F}{\partial y_2}=\begin{vmatrix} b_X & b_Y & b_Z \\ u_1 & v_1 & w_1 \\ \dfrac{\partial u_2}{\partial y_2} & \dfrac{\partial v_2}{\partial y_2} & \dfrac{\partial w_2}{\partial y_2} \end{vmatrix} \tag{101}$$

마찬가지로 식 (97)에서 세 번째 행은 식 (98)의 편미분과 같다. 식 (101)에 식 (98)을 대입하면 식 (102)와 같이 풀이할 수 있다.

$$\frac{\partial \left(R_m^{O2}\right)^T \begin{bmatrix} x_2 - x_{p2} \\ y_2 - y_{p2} \\ 0 - f_{c2} \end{bmatrix}}{\partial x_2} = \left(R_m^{O2}\right)^T \begin{bmatrix} 0 \\ 1 \\ 0 \end{bmatrix}_{O2} = \begin{bmatrix} r_{12} \\ r_{22} \\ r_{32} \end{bmatrix} \tag{102}$$

따라서, 목적함수(F)에서 우측사진의 y_2에 대한 편미분$\dfrac{\partial F}{\partial y_2}$을 정리하면 식 (103)과 같다.

$$\frac{\partial F}{\partial y_2}=\begin{vmatrix} b_X & b_Y & b_Z \\ u_1 & v_1 & w_1 \\ (r_{12})_{O2} & (r_{22})_{O2} & (r_{32})_{O2} \end{vmatrix} \tag{103}$$

목적함수(F)를 기선벡터 $r_{O2}^{O1}(b_X, b_Y, b_Z)$와 R_{O2}^{O1}의 회전행렬요소($\omega_2, \varphi_2, \kappa_2$)에 대해 편미분을 수행한다. 기선벡터에서 축척(b_X)을 고정하여 $b_Y, b_Z, \omega_2, \varphi_2, \kappa_2$ 요소만 편미분을 수행한다. 목적함수(F)를 b_Y에 대하여 편미분을 수행하면 식 (104)와 같다.

$$\frac{\partial F}{\partial b_Y} = \begin{vmatrix} 0 & 1 & 0 \\ u_1 & v_1 & w_1 \\ u_2 & v_2 & w_2 \end{vmatrix} = -\begin{vmatrix} u_1 & w_1 \\ u_2 & w_2 \end{vmatrix} \tag{104}$$

동일한 방법으로 목적함수(F)를 b_Z에 대하며 편미분을 수행하면 식 (105)와 같다.

$$\frac{\partial F}{\partial b_Z} = \begin{vmatrix} 0 & 0 & 1 \\ u_1 & v_1 & w_1 \\ u_2 & v_2 & w_2 \end{vmatrix} = \begin{vmatrix} u_1 & v_1 \\ u_2 & v_2 \end{vmatrix} \tag{105}$$

회전행렬요소($\omega_2, \varphi_2, \kappa_2$)는 u_2, v_2, w_2와 관계가 있으며 목적함수(F)를 ω_2에 대하여 편미분을 수행하면 식 (106)과 같으며 식 (107), 식 (108)과 같이 유도할 수 있다.

$$\frac{\partial F}{\partial \omega_2} = \begin{vmatrix} b_X & b_Y & b_Z \\ u_1 & v_1 & w_1 \\ \dfrac{u_2}{\partial \omega_2} & \dfrac{v_2}{\partial \omega_2} & \dfrac{w_2}{\partial \omega_2} \end{vmatrix} \tag{106}$$

$$\frac{\partial}{\partial \omega_2} \begin{vmatrix} u_2 \\ v_2 \\ w_2 \end{vmatrix} = \left(\frac{\partial R_m^{O2}}{\partial \omega_2} \right)^T \begin{bmatrix} x_2 - x_{p2} \\ y_2 - y_{p2} \\ 0 - f_{c2} \end{bmatrix} \tag{107}$$

$$\frac{\partial}{\partial \omega_2} \begin{vmatrix} u_2 \\ v_2 \\ w_2 \end{vmatrix} = \left(R_m^{O2}(\kappa_2) R_m^{O2}(\varphi_2) \frac{\partial R_m^{O2}(\omega_2)}{\partial \omega_2} \right)^T \begin{bmatrix} x_2 - x_{p2} \\ y_2 - y_{p2} \\ 0 - f_{c2} \end{bmatrix} \tag{108}$$

여기서 $\dfrac{\partial R_m^{O2}(\omega_2)}{\partial \omega_2}$는 회전행렬 ω_2에 대한 편미분으로 식 (109)와 같이 유도할 수 있다.

$$\frac{\partial R}{\partial \omega_2} = \begin{bmatrix} 0 & 0 & 0 \\ 0 & -\sin\omega_2 & \cos\omega_2 \\ 0 & -\cos\omega_2 & -\sin\omega_2 \end{bmatrix} \tag{109}$$

식 (109)에서 ω_2의 회전행렬인 식 (110)과의 연관성을 이용해서 $\frac{\partial R}{\partial \omega_2}$은 식 (111)과 같이 유도할 수 있다.

$$\omega_2 = \begin{bmatrix} 1 & 0 & 0 \\ 0 & \cos\omega_2 & \sin\omega_2 \\ 0 & -\sin\omega_2 & \cos\omega_2 \end{bmatrix} \tag{110}$$

$$\frac{\partial R}{\partial \omega_2} = \begin{bmatrix} 1 & 0 & 0 \\ 0 & \cos\omega_2 & \sin\omega_2 \\ 0 & -\sin\omega_2 & \cos\omega_2 \end{bmatrix} \begin{bmatrix} 0 & 0 & 0 \\ 0 & 0 & 1 \\ 0 & -1 & 0 \end{bmatrix} \tag{111}$$

따라서 식 (108)의 $R_m^{O2}(\kappa_2)\, R_m^{O2}(\varphi_2) \frac{\partial R_m^{o2}(\omega_2)}{\partial \omega_2}$은 식 (112)와 같이 표현할 수 있다.

$$R_m^{O2}(\kappa_2)\, R_m^{O2}(\varphi_2) \frac{\partial R_m^{O2}(\omega_2)}{\partial \omega_2} = R_m^{O2} \begin{bmatrix} 0 & 0 & 0 \\ 0 & 0 & 1 \\ 0 & -1 & 0 \end{bmatrix} \tag{112}$$

식 (111)의 결과를 통해 목적함수(F)를 ω_2에 대한 편미분을 식 (113)과 같이 유도할 수 있다.

$$\begin{aligned} \frac{\partial}{\partial \omega_2} \begin{vmatrix} u_2 \\ v_2 \\ w_2 \end{vmatrix} &= \left(R_m^{O2} \begin{bmatrix} 0 & 0 & 0 \\ 0 & 0 & 1 \\ 0 & -1 & 0 \end{bmatrix} \right)^T \begin{bmatrix} x_2 - x_{p2} \\ y_2 - y_{p2} \\ 0 - f_{c2} \end{bmatrix} \\ &= \begin{bmatrix} 0 & 0 & 0 \\ 0 & 0 & -1 \\ 0 & 1 & 0 \end{bmatrix} \left(\left(R_m^{O2} \right)^T \begin{bmatrix} x_2 - x_{p2} \\ y_2 - y_{p2} \\ 0 - f_{c2} \end{bmatrix} \right) \end{aligned} \tag{113}$$

식 (113)의 $\left(R_m^{O2} \right)^T \begin{bmatrix} x_2 - x_{p2} \\ y_2 - y_{p2} \\ 0 - f_{c2} \end{bmatrix}$은 식 (86)에서 u_2, v_2, w_2로 표현하였기 때문에 식 (114)와 같이 유도할 수 있다.

$$\frac{\partial F}{\partial \omega_2} = \begin{bmatrix} 0 & 0 & 0 \\ 0 & 0 & -1 \\ 0 & 1 & 0 \end{bmatrix} \begin{bmatrix} u_2 \\ v_2 \\ w_2 \end{bmatrix} = \begin{bmatrix} 0 \\ -w_2 \\ v_2 \end{bmatrix} \tag{114}$$

따라서, 목적함수(F)를 ω_2에 대하여 편미분한 $\dfrac{\partial F}{\partial \omega_2}$ 행렬은 식 (115)와 같다.

$$\frac{\partial F}{\partial \omega_2} = \begin{vmatrix} b_X & b_Y & b_Z \\ u_1 & v_1 & w_1 \\ 0 & -w_2 & v_2 \end{vmatrix} \tag{115}$$

유사한 방법으로 목적함수(F)를 φ_2에 대하여 편미분을 수행하면 식 (116)과 같으며 식 (117), 식 (118)과 같이 유도할 수 있다.

$$\frac{\partial F}{\partial \varphi_2} = \begin{vmatrix} b_X & b_Y & b_Z \\ u_1 & v_1 & w_1 \\ \dfrac{\partial u_2}{\partial \varphi_2} & \dfrac{\partial v_2}{\partial \varphi_2} & \dfrac{\partial w_2}{\partial \varphi_2} \end{vmatrix} \tag{116}$$

$$\frac{\partial}{\partial \varphi_2}\begin{vmatrix} u_2 \\ v_2 \\ w_2 \end{vmatrix} = \left(\frac{\partial R_m^{O2}}{\partial \varphi_2}\right)^T \begin{bmatrix} x_2 - x_{p2} \\ y_2 - y_{p2} \\ 0 - f_{c2} \end{bmatrix} \tag{117}$$

$$\frac{\partial}{\partial \varphi_2}\begin{vmatrix} u_2 \\ v_2 \\ w_2 \end{vmatrix} = \left(R_m^{O2}(\kappa_2)\frac{\partial R_m^{O2}(\varphi_2)}{\partial \varphi_2} R_m^{O2}(\omega_2)\right)^T \begin{bmatrix} x_2 - x_{p2} \\ y_2 - y_{p2} \\ 0 - f_{c2} \end{bmatrix} \tag{118}$$

여기서, 회전행렬 $R_m^{O2}(\varphi_2)$에 대한 φ_2의 편미분은 식 (119)과 같이 유도할 수 있다.

$$\frac{\partial R_m^{O2}(\varphi_2)}{\partial \varphi_2} = \begin{bmatrix} -\sin\varphi_2 & 0 & -\cos\varphi_2 \\ 0 & 0 & 0 \\ \cos\varphi_2 & 0 & -\sin\varphi_2 \end{bmatrix} \tag{119}$$

식 (119)는 φ_2축 회전행렬 $\begin{bmatrix} \cos\varphi_2 & 0 & -\sin\varphi_2 \\ 0 & 1 & 0 \\ \sin\varphi_2 & 0 & \cos\varphi_2 \end{bmatrix}$ 와의 연관성을 이용해서 식 (119)는 식 (120)과 같이 유도할 수 있다.

$$\frac{\partial R_m^{O2}(\varphi_2)}{\partial \varphi_2} = \begin{bmatrix} \cos\varphi_2 & 0 & -\sin\varphi_2 \\ 0 & 1 & 0 \\ \sin\varphi_2 & 0 & \cos\varphi_2 \end{bmatrix} \begin{bmatrix} 0 & 0 & -1 \\ 0 & 0 & 0 \\ 1 & 0 & 0 \end{bmatrix} \tag{120}$$

이를 통해 회전행렬(R_m^{O2})을 φ_2에 대하여 편미분을 수행하면 식 (121)과 같이 표현할 수 있다. 식 (121)에서 $\begin{bmatrix} 0 & 0 & -1 \\ 0 & 0 & 0 \\ 1 & 0 & 0 \end{bmatrix} R_m^{O2}(\omega_2)$는 식 (122)와 같다.

$$R_m^{O2\prime} = R_m^{O2}(\kappa_2) R_m^{O2}(\varphi_2) \begin{bmatrix} 0 & 0 & -1 \\ 0 & 0 & 0 \\ 1 & 0 & 0 \end{bmatrix} R_m^{O2}(\omega_2) \tag{121}$$

$$\begin{bmatrix} 0 & 0 & -1 \\ 0 & 0 & 0 \\ 1 & 0 & 0 \end{bmatrix} R_m^{O2}(\omega_2) = \begin{bmatrix} 0 & \sin\omega_2 & -\cos\omega_2 \\ 0 & 0 & 0 \\ 1 & 0 & 0 \end{bmatrix} \tag{122}$$

식 (122)를 $R_m^{O2}(\omega_2)$와 관련된 식으로 변환하면 식 (123)과 같다.

$$\begin{bmatrix} 0 & \sin\omega_2 & -\cos\omega_2 \\ 0 & 0 & 0 \\ 1 & 0 & 0 \end{bmatrix} = \begin{bmatrix} 1 & 0 & 0 \\ 0 & \cos\omega_2 & \sin\omega_2 \\ 0 & -\sin\omega_2 & \cos\omega_2 \end{bmatrix} \begin{bmatrix} 0 & \sin\omega_2 & -\cos\omega_2 \\ -\sin\omega_2 & 0 & 0 \\ \cos\omega_2 & 0 & 0 \end{bmatrix} \tag{123}$$

따라서, 식 (118)의 $\dfrac{\partial R_m^{O2}(\varphi_2)}{\partial \varphi_2}$는 식 (124)와 같이 표현할 수 있다.

$$\frac{\partial R_m^{O2}(\varphi_2)}{\partial \varphi_2} = R_m^{O2} \begin{bmatrix} 0 & \sin\omega_2 & -\cos\omega_2 \\ -\sin\omega_2 & 0 & 0 \\ \cos\omega_2 & 0 & 0 \end{bmatrix} \tag{124}$$

식 (118)의 결과를 통해 목적함수(F)를 φ_2에 대한 편미분을 식 (125)와 같이 유도할 수 있다.

$$\begin{aligned} \frac{\partial}{\partial \varphi_2} \begin{vmatrix} u_2 \\ v_2 \\ w_2 \end{vmatrix} &= \left(R_m^{O2} \begin{bmatrix} 0 & \sin\omega_2 & -\cos\omega_2 \\ -\sin\omega_2 & 0 & 0 \\ \cos\omega_2 & 0 & 0 \end{bmatrix} \right)^T \begin{bmatrix} x_2 - x_{p2} \\ y_2 - y_{p2} \\ 0 - f_{c2} \end{bmatrix} \\ &= \begin{bmatrix} 0 & -\sin\omega_2 & \cos\omega_2 \\ \sin\omega_2 & 0 & 0 \\ -\cos\omega_2 & 0 & 0 \end{bmatrix} \left((R_m^{O2})^T \begin{bmatrix} x_2 - x_{p2} \\ y_2 - y_{p2} \\ 0 - f_{c2} \end{bmatrix} \right) \end{aligned} \tag{125}$$

식 (125)의 $\left(R_m^{O2}\right)^T \begin{bmatrix} x_2 - x_{p2} \\ y_2 - y_{p2} \\ 0 - f_{c2} \end{bmatrix}$ 은 식 (86)에서 u_2, v_2, w_2로 표현하였으며 식 (126)과 같이 유도할 수 있다.

$$\begin{aligned} \frac{\partial F}{\partial \varphi_2} &= \begin{bmatrix} 0 & -\sin\omega_2 \cos\omega_2 \\ \sin\omega_2 & 0 & 0 \\ -\cos\omega_2 & 0 & 0 \end{bmatrix} \begin{bmatrix} u_2 \\ v_2 \\ w_2 \end{bmatrix} \\ &= \begin{bmatrix} -\sin\omega_2 v_2 + \cos\omega_2 w_2 \\ \sin\omega_2 u_2 \\ -\cos\omega_2 u_2 \end{bmatrix} \end{aligned} \tag{126}$$

따라서, 목적함수(F)를 φ_2에 대하여 편미분 $\frac{\partial F}{\partial \varphi_2}$ 한 행렬은 식 (127)과 같다.

$$\frac{\partial F}{\partial \varphi_2} = \begin{vmatrix} b_X & b_Y & b_Z \\ u_1 & v_1 & w_1 \\ -\sin\omega_2 v_2 + \cos\omega_2 w_2 & \sin\omega_2 u_2 & -\cos\omega_2 u_2 \end{vmatrix} \tag{127}$$

유사한 방법으로 목적함수(F)를 κ_2에 대하여 편미분을 수행하면 식 (128)과 같으며 식 (129)와 같이 유도할 수 있다.

$$\frac{\partial F}{\partial \kappa_2} = \begin{vmatrix} b_X & b_Y & b_Z \\ u_1 & v_1 & w_1 \\ \frac{\partial u_2}{\partial \kappa_2} & \frac{\partial v_2}{\partial \kappa_2} & \frac{\partial w_2}{\partial \kappa_2} \end{vmatrix} \tag{128}$$

$$\begin{aligned} \frac{\partial}{\partial \kappa_2} \begin{vmatrix} u_2 \\ v_2 \\ w_2 \end{vmatrix} &= \left(\frac{\partial R_m^{O2}}{\partial \kappa_2} \right)^T \begin{bmatrix} x_2 - x_{p2} \\ y_2 - y_{p2} \\ 0 - f_{c2} \end{bmatrix} \\ &= \left(\frac{\partial R_m^{O2}(\kappa_2)}{\partial \kappa_2} R_m^{O2}(\varphi_2) R_m^{O2}(\omega_2) \right)^T \begin{bmatrix} x_2 - x_{p2} \\ y_2 - y_{p2} \\ 0 - f_{c2} \end{bmatrix}_{O2} \end{aligned} \tag{129}$$

식 (129)에서 $\frac{\partial R_m^{O2}(\kappa_2)}{\partial \kappa_2}$는 회전행렬 R_m^{O2}에 대한 κ_2의 편미분으로 식 (130)과 같이 유도할 수 있다.

$$\frac{\partial R_m^{O2}(\kappa_2)}{\partial \kappa_2} = \begin{bmatrix} -\sin\kappa_2 & \cos\kappa_2 & 0 \\ -\cos\kappa_2 & -\sin\kappa_2 & 0 \\ 0 & 0 & 0 \end{bmatrix} \tag{130}$$

식 (130)에서 κ_2의 회전행렬 $\begin{bmatrix} \cos\kappa_2 & \sin\kappa_2 & 0 \\ -\sin\kappa_2 & \cos\kappa_2 & 0 \\ 0 & 0 & 1 \end{bmatrix}$와의 연관성을 이용해서 식 (130)은 식 (131)과 같이 유도할 수 있다.

$$\frac{\partial R_m^{O2}(\kappa_2)}{\partial \kappa_2} = \begin{bmatrix} 0 & 1 & 0 \\ -1 & 0 & 0 \\ 0 & 0 & 0 \end{bmatrix} \begin{bmatrix} \cos\kappa_2 & \sin\kappa_2 & 0 \\ -\sin\kappa_2 & \cos\kappa_2 & 0 \\ 0 & 0 & 1 \end{bmatrix} \tag{131}$$

따라서 식 (129)의 $\frac{\partial R_m^{O2}(\kappa_2)}{\partial \kappa_2} R_m^{O2}(\varphi_2) R_m^{O2}(\omega_2)$은 식 (132)와 같이 표현할 수 있다.

$$\frac{\partial R_m^{O2}(\kappa_2)}{\partial \kappa_2} R_m^{O2}(\varphi_2) R_m^{O2}(\omega_2) = \begin{bmatrix} 0 & 1 & 0 \\ -1 & 0 & 0 \\ 0 & 0 & 0 \end{bmatrix} R_m^{O2} \tag{132}$$

식 (129)의 결과를 통해 목적함수(F)를 κ_2에 대한 편미분을 식 (133)과 같이 유도할 수 있다.

$$\begin{aligned} \frac{\partial}{\partial \kappa_2} \begin{vmatrix} u_2 \\ v_2 \\ w_2 \end{vmatrix} &= \left(\begin{bmatrix} 0 & 1 & 0 \\ -1 & 0 & 0 \\ 0 & 0 & 0 \end{bmatrix} R_m^{O2} \right)^T \begin{bmatrix} x_2 - x_{p2} \\ y_2 - y_{p2} \\ 0 - f_{c2} \end{bmatrix} \\ &= \left(R_m^{O2}\right)^T \left(\begin{bmatrix} 0 & -1 & 0 \\ 1 & 0 & 0 \\ 0 & 0 & 0 \end{bmatrix} \begin{bmatrix} x_2 - x_{p2} \\ y_2 - y_{p2} \\ 0 - f_{c2} \end{bmatrix} \right) \\ &= \left(R_m^{O2}\right)^T \begin{bmatrix} -(y_2 - y_{p2}) \\ x_2 - x_{p2} \\ 0 \end{bmatrix} \\ &= \begin{bmatrix} -r_{11}(y_2 - y_{p2}) + r_{12}(x_2 - x_{p2}) \\ -r_{21}(y_2 - y_{p2}) + r_{22}(x_2 - x_{p2}) \\ -r_{31}(y_2 - y_{p2}) + r_{32}(x_2 - x_{p2}) \end{bmatrix} \end{aligned} \tag{133}$$

따라서, 목적함수(F)를 κ_2에 대하여 편미분 $\frac{\partial F}{\partial \kappa_2}$ 한 행렬은 식 (134)와 같다.

$$\frac{\partial F}{\partial \kappa_2}=\begin{vmatrix} b_X & b_Y & b_Z \\ u_1 & v_1 & w_1 \\ -r_{11}(y_2-y_{p2}) & -r_{21}(y_2-y_{p2}) & -r_{31}(y_2-y_2) \\ +r_{12}(x_2-x_{p2}) & +r_{22}(x_2-x_{p2}) & +r_{32}(x_2-x_{p2}) \end{vmatrix} \quad (134)$$

예제 10 공면조건을 이용한 상호표정

두 장의 스테레오 사진에서 기선에 대한 정보와 좌우 관측점에 대한 정보를 다음과 같이 알고 있을 때 종속적 상호표정요소를 결정하기 위한 ① 목적식을 쓰고, ② 기선정보중 b_Z 에 대한 편미분 결과를 나타내시오.

$$b=\begin{bmatrix} b_X \\ b_Y \\ b_Z \end{bmatrix}, uvw_1=\begin{bmatrix} u_1 \\ v_1 \\ w_1 \end{bmatrix}=\begin{bmatrix} 5.0 \\ -0.6 \\ -10.0 \end{bmatrix}, uvw_2=\begin{bmatrix} u_2 \\ v_2 \\ w_2 \end{bmatrix}=\begin{bmatrix} 4.0 \\ -1.0 \\ -10.2 \end{bmatrix}$$

① 종속적 상호표정요소
② b_Z에 대한 편미분

① 종속적 상호표정요소을 위한 목적식은 다음과 같다.

$$F=\begin{vmatrix} b_X & b_Y & b_Z \\ u_1 & v_1 & w_1 \\ u_2 & v_2 & w_2 \end{vmatrix}=b_X(v_1w_2-w_1v_2)+b_Y(w_1u_2-u_1w_2)+b_Z(u_1v_2-v_1u_2)=0$$

② b_Z에 대한 편미분을 수행하고 상호표정을 위한 관측정보를 이용하여 그 결과를 나타내면 다음과 같다.

$$\frac{\partial F}{\partial b_Z}=\begin{vmatrix} 0 & 0 & 1 \\ u_1 & v_1 & w_1 \\ u_2 & v_2 & w_2 \end{vmatrix}=\begin{vmatrix} u_1 & v_1 \\ u_2 & v_2 \end{vmatrix}=\begin{vmatrix} 5.0 & -0.6 \\ 4.0 & -1.0 \end{vmatrix}=5.0\times(-1.0)-(-0.6\times4.0)=-2.6$$

4.3.2 혼합방정식을 이용한 종속적 상호표정요소의 최소제곱조정법

종속적 상호표정에서 상호표정요소를 결정하기 위한 $b_Y, b_Z, \omega_2, \varphi_2, \kappa_2$의 초기값은 두 사진을 촬영할 때 변화가 크지 않다고 가정하고 $(0, 0, 0, 0, 0)$으로 둔다.
목적함수(F)는 비선형방정식이므로 해를 구하기 위해서는 ① 편미분, ② 초기값, ③ 반복과정이 필요하다. 최소제곱법 중에서 관측값과 미지수를 모두 조정해야하기 때문에 혼합방정식을 사용한다. 혼합방정식에서 사용되는 식과 기호는 [표 3]과 같다.

표 3 혼합방정식의 수식 정리

Q	W^{-1}
Q_e	$AQA^T = AW^{-1}A^T$
W_e	$Q_e^{-1} = [AW^{-1}A^T]^{-1}$
N	$B^T W_e B$
t	$B^T W_e f$
$\triangle$	$N^{-1}t$

종속적 상호표정 방법으로 상호표정요소를 결정하기 위해 혼합방정식을 이용한 최소제곱조정은 식 (135)와 같이 구성할 수 있다. 식 (135)에 대한 제약 조건은 [표 4]와 같다.

$$\underset{(c\times n)}{A}\underset{(n\times 1)}{v} + \underset{(c\times u)}{B}\underset{(u\times 1)}{\triangle} = \underset{(c\times 1)}{f} \tag{135}$$

표 4 혼합방정식의 제약 조건

총 관측값의 개수(n)	$4\times npoint$ (좌측 x_1, y_1, 우측 x_2, y_2)
미지수(u)	5 $(b_Y, b_Z, \omega_2, \varphi_2, \kappa_2)$
최소 관측값의 개수(n_0)	$5+3\times npoint$
자유도(r)	$n-n_0 = npoint-5$
조건식 수(c)	$r+u$

예를 들어, 좌우 6점에 대한 접합점을 관측했다고 가정하면 총 관측값의 개수, 조건식, 자유도는 [표 5]와 같다.

표 5 좌우 6점에 대한 혼합방정식 제약 조건 예시

총 관측값의 개수(n)	$4\times 6 = 24$
미지수(u)	5 $(b_Y, b_Z, \omega_2, \varphi_2, \kappa_2)$
최소 관측값의 개수(n_0)	$5+3\times 6 = 23$
자유도(r)	$n-n_0 = 6-5 = 1$
조건식 수(c)	$r+u = 1+5 = 6$

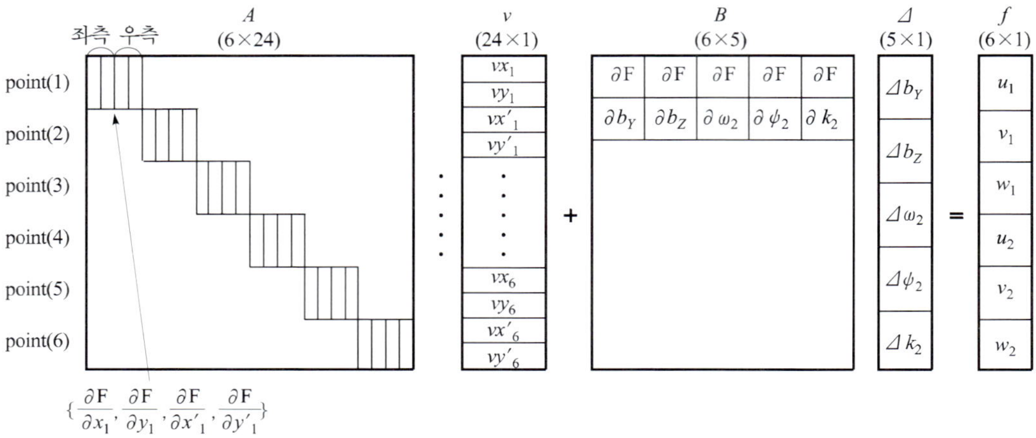

그림 25 혼합방정식의 행렬 구조

비선형 방정식에서 혼합방정식을 이용한 최소제곱법에서 조건계수벡터 f는 식 (136)을 통해 구할 수 있으며, $\hat{l}$은 식 (137)과 같다. 혼합 방정식 $Av + B\Delta = f$에서 f를 이항시키면 식 (138)과 같다.

$$f = -F(l^0, x^0) - A(l - l^0) \tag{136}$$

$$\hat{l} = l^0 + \Delta l = l + v \tag{137}$$

$$Av + B\Delta - f = 0 \tag{138}$$

종속적 상호표정에서 혼합방정식을 이용하여 상호표정요소를 결정하기 위해서 최소 5점의 사진좌표가 필요하며 매개변수 벡터(Δ)는 식 (139)과 같이 유도할 수 있다.

$$\begin{aligned}\Delta &= N^{-1}t \\ &= (B^T W_e B)^{-1}(B^T W_e f) \\ &= \left[B^T(AW^{-1}A^T)^{-1}B\right]^{-1}\left[B^T(AW^{-1}A^T)^{-1}f\right]\end{aligned} \tag{139}$$

사진좌표의 관측에 대한 경중률 행렬(W)은 식 (140)과 같이 나타낼 수 있다.

$$W = \sigma_0^2 P_{u1v1w1u2v2w2}^{-1} \tag{140}$$

경중률을 구하기 위해 관측값을 이용한다. 관측값 $u_1, v_1, w_1, u_2, v_2, w_2$의 분산은 식 (141), 공분산은 식 (142)와 같다.

$$\begin{aligned} \sigma_{u1}^2 &= E\{(u_{1i} - \mu_{u1})^2\} \\ \sigma_{v1}^2 &= E\{(v_{1i} - \mu_{v1})^2\} \\ \sigma_{w1}^2 &= E\{(w_{1i} - \mu_{w1})^2\} \\ \sigma_{u2}^2 &= E\{(u_{2i} - \mu_{u2})^2\} \\ \sigma_{v2}^2 &= E\{(v_{2i} - \mu_{v2})^2\} \\ \sigma_{w2}^2 &= E\{(w_{2i} - \mu_{w2})^2\} \end{aligned} \tag{141}$$

$$\sigma_{u1v1w1u2v2w2} = E\{(u_{1i} - \mu_{u1})(v_{1i} - \mu_{v1})(w_{1i} - \mu_{w1})(u_{2i} - \mu_{u2})(v_{2i} - \mu_{v2})(w_{2i} - \mu_{w2})\} \tag{142}$$

관측값에 대해 분산-공분산 행렬을 구하기 위한 행렬 외적은 식 (143)와 같다.

$$\begin{bmatrix} u_{1i} - \mu_{u1} \\ v_{1i} - \mu_{v1} \\ w_{1i} - \mu_{w1} \\ u_{2i} - \mu_{u2} \\ v_{2i} - \mu_{v2} \\ w_{2i} - \mu_{w2} \end{bmatrix} \begin{bmatrix} u_{1i} - \mu_{u1} & v_{1i} - \mu_{v1} & w_{1i} - \mu_{w1} & u_{2i} - \mu_{u2} & v_{2i} - \mu_{v2} & w_{2i} - \mu_{w2} \end{bmatrix} \tag{143}$$

식 (143)의 결과를 기댓값으로 나타내면 식 (144)와 같다.

$$E\{\text{외적}\} = \begin{bmatrix} E(u_{1i} - \mu_{u1})^2 & \cdots & \cdots & E(u_{1i} - \mu_{u1})(u_{2i} - \mu_{w2}) \\ \vdots & \ddots & & \vdots \\ \vdots & & \ddots & \vdots \\ E(w_{2i} - \mu_{w2})(u_{1i} - \mu_{w1}) & \cdots & \cdots & E(w_{2i} - \mu_{w2})^2 \end{bmatrix} \tag{144}$$

만약 관측값 $u_1, v_1, w_1, u_2, v_2, w_2$가 독립된 변수라면 분산행렬은 식 (145)와 같다.

$$P_{u1v1w1u2v2w2}=\begin{bmatrix}\sigma_{u1}^2 & 0 & 0 & 0 & 0 & 0\\ 0 & \sigma_{v1}^2 & 0 & 0 & 0 & 0\\ 0 & 0 & \sigma_{w1}^2 & 0 & 0 & 0\\ 0 & 0 & 0 & \sigma_{u2}^2 & 0 & 0\\ 0 & 0 & 0 & 0 & \sigma_{v2}^2 & 0\\ 0 & 0 & 0 & 0 & 0 & \sigma_{w2}^2\end{bmatrix} \tag{145}$$

식 (145)에 대하여 식 (143)과 같이 적용하기 위하여 역행렬을 취하면 식 (146)과 같다.

$$P_{u_1v_1w_1u_2v_2w_2}^{-1}=\begin{bmatrix}\frac{1}{u_1} & 0 & 0 & 0 & 0 & 0\\ 0 & \frac{1}{v_1} & 0 & 0 & 0 & 0\\ 0 & 0 & \frac{1}{w_1} & 0 & 0 & 0\\ 0 & 0 & 0 & \frac{1}{u_2} & 0 & 0\\ 0 & 0 & 0 & 0 & \frac{1}{v_2} & 0\\ 0 & 0 & 0 & 0 & 0 & \frac{1}{w_2}\end{bmatrix} \tag{146}$$

식 (146)을 이용하여 식 (144)를 나타내면 식 (147)과 같다. 사전분산을 나타내는 σ_0^2은 $\sigma_{u1}^2, \sigma_{v1}^2, \sigma_{w1}^2, \sigma_{u2}^2, \sigma_{v2}^2, \sigma_{w2}^2$ 중 큰 수를 선택한다.

$$W=\sigma_0^2 P_{u1v1w1u2v2w2}^{-1}=\begin{bmatrix}\frac{\sigma_0^2}{\sigma_{u1}^2} & 0 & 0 & 0 & 0 & 0\\ 0 & \frac{\sigma_0^2}{\sigma_{v1}^2} & 0 & 0 & 0 & 0\\ 0 & 0 & \frac{\sigma_0^2}{\sigma_{w1}^2} & 0 & 0 & 0\\ 0 & 0 & 0 & \frac{\sigma_0^2}{\sigma_{u2}^2} & 0 & 0\\ 0 & 0 & 0 & 0 & \frac{\sigma_0^2}{\sigma_{v2}^2} & 0\\ 0 & 0 & 0 & 0 & 0 & \frac{\sigma_0^2}{\sigma_{w2}^2}\end{bmatrix} \tag{147}$$

4.4 상호표정을 수행한 스테레오 모델의 3차원 정확도

항공사진측량에서의 촬영 고도는 Z, 초점거리는 f_c, 좌우 카메라 간의 기선길이를 B로 정의하고 스테레오 영상에서 동일한 매칭점에 대한 시차관측의 오차와 이를 통해서 결정한 3차원 지상좌표 X, Y, Z에 정밀도는 [그림 26]과 같이 나타낼 수 있다.

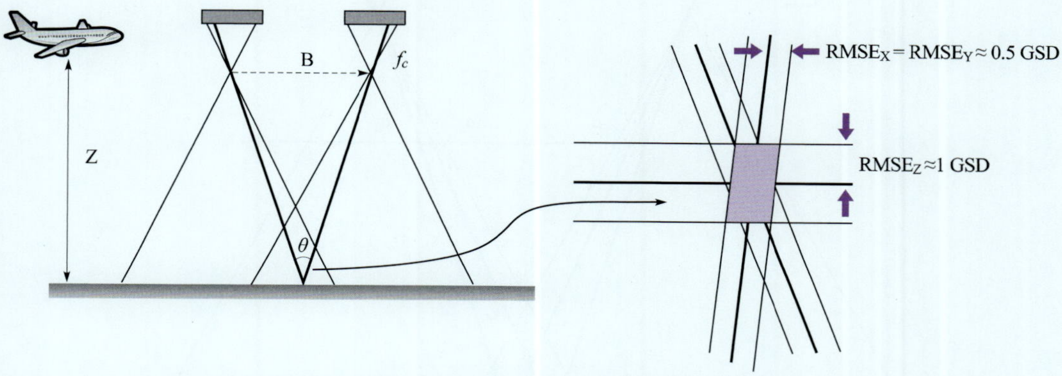

그림 26 스테레오 영상에서 매칭점의 시차관측오차와 3차원 좌표와의 관계

스테레오 모델에서 동일한 매칭점을 관측한 x, y에 대한 관측정밀도가 $dx = dy$로 같다고 가정할 경우 시차관측의 정밀도는 식 (148)과 같다.

$$dx = dy, \quad dp_x = \frac{dx \text{ 또는 } dy}{\sqrt{2}} \tag{148}$$

식 (148)에서 p_x는 지상의 점이 좌우측에 맺힌 사진 상의 거리 즉, x시차를 나타내며 dp_x는 x시차의 오차를 뜻한다. 촬영고도, 초점거리, 기선길이를 알고 있을 때 사진의 축척과 기선고도비를 계산할 수 있으며 이를 통해 지상의 3차원 X, Y, Z에 대한 정확도를 식 (149)와 같이 계산할 수 있다.

$$dX = \frac{H}{f_c}dx \quad , \quad dY = \frac{H}{f_c}dy \quad , \quad dH = \frac{H}{f_c}\frac{H}{B}dp_x \tag{149}$$

여기서, $\frac{H}{f_c}$: 사진의 축척, $\frac{H}{B}$: 기선고도비를 나타낸다.

식 (149)의 수식을 이해하기 쉽게 그림으로 표현하면 [그림 27]과 같다.

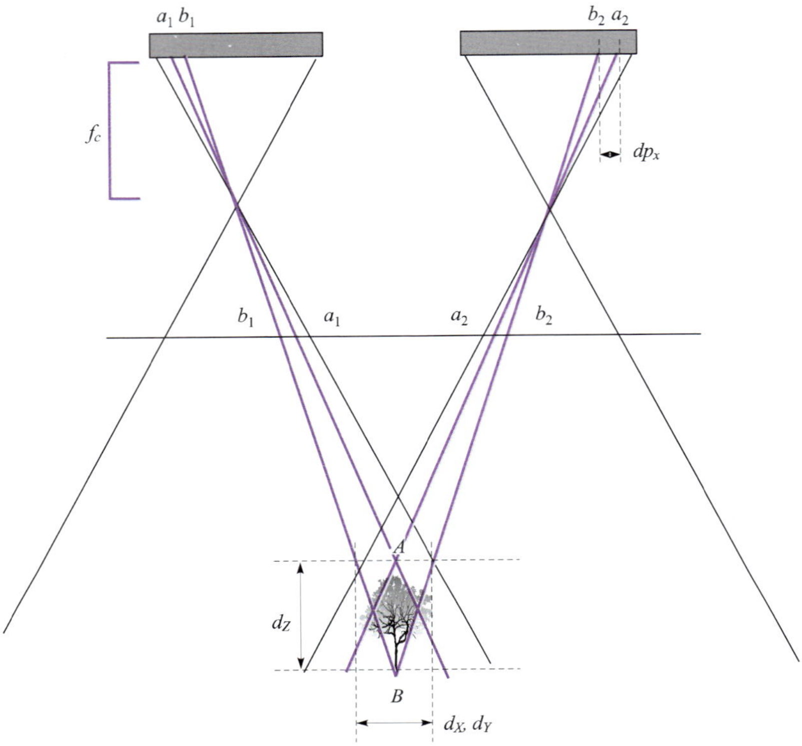

그림 27 스테레오 모델 시차의 이해

예제 11 스테레오 모델에서 시차관측오차와 지상 3차원 좌표의 정확도

두 장의 스테레오 사진에 대해서 비행고도 5,000m, 기선길이 1,540m, 초점거리 120mm를 카메라를 이용하여 촬영된 영상의 GSD가 50cm이고 좌우 매칭점에 대한 x 또는 y 좌표의 관측오차가 0.005mm이다. 이 때, 다음과 같을 때 ① x시차의 오차 (dp_x) 및 ② 지상좌표값의 오차 (dX, dY, dH)를 구하시오.

비행고도	5,000 m
기선거리	1540 m
초점거리	120 mm
GSD	50 cm
dx, dy	0.005 mm

① x시차의 오차 (dp_x)

② 관측값의 오차 (dX, dY, dH)

① x 시차의 오차 (dp_x)는 다음과 같이 구할 수 있다.

$$dp_x = \frac{dx \text{ 또는 } dy}{\sqrt{2}} \text{ 이므로, } dp_x = \frac{0.005}{\sqrt{2}} = 0.0035 \text{ mm}$$

② 지상좌표값의 오차 (dX, dY, dH)는 다음과 같이 구할 수 있다.

$$dX = \frac{H}{f_c}dx \quad , \quad dY = \frac{H}{f_c}dy \quad , \quad dH = \frac{H}{f_c}\frac{H}{B}dp_x \quad \text{이므로,}$$

$$dX = \frac{H}{f_c}dx = \frac{5{,}000\,(m)}{120\,(mm)} \times 0.005\,(mm) \fallingdotseq 21\,(cm)$$

$$dY = \frac{H}{f_c}dy = \frac{5{,}000\,(m)}{120\,(mm)} \times 0.005\,(mm) \fallingdotseq 21\,(cm)$$

$$dH = \frac{H}{f_c}\frac{H}{B}dp_x = \frac{5{,}000\,(m)}{120\,(mm)} \times \frac{5{,}000\,(m)}{1540\,(m)} \times 0.0035\,(mm) \fallingdotseq 48\,(cm)$$

따라서 $dX = 21cm, dY = 21cm, dZ = 48cm$ 이다.

4.5 컴퓨터비전의 기본행렬과 필수행렬

사진측량의 내부표정과 상호표정요소는 [표 6]에 나타낸 것과 같이 컴퓨터비전에서 기본행렬(fundamental matrix)이라는 용어를 사용한다. 또한 사진측량의 상호표정요소는 컴퓨터비전에서 필수행렬(essential matrix)이라는 용어를 사용한다. 동일한 개념을 서로 다른 용어로 나타내고 있기 때문에 이에 대한 상호관계를 이해할 필요가 있다.

표 6 기본행렬 및 필수행렬과 관련된 용어

구분	사진측량	컴퓨터비전
카메라의 특성	내부표정요소 (IOP: Interior Orientation Parameters)	카메라행렬 (K: camera matrix)
두 사진간의 관계	상호표정요소 (ROP: Relative Orientation Parameters)	필수행렬 (E: essential matrix)
카메라의 특성과 사진간의 관계	내부표정 + 상호표정	기본행렬 (F: fundamental matrix)

4.5.1 공선조건식과 DLT식과의 관계

사진측량에서는 공선조건식을 기본식으로 하여 지상점과 사진점과의 관계를 나타내는데 비해 컴퓨터비전에서는 주로 식 (150)과 같이 DLT 식을 이용하여 사진좌표와 지상좌표간의 관계를 나타낸다.

$$\begin{bmatrix} x \\ y \\ 1 \end{bmatrix} = \lambda K R_m^c \left[I_3, - \begin{bmatrix} X_O \\ Y_O \\ Z_O \end{bmatrix} \right] \begin{bmatrix} X \\ Y \\ Z \\ 1 \end{bmatrix} \tag{150}$$

여기서, x, y는 사진좌표, X, Y, Z는 지상좌표, λ는 축척계수, R_m^c 는 지상좌표계를 사진 좌표계로 변환하기 위한 3×3 회전 행렬, X_O, Y_O, Z_O는 카메라의 투영 중심을 나타낸다. 또한, K는 컴퓨터비전에서 사용되는 카메라 행렬로서 초점거리(또는 주점거리)(c_x, c_y), 주점(x_p, y_p), 사진좌표계(x, y)의 비직교성을 나타내는 각(α)로 구성되어 있으며 식 (151)과 같다.

$$K = \begin{bmatrix} -c_x & -\alpha c_x & x_p \\ 0 & -c_y & y_p \\ 0 & 0 & 1 \end{bmatrix} \tag{151}$$

컴퓨터비전의 카메라 행렬 K는 지상좌표계 X, Y축과 사진좌표계$(x-y)$는 비직교성으로 인하여 사진좌표계의 x축과 y축이 직교하지 않을 수 있다는 가정에서부터 시작된다. 이는 지상의 3차원 좌표계(X, Y, Z)에서 Z축을 기준으로 κ(kappa)만큼 회전하여 사진좌표계$(x-y)$에 일치시키는 것이다. 그러나 [그림 28]과 같이 사진좌표계$(x-y)$의 비직교성으로 인하여 X축은 κ만큼, Y축은 $\kappa+\alpha$만큼 회전한 것을 나타낸다.

Z축을 기준으로 κ(kappa)만큼 회전하는 것을 식으로 나타내면 식 (152)와 같으며, 좌표축의 비직교성을 확인할 수 있다.

$$\begin{bmatrix} X_{\omega\varphi} \\ Y_{\omega\varphi} \\ Z_{\omega\varphi} \end{bmatrix} = \begin{bmatrix} \cos(\kappa) & -\sin(\kappa+\alpha) & 0 \\ \sin(\kappa) & \cos(\kappa+\alpha) & 0 \\ 0 & 0 & 1 \end{bmatrix} \begin{bmatrix} X_{\omega\varphi\kappa} \\ Y_{\omega\varphi\kappa} \\ Z_{\omega\varphi\kappa} \end{bmatrix} = \begin{bmatrix} \cos(\kappa) & -\sin(\kappa+\alpha) & 0 \\ \sin(\kappa) & \cos(\kappa+\alpha) & 0 \\ 0 & 0 & 1 \end{bmatrix} \begin{bmatrix} x \\ y \\ z \end{bmatrix} \tag{152}$$

여기서 X, Y, Z는 지상좌표계를 나타내고, x, y, z는 3차원 사진 좌표계를 나타낸다.

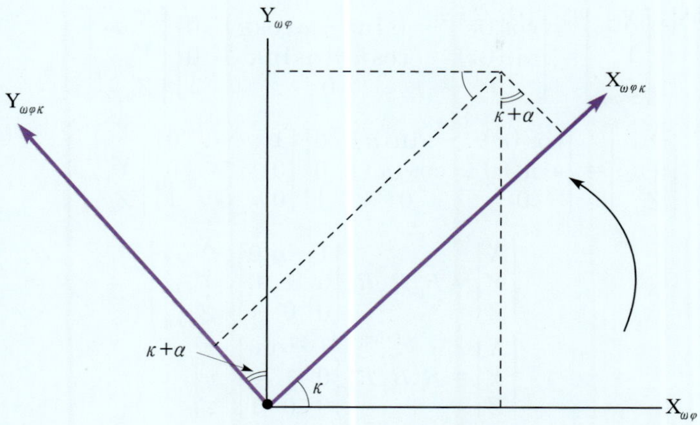

그림 28 부등각사상변환

식 (152)에서 $(\kappa+\alpha)$에서 비직교성을 나타내는 α와 κ를 분리하기 위하여 삼각함수의 덧셈 공식인 식 (153)을 이용한다.

$$\begin{aligned} \sin(\kappa+\alpha) &= \sin\kappa\cos\alpha + \cos\kappa\sin\alpha \\ \cos(\kappa+\alpha) &= \cos\kappa\cos\alpha + \sin\kappa\sin\alpha \end{aligned} \tag{153}$$

사진좌표계(x, y) 축의 비직교각 α는 일반적으로 그 크기가 매우 작기 때문에 이를 좀 더 자세히 살펴보면 $\alpha \approx 0$이 된다. 따라서, $\alpha \approx 0$일 경우 $\cos\alpha$ 와 $\sin\alpha$는 식 (154)와 같이 나타낼 수 있다.

$$\begin{aligned} \cos\alpha &= 1 \\ \sin\alpha &= \alpha \end{aligned} \tag{154}$$

식 (153)과 식 (154)를 이용하여 $\sin(\kappa+\alpha)$와 $\cos(\kappa+\alpha)$ 를 나타내면 식 (155)와 같다.

$$\begin{aligned} -\sin(\kappa+\alpha) &= -(\sin\kappa + \alpha\cos\kappa) \\ \cos(\kappa+\alpha) &= \cos\kappa + \alpha\sin\kappa \end{aligned} \tag{155}$$

식 (155)를 식 (152)에 대입하면 식 (156)과 같다. 이를 풀이하여 κ(kappa) 회전에 대한 행렬로 분리하면 식 (157)은 3차원 회전을 고려하면 식 (158)과 같다.

$$\begin{bmatrix} X_{\omega\varphi} \\ Y_{\omega\varphi} \\ Z_{\omega\varphi} \end{bmatrix} = \begin{bmatrix} \cos(\kappa) & -(\sin\kappa + \alpha\cos\kappa) & 0 \\ \sin(\kappa) & \cos\kappa + \alpha\sin\kappa & 0 \\ 0 & 0 & 1 \end{bmatrix} \begin{bmatrix} X_{\omega\varphi\kappa} \\ Y_{\omega\varphi\kappa} \\ Z_{\omega\varphi\kappa} \end{bmatrix} \tag{156}$$

$$\begin{bmatrix} X_{\omega\varphi} \\ Y_{\omega\varphi} \\ Z_{\omega\varphi} \end{bmatrix} = \begin{bmatrix} \cos(\kappa) & -\sin(\kappa) & 0 \\ \sin(\kappa) & \cos(\kappa) & 0 \\ 0 & 0 & 1 \end{bmatrix} \begin{bmatrix} 1 & -\alpha & 0 \\ 0 & 1 & 0 \\ 0 & 0 & 1 \end{bmatrix} \begin{bmatrix} X_{\omega\varphi\kappa} \\ Y_{\omega\varphi\kappa} \\ Z_{\omega\varphi\kappa} \end{bmatrix} \tag{157}$$

$$\begin{bmatrix} X \\ Y \\ Z \end{bmatrix} = R_\omega R_\varphi R_\kappa \begin{bmatrix} 1 & -\alpha & 0 \\ 0 & 1 & 0 \\ 0 & 0 & 1 \end{bmatrix} \begin{bmatrix} X_{\omega\varphi\kappa} \\ Y_{\omega\varphi\kappa} \\ Z_{\omega\varphi\kappa} \end{bmatrix} \tag{158}$$

$$\begin{bmatrix} X \\ Y \\ Z \end{bmatrix} = R_\omega R_\varphi R_\kappa \begin{bmatrix} 1 & -\alpha & 0 \\ 0 & 1 & 0 \\ 0 & 0 & 1 \end{bmatrix} \begin{bmatrix} x \\ y \\ z \end{bmatrix}$$

여기서, $R_c^m(\kappa) = \begin{bmatrix} \cos(\kappa) & -\sin(\kappa) & 0 \\ \sin(\kappa) & \cos(\kappa) & 0 \\ 0 & 0 & 1 \end{bmatrix}$ 이다.

지상좌표계와 사진좌표계간의 3차원 회전행렬과 사진 좌표계의 비직교성에 대한 α를 고려하면 식 (159)와 같다.

$$\begin{bmatrix} X \\ Y \\ Z \end{bmatrix} = R_\omega R_\varphi R_\kappa \begin{bmatrix} 1 & -\alpha & 0 \\ 0 & 1 & 0 \\ 0 & 0 & 1 \end{bmatrix} \begin{bmatrix} X_{\omega\varphi\kappa} \\ Y_{\omega\varphi\kappa} \\ Z_{\omega\varphi\kappa} \end{bmatrix} \tag{159}$$

$$\begin{aligned} R_c^m &= R_c^m(\omega) R_c^m(\varphi) R_c^m(\kappa) \\ &= R_\omega R_\varphi R_\kappa \end{aligned} \tag{160}$$

$$\begin{bmatrix} x \\ y \\ z \end{bmatrix} = \begin{bmatrix} 1 & -\alpha & 0 \\ 0 & 1 & 0 \\ 0 & 0 & 1 \end{bmatrix}^{-1} (R_c^m(\omega) R_c^m(\varphi) R_c^m(\kappa))^{-1} \begin{bmatrix} X \\ Y \\ Z \end{bmatrix}$$

사진측량에서 지상좌표계와 사진좌표계 간의 3차원 회전은 기준좌표계로 설정된 지상 X, Y, Z축을 회전하며 움직인 사진좌표계로 변환되는 것을 나타내며, 이는 3×3 회전행렬인 R_m^c 로 나타낼 수 있다. 비직교각 α를 고려한 지상좌표계에서 사진좌표계로의 회전행렬 $(R_c^m)^{-1}$는 식 (161)과 같다.

$$\begin{aligned}(R'^{m}_{c})^{-1} &= R'^{c}_{m} \\ &= \begin{bmatrix}1 & -\alpha & 0 \\ 0 & 1 & 0 \\ 0 & 0 & 1\end{bmatrix}^{-1}(R_{\omega}R_{\varphi}R_{\kappa})^{-1}\end{aligned} \tag{161}$$

식 (161)에서 R_c^m 행렬의 역행렬인 $(R_{\omega}R_{\varphi}R_{\kappa})^{-1}$은 $R_{\omega}R_{\varphi}R_{\kappa}$의 전치행렬과 같기 때문에 식 (162)와 같이 나타낼 수 있다. 따라서, 식 (161)은 식 (163)과 같이 나타낼 수 있다.

$$\begin{aligned}(R_{\omega}R_{\varphi}R_{\kappa})^{-1} &= (R_{\omega}R_{\varphi}R_{\kappa})^{T} \\ &\equiv R_m^c\end{aligned} \tag{162}$$

$$(R'^{m}_{c})^{-1} = \begin{bmatrix}1 & -\alpha & 0 \\ 0 & 1 & 0 \\ 0 & 0 & 1\end{bmatrix}^{-1} R_m^c \tag{163}$$

식 (163)에서 비직교성에 대한 α를 고려한 3×3 행렬의 역행렬은 행렬식과 여인수(cofactor) 인자를 이용하여 계산할 수 있고 역행렬을 취하기 위한 식은 식 (164)와 같다.

$$A^{-1} = \frac{1}{\det(A)}\{Cofactor(A)^{T}\} \tag{164}$$

식 (164)를 이용하여 비직교성에 대한 α를 고려한 3×3 행렬에 대하여 역행렬을 취한 결과는 식 (165)와 같다.

$$\begin{bmatrix}1 & -\alpha & 0 \\ 0 & 1 & 0 \\ 0 & 0 & 1\end{bmatrix}^{-1} = \begin{bmatrix}1 & \alpha & 0 \\ 0 & 1 & 0 \\ 0 & 0 & 1\end{bmatrix} \tag{165}$$

식 (163)에 대해 식 (165)를 대입하면 식 (166)과 같이 나타낼 수 있다.

$$(R'^{m}_{c})^{-1} = \begin{bmatrix}1 & \alpha & 0 \\ 0 & 1 & 0 \\ 0 & 0 & 1\end{bmatrix} R_m^c \tag{166}$$

공선조건식에서 사진좌표계의 비직교성에 대한 α를 고려한 지상좌표계와의 관계는 식 (167)과 같다.

$$\begin{bmatrix} x - x_p \\ y - y_p \\ 0 - f_c \end{bmatrix} = \lambda \begin{bmatrix} 1 & \alpha & 0 \\ 0 & 1 & 0 \\ 0 & 0 & 1 \end{bmatrix} R_m^c \begin{bmatrix} X - X_O \\ Y - Y_O \\ Z - Z_O \end{bmatrix} \tag{167}$$

비직교성을 고려한 공선조건식에 대한 사진좌표계의 축척 s_x, s_y를 고려하면 식 (168)과 같다.

$$\begin{bmatrix} (x - x_p)/s_x \\ (y - y_p)/s_y \\ 0 - f_c \end{bmatrix} = \lambda \begin{bmatrix} 1 & \alpha & 0 \\ 0 & 1 & 0 \\ 0 & 0 & 1 \end{bmatrix} R_m^c \begin{bmatrix} X - X_O \\ Y - Y_O \\ Z - Z_O \end{bmatrix} \tag{168}$$

식 (168)에서 좌측항의 사진좌표계를 동차좌표계로 변환하기 위해서 $-f_c$를 나누면 식 (169)와 같다.

$$\begin{bmatrix} (x - x_p)/(-f_c s_x) \\ (y - y_p)/(-f_c s_y) \\ 1 \end{bmatrix} = \frac{\lambda}{-f_c} \begin{bmatrix} 1 & \alpha & 0 \\ 0 & 1 & 0 \\ 0 & 0 & 1 \end{bmatrix} R_m^c \begin{bmatrix} X - X_O \\ Y - Y_O \\ Z - Z_O \end{bmatrix} \tag{169}$$

식 (169)에 대하여 다음 풀이를 위해 식 (170a), 식 (170b)를 이용하면 식 (171)과 같이 풀이할 수 있다.

$$\begin{aligned} f_c s_x &= c_x \\ f_c s_y &= c_y \end{aligned} \tag{170a}$$

$$-\frac{\lambda}{f_c} = \lambda' \tag{170b}$$

$$\begin{bmatrix} -\frac{1}{c_x} & 0 & \frac{x_p}{c_x} \\ 0 & -\frac{1}{c_y} & \frac{y_p}{c_y} \\ 0 & 0 & 1 \end{bmatrix} \begin{bmatrix} x \\ y \\ 1 \end{bmatrix} = \lambda' \begin{bmatrix} 1 & \alpha & 0 \\ 0 & 1 & 0 \\ 0 & 0 & 1 \end{bmatrix} R_m^c \begin{bmatrix} X - X_O \\ Y - Y_O \\ Z - Z_O \end{bmatrix} \tag{171}$$

식 (171)의 좌측 항에서 x, y에 대한 행렬을 제외한 행렬을 이항하기 위하여 양변에 해당 행렬의 역행렬을 곱하면 식 (172)와 같다.

$$\begin{bmatrix} x \\ y \\ 1 \end{bmatrix} = \lambda' \begin{bmatrix} -\dfrac{1}{c_x} & 0 & \dfrac{x_p}{c_x} \\ 0 & -\dfrac{1}{c_y} & \dfrac{y_p}{c_y} \\ 0 & 0 & 1 \end{bmatrix}^{-1} \begin{bmatrix} 1 & \alpha & 0 \\ 0 & 1 & 0 \\ 0 & 0 & 1 \end{bmatrix} R_m^c \begin{bmatrix} X - X_O \\ Y - Y_O \\ Z - Z_O \end{bmatrix} \tag{172}$$

식 (172)의 이항 된 3×3 행렬에 역행렬을 구하여 나타내면 식 (173)과 같다.

$$\begin{bmatrix} x \\ y \\ 1 \end{bmatrix} = \lambda' c_x c_y \begin{bmatrix} -\dfrac{1}{c_y} & 0 & 0 \\ 0 & -\dfrac{1}{c_x} & 0 \\ \dfrac{x_p}{c_x c_y} & \dfrac{y_p}{c_x c_y} & \dfrac{1}{c_x c_y} \end{bmatrix}^{T} \begin{bmatrix} 1 & \alpha & 0 \\ 0 & 1 & 0 \\ 0 & 0 & 1 \end{bmatrix} R_m^c \begin{bmatrix} X - X_O \\ Y - Y_O \\ Z - Z_O \end{bmatrix} \tag{173}$$

식 (173)을 간략하게 나타내면 식 (174)와 같다.

$$\underset{(3\times1)}{\begin{bmatrix} x \\ y \\ 1 \end{bmatrix}} = \lambda' \underset{(3\times3)}{\begin{bmatrix} -c_x & -\alpha c_x & x_p \\ 0 & -c_y & y_p \\ 0 & 0 & 1 \end{bmatrix}} \Bigg[\underset{(3\times3)}{R_m^c} \; \underset{(3\times1)}{\begin{vmatrix} -X_O \\ -Y_O \\ -Z_O \end{vmatrix}} \Bigg] \underset{(4\times1)}{\begin{bmatrix} X \\ Y \\ Z \\ 1 \end{bmatrix}} \tag{174}$$

식 (174)를 이용해 비직교성과 축척이 고려된 공선조건식을 표현하면 식 (175)와 같다.

$$\begin{bmatrix} x \\ y \\ 1 \end{bmatrix} = \lambda' \begin{bmatrix} -c_x & -\alpha c_x & x_p \\ 0 & -c_y & y_p \\ 0 & 0 & 1 \end{bmatrix} R_m^c \begin{bmatrix} I_3 & -t \end{bmatrix} \begin{bmatrix} X \\ Y \\ Z \\ 1 \end{bmatrix} \tag{175}$$

여기서, $t = [X_O \; Y_O \; Z_O]^T$와 같다. 또한 식 (151)의 카메라 행렬 K를 식 (175)에 적용하면 식 (176)과 같다.

$$\begin{bmatrix} x \\ y \\ 1 \end{bmatrix} = \lambda' K R_m^c \begin{bmatrix} I_3 & -t \end{bmatrix} \begin{bmatrix} X \\ Y \\ Z \\ 1 \end{bmatrix} \quad (176)$$

카메라 행렬(K)의 원소들은 식 (177)과 같이 X축에 대한 초점거리(c_x)와 Y축에 대한 초점거리(c_y), X축에 대한 주점 이동량(x_p)와 Y축에 대한 주점 이동량(y_p), X축과 Y축의 비직교성($-\alpha c_x$)로 구성되어 있는 것을 알 수 있다.

$$K = \begin{bmatrix} -c_x & -\alpha c_x & x_p \\ 0 & -c_y & y_p \\ 0 & 0 & 1 \end{bmatrix} \quad (177)$$

식 (175)의 공선조건식을 컴퓨터비전에서 사용하는 수식으로 표현하면 식 (178)과 같다.

$$\boldsymbol{x} = \lambda P \boldsymbol{X} \quad (178)$$

여기서 $\boldsymbol{x}$는 영상에 표현된 점의 벡터(3×1)이고 P는 투영 행렬(3×4)이며 $\boldsymbol{X}$는 지상점을 가리키는 벡터(4×1)이다. 투영 행렬 P의 자유도는 11이며 이 자유도는 5개의 내부표정요소와 6개의 외부표정요소를 뜻한다. 내부표정요소는 식 (177)의 카메라 행렬(K)을 뜻하며 외부표정요소는 카메라 방향을 모델 좌표계로 회전한 행렬(3×3)과 이동량 행렬(3×1)이다. 따라서 투영 행렬 P는 식 (179)와 같이 표현할 수 있다.

$$P = K[R|t] \quad (179)$$

또한, 카메라 행렬(K)는 비직교성($-\alpha c_x$)를 0으로 하는 경우가 있다. Hartley와 Zisserman는 투영 행렬 P에 대해 자유도의 수를 줄이기 위해 카메라가 정사각형 픽셀을 가지고 있다고 가정하고, X와 Y방향이 같으므로 X축에 대한 초점거리(c_x)와 Y축에 대한 초점거리(c_y)는 같다고 하였다. 또한 X축과 Y축의 비직교성($-\alpha c_x$)를 0으로 가정하였다. 따라서 카메라 행렬(K)는 식 (180)과 같이 나타낼 수 있다.

$$K = \begin{bmatrix} -c & 0 & x_p \\ 0 & -c & y_p \\ 0 & 0 & 1 \end{bmatrix} \quad (180)$$

4.5.2 기본행렬과 필수행렬

기본행렬(fundamental matrix)은 카메라의 내부표정과 상호표정요소를 나타낸다. 기본행렬에 대한 이해를 위해 [그림 29]와 같이 공면조건이 있다고 하자. 좌측사진의 투영중심에서 지상점(A)에 대한 r_A^{O1} 벡터와 우측사진의 투영중심에서 지상점(A)에 대한 r_A^{O2}벡터, 그리고 좌우사진의 투영중심을 잇는 r_{O2}^{O1}벡터가 동일평면상에 있다는 공면조건을 이용하면 기본행렬을 구성할 수 있다.

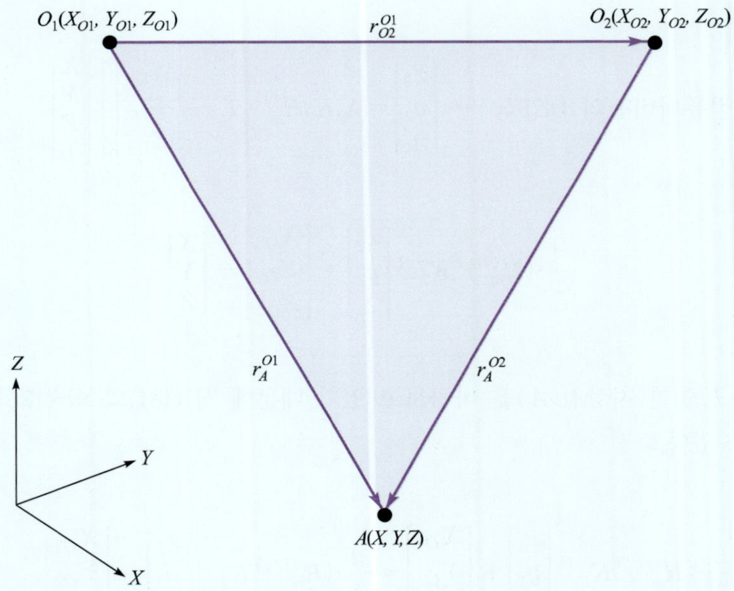

그림 29 공면조건

식 (150)의 DLT식은 식 (181)과 같이 지상점(A)에 대한 식으로 표현할 수 있다. 식 (181)에서 3차원 회전행렬 R의 역행렬은 식 (182)의 R의 전치행렬과 같다.

$$\frac{1}{\lambda_1}(R_m^{O1})^T K_1^{-1}\begin{bmatrix} x_1 \\ y_1 \\ 1 \end{bmatrix} + \begin{bmatrix} X_{O1} \\ Y_{O1} \\ Z_{O1} \end{bmatrix} = \begin{bmatrix} X \\ Y \\ Z \end{bmatrix} \tag{181}$$

$$(R_\omega R_\varphi R_\kappa)^{-1} = (R_\omega R_\varphi R_\kappa)^T = (M_{\kappa\varphi\omega}^T)^T = M_{\kappa\varphi\omega} = R_\kappa^T R_\varphi^T R_\omega^T \tag{182}$$

우측 사진에서 지상점(A)를 바라보는 $\lambda_2 r_{a2}^{O2}$ 벡터도 유사한 방법으로 지상점(A)에 대한 식으로 나타낼 수 있다. 우측 사진에 대한 사진측량 분야의 공선조건식은 식 (183)과 같고, 컴퓨터비전 분야의 DLT식은 (184)와 같다. 식 (184)의 DLT 식을 이용하여 지상점(A)에 대한 식으로 유도하면 식 (185)와 같다.

$$\text{사진측량의 공선조건식} \rightarrow \begin{bmatrix} x_2 - x_{p2} \\ y_2 - y_{p2} \\ 0 - f_{c2} \end{bmatrix} = \lambda_2 R_m^{O2} \begin{bmatrix} X - X_{O2} \\ Y - Y_{O2} \\ Z - Z_{O2} \end{bmatrix} \tag{183}$$

$$\text{컴퓨터비전의 DLT식} \rightarrow \begin{bmatrix} x_2 \\ y_2 \\ 1 \end{bmatrix} = \lambda_2 K_2 R_m^{O2} \left[I_3, - \begin{bmatrix} X_{O2} \\ Y_{O2} \\ Z_{O2} \end{bmatrix} \right] \begin{bmatrix} X \\ Y \\ Z \\ 1 \end{bmatrix} \tag{184}$$

$$\frac{1}{\lambda_2} (R_m^{O2})^T K_2^{-1} \begin{bmatrix} x_2 \\ y_2 \\ 1 \end{bmatrix} + \begin{bmatrix} X_{O2} \\ Y_{O2} \\ Z_{O2} \end{bmatrix} = \begin{bmatrix} X \\ Y \\ Z \end{bmatrix} \tag{185}$$

좌우 사진에서 동일한 지상점(A)을 바라보고 있기 때문에 식 (181)과 식 (185)는 식 (186)과 같이 표현할 수 있다.

$$\frac{1}{\lambda_1} (R_m^{O1})^T K_1^{-1} \begin{bmatrix} x_1 \\ y_1 \\ 1 \end{bmatrix} + \begin{bmatrix} X_{O1} \\ Y_{O1} \\ Z_{O1} \end{bmatrix} = \frac{1}{\lambda_2} (R_m^{O2})^T K_2^{-1} \begin{bmatrix} x_2 \\ y_2 \\ 1 \end{bmatrix} + \begin{bmatrix} X_{O2} \\ Y_{O2} \\ Z_{O2} \end{bmatrix} \tag{186}$$

여기서, 좌측사진의 투영중심 $\begin{bmatrix} X_{O1} \\ Y_{O1} \\ Z_{O1} \end{bmatrix}$을 우측 이항하면 $\begin{bmatrix} X_{O2} \\ Y_{O2} \\ Z_{O2} \end{bmatrix} - \begin{bmatrix} X_{O1} \\ Y_{O1} \\ Z_{O1} \end{bmatrix}$로 식 (187)과 같이 좌우측 사진의 투영중심을 잇는 r_{O2}^{O1} 벡터가 되며 식 (186)을 다시 정리하면 식 (188)과 같다.

$$r_{o_2}^{o_1} = \begin{bmatrix} X_{O_2} - X_{O_1} \\ Y_{O_2} - Y_{O_1} \\ Z_{O_2} - Z_{O_1} \end{bmatrix} = \begin{bmatrix} b_X \\ b_Y \\ b_Z \end{bmatrix} \tag{187}$$

$$\frac{1}{\lambda_1}(R_m^{O1})^T K_1^{-1}\begin{bmatrix}x_1\\y_1\\1\end{bmatrix}=\frac{1}{\lambda_2}(R_m^{O2})^T K_2^{-1}\begin{bmatrix}x_2\\y_2\\1\end{bmatrix}+r_{O2}^{O1} \tag{188}$$

만약 지상좌표계의 3차원 좌표축과 좌측사진의 3차원 좌표축의 회전각이 동일하고 원점이 일치한다면 좌측사진의 3차원 좌표가 기준좌표계가 되어 식 (188)의 $R_m^{O1}=R_m^m$로 I가 되며 식을 정리하면 식 (189)와 같다.

$$\frac{1}{\lambda_1}K_1^{-1}\begin{bmatrix}x_1\\y_1\\1\end{bmatrix}=\frac{1}{\lambda_2}(R_{O1}^{O2})^T K_2^{-1}\begin{bmatrix}x_2\\y_2\\1\end{bmatrix}+r_{O2}^{O1} \tag{189}$$

식 (189)에서 $(R_{O1}^{O2})^T$는 R_{O2}^{O1}와 같으므로 식 (190)과 같이 나타낼 수 있다.

$$\frac{1}{\lambda_1}K_1^{-1}\begin{bmatrix}x_1\\y_1\\1\end{bmatrix}=\frac{1}{\lambda_2}R_{O2}^{O1}K_2^{-1}\begin{bmatrix}x_2\\y_2\\1\end{bmatrix}+r_{O2}^{O1} \tag{190}$$

여기서, 동일한 두 벡터의 외적은 $r_{O2}^{O1}\times r_{O2}^{O1}=\hat{r}_{O2}^{O1}r_{O2}^{O1}=0$이므로 식 (191)과 같이 유도할 수 있다.

$$r_{O2}^{O1}\times r_{O2}^{O1}=\begin{bmatrix}b_X\\b_Y\\b_Z\end{bmatrix}\times\begin{bmatrix}b_X\\b_Y\\b_Z\end{bmatrix}=\begin{bmatrix}0&-b_Z&b_Y\\b_Z&0&-b_X\\-b_Y&b_X&0\end{bmatrix}\begin{bmatrix}b_X\\b_Y\\b_Z\end{bmatrix}=\hat{r}_{O2}^{O1}r_{O2}^{O1}=0 \tag{191}$$

여기서, $\hat{r}_{O2}^{O1}=\begin{bmatrix}0&-b_Z&b_Y\\b_Z&0&-b_X\\-b_Y&b_X&0\end{bmatrix}$ 이다.

다음으로 식 (192)와 같이 좌우 사진의 투영중심을 잇는 r_{O2}^{O1} 벡터(3×1)를 $\hat{r}_{O2}^{O1}$ 행렬(3×3)로 변형하여 양변에 곱하여 우측 사진 항의 r_{O2}^{O1}를 소거한다. 이를 통해 식 (192)는 간략히 표현하면 식 (193)과 같이 나타낼 수 있다.

$$\frac{1}{\lambda_1}\hat{r}_{O2}^{O1}K_1^{-1}\begin{bmatrix}x_1\\y_1\\1\end{bmatrix}=\frac{1}{\lambda_2}\hat{r}_{O2}^{O1}R_{O2}^{O1}K_2^{-1}\begin{bmatrix}x_2\\y_2\\1\end{bmatrix}+\hat{r}_{O2}^{O1}r_{O2}^{O1} \tag{192}$$

$$\frac{1}{\lambda_1}\hat{r}_{O2}^{O1}K_1^{-1}\begin{bmatrix}x_1\\y_1\\1\end{bmatrix}=\frac{1}{\lambda_2}\hat{r}_{O2}^{O1}R_{O2}^{O1}K_2^{-1}\begin{bmatrix}x_2\\y_2\\1\end{bmatrix} \tag{193}$$

이제 좌측항을 소거하기 위하여 식 (193)에서 양변에 $K_1^{-1}\begin{bmatrix}x_1\\y_1\\1\end{bmatrix}$와 내적하면 식 (194)와 같다.

$$[x_1\ y_1\ 1](K_1^{-1})^T\hat{r}_{O2}^{O1}K_1^{-1}\begin{bmatrix}x_1\\y_1\\1\end{bmatrix}=\frac{\lambda_1}{\lambda_2}[x_1\ y_1\ 1](K_1^{-1})^T\hat{r}_{O2}^{O1}R_{O2}^{O1}K_2^{-1}\begin{bmatrix}x_2\\y_2\\1\end{bmatrix} \tag{194}$$

식 (194)에서 좌측의 $(K_1^{-1})^T\hat{r}_{O2}^{O1}K_1^{-1}$은 하삼각 행렬과 대각 요소가 0인 행렬 그리고 상삼각 행렬이 곱해지는 것으로 0이 된다. K_1^{-1}는 식 (195)와 같이 나타낼 수 있고, $\hat{r}_{O2}^{O1}$은 식 (196)과 같이 나타낼 수 있다. 또한 식 (195)와 식 (196)을 이용하여 $(K_1^{-1})^T\hat{r}_{O2}^{O1}K_1^{-1}$를 풀이하면 식 (197)과 같다. 식 (194)에서 좌측항은 0이 되기 때문에 좌우 카메라의 투영중심과 좌우 사진 좌표를 이용한 공면조건은 식 (198)과 같다는 것을 알 수 있다.

$$K_1^{-1}=\begin{bmatrix}-\frac{1}{c_1} & 0 & x_{p1}\\ 0 & -\frac{1}{c_1} & y_{p1}\\ 0 & 0 & 1\end{bmatrix} \tag{195}$$

$$\hat{r}_{O2}^{O1}=\begin{bmatrix}0 & -b_Z & b_Y\\ b_Z & 0 & -b_X\\ -b_Y & b_X & 0\end{bmatrix} \tag{196}$$

$$(K_1^{-1})^T\hat{r}_{O2}^{O1_1}K_1^{-1}=\begin{bmatrix}-\frac{1}{c_1} & 0 & 0\\ 0 & -\frac{1}{c_1} & 0\\ x_{p1} & y_{p1} & 1\end{bmatrix}\begin{bmatrix}0 & -b_Z & b_Y\\ b_Z & 0 & -b_X\\ -b_Y & b_X & 0\end{bmatrix}\begin{bmatrix}-\frac{1}{c_1} & 0 & x_{p1}\\ 0 & -\frac{1}{c_1} & y_{p1}\\ 0 & 0 & 1\end{bmatrix}=0 \tag{197}$$

$$0 = \frac{\lambda_1}{\lambda_2}[x_1\, y_1\, 1](K_1^{-1})^T \hat{r}_{O2}^{O1} R_{O2}^{O1} K_2^{-1} \begin{bmatrix} x_2 \\ y_2 \\ 1 \end{bmatrix} \tag{198}$$

식 (198)에서 축척비 $\frac{\lambda_1}{\lambda_2} \neq 0$은 아니므로 정리하면 식 (199)와 같이 나타낼 수 있다.

$$[x_1\, y_1\, 1](K_1^{-1})^T \hat{r}_{O2}^{O1} R_{O2}^{O1} K_2^{-1} \begin{bmatrix} x_2 \\ y_2 \\ 1 \end{bmatrix} = 0 \tag{199}$$

식 (199)에서 기본행렬 F를 $(K_1^{-1})^T \hat{r}_{O2}^{O1} R_{O2}^{O1} K_2^{-1}$ 로 두면 식 (200)과 같이 간단하게 표현할 수 있다.

$$[x_1\, y_1\, 1] F \begin{bmatrix} x_2 \\ y_2 \\ 1 \end{bmatrix} = 0 \tag{200}$$

또한, 식 (199)에서 필수행렬 E(essential matrix)를 $\hat{r}_{O2}^{O1} R_{O2}^{O1}$로 두면 식 (201)과 같이 표현할 수 있다.

$$[x_1\; y_1\; 1](K_1^{-1})^T E K_2^{-1} \begin{bmatrix} x_2 \\ y_2 \\ 1 \end{bmatrix} = 0 \tag{201}$$

식 (201)에서 알 수 있듯이 필수행렬 E에는 상호표정요소를 나타내는 좌우 카메라 간의 위치에 대한 $\hat{r}_{O2}^{O1}$ 행렬과 좌우 카메라 간의 회전을 나타내는 R_{O2}^{O1}가 있다는 것을 알 수 있다.

예제 12 기본행렬과 필수행렬

기본행렬과 필수행렬을 나타내는 식과 그 식이 나타내는 의미가 무엇인지 쓰시오.

① 기본행렬 F

$F = (K_1^{-1})^T \hat{r}_{O2}^{O1} R_{O2}^{O1} K_2^{-1}$

카메라 행렬 K는 내부표정요소를 의미하고, $\hat{r}_{O2}^{O1}$과 R_{O2}^{O1}은 상호표정요소를 의미한다.

$$K = \begin{bmatrix} -c_x & 0 & x_p \\ 0 & -c_y & y_p \\ 0 & 0 & 1 \end{bmatrix}$$

$\hat{r}_{O2}^{O1}$은 O_1에서 O_2로 향하는 벡터를 행렬로 나타낸 것으로 좌측 카메라의 위치를 (0, 0, 0)으로 설정하면 좌측 카메라를 원점으로 하는 우측 카메라의 위치 (X_{O2}, Y_{O2}, Z_{O2})가 된다.

R_{O2}^{O1}은 O_2에서 O_1로 향하는 회전행렬을 뜻한다.

② 필수행렬 E

$E = \hat{r}_{O2}^{O1} R_{O2}^{O1}$

필수행렬 E는 좌우 카메라의 위치($\hat{r}_{O2}^{O1}$)와 자세(R_{O2}^{O1})를 나타내는 상호표정요소를 의미한다.

필수행렬 E는 종속적 상호표정에서 기선벡터 $r_{O2}^{O1}(b_X, b_Y, b_Z)$와 R_{O2}^{O1}로 회전행렬요소 $(\omega_2, \varphi_2, \kappa_2)$로 구성되어 있으며 종속적 상호표정을 위해 기선벡터에서 b_X를 고정하면 5개 $(b_Y, b_Z, \omega_2, \varphi_2, \kappa_2)$의 요소가 남는다. 따라서, 필수행렬 E의 랭크($rank$)는 2가 된다. 여기서 행렬의 랭크는 선형독립인 행 또는 열의 개수를 나타낸다.

필수행렬 E는 SVD (Singlular Value Decomposition)를 수행하면 $SVD(E) = USV^T$의 형태가 된다. 여기서, U와 V는 필수행렬 E의 고유벡터이고 S는 고유값을 나타낸다. 또한, U와 V는 회전행렬을 나타내는데 회전행렬은 좌표축이 직교하므로 $Det(U) = Det(V) = 1$이 된다. 고유값을 나타내는 $S = \begin{bmatrix} \lambda_1 & 0 & 0 \\ 0 & \lambda_2 & 0 \\ 0 & 0 & 0 \end{bmatrix}$이며 λ_1과 λ_2는 고유값을 나타낸다.

식 (200)에서 기본행렬 F는 두 사진의 내부표정요소(IOP)와 상호표정요소(ROP)를 포함하고 있다. x_1, y_1, x_2, y_2는 사진좌표 또는 영상좌표 모두 가능하나 영상좌표의 경우 좌표 값의 정규화를 수행하는 것이 좋다. 좌우 사진좌표와 기본행렬 F로 구성된 식 (200)은 식 (202)와 같이 표현할 수 있다.

$$[x_1\ y_1\ 1]\begin{bmatrix} f_{11} & f_{12} & f_{13} \\ f_{21} & f_{22} & f_{23} \\ f_{31} & f_{32} & f_{33} \end{bmatrix}\begin{bmatrix} x_2 \\ y_2 \\ 1 \end{bmatrix} = 0 \tag{202}$$

식 (202)에서 기본행렬 F는 미지수가 9개이다. F행렬의 미지수를 결정하기 위해서 접합점이 9개가 있으면 9개의 미지수를 구할 수 있으나 f_{33}로 인하여 여러 개의 해가 구해질 수 있다. 이러한 문제를 해결하기 위해 식 (203)과 같이 $f_{11} \sim f_{33}$ 요소를 f_{33}로 나누어 미지수가 8개가 되도록 한다. 식 (203)에서 좌우 사진에서 여러 점을 이용할 때 기호의 혼동을 피하기 위해서 우측 사진좌표는 ($'$)으로 나타낸다.

$$\begin{bmatrix} x_1x_1' & x_1y_1' & x_1 & y_1x_1' & y_1y_1' & y_1 & x_1' & y_1' \\ \vdots & \vdots & \vdots & \vdots & \vdots & \vdots & \vdots & \vdots \\ \vdots & \vdots & \vdots & \vdots & \vdots & \vdots & \vdots & \vdots \\ x_8x_8' & x_8y_8' & x_8 & y_8x_8' & y_8y_8' & y_8 & x_8' & y_8' \end{bmatrix}\begin{bmatrix} f_{11} \\ f_{12} \\ f_{13} \\ f_{21} \\ f_{22} \\ f_{23} \\ f_{31} \\ f_{32} \end{bmatrix} = 0 \tag{203a}$$

$$A \qquad\qquad x = 0 \tag{203b}$$

식 (203)에서 미지수는 ($f_{11} \sim f_{32}$)로 8개이며 미지수를 구하기 위해 최소 8개의 접합점이 필요한 것을 알 수 있다.

기본행렬 F의 요소를 구하기 위해 잔차제곱의 합을 최소($\min = |Ax|^2 = 0$)로 하면서 $\| x \| = 1$인 조건을 만족하는 목적 함수를 $\phi(x)$라 가정하자. 여기서, $\| x \| = 1$로 설정한 이유는 일종의 경중률의 합이 1이 되는 조건과 같은 의미이다. 잔차제곱의 합이 최소가 되는 목적함수와 조건식을 통해 식 (204)와 같이 새로운 목적함수를 구성할 수 있다.

$$\phi = \{|Ax|^2 = 0\} + \{\| x \| = 1\} \tag{204}$$

조건식($\| x \| = 1$)을 만족하는 목적함수($\phi(x)$)의 해를 구하기 위해서 라그랑주 상수 (λ)를 도입하면 식 (205)와 같다.

$$\phi(x) = x^T A^T A x - \lambda(x^T x - 1) = \min(x) \tag{205}$$

식 (205)에서 구하고자 하는 미지수는 x이므로 이에 대해 편미분하면 식 (206)과 같다. 식 (206)를 간략히 나타내면 식 (207)과 같다.

$$\frac{\partial \phi(x)}{\partial x} = 2A^T A x - 2\lambda x = 0 \tag{206}$$

$$A^T A x = \lambda x \tag{207}$$

식 (207)에서 양변에 x^T를 곱하면 식 (208)과 같다.

$$x^T A^T A x = \lambda x^T x \tag{208}$$

식 (208)에서 $x^T x$는 1이므로 식 (209)과 같다.

$$x^T A^T A x = \lambda \tag{209}$$

식 (209)에서 λ가 최소 고유값을 가질 경우에 목적함수가 최소가 되며 x는 최소 고유값을 가지는 $A^T A$의 고유벡터로 구할 수 있다.

다음으로, 필수행렬 E를 구하기 위해 이미 알고 있는 좌우 영상의 접합점을 통해 표현하면 다음과 같다.

$$\begin{bmatrix} x_1 - x_{p1} & y_1 - y_{p1} & -f_{c1} \end{bmatrix} E \begin{bmatrix} x_2 - x_{p2} \\ y_2 - y_{p2} \\ -f_{c2} \end{bmatrix} = 0 \tag{210}$$

4.5.3 컴퓨터비전의 필수행렬

사진측량에서 상호표정을 컴퓨터비전에서는 필수행렬이라고 나타낸다. 컴퓨터비전의 필수행렬은 E로 나타내며 3개의 기선벡터(r_{O2}^{O1}) 원소(b_X, b_Y, b_Z)와 3개의 회전행렬 원소($\omega_2, \varphi_2, \kappa_2$)를 가지고 있지만 축척($b_X$)를 고정하여 총 5개의 독립된 매개변수($b_Y, b_Z, \omega_2, \varphi_2, \kappa_2$)를 가진다.

필수행렬에 대한 문제를 해결하기 위해서 두 가지의 제약조건을 일반적으로 풀어야 한다.

그 첫 번째는 필수행렬 E의 행렬식이 0인 제약조건($\det(E) = 0$)이며, 이는 식 (204)에서 식 (210)을 통해 증명하였다.

두 번째 제약조건은 식 (211)과 같으며, 기선벡터와 회전행렬을 포함하는 필수행렬 E는 카메라 간의 기선길이와 카메라의 회전에 대한 정보를 추정할 수 있다.

$$EE^TE - \frac{1}{2}trace(EE^T)E = 0 \tag{211}$$

식 (211)의 제약조건을 증명하기 위해 식 (212)와 같이 EE^T를 r_{O2}^{O1}에 관한 식으로 나타낼 수 있다.

$$EE^T = \hat{r}_{O2}^{O1} R_{O2}^{O1} R_{O1}^{O2} \left(\hat{r}_{O2}^{O1}\right)^T \tag{212}$$

여기서, E는 $\hat{r}_{O2}^{O1} R_{O2}^{O1}$이다.

식 (212)를 살펴보면 3차원 직교좌표계에서 $R_{O2}^{O1} R_{O1}^{O2}$는 I와 같으므로 식 (212)를 식 (213)과 같이 나타낼 수 있다.

$$EE^T = \hat{r}_{O2}^{O1} \left(\hat{r}_{O2}^{O1}\right)^T = \hat{r}_{O2}^{O1} \hat{r}_{O2}^{O1} = (\hat{r}_{O2}^{O1})^2 \tag{213}$$

식 (213)을 행렬의 곱으로 표현하면 식 (214)와 같다.

$$EE^T = \begin{bmatrix} 0 & -b_Z & b_Y \\ b_Z & 0 & -b_X \\ -b_Y & b_X & 0 \end{bmatrix} \begin{bmatrix} 0 & b_Z & -b_Y \\ -b_Z & 0 & b_X \\ b_Y & -b_X & 0 \end{bmatrix} = \begin{bmatrix} b_Y^2 + b_Z^2 & -b_X b_Y & -b_X b_Z \\ -b_Y b_X & b_X^2 + b_Z^2 & -b_Y b_Z \\ -b_Z b_X & -b_Z b_Y & b_X^2 + b_Y^2 \end{bmatrix} \tag{214}$$

식 (213)에서 $(\hat{r}_{O2}^{O1})^2$은 식 (215)와 같이 유도할 수 있다.

$$EE^T = (\hat{r}_{O2}^{O1})^2 = r_{O2}^{O1}(r_{O2}^{O1})^T = r_{O2}^{O1} \bullet r_{O2}^{O1} = (b_X^2 + b_Y^2 + b_Z^2) \tag{215}$$

식 (214)를 이용하여 EE^T의 대각요소의 합(trace)은 식 (216)과 같이 나타낼 수 있다. 따라서, 식 (215)와 식 (216)을 통해 두 번째 제약조건인 식 (211)을 증명하였다.

$$Trace(EE^T) = 2(b_X^2 + b_Y^2 + b_Z^2) \tag{216}$$

식 (215)와 식 (216)을 이용하여 $r_{O2}^{O1}(r_{O2}^{O1})^T$으로 나타내면 식 (217), 식 (218)과 같이 표현할 수 있다.

$$r_{O2}^{O1}(r_{O2}^{O1})^T = \frac{1}{2} Trace(EE^T)I - EE^T \tag{217}$$

$$r_{O2}^{O1}(r_{O2}^{O1})^T = \begin{bmatrix} b_X^2 & b_X b_Y & b_X b_Z \\ b_X b_Y & b_Y^2 & b_Y b_Z \\ b_X b_Z & b_Y b_Z & b_Z^2 \end{bmatrix} \tag{218}$$

$E = \hat{r}_{O2}^{O1} R_{O2}^{O1}$ 에서 회전행렬(R)을 $R = (r_1, r_2, r_3)$로 두면 식 (219)와 같이 필수행렬을 나타낼 수 있다. 여기서, r_1, r_2, r_3은 r벡터의 1, 2, 3번째 열을 나타낸다.

$$E = (r_{O2}^{O1} \times r_1, r_{O2}^{O1} \times r_2, r_{O2}^{O1} \times r_3) \tag{219}$$

① 기선벡터(r_{O2}^{O1})는 필수행렬(E)의 각 열과 직교하며, 기선벡터는 임의의 두 열의 외적과 평행하며 식 (220)과 같이 유도할 수 있다. (e_a, e_b, e_c)는 필수행렬($E = (e_1, e_2, e_3)$)의 1, 2, 3번째 열을 나타낸다.

$$e_a \times e_b = (r_{O2}^{O1} \times r_1) \times (r_{O2}^{O1} \times r_2) = \left[r_1\, r_2\, r_{O2}^{O1} \right] r_{O2}^{O1} = (r_3 \bullet r_{O2}^{O1}) r_{O2}^{O1} \tag{220}$$

$e_b \times e_c$와 $e_c \times e_a$는 식 (220)을 이용하여 식 (221), 식 (222)와 같이 유도할 수 있다.

$$e_b \times e_c = (r_1 \cdot r_{O2}^{O1}) r_{O2}^{O1} \quad (221)$$

$$e_c \times e_a = (r_2 \cdot r_{O2}^{O1}) r_{O2}^{O1} \quad (222)$$

수치적 안정성을 위해 식 (220), 식 (221), 식 (222) 중 외적과 축척이 가장 큰 경우를 선택하여 기선벡터(r_{O2}^{O1})를 구할 수 있다. 축척계수는 필수행렬(E) 대각 요소들의 제곱의 합이 식 (216)과 같이 $2(r_{O2}^{O1} \cdot r_{O2}^{O1})$와 같음을 통해 식 (223)과 같이 결정될 수 있다.

$$\| r_{O2}^{O1} \times r_1 \|^2 + \| r_{O2}^{O1} \times r_2 \|^2 + \| r_{O2}^{O1} \times r_3 \|^2 = 2\left(r_{O2}^{O1} \cdot r_{O2}^{O1}\right) \quad (223)$$

따라서, 필수행렬(E)의 임의의 2개의 열의 외적이 가장 큰 경우를 선택해야 한다. 이를 위해 기선벡터에 대한 ±의 경우로 두 가지의 경우를 식 (224)와 같이 유도할 수 있다.

$$r_{O2}^{O1} = \pm \frac{e_i \times e_j}{\| e_i \times e_j \|} \sqrt{\frac{1}{2} Trace(EE^T)} \quad (224)$$

② 회전행렬은 식 (220), 식 (221), 식 (222)를 이용하여 필수행렬(E)의 여인수(cofactor)를 통해 식 (225)와 같이 나타낼 수 있다.

$$Cofactors(E) = [e_b \times e_c,\ e_c \times e_a,\ e_a \times e_b]^T \quad (225)$$

식 (220), 식 (221), 식 (222)를 통해 필수행렬의 여인수는 식 (226)과 같이 유도할 수 있다. 식 (226)을 간략하게 나타내면 식 (227)과 같다.

$$Cofactors(E) = \left[(r_1 \cdot r_{O2}^{O1}) r_{O2}^{O1},\ (r_2 \cdot r_{O2}^{O1}) r_{O2}^{O1},\ (r_3 \cdot r_{O2}^{O1}) r_{O2}^{O1}\right]^T \quad (226)$$

$$Cofactors(E) = ((r_{O2}^{O1} r_{O2}^{O1\,T}) R)^T \quad (227)$$

$E = \hat{r}_{O2}^{O1} R_{O2}^{O1}$ 에서 회전행렬(R)을 구하기 위해 $\hat{r}_{O2}^{O1}$를 양면에 곱하면 식 (228)과 같이 나타낼 수 있다.

$$\hat{r}_{O2}^{O1}E = (\hat{r}_{O2}^{O1})^2 R = (r_{O2}^{O1} r_{O2}^{O1\,T})R - (r_{O2}^{O1} \cdot r_{O2}^{O1})R \tag{228}$$

식 (228)의 $(\hat{r}_{O2}^{O1})^2$은 식 (215)를 통해 $r_{O2}^{O1} r_{O2}^{O1\,T} - (r_{O2}^{O1} \cdot r_{O2}^{O1})I$ 로 나타낼 수 있으며 식 (228)을 정리하면 식 (229)와 같이 유도할 수 있으며 회전행렬(R)을 구할 수 있다.

$$(r_{O2}^{O1} \cdot r_{O2}^{O1})R = Cofavtors(E)^T - \hat{r}_{O2}^{O1}E \tag{229}$$

05 접합표정

접합표정(successive orientation)은 [그림 30]과 같이 입체모델 또는 스트립(strip, 종접합)모델 간을 접합시켜 좌표계를 통일하는 작업을 나타낸다.

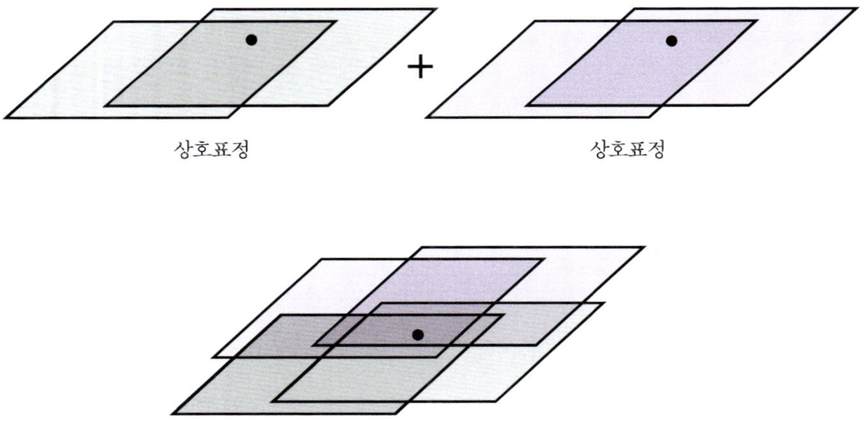

그림 30 접합표정

촬영경로(또는 코스)상의 다수의 입체사진에 대해 각각 독립적으로 입체모델을 형성하면, 입체모델에서 좌측 입체모델의 우측 사진과 우측 입체모델의 좌측 사진은 공통이므로, 인접한 2개의 입체모델 모두에 이용할 수 있는 종접합점(pass point)이 존재한다.

접합표정은 인접한 입체모델에 공통인 요소를 이용하여 경사와 축척을 통일시켜 1개의 통일된 종접합모델의 좌표계로 변환하는 것을 나타낸다. 사진측량 및 컴퓨터비전 기술의 발달로 접합표정은 기준이 되는 모델을 중심으로 인접한 모델간에 회전평균(rotation averaging)과 이동평균(translation averaging)을 고려하는 방법을 사용한다.

06 절대표정

절대표정(absolute orientation)은 가상의 3차원 좌표를 실세계의 3차원 좌표로 변환하는 작업 또는 임의의 좌표계를 기준(reference) 좌표계로 변환하는 작업을 나타낸다. 일반적으로 절대표정은 상호표정 또는 접합표정을 수행한 다음 가상의 3차원 모델 좌표를 3차원 절대 좌표로 변환하기 위해서 수행한다. 절대표정의 일반식은 식 (230)과 같다.

$$\begin{bmatrix} X \\ Y \\ Z \end{bmatrix} = \lambda M_{\kappa\varphi\omega}^{T} \begin{bmatrix} x \\ y \\ z \end{bmatrix} + \begin{bmatrix} T_x \\ T_y \\ T_z \end{bmatrix} \tag{230}$$

여기서, $M_{\kappa\varphi\omega}^{T} = (M_\kappa M_\varphi M_\omega)^T = R_{xyz}^{XYZ} = R$

$$= \begin{bmatrix} 1 & 0 & 0 \\ 0 & \cos\omega & -\sin\omega \\ 0 & \sin\omega & \cos\omega \end{bmatrix} \begin{bmatrix} \cos\varphi & 0 & \sin\varphi \\ 0 & 1 & 0 \\ -\sin\varphi & 0 & \cos\varphi \end{bmatrix} \begin{bmatrix} \cos\kappa & -\sin\kappa & 0 \\ \sin\kappa & \cos\kappa & 0 \\ 0 & 0 & 1 \end{bmatrix}$$

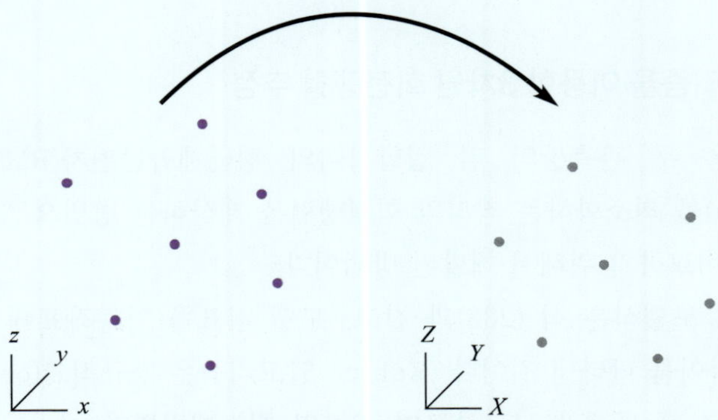

그림 31 점을 이용한 절대표정

$M_{\kappa\varphi\omega}^{T}$ 은 모델(model) 좌표계($[x\ y\ z]^T$)에서 기준(reference) 좌표계($[X\ Y\ Z]^T$)로 변환되는 3차원 회전행렬을 나타낸다. 3차원 회전행렬 $M_{\kappa\varphi\omega}^{T}$ 은 모델 좌표계를 $z \rightarrow y \rightarrow x$ 축 순($\kappa \rightarrow \varphi \rightarrow \omega$)으로 순차적으로 회전하여 기준 좌표계에 맞춘 것을 나타낸다. 또한, λ는 축척계수를 나타내고, $[T_x \quad T_y \quad T_z]^T$는 3차원 이동량을 나타낸다. X, Y, Z는 기준 좌표계 상의 절대좌표를 나타내고, x, y, z는 모델 좌표계 상의 좌표를 나타낸다.

식 (230)에 포함된 미지의 절대표정요소는 λ, T_x, T_y, T_z와 R을 구성하는 3개의 회전각 w, φ, k의 7개이다. 이를 좀 더 구체적으로 설명하면 3차원 회전각(w, φ, k), 3차원 이동량(T_x, T_y, T_z), 축척(λ)의 7개 미지수로 구성되어 있다. 7개의 절대표정요소를 최소제곱법으로 결정하기 위해서는 적어도 3개의 3차원 기준점이 필요하다.

3차원 회전각, 3차원 이동량, 축척의 7개 미지수로 구성되어 있는 식 (230)도 모델 좌표에 잔차가 있다고 가정하면 식 (231)과 같이 나타낼 수 있다. 식 (231)에서 관측방정식을 이용한 최소제곱식은 식 (232)와 같다.

$$\begin{bmatrix} X \\ Y \\ Z \end{bmatrix} = \begin{bmatrix} v_x \\ v_y \\ v_z \end{bmatrix} + \lambda R \begin{bmatrix} x \\ y \\ z \end{bmatrix} + \begin{bmatrix} T_x \\ T_y \\ T_z \end{bmatrix} \tag{231}$$

$$f = v + B\Delta \tag{232}$$

식 (231)은 7×1의 미지벡터(Δ)에 대한 비선형 방정식이 된다. 최소제곱법을 통해 비선형 방정식을 풀이할 수 있으나, 비선형 방정식이 아닌 선형 방정식으로 풀이하기 위해 Kabsch 또는 프로크루스테스 알고리즘 혹은 쿼터니언을 이용한다.

6.1 Kabsch 알고리즘을 이용한 3차원 회전행렬 추정

Kabsch 알고리즘은 두 관측쌍의 점 집합사이의 평균제곱근편차(RMSD : Root Mean Squared Deviation)를 최소화하는 최적의 회전행렬을 계산하는 방법으로 생물정보학 분야에서 두 분자 구조를 비교하기 위해서 개발된 방법이다.

Kabsch 알고리즘의 모델식은 식 (233)과 같고, 모델 좌표를 기준좌표에 일치하도록 회전하여 기준 좌표와의 차이를 나타낸 것이다. Kabsch 알고리즘은 정규직교(orthonormal)한 프로크루스테스(Procrustes) 문제라고도 부르며, 3차원 회전행렬뿐만 아니라 n차원에서의 회전행렬 추정이 가능하기 때문에 다양한 분야에서 활용되고 있다. 본 교재에서는 3차원 회전행렬의 추정에 대하여 중점적으로 기술한다. 식 (233)에서 $\overline{\boldsymbol{x}}_m$는 $[x \quad y \quad z]^T$을 단위벡터로 나타낸 것이고, $\overline{\boldsymbol{X}}_r$은 $[X \quad Y \quad Z]^T$을 단위벡터로 나타낸 것이다.

$$v = \sum_{i=1}^{n} \| \overline{\boldsymbol{X}}_{ri} - R\overline{\boldsymbol{x}}_i \|^2 \tag{233}$$

식 (233)에서 단위벡터로 변환하였기 때문에 축척(λ)를 소거할 수 있다. 축척을 소거하기 위해 식 (234)와 식 (235)의 과정을 수행한다. 식 (234)와 같이 각 관측값들의 평균을 이용하여 중심점을 계산한다.

$$\boldsymbol{X}_c = \frac{\sum_{i=1}^{n}(\boldsymbol{X}_i)}{n}, \ \boldsymbol{x}_c = \frac{\sum_{i=1}^{n}(\boldsymbol{x}_i)}{n} \tag{234}$$

식 (235)와 같이 각 관측값에 중심점을 빼준 후, 그 크기(norm)를 나누어 축척 계수(λ)를 소거한다.

$$\overline{\boldsymbol{X}}_i = \frac{\boldsymbol{X}_i - \boldsymbol{X}_c}{\| \boldsymbol{X}_i - \boldsymbol{X}_c \|}, \ \overline{\boldsymbol{x}}_i = \frac{\boldsymbol{x}_i - \boldsymbol{x}_c}{\| \boldsymbol{x}_i - \boldsymbol{x}_c \|} \tag{235}$$

축척을 소거 후, 식 (233)을 전개하면 식 (236)과 같고, $\sum_{i=1}^{n}\left\{ \overline{\boldsymbol{X}}_i (R\overline{\boldsymbol{x}}_i)^T \right\}$가 최대가 될 때 v가 최소가 된다.

$$\begin{aligned} \min(v) &= \underset{R}{\arg\min} \sum_{i=1}^{n} \| \overline{\boldsymbol{X}}_{i_i} - R\overline{\boldsymbol{x}}_i \|^2 \\ &= \sum_{i=1}^{n} \| \overline{\boldsymbol{X}}_i \|^2 + \sum_{i=1}^{n} \| \overline{\boldsymbol{x}}_i \|^2 - 2\,\underset{R}{\arg\max} \sum_{i=1}^{n}\left\{ \overline{\boldsymbol{X}}_i (R\overline{\boldsymbol{x}}_i)^T \right\} \end{aligned} \tag{236}$$

식 (236)에서 $\sum_{i=1}^{n}\left\{ \overline{\boldsymbol{X}}_i (R\overline{\boldsymbol{x}}_i)^T \right\}$을 대각합(trace)의 연산성질과 특이값 분해(Singular Value Decomposition: SVD)를 이용하여 식 (237)과 같이 나타낼 수 있다. 식 (237)에서 U

는 행렬 C의 좌측 특이벡터 행렬 및 3×3의 직교행렬, S는 행렬 C의 특이값 행렬 및 3×3의 대각행렬, V는 행렬 C의 우측 특이벡터 행렬 및 3×3의 직교행렬, 행렬 C는 3×3의 공분산 행렬 및 3×3의 대칭행렬이다.

$$
\begin{aligned}
\underset{R}{\arg\max} \sum_{i=1}^{n} \left\{ \overline{\boldsymbol{x}_{ri}} (R\overline{\boldsymbol{x}_{mi}})^T \right\} &= \underset{R}{\arg\max} \sum_{i=1}^{n} tr(\overline{\boldsymbol{x}_{ri}^T} R \overline{\boldsymbol{x}_{mi}}) \\
&= \underset{R}{\arg\max}\, tr\left\{ R \sum_{i=1}^{n} (\overline{\boldsymbol{x}_{ri}^T}\, \overline{\boldsymbol{x}_{mi}}) \right\} \\
&= \underset{R}{\arg\max}\, tr(RC) \\
&= \underset{R}{\arg\max}\, tr\{R\, svd(C)\} \\
&= \underset{R}{\arg\max}\, tr(RUSV^T) \\
&= \underset{R}{\arg\max}\, tr(SRUV^T)
\end{aligned} \tag{237}
$$

식 (237)에서 RUV^T을 살펴보면 직교행렬들의 곱이기 때문에 곱의 결과 또한 직교행렬이 되고 놈(norm)을 보존한다. 따라서 대각합을 최대화하기 위해서는 S가 대각행렬이므로 RUV^T가 단위행렬(I)이 되어야 한다. 이와 같은 성질을 통해서 식 (238)과 같이 미지의 3차원 회전행렬을 추정할 수 있다.

$$
\begin{aligned}
RUV^T &= I \\
R &= VU^T
\end{aligned} \tag{238}
$$

이때 추정된 회전행렬은 오른손 좌표계로 정의되어야하기 때문에 식 (239)와 같은 행렬식을 이용한다. 오른손 좌표계에서 회전행렬의 행렬식은 1이기 때문이다.

$$d = \det(VU^T) = \pm 1 \tag{239}$$

$$R = V\begin{bmatrix} 1 & 0 & 0 \\ 0 & 1 & 0 \\ 0 & 0 & d \end{bmatrix} U^T$$

Kabsch 알고리즘을 이용하면 서로 다른 3차원 좌표계 간의 공분산 행렬(C)을 특이값 분해하여 두 좌표계간의 회전행렬을 추정할 수 있다. Kabsch 알고리즘은 3차원 회전행렬을 직접적으로 추정할 수 있으며, 일차미분과 수치적인 반복법이 필요없는 특징이 있다.

6.2 쿼터니언을 이용한 3차원 절대표정 매개변수 추정

식 (240)은 기준좌표(X, Y, Z)에서 모델좌표(x, y, z)로 변환되는 절대표정 모델식이며, 절대표정을 위한 매개변수는 축척계수(λ), 회전량(w, φ, k), 이동량(T_X, T_Y, T_Z) 으로 총 7개로 구성되어있다. 이를 벡터로 표현하면 식 (241)과 같이 나타낼 수 있다.

$$\begin{bmatrix} X \\ Y \\ Z \end{bmatrix} = \lambda R \begin{bmatrix} x \\ y \\ z \end{bmatrix} + \begin{bmatrix} T_x \\ T_y \\ T_z \end{bmatrix} \tag{240}$$

$$\boldsymbol{X} = \lambda R \boldsymbol{x} + \boldsymbol{T} \tag{241}$$

6.2.1 쿼터니언기반의 회전행렬 추정(w, φ, k)

축척 계수(λ)를 소거하는 과정은 식 (234)와 식 (235)를 통해 소거 후 회전행렬을 추정한다. 최소제곱법을 이용하여 미지의 회전행렬(R)을 추정하기 위해서, 식 (242)와 같이 잔차(v_i)에 관한 식으로 나타낼 수 있다. 여기서 식 (240)과 같이 이동량($\boldsymbol{T}$)를 고려하지 않은 이유는 식 (234)와 식 (235)와 같이 각 중심점을 빼주어 이동량 소거하였기 때문이다.

$$\overline{\boldsymbol{X}}_i = R\,\overline{\boldsymbol{x}}_i + \boldsymbol{v}_i \tag{242}$$

$$\boldsymbol{v}_i = \overline{\boldsymbol{X}}_i - R\,\overline{\boldsymbol{x}}_i$$

R을 계산하기 위해 잔차제곱의 합이 최소가 되기 위해 식 (243)과 같이 나타낼 수 있다.

$$\min_R \sum_{i=1}^{n} \boldsymbol{v}_i^T \boldsymbol{v}_i = \min_R \sum_{i=1}^{n} (\overline{\boldsymbol{X}}_i - R\overline{\boldsymbol{x}}_i)^T (\overline{\boldsymbol{X}}_i - R\overline{\boldsymbol{x}}_i) \tag{243}$$

$$= \min_R \sum_{i=1}^{n} \{ (\overline{\boldsymbol{X}}_i)^T \ \overline{\boldsymbol{X}}_i + (\overline{\boldsymbol{x}}_i)^T \ \overline{\boldsymbol{x}}_i \} - 2\{ (\overline{\boldsymbol{x}}_i)^T (R)^T \ \overline{\boldsymbol{X}}_i \}$$

여기서, $(\overline{\boldsymbol{X}}_i)^T (R)^T \ \overline{\boldsymbol{x}}_i$ 가 최대가 되어야 식 (243)의 전체수식이 최소가 되므로 식 (244)와 같이 나타낼 수 있다.

$$\max_R \sum_{i=1}^{n} \{ (\overline{\boldsymbol{x}}_i)^T (R)^T \ \overline{\boldsymbol{X}}_i \} \tag{244}$$

식 (244)를 벡터 내적(Dot Product)으로 표현하면 식 (245)와 같이 나타낼 수 있다.

$$\max_R \sum_{i=1}^{n} \{ (\overline{\boldsymbol{x}}_i)^T (R)^T \ \overline{\boldsymbol{X}}_i \} \tag{245}$$

$$= \max_R \sum_{i=1}^{n} (R\overline{\boldsymbol{x}}_i)^T \ \overline{\boldsymbol{X}}_i$$

$$= \max_R \sum_{i=1}^{n} (R\overline{\boldsymbol{x}}_i) \bullet \overline{\boldsymbol{X}}_i$$

식 (245)를 쿼터니언 회전으로 표현하면 식 (246)과 같이 나타낼 수 있다. 여기서 $\dot{q}$ 는 단위 쿼터니언이고, $\dot{\boldsymbol{X}}_i$, $\dot{\boldsymbol{x}}_i$는 실수부가 0인 순 쿼터니언이다.

$$\max_R \sum_{i=1}^{n} (R\,\overline{\boldsymbol{x}}_i) \bullet \ \overline{\boldsymbol{X}}_i \quad \Leftrightarrow \quad \max_{\dot{q}} \sum_{i=1}^{n} (\dot{q}\,\dot{\boldsymbol{x}}_i\,\dot{q}^*) \bullet \ \dot{\boldsymbol{X}}_i \tag{246}$$

식 (246)을 쿼터니언 연산 성질$(q_a q_b q_a{}^*) \bullet q_c = (q_a q_b) \bullet (q_c q_a)$ 을 이용하면 식 (247)과 같이 나타낼 수 있다.

$$\max_{\dot{q}} \sum_{i=1}^{n} (\dot{q}\,\dot{\boldsymbol{x}}_i\,\dot{q}^*) \bullet \ \dot{\boldsymbol{x}}_{ri} = \max_{\dot{q}} \sum_{i=1}^{n} (\dot{q}\,\dot{\boldsymbol{x}}_i) \bullet (\dot{\boldsymbol{X}}_i\,\dot{q}) \tag{247}$$

식 (247)은 쿼터니언 행렬표현($q_a q_b = C_{q_a} q_b = \overline{C}_{q_b} q_a$)을 이용하여 식 (248)과 같이 나타낼 수 있다. 여기서 $C, \overline{C}, A$ 행렬은 4×4행렬이다.

$$\begin{aligned}\max_{\dot{q}} \sum_{i=1}^{n} (\dot{q}\,\dot{x}_i) \cdot (\dot{X}_i \dot{q}) &= \max_{\dot{q}} \sum_{i=1}^{n} \overline{C}_{\dot{x}_i} \dot{q} \cdot C_{\dot{X}_i} \dot{q} \\ &= \max_{\dot{q}} \sum_{i=1}^{n} \dot{q}^T \, \overline{C}_{\dot{x}_i}{}^T C_{\dot{X}_i} \dot{q} \\ &= \max_{\dot{q}} \dot{q}^T \left(\sum_{i=1}^{n} \overline{C}_{\dot{x}_i}{}^T C_{\dot{X}_i} \right) \dot{q}\end{aligned} \tag{248}$$

순 쿼터니언행렬의 곱으로 이루어진 A_i 행렬을 살펴보면 식 (249)와 같이 대각합(trace)은 항상 0인 성질이 있다.

$$\begin{aligned}\overline{C}_{\dot{x}_i}{}^T C_{\dot{X}_i} &= A_i \\ Trace(A_i) &= Trace(A) = 0\end{aligned} \tag{249}$$

식 (248)을 계산하기 위해서는 $\dot{q}^T A \dot{q}$ 가 최대가 되는 단위 쿼터니언을 추정해야한다. 이와 같은 조건을 만족하면서 최댓값을 찾는 방법은 라그랑주 승수를 도입하여 제약조건을 추가하는 것이다.

$$\max_{\dot{q}} \dot{q}^T A \dot{q} \ , \ \| \dot{q} \| = 1 \tag{250}$$

식 (250)과 같은 제약조건을 라그랑주 승수법으로 식 (251)과 같이 나타낼 수 있다.

$$\dot{q}^T A \dot{q} - \lambda \left(\dot{q}^T \dot{q} - 1 \right) = 0 \tag{251}$$

식 (251)에서 미지수인 단위 쿼터니언을 편미분하면 식 (252)와 같이 나타낼 수 있다.

$$\frac{\partial \phi}{\partial \dot{q}} = 2A\dot{q} - 2\lambda\dot{q} = 0 \tag{252}$$

$$A\dot{q} = \lambda\dot{q}$$

식 (252)를 살펴보면 A는 4×4 정방행렬이고 A를 선형변환으로 봤을 때, A에 의한 변환결과가 자기 자신의 상수배가 되는 0이 아닌 고유벡터이다.

따라서, λ는 A의 고유값을 가지고 있으며, $\dot{q}$는 A의 고유벡터를 가지고 있다. 쿼터니언 회전이 최대가 되는 것을 찾기 위해서는 A행렬을 고유값 분해하여 최대 고유값에 해당되는 고유벡터가 최대가 되는 쿼터니언을 찾으면 된다.

고유값, 고유벡터의 계산은 식 (253)과 같이 나타낼 수 있으며 λ에 대해 전개하여 풀면 4개의 고유값을 얻을 수 있고, 4개의 고유값 중 최대 고유값에 해당하는 고유벡터가 $\dot{q}$가 된다.

$$(A - \lambda I)\dot{q} = 0 \tag{253}$$

$$det(A - \lambda I) = 0$$

고유값 분해를 통해 구한 단위 쿼터니언 $\dot{q}$를 이용하여 식 (254)와 같이 회전행렬($r_{11} \sim r_{33}$)을 추정하고, 식 (255)와 같이 회전량(w, φ, k)을 추출할 수 있다.

$$\overline{C}_{q^*} C_q = \begin{bmatrix} q_w & q_x & q_y & q_z \\ -q_x & q_w & -q_z & q_y \\ -q_y & q_z & q_w & -q_x \\ -q_z & -q_y & q_x & q_w \end{bmatrix} \begin{bmatrix} q_w & -q_x & -q_y & -q_z \\ q_x & q_w & -q_z & q_y \\ q_y & q_z & q_w & -q_x \\ q_z & -q_y & q_x & q_w \end{bmatrix} = \begin{bmatrix} 1 & 0 & 0 & 0 \\ 0 & r_{11} & r_{12} & r_{13} \\ 0 & r_{21} & r_{22} & r_{23} \\ 0 & r_{31} & r_{31} & r_{33} \end{bmatrix} \tag{254}$$

$$\begin{aligned} \varphi &= asin(r_{13}) \\ \kappa &= atan2\left(\frac{-r_{12}/\cos\varphi}{r_{11}/\cos\varphi}\right) \\ \omega &= atan2\left(\frac{-r_{23}/\cos\varphi}{r_{33}/\cos\varphi}\right) \end{aligned} \tag{255}$$

6.2.2 축척계수와 이동량 추정

식 (256)과 같이 각 관측값에 중심점을 빼준 값을 이용하여 축척계수(λ)를 추정한다.

$$\lambda = \sqrt{\frac{\sum_{i=1}^{n} \| \boldsymbol{X}_i - \boldsymbol{X}_c \|^2}{\sum_{i=1}^{n} \| \boldsymbol{x}_i - \boldsymbol{x}_c \|^2}} \tag{256}$$

이미 회전행렬(R), 축척계수(λ)를 추정하였기 때문에 식 (257)을 이용하면 최종적으로 이동량($\overrightarrow{T}$)을 추정할 수 있다.

$$\begin{bmatrix} T_x \\ T_y \\ T_z \end{bmatrix} = \frac{\sum_{i=1}^{n} (\boldsymbol{X}_i - \lambda R \boldsymbol{x}_i)}{n} \tag{257}$$

예제 13 절대표정에 대한 이해

절대표정의 일반식에 포함된 미지의 절대표정요소는 7개이다. 절대표정요소 7개를 나열하고, 7개의 절대표정요소를 최소제곱법으로 결정하기 위해 필요한 최소 3차원 기준점의 개수를 쓰시오.

① 절대표정요소

3차원 회전각(ω, φ, κ)

3차원 이동량(T_x, T_y, T_z)

축척(λ)

② 최소 기준점 개수

미지수가 7개이기 때문에 하나의 3차원 관측값에 3개의 수식을 만들 수 있기 때문에 최소 3개의 3차원 기준점이 필요하다.

예제 14 축척계수의 결정

X, x, X_c, x_c가 다음과 같이 주어졌을 때 축척계수(λ)를 결정하시오.

$\boldsymbol{X}$ =

X	Y	Z
105	100	215
120	95	204
100	105	213

$\boldsymbol{x}$ =

x	y	z
105	100	215
120	95	204
100	105	213

$$\boldsymbol{X}_c = \begin{bmatrix} 108.3 \\ 100 \\ 210.7 \end{bmatrix}, \boldsymbol{x}_c = \begin{bmatrix} 9 \\ 6.7 \\ 3.3 \end{bmatrix}$$

축척계수의 기본식 : $\lambda = \sqrt{\dfrac{\sum_{i=1}^{n} \| \boldsymbol{X}_i - \boldsymbol{X}_c \|^2}{\sum_{i=1}^{n} \| \boldsymbol{x}_i - \boldsymbol{x}_c \|^2}}$

i	$\boldsymbol{X}_i - \boldsymbol{X}_c$			$\| \boldsymbol{X}_i - \boldsymbol{X}_c \|^2$	$\boldsymbol{x}_i - \boldsymbol{x}_c$			$\| \boldsymbol{x}_i - \boldsymbol{x}_c \|^2$
1	−3.3	0	4.3	29.38	−4	3.3	−0.3	26.98
2	11.7	−5	−6.7	206.78	3	−1.7	0.7	12.38
3	−8.3	5	2.3	99.18	1	−1.7	−0.3	3.98

$$\sum_{i=1}^{n} \| \boldsymbol{X}_i - \boldsymbol{X}_c \|^2 = 335.34$$

$$\sum_{i=1}^{n} \| \boldsymbol{x}_i - \boldsymbol{x}_c \|^2 = 43.34$$

$$\lambda = \sqrt{\frac{335.34}{43.34}} = 2.78$$

단원정리

01. 사진측량의 목적은 사진 촬영에 사용된 카메라의 내·외부적인 특성을 통해 대상물의 3차원 위치를 결정하는 것이다. 대상물의 3차원 위치를 결정하기 위해 사진을 촬영할 때 카메라에서 사진의 광속(bundle)을 복원(reconstruction)할 수 있어야 하며, 광속의 위치와 방향을 잘 조정해서 3차원 공간에서 반사된 빛이 사진 상에서 맺힌 사진좌표와 동일 직선상에 위치하도록 해야한다.

02. 표정(orientation)은 촬영당시의 상황을 그대로 재현하는 것으로 촬영에 사용된 카메라의 내부적인 특성과 촬영당시의 외부적인 특성을 결정하는 것이다.

03. 카메라의 내부적인 특성은 내부표정요소를 의미하며, 카메라의 주점(x_p, y_p), 초점(또는 주점)거리(f_c), 방사왜곡(Δr), 편심왜곡(Δd) 등으로 이루어져 있다.

04. 렌즈왜곡은 저가형의 카메라나 시야각이 넓은 어안렌즈의 경우 크게 발생하며, 렌즈왜곡을 보정하기 위해 수학적으로 정의된 렌즈 왜곡모델을 이용한다. 렌즈왜곡에는 방사왜곡과 편심왜곡, 부등각왜곡 등이 있다.

05. 컴퓨터비전에서는 사진측량과 달리 편심왜곡 계수 P_3는 주로 0으로 설정하며, P_1과 P_2를 바꿔 사용한다.

06. 컴퓨터비전에서 렌즈왜곡과 기하학적 연산은 사진측량과 달리 영상좌표계를 정규좌표계로 변환하여 데이터처리를 수행하며 2개의 카메라의 주점(또는 초점)거리 (f_x, f_y)가 사용된다. 컴퓨터비전에서는 공선조건식(collinearity equation)을 사용하는 사진측량과 달리 직접선형변환(DLT : Direct Linear Transformation)식을 사용하기 때문에 주점(또는 초점)거리가 2개이다.

07. 컴퓨터비전에서의 영상좌표계는 픽셀 단위이며 사진측량에서의 영상좌표계와 동일 하지만 정규좌표계는 주점이 보정되면서 주점(또는 초점)거리가 1인 좌표계의 단위를 없앤 가상의 좌표계를 뜻한다.

08. 카메라의 외부적인 특성은 외부표정요소를 의미하며, 카메라의 위치(X_O, Y_O, Z_O)와 자세(ω, φ, κ)으로 이루어져 있다. 외부표정요소는 상호표정, 접합표정, 절대표정으로 나눌 수 있다.

09. 상호표정은 두 사진간의 상대적인 위치와 자세를 재구성하여 가상의 3차원 모델을 생성하는 작업이며, 독립적 상호표정과 종속적 상호표정으로 나뉠 수 있다.

10. 접합표정은 입체모델 또는 스트립간을 접합시켜 좌표계를 통일하는 작업이다.

11. 절대표정은 가상의 3차원 좌표를 실세계의 3차원 좌표로 변환하는 작업 또는 임의의 좌표계를 기준좌표계로 변환하는 작업이다.

12. 상호표정의 일반식은 $R_{O1}^{m}\, r_{a1}^{O1} \cdot \left\{ \left[r_{O2}^{m} - r_{O1}^{m} \right] \times R_{O2}^{m}\, r_{a2}^{O2} \right\} = 0$ 이다.

13. 컴퓨터비전의 기본행렬(F: fundamental matrix)은 사진측량의 내부표정+상호표정과 동일한 개념이며, 기본행렬을 수식으로 나타내면 $F = (K_1^{-1})^T \hat{r}_{O2}^{O1} R_{O2}^{O1} K_2^{-1}$ 이다.

14. 컴퓨터비전의 필수행렬(E: essential matrix)은 사진측량의 상호표정요소와 동일한 개념이며, 필수행렬을 수식으로 나타내면 $E = \hat{r}_{O2}^{O1} R_{O2}^{O1}$ 이다.

15. 필수행렬(E)의 두 가지 제약조건은 다음과 같다.
① 필수행렬의 행렬식이 0인 제약조건 : $\det(E) = 0$
② $EE^TE - \frac{1}{2}trace(EE^T)E = 0$

16. 이미 알고 있는 카메라의 내부표정요소, 지상기준점, 지상기준점이 사진에 투영된 사진좌표를 이용하여 외부표정요소를 결정하는 방법을 공간후방교회법(spatial resection)이라 한다.

17. 단사진을 이용하여 카메라의 외부표정요소를 결정할 수 있으며, 미지수인 카메라의 외부표정요소는 비선형방정식이므로 쿼터니언을 통해 초기값을 구할 수 있다.

18. 두 장 이상의 영상에서 내부표정요소와 외부표정요소를 구하고 사진상의 공액점을 알고 있을 경우 X, Y, Z의 3차원 좌표를 선형식으로 계산할 수 있으며, 이를 공간전방교회법(spatial intersection)이라고 한다.

19. 절대표정은 상호표정 또는 접합표정을 수행한 후 가상의 3차원 모델 좌표를 3차원 절대 좌표로 변환하기 위한 과정이며, 절대표정의 일반식은 $\begin{bmatrix} X \\ Y \\ Z \end{bmatrix} = \lambda M_{\kappa\varphi\omega}^T \begin{bmatrix} x \\ y \\ z \end{bmatrix} + \begin{bmatrix} T_x \\ T_y \\ T_z \end{bmatrix}$ 이다.

20. 사진측량에서는 공선조건식을 기본식으로 하여 지상점과 사진점과의 관계를 나타내는데 비해 컴퓨터 비전에서는 주로 DLT 식을 이용하여 사진좌표와 지상좌표간의 관계를 나타낸다.

21. 필수행렬 E는 3개의 기선벡터(r_{O2}^{O1}) 원소(b_X, b_Y, b_Z)와 3개의 회전행렬 원소($\omega_2, \varphi_2, \kappa_2$)를 가지고 있지만 축척($b_X$)를 고정하여 총 5개의 독립된 매개변수($b_Y, b_Z, \omega_2, \varphi_2, \kappa_2$)를 가진다.

22. 편심왜곡((DLD: Decentric Lens Distortion, Δd)은 카메라의 렌즈 조합과정에서 여러 렌즈들의 중심이 일치하지 않거나, 단일 렌즈의 경우 카메라 렌즈와 영상 센서(CCD, CMOS)간의 수평이 완벽하게 맞지 않아 생기는 왜곡이다.

22. 구면좌표계인 측지좌표계 또는 경위도좌표계로 기준점 측량한 성과를 이용할 경우 지구곡률을 보정 해야한다. 이러한 이유는 사진측량에서는 3차원 직교좌표계를 기준으로 하기 때문이다.

연습문제

1. 사진측량에서의 내부표정요소에 대하여 쓰시오.

2. 테일러 급수를 이용하는 방사왜곡의 기본식을 쓰시오. (r^7항 까지)

3. 다음과 같이 카메라의 내부표정요소가 주어지고 관측점(왜곡이 있는)의 사진좌표가 $x = 62.325$,$y = 56.440$ 일 때 왜곡이 보정된(왜곡이 없는) 사진좌표 x_{free}, y_{free}를 구하시오.

(단위 : mm)

내부표정요소(주점, 초점거리)

x_p (mm)	y_p (mm)	f_c (mm)
-0.338	0.046	35

내부표정요소(왜곡계수: 방사왜곡량)

K_0	K_1 (mm^{-2})	K_2 (mm^{-4})	K_3 (mm^{-6})
0	8.01e-10	4.53e-17	-3.85e-25

내부표정요소(왜곡계수: 편심왜곡량)

P_1 (mm^{-1})	P_2 (mm^{-1})	$P_3 (mm^{-2})$
-1.88e-07	2.33e-07	0

4. 컴퓨터비전에서 왜곡이 없다고 가정한 영상좌표가 $x = 19.650\ pix$, $y = 62.214\ pix$ 로 관측되었고, 다음과 같은 내부표정 요소 (단위 : 픽셀)가 주어졌을 때, 영상좌표(x,y)를 정규좌표(u,v)로 변환(소수 셋째 자리 까지) 하시오. 여기서 주점(x_p,y_p)은 영상좌표계에서 정의된 값이다.

주점		초점거리	
$x_p\ (pix)$	$y_p\ (pix)$	$f_x\ (pix)$	$f_y(pix)$
1516.286	998.645	100.900	100.800

5. 사진측량과 컴퓨터비전의 렌즈왜곡모델이 다른 이유를 서술하시오.

6. 컴퓨터비전에서 렌즈왜곡이 없다고 가정한 영상좌표가 $x_{pix}=500\,pix$, $y_{pix}=400\,pix$ 로 관측되었고, 다음 같은 내부표정요소 (단위 : 픽셀)가 주어졌을 때, 렌즈왜곡이 부여된 영상좌표를 구하시오.

주점		초첨거리	
$x_p\ (pix)$	$y_p\ (pix)$	$f_x\ (pix)$	$f_y(pix)$
958.387	847.150	3503.657	3498.962

K_1	K_2	K_3
0.0004964	−0.0000006588	−0.000000002453

P_1	P_2	α
0.00007933	−0.00004511	0

7. 사진측량에서의 외부표정요소에 대하여 쓰시오.

8. 공간후방교회법(spatial resection)과 공간전방교회법(spatial intersection)의 역할을 서술하시오.

9. 상호 표정의 목적을 서술하시오.

10. 공면조건식을 이용한 상호표정에 대한 설명에 대해 맞는 답에는 ○, 틀린 답에는 × 표시를 하시오. (단, 카메라의 내부표정요소는 알고 있다고 가정)

① 좌우 영상에서 동일한 지점의 영상 좌표만 있으면 된다. (　　)
② 최소 6점의 공액점이 필요하다 (　　)

11. 다음의 표에 있는 종속적 상호표정, 독립적 상호표정을 비교하시오.

구분	방법	기지값	미지수
종속적 상호표정			
독립적 상호표정			

12. 데이텀(datum) 변환을 정의하기 위한 7개는 무엇인지 쓰시오. 다시 말해, 절대표정을 위한 7개 요소는 무엇인가?

13. 상호표정의 일반식을 쓰시오.

14. 기본행렬 및 필수행렬과 관련된 용어에 대하여 빈칸을 채우시오.

구분	사진측량	컴퓨터비전
카메라의 특성		
두 사진간의 관계		
카메라의 특성과 사진간의 관계		

15. 기본행렬의 일반식을 쓰고, 일반식의 요소가 의미하는 것을 설명하시오.

16. 필수행렬의 일반식을 쓰고, 일반식의 요소가 의미하는 바를 설명하시오.

17. 접합 표정의 목적을 서술하시오.

18. 절대표정의 일반식을 쓰고, 절대표정요소 7개를 쓰시오.

chapter

11 직접선형변환식

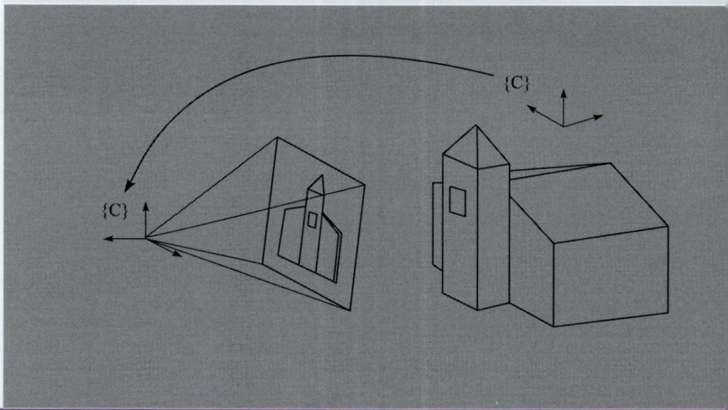

이 단원에서는 사진측량과 컴퓨터비전 분야에서 이용되는 직접선형변환식과 투영변환에 대해 소개한다. 직접선형변환식은 사진좌표와 지상좌표 간의 관계를 선형함수 관계로 표현한 식이다. 직접선형변환식은 공선조건에 기반하며 본 교재에서는 공선조건식을 이용한 직접선형변환식을 다루었다. 또한, 렌즈왜곡을 고려한 비선형 직접선형변환식을 나타내고 이를 해결하기 위해 선형식을 이용한 초기값 산정, 최소제곱법을 통한 미지수 계산도 설명하였다. 또한, 투영변환은 다차원 공간에서 임의의 위치를 동일한 차원의 공간 혹은 다른 차원의 공간에 투영시키는 것으로 본 교재에서 3차원 공간에서 2차원 공간, 2차원 공간에서 1차원 공간으로 투영변환과 공선조건식을 이용한 투영변환식 유도를 다루었다. 이를 통해 사진측량에서 이용되는 직접선형변환식의 원리를 이해하고 여러 목적에 활용할 수 있을 것이다.

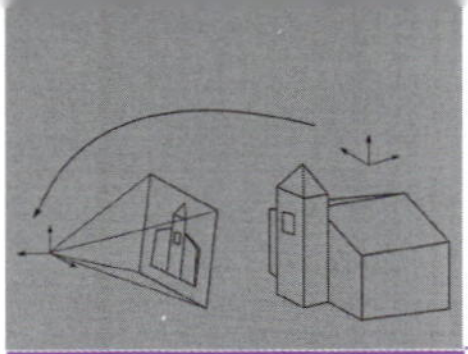

chapter

11 직접선형변환식

학습목표

1. 사진측량에서의 직접선형변환식에 대해서 설명할 수 있다.
2. 다차원 공간에서 임의의 위치를 다른 차원의 공간에 투영하는 과정을 설명할 수 있다.
3. 카메라의 투영중심과 렌즈왜곡의 관계에 대해서 설명할 수 있다.
4. 렌즈왜곡을 고려한 직접선형변환식에 대해서 설명할 수 있다.
5. 컴퓨터비전에서의 직접선형변환식에 대해서 설명할 수 있다.
6. 3차원 공간에서 2차원 공간으로 투영변환하는 과정에 대해 설명할 수 있다.
7. 2차원 공간에서 1차원 공간으로 투영변환하는 과정에 대해 설명할 수 있다.

01 사진측량에서의 DLT

직접선형변환식(DLT : Direct Linear Transformation)은 Abdel-Aziz와 Karara(1971)가 개발한 수식으로 사진좌표와 지상좌표간의 관계를 선형함수 관계로 표현한 것으로 애초에는 콤퍼레이터(comparator)를 통해서 필름에서 관측한 기계좌표를 사진좌표값으로 변환하고 이를 이용하여 지상좌표와의 관계를 쉽게 설정하기 위해서 개발되었다. DLT는 근거리사진측량을 위해서 주로 사용된 방법으로 기존의 공선조건식이 비선형방정식이므로 표정요소를 결정하기 위해 초기값과 반복계산이 필요한데 이러한 과정없이 카메라의 내부표정요소와 외부표정요소를 추출할 수 있는 방법이다. DLT식은 공선조건식에 비해 미지수의 개수가 늘어났기 때문에 기준점을 많이 필요로 하는 단점을 가지고 있으나 이러한 단점에도 불구하고 DLT식은 적용의 편리성 때문에 지상사진측량 및 위성영상의 카메라 모델을 수립하는데도 적용되고 있다.

공선조건은 [그림 1]과 같이 지상의 A점과 사진 상에 맺힌 a점 그리고 투영중심 O가 동일한 직선 상에 존재한다는 조건이다.

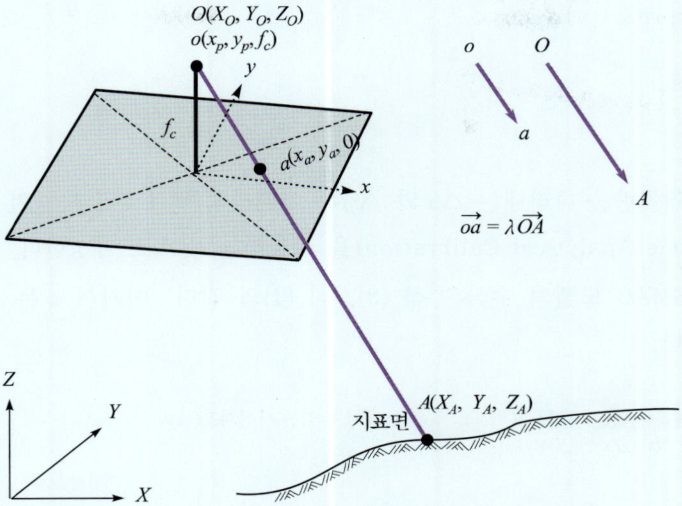

그림 1 공선조건

DLT는 공선조건식과 달리 초점거리(f_c)가 사진에서 x축(f_x)과 y축(f_y)에 각각 있는 것이 특징이다. 이로 인해 공선조건식에서 DLT를 유도하기 위해서 식 (1), 식 (2)와 같이 공선조건식을 약간 변형하여 f_c대신에 f_x, f_y로 나타낸다.

$$x = x_p - f_x \frac{r_{11}(X - X_O) + r_{21}(Y - Y_O) + r_{31}(Z - Z_O)}{r_{13}(X - X_O) + r_{23}(Y - Y_O) + r_{33}(Z - Z_O)} + \triangle x \tag{1}$$

$$y = y_p - f_y \frac{r_{12}(X - X_O) + r_{22}(Y - Y_O) + r_{32}(Z - Z_O)}{r_{13}(X - X_O) + r_{23}(Y - Y_O) + r_{33}(Z - Z_O)} + \triangle y \tag{2}$$

여기서,

$$M_{\omega\varphi\kappa} = \begin{bmatrix} m_{11} & m_{12} & m_{13} \\ m_{21} & m_{22} & m_{23} \\ m_{31} & m_{32} & m_{33} \end{bmatrix} \equiv R_m^c = \begin{bmatrix} r_{11} & r_{21} & r_{31} \\ r_{12} & r_{22} & r_{32} \\ r_{13} & r_{23} & r_{33} \end{bmatrix}$$

$r_{11} = \cos\varphi\cos\kappa$
$r_{21} = \sin\omega\sin\varphi\cos\kappa + \cos\omega\sin\kappa$
$r_{31} = -\cos\omega\sin\varphi\sin\kappa + \sin\omega\sin\kappa$
$r_{12} = -\cos\varphi\sin\kappa$
$r_{22} = -\sin\omega\sin\varphi\sin\kappa + \cos\omega\cos\kappa$

$r_{32} = \cos\omega\sin\varphi\sin\kappa + \sin\omega\cos\kappa$
$r_{13} = \sin\varphi$
$r_{23} = -\sin\omega\cos\varphi$
$r_{33} = \cos\omega\cos\varphi$

[그림 2]와 같이 왜곡량을 나타내는 $\triangle x$와 $\triangle y$는 카메라의 렌즈왜곡 모델인 SMAC(Simultaneous Multi-frame Analytical Calibration)을 사용하는 것으로 가정한다. 방사왜곡과 편심왜곡을 고려한 SMAC 모델의 수식은 식 (3), 식 (4)와 같다. 여기서 $\bar{x}$는 $x - x_p$이며, $\bar{y}$는 $y - y_p$를 나타낸다.

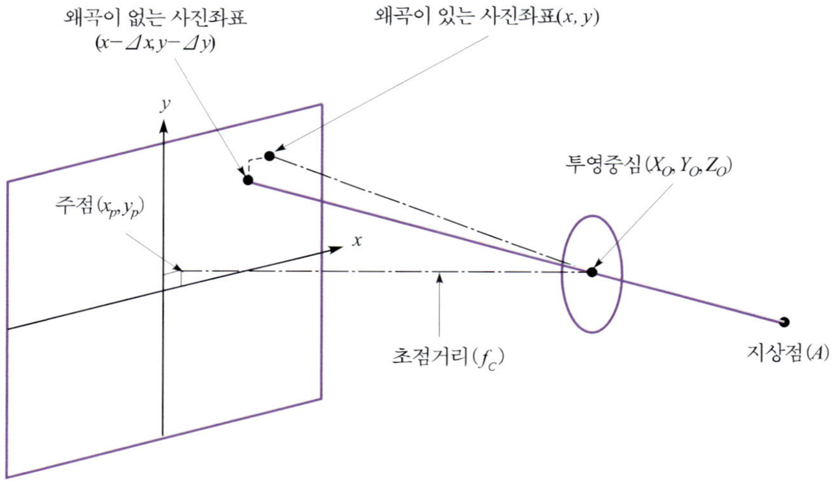

그림 2 카메라의 투영중심과 렌즈왜곡

$$\triangle x = \bar{x}(K_1 r^2 + K_2 r^4 + K_3 r^6) + P_1(r^2 + 2\bar{x}^2) + 2P_2\bar{x}\bar{y} \tag{3}$$

$$\triangle y = \bar{y}(K_1 r^2 + K_2 r^4 + K_3 r^6) + P_2(r^2 + 2\bar{y}^2) + 2P_1\bar{x}\bar{y} \tag{4}$$

식 (1)과 식(2)에서 두 개의 초점거리(f_x, f_y)를 가지고 있는 공선조건식을 DLT로 변환하기 위해서 우측항의 X, Y, Z에 대해서 정리하면 식 (5)와 식 (6)과 같다.

$$x = \frac{[-f_x r_{11} + x_p r_{13}]X + [-f_x r_{21} + x_p r_{23}]Y + [-f_x r_{31} + x_p r_{33}]Z}{r_{13}X + r_{23}Y + r_{33}Z - [r_{13}X_O + r_{23}Y_O + r_{33}Z_O]} + \frac{f_x r_{11}X_O + f_x r_{21}Y_O + f_x r_{31}Z_O - (x_p r_{13}X_O + x_p r_{23}Y_O + x_p r_{33}Z_O)}{r_{13}X + r_{23}Y + r_{33}Z - [r_{13}X_O + r_{23}Y_O + r_{33}Z_O]} + \triangle x \tag{5}$$

$$y = \frac{[-f_y r_{12} + y_p r_{13}]X + [-f_y r_{22} + y_p r_{23}]Y + [-f_y r_{32} + y_p r_{33}]Z}{r_{13}X + r_{23}Y + r_{33}Z - [r_{13}X_O + r_{23}Y_O + r_{33}Z_O]} \quad (6)$$
$$+ \frac{f_y r_{12} X_O + f_y r_{22} Y_O + f_y r_{32} Z_O - (y_p r_{13} X_O + y_p r_{23} Y_O + y_p r_{33} Z_O)}{r_{13}X + r_{23}Y + r_{33}Z - [r_{13}X_O + r_{23}Y_O + r_{33}Z_O]} + \triangle y$$

식 (5)와 식 (6)에서 분모항에 공통으로 있는 $-(r_{13}X_O + r_{23}Y_O + r_{33}Z_O)$를 L로 두고 모든 항에 대해 L로 나누어 정리하면 식 (7), 식 (8)과 같이 DLT 식을 유도할 수 있다.

$$x = \frac{L_1 X + L_2 Y + L_3 Z + L_4}{L_9 X + L_{10} Y + L_{11} Z + 1} + \triangle x \quad (7)$$

$$y = \frac{L_5 X + L_6 Y + L_7 Z + L_8}{L_9 X + L_{10} Y + L_{11} Z + 1} + \triangle y \quad (8)$$

여기서, DLT 식의 $L_1 \sim L_{11}$ 계수항에 대해서 나타내면 다음과 같다.

$L = -(r_{13}X_O + r_{23}Y_O + r_{33}Z_O)$

$L_1 = (x_p r_{13} - f_x r_{11})/L$

$L_2 = (x_p r_{23} - f_x r_{21})/L$

$L_3 = (x_p r_{33} - f_x r_{31})/L$

$L_4 = x_p + f_x(r_{11}X_O + r_{21}Y_O + r_{31}Z_O)/L$

$L_5 = (y_p r_{13} - f_y r_{12})/L$

$L_6 = (y_p r_{23} - f_y r_{22})/L$

$L_7 = (y_p r_{33} - f_y r_{32})/L$

$L_8 = y_p + f_y(r_{12}X_O + r_{22}Y_O + r_{32}Z_O)/L$

$L_9 = r_{13}/L$

$L_{10} = r_{23}/L$

$L_{11} = r_{33}/L$

식 (7), (8)에서 알 수 있듯이 DLT는 사진좌표와 지상좌표간의 관계가 간단하게 표현된다는 것이다. 공선조건식에서 6개의 외부표정요소$(\omega, \varphi, \kappa, X_O, Y_O, Z_O)$와 3개의 내부표정요소

(x_p, y_p, f_c)가 미지수라고 할 때 DLT에서는 $L_1 \sim L_{11}$의 11개의 미지수가 존재한다. 이로 인해 DLT에서는 11개의 미지수에 대한 해를 결정하기 위해서 최소 6점 이상의 기준점이 필요하다. 또한, DLT는 기준점의 개수와 배치상태에 따라 결과 값이 민감하게 변화하는 단점이 있다. 그럼에도 불구하고 DLT는 관측방정식이 매우 간단하며 미지수가 선형으로 비례하기 때문에 편미분을 계산할 필요가 없고 초기 근사값이 필요하지 않은 장점이 있어 컴퓨터비전에서 많이 사용되고 있다.

식 (7), 식 (8)에서 $L_1 \sim L_{11}$의 미지수를 결정한 후 다시 내부표정요소와 외부표정요소를 복원하면 식 (9)에서 식 (27)과 같다.

$$J = (L_9^2 + L_{10}^2 + L_{11}^2) \tag{9}$$

$$x_p = \frac{(L_1 L_9 + L_2 L_{10} + L_3 L_{11})}{J} \tag{10}$$

$$y_p = \frac{(L_5 L_9 + L_6 L_{10} + L_7 L_{11})}{J} \tag{11}$$

$$f_x = \sqrt{\frac{(L_1^2 + L_2^2 + L_3^2)}{J} - x_p^2} \tag{12}$$

$$f_y = \sqrt{\frac{(L_5^2 + L_6^2 + L_7^2)}{J} - y_p^2} \tag{13}$$

$$f_c = \frac{f_x + f_y}{2} \tag{14}$$

$$\omega = \tan^{-1}\left(\frac{-L_{10}}{L_{11}}\right) \tag{15}$$

$$\varphi = \sin^{-1}\left(\frac{-L_9}{\sqrt{J}}\right) \tag{16}$$

$$\kappa = \cos^{-1}\left(\frac{L_1 - x_p L_9}{f_c \cos(\varphi)\sqrt{J}}\right) \tag{17}$$

$$r_{13} = \frac{L_9}{\sqrt{J}} \tag{18}$$

$$r_{23} = \frac{L_{10}}{\sqrt{J}} \tag{19}$$

$$r_{33} = \frac{L_{11}}{\sqrt{J}} \tag{20}$$

$$r_{11}=\frac{x_p r_{13}-\frac{L_1}{\sqrt{J}}}{f_x} \tag{21}$$

$$r_{21}=\frac{x_p r_{23}-\frac{L_2}{\sqrt{J}}}{f_x} \tag{22}$$

$$r_{31}=\frac{x_p r_{33}-\frac{L_3}{\sqrt{J}}}{f_x} \tag{23}$$

$$r_{12}=\frac{y_p r_{13}-\frac{L_5}{\sqrt{J}}}{f_y} \tag{24}$$

$$r_{22}=\frac{y_p r_{23}-\frac{L_6}{\sqrt{J}}}{f_y} \tag{25}$$

$$r_{32}=\frac{y_p r_{33}\frac{L_7}{\sqrt{J}}}{f_y} \tag{26}$$

$$\begin{bmatrix} X_O \\ Y_O \\ Z_O \end{bmatrix}=-\begin{bmatrix} L_1 & L_2 & L_3 \\ L_5 & L_6 & L_7 \\ L_9 & L_{10} & L_{11} \end{bmatrix}^{-1}\begin{bmatrix} L_4 \\ L_8 \\ 1 \end{bmatrix} \tag{27}$$

예제 1 DLT 식을 이용한 내부표정요소 추정

다음과 같이 $L_1 \sim L_{11}$이 주어질 때 {내부표정요소(주점(x_p, y_p), 초점거리(f_x, f_y), 회전각 $(\omega, \varphi, \kappa)$)}를 구하시오.

DLT 식의 계수항

L_1	0.000341	L_6	−0.024538
L_2	−0.000315	L_7	−0.000204
L_3	0.024567	L_8	5.939176
L_4	−3.941034	L_9	0.000598
L_5	−0.008119	L_{10}	−0.000006
		L_{11}	0.000011

식 (9)를 이용하여 J를 구하면 다음과 같다.

$$J = 0.000598^2 + (-0.000006)^2 + 0.000011^2 = 0.000000357761$$

식 (10)을 이용하여 x_p를 구하면 다음과 같다.

$$x_p = \frac{0.000341 \times 0.000598 + (-0.000315) \times (-0.000006) + 0.024567 \times 0.000011}{0.000000357761}$$
$$= 1.3306$$

식 (11)을 이용하여 y_p를 구하면 다음과 같다.

$$y_p = \frac{(-0.008119) \times 0.000598 + (-0.024538) \times (-0.000006) + (-0.000204) \times 0.000011}{0.000000357761}$$
$$= -13.1657$$

식 (12)를 이용하여 f_x를 구하면 다음과 같다.

$$f_x = \sqrt{\frac{0.000341^2 + (-0.000315)^2 + 0.024567^2}{0.000000357761} - 1.3306^2} = 41.0587$$

식 (13)을 이용하여 f_y를 구하면 다음과 같다.

$$f_y = \sqrt{\frac{(-0.008119)^2 + (-0.024538)^2 + (-0.000204)^2}{0.000000357761} - (-13.1657)^2} = 41.1587$$

식 (14)를 이용하여 f_c를 구하면 다음과 같다.

$$f_c = \frac{41.0587 + 41.1587}{2} = 41.1087$$

식 (15)를 이용하여 ω를 구하면 다음과 같다.

$$\omega = \tan^{-1}\left(\frac{-(-0.000006)}{0.000011}\right) = 0.4993 \text{ radian}$$

식 (16)을 이용하여 φ를 구하면 다음과 같다.

$$\varphi = \sin^{-1}\left(\frac{-0.000598}{\sqrt{0.000000357761}}\right) = -1.5498 \text{ radian}$$

식 (17)을 이용하여 κ를 구하면 다음과 같다.

$$\kappa = \cos^{-1}\left(\frac{0.000341 - 1.3306 \times 0.000598}{41.1087 \times \cos(-1.5498) \times \sqrt{0.000000357761}}\right) = 2.6525 \text{ radian}$$

DLT의 미지수인 $L_1 \sim L_{11}$에 대한 해를 결정하기 위한 방법에는 두 가지가 있다. 선형식과 비선형식으로 해를 결정할 수 있는데, 비선형식의 해를 구하기 위한 초기값은 선형식으로 부터 얻는다.

02 렌즈왜곡을 고려한 DLT

2.1 선형식을 이용한 초기값 산정

DLT 식에서 초기값을 결정하기 위한 선형식은 식 (28), 식 (29)와 같다.

$$x = \frac{L_1X + L_2Y + L_3Z + L_4}{L_9X + L_{10}Y + L_{11}Z + 1} \tag{28}$$

$$y = \frac{L_5X + L_6Y + L_7Z + L_8}{L_9X + L_{10}Y + L_{11}Z + 1} \tag{29}$$

식 (28), 식 (29)에서 분모를 x, y에 곱하면 식 (30)과 같다.

$$\begin{aligned} x(L_9X + L_{10}Y + L_{11}Z + 1) &= L_1X + L_2Y + L_3Z + L_4 \\ y(L_9X + L_{10}Y + L_{11}Z + 1) &= L_5X + L_6Y + L_7Z + L_8 \end{aligned} \tag{30}$$

식 (30)에서 좌변에는 사진좌표 x, y를 두고 우변에는 미지수 $L_1 \sim L_{11}$을 두면 식 (31)과 같다. 식 (31)에서 v_x, v_y는 사진좌표의 잔차를 나타낸다. 식 (32)는 최소제곱법 중 관측방정식 ($v + B\Delta = f$)을 이용한 방법으로 식을 구성하기 위해서 목적함수를 나타낸 것이다.

$$\begin{aligned} x + v_x &= L_1X + L_2Y + L_3Z + L_4 - xL_9X - xL_{10}Y - xL_{11}Z \\ y + v_y &= L_5X + L_6Y + L_7Z + L_8 - yL_9X - yL_{10}Y - yL_{11}Z \end{aligned} \tag{31}$$

$$\begin{aligned} F_x &= x + v_x - (L_1X + L_2Y + L_3Z + L_4) + xXL_9 + xYL_{10} + xZL_{11} \\ F_y &= y + v_y - (L_5X + L_6Y + L_7Z + L_8) + yXL_9 + yYL_{10} + yZL_{11} \end{aligned} \tag{32}$$

식 (33a)는 식 (33b)로 나타내어 $L_1 \sim L_{11}$의 DLT계수를 결정할 수 있다.

$$\begin{bmatrix} v_x \\ v_y \end{bmatrix} + \begin{bmatrix} -X & -Y & -Z & -1 & 0 & 0 & 0 & 0 & xX & xY & xZ \\ 0 & 0 & 0 & 0 & -X & -Y & -Z & -1 & yX & yY & yZ \end{bmatrix} \begin{bmatrix} L_1 \\ L_2 \\ L_3 \\ L_4 \\ L_5 \\ L_6 \\ L_7 \\ L_8 \\ L_9 \\ L_{10} \\ L_{11} \end{bmatrix} = \begin{bmatrix} -x \\ -y \end{bmatrix} \tag{33a}$$

$$\begin{aligned} \triangle &= (B^T B)^{-1} B^T f \\ &= N^{-1} t \end{aligned} \tag{33b}$$

여기서 $B = \begin{bmatrix} -X & -Y & -Z & -1 & 0 & 0 & 0 & 0 & xX & xY & xZ \\ 0 & 0 & 0 & 0 & -X & -Y & -Z & -1 & yX & yY & yZ \end{bmatrix}, f = \begin{bmatrix} -x \\ -y \end{bmatrix}$ 이다.

2.2 렌즈왜곡을 고려한 비선형 DLT

DLT 식에서 카메라의 렌즈왜곡 중 SMAC 모델의 방사왜곡계수인 K_1만을 고려한 경우를 예를 들면 DLT 선형식에서 구한 $L_1 \sim L_{11}$ 초기값을 이용하여 식 (34), 식 (35)와 같이 왜곡을 고려한 비선형식에 대하여 미지수의 해를 결정하기 위해 편미분을 수행한다. 렌즈왜곡 식은 식 (34), 식 (35)와 같고 이를 DLT 식에 나타내면 식 (36), 식 (37)과 같으며, 편미분에 대한 수식은 [표 1]과 같다.

$$\triangle x = \bar{x} K_1 r^2 \tag{34}$$

$$\triangle y = \bar{y} K_1 r^2 \tag{35}$$

$$F_x = x + v_x - \frac{L_1 X + L_2 Y + L_3 Z + L_4}{L_9 X + L_{10} Y + L_{11} Z + 1} - \bar{x} K_1 r^2 \tag{36}$$

$$F_y = y + v_y - \frac{L_5 X + L_6 Y + L_7 Z + L_8}{L_9 X + L_{10} Y + L_{11} Z + 1} - \bar{y} K_1 r^2 \tag{37}$$

표 1 비선형 DLT 식의 미지수에 대한 편미분

	F_x	F_y
L_1	$\frac{\partial F_x}{\partial L_1}=-\frac{X_i}{L_9X_i+L_{10}Y_i+L_{11}Z_i+1}$	$\frac{\partial F_y}{\partial L_1}=0$
L_2	$\frac{\partial F_x}{\partial L_2}=-\frac{Y_i}{L_9X_i+L_{10}Y_i+L_{11}Z_i+1}$	$\frac{\partial F_y}{\partial L_2}=0$
L_3	$\frac{\partial F_x}{\partial L_3}=-\frac{Z_i}{L_9X_i+L_{10}Y_i+L_{11}Z_i+1}$	$\frac{\partial F_y}{\partial L_3}=0$
L_4	$\frac{\partial F_x}{\partial L_4}=-\frac{1}{L_9X_i+L_{10}Y_i+L_{11}Z_i+1}$	$\frac{\partial F_y}{\partial L_4}=0$
L_5	$\frac{\partial F_x}{\partial L_5}=0$	$\frac{\partial F_y}{\partial L_5}=-\frac{X_i}{L_9X_i+L_{10}Y_i+L_{11}Z_i+1}$
L_6	$\frac{\partial F_x}{\partial L_6}=0$	$\frac{\partial F_y}{\partial L_6}=-\frac{Y_i}{L_9X_i+L_{10}Y_i+L_{11}Z_i+1}$
L_7	$\frac{\partial F_x}{\partial L_7}=0$	$\frac{\partial F_y}{\partial L_7}=-\frac{Z_i}{L_9X_i+L_{10}Y_i+L_{11}Z_i+1}$
L_8	$\frac{\partial F_x}{\partial L_8}=0$	$\frac{\partial F_y}{\partial L_8}=-\frac{1}{L_9X_i+L_{10}Y_i+L_{11}Z_i+1}$
L_9	$\frac{\partial F_x}{\partial L_9}=\frac{X_i(L_1X_i+L_2Y_i+L_3Z_i+L_4)}{(L_9X_i+L_{10}Y_i+L_{11}Z_i+1)^2}$	$\frac{\partial F_y}{\partial L_9}=\frac{X_i(L_5X_i+L_6Y_i+L_7Z_i+L_8)}{(L_9X_i+L_{10}Y_i+L_{11}Z_i+1)^2}$
L_{10}	$\frac{\partial F_x}{\partial L_{10}}=\frac{Y_i(L_1X_i+L_2Y_i+L_3Z_i+L_4)}{(L_9X_i+L_{10}Y_i+L_{11}Z_i+1)^2}$	$\frac{\partial F_y}{\partial L_{10}}=\frac{Y_i(L_5X_i+L_6Y_i+L_7Z_i+L_8)}{(L_9X_i+L_{10}Y_i+L_{11}Z_i+1)^2}$
L_{11}	$\frac{\partial F_x}{\partial L_{11}}=\frac{Z_i(L_1X_i+L_2Y_i+L_3Z_i+L_4)}{(L_9X_i+L_{10}Y_i+L_{11}Z_i+1)^2}$	$\frac{\partial F_y}{\partial L_{11}}=\frac{Z_i(L_5X_i+L_6Y_i+L_7Z_i+L_8)}{(L_9X_i+L_{10}Y_i+L_{11}Z_i+1)^2}$
K_1	$\frac{\partial F_x}{\partial K_1}=-\bar{x}_i r^2$	$\frac{\partial F_y}{\partial K_1}=-\bar{y}_i r^2$

[표 1]과 같이 편미분을 수행한 후 관측방정식을 이용한 최소제곱법을 적용하기 위해서 B 행렬과 f 행렬을 식 (38), 식 (39)와 같이 구성한다.

$$B = \begin{bmatrix} \frac{\partial F_x}{\partial L_1} & \frac{\partial F_x}{\partial L_2} & \frac{\partial F_x}{\partial L_3} & \frac{\partial F_x}{\partial L_4} & \frac{\partial F_x}{\partial L_5} & \frac{\partial F_x}{\partial L_6} & \frac{\partial F_x}{\partial L_7} & \frac{\partial F_x}{\partial L_8} & \frac{\partial F_x}{\partial L_9} & \frac{\partial F_x}{\partial L_{10}} & \frac{\partial F_x}{\partial L_{11}} & \frac{\partial F_x}{\partial K_1} \\ \\ \frac{\partial F_y}{\partial L_1} & \frac{\partial F_y}{\partial L_2} & \frac{\partial F_y}{\partial L_3} & \frac{\partial F_y}{\partial L_4} & \frac{\partial F_y}{\partial L_5} & \frac{\partial F_y}{\partial L_6} & \frac{\partial F_y}{\partial L_7} & \frac{\partial F_y}{\partial L_8} & \frac{\partial F_y}{\partial L_9} & \frac{\partial F_y}{\partial L_{10}} & \frac{\partial F_y}{\partial L_{11}} & \frac{\partial F_y}{\partial K_1} \end{bmatrix} \tag{38}$$

$$f = \begin{bmatrix} -x_i + \dfrac{L_1X_i + L_2Y_i + L_3Z_i + L_4}{L_9X_i + L_{10}Y_i + L_{11}Z_i + 1} + \bar{x}_i K_1 r^2 \\ -y_i + \dfrac{L_5X_i + L_6Y_i + L_7Z_i + L_8}{L_9X_i + L_{10}Y_i + L_{11}Z_i + 1} + \bar{y}_i K_1 r^2 \end{bmatrix} \tag{39}$$

관측방정식을 이용한 미지수(Δ)에 대한 해는 식 (40)과 같은 방법으로 구할 수 있다.

$$\begin{aligned} \Delta &= (B^TWB)^{-1}B^TWf \\ &= N^{-1}t \end{aligned} \tag{40}$$

식 (40)에서 경중률(W)는 식 (41)과 같이 사전분산값(σ_0^2)과 분산-공분산 행렬(P)의 역수로 설정할 수 있다.

$$W = \sigma_0^2 P^{-1} \tag{41}$$

사진좌표에 대한 관측값 x, y가 서로 독립이라고 가정하면 분산-공분산 행렬(P)는 식 (42)와 같다.

$$P = \begin{bmatrix} \sigma_x^2 & 0 \\ 0 & \sigma_y^2 \end{bmatrix} \tag{42}$$

사진좌표는 영상에서 서브픽셀(subpixel) 단위로 관측할 수 있다. 일반적으로 영상에서 $\frac{1}{2}$픽셀 또는 $\frac{1}{3}$픽셀의 정확도로 사진좌표를 관측하기 때문에 사전분산 σ_0^2는 0.5^2 또는 0.3^2 픽셀 정도로 설정한다. 그리고 x, y 좌표는 서로 독립된 관측이므로 σ_x^2, σ_y^2는 각각 1로 설정한다. 사진좌표의 관측정확도가 $\frac{1}{2}$픽셀 정확도일 경우를 가정할 때 경중률 W는 식 (43)과 같다.

$$W = \sigma_0^2 P_{xy}^{-1} = (0.5)^2 \begin{bmatrix} 1 & 0 \\ 0 & 1 \end{bmatrix} \tag{43}$$

최소제곱법의 목적은 잔차 제곱의 합이 최소가 되는 해를 결정하는 것이다. 잔차를 구하는 수식은 식 (44)와 같고, 잔차 제곱의 합을 구하기 위한 수식은 식 (45)와 같다.

식 (45)에서 $\hat{\sigma}_0^2$은 사후분산을 나타내며 분모가 $2n-12$인 이유는 사진좌표를 관측할 때마다 (x, y)에 대한 수식이 만들어지므로 n개의 관측값이 있다면 $2n$ 개의 수식에 만들어지고, 구해야 될 미지수는 $L_1 \sim L_{11}$, 그리고 K_1 이므로 12개가 되어 이를 제외해야 관측방정식의 자유도가 되기 때문이다.

$$v_i = f - B\Delta \tag{44}$$

$$\hat{\sigma}_0^2 = \frac{\sum_{i=1}^{n} v_i^T v_i}{2n-12} \tag{45}$$

03 컴퓨터비전 분야에서의 DLT

DLT는 부등각사상변환식과 공선조건식을 결합하여 2차원 사진좌표계와 3차원 지상좌표계간의 관계를 나타낸 것이다. 사진측량과 달리 컴퓨터비전에서는 내부표정요소를 일종의 카메라 행렬(K)로 구성해서 사용하고 있다.

컴퓨터비전에서 사용하는 카메라 행렬 K는 초점거리(c_x, c_y), 주점(x_p, y_p), 사진좌표계 (x, y)의 비직교성을 나타내는 각(α)으로 구성되어 있으며 식 (46)과 같다.

$$K = \begin{bmatrix} -c_x & -\alpha c_x & x_p \\ 0 & -c_y & y_p \\ 0 & 0 & 1 \end{bmatrix} \tag{46}$$

컴퓨터비전의 카메라 행렬 K는 지상좌표계 X, Y축과 사진좌표계($x-y$)는 비직교성으로 인하여 사진좌표계의 x축과 y축이 직교하지 않을 수 있다는 가정에서부터 시작된다. 이는 지상 3차원 좌표계(X, Y, Z)에서 Z축을 기준으로 κ(kappa)만큼 회전하여 사진좌표계($x-y$)에 일치시키는 것이다. 그러나 사진좌표계$(x-y)$의 비직교성으로 인하여 [그림 3]과 같이 X축은 κ만큼, Y축은 $\kappa+\alpha$만큼 반시계 방향으로 회전한 것을 나타낸다.

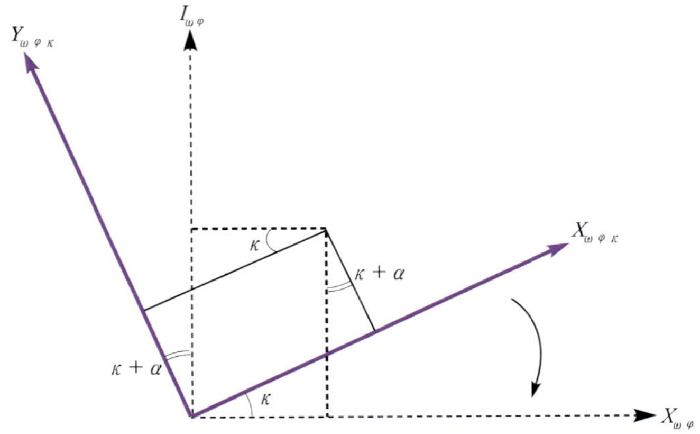

그림 3 카메라행렬에 사용되는 사진좌표계의 비직교성

이를 수식으로 나타내면 식 (47)과 같다.

$$\begin{bmatrix} X_{\omega\varphi} \\ Y_{\omega\varphi} \\ Z_{\omega\varphi} \end{bmatrix} = \begin{bmatrix} \cos(\kappa) & -\sin(\kappa+\alpha) & 0 \\ \sin(\kappa) & \cos(\kappa+\alpha) & 0 \\ 0 & 0 & 1 \end{bmatrix} \begin{bmatrix} X_{\omega\varphi\kappa} \\ Y_{\omega\varphi\kappa} \\ Z_{\omega\varphi\kappa} \end{bmatrix} \tag{47}$$

식 (47)에서 $(\kappa+\alpha)$에서 비직교성을 나타내는 α와 κ를 분리하기 위하여 삼각함수의 덧셈 공식인 식 (48)을 이용한다.

$$\begin{aligned} \sin(\kappa+\alpha) &= \sin\kappa\cos\alpha + \cos\kappa\sin\alpha \\ \cos(\kappa+\alpha) &= \cos\kappa\cos\alpha + \sin\kappa\sin\alpha \end{aligned} \tag{48}$$

사진좌표계(x, y) 축의 비직교각 α는 일반적으로 그 크기가 매우 작기 때문에 이를 좀 더 자세히 살펴보면 $\alpha \approx 0$이 된다. 따라서, $\alpha \approx 0$일 경우 $\cos\alpha$와 $\sin\alpha$는 식 (49)와 같이 각각 1과 α가 된다.

$$\begin{aligned} \cos\alpha &= 1 \\ \sin\alpha &= \alpha \end{aligned} \tag{49}$$

식 (48)과 식 (49)를 이용하여 $-\sin(\kappa+\alpha)$와 $\cos(\kappa+\alpha)$ 를 나타내면 식 (50)과 같다.

$$\begin{aligned} -\sin(\kappa+\alpha) &= -(\sin\kappa+\alpha\cos\kappa) \\ \cos(\kappa+\alpha) &= \cos\kappa+\alpha\sin\kappa \end{aligned} \tag{50}$$

식 (50)을 식 (47)에 대입하면 식 (51)과 같고, 이를 κ 회전행렬로 분리하면 식 (52)와 같다.

$$\begin{bmatrix} X_{\omega\varphi} \\ Y_{\omega\varphi} \\ Z_{\omega\varphi} \end{bmatrix} = \begin{bmatrix} \cos(\kappa) & -(\sin\kappa+\alpha\cos\kappa) & 0 \\ \sin(\kappa) & \cos\kappa+\alpha\sin\kappa & 0 \\ 0 & 0 & 1 \end{bmatrix} \begin{bmatrix} X_{\omega\varphi\kappa} \\ Y_{\omega\varphi\kappa} \\ Z_{\omega\varphi\kappa} \end{bmatrix} \tag{51}$$

$$\begin{bmatrix} X_{\omega\varphi} \\ Y_{\omega\varphi} \\ Z_{\omega\varphi} \end{bmatrix} = \begin{bmatrix} \cos(\kappa) & -\sin(\kappa) & 0 \\ \sin(\kappa) & \cos(\kappa) & 0 \\ 0 & 0 & 1 \end{bmatrix} \begin{bmatrix} 1 & -\alpha & 0 \\ 0 & 1 & 0 \\ 0 & 0 & 1 \end{bmatrix} \begin{bmatrix} X_{\omega\varphi\kappa} \\ Y_{\omega\varphi\kappa} \\ Z_{\omega\varphi\kappa} \end{bmatrix} \tag{52}$$

여기서, $R_c^m(\kappa) = \begin{bmatrix} \cos(\kappa) & -\sin(\kappa) & 0 \\ \sin(\kappa) & \cos(\kappa) & 0 \\ 0 & 0 & 1 \end{bmatrix}$ 이다.

R_c^m 은 사진좌표계를 지상좌표계(매핑좌표계)로 변환하는 3차원 회전행렬을 나타내는 것으로 식 (53)과 같다. 여기에, 사진좌표계의 비직교성에 대한 α를 고려한 R'^m_c는 식 (54)와 같다.

$$\begin{aligned} R_c^m &= R_c^m(\omega)R_c^m(\varphi)R_c^m(\kappa) \\ &= R_\omega R_\varphi R_\kappa \end{aligned} \tag{53}$$

$$R'^m_c = R_\omega R_\varphi R_\kappa \begin{bmatrix} 1 & -\alpha & 0 \\ 0 & 1 & 0 \\ 0 & 0 & 1 \end{bmatrix} \tag{54}$$

사진측량에서 지상좌표계와 사진좌표계간의 3차원 회전은 기준좌표계로 설정된 지상 X, Y, Z축을 회전하며 움직인 사진좌표계로 변환되는 것을 나타내며, 이는 R_m^c 의 (3×3) 회전행렬로 나타낼 수 있다. 비직교각 α를 고려한 지상좌표계에서 사진좌표계로의 회전행렬 $(R'^m_c)^{-1} \equiv R'^c_m$은 식 (55)와 같다.

$$\begin{aligned} (R'^m_c)^{-1} &= R'^c_m \\ &= \begin{bmatrix} 1 & -\alpha & 0 \\ 0 & 1 & 0 \\ 0 & 0 & 1 \end{bmatrix}^{-1} (R_\omega R_\varphi R_\kappa)^{-1} \end{aligned} \tag{55}$$

식 (55)에서 R_c^m 행렬의 역행렬인 $(R_\omega R_\varphi R_\kappa)^{-1}$은 식 (56)과 같이 나타낼 수 있다. 따라서, 비직교각 α를 고려한 3차원 회전행렬 $(R'^{m}_{c})^{-1}$는 식 (57)과 같다.

$$\begin{aligned}(R_\omega R_\varphi R_\kappa)^{-1} &= (R_\omega R_\varphi R_\kappa)^T \\ &\equiv R_m^c\end{aligned} \tag{56}$$

$$(R'^{m}_{c})^{-1} = \begin{bmatrix} 1 & -\alpha & 0 \\ 0 & 1 & 0 \\ 0 & 0 & 1 \end{bmatrix}^{-1} R_m^c \tag{57}$$

식 (57)에서 비직교성에 대한 α를 고려한 3×3 행렬의 역행렬은 식 (58)에 나타낸 역행렬을 구하는 방법을 이용하면 쉽게 구할 수 있으며 그 결과는 식 (59)와 같다.

$$A^{-1} = \frac{1}{\det(A)}\{Cofactor(A)^T\} \tag{58}$$

$$\begin{bmatrix} 1 & -\alpha & 0 \\ 0 & 1 & 0 \\ 0 & 0 & 1 \end{bmatrix}^{-1} = \begin{bmatrix} 1 & \alpha & 0 \\ 0 & 1 & 0 \\ 0 & 0 & 1 \end{bmatrix} \tag{59}$$

식 (59)를 식 (57)에 대입하여 정리하면 식 (60)과 같다.

$$(R_c^m)^{-1} = \begin{bmatrix} 1 & \alpha & 0 \\ 0 & 1 & 0 \\ 0 & 0 & 1 \end{bmatrix} R_m^c \tag{60}$$

공선조건식에서 사진좌표계의 비직교성에 대한 α를 고려한 지상좌표계와의 관계는 식 (61)과 같다.

$$\begin{bmatrix} x - x_p \\ y - y_p \\ 0 - f_c \end{bmatrix} = \lambda \begin{bmatrix} 1 & \alpha & 0 \\ 0 & 1 & 0 \\ 0 & 0 & 1 \end{bmatrix} R_m^c \begin{bmatrix} X - X_O \\ Y - Y_O \\ Z - Z_O \end{bmatrix} \tag{61}$$

비직교성을 고려한 공선조건식에 대한 사진좌표계의 축척 s_x, s_y를 고려하면 식 (62)와 같다.

$$\begin{bmatrix}(x-x_p)/s_x\\(y-y_p)/s_y\\0-f_c\end{bmatrix}=\lambda\begin{bmatrix}1&\alpha&0\\0&1&0\\0&0&1\end{bmatrix}R_m^c\begin{bmatrix}X-X_O\\Y-Y_O\\Z-Z_O\end{bmatrix} \tag{62}$$

식 (62)에서 좌측항의 사진좌표계를 동차좌표계로 변환하기 위해서 양변을 $-f_c$를 나누면 식 (63)과 같다.

$$\begin{bmatrix}(x-x_p)/(-f_cs_x)\\(y-y_p)/(-f_cs_y)\\1\end{bmatrix}=\frac{\lambda}{-f_c}\begin{bmatrix}1&\alpha&0\\0&1&0\\0&0&1\end{bmatrix}R_m^c\begin{bmatrix}X-X_O\\Y-Y_O\\Z-Z_O\end{bmatrix} \tag{63}$$

식 (63)에서 좌측항의 $-f_cs_x, -f_cs_y$를 식 (64)와 같이 c_x, c_y로 두고 새로운 축척계수(λ')를 식 (65)와 같이 도입하면 식 (66)과 같다.

$$\begin{aligned}f_cs_x&=c_x\\f_cs_y&=c_y\end{aligned} \tag{64}$$

$$-\frac{\lambda}{f_c}=\lambda' \tag{65}$$

$$\begin{bmatrix}-\frac{1}{c_x}&0&\frac{x_p}{c_x}\\0&-\frac{1}{c_y}&\frac{y_p}{c_y}\\0&0&1\end{bmatrix}\begin{bmatrix}x\\y\\1\end{bmatrix}=\lambda'\begin{bmatrix}1&\alpha&0\\0&1&0\\0&0&1\end{bmatrix}R_m^c\begin{bmatrix}X-X_O\\Y-Y_O\\Z-Z_O\end{bmatrix} \tag{66}$$

식 (66)에서 사진좌표 $[x\ y\ 1]^T$ 를 기준으로 전개하기 위해 좌측의 3×3행렬을 이항하기 위하여 양변에 해당 행렬의 역행렬을 곱하면 식 (67)과 같다.

$$\begin{bmatrix}x\\y\\1\end{bmatrix}=\lambda'\begin{bmatrix}-\frac{1}{c_x}&0&\frac{x_p}{c_x}\\0&-\frac{1}{c_y}&\frac{y_p}{c_y}\\0&0&1\end{bmatrix}^{-1}\begin{bmatrix}1&\alpha&0\\0&1&0\\0&0&1\end{bmatrix}R_m^c\begin{bmatrix}X-X_O\\Y-Y_O\\Z-Z_O\end{bmatrix} \tag{67}$$

식 (67)에서 이항된 3×3 행렬의 역행렬을 행렬식과 수반행렬을 이용하여 구하여 나타내면 식 (68)과 같다.

$$\begin{bmatrix} x \\ y \\ 1 \end{bmatrix} = \lambda' c_x c_y \begin{bmatrix} -\dfrac{1}{c_y} & 0 & 0 \\ 0 & -\dfrac{1}{c_x} & 0 \\ \dfrac{x_p}{c_x c_y} & \dfrac{y_p}{c_x c_y} & \dfrac{1}{c_x c_y} \end{bmatrix}^T \begin{bmatrix} 1 & \alpha & 0 \\ 0 & 1 & 0 \\ 0 & 0 & 1 \end{bmatrix} R_m^c \begin{bmatrix} X - X_O \\ Y - Y_O \\ Z - Z_O \end{bmatrix} \tag{68}$$

식 (68)을 간략하게 나타내면 식 (69)와 같다.

$$\underset{\substack{(3\times1)\\(3\times1)}}{\begin{bmatrix} x \\ y \\ 1 \end{bmatrix}} = \lambda' \underset{\substack{(3\times3)\\(3\times3)}}{\begin{bmatrix} -c_x & -\alpha c_x & x_p \\ 0 & -c_y & y_p \\ 0 & 0 & 1 \end{bmatrix}} \underset{\substack{(3\times3)(3\times1)\\(3\times4)}}{\left[\begin{array}{c|c} R_m^c & \begin{matrix} -X_O \\ -Y_O \\ -Z_O \end{matrix} \end{array}\right]} \underset{\substack{(4\times1)\\(4\times1)}}{\begin{bmatrix} X \\ Y \\ Z \\ 1 \end{bmatrix}} \tag{69}$$

식 (69)를 이용하여 비직교성과 축척이 고려된 공선조건식을 표현하면 식 (70)과 같다.

$$\underset{(3\times1)}{\begin{bmatrix} x \\ y \\ 1 \end{bmatrix}} = \lambda' \underset{(3\times3)}{\begin{bmatrix} -c_x & -\alpha c_x & x_p \\ 0 & -c_y & y_p \\ 0 & 0 & 1 \end{bmatrix}} \underset{(3\times4)}{R_m^c \begin{bmatrix} I_3 & -t \end{bmatrix}} \underset{(4\times1)}{\begin{bmatrix} X \\ Y \\ Z \\ 1 \end{bmatrix}} \tag{70}$$

식 (70)에서 식 (46)의 카메라 행렬 K를 대입하여 정리하면 식 (71)과 같다.

$$\begin{bmatrix} x \\ y \\ 1 \end{bmatrix} = \lambda' K R_m^c \begin{bmatrix} I_3 & -t \end{bmatrix} \begin{bmatrix} X \\ Y \\ Z \\ 1 \end{bmatrix} \tag{71}$$

식 (71)에서 컴퓨터 비전에서 사용하는 투영행렬(projection matrix)을 도입하여 이를 P로 나타내고, 사진좌표와 지상좌표를 각각 벡터로 나타내면 식 (72)와 같이 간단하게 표현할 수 있다.

$$\boldsymbol{x} = \lambda P \boldsymbol{X} \tag{72}$$

여기서, $\boldsymbol{x}=[x, y, 1]^T$, $P=K[R|t]$, $\boldsymbol{X}=[X, Y, Z, 1]^T$ 를 나타낸다.
식 (72)는 DLT를 이용하여 지상좌표계와 사진좌표계와의 관계를 동차좌표계로 나타낸 컴퓨터비전에서 주로 사용하는 수식을 나타낸다. 식 (72)에서 투영행렬 P에는 카메라의 내부표정요소(K), 카메라의 외부표정요소(R_m^c, t)가 모두 들어있는 것을 알 수 있다.

04 투영변환

4.1 3차원 공간에서 2차원 공간으로 투영변환

투영변환은 다차원 공간에서 임의의 위치를 동일한 차원의 공간 혹은 다른 차원의 공간에 투영시키는 것이다. [그림 4]는 3차원 상의 건물을 2차원의 사진으로 투영한 것을 나타낸다.
3차원 공간인 실세계의 위치에서 2차원 사진면의 공간으로 변환시키기 위해 식 (73)과 같이 공선조건식을 이용하면 3차원 공간이 2차원 공간으로 투영변환 되는 것이다.

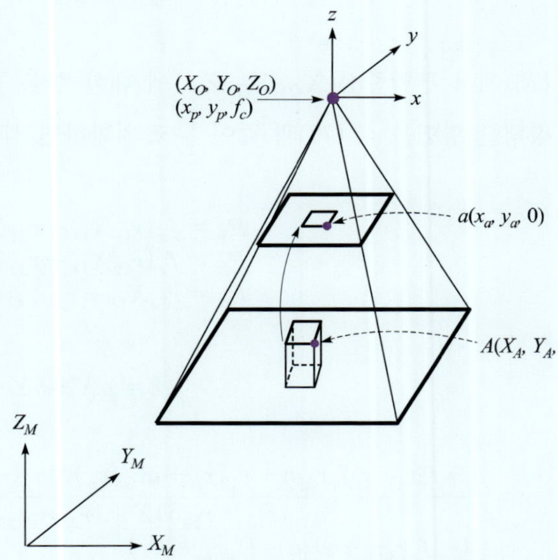

그림 4 3차원 공간에서 2차원 공간으로 투영변환

$$\begin{bmatrix} x-x_p \\ y-y_p \\ -f_c \end{bmatrix} = \lambda R_m^c \begin{bmatrix} X-X_O \\ Y-Y_O \\ Z-Z_O \end{bmatrix} \tag{73}$$

식 (73)에서 3×3 행렬 R_m^c 의 요소를 이용하여 전개하면 식 (74)와 같다.

$$x = x_p - f_c \frac{r_{11}(X - X_O) + r_{21}(Y - Y_O) + r_{31}(Z - Z_O)}{r_{13}(X - X_O) + r_{23}(Y - Y_O) + r_{33}(Z - Z_O)}$$
$$y = y_p - f_c \frac{r_{12}(X - X_O) + r_{22}(Y - Y_O) + r_{32}(Z - Z_O)}{r_{13}(X - X_O) + r_{23}(Y - Y_O) + r_{33}(Z - Z_O)} \quad (74)$$

식 (74)의 공선조건식에서 투영변환을 위한 기본식으로 변환하기 위해 지상좌표(X, Y, Z)항과 투영중심(X_O, Y_O, Z_O)항으로 분리하여 전개하면 식 (75)와 같다.

$$x = \frac{-(f_c r_{11}X + f_c r_{21}Y + f_c r_{31}Z) + (f_c r_{11}X_O + f_c r_{21}Y_O + f_c r_{31}Z_O)}{r_{13}X + r_{23}Y + r_{33}Z - (r_{13}X_O + r_{23}Y_O + r_{33}Z_O)} + x_p$$
$$y = \frac{-(f_c r_{12}X + f_c r_{22}Y + f_c r_{32}Z) + (f_c r_{12}X_O + f_c r_{22}Y_O + f_c r_{32}Z_O)}{r_{13}X + r_{23}Y + r_{33}Z - (r_{13}X_O + r_{23}Y_O + r_{33}Z_O)} + y_p \quad (75)$$

식 (75)에서 투영중심(X_O, Y_O, Z_O)에 대한 항을 식 (76), XY평면으로 투영하기 위해 Z축에 평행한 평면을 식 (77)과 같이 두고 치환하면 식 (78), 식 (79)와 같다.

$$P_1 = f_c(r_{11}X_O + r_{21}Y_O + r_{31}Z_O)$$
$$P_2 = f_c(r_{12}X_O + r_{22}Y_O + r_{32}Z_O)$$
$$P_3 = r_{13}X_O + r_{23}Y_O + r_{33}Z_O \quad (76)$$

$$Z = aX + bY + c \quad (77)$$

$$x = \frac{(-f_c r_{11} - f_c r_{31}a + r_{13}x_p + ar_{33}x_p)X + (-f_c r_{21} - f_c r_{31}b + r_{23}x_p + r_{33}x_p b)Y}{(r_{13} + r_{33}a)X + (r_{23} + r_{33}b)Y + (r_{33}c - P_3)} \quad (78)$$
$$\frac{(-f_c r_{32}c + r_{33}c - P_3 x_p + P_1)}{}$$

$$y = \frac{(-f_c r_{12} - f_c r_{32}a + r_{13}y_p + ar_{33}y_p)X + (-f_c r_{22} - f_c r_{32}b + r_{23}y_p + r_{33}y_p b)Y}{(r_{13} + r_{33}a)X + (r_{23} + r_{33}b)Y + (r_{33}c - P_3)} \quad (79)$$
$$\frac{(-f_c r_{32}c + r_{33}c - P_3 y_p + P_2)}{}$$

식 (78)과 식 (79)에서 X, Y 항에 붙어있는 계수들을 나타내어 정리하면 식 (80), 식 (81)과 같다.

$$x = \frac{L_1 X + L_2 Y + L_3}{L_7 X + L_8 Y + 1} \tag{80}$$

$$y = \frac{L_4 X + L_5 Y + L_6}{L_7 X + L_8 Y + 1} \tag{81}$$

여기서, $L_1 \sim L_8$ 계수항은 다음과 같다.

$L_1 = -f_c r_{11} - f_c r_{31} a + r_{13} x_p + a r_{33} x_p$

$L_2 = -f_c r_{21} - f_c r_{31} b + r_{23} x_p + r_{33} x_p b$

$L_3 = -f_c r_{32} c + r_{33} c - P_3 x_p + P_1$

$L_4 = -f_c r_{12} - f_c r_{32} a + r_{13} y_p + a r_{33} y_p$

$L_5 = -f_c r_{22} - f_c r_{32} b + r_{23} y_p + r_{33} y_p b$

$L_6 = -f_c r_{32} c + r_{33} c - P_3 y_p + P_2$

$L_7 = \dfrac{r_{13} + r_{33} a}{r_{33} c - P_3}$

$L_8 = \dfrac{r_{23} + r_{33} b}{r_{33} c - P_3}$

식 (80), 식 (81)은 $X-Y$ 평면상의 지상좌표와 $x-y$ 평면상의 사진좌표(또는 영상좌표) 간의 관계를 나타낸 것으로 $L_1 \sim L_8$의 8개 미지수에 대한 해를 구하기 위해서 최소 4점의 지상좌표와 사진좌표가 필요하다.

4.2 공선조건식을 이용한 투영변환식의 또 다른 유도 방법

식 (82)는 공선조건식으로 좌측항은 사진좌표를 나타내고 우측항은 지상좌표를 나타낸다.

$$\begin{bmatrix} x - x_p \\ y - y_p \\ -f_c \end{bmatrix} = \lambda R_m^c \begin{bmatrix} X - X_O \\ Y - Y_O \\ Z - Z_O \end{bmatrix} \tag{82}$$

식 (82)의 좌측항에 있는 사진좌표는 식 (83)과 같이 나타낼 수 있다.

$$\begin{bmatrix} x-x_p \\ y-y_p \\ -f_c \end{bmatrix} = \begin{bmatrix} 1 & 0 & x_p \\ 0 & 1 & y_p \\ 0 & 0 & -f_c \end{bmatrix} \begin{bmatrix} x \\ y \\ 1 \end{bmatrix} \tag{83}$$

그리고 식 (82)의 우측항에 있는 지상좌표는 식 (84)와 같이 나타낼 수 있다.

$$\begin{bmatrix} X-X_O \\ Y-Y_O \\ Z-Z_O \end{bmatrix} = \begin{bmatrix} 1 & 0 & -X_O \\ 0 & 1 & -Y_O \\ 0 & 0 & Z-Z_O \end{bmatrix} \begin{bmatrix} X \\ Y \\ 1 \end{bmatrix} \tag{84}$$

식 (84)에서 Z축에 평행한 평면의 방정식을 적용하기 위해서 $Z = aX + bY + c$를 Z에 대입하면 식 (85)와 같다.

$$\begin{bmatrix} X-X_O \\ Y-Y_O \\ Z-Z_O \end{bmatrix} = \begin{bmatrix} 1 & 0 & -X_O \\ 0 & 1 & -Y_O \\ 0 & 0 & (Z-Z_O) \end{bmatrix} \begin{bmatrix} X \\ Y \\ 1 \end{bmatrix} = \begin{bmatrix} 1 & 0 & -X_O \\ 0 & 1 & -Y_O \\ a & b & (c-Z_O) \end{bmatrix} \begin{bmatrix} X \\ Y \\ 1 \end{bmatrix} \tag{85}$$

식 (83)과 식 (85)를 이용하여 다시 정리하면 식 (86)과 같이 나타낼 수 있다.

$$\begin{bmatrix} 1 & 0 & -x_p \\ 0 & 1 & -y_p \\ 0 & 0 & -f_c \end{bmatrix} \begin{bmatrix} x \\ y \\ 1 \end{bmatrix} = \lambda R_m^c \begin{bmatrix} 1 & 0 & -X_O \\ 0 & 1 & -Y_O \\ a & b & (c-Z_O) \end{bmatrix} \begin{bmatrix} X \\ Y \\ 1 \end{bmatrix} \tag{86}$$

식 (86)에서 사진좌표를 구하기 위해서 좌측항의 3×3의 역행렬을 곱해주면 식 (87)과 같다.

$$\begin{bmatrix} x \\ y \\ 1 \end{bmatrix} = \begin{bmatrix} 1 & 0 & -x_p \\ 0 & 1 & -y_p \\ 0 & 0 & -f_c \end{bmatrix}^{-1} \lambda R_m^c \begin{bmatrix} 1 & 0 & X_O \\ 0 & 1 & Y_O \\ a & b & (c-Z_O) \end{bmatrix} \begin{bmatrix} X \\ Y \\ 1 \end{bmatrix} \tag{87}$$

식 (87)에서 카메라의 주점, 초점거리로 이루어진 3×3행렬의 역행렬은 식 (88)을 이용하여 구할 수 있다.

$$A^{-1} = \frac{1}{\det(A)} \{Cofactor(A)\}^T \tag{88}$$

식 (87)에서 3×3 행렬의 역행렬을 구하기 위해서 먼저 행렬식을 계산하면 식 (89)와 같다.

$$\det\begin{bmatrix}1 & 0 & -x_p\\0 & 1 & -y_p\\0 & 0 & -f_c\end{bmatrix}=\{(1\times1\times(-f_c))+(0\times(-y_p)\times0)+((-x_p)\times0\times0)\}\tag{89}$$
$$-\{((-x_p)\times1\times0)+(1\times(-y_p)\times0)+(0\times0\times(-f_c))\}=-f_c$$

다음으로 3×3 행렬의 여인수를 계산하면 식 (90)과 같다.

$$\begin{bmatrix}(1\times(-f_c))-((-y_p)\times0) & (0\times(-x_p)-((-f_c)\times0) & (0\times(-y_p))-((-x_p)\times1)\\(0\times(-f_c))-((-y_p)\times0) & (0\times(-x_p))-((-f_c)\times1) & (1\times(-y_p))-((-x_p)\times0)\\(0\times0)-(1\times0) & (0\times0)-(1\times0) & (1\times1)-(0\times0)\end{bmatrix}$$
$$=\begin{bmatrix}-f_c & 0 & x_p\\0 & -f_c & y_p\\0 & 0 & 1\end{bmatrix}\tag{90}$$

3×3 행렬의 행렬식과 여인수를 이용하여 식 (87)의 내부표정요소에 해당하는 3×3행렬의 역행렬을 구하면 식 (91)과 같다.

$$\begin{bmatrix}1 & 0 & -x_p\\0 & 1 & -y_p\\0 & 0 & -f_c\end{bmatrix}^{-1}=\frac{1}{-f_c}\begin{bmatrix}-f_c & 0 & x_p\\0 & -f_c & y_p\\0 & 0 & 1\end{bmatrix}=\begin{bmatrix}1 & 0 & (-x_p/f_c)\\0 & 1 & (-y_p/f_c)\\0 & 0 & (-1/f_c)\end{bmatrix}\tag{91}$$

식 (87)에서 식 (91)에서 구한 역행렬의 결과를 대입하면 식 (92)와 같다.

$$\begin{bmatrix}x\\y\\1\end{bmatrix}=\lambda\begin{bmatrix}1 & 0 & (-x_p/f_c)\\0 & 1 & (-y_p/f_c)\\0 & 0 & (-1/f_c)\end{bmatrix}R_m^c\begin{bmatrix}1 & 0 & X_O\\0 & 1 & Y_O\\a & b & (c-Z_O)\end{bmatrix}\begin{bmatrix}X\\Y\\1\end{bmatrix}=\lambda\begin{bmatrix}P_{11} & P_{12} & P_{13}\\P_{21} & P_{22} & P_{23}\\P_{31} & P_{32} & P_{33}\end{bmatrix}\begin{bmatrix}X\\Y\\1\end{bmatrix}\tag{92}$$

식 (92)에서 행렬의 수치적 안정성을 고려하여 행렬의 요소를 모두 P_{33}으로 나누면 식 (93)과 같이 표현할 수 있다.

$$\begin{bmatrix}x\\y\\1\end{bmatrix}=\lambda\begin{bmatrix}P_{11} & P_{12} & P_{13}\\P_{21} & P_{22} & P_{23}\\P_{31} & P_{32} & P_{33}\end{bmatrix}\begin{bmatrix}X\\Y\\1\end{bmatrix}=\frac{\lambda}{P_{33}}\begin{bmatrix}L_1 & L_2 & L_3\\L_4 & L_5 & L_6\\L_7 & L_8 & 1\end{bmatrix}\begin{bmatrix}X\\Y\\1\end{bmatrix}\tag{93}$$

식 (93)에서 계산된 행렬에서 1번째 행을 3번째 행으로 나누면 $\frac{\lambda}{P_{33}}$이 소거된 x를 식 (94)와 같이 나타낼 수 있으며, 2번째 행을 3번째 행으로 나누면 $\frac{\lambda}{P_{33}}$이 소거된 y를 식 (95)와 같이 나타낼 수 있다.

$$x = \frac{L_1X + L_2Y + L_3}{L_7X + L_8Y + 1} \tag{94}$$

$$y = \frac{L_4X + L_5Y + L_6}{L_7X + L_8Y + 1} \tag{95}$$

4.3 2차원 공간에서 1차원 공간으로 투영변환

2차원 공간에서 1차원 공간으로 투영시키기 위해 [그림 5]와 같이 공선조건을 이용한다. 지상의 $X-Z$ 상에 존재하는 2차원 상의 점이 사진의 1차원 x축에 맺히는 것을 수식으로 나타내면 식 (96)과 같다.

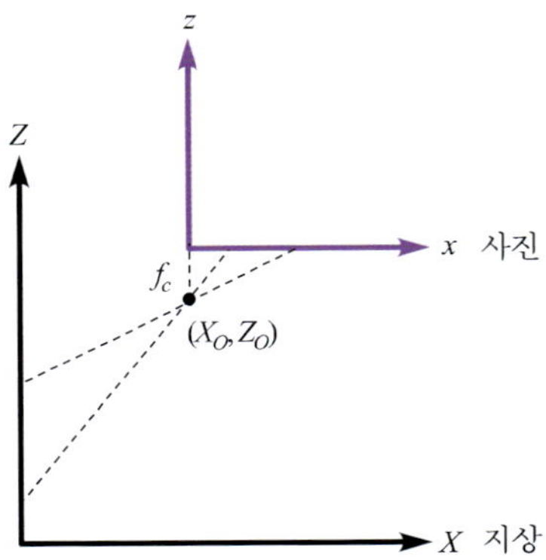

그림 5 2차원 공간의 1차원 투영

$$\begin{bmatrix} x - x_p \\ -f_c \end{bmatrix} = \lambda R_m^c \begin{bmatrix} X - X_O \\ Z - Z_O \end{bmatrix} \tag{96}$$

여기서, $R_m^c = \begin{bmatrix} \cos\theta & \sin\theta \\ -\sin\theta & \cos\theta \end{bmatrix} = \begin{bmatrix} m_{11} & m_{12} \\ m_{21} & m_{22} \end{bmatrix} = \begin{bmatrix} r_{11} & r_{12} \\ r_{21} & r_{22} \end{bmatrix}^T$ 이다.

식 (96)에서 지상좌표와 사진좌표와의 회전 관계를 표현하면 식 (97), 식 (98)과 같다.

$$\begin{bmatrix} x - x_p \\ -f_c \end{bmatrix} = \lambda \begin{bmatrix} \cos\theta & \sin\theta \\ -\sin\theta & \cos\theta \end{bmatrix} \begin{bmatrix} X - X_O \\ Z - Z_O \end{bmatrix} \tag{97}$$

$$\begin{bmatrix} x - x_p \\ -f_c \end{bmatrix} = \lambda \begin{bmatrix} r_{11} & r_{21} \\ r_{12} & r_{22} \end{bmatrix} \begin{bmatrix} X - X_O \\ Z - Z_O \end{bmatrix} \tag{98}$$

식 (98)은 2차원 공간에서 1차원 공간으로 투영시키기 위한 공선조건식으로 식 (99), 식 (100)과 같다.

$$x = x_p - f_c \frac{r_{11}(X - X_O) + r_{21}(Z - Z_O)}{r_{12}(X - X_O) + r_{22}(Z - Z_O)} \tag{99}$$

$$x = x_p + \frac{-f_c r_{11} X - f_c r_{21} Z + f_c r_{11} X_O + f_c r_{21} Z_O}{r_{12} X + r_{22} Z - (r_{12} X_O + r_{22} Z_O)} \tag{100}$$

식 (100)에서 투영 중심에 대한 좌표인 X_O, Z_O에 대해 식 (101)과 같이 치환하면 식 (102)와 같다.

$$\begin{aligned} P_1 &= f_c r_{11} X_O + f_c r_{21} Z_O \\ P_2 &= r_{12} X_O + r_{22} Z_O \end{aligned} \tag{101}$$

$$x = x_p + \frac{-f_c r_{11} X - f_c r_{21} Z + P_1}{r_{21} X + r_{22} Z - P_2} \tag{102}$$

2차원 공간에서 1차원 공간으로 투영하기 위한 직선식 $Z = aX + b$를 대입하면 식 (103)과 같다.

$$x = \frac{(-f_c r_{11} - f_c r_{21} a + r_{12} x_p + r_{22} x_p a) X + (-f_c r_{21} b + P_1 + r_{22} x_p b - P_2 x_p)}{(r_{12} + r_{22} a) X + (r_{22} b - P_2)} \tag{103}$$

식 (103)에서 $L_1 \sim L_3$ 계수항을 나타내면 다음과 같다.

$L_1 = -f_c r_{11} - f_c r_{21} a + r_{12} x_p + r_{22} x_p a / (r_{22} b - P_2)$

$L_2 = -f_c r_{21} b + P_1 + r_{22} x_p b - P_2 x_p / (r_{22} b - P_2)$

$L_3 = \dfrac{r_{12} + r_{22} a}{r_{22} b - P_2}$

$x = \dfrac{L_1 X + L_2}{L_3 X + 1}$

예제 2 대상물의 좌표를 통한 주점 계산

사진에 대한 정보가 다음 표와 같을 때 2차원 공간에서 1차원 공간으로 투영 변환할 때 사진에서 관측한 p점(x_p= 0mm)에 대한 사진의 x 좌표를 구하시오(단, 주점의 위치(x_0= 0, y_0= 0)는 원점과 동일하다).

좌우사진의 기초정보

구분	사진
θ	45°
f_c	150mm
X	500m
Z	1000m
X_O	100m
Z_O	1000m

$$R_m^c = \begin{bmatrix} \cos 45° & \sin 45° \\ -\sin 45° & \cos 45° \end{bmatrix} = \begin{bmatrix} 0.5253 & 0.8509 \\ -0.8509 & 0.5253 \end{bmatrix},$$

$$P_1 = f_c r_{11} X_O + f_c r_{21} Z_O = -119.7557$$
$$P_2 = r_{12} X_O + r_{22} Z_O = 610.4123$$

$$L_1 = -f_c r_{11} - f_c r_{21} a + r_{12} x_p + r_{22} x_p a / (r_{22} b - P_2) = -0.000289$$

$$L_2 = -f_c r_{21} b + P_1 + r_{22} x_p b - P_2 x_p / (r_{22} b - P_2) = 0.196188$$

$$L_3 = \frac{r_{12} + r_{22} a}{r_{22} b - P_2} = -0.0031$$

$$L_4 = r_{22} b - P_2 = -610.4123$$

$$x = \frac{L_1 X + L_2}{L_3 X + 1}$$ 이므로

따라서, $x = -0.093978$ 이다. 여기서는 단위는 m이므로 mm로 변환하면 -93.98mm가 된다.

단원정리

01. 직접선형변환식은 사진좌표와 지상좌표간의 관계를 선형함수 관계로 표현한 것으로 필름에서 관측한 기계좌표를 사진좌표값로 변환하고 이를 이용하여 지상좌표와의 관계를 쉽게 설정하기 위해서 개발되었다. DLT는 근거리사진측량에서 기존의 공선조건식이 비선형방정식이므로 표정요소를 결정하기 위해 초기값과 반복계산이 필요한데 이러한 과정없이 카메라의 내부표정요소와 외부표정요소를 추출할 수 있는 방법이다.

02. DLT는 사진좌표와 지상좌표간의 관계가 간단하게 표현된다는 것이다. 공선조건식에는 6개의 외부표정요소$(\omega,\varphi,\kappa,X_O,Y_O,Z_O)$와 3개의 내부표정요소$(x_p,y_p,f_c)$가 미지수라고 할 때 DLT에서는 $L_1 \sim L_{11}$의 11개의 미지수가 존재한다. 이로 인해 DLT에서는 11개의 미지수에 대한 해를 결정하기 위해서 최소 6점 이상의 기준점이 필요하다.

03. 카메라의 렌즈왜곡 모델인 SMAC을 이용하여 왜곡량을 나타내는 $\triangle x$와 $\triangle y$에 대한 식은 다음과 같으며, 여기서 $\bar{x}$는 $x-x_p$이며, $\bar{y}$는 $y-y_p$이다.

$$\triangle x = \bar{x}(K_1r^2+K_2r^4+K_3r^6)+P_1(r^2+2\bar{x}^2)+2P_2\bar{x}\bar{y}$$
$$\triangle y = \bar{y}(K_1r^2+K_2r^4+K_3r^6)+P_2(r^2+2\bar{y}^2)+2P_1\bar{x}\bar{y}$$

04. DLT 식의 $L_1 \sim L_{11}$ 계수항에 대해서 나타내면 다음과 같다.

$$L=-(r_{13}X_O+r_{23}Y_O+r_{33}Z_O)$$
$$L_1=(x_pr_{13}-f_xr_{11})/L$$
$$L_2=(x_pr_{23}-f_xr_{21})/L$$
$$L_3=(x_pr_{33}-f_xr_{31})/L$$
$$L_4=x_p+f_x(r_{11}X_O+r_{21}Y_O+r_{31}Z_O)/L$$
$$L_5=(y_pr_{13}-f_yr_{12})/L$$
$$L_6=(y_pr_{23}-f_yr_{22})/L$$
$$L_7=(y_pr_{33}-f_yr_{32})/L$$
$$L_8=y_p+f_y(r_{12}X_O+r_{22}Y_O+r_{32}Z_O)/L$$
$$L_9=r_{13}/L$$
$$L_{10}=r_{23}/L$$
$$L_{11}=r_{33}/L$$

05. DLT 식에서 초기 값을 결정하기 위한 선형식은 다음과 같다.

$$x=\frac{L_1X+L_2Y+L_3Z+L_4}{L_9X+L_{10}Y+L_{11}Z+1},\quad y=\frac{L_5X+L_6Y+L_7Z+L_8}{L_9X+L_{10}Y+L_{11}Z+1}$$

위 식에서 좌변에는 사진좌표 x, y를 두고 우변에는 미지수 $L_1 \sim L_{11}$을 두면 다음 식과 같으며, v_x, v_y는 사진좌표의 잔차를 나타낸다.

$$x+v_x=L_1X+L_2Y+L_3Z+L_4-xL_9X-xL_{10}Y-xL_{11}Z$$
$$y+v_y=L_5X+L_6Y+L_7Z+L_8-yL_9X-yL_{10}Y-yL_{11}Z$$

06. 컴퓨터비전에서 사용하는 카메라 행렬 K는 초점거리(c_x, c_y), 주점(x_p, y_p), 사진좌표계(x, y)의 비직교성을 나타내는 각(α)으로 구성되어 있으며 다음 식과 같다.

$$K=\begin{bmatrix} -c_x & -\alpha c_x & x_p \\ 0 & -c_y & y_p \\ 0 & 0 & 1 \end{bmatrix}$$

컴퓨터비전의 카메라 행렬 K는 지상좌표계 X, Y축과 사진좌표계$(x-y)$는 비직교성으로 인하여 사진좌표계의 x축과 y축이 직교하지 않을 수 있다는 가정에서부터 시작된다. 이는 지상 3차원 좌표계(X, Y, Z)에서 Z축을 기준으로 κ(kappa)만큼 회전하여 사진좌표계$(x-y)$에 일치시키는 것이다.

07. R_c^m은 사진좌표계를 지상좌표계(매핑좌표계)로 변환하는 3차원 회전행렬을 나타내는 것이다.

08. 사진측량에서 지상좌표계와 사진좌표계간의 3차원 회전은 기준좌표계로 설정된 지상 X, Y, Z축을 회전하며 움직인 사진좌표계로 변환되는 것을 나타내며, 이는 R_m^c의 (3×3) 회전행렬로 나타낼 수 있다.

09. 컴퓨터비전에서 사진좌표와 지상좌표간의 관계는 DLT를 이용하며 이를 수식으로 나타내면 다음과 같다.

$$\begin{bmatrix} x \\ y \\ 1 \end{bmatrix}=\lambda' K R_m^c \begin{bmatrix} I_3 & -t \end{bmatrix}\begin{bmatrix} X \\ Y \\ Z \\ 1 \end{bmatrix}$$

$$\boldsymbol{x}=\lambda P\boldsymbol{X}$$

여기서, $\boldsymbol{x}=[x, y, 1]^T$, $P=K[R|t]$, $\boldsymbol{X}=[X, Y, Z, 1]^T$ 를 나타낸다.

10. 투영변환은 다차원 공간에서 임의의 위치를 동일한 차원의 공간 혹은 다른 차원의 공간에 투영시키는 것이며, 3차원 공간인 실세계의 위치에서 2차원 영상 평면의 공간으로 변환시키기 위해 다음 식과 같이 공선조건식을 이용하면 3차원 공간이 2차원 공간으로 투영변환 되는 것이다.

$$\begin{bmatrix} x-x_p \\ y-y_p \\ -f_c \end{bmatrix}=\lambda R_m^c\begin{bmatrix} X-X_O \\ Y-Y_O \\ Z-Z_O \end{bmatrix}$$

11. 2차원 공간에서 1차원 공간으로 투영시키기 위해 공선조건을 이용하며, 지상의 $X-Z$ 상에 존재하는 2차원 상의 점이 사진의 1차원 x축에 맺히는 것을 수식으로 나타내면 다음 식과 같다.

$$\begin{bmatrix} x-x_p \\ -f_c \end{bmatrix}=\lambda R_m^c\begin{bmatrix} X-X_O \\ Z-Z_O \end{bmatrix}$$

연습문제

1. DLT 식을 통해 사진좌표를 구하기 위한 기초정보가 다음과 같을 때 사진좌표(x, y)를 구하시오.(단, 사진의 왜곡은 0이라 가정하며, 회전량의 단위는 라디안이다.)

가. 기초정보

구분	사진	구분	단위(m)
f_x	150mm	X	345.571
f_y	150mm	Y	452.617
ω	0.302694 (radian)	Z	37.552
φ	−0.119065 (radian)	X_O	500
κ	0.041268 (radian)	Y_O	600
		Z_O	1200

2. DLT 식의 $L_1 \sim L_{11}$이 다음과 같을 때 내부표정요소와 외부표정요소를 복원하시오.

$L_1 = -12.028900$
$L_2 = 10.196188$
$L_3 = -10.003100$
$L_4 = -10.412300$
$L_5 = 13.001256$
$L_6 = -10.015888$
$L_7 = -10.011200$
$L_8 = 19.118712$
$L_9 = 10.001255$
$L_{10} = 10.027440$
$L_{11} = -10.111584$

3. 다음과 같이 사진정보와 방사왜곡량, 편심왜곡량이 주어졌을 때 왜곡 보정계수를 계산하시오.

가. 사진정보

구분	사진(mm)	구분	왜곡
x	0.4	K_1	−0.000000276442
y	−0.26	K_2	0.000000018555
x_p	0.003	K_3	0.000000008912
y_p	0.003	P_1	0.000000251891
		P_2	−0.000000048101

4. 사진좌표는 영상에서 서브픽셀 단위로 관측할 수 있다. 이 때 사진좌표의 관측정확도가 $\frac{1}{2}$ 일 경우에 경중률 W의 식을 작성하시오.(단, 사진좌표에 대한 관측값 x, y는 서로 독립이다.)

5. DLT 식에서 카메라의 렌즈왜곡 중 SMAC 모델의 방사왜곡계수인 K_1을 고려한 경우의 예를 들어, 렌즈왜곡을 고려한 비선형식에 대하여 미지수의 해를 결정하기 위해 편미분을 수행해야한다. 렌즈왜곡 식은 다음과 같다.

$$\triangle x = \bar{x} K_1 r^2,\ \triangle y = \bar{y} K_1 r^2$$

렌즈왜곡 식을 DLT 식으로 나타내면 다음과 같다.

$$F_x = x + v_x - \frac{L_1 X + L_2 Y + L_3 Z + L_4}{L_9 X + L_{10} Y + L_{11} Z + 1} - \bar{x} K_1 r^2$$
$$F_y = y + v_y - \frac{L_5 X + L_6 Y + L_7 Z + L_8}{L_9 X + L_{10} Y + L_{11} Z + 1} - \bar{y} K_1 r^2$$

이 때, 편미분을 수행한 후 관측방정식을 이용한 최소제곱법을 적용하기 위해 B행렬과 f행렬을 구성해야한다. B행렬과 f행렬을 수식으로 나타내시오.

6. 컴퓨터비전에서 사용하는 카메라 행렬(K)의 구성 요소를 행렬로 나타내시오.

7. 2차원 공간에서 1차원 공간으로 투영시키기 위해 공선조건을 이용한다. 이때, 지상의 $X-Z$ 상에 존재하는 2차원 상의 점이 사진의 1차원 x축에 맺히는 것을 수식으로 나타내시오.

8. DLT는 사진좌표와 지상좌표간의 관계가 간단하게 표현되는 것이다. 공선조건식에는 6개의 외부표정요소$(\omega, \varphi, \kappa, X_O, Y_O, Z_O)$와 3개의 내부표정요소$(x_p, y_p, f_c)$가 미지수라고 할 때 DLT에서는 몇 개의 미지수가 존재하는지 쓰고, 미지수에 대한 해를 결정하기 위해 최소 몇 점 이상의 기준점이 필요한지 쓰시오.

9. 렌즈왜곡(K_1)을 고려한 비선형 DLT 식을 풀이하기 위해 최소제곱법이 필요하다. 최소제곱법의 목적은 잔차 제곱의 합이 최소가 되는 해를 결정하기 위함이며, 잔차를 구하는 수식은 다음과 같다.

$v_i = f - B\Delta$

이 때, 잔차 제곱의 합을 구하기 위한 수식이 다음과 같다면 분모가 $2n-12$인 이유를 설명하시오.

$$\hat{\sigma}_0^2 = \frac{\sum_{i=1}^{n} v_i^T v_i}{2n-12}$$

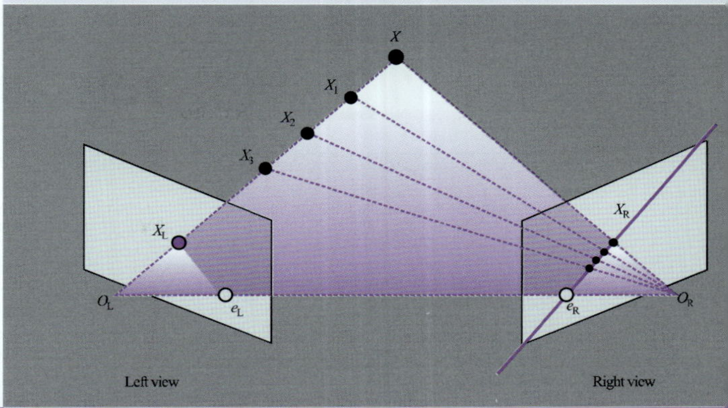

chapter

12 에피폴라 기하

이 단원에서는 쿼터니언에 대한 이해를 위해서 먼저 복소수의 개념과 특성들에 대해 소개한다. 복소수에 대한 이해를 바탕으로 쿼터니언의 개념과 성질에 대하여 소개한다. 쿼터니언은 3차원 공간을 정의하기 위하여 1개의 실수와 3개의 허수를 사용한다. 1개의 실수와 1개의 허수를 갖는 복소수가 2차원 평면에서 회전을 표현할 수 있는 것처럼, 쿼터니언을 이용하여 3차원 공간의 회전을 표현하는 원리와 방법을 이해하는 것과 동시에 쿼터니언을 이용한 회전변환이 사진측량과 컴퓨터비전 분야에서 왜 필요한지 설명한다. 또한, 오일러각을 이용하여 3차원 회전을 순차적으로 수행할 때 발생할 수 있는 짐벌락에 대해서 설명한다.

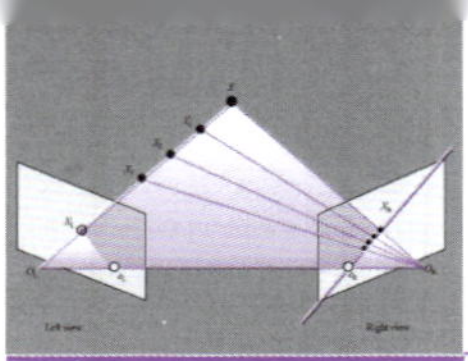

chapter

12 에피폴라 기하

학습목표

1. 에피폴라 기하와 관련된 용어를 설명할 수 있다.
2. 에피폴라 영상을 생성하는 방법에 대해서 설명할 수 있다.
3. 에피폴라 영상의 활용 분야를 설명할 수 있다.
4. 에피폴라 영상의 매칭점을 이용하여 3차원 좌표를 결정할 수 있다.

01 에피폴라 기하관련 용어

[그림 1]은 투영중심이 각각 O_1, O_2 인 좌우영상을 나타내고 있다. [그림 1]을 통해 에피폴라평면(epipolar plane), 에피폴(epipole), 에피폴라 라인(epipolar line)에 대한 용어를 살펴본다.

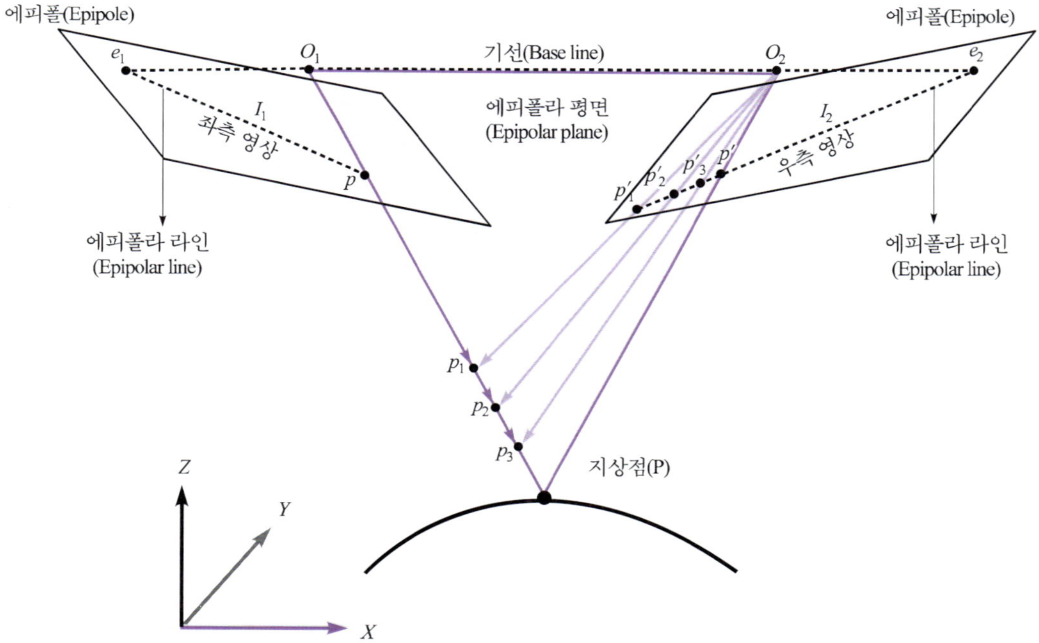

그림 1 에피폴라 기하

① 에피폴라 평면 : 한 영상(또는 사진)에서 영상점 p에 대한 에피폴라 평면은 투영중심 O_1, O_2와 지상점 (P)를 지나는 평면이다. 에피폴라 평면은 기선과 지상점, 좌측영상의 점 p, 우측영상의 점 p'에 의해 각각 정의할 수 있다.

② 에피폴 : 영상 또는 영상을 포함하는 평면과 기선의 교차점으로 [그림 1]에서 e_1와 e_2는 좌우영상의 에피폴이다. 에피폴라 라인은 점과 점에 따라 변하지만 에피폴은 점과 점에 따라 변하지 않는 점이다.

③ 에피폴라 라인(epipolar line) : 에피폴라 라인은 2가지 형태로 정의할 수 있다. 첫째, 에피폴라 평면과 영상면의 교차점으로 정의할 수 있으며 프레임(frame) 카메라를 이용한 영상에서는 직선으로 나타난다. 둘째, 스테레오 영상의 경우 좌측영상에서 지상좌표의 높이를 모르는 p점에 대해 우측영상에서 가능한 대응점의 궤적으로 표시할 수 있다. 선형스캐너(linear array scanners)를 사용하는 푸쉬브룸(pushbroom)* 위성 영상의 경우 대응점의 궤적은 직선이 아닌 쌍곡선이다.

02 에피폴라 기하의 특징

에피폴라 기하의 중요한 특징 중의 하나는 [그림 2]에서 쉽게 알 수 있듯이 에피폴라 라인을 결정하기 위해서 수치표고모델(DEM : Digital Elevation Model)**에 대한 정보가 필요하지 않다는 것이다. 선분 O_1p를 따라 여러 점들을 선택하더라도 우측영상에서 동일한 에피폴라 라인(I_2p')을 얻고 이 에피폴라 라인은 에피폴을 통과한다.

* 푸쉬브룸 : 위성에 장착된 CCD 센서를 위성의 진행방향으로 일종의 밀대를 밀면서 영상을 촬영하는 방식을 나타낸다.

** 수치표고모델 : 수치표고모델은 지형의 고도 값을 수치화하여 격자 형태로 나타낸 것으로 경사도, 경사방향의 계산 등 다양한 목적으로 사용된다.

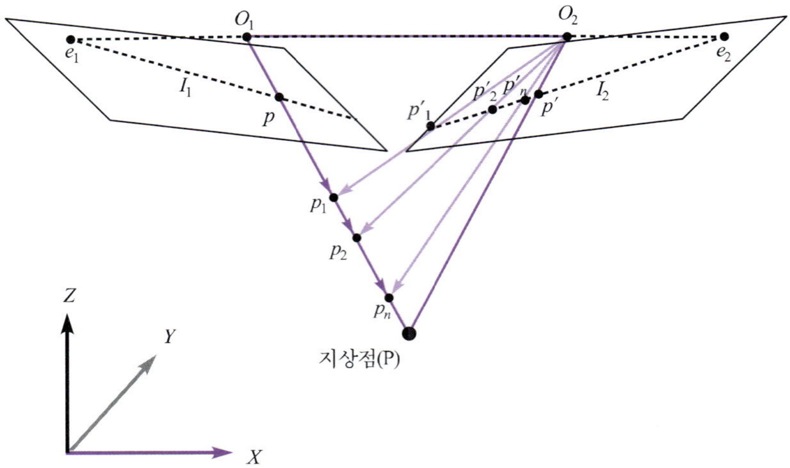

그림 2 대응점과 에피폴라 라인의 관계

에피폴라 기하의 또 다른 특징은 프레임카메라를 주로 사용하는 항공사진에서 에피폴라 라인 상에 대응점이 존재한다는 것이다. [그림 3]에서 $I_2 p'$ 는 좌측영상의 점 p에 대한 우측영상의 에피폴라 라인을 뜻하며, [그림 4]는 우측영상에서 서로 다른 두 점 p'_1, p'_3는 $I_1 p$ 상에 있다는 것을 뜻한다.

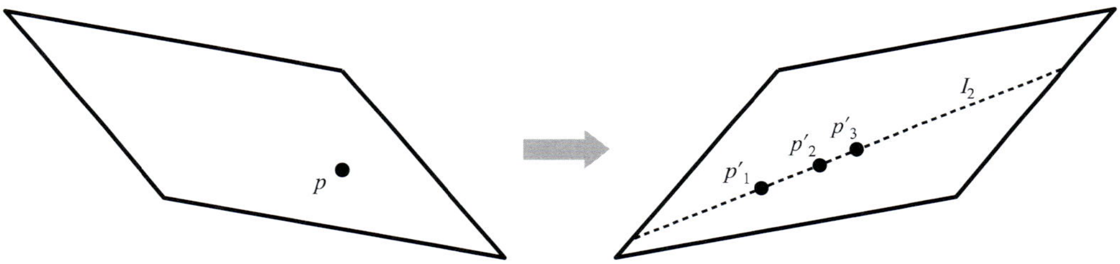

그림 3 에피폴라 라인의 기하학적 특징

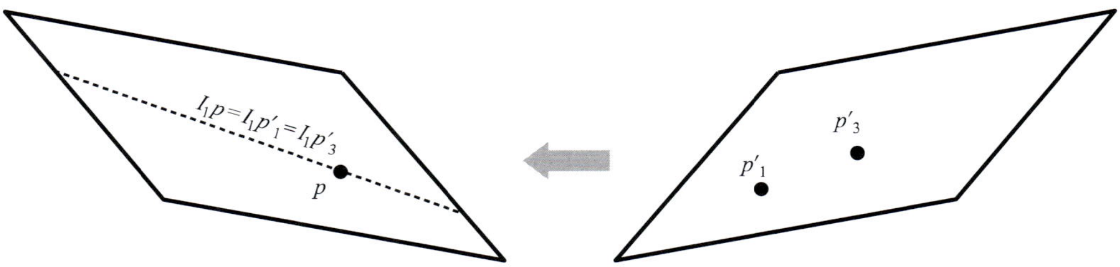

그림 4 대응점과 에피폴라 라인의 관계

03 에피폴라 영상

에피폴라(epipolar) 영상은 좌우영상에서 대응점이 동일한 행에 존재하는 정규화된(normalized) 영상을 생성하는 것을 뜻한다. 에피폴라 영상이 생성되면 영상 매칭(또는 정합)을 수행할 때 동일 행에서 대응점을 찾기 때문에 탐색영역의 크기와 계산시간을 줄이고 매칭의 정확도를 높일 수 있다. 사진측량과 컴퓨터비전에서 에피폴라 영상을 생성하기 위해서는 좌우 영상의 내부표정요소*와 외부표정요소**를 이미 알고 있어야 한다.

에피폴라 영상도 원 영상과 동일한 축척을 갖게 하기 위해서 초점거리는 원 영상의 초점거리와 동일하게 떨어진 평면에 두 영상을 재배열하여 에피폴라 영상을 생성한다. 프레임 카메라를 이용하여 촬영한 좌우영상에서 에피폴라 라인은 직선이다. 일반적으로 항공사진에서 에피폴라라인을 결정하기 위해서는 두 영상의 외부표정요소(EOP : Exterior Orientation Parameter) 또는 상호표정요소(ROP : Relative Orientation Parameter)를 알아야 한다.

에피폴라 영상을 생성하는 방법은 다양하며 본 교재에서는 두 영상의 외부표정요소와 방향코사인을 이용하는 방법에 대해서 소개한다.

에피폴라 영상의 특징을 요약하면 다음과 같다.

① 초점거리는 원 영상(또는 사진)과 동일하며 이로 인해 에피폴라 영상의 축척은 원 영상과 동일하다.

② 에피폴라 영상은 종시차(y-parallax)가 제거된 영상을 나타낸다.

3.1 방향코사인을 이용한 에피폴라 좌표축 설정

좌우영상의 투영중심을 기준으로 한 3차원 좌표축의 단위벡터***와 기선을 이용하여 종시차(y-parallax)가 없는 새로운 평면을 구성할 수 있다. [그림 5]에서 $(\widehat{x_1}, \hat{y}_1, \hat{z}_1)$과 $(\widehat{x_2}, \hat{y}_2, \hat{z}_2)$는 각각 좌우영상의 투영중심을 기준으로 한 방향벡터를 나타낸다.

---

* 내부표정요소 : 내부표정요소는 카메라의 내부적인 특성을 나타내며, 카메라의 주점(x_p, y_y) · 초점거리(f_c) ·왜곡계수에 대한 정보를 뜻한다.

** 외부표정요소 : 외부표정요소는 카메라의 외부적인 특성을 나타내며, 카메라의 자세$(\omega, \varphi, \kappa)$ · 카메라의 위치(X_O, Y_O, Z_O)에 대한 정보를 뜻한다.

*** 단위벡터는 벡터의 크기가 1이므로 방향만을 나타내는 벡터이다.

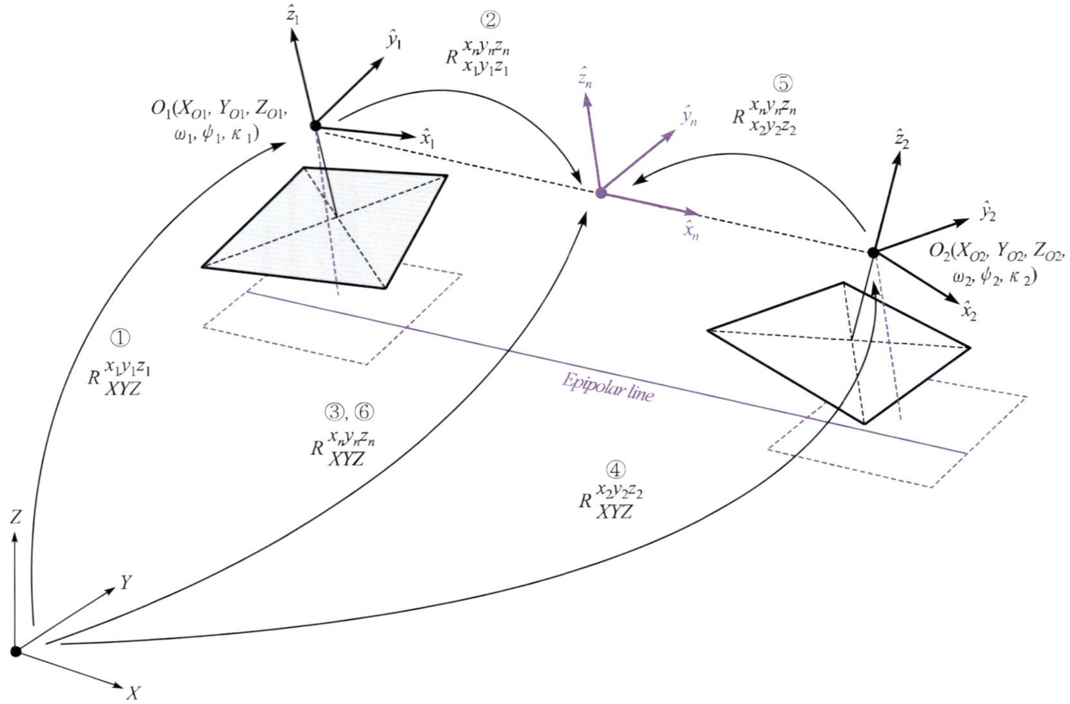

그림 5 좌우사진과 에피폴라 기하와의 개념도

에피폴라 영상을 생성하기 위해 좌우영상의 기선과 평행한 $\widehat{x_n}$, 좌우영상의 광축과 평행하면서 $\widehat{x_n}$과 직교하는 $\widehat{z_n}$, 그리고 $\widehat{x_n}$과 $\widehat{z_n}$에 직교하는 $\widehat{y_n}$를 구해야한다. 좌우영상의 투영중심 $O_1(X_{O1}, Y_{O1}, Z_{O1})$과 $O_2(X_{O2}, Y_{O2}, Z_{O2})$를 이용하여 기선에 평행한 좌표축을 설정하기 위해서 $\widehat{x_n}$벡터를 식 (1)과 같이 계산한다. $\widehat{x_n}$벡터는 [그림 6]과 같이 구할 수 있다.

$$\widehat{x_n} = \frac{O_2 - O_1}{\| O_2 - O_1 \|} \tag{1}$$

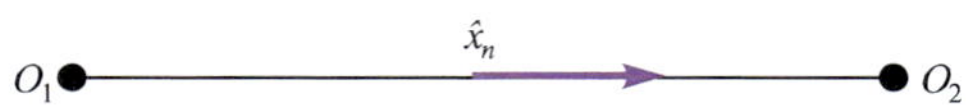

그림 6 O_1과 O_2를 이용한 $\widehat{x}_n$벡터

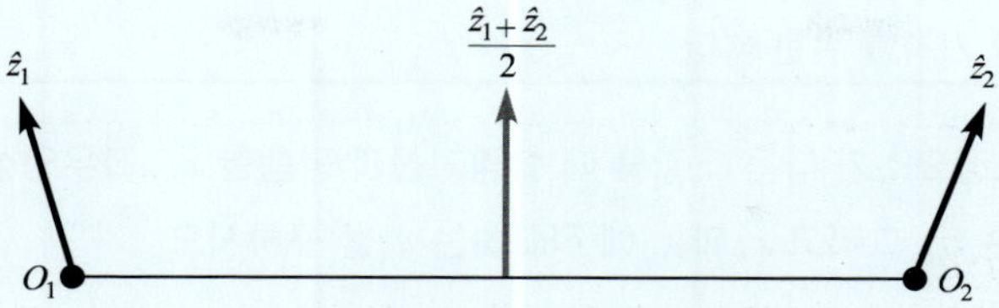

그림 7 $\hat{z}_n$ 벡터

$\widehat{z_n}$ 벡터는 $\widehat{z_1}$과 $\widehat{z_2}$의 평균을 취한 후 $\widehat{x_n}$축과 직교하도록 만든다. 식 (2)는 $\widehat{z_n}$을 계산하기 위한 수식이다. $\widehat{z_n}$ 벡터는 [그림 7]과 같이 구할 수 있다.

$$\widehat{z_n} = \frac{\widehat{x_n} \times \left\{ \left(\frac{\widehat{z_1} + \widehat{z_2}}{2} \right) \times \widehat{x_n} \right\}}{\left\| \widehat{x_n} \times \left\{ \left(\frac{\widehat{z_1} + \widehat{z_2}}{2} \right) \times \widehat{x_n} \right\} \right\|} \tag{2}$$

여기서, $\left(\frac{\widehat{z_1} + \widehat{z_2}}{2} \right) \times \widehat{x_n}$는 $\widehat{z_n}$와 $\widehat{x_n}$의 외적을 통해 생성된 임시의 $\widehat{y_n}$를 나타낸다

$\widehat{y_n}$는 식 (3)과 같이 $\widehat{z_n}$과 $\widehat{x_n}$의 외적을 이용하여 $\widehat{z_n}$축과 $\widehat{x_n}$축에 직교하게 만들 수 있다. $\widehat{y_n}$ 벡터는 [그림 8]과 같이 구할 수 있다.

$$\widehat{y_n} = \widehat{z_n} \times \widehat{x_n} \tag{3}$$

여기서, $(\widehat{x_n}, \widehat{y_n}, \widehat{z_n})$는 모두 벡터의 크기가 1인 단위벡터를 나타낸다.

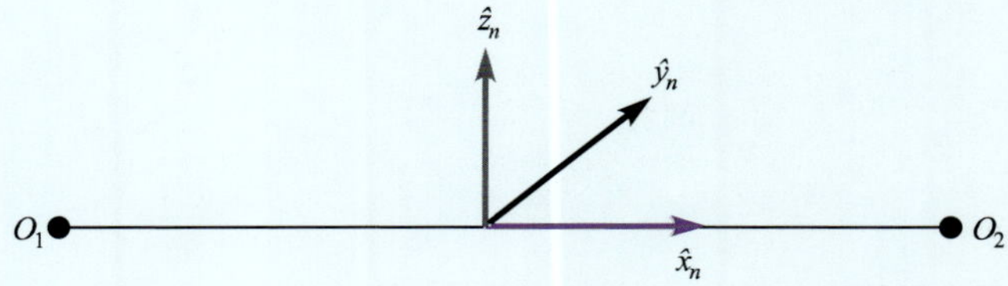

그림 8 $\hat{y}_n$ 벡터

예제 1 에피폴라 기하를 위한 벡터

좌우영상의 외부표정요소가 다음과 같을 때 촬영기선과 평행한 $\hat{x}_n$, 좌우영상의 광축과 평행하면서 $\hat{x}_n$과 직교하는 $\hat{z}_n$, 그리고 $\hat{x}_n$과 $\hat{z}_n$에 직교하는 $\hat{y}_n$를 구하시오.

좌우사진의 외부표정요소

구분	좌측 사진	우측 사진
ω	$2°$	$3°$
φ	$4°$	$3°$
κ	$10°$	$10°$
X_O	100m	200m
Y_O	100m	110m
Z_O	1,000m	1,002m

$$R_m^c = R_\omega R_\varphi R_\kappa = M_\kappa M_\varphi M_\omega = R_{XYZ}^{xyz}$$

$$R_{XYZ}^{x_1y_1z_1} = \begin{bmatrix} 0.5485 & 0.8038 & -0.2304 \\ -0.3556 & -0.0252 & -0.9343 \\ -0.7568 & 0.5944 & 0.2720 \end{bmatrix},\ R_{XYZ}^{x_2y_2z_2} = \begin{bmatrix} 0.8307 & 0.5219 & -0.1940 \\ -0.5386 & 0.8415 & -0.0424 \\ 0.1411 & 0.1397 & 0.9801 \end{bmatrix}$$

$$\hat{x}_n = \frac{O_2 - O_1}{\| O_2 - O_1 \|} = \frac{\begin{bmatrix} 200 - 100 \\ 110 - 100 \\ 1002 - 1000 \end{bmatrix}}{\sqrt{100^2 + 10^2 + 2^2}} = \frac{[100, 10, 2]^T}{100.5187} = \begin{bmatrix} 0.9948 \\ 0.0995 \\ 0.0199 \end{bmatrix}$$

$$\hat{z}_n = \frac{\hat{x}_n \times \left\{ \left(\dfrac{[-0.2304\ \ -0.9343\ \ 0.2720]^T + [-0.1940\ \ -0.0424\ \ 0.9801]^T}{2} \right) \times \hat{x}_n \right\}}{\left\| \hat{x}_n \times \left\{ \left(\dfrac{[-0.2304\ \ -0.9343\ \ 0.2720]^T + [-0.1940\ \ -0.0424\ \ 0.9801]^T}{2} \right) \times \hat{x}_n \right\} \right\|}$$

$$= \begin{bmatrix} 0.0431 \\ -0.5917 \\ 0.8050 \end{bmatrix}$$

$$\hat{y}_n = \hat{z}_n \times \hat{x}_n$$

$$= \begin{bmatrix} -0.0919 \\ 0.8000 \\ 0.5929 \end{bmatrix}$$

따라서,

$$[\hat{x}_n, \hat{y}_n, \hat{z}_n] = \begin{bmatrix} 0.9948 & -0.0919 & 0.0431 \\ 0.0995 & 0.8000 & -0.5917 \\ 0.0199 & 0.5929 & 0.8050 \end{bmatrix}$$

다음으로 좌우영상을 새롭게 설정된 좌표축인 (x_n, y_n, z_n)으로 회전하는 행렬을 찾아야 한다. 이미 우리는 좌우사진의 내·외부표정요소를 알고 있다. 다시 말해 사진좌표계와 지상좌표계 간의 관계를 이미 알고 있다는 것이다. 따라서 [그림 5]의 ① ~ ③, ④ ~ ⑥의 순서를 통해 좌우 사진좌표계에서 지상좌표계로 변환한 후 이를 다시 새롭게 설정된 (x_n, y_n, z_n)좌표계로 변환한다.

3.2 에피폴라 좌표축과 지상좌표계와의 관계

좌측사진을 기준으로 설명을 하면 좌측사진의 (x_1, y_1, z_1)에서 새롭게 설정된 (x_n, y_n, z_n)좌표계으로의 회전행렬은 좌측 사진좌표계와 지상좌표계간의 회전을 수행한 후 이를 다시 새로운 좌표계로 회전하는 방법으로 계산할 수 있다.
먼저 좌측사진을 기준으로 지상좌표계와의 관계를 회전행렬로 표시하면 식 (4)와 같다. 여기서, X, Y, Z는 지상좌표계, x_1, y_1, z_1은 좌측 사진좌표계를 나타낸다.

$$\begin{bmatrix} X \\ Y \\ Z \end{bmatrix} = R_{x_1 y_1 z_1}^{XYZ} \begin{bmatrix} x_1 \\ y_1 \\ z_1 \end{bmatrix} \equiv M_{1(\omega,\varphi,\kappa)}^{T} \begin{bmatrix} x_1 \\ y_1 \\ z_1 \end{bmatrix} \tag{4}$$

여기서, $M_{1(\kappa,\varphi,\omega)}^{T} \equiv R_{x_1 y_1 z_1}^{XYZ}$의 관계이고 식 (4)의 $M_{1(\kappa,\varphi,\omega)}^{T}$는 좌측 사진좌표계에서 지상좌표계로의 회전행렬을 뜻하며 [그림 5] ①의 $R_{XYZ}^{x_1 y_1 z_1}$의 전치행렬과 같다. 따라서 지상좌표계에서 좌측 사진좌표계로의 회전은 식 (5)와 같다.

$$M_{1(\kappa,\varphi,\omega)}^{T} = R_{x_1 y_1 z_1}^{XYZ} = R_{\omega_1} R_{\varphi_1} R_{\kappa_1} \tag{5}$$

다음으로 [그림 5]의 ②를 살펴보면 좌측 사진좌표계에서 새롭게 설정된 좌표축인 (x_n, y_n, z_n)로 회전하는 행렬를 나타내며 식 (6)과 같다.

$$R_{x_1 y_1 z_1}^{x_n y_n z_n} = \begin{bmatrix} \widehat{x_1} \cdot \widehat{x_n} & \widehat{y_1} \cdot \widehat{x_n} & \widehat{z_1} \cdot \widehat{x_n} \\ \widehat{x_1} \cdot \widehat{y_n} & \widehat{y_1} \cdot \widehat{y_n} & \widehat{z_1} \cdot \widehat{y_n} \\ \widehat{x_1} \cdot \widehat{z_n} & \widehat{y_1} \cdot \widehat{z_n} & \widehat{z_1} \cdot \widehat{z_n} \end{bmatrix} \tag{6}$$

식 (5)와 식 (6)을 통해 지상좌표계에서 새로운 좌표계로의 회전행렬은 [그림 5]의 ③, 식 (7)과 같이 유도할 수 있다.

$$R_{XYZ}^{x_n y_n z_n} = R_{x_1 y_1 z_1}^{x_n y_n z_n} R_{XYZ}^{x_1 y_1 z_1} \tag{7}$$

식 (7)의 $R_{XYZ}^{x_n y_n z_n}$는 방향코사인을 이용하여 계산할 수 있다. 방향코사인은 어떤 벡터의 각 축과 이루는 각의 코사인 값을 나타내고 각 방향코사인값의 제곱합은 항상 1이 된다. 또한, 두 벡터의 내적($\vec{a} \cdot \vec{b} = |a||b|\cos\theta$)은 각 벡터의 크기에 두 벡터가 이루는 각을 곱한 것이다. 이미 우리는 4장에서 방향코사인을 배웠기 때문에 이를 이용하면 $R_{XYZ}^{x_n y_n z_n}$은 식 (8)과 같이 나타낼 수 있다.

$$\begin{bmatrix} x_n \\ y_n \\ z_n \end{bmatrix} = \begin{bmatrix} \cos Xx_n & \cos Yx_n & \cos Zx_n \\ \cos Xy_n & \cos Yy_n & \cos Zy_n \\ \cos Xz_n & \cos Yz_n & \cos Zz_n \end{bmatrix} \begin{bmatrix} X \\ Y \\ Z \end{bmatrix} \tag{8a}$$

$$\begin{bmatrix} x_n \\ y_n \\ z_n \end{bmatrix} = \begin{bmatrix} \hat{X} \cdot \widehat{x_n} & \hat{Y} \cdot \widehat{x_n} & \hat{Z} \cdot \widehat{x_n} \\ \hat{X} \cdot \widehat{y_n} & \hat{Y} \cdot \widehat{y_n} & \hat{Z} \cdot \widehat{y_n} \\ \hat{X} \cdot \widehat{z_n} & \hat{Y} \cdot \widehat{z_n} & \hat{Z} \cdot \widehat{z_n} \end{bmatrix} \begin{bmatrix} X \\ Y \\ Z \end{bmatrix} \tag{8b}$$

$$R_{XYZ}^{x_n y_n z_n} = \begin{bmatrix} \hat{X} \cdot \widehat{x_n} & \hat{Y} \cdot \widehat{x_n} & \hat{Z} \cdot \widehat{x_n} \\ \hat{X} \cdot \widehat{y_n} & \hat{Y} \cdot \widehat{y_n} & \hat{Z} \cdot \widehat{y_n} \\ \hat{X} \cdot \widehat{z_n} & \hat{Y} \cdot \widehat{z_n} & \hat{Z} \cdot \widehat{z_n} \end{bmatrix} \tag{8c}$$

예제 2 지상좌표계에서 새로운 좌표계로의 회전행렬

$R_{x_1y_1z_1}^{x_ny_nz_n}$ 과 $R_{x_1y_1z_1}^{XYZ}$ 의 회전행렬이 다음과 같이 주어졌을 때 $R_{XYZ}^{x_ny_nz_n}$ 을 구하시오.

$$R_{x_1y_1z_1}^{x_ny_nz_n} = \begin{bmatrix} 0.9948 & 0.0667 & -0.0766 \\ -0.0521 & 0.9827 & 0.1779 \\ 0.0872 & -0.1730 & 0.9811 \end{bmatrix}$$

$$R_{x_1y_1z_1}^{XYZ} = \begin{bmatrix} 0.9970 & -0.0348 & 0.0698 \\ 0.0443 & 0.9893 & -0.1388 \\ -0.0642 & 0.1415 & 0.9879 \end{bmatrix}$$

$R_{x_1y_1z_1}^{XYZ}$ 는 $R_{XYZ}^{x_1y_1z_1}$ 의 전치행렬과 같다.

따라서, $R_{XYZ}^{x_ny_nz_n}$ 는 $R_{x_1y_1z_1}^{x_ny_nz_n}\left(R_{x_1y_1z_1}^{XYZ}\right)^T$와 같으며 다음과 같다.

$$R_{x_1y_1z_1}^{x_ny_nz_n} = \begin{bmatrix} 0.9948 & 0.0667 & -0.0766 \\ -0.0521 & 0.9827 & 0.1779 \\ 0.0872 & -0.1730 & 0.9811 \end{bmatrix}$$

$$\left(R_{x_1y_1z_1}^{XYZ}\right)^T = R_{XYZ}^{x_1y_1z_1} = \begin{bmatrix} 0.9970 & 0.0443 & -0.0642 \\ -0.0348 & 0.9893 & 0.1415 \\ 0.0698 & -0.1388 & 0.9879 \end{bmatrix}$$

$$R_{XYZ}^{x_ny_nz_n} = \begin{bmatrix} 0.9948 & 0.0667 & -0.0766 \\ -0.0521 & 0.9827 & 0.1779 \\ 0.0872 & -0.1730 & 0.9811 \end{bmatrix}\begin{bmatrix} 0.9970 & 0.0443 & -0.0642 \\ -0.0348 & 0.9893 & 0.1415 \\ 0.0698 & -0.1388 & 0.9879 \end{bmatrix}$$

$$R_{XYZ}^{x_ny_nz_n} = \begin{bmatrix} 0.9841 & 0.1206 & -0.1301 \\ -0.0738 & 0.9452 & 0.3181 \\ 0.1613 & -0.3035 & 0.9391 \end{bmatrix}$$

또한, 식 (8b)에서 식 (4)를 대입하여 좌측사진의 (x_1, y_1, z_1)에서 새로운 좌표계상의 (x_n, y_n, z_n)로의 회전행렬을 직접 구하면 식 (9)와 같다.

$$\begin{bmatrix} x_n \\ y_n \\ z_n \end{bmatrix} = \begin{bmatrix} \hat{X}\cdot\widehat{x_n} & \hat{Y}\cdot\widehat{x_n} & \hat{Z}\cdot\widehat{x_n} \\ \hat{X}\cdot\widehat{y_n} & \hat{Y}\cdot\widehat{y_n} & \hat{Z}\cdot\widehat{y_n} \\ \hat{X}\cdot\widehat{z_n} & \hat{Y}\cdot\widehat{z_n} & \hat{Z}\cdot\widehat{z_n} \end{bmatrix} M_{1(\kappa,\varphi,\omega)}^T \begin{bmatrix} x_1 \\ y_1 \\ z_1 \end{bmatrix} \tag{9}$$

여기서, $\hat{X}, \hat{Y}, \hat{Z}$는 단위벡터이므로 각각 $\hat{X}=[1\ 0\ 0]^T$, $\hat{Y}=[0\ 1\ 0]^T$, $\hat{Z}=[0\ 0\ 1]^T$이다. 따라서, 식 (9)의 두 회전행렬 곱을 M_{rect1}로 정리하면 식 (10)과 같다.

$$\begin{bmatrix} x_n \\ y_n \\ z_n \end{bmatrix} = \begin{bmatrix} \hat{X} \cdot \hat{x} & \hat{Y} \cdot \hat{x} & \hat{Z} \cdot \hat{x} \\ \hat{X} \cdot \hat{y} & \hat{Y} \cdot \hat{y} & \hat{Z} \cdot \hat{y} \\ \hat{X} \cdot \hat{z} & \hat{Y} \cdot \hat{z} & \hat{Z} \cdot \hat{z} \end{bmatrix} M^T_{1(\kappa,\varphi,\omega)} \begin{bmatrix} x_1 \\ y_1 \\ z_1 \end{bmatrix} \tag{10}$$

$$\therefore \begin{bmatrix} x_n \\ y_n \\ z_n \end{bmatrix} = M_{rect1} \begin{bmatrix} x_1 \\ y_1 \\ z_1 \end{bmatrix} \equiv R^{x_n y_n z_n}_{x_1 y_1 z_1} \begin{bmatrix} x_1 \\ y_1 \\ z_1 \end{bmatrix}$$

방향코사인을 이용하여 [그림 9]와 같이 좌측영상에서 에피폴라 영상으로 회전하는 회전행렬을 계산하였으며 우측영상도 동일한 과정을 통해 에피폴라 영상으로 회전하는 회전행렬을 계산할 수 있다.

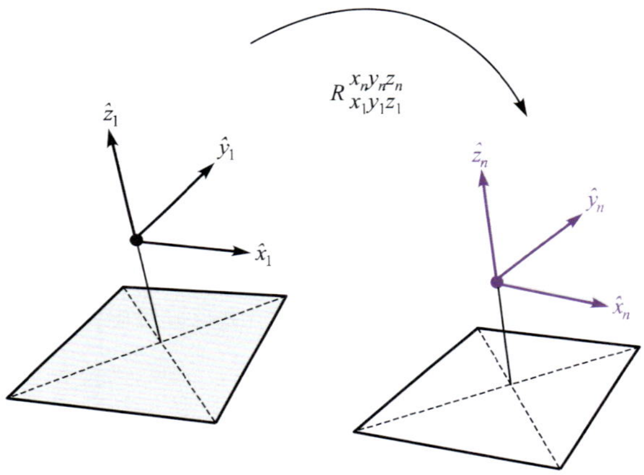

그림 9 좌측영상에서 에피폴라 영상으로의 회전

3.3 에피폴라 영상 생성을 위한 변환

다음으로 좌측영상을 기준으로 에피폴라 영상으로 변환하는 방법을 살펴보자. 식 (10)에서 (x_1, y_1, z_1)은 좌측사진 상의 한 점을 나타내고 (x_n, y_n, z_n)는 새로운 좌표계 상의 한 점을 나타낸다. 실제 데이터 처리에서는 영상좌표를 사용하지 않고 사진좌표를 직접 이용하기 때문에 [그림 10]과 같이 영상좌표계를 사진좌표계로 변환하여야 한다.

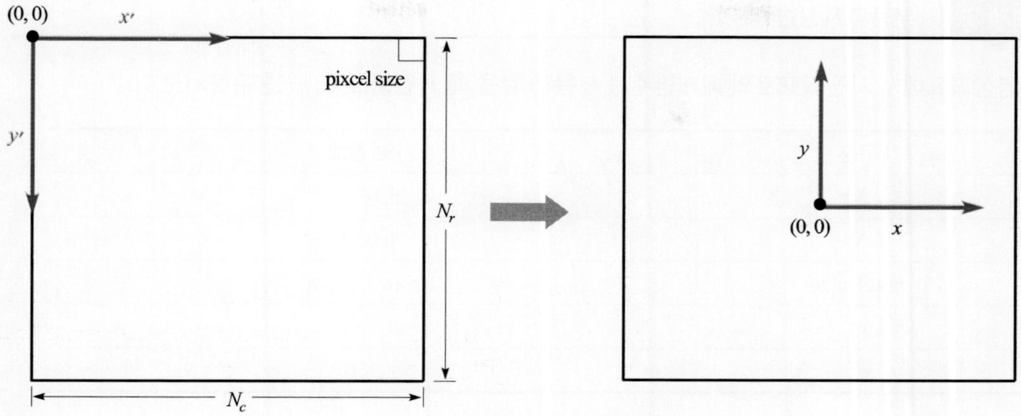

그림 10 영상좌표계에서 사진좌표계로의 변환

식 (11)은 좌측사진과 좌측영상과의 관계를 부등각사상변환식(affine transformation)을 이용하여 변환하는 식이다. 여기서, $a_0, a_1, a_2, b_0, b_1, b_2$는 영상좌표에서 사진좌표로의 부등각사상변환 매개변수를 나타내고 x_1, y_1는 좌측사진의 좌표를 나타내고 x', y'는 좌측영상의 영상좌표(열, 행)를 각각 나타낸다.

$$\begin{bmatrix} x_1 \\ y_1 \\ 1 \end{bmatrix} = \begin{bmatrix} a_1 & a_2 & a_0 \\ b_1 & b_2 & b_0 \\ 0 & 0 & 1 \end{bmatrix} \begin{bmatrix} x' \\ y' \\ 1 \end{bmatrix} \tag{11}$$

예제 3. 부등각사상변환

영상좌표에서 사진좌표로의 매개변수가 다음과 같을 때 사진좌표(x, y)를 구하시오.

구분	기초 정보
Nc	6,000
Nr	4,000
pixel size	1 mm / pixel
x'	3,460
y'	2,150

영상좌표에서 사진좌표로 변환하기 위한 수식은 다음과 같다.

$$x_{mm} = (x_{pixel} - \frac{Nc}{2}) \times pixel\,size$$

$$y_{mm} = (\frac{Nr}{2} - y_{pixel}) \times pixel\,size$$

부등각사상변환을 위한 수식은 다음과 같다.

$$x = a_0 + a_1 x' + a_2 y'$$

$$y = b_0 + b_1 x' + b_2 y'$$

$$a_0 = -\frac{Nc}{2} \times pixel\,size = -\frac{6,000}{2} \times 1 = -3,000$$

$$a_1 = pixel\,size = 1$$

$$a_2 = 0$$

$$b_0 = \frac{Nr}{2} \times pixel\,size = \frac{4,000}{2} \times 1 = 2,000$$

$$b_1 = 0$$

$$b_2 = -pixel\,size = 1$$

$$\begin{bmatrix} x \\ y \\ 1 \end{bmatrix} = \begin{bmatrix} 1 & 0 & -3,000 \\ 0 & -1 & 2,000 \\ 0 & 0 & 1 \end{bmatrix} \begin{bmatrix} 3,460 \\ 2,150 \\ 1 \end{bmatrix}$$

$$\begin{bmatrix} x \\ y \\ 1 \end{bmatrix} \begin{bmatrix} 460 \\ -150 \\ 1 \end{bmatrix}$$

$$\therefore x = 460, y = -150$$

식 (10)의 우측항에 사진좌표 대신 식 (11)의 수식을 행렬로 구성하고 내부표정요소(x_p, y_p, f_c)를 고려하여 정리하면 식 (12)와 같이 영상에서 새로운 3차원좌표계로의 변환식을 구할 수 있다.

$$\begin{bmatrix} x_n \\ y_n \\ z_n \end{bmatrix} = M_{rect1} \begin{bmatrix} x_1 \\ y_1 \\ z_1 \end{bmatrix} \tag{12}$$

$$= M_{rect1} \begin{bmatrix} 1 & 0 & -x_p \\ 0 & 1 & -y_p \\ 0 & 0 & -f_c \end{bmatrix} \begin{bmatrix} x_1 \\ y_1 \\ 1 \end{bmatrix}$$

$$= M_{rect1} \begin{bmatrix} 1 & 0 & -x_p \\ 0 & 1 & -y_p \\ 0 & 0 & -f_c \end{bmatrix} \begin{bmatrix} a_1 & a_2 & a_0 \\ b_1 & b_2 & b_0 \\ 0 & 0 & 1 \end{bmatrix} \begin{bmatrix} x_1' \\ y_1' \\ 1 \end{bmatrix}$$

여기서, (x'_1, y'_1)은 좌측영상의 영상좌표, $(a_0, a_1, a_2, b_0, b_1, b_2)$는 좌측영상에서 좌측사진으로의 부등각사상변환 매개변수, M_{rect1}은 좌측사진에서의 에피폴라 좌표계로의 회전행렬을 나타낸다.

식 (12)를 다시 정리하면 식 (13)과 같이 나타낼 수 있다. 여기서, x_{Rn}, y_{Rn}, z_{Rn}은 에피폴라 영상의 3차원 사진좌표이며, x_{free}, y_{free}는 왜곡이 보정된 원 영상의 사진좌표이다.

$$\begin{bmatrix} x_{Rn} \\ y_{Rn} \\ z_{Rn} \end{bmatrix} = R_{x_1 y_1 z_1}^{x_n y_n z_n} \begin{bmatrix} x_{free} \\ y_{free} \\ -f_c \end{bmatrix} \tag{13}$$

일반적으로 원 영상을 입력데이터로 넣으면 이를 변환하여 새로운 에피폴라 영상이 생성되기를 원한다. 따라서, 식 (10)의 좌측항에 있는 새로운 3차원 좌표를 사진좌표로 변환하고 이를 다시 에피폴라 영상좌표로 변환하는 것이 필요하다. 에피폴라는 종시차(y-parallax)가 없는 영상으로 새로운 평면을 결정하기 위해 초점거리는 입력된 좌우사진의 초점거리를 평균하여 ($f_n = \dfrac{f_{c1} + f_{c2}}{2}$)설정한다. 따라서 식 (13)에서 생성된 에피폴라 영상의 3차원 좌표를 2차원 영상으로 변환하여야 한다. 이를 위해 핀홀 카메라 모델에서 기술한 내용을 약간 응용하면 에피폴라 영상의 사진좌표계($x_n, y_n, -f_n$)와 에피폴라 영상의 3차원 사진좌표(x_{Rn}, y_{Rn}, z_{Rn}) 간에 $x_n : -f_n = x_{Rn} : z_{Rn}$의 관계가 성립하고 마찬가지로 $y_n : -f_n = y_{Rn} : z_{Rn}$ 관계가 성립하는 것을 알 수 있다. 이를 동차좌표계로 표현한 후 정리하면 식 (14)와 같다.

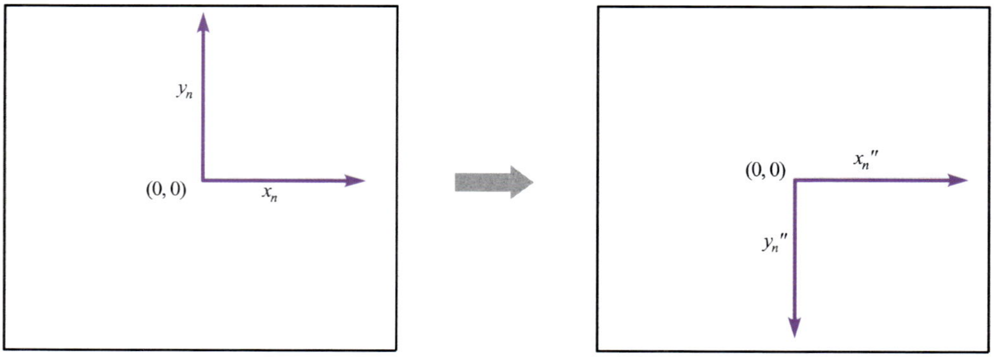

그림 11 사진좌표계에서 영상좌표계로의 변환

$$\begin{bmatrix} 1 & 0 & 0 \\ 0 & 1 & 0 \\ 0 & 0 & -f_n \end{bmatrix} \begin{bmatrix} x_n \\ y_n \\ 1 \end{bmatrix} = \frac{-f_n}{z_{Rn}} \begin{bmatrix} x_{Rn} \\ y_{Rn} \\ z_{Rn} \end{bmatrix} \tag{14}$$

$$\therefore \begin{bmatrix} x_n \\ y_n \\ 1 \end{bmatrix} = \frac{-f_n}{z_{Rn}} \begin{bmatrix} 1 & 0 & 0 \\ 0 & 1 & 0 \\ 0 & 0 & -\frac{1}{f_n} \end{bmatrix} \begin{bmatrix} x_{Rn} \\ y_{Rn} \\ z_{Rn} \end{bmatrix}$$

다음으로 [그림 11]과 같이 사진좌표를 다시 영상좌표로 변환하기 위해 식 (15)와 같이 y축을 변환한다. 여기서, x_n, y_n은 에피폴라 영상의 사진좌표이며, x_n'', y_n''은 원점이 영상의 중심인 에피폴라 영상좌표를 나타낸다.

$$\begin{bmatrix} x_n'' \\ y_n'' \\ 1 \end{bmatrix} = \begin{bmatrix} 1 & 0 & 0 \\ 0 & -1 & 0 \\ 0 & 0 & 1 \end{bmatrix} \begin{bmatrix} x_n \\ y_n \\ 1 \end{bmatrix} \tag{15}$$

에피폴라 영상의 사진좌표(x_n, y_n)는 식 (15)를 통해 영상좌표로 변환하기 위해 y 축을 변환하였지만 원점을 이동하지 않았다. 따라서 이제 남은 과정은 계산된 사진좌표에서 원 영상과 동일한 축척을 가지면서 음수(−) 값을 갖지 않도록 식 (16)과 같이 이동량을 고려하여 [그림 12]와 같이 영상을 만드는 것이다. 여기서, S는 축척을 나타내고 x_T와 y_T는 좌우영상의 원점 이동량을 나타내며 x_n', y_n'는 에피폴라 영상좌표를 나타낸다.

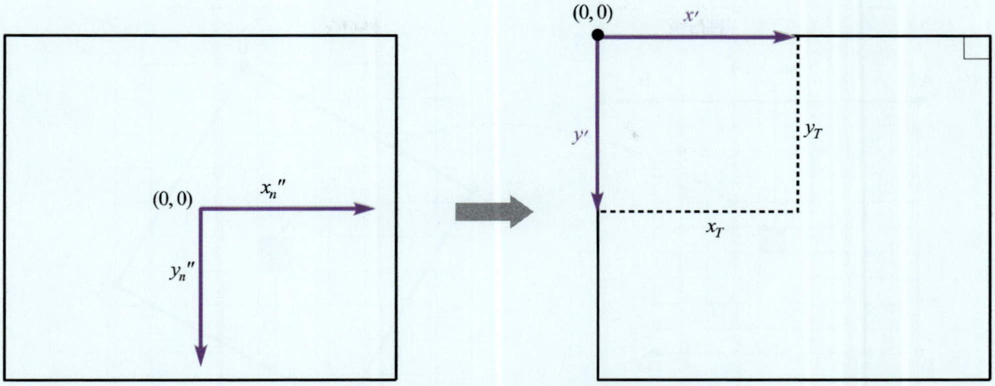

그림 12 영상좌표계의 원점 이동

$$\begin{bmatrix} x_n' \\ y_n' \\ 1 \end{bmatrix} = \begin{bmatrix} S & 0 & \| x_T \| \\ 0 & S & \| y_T \| \\ 0 & 0 & 1 \end{bmatrix} \begin{bmatrix} x_n'' \\ y_n'' \\ 1 \end{bmatrix} \quad (16)$$

여기서, x_n', y_n'은 원점이 좌측상단인 에피폴라 영상좌표를 나타낸다.

식 (12) ~ 식 (16)을 이용하여 직접 좌측영상에서 새로운 에피폴라 영상을 생성할 수 있다. M_{ep}의 수식은 식 (17)과 같으며 에피폴라 영상을 생성하는 수식을 정리하면 식 (18)과 같다. 여기서 x_n', y_n'는 에피폴라 영상좌표이며, x_{free}, y_{free}는 왜곡이 보정된 사진좌표이다.

$$M_{ep} = \begin{bmatrix} S & 0 & \| x_T \| \\ 0 & S & \| y_T \| \\ 0 & 0 & 1 \end{bmatrix} \begin{bmatrix} 1 & 0 & 0 \\ 0 & -1 & 0 \\ 0 & 0 & 1 \end{bmatrix} \begin{bmatrix} 1 & 0 & 0 \\ 0 & 1 & 0 \\ 0 & 0 & -\dfrac{1}{f_n} \end{bmatrix} R_{x_1 y_1 z_1}^{x_n y_n z_n} \quad (17)$$

$$\begin{bmatrix} x_n' \\ y_n' \\ 1 \end{bmatrix} = \frac{-f_n}{z_{Rn}} M_{ep} \begin{bmatrix} x_{free} \\ y_{free} \\ -f_c \end{bmatrix} \quad (18)$$

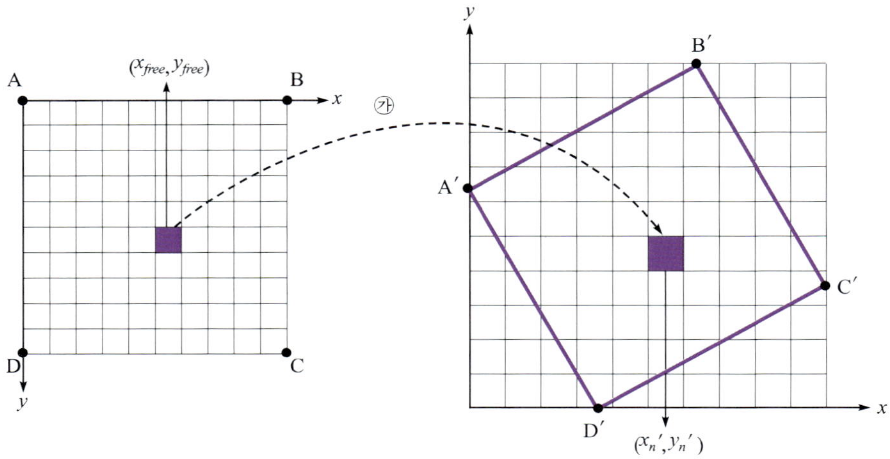

(a) 원영상 (b) 에피폴라 영상

그림 13 에피폴라 영상재배열을 위한 직접법

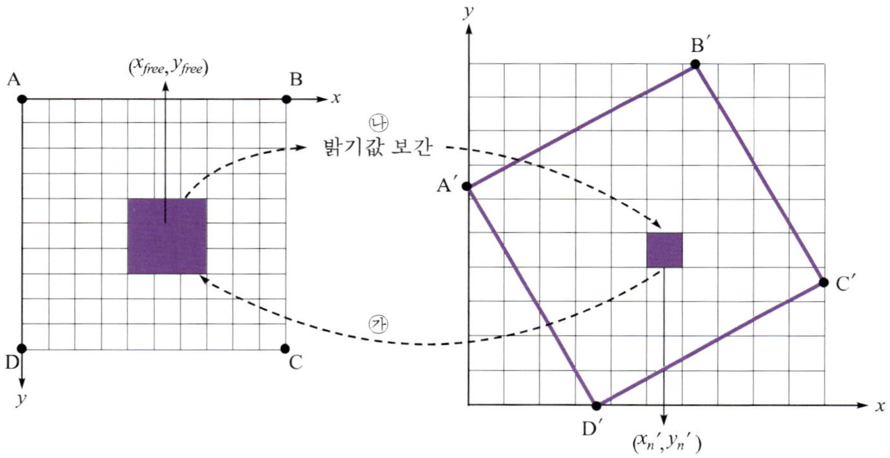

(a) 원영상 (b) 에피폴라 영상

그림 14 에피폴라 영상재배열을 위한 간접법

일반적으로 실제 적용을 위해서는 식 (18)을 직접 이용하지 않고 이의 역행렬을 구하는 방법을 취한다. 따라서, [그림 13(a)]와 [그림 14(a)]에 나타낸 것과 같이 입력영상의 네 모서리점의 위치를 이용하여 [그림 13(b)]와 [그림 14(b)]와 같이 출력될 에피폴라 영상의 크기를 정한 후 간접법은 에피폴라 영상의 특정위치(x_n', y_n')에서 시작하여 이에 대한 좌측영상의 위치(x_{free}, y_{free})를 찾은 후 영상의 밝기값을 다시 에피폴라 영상좌표에 할당한다.

3.4 에피폴라 영상재배열

[그림 13]과 [그림 14]는 에피폴라 영상재배열(resampling)을 위한 직접법(direct)과 간접법(indirect)을 나타낸 것이다.

에피폴라 영상을 제작하는 직접법은 [그림 13(a)]의 원영상에서 네 모서리점의 크기를 이용하여 출력될 에피폴라 영상의 크기를 정한 후 원영상의 밝기값을 [그림 13(b)]와 같이 출력될 에피폴라 영상에 바로 넣는 방법이다. 이 경우 원영상은 정수형의 영상좌표에서 시작할 수 있으나 변환된 에피폴라 좌표는 실수값이 될 수 있고, 이를 영상에 나타내기 위해서 정수형으로 바꾸는 과정에서 군데 군데 밝기값이 비는 경우가 발생할 수 있다.

이에 반해 에피폴라 영상을 제작하는 간접법은 [그림 14(b)]에 나타낸 것과 같이 출력될 에피폴라 영상좌표에서 시작해서 변환식을 통해 원영상의 좌표로 계산한다. 그리고 원영상의 좌표에 해당하는 영상의 밝기값을 에피폴라 영상에 나타내기 때문에 출력될 에피폴라 영상이 비는 경우가 발생하지 않는다.

에피폴라 영상을 생성하는 과정을 좀 더 자세히 기술하면 다음과 같다.

① 원 영상의 모서리 좌표(A, B, C, D)에 대한 변환된 에피폴라 영상의 좌표(A', B', C', D')를 기반으로 최소 경계를 갖는 영상의 영역을 설정한다.

② 설정된 경계 영역으로 빈 에피폴라 영상을 만들고 에피폴라 영상에서 좌상단 좌표로 부터 시작하여 역으로 원 영상의 좌표를 결정한다. 여기서 주의할 점은 에피폴라 영상의 좌표는 정수값이고 계산된 원 영상의 좌표값은 정수가 아닌 소수점을 갖는 값이다.

③ 보간법을 적용하여 원 영상의 좌표값에 해당하는 픽셀의 밝기값을 계산한다. 기하학적인 왜곡이 없는 에피폴라 영상을 생성하기 위해서는 최근린(nearest) 보간법을 적용하면 되고 단순히 입체시를 위한 목적이면 공일차(bilinear) 보간법을 적용하여 픽셀의 밝기값을 계산한다.

④ 원 영상에서 얻어온 픽셀의 밝기값을 에피폴라 영상좌표(x_n', y_n')에 할당하고 더 이상 계산할 에피폴라 영상좌표가 없을 때 까지 ②③④의 과정을 반복한다.

04 에피폴라 영상의 활용

에피폴라 영상은 다음과 같은 응용분야에 유용하다.

- 영상매칭(또는 정합)(image matching)
- 상호표정(relative orientation) : 카메라 간의 관계를 나타내는 것으로, 종속상호표정과 독립상호표정이 있다.
- 스테레오시각화(stereo viewing)

스테레오 카메라로 촬영한 원본 영상을 에피폴라 영상으로 제작하면 [그림 15]와 같다.

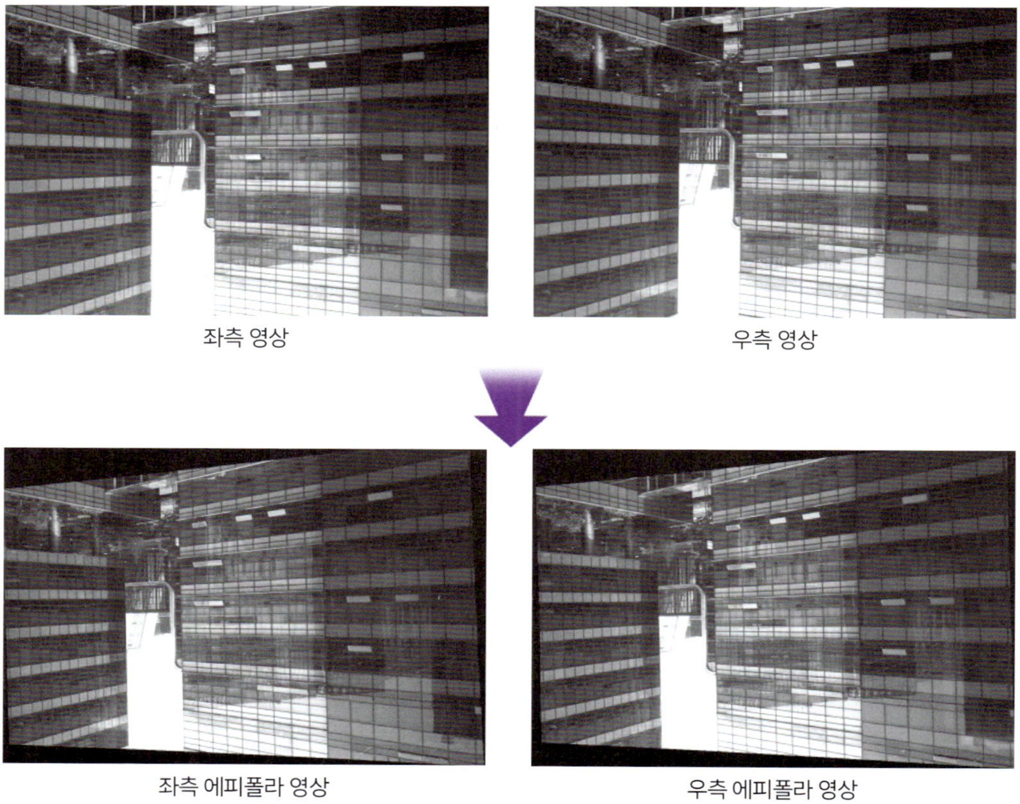

그림 15 에피폴라 영상 제작

05 에피폴라 영상의 시차를 이용한 3차원 좌표 결정

[그림 16]은 에피폴라 영상을 기준으로 시차차(parallax difference)를 나타낸 것이다. 여기서, O_1, O_2는 두 에피폴라 영상의 투영중심을 뜻하며, x_n, y_n, z_n은 가상의 중심을 뜻한다. 또한, f_n는 두 영상의 초점거리의 평균을 뜻한다.

[그림 16]에서 z의 크기를 구하기 위해서 [그림 17]과 같이 도형의 닮음을 이용하여 식 (19)와 같이 비례식을 유도할 수 있다.

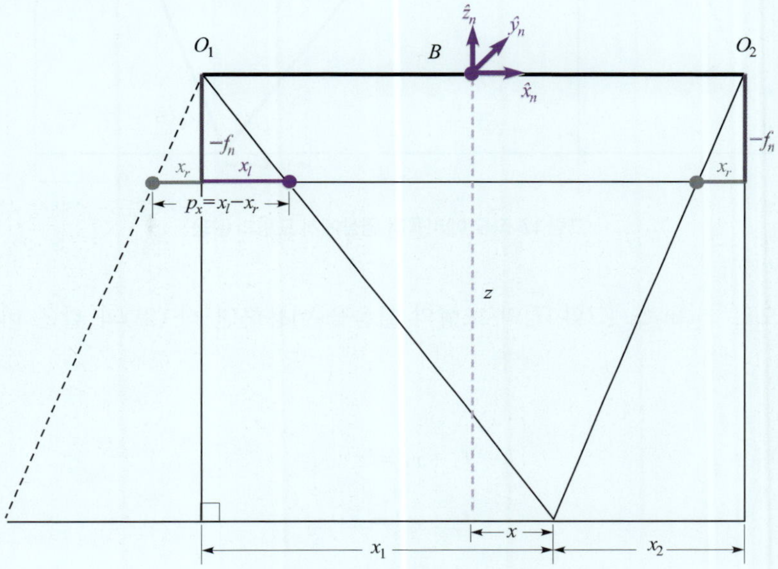

그림 16 에피폴라 영상에서 시차차

$$-f_n : x_l - x_r = z : \| O_2 - O_1 \| \tag{19}$$

여기서, f_n은 에피폴라 영상의 초점거리, (x_l, x_r)은 각각 좌우 에피폴라 영상 좌표, (O_1, O_2)는 좌우 에피폴라 영상의 투영중심을 나타낸다.

식 (19)의 비례식에서 식 (20)과 같이 시차와 축척이 고려된 z 값을 계산할 수 있다.

$$z = \frac{-f_n}{x_l - x_r} \| O_2 - O_1 \| \tag{20}$$

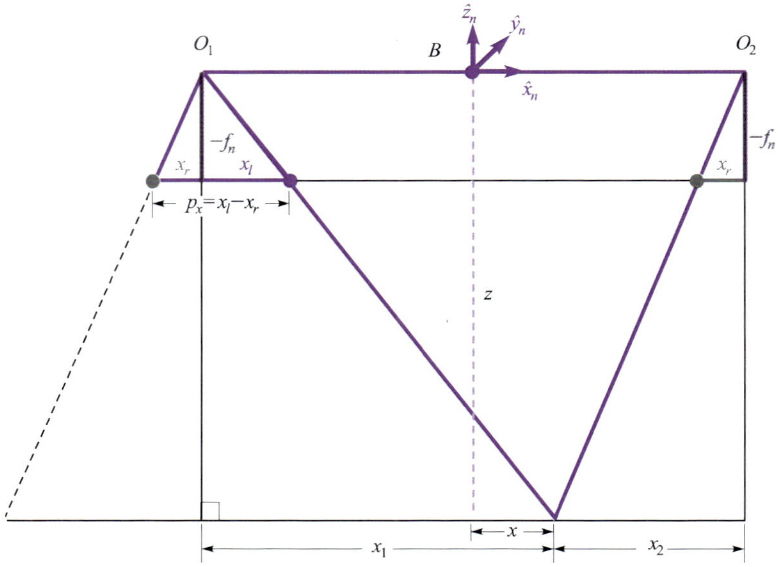

그림 17 좌우 에피폴라 영상에서 도형의 닮음

유사한 방법으로 x_1, x_2도 [그림 17]의 도형의 닮음을 이용하면 식 (21)과 같은 비례식을 유도할 수 있다.

$$-f_n : x_l = z : x_1 \qquad (21)$$

$$-f_n : x_r = z : x_2$$

식 (21)의 비례식에서 시차와 축척이 고려된 x_1, x_2 값을 식 (22)와 같이 계산할 수 있다.

$$x_1 = \frac{x_l}{-f_n} z \qquad (22)$$

$$x_2 = \frac{x_r}{-f_n} z$$

식 (22)에서 계산한 x_1, x_2을 이용하면 [그림 17]에 나타낸 x를 계산하기 위해서 식 (22)를 각각 x에 관한 식으로 나타내면 식 (23)과 같다.

$$x = x_1 - \frac{\| O_2 - O_1 \|}{2} \tag{23}$$

$$x = \frac{\| O_2 - O_1 \|}{2} + x_2$$

식 (23)에서 x를 구하기 위해서 식 (23)의 항목을 더하면 식 (24)와 같이 나타낼 수 있다. 식 (24)에서 x_1, x_2를 식 (22)에 대입하면 x는 식 (26)과 같다.

$$2x = \left(x_1 - \frac{\| O_2 - O_1 \|}{2}\right) + \left(\frac{\| O_2 - O_1 \|}{2} + x_2\right) \tag{24}$$

$$x = \frac{x_1 + x_2}{2} \tag{25}$$

$$x = \frac{z}{-f_n} \frac{x_l + x_r}{2} \tag{26}$$

식 (21)과 유사하게 y는 종시차가 없는 에피폴라 영상을 이용하기 때문에 기준 영상의 영상좌표를 통해 계산할 수 있으며 식 (27)과 같다. 여기서 y_l은 기준 영상의 y축 좌표이다.

$$-f_n : y_l = z : y \tag{27}$$

$$y = \frac{z}{-f_n} y_l$$

식 (20), 식 (21), 식 (27)을 통해 x, y, z에 대한 3차원 좌표를 계산하였지만 x_n, y_n, z_n을 원점으로한 가상의 좌표이므로 기준축을 회전하여 지상좌표계로 변환한 후 원점을 이동해야 한다. 이를 위해 식 (7)을 이용하여 지상에서 (x_n, y_n, z_n) 좌표계로 회전하는 회전행렬$\left(R_{XYZ}^{x_n y_n z_n}\right)$을 계산하였다. 따라서, x_n, y_n, z_n 좌표계에서 지상좌표계로 회전하는 회전행렬은 식 (28)과 같다.

$$R_{x_n y_n z_n}^{XYZ} = \left(R_{XYZ}^{x_n y_n z_n}\right)^T \tag{28}$$

또한, (x_n, y_n, z_n) 좌표계는 두 영상의 투영중심을 원점으로 구성되어 있으므로 두 투영중심을 통해 식 (29)와 같이 원점의 이동량을 계산할 수 있다.

$$T = \frac{1}{2}\begin{bmatrix} X_{O2} + X_{O1} \\ Y_{O2} + Y_{O1} \\ Z_{O2} + Z_{O1} \end{bmatrix} \tag{29}$$

따라서, 가상의 3차원 좌표를 식 (30)을 통해 실제 지상 좌표로 계산할 수 있다. 여기서, $[x, y, z]^T$는 가상의 3차원 좌표이며, $[X, Y, Z]^T$는 실제 지상 좌표를 나타낸다.

$$\begin{bmatrix} X \\ Y \\ Z \end{bmatrix} = R_{x_n y_n z_n}^{XYZ}\begin{bmatrix} x \\ y \\ z \end{bmatrix} + \frac{1}{2}\begin{bmatrix} X_{O2} + X_{O1} \\ Y_{O2} + Y_{O1} \\ Z_{O2} + Z_{O1} \end{bmatrix} \tag{30}$$

예제 4 에피폴라 영상을 이용한 3차원 좌표 결정

에피폴라 영상에서 실제 지상좌표를 구하기 위한 매개변수가 다음과 같을 때 실제 지상좌표를 구하시오.

구분	기초 정보
$R_{x_n y_n z_n}^{XYZ}$	$\begin{bmatrix} 0.5485 & 0.8038 & -0.2304 \\ -0.3556 & -0.0252 & -0.9343 \\ -0.7568 & 0.5944 & 0.2720 \end{bmatrix}$
x, y, z	$150, 100, 200$
X_{O1}, Y_{O1}, Z_{O1}	$100, 100, 1000$
X_{O2}, Y_{O2}, Z_{O2}	$200, 110, 1002$

$$\begin{bmatrix} X \\ Y \\ Z \end{bmatrix} = R_{x_n y_n z_n}^{XYZ} \begin{bmatrix} x \\ y \\ z \end{bmatrix} + \frac{1}{2} \begin{bmatrix} X_{O2} + X_{O1} \\ Y_{O2} + Y_{O1} \\ Z_{O2} + Z_{O1} \end{bmatrix}$$

먼저, 회전행렬 $R_{x_n y_n z_n}^{XYZ}$ 과 가상의 3차원 좌표를 계산하면 다음과 같다.

$$R_{x_n y_n z_n}^{XYZ} \begin{bmatrix} x \\ y \\ z \end{bmatrix} = \begin{bmatrix} 0.5485 & 0.8038 & -0.2304 \\ -0.3556 & -0.0252 & -0.9343 \\ -0.7568 & 0.5944 & 0.2720 \end{bmatrix} \begin{bmatrix} 150 \\ 100 \\ 200 \end{bmatrix} = \begin{bmatrix} 116.5750 \\ -242.7200 \\ 0.3200 \end{bmatrix}$$

다음으로 기선 벡터에 대하여 계산하면 다음과 같다.

$$\frac{1}{2} \begin{bmatrix} X_{O2} + X_{O1} \\ Y_{O2} + Y_{O1} \\ Z_{O2} + Z_{O1} \end{bmatrix} = \frac{1}{2} \begin{bmatrix} 300 \\ 210 \\ 2002 \end{bmatrix} = \begin{bmatrix} 150 \\ 105 \\ 1001 \end{bmatrix}$$

실제 지상좌표를 계산하면 다음과 같다.

$$\begin{bmatrix} X \\ Y \\ Z \end{bmatrix} = \begin{bmatrix} 116.5750 \\ -242.7200 \\ 0.3200 \end{bmatrix} + \begin{bmatrix} 150 \\ 105 \\ 1001 \end{bmatrix} = \begin{bmatrix} 266.5750 \\ -137.7200 \\ 1001.3200 \end{bmatrix}$$

단원정리

01. 에피폴라 기하관련 용어는 다음과 같다.

① 에피폴라 평면 : 한 영상에서 영상점 p에 대한 에피폴라 평면은 투영중심 O_1, O_2와 점 p를 지나는 평면이다. 에피폴라 평면은 기선과 지상점, 좌측영상의 점 p, 우측영상의 점 p'에 의해 각각 정의할 수 있다.

② 에피폴 : 영상 또는 영상을 포함하는 평면과 기선의 교차점이며, 에피폴라 라인은 점과 점에 따라 변하지만 에피폴은 점과 점에 따라 변하지 않는 점이다.

③ 에피폴라 라인(epipolar line) : 에피폴라 라인은 2가지 형태로 정의할 수 있다. 첫째, 에피폴라 평면과 영상면의 교차점으로 정의할 수 있으며 프레임카메라를 이용한 영상에서는 직선으로 나타난다. 둘째, 입체쌍의 경우 좌측영상에서 지상좌표의 높이를 모르는 p점에 대해 우측영상에서 가능한 대응점의 궤적으로 표시할 수 있다.

02. 에피폴라 기하의 특징은 에피폴라 라인을 결정하기 위해서 수치표고모델(DEM : Digital Elevation Model)에 대한 정보가 필요하지 않으며, 프레임 카메라를 주로 사용하는 항공사진에서 에피폴라 라인상에 대응점이 존재한다는 것이다.

03. 에피폴라 영상은 초점거리는 원 영상(또는 사진)과 동일하며 이로 인해 에피폴라 영상의 축척은 원 영상과 동일하며, 에피폴라 영상은 종시차(y-parallax)가 제거된 영상이다.

04. 단위벡터란 벡터의 크기가 1인 방향만을 나타내는 벡터를 뜻한다.

05. 방향코사인은 어떤 벡터의 각 축과 이루는 각의 코사인 값을 나타내고 각 방향코사인값의 제곱합은 항상 1이 된다. 또한, 두 벡터의 내적($\vec{a} \cdot \vec{b} = |a||b|\cos\theta$) 은 각 벡터의 크기에 두 벡터가 이루는 각을 곱한 것이다.

06. 사진과 영상과의 관계는 부등각사상변환식(affine transformation)을 이용하여 변환한다.

07. 에피폴라 영상을 생성하는 과정은 다음과 같다.

① 원 영상의 모서리 좌표(A, B, C, D)에 대한 변환된 에피폴라 영상의 좌표(A', B', C', D')를 기반으로 최소 경계를 갖는 영상의 영역을 설정한다.

② 설정된 경계 영역으로 빈 에피폴라 영상을 만들고 에피폴라 영상에서 좌상단 좌표로 부터 시작하여 역으로 원 영상의 좌표를 결정한다. 여기서 주의할 점은 에피폴라 영상의 좌표는 정수값이고 계산된 원 영상의 좌표값은 정수가 아닌 소수점을 갖는 값이다.

③ 보간법을 적용하여 원 영상의 좌표값에 해당하는 픽셀의 밝기값을 계산한다. 기하학적인 왜곡이 없는 에피폴라 영상을 생성하기 위해서는 최근린(nearest) 보간법을 적용하면 되고 단순히 입체시를 위한 목적이면 공일차(bilinear) 보간법을 적용하여 픽셀의 밝기값을 계산한다.

④ 원 영상에서 얻어온 픽셀의 밝기값을 에피폴라 영상 좌표(x_n', y_n')에 할당하고 더 이상 계산할 에피폴라 영상 좌표가 없을 때 까지 ②③④의 과정을 반복한다.

연습문제

1. 다음 에피폴라 기하관련 용어에 대해 설명하시오.

① 에피폴라 평면 :

② 에피폴 :

③ 에피폴라 라인 :

2. 에피폴라 기하의 특징에 대해 서술하시오.

3. 단위벡터란 무엇인가?

4. 다음의 내용에 ○, × 로 답하시오.

① 에피폴라 영상을 생성하기 위해서 내부표정요소가 필요하다.(　)

② 에피폴라 영상을 생성하기 위해서 외부표정요소가 필요하다.(　)

③ 에피폴라 영상을 생성하기 위해서 상호표정요소가 필요하다.(　)

④ 에피폴라 영상을 생성하기 위해서 수치표고모델이 필요하다.(　)

5. 에피폴라 영상을 생성하는 과정을 설명하시오.

6. 에피폴라 영상의 특징을 요약하여 설명하시오.

7. 좌우영상의 투영중심 $O_1(X_{O1}, Y_{O1}, Z_{O1})$ 과 $O_2(X_{O2}, Y_{O2}, Z_{O2})$ 를 이용하여 기선에 평행한 좌표축을 설정하기 위해서 $\widehat{x_n}$벡터를 구하고, $\widehat{x_n}$를 이용하여 $\hat{y}_n$, $\hat{z}_n$도 구하시오.

구분	기초 정보
$R_{XYZ}^{x_1y_1z_1}$	$\begin{bmatrix} 0.3492 & 0.2218 & 0.9104 \\ 0.2264 & 0.9228 & -0.3117 \\ -0.9093 & 0.3149 & 0.2720 \end{bmatrix}$
$R_{XYZ}^{x_2y_2z_2}$	$\begin{bmatrix} 0.8307 & 0.5219 & -0.1940 \\ -0.5386 & 0.8415 & -0.0424 \\ 0.1411 & 0.1397 & 0.9801 \end{bmatrix}$
X_{O1}, Y_{O1}, Z_{O1}	350, 200, 2,000
X_{O2}, Y_{O2}, Z_{O2}	300, 210, 2,002

8. 영상좌표에서 사진좌표로 변환하는 부등각사상변환의 매개변수가 다음과 같을 때 사진좌표 (x, y)를 구하시오.

구분	기초 정보
Nc	5,184
Nr	2,912
pixel size	1 mm / pixel
x'	4,200
y'	1,800

9. 좌우 에피폴라 영상에서 도형의 닮음을 이용하여 시차와 축척이 고려된 z값을 계산하시오.

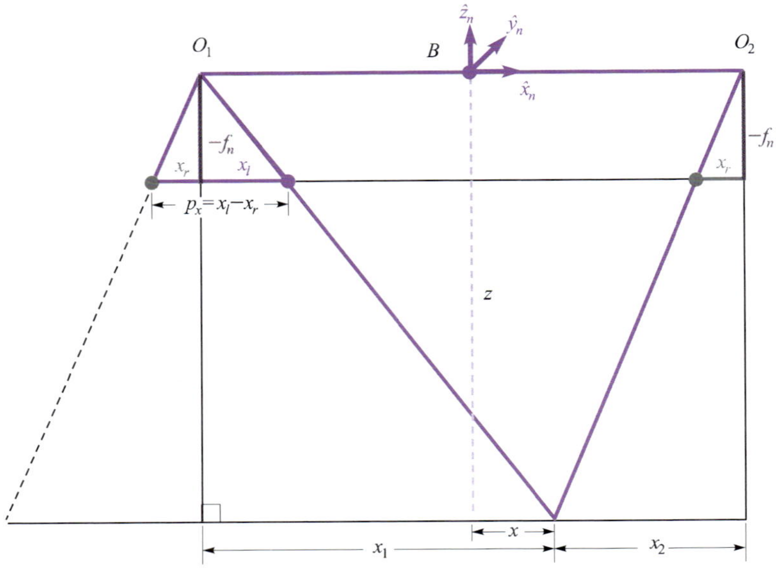

구분	기초 정보
f_n	0.150
x_l	100
x_r	120
X_{O1}, Y_{O1}, Z_{O1}	500, 500, 1,000
X_{O2}, Y_{O2}, Z_{O2}	540, 510, 998

10. 에피폴라 영상을 생성하기 위한 직접법과 간접법에 대해서 기술하시오.

chapter

01

연습문제

정답 및 해설

1. 사진측량을 4세대로 구분하고 설명하시오.

해설

사진측량의 태동기(1850~1900), 기계식 사진측량(1901~1950), 해석적 사진측량(1951~2000), 디지털사진측량(2001~현재)의 4세대로 구분할 수 있다.

2. 사진측량학(Photogrammetry)이라는 용어를 처음으로 사용한 사람은 누구인가?

해설

① 메이덴바우어 ② 헬라바 ③ 레오나르도 다빈치 ④ 폰 그루버

정답 ①

3. 항공사진측량용 카메라와 일반 디지털 카메라를 구분하여 설명하시오.

해설

항공사진측량용 디지털카메라는 일반 디지털카메라에 비해 크기가 크고, 카메라를 구성하는 CCD 배열의 개수가 많다. 또한, 항공사진측량용 디지털카메라는 사전에 카메라의 초점거리, 주점의 위치, 방사왜곡, 편심왜곡 등을 정확하게 계산한 캘리브레이션된 정보를 제공해주는 반면 일반 디지털카메라는 그러한 정보가 포함되어있지 않다. 통상적으로 제공되는 일반 디지털카메라의 초점거리는 엄밀히 말하면 실제와 차이가 있을 수 있다.

4. 사진측량의 목적은 무엇이고 적용 가능한 분야를 나열하시오.

해설

사진측량은 사진의 역처리 과정으로 사진(또는 영상)으로부터 3차원 좌표를 복원하는 것이다.
사진측량이 적용되는 분야는

- 지형도 제작
- 수치표고모델 제작
- 정사영상 제작
- 3차원 공간정보 구축 등이 있다.

5. 컴퓨터비전 기술이 발달하게 된 계기는 무엇인가?

해설

1990년대에 들어서면서 안보분야에서 지문과 얼굴인식의 필요성이 높아지면서이다.

6. 사진과 지도와의 차이점에 대해서 비교하여 설명하시오.

해설

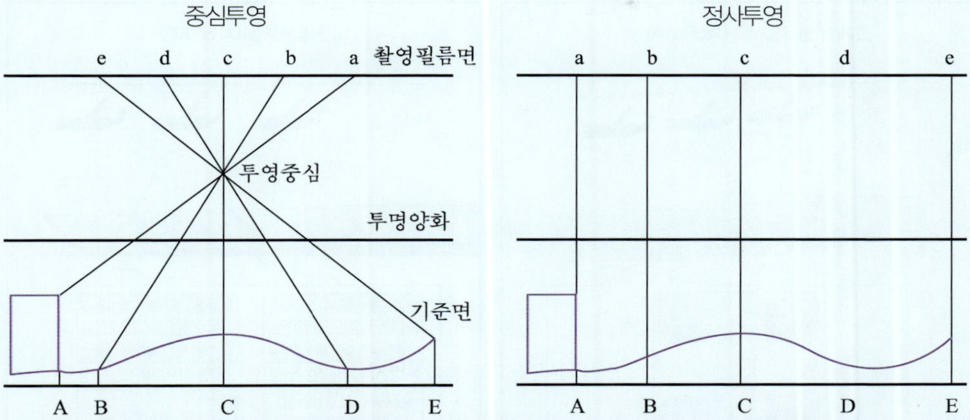

구분	사진	지도
투영	중심투영	정사투영
축척	축척이 균일하지 않음	축척이 균일함

7. 수직사진과 경사사진은 어떻게 구분하는가?

해설

수직사진과 경사사진의 구분은 촬영한 사진의 경사각을 통해 구분한다. 수직사진은 경사각이 3° 이내로 촬영한 사진을 나타내며 경사사진은 경사각이 3° 이상으로 촬영한 사진을 나타낸다.

8. 화각 또는 촬영시야각이란 무엇인가?

해설

화각 또는 촬영시야각은 렌즈를 통해서 대상물을 담을 수 있는 카메라의 각도를 나타낸다. 화각에 따라 협각, 보통각, 중간각, 광각, 초광각 등으로 분류할 수 있다.

9. 디지털 항공사진측량용 카메라를 CCD 또는 CMOS 배열의 형태에 따라 구분하여 설명하시오.

해설

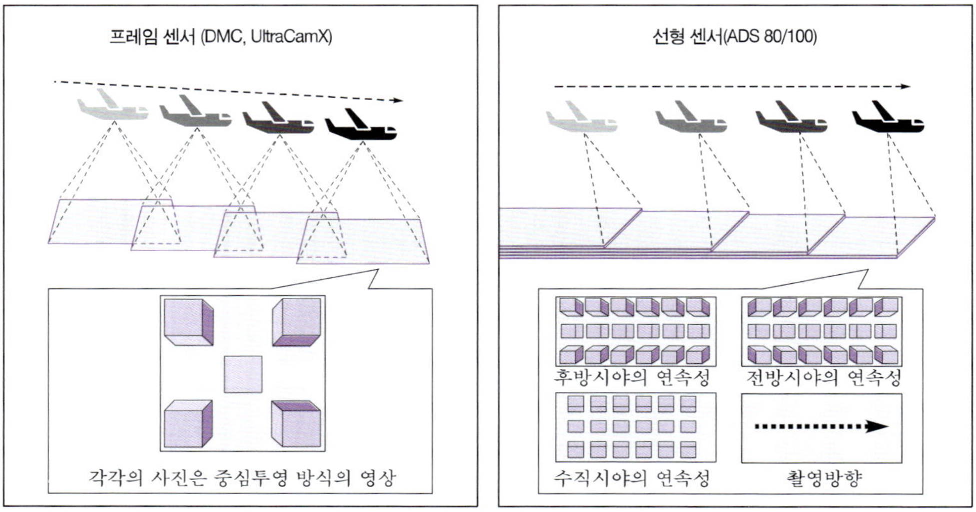

프레임 센서는 2차원 평면형태의 CCD 또는 CMOS 배열을 이용하여 일정면적을 동시에 촬영하는 방식으로 기존의 필름 카메라와 동일한 촬영방식을 가진다. 선형 센서는 마치 1차원 CCD 또는 CMOS 배열을 가지고 있는 복사기와 같이 지표면을 스캐닝하는 방식이다.

10. 항공사진측량용 디지털카메라가 국내에 제도적으로 도입된 시기는 언제인가?

① 1995년　② 2000년　③ 2005년　④ 2009년

해설

항공사진측량용 디지털카메라가 도입되기 시작한 시기는 2000년이었지만 국토지리정보원에서 제도적으로 디지털카메라를 사용하기 시작한 시기는 2009년이다.

정답 ④

11. 프레임 카메라란 무엇인가?

해설

프레임 카메라(DMC, UltraCam)는 2차원 평면형태의 CCD 또는 CMOS 배열을 이용하여 일정면적을 동시에 촬영하는 방식을 사용하는 프레임 센서가 장착된 카메라를 의미한다.

chapter

02

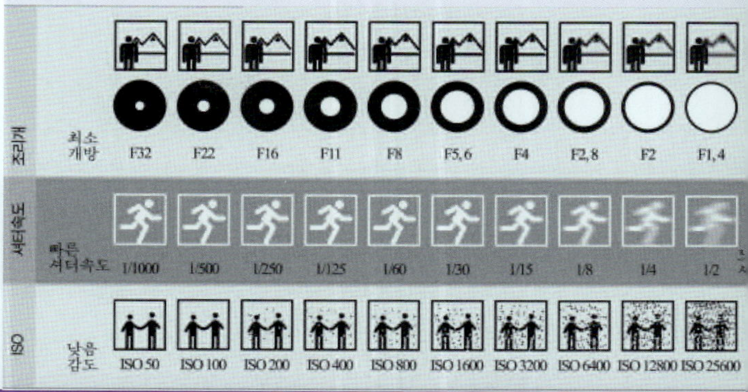

연습문제
정답 및 해설

1. 다음의 용어에 대해서 정의하시오.

① 광축(optical axis)
② 주점면(principal planes)
③ 절점(nodal point)
④ 초점(focal point)
⑤ 초점거리(focal length)

해설

① 광축(optical axis)

빛이 렌즈 시스템을 통해 전파되는 경로를 정의하는 가상 선이다. 렌즈로 구성된 시스템의 경우 축은 각 표면의 곡률 중심을 통과하고 회전 대칭축과 일치한다.

② 주점면(principal planes)

주점에 위치하고 광축에 수직인 평면이다.

③ 절점(nodal point)

절점은 광축과 주점면이 교차하는 교차점이다.

임의의 물체의 한 점에서 나온 광선은 렌즈의 앞면에 입사해서 굴절한 뒤 렌즈의 반대면으로 나오게 된다. 물체에서 나온 광선들이 렌즈 표면의 임의의 점에 입사했을 때, 각 광선의 입사 경로와 광축이 이루는 각을 입사각, 광선의 출사 경로와 광축이 이루는 각을 출사각이라고 하면, 입사각과 출사각이 같은 광선이 반드시 존재한다. 그 경우에 입사 경로와 출사 경로는 평행하게 된다. 이 때, 광선의 경로와 광축이 만나는 점을 절점이라고 한다.

④ 초점(focal point)

광선 다발이 한 점으로부터 발산하거나 그 점을 향해 수렴하는 점이다.

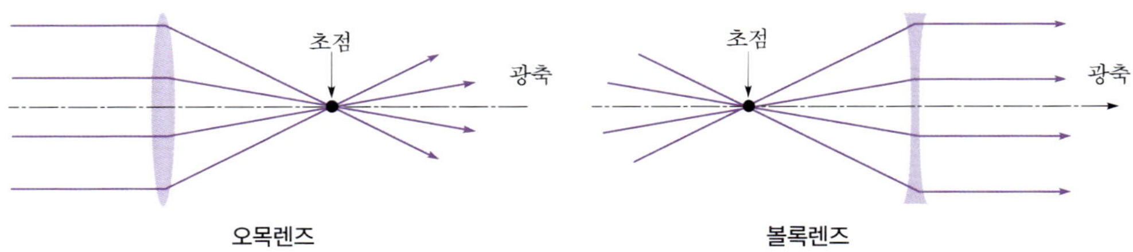

⑤ 초점거리(focal length)

초점거리란 피사체에 초점을 맞추었을 때 렌즈와 영상면 사이의 거리를 나타낸다.

2. 렌즈수차의 종류에 대해서 쓰시오.

해설

구면수차, 코마수차, 비점수차, 색수차

3. 렌즈방정식을 사용하여 항공사진측량 작업을 수행할 때 주점거리(principal distance)와 초점거리(focal length)는 서로 같다는 것을 증명하시오.

해설

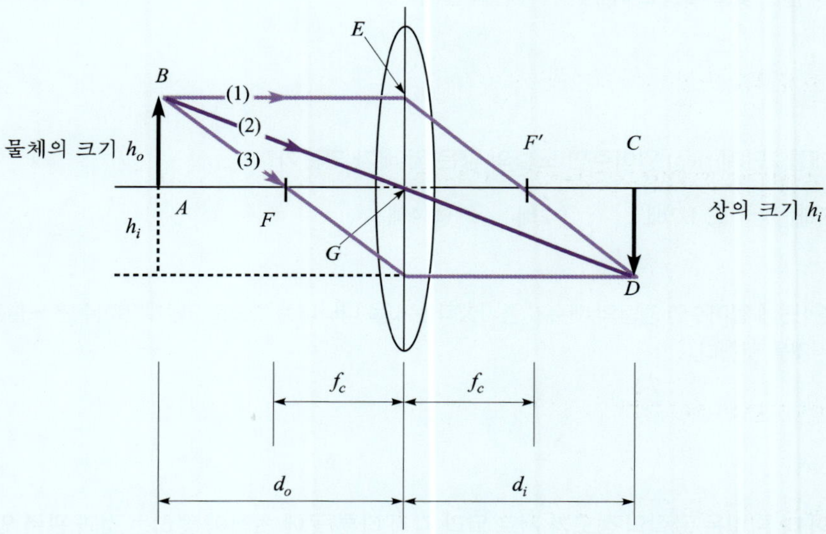

도형의 닮음을 이용하여 초점거리에서 $\frac{d_i}{f_c} = \frac{d_i}{d_O} + 1$, $\frac{1}{d_O} + \frac{1}{d_i} = \frac{1}{f_c}$을 증명하였다. 여기서 d_O, d_i, f_c는 각각 렌즈중심에서 대상물까지의 거리, 렌즈중심에서 사진면까지의 거리, 초점거리를 나타낸다.
일반적으로 항공사진에서 렌즈중심에서 대상물까지의 거리(d_O)는 촬영고도(H)가 된다. 대상물과의 거리가 커지면 $d_O \to \infty$가 되어 $\frac{1}{d_O}$는 0이 되고 렌즈중심에서 사진면까지의 거리(d_i)는 바로 초점거리(f_c)와 같게 되는 것을 알 수 있다.

4. 조리개의 역할과 가장 거리가 먼 것은?

① 렌즈를 통과하는 빛의 양을 조절한다.
② 피사계 심도를 조절한다.
③ 모든 수차를 조절한다.
④ 영상의 밝기를 균일화 한다.

해설

조리개(aperture)는 사람 눈의 홍채와 같은 역할로 빛을 초점으로 모으는 주 렌즈나 거울로서 렌즈를 통과하는 빛의 양을 조절한다. 또한, 조리개는 사진의 밝기뿐만 아니라 사진의 심도에도 영향을 준다. 조리개가 클수록 더 많은 빛을 모으고 더 섬세한 부분을 볼 수 있다.

정답 ③

5. 조리개를 2단계(step) 열어주면 노출의 양은 몇 배가 되는가?

① 1/4배　　② 1/2배　　③ 2배　　④ 4배

해설

조리개를 1단계 열어주면 광량의 배수가 증가했다는 것을 나타내는 것으로 2단계 열어주면 노출은 4배가 되었다는 것을 뜻한다.

정답 ④

6. 파장이 다른 빛은 굴절의 정도가 서로 달라 각기 다른 곳에 초점이 맺히는 것과 관련 있는 것은?

① 구면수차　　② 콤마수차　　③ 왜곡수차　　④ 색수차

해설

색수차는 빛이 가지는 다양한 파장으로 인하여 발생된다.

정답 ④

7. 렌즈의 수차에 대한 설명 중 틀린 것은?

① 구면수차(spherical aberration)는 렌즈에 평행 광선이 입사될 때 광축에서 가까운 곳과 먼 곳의 입사각 차이로 발생하는 수차이다.
② 코마수차는 광축에 평행이 아닌 경사광선에 의한 수차이다.
③ 왜곡수차는 물체의 한 점으로부터 광축에 직교하는 접선 방향에서만 나타난다.
④ 상면만곡(curvature of field)은 렌즈에 의하여 맺힌 상면이 평면이 아닌 구면이 되는 현상을 말한다.

해설

코마수차는 경사광선에 의해서 발생되는 것으로 빛이 렌즈를 통과할 때 각 위치에 따라 적용되는 굴절률이 달라 한 점으로 초점이 맺히지 않고 혜성의 꼬리처럼 맺히는 수차를 나타낸다. 왜곡수차는 접선방향 뿐만 아니라 방사방향으로 상을 다르게 맺는다.

정답 ③

8. 카메라 심도를 깊게 하기 위해서 조리개를 너무 많이 조이게 되면 영상의 해상력이 저하되는데 그 이유로 옳은 것은?

① 빛의 반사 ② 빛의 굴절 ③ 빛의 직진 ④ 빛의 회절

해설

조리개를 너무 많이 조이게 되면 빛이 들어오는 입구가 좁아지기 때문에 빛이 들어올 때 회절이 더 많이 일어난다. 이로 인해 영상의 해상력이 저하된다.

정답 ④

9. ISO100 필름으로 촬영할 때 노출이 1/125초에 $F11$이라면, 감도가 동일한 필름으로 1/500초로 촬영할 때 같은 값의 노출량을 얻기 위해 필요한 조리개의 수치는?

① $F4$ ② $F5.6$ ③ $F8$ ④ $F11$

해설

노출 시간 1/125초는 1/500초의 4배이다. 따라서 빛의 양이 4배로 줄었다. 빛의 양이 4배 감소되면 같은 값의 노출량을 얻기 위해서는 $F11$에서 조리개를 개방하여야 하며 빛의 양을 $F11/\sqrt{2}/\sqrt{2}$ 배로 해야 한다. 즉 $F(11/\sqrt{2}) = F8$이면 빛의 양이 2배 증가한 것이고, 이를 다시 조리개를 열어 $F(8/\sqrt{2}) = F5.6$이 되어 빛의 양이 4배 증가된다.

정답 ②

10. 피사계 심도에 대한 설명이 틀린 것을 모두 고르시오.

① 카메라의 조리개를 조일수록 깊어진다.
② 카메라의 초점거리가 짧을수록 깊어진다.
③ 피사체와 카메라간의 촬영거리가 멀수록 깊어진다.
④ 초점이 맞는 범위가 좁을수록 깊어진다.
⑤ 조리개 구경이 커질수록 피사계 심도는 깊어진다.

해설

피사계 심도는 초점이 맞는 범위를 나타내는 것으로 초점이 맞는 범위가 좁으면 피사계 심도는 얕다고 할 수 있다. 그리고 조리개의 구경이 커질수록 피사계 심도는 얕아진다. 이와 반대로 조리개를 조일수록 카메라의 심도는 깊어진다.

정답 ④, ⑤

chapter

03

연습문제
정답 및 해설

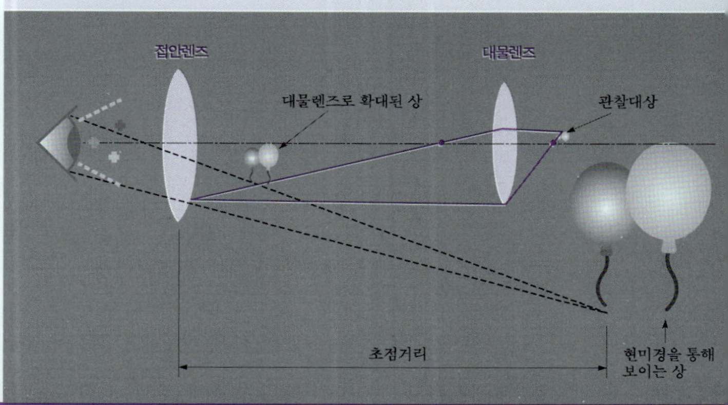

1. 빛이란 무엇인가?

해설

빛이란 입자의 성질과 파동의 성질을 지닌 것으로 시각적인 측면에서 볼 수 있는 전자기 광선을 말하며 흔히 가시광선이라 부른다.

2. 주파수의 단위는 무엇인가?

해설

Hz이며 1초 동안 진동한 횟수를 나타낸다.

3. 주파수와 파장간의 관계에 대해서 설명하시오.

해설

주파수와 파장 간에는 반비례 관계가 있다.
파장이 짧으면 주파수는 커지고, 파장이 길면 주파수는 낮아진다.

4. 수업시간에 사용하는 레이저 포인터는 빨간색의 파장이 약 650nm이다. 이 레이저 포인터의 주파수의 크기는 얼마인가?

해설

$c = \lambda \cdot f$ 이므로 주파수의 크기는 $f = \frac{c}{\lambda} = \frac{300{,}000{,}000 m/s}{650 \times 10^{-9} m} = 4.6154 \times 10^{14} Hz$ 이다.

5. 파장과 진폭은 무엇인가?

해설

파장이란 파동이 일정한 주기 동안 나아가는 거리를 나타낸다. 파장은 마루에서 마루까지 또는 골에서 골까지의 거리로 나타낸다.
진폭은 주기적인 진동이 있을 때 진동의 중심으로부터 마루나 골까지의 거리를 나타낸다.

6. 다음과 같이 로프의 파가 있다.

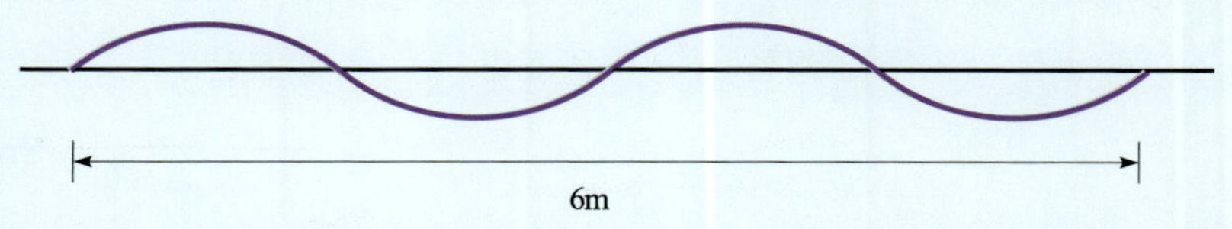

해설

a. 이 파의 파장은?

전체 6m에 2 파장이 들어가 있으므로 한 파장은 3m이다.

b. 만약 파의 주파수가 4Hz이면 파장의 크기는 얼마인가?

$c = \lambda \cdot f$ 이므로 파장의 길이는 $\lambda = \frac{c}{f} = \frac{300,000,000\,m/s}{4Hz} = 75 \times 10^6\,m$ 이다.

7. 투명하고 양면이 볼록 렌즈 모양으로 망막에 들어온 상을 명확하게 감지할 수 있도록 초점거리를 맞추는 역할을 하는 것은?

① 간상체 ② 수정체 ③ 추상체 ④ 홍채

해설

가까운 대상물을 볼 때와 먼 곳을 볼 때에는 초점거리의 변화가 있어야 한다. 이러한 초점거리의 변화는 수정체가 두꺼워지거나 얇아지게 함으로서 가능하다.

정답 ②

8. 사람의 눈으로 볼 수 있는 가시광선의 파장 범위는?

① 120~ 360nm ② 380~ 780nm ③ 800~ 1200nm ④ 1250~ 1450nm

해설

가시광선은 전자기파에서 극히 일부분인 파장이 380nm 과 780nm 사이의 광선을 나타내는 것으로 인간의 눈은 일반적으로 이러한 가시광선의 약 8%인 극히 일부를 흡수한다.

정답 ②

9. 공기 중에서 진행하는 빛이 어느 매질의 경계면에서 꺾여 그 매질 속으로 들어가는 것은 무슨 작용인가?

① 반사 ② 굴절 ③ 회절 ④ 산란 ⑤ 분산

정답 ②

10. 사람의 눈에서 카메라의 조리개 역할을 하는 것은?

① 홍채 ② 맥락막 ③ 수정체 ④ 망막

정답 ①

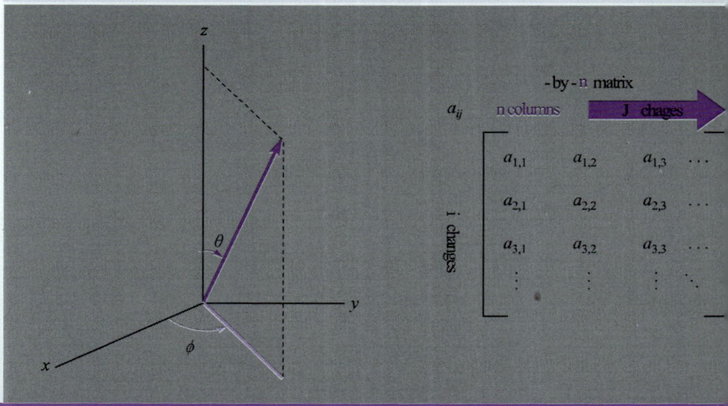

chapter

04

연습문제 정답 및 해설

1. 고유값분해와 특이값분해의 차이점에 대해 서술하시오.

해설

고유값 분해는 행렬이 정방행렬이면서 선형독립일 경우에만 가능하다. 그러나 정방행렬 및 선형독립이 아닌 경우도 있는데도 행렬의 고유값과 고유벡터를 구할 수 있는 방법이 특이값 분해이다. 다시 말해, 행렬 A가 정방행렬이 아닌 $m \times n$과 같이 직사각형 모양일 때도 특이값 분해(SVD : Singular Value Decomposition)를 통해서 행렬의 고유값과 고유벡터를 구할 수 있다.

2. 벡터 $\boldsymbol{v} = (2, -2, 1)$ 일 때 벡터 $\boldsymbol{v}$의 단위벡터 $\boldsymbol{u}$를 구하시오.

해설

$\| \boldsymbol{v} \| = \sqrt{2^2 + (-2)^2 + 1^2} = 3$

따라서, 단위벡터 $\boldsymbol{u} = \dfrac{\boldsymbol{v}}{\| \boldsymbol{v} \|} = \dfrac{(2, -2, 1)}{3} = (\dfrac{2}{3}, -\dfrac{2}{3}, \dfrac{1}{3})$이 된다.

3. 다음과 같이 두 벡터 $\boldsymbol{a} = [1,\ 1,\ 3]^T$, $\boldsymbol{b} = [2,\ \ 1, -3]^T$ 가 있을 때 두 벡터의 외적을 구하시오.

해설

두 벡터의 외적은 $\boldsymbol{a} \times \boldsymbol{b} = \hat{\boldsymbol{a}}\, \boldsymbol{b}$ 을 이용하여 구할 수 있다.

여기서, $\hat{\boldsymbol{a}} = \begin{bmatrix} 0 & -a_3 & a_2 \\ a_3 & 0 & -a_1 \\ -a_2 & a_1 & 0 \end{bmatrix}$이므로, $\hat{\boldsymbol{a}} = \begin{bmatrix} 0 & -3 & 1 \\ 3 & 0 & -1 \\ -1 & 1 & 0 \end{bmatrix}$이다.

따라서 두 벡터의 외적은 $\hat{\boldsymbol{a}}\, \boldsymbol{b} = \begin{bmatrix} 0 & -3 & 1 \\ 3 & 0 & -1 \\ -1 & 1 & 0 \end{bmatrix} \begin{bmatrix} 2 \\ 1 \\ -3 \end{bmatrix} = \begin{bmatrix} -6 \\ 9 \\ -1 \end{bmatrix}$이다.

4. 벡터의 내적을 이용하여 두 벡터 $\boldsymbol{a} = [2,\ 2]^T$, $\boldsymbol{b} = [3, 0]^T$ 의 사잇각을 계산하시오.

해설

두 벡터의 사잇각은 $\theta = \cos^{-1}(\dfrac{a^T b}{\sqrt{a^T a\ b^T b}})$를 이용하여 구할 수 있다.

$a^T b = [2\ 2] \begin{bmatrix} 3 \\ 0 \end{bmatrix} = 6$ 이고 $a^T a = [2\ 2] \begin{bmatrix} 2 \\ 2 \end{bmatrix} = 8$, $b^T b = [3\ 0] \begin{bmatrix} 3 \\ 0 \end{bmatrix} = 9$이므로

두 벡터의 사잇각은 $\theta = \cos^{-1}(\dfrac{a^T b}{\sqrt{a^T a\ b^T b}}) = \cos^{-1}(\dfrac{6}{6\sqrt{2}}) = 45^\circ$ 이다.

5. 선형 독립에 대해 서술하시오.

해설

2차원 공간에서 두 벡터가 주어졌을 때 두 벡터는 동일 직선상에 존재하지 않는 경우를 뜻한다. 선형결합으로 만든 방정식 $c_1\boldsymbol{v}_1 + c_2\boldsymbol{v}_2 \cdots + c_n\boldsymbol{v}_n = \boldsymbol{0}$ 이 있을 때 $c_1\boldsymbol{v}_1 + c_2\boldsymbol{v}_2 \cdots + c_n\boldsymbol{v}_n = \boldsymbol{0}$이 오직 선형결합 계수 $c_1, c_2 \cdots, c_n = 0$ 인 경우에만 성립한다면 벡터 $\boldsymbol{v}_1, \boldsymbol{v}_2 \cdots, \boldsymbol{v}_n$는 선형독립이다.

6. 행렬을 이용하여 두 직선 $y = -x + 7, y = x - 3$의 교점을 계산하시오.

해설

두 직선을 $Ax = b$형태로 만들면 $\begin{bmatrix} 1 & 1 \\ -1 & 1 \end{bmatrix}\begin{bmatrix} x \\ y \end{bmatrix} = \begin{bmatrix} 7 \\ -3 \end{bmatrix}$이 된다.

역행렬을 이용하여 $x = A^{-1}b$와 같이 교점(x,y)을 구할 수 있다.

따라서 교점(x,y)는 $\begin{bmatrix} x \\ y \end{bmatrix} = \begin{bmatrix} 1 & 1 \\ -1 & 1 \end{bmatrix}^{-1}\begin{bmatrix} 7 \\ -3 \end{bmatrix} = \begin{bmatrix} 5 \\ 2 \end{bmatrix}$ 이므로 $(5,2)$이다.

7. 다음 행렬 $A = \begin{bmatrix} 1 & -3 & -2 & 4 \\ 2 & 1 & 3 & 1 \\ 3 & 5 & 8 & -2 \\ 4 & 7 & 11 & -3 \end{bmatrix}$ 의 랭크를 구하시오.

해설

행렬의 첫 번째 열의 원소에서 행렬의 두 번째 열의 원소를 더하면 행렬의 세 번째 열의 원소가 된다. 또한 행렬의 첫 번째 열의 원소에서 행렬의 두 번째 열의 원소를 빼면 네 번째 열의 원소가 되므로 행렬 A의 선형 독립인 열의 개수는 2개이므로 랭크는 2가 된다.

8. 열공간과 영공간에 대해서 서술하시오.

해설

- 열공간은 어떤 행렬에서 열벡터가 이루고 있는 공간을 행렬의 열공간이라 한다. 즉, 행렬의 열공간은 행렬의 열벡터들의 선형결합을 스팬하여 만들 수 있는 공간이다.
- 영공간은 $Ax = 0$을 만족하는 x의 공간을 의미한다.

9. 다음 식 $Ax = \begin{bmatrix} 3 & 2 & 5 & 1 \\ -2 & 1 & -1 & -3 \\ 1 & -3 & -2 & 2 \\ 4 & 2 & 6 & 2 \end{bmatrix} \begin{bmatrix} x_1 \\ x_2 \\ x_3 \\ x_4 \end{bmatrix}$ 의 영공간의 기저 벡터 개수를 구하시오.

해설

행렬의 미지수 개수가 n이고, 랭크가 r이라 할 때 영공간의 기저의 개수는 $n-r$이다.
따라서 위의 주어진 식에서 미지수의 개수는 4개이고 랭크는 2이므로 영공간의 기저의 개수는 2가 된다.

10. 다음 행렬 $A = \begin{bmatrix} 4 & 2 \\ 3 & 5 \end{bmatrix}$ 의 고유값을 계산하시오.

해설

고유값을 계산하기 위해 행렬의 특성 방정식 $A - I\lambda$를 계산한다.

$A - I\lambda = \begin{bmatrix} 4-\lambda & 2 \\ 3 & 5-\lambda \end{bmatrix}$이므로 $\det(A - I\lambda) = (4-\lambda)(5-\lambda) - 6 = 0$ 이다.

행렬식을 전개하면 다음과 같다.

$\lambda^2 - 9\lambda + 14 = 0$이므로 따라서 고유값은 $\lambda_1 = 2$와 $\lambda_2 = 7$이다.

11. 대칭행렬의 특성 두 가지를 서술하시오.

해설

① 대칭행렬의 고유값은 전부 실수 값을 갖는다.
② 대칭행렬의 고유벡터는 직각을 이룬다.

12. A 점의 좌표가 (3, 7)일 때 반시계방향으로 30° 회전한 좌표값을 계산하시오.

해설

회전행렬을 이용한 좌표의 회전은 $\begin{bmatrix} x' \\ y' \end{bmatrix} = \begin{bmatrix} \cos\theta & \sin\theta \\ -\sin\theta & \cos\theta \end{bmatrix} \begin{bmatrix} x \\ y \end{bmatrix}$ 를 이용하여 구할 수 있다.

$\begin{bmatrix} x' \\ y' \end{bmatrix} = \begin{bmatrix} \cos 30 & \sin 30 \\ -\sin 30 & \cos 30 \end{bmatrix} \begin{bmatrix} 3 \\ 7 \end{bmatrix}$ 이므로 회전된 좌표값은 $(3.5, 6.062)$이다.

13. 지상좌표계(XYZ)를 기준으로 Z축 방향으로 90°회전하여 사진좌표계(xyz)와 같은 모양을 나타내고 있을 때 방향코사인을 이용하여 지상좌표계에서 사진좌표계로의 변환을 위한 3차원 회전행렬(R_{XYZ}^{xyz})을 구하시오.

해설

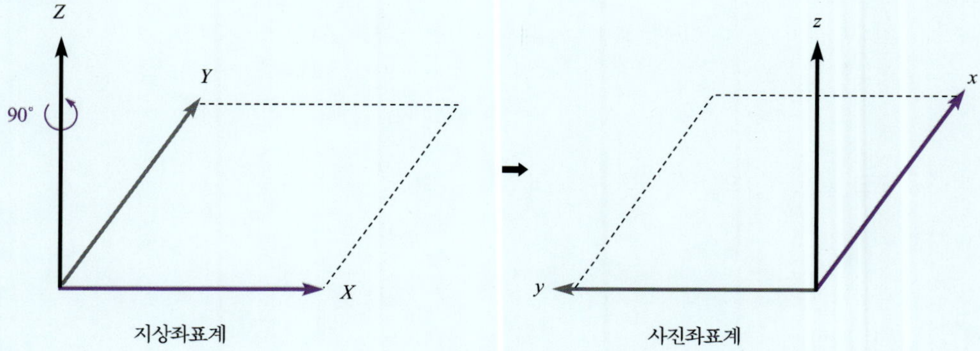

지상좌표계(XYZ)의 기저를 $\hat{X}=[1\,0\,0]^T$, $\hat{Y}=[0\,1\,0]^T$, $\hat{Z}=[0\,0\,1]^T$이라 했을 때 사진좌표계(xyz)의 기저는 $\hat{x}=[0\,1\,0]^T$, $\hat{y}=[-1\,0\,0]^T$, $\hat{z}=[0\,0\,1]^T$가 된다.
따라서 방향코사인 공식

$$R_{XYZ}^{xyz}=\begin{bmatrix}\cos(Xx) & \cos(Yx) & \cos(Zx)\\ \cos(Xy) & \cos(Yy) & \cos(Zy)\\ \cos(Xz) & \cos(Yz) & \cos(Zz)\end{bmatrix}=\begin{bmatrix}\hat{X}\cdot\hat{x} & \hat{Y}\cdot\hat{x} & \hat{Z}\cdot\hat{x}\\ \hat{X}\cdot\hat{y} & \hat{Y}\cdot\hat{y} & \hat{Z}\cdot\hat{y}\\ \hat{X}\cdot\hat{z} & \hat{Y}\cdot\hat{z} & \hat{Z}\cdot\hat{z}\end{bmatrix}$$ 을 이용하면 $$\begin{bmatrix}0 & 1 & 0\\ -1 & 0 & 0\\ 0 & 0 & 1\end{bmatrix}$$

이 된다.

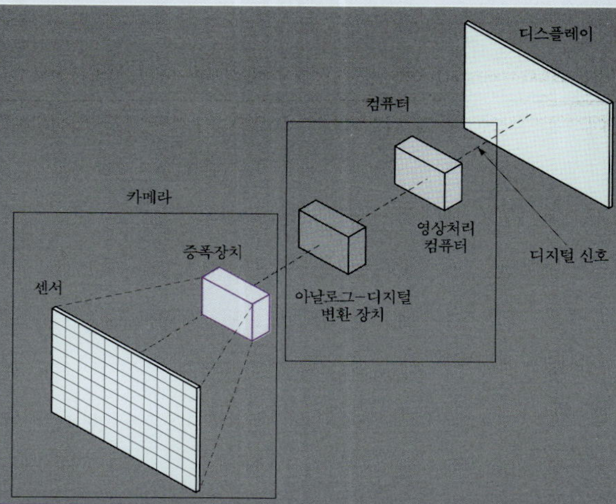

chapter

05

연습문제
정답 및 해설

1. 픽셀이란 무엇인지 서술하시오.

해설

디지털 영상을 구성하는데 있어서 가장 작은 단위를 픽셀(pixel : picture element)이라고 한다.

2. 디지털 영상처리의 과정을 서술하시오.

해설

영상취득 → 전처리(preprocessing) → 영상분할(image segmentation) → 영상표현 및 서술(representation and description) → 인식(recognition) → 해석 또는 판독(interpretation)

3. 영상에서 저주파와 고주파의 차이를 서술하시오.

해설

영상에서 저주파는 픽셀값의 변화율이 작은 영역을 나타내고 고주파는 픽셀값의 변화율이 큰 영역을 나타낸다.

4. 특징점 추출 연산자는 무엇이 있는지 3가지 이상 쓰시오.

해설

Harris, KLT, SIFT, SURF, FAST

5. 특징점 추출 연산자가 가져야할 조건에 대해 서술하시오.

해설

- 특징성 : 인접한 점들과 구별할 수 있는 특징 있는 점
- 불변성 : 특징점의 선택에 있어서 기하학적, 방사학적 왜곡에 불변하는 구별성이 있는 점을 선택하는 것
- 안정성 : 특징점의 선택은 잡영(noise)에 대해서도 강건해야 함
- 판독성 : 특징점은 경계선, 모서리점과 같이 판독이 가능한 점이어야 함

6. 영상매칭은 매칭의 대상기준에 따라 분류한다. 각 영상매칭은 어떤 요소를 이용하는지 설명하시오.

해설

① 영역기준 매칭(area based image matching) : 픽셀의 밝기값 이용
② 피처기준 매칭(feature based image matching) : 피처와 서술자를 이용
③ 관계형 매칭(relational matching) : 대상물의 점, 선, 면의 관계 이용

7. 영상매칭의 수행과정을 순서대로 간략하게 서술하시오.

해설

① 하나의 영상에서 매칭요소를 선택한다.
② 나머지 영상에서 대응되는 공액요소를 찾는다.
③ 대상공간(object space)에서 매칭된 요소의 3차원 위치를 계산한다.
④ 영상매칭의 품질을 평가한다.

8. SIFT 알고리즘의 처리 과정에 대해 서술하시오.

해설

① RGB 컬러 영상을 그레이 스케일 영상으로 변환한다.
② 영상 피라미드를 구성한다.
③ DoG를 계산한다.
④ 특징점 위치를 판별한다.
⑤ 특징점 방향을 판별한다.
⑥ 특징 기술자를 생성한다.

9. 3×3크기를 갖는 기준영역(L)과 탐색영역(R)이 있다고 할 때 SAD 수식을 이용하여 두 영상간의 유사도를 구하시오.

기준영역(L)의 밝기값 분포는 다음과 같다.

27	45	47
29	30	43
31	28	45

탐색 영역(R)의 밝기값 분포는 다음과 같다.

34	47	50
30	32	46
31	29	47

해설

기준 영역(L)에서 탐색 영역(R)의 밝기값을 빼고 절대값을 취하면 다음과 같다.

7	2	3
1	2	3
0	1	2

밝기값의 차이를 모두 더하면 21이다.

10. 3×3크기를 갖는 기준영역(L)과 탐색영역(R)이 있다고 할 때 센서스 변환(CT) 수식을 이용하여 두 영상간의 유사도를 구하시오.

기준영역(L)의 밝기값 분포는 다음과 같다.

27	45	47
29	30	43
31	28	45

탐색 영역(R)의 밝기값 분포는 다음과 같다.

34	47	50
30	32	46
31	29	47

해설

기준 영역(L)에서 중앙의 밝기값이 30이므로 이보다 작은 경우 0으로 설정하고 큰 경우 1로 설정하면 다음과 같다.

0	1	1
0		1
1	0	1

1차원 비트 배열로 변환하면 다음과 같다.

2^0	2^1	2^2	2^3	2^4	2^5	2^6	2^7
0	1	1	1	1	0	1	0

탐색 영역(R)에서 중앙의 밝기값이 32이므로 이보다 작은 경우 0으로 설정하고 큰 경우 1로 설정하면 다음과 같다.

1	1	1
0		1
0	0	1

1차원 비트 배열로 변환하면 다음과 같다.

2^0	2^1	2^2	2^3	2^4	2^5	2^6	2^7
1	1	1	1	1	0	0	0

L과 R의 1차원 비트 배열을 XOR 연산을 통해 계산하면 다음과 같다.

2^0	2^1	2^2	2^3	2^4	2^5	2^6	2^7
1	0	0	0	0	0	1	0

비용을 계산하면 $\frac{1\times 2^0+1\times 2^5}{2^8-1}=\frac{33}{255}\fallingdotseq 0.013$이 된다.

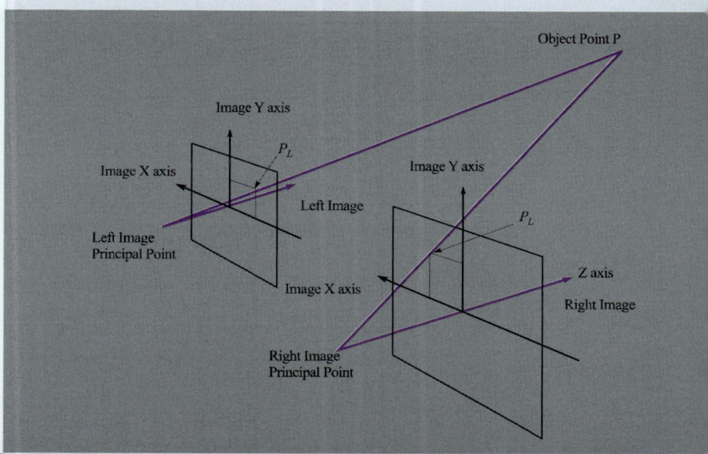

chapter

06 연습문제 정답 및 해설

1. 영상의 크기가 6,000×6,000(가로×세로)이고 한 픽셀의 크기가 12㎛인 영상에서 관측한 영상 좌표값이 (75, 3,750)이다. 이때 관측한 영상좌표를 사진좌표로 변환하시오.

해설

$$x_{photo} = (x_{pix} - \frac{Nc}{2}) \times x_{pix\,size} = (75 - \frac{6,000}{2}) \times 0.012 = -35.1mm$$

$$y_{photo} = (\frac{Nr}{2} - y_{pix}) \times y_{pix\,size} = (\frac{6,000}{2} - 3,750) \times 0.012 = -9mm$$

$$(x_{photo}, y_{photo}) = (-35.1mm, 9mm)$$

2. 다음 그림과 같이 촬영고도 1,200m에서 150mm의 DMC 카메라를 이용하여 지상점 A, B를 촬영하였다. A, B를 촬영한 사진상의 점 a, b의 사진좌표는 각각 (30.31mm, 12.25mm), (-69.10mm, 72.99mm)이고 지상점 A, B의 높이가 각각 112m와 98m일 때 지상점 A, B 사이의 거리를 소수 셋째 자리까지 구하시오.

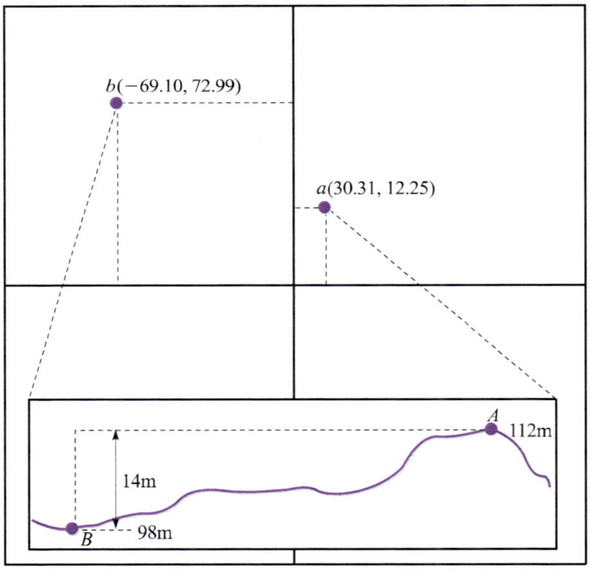

해설

$$\text{사진의 축척} = \frac{1}{m} = \frac{f_c}{H} = \frac{150mm}{1,200m} = \frac{1}{8,000}$$

$$\text{사진상의 두점 } a,b\text{의 거리} = \sqrt{(30.31-(-69.10))^2 + (12.25-72.99)^2} = 116.498mm$$

$$\text{두 지상점 } A,B\text{의 수평거리} = 116.498mm \times 8,000 \div 1,000 = 931.984m$$

$$\text{높이 차이를 고려한 } A,B\text{의 거리} = \sqrt{931.984^2 + (112-98)^2} = 932.089m$$

3. 아날로그 사진측량용 카메라에서 사진지표가 왜 필요한지 설명하시오.

해설

대각방향에 위치한 사진지표(fiducial mark)를 연결한 두 직선의 교점은 사진좌표계의 실질적인 원점을 정의하기 위해 반드시 필요한 주점의 위치와 같기 때문이다.

4. 등각사상변환(conformal transformation)과 부등각사상변환(affine transformation)을 비교하여 설명하시오.

해설

구분	등각사상변환	부등각사상변환
이동	x_T, y_T : 좌표계 원점 간의 이동량	x_T, y_T : 좌표계 원점 간의 이동량
회전	α : 하나의 좌표계에서 다른 좌표계로의 회전각	α : 하나의 좌표계에서 다른 좌표계로의 회전각
축척	S : 두 좌표계 간의 축척계수	S_x : 두 좌표계 간의 x 방향축척계수 S_y : 두 좌표계 간의 y 방향축척계수
비직교성	–	$\delta\alpha$: x, y 좌표축 간의 비직교각
정확도	부등각사상변환이 투영변환에 비해서 정확도가 높다. 그 이유는 x, y 축 간의 축척과 두 좌표축 x, y 사이의 비직교성을 고려하기 때문이다.	

5. 2차원 $x'-y'$ 좌표계에서 2차원 $x-y$ 좌표계로 등각사상변환을 실시하였다. $x'-y'$ 좌표계에서의 점 $P'(20,16)$와 $x-y$ 좌표계에서의 점 P가 같은 점이라고 했을 때, P의 좌표값을 구하시오. (단, $\theta=90^\circ$, $x_T=4$, $y_T=8$, $S=4$이다)

해설

$$\begin{bmatrix} x_P \\ y_P \end{bmatrix} = \begin{bmatrix} 4 \\ 8 \end{bmatrix} + 4 \times \begin{bmatrix} \cos 90^\circ & -\sin 90^\circ \\ \sin 90^\circ & \cos 90^\circ \end{bmatrix} \begin{bmatrix} 20 \\ 16 \end{bmatrix}$$
$$= \begin{bmatrix} -60 \\ 88 \end{bmatrix}$$

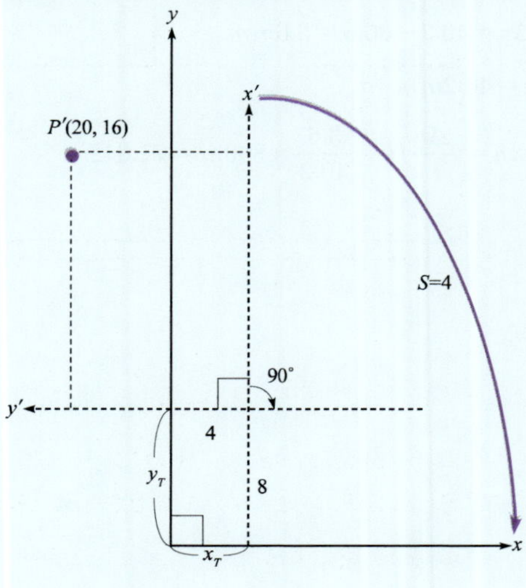

6. 2차원 $x'-y'$ 좌표계에서 2차원 $x-y$ 좌표계로 부등각사상변환을 실시하였다. $x'-y'$ 좌표계에서의 점 $P'(54,28)$와 $x-y$ 좌표계에서의 점 P가 같은 점이라고 했을 때, P의 좌표값을 소수 셋째 자리까지 구하시오. (단, $\theta=45^\circ$, $\delta\theta=1^\circ$, $x_T=12$, $y_T=6$, $S_x=3, S_y=3.2$이다.)

해설

$$\begin{bmatrix} x_P \\ y_P \end{bmatrix} = \begin{bmatrix} 12 \\ 6 \end{bmatrix} + \begin{bmatrix} 3\times\cos 45^\circ & 3.2\times(-\sin 46^\circ) \\ 3\times\sin 45^\circ & 3.2\times\cos 46^\circ \end{bmatrix}$$
$$\begin{bmatrix} 54 \\ 28 \end{bmatrix} = \begin{bmatrix} -62.099 \\ 182.793 \end{bmatrix}$$

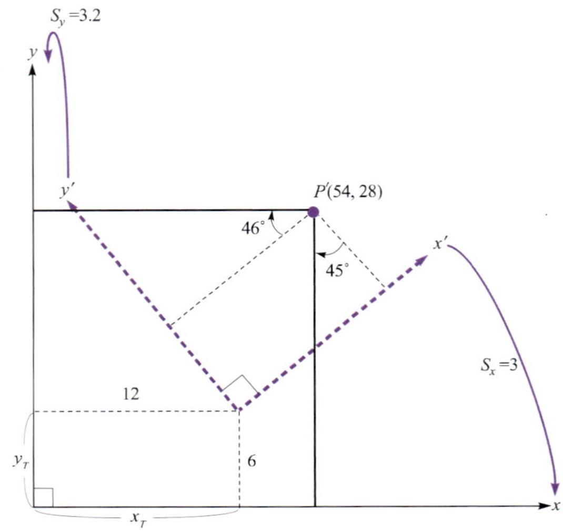

7. 다음 그림과 같이 사진 상의 기념탑의 하단과 상단의 방사거리가 각각 36.6mm, 40.2mm이고 촬영고도가 800m일 때 기념탑의 높이를 소수 셋째 자리까지 구하시오.

해설

$\Delta r = 40.2 - 36.6 = 3.6mm$

$r = 40.2mm$

$\triangle h = \dfrac{\Delta r}{r} H = \dfrac{3.6}{40.2} \times 800m = 71.642m$

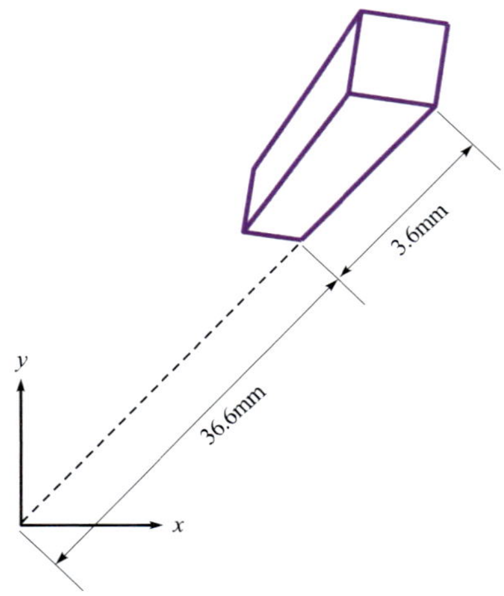

8. 3차원 회전행렬 $M=M_\kappa M_\varphi M_\omega$ 에서 M_ω 회전에 대한 편미분을 구하시오.

해설

$$M=M_\kappa M_\varphi M_\omega \equiv R_m^c = \begin{bmatrix} \cos\kappa & \sin\kappa & 0 \\ -\sin\kappa & \cos\kappa & 0 \\ 0 & 0 & 1 \end{bmatrix} \begin{bmatrix} \cos\varphi & 0 & -\sin\varphi \\ 0 & 1 & 0 \\ \sin\varphi & 0 & \cos\varphi \end{bmatrix} \begin{bmatrix} 1 & 0 & 0 \\ 0 & \cos\omega & \sin\omega \\ 0 & -\sin\omega & \cos\omega \end{bmatrix}$$ 에서

$$\frac{\partial M}{\partial w}=M_\kappa M_\varphi \frac{M_\omega}{\partial w}$$ 이므로 $$\frac{\partial M}{\partial w}=M_\kappa M_\varphi \begin{bmatrix} 0 & 0 & 0 \\ 0 & -\sin\omega & \cos\omega \\ 0 & -\cos\omega & -\sin\omega \end{bmatrix}$$ 가 된다.

여기서 $$\begin{bmatrix} 0 & 0 & 0 \\ 0 & -\sin\omega & \cos\omega \\ 0 & -\cos\omega & -\sin\omega \end{bmatrix} = \begin{bmatrix} 1 & 0 & 0 \\ 0 & \cos\omega & \sin\omega \\ 0 & -\sin\omega & \cos\omega \end{bmatrix} \begin{bmatrix} 0 & 0 & 0 \\ 0 & 0 & 1 \\ 0 & -1 & 0 \end{bmatrix}$$ 이므로 M_ω 회전에 대한 편미분은 다음과 같다.

$$M_\omega{}' = M \begin{bmatrix} 0 & 0 & 0 \\ 0 & 0 & 1 \\ 0 & -1 & 0 \end{bmatrix}$$

9. 지상의 3차원 좌표계를 기준으로 X축, Y축, Z축을 각각 0°, 0°, 90°회전하여 사진좌표계와 일치시켰다고 가정할 때 3차원 회전행렬에 대한 기본식을 쓰고 이를 계산하시오.

해설

3차원 회전행렬의 기본식은 다음과 같다.

$$M=M_\kappa M_\varphi M_\omega \equiv R_m^c = \begin{bmatrix} \cos\kappa & \sin\kappa & 0 \\ -\sin\kappa & \cos\kappa & 0 \\ 0 & 0 & 1 \end{bmatrix} \begin{bmatrix} \cos\varphi & 0 & -\sin\varphi \\ 0 & 1 & 0 \\ \sin\varphi & 0 & \cos\varphi \end{bmatrix} \begin{bmatrix} 1 & 0 & 0 \\ 0 & \cos\omega & \sin\omega \\ 0 & -\sin\omega & \cos\omega \end{bmatrix}$$

X축, Y축, Z축을 각각 0°, 0°, 90° 회전하였기 때문에 $M_w = M_\varphi = I_3$이고 $k=90°$를 넣어서 M_k를 계산하면 그 결과값은 다음과 같다.

$$M= M_k M_\varphi M_\omega = \begin{bmatrix} 0 & 1 & 0 \\ -1 & 0 & 0 \\ 0 & 0 & 1 \end{bmatrix} \begin{bmatrix} 1 & 0 & 0 \\ 0 & 1 & 0 \\ 0 & 0 & 1 \end{bmatrix} \begin{bmatrix} 1 & 0 & 0 \\ 0 & 1 & 0 \\ 0 & 0 & 1 \end{bmatrix} = \begin{bmatrix} 0 & 1 & 0 \\ -1 & 0 & 0 \\ 0 & 0 & 1 \end{bmatrix}$$

따라서, 사진좌표계를 x, y, z 라 하고 지상좌표계를 X, Y, Z라고 하면 그 관계식은 다음과 같다.

$$\begin{bmatrix} x \\ y \\ z \end{bmatrix} = \begin{bmatrix} 0 & 1 & 0 \\ -1 & 0 & 0 \\ 0 & 0 & 1 \end{bmatrix} \begin{bmatrix} X \\ Y \\ Z \end{bmatrix}$$

10. 항공사진촬영을 표와 같이 실시했을 때, 사진축척이 큰 것부터 순서대로 나열하시오.

구분	촬영고도(H)	카메라 초점거리(f_c)
A	4,000m	80mm
B	3,000m	150mm
C	2,000m	210mm

해설

촬영고도와 카메라 초점거리를 이용하여 축척을 계산하면 다음과 같다.

$$\frac{1}{s}=\frac{f}{H}$$

주어진 촬영고도와 카메라 초점거리를 이용하여 사진축척을 계산하면 다음과 같다.

$$A=\frac{0.08}{4,000}=\frac{1}{50,000}$$

$$B=\frac{0.15}{3,000}=\frac{1}{20,000}$$

$$C=\frac{0.21}{2,000}=\frac{1}{9,524}$$

따라서, 사진축척이 크다는 것은 대축척을 의미하므로 큰 것부터 순서대로 나열하면 C, B, A이다.

11. 카메라의 초점거리는 150mm의 사진에서 사진축척은 1:25,000이였다. 주점에서의 거리가 37.4mm, 높이가 150m일 때 높이에 의한 기복변위를 계산하시오.

해설

촬영고도와 카메라 초점거리를 이용한 축척 계산 식을 다음과 같이 변형할 수 있으며, 이를 통해 촬영고도를 계산할 수 있다.

$$\frac{1}{s}=\frac{f_c}{H} \rightarrow H=s\times f_c$$

$$H=25,000\times 0.150$$

$$H=3,750m$$

따라서, 기복변위 식을 통해 높이, 촬영고도, 방사거리를 이용하여 높이에 의한 기복변위를 다음과 같이 계산할 수 있다.

$$\begin{aligned}\text{기복변위}(\Delta r) &= \frac{h}{H}\times r \\ &= \frac{150m}{3,750m}\times 0.0374 \\ &= 0.001496m \\ &\fallingdotseq 1.50mm\end{aligned}$$

12. 촬영고도가 3,500m에서 카메라의 초점거리가 153mm, 사진크기가 15㎝×15㎝인 카메라로 촬영하였을 때, 한 장에 찍힌 면적을 계산하시오.

해설

촬영면적을 계산하기 위한 식은 다음과 같다.

$$A=(sa)^2=\left(\frac{H}{f_c}a\right)^2$$

따라서, 주어진 촬영고도, 초점거리, 사진크기를 통해 한 장에 찍힌 면적을 계산하면 다음과 같다.

$$A=\left(\frac{3{,}500m}{0.153m}\times 0.15m\right)^2$$

$$=11{,}774{,}318m^2$$

$$=11.77km^2$$

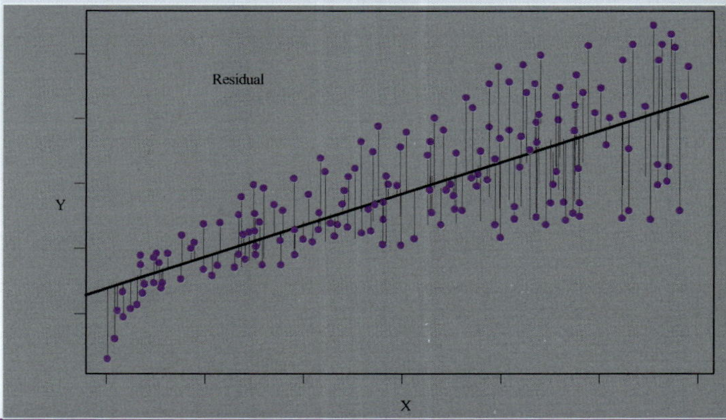

chapter

07

연습문제

정답 및 해설

1. 다음의 용어의 수식을 작성하시오.

오차 =

잔차 =

불일치 =

편차 =

편의 =

분산 =

평균제곱오차 =

평균제곱근오차 =

정확도 =

해설

오차 = 관측값 − 참값
잔차 = 최확값 - 관측값 ≅ 평균 − 관측값
불일치 = 관측값 − 최확값 ≅ 관측값 − 참값
편차 = 관측값 − 평균값
편의 = 평균값 − 참값
분산 = 편차제곱의 기댓값
평균제곱오차 = 오차제곱의 기댓값
평균제곱근오차 = 오차제곱의 기댓값에 대한 제곱근
정확도 = 정밀도^2 + 편의^2

2. x의 분산 $Var(x)$가 $E(x^2)-\{E(x)^2\}$이 되는 것을 증명하시오.

해설

$$Var(x) = \sigma_x^2 = E\{(x-\mu_x)^2\}$$

$$\begin{aligned} Var(x) &= E\{x^2 - 2x\mu_x + \mu_x^2\} \\ &= E(x^2) - E(2x\mu_x) + E(\mu_x^2) \\ &= E(x^2) - 2E(x)\mu_x + \mu_x^2 \\ &= E(x^2) - 2\mu_x\mu_x + \mu_x^2 \\ &= E(x^2) - \mu_x^2 \\ &= E(x^2) - \{E(x)\}^2 \end{aligned}$$

$$\therefore \sigma_x^2 = E(x^2) - \{E(x)\}^2$$

3. 다음과 같이 관측값이 주어졌을 경우 x, y의 분산을 계산하시오.

x	y
2.2	3.7
4.6	5.1
3.1	4.2
1.7	3.0
6.3	7.6

해설

분산(σ^2)은 편차제곱의 기댓값이므로 먼저 평균을 구한 후 편차를 계산하면 된다.

① x 분산

평균 : $\mu_x = \dfrac{2.2+4.6+3.1+1.7+6.3}{5} = 3.58$

편차 : $2.2-3.58=-1.38$
$4.6-3.58=1.02$
$3.1-3.58=-0.48$
$1.7-3.58=-1.88$
$6.3-3.58=2.72$

분산 : $Var(x) = \dfrac{(-1.38)^2+(1.02)^2+(-0.48)^2+(-1.88)^2+(2.72)^2}{5} = 2.8216$

② y 분산

평균 : $\mu_y = \dfrac{3.7+5.1+4.2+3.0+7.6}{5} = 4.72$

편차 : $3.7-4.72=-1.02$
$5.1-4.72=0.38$
$4.2-4.72=-0.52$
$3.0-4.72=-1.72$
$7.6-4.72=2.88$

분산 : $Var(y) = \dfrac{(-1.02)^2+(0.38)^2+(-0.52)^2+(-1.72)^2+(2.88)^2}{5} = 2.5416$

4. 비선형함수에서 미지수를 계산하기 위한 절차를 쓰시오.

해설

① 비선형함수는 미지수에 대해서 선형화가 필요하다.

② 미지수를 결정하기 위한 초기값이 필요하다.

③ 미지수의 변화량이 거의 없어 수렴할 때까지 반복적인 과정이 필요하다.

5. 미지수 (x, y)를 포함하고 있는 2개의 비선형방정식 $F(x, y)$와 $G(x, y)$가 있을 때 테일러 급수 전개를 통해 미지수를 계산하시오. (단, 최초 초기값은 $x_0 = 1, y_0 = 1$이며, 1번 반복하시오.)

$F(x, y) : x + 3y - y^2 = -9$

$G(x, y) : x^2 + y^2 = 8$

해설

① 편미분 수행

$F(x, y) : x + 3y - y^2 + 9 = 0$

$G(x, y) : x^2 + y^2 - 8 = 0$

$$\frac{\partial F}{\partial x} = 1, \qquad \frac{\partial F}{\partial y} = 3 - 2y$$
$$\frac{\partial G}{\partial x} = 2x, \qquad \frac{\partial G}{\partial y} = 2y$$

② 첫 번째 반복과정을 통해서 구한 미지수에 대한 변화량

$F: 1 + 3(1) - (1)^2 + \Delta x + [3 - 2(1)]\Delta y = -9$
$G: 1^2 + 1^2 + 2\Delta x + 2\Delta y = 8$

연립방정식을 통해 $\Delta x, \Delta y$ 계산

$\Delta x = -4.5, \Delta y = 7.5$

③ 첫 번째 반복과정을 통한 새로운 초기값의 설정

$x_0 = x_0 + \Delta x, y_0 = y_0 + \Delta y$
$x_0 = -3.5(= 1 - 4.5), y_0 = 8.5(= 1 + 7.5)$

6. $z = ax + by + c$인 평면의 방정식이 있다고 가정할 때, 미지수의 개수는 3이며, 총 관측수는 15일 경우, 잉여도와 조건식의 개수를 계산하시오.

해설

$n = 15$
$n_0 = 3$
$u = 3(a, b, c)$

여기서,

$r = n - n_0 = 15 - 3 = 12$

$c = r + u = 12 + 3 = 15$

7. 최소제곱법의 종류를 구분하고 기본식을 작성하시오.

해설

관측방정식: 관측값을 이용하여 미지수를 중심으로 해를 구하는 방법

$$\underset{(n\times1)}{v} + \underset{(c\times u)}{B}\underset{(u\times1)}{\Delta} = \underset{(c\times1)}{f}$$

v는 잔차벡터, B는 매개변수행렬, Δ는 매개변수벡터, f는 조건계수벡터를 나타낸다.

조건방정식: 관측값과 조건식을 이용하여 해를 구하는 방법

$$\underset{(c\times n)}{A}\underset{(n\times1)}{v} = \underset{(c\times1)}{f}$$

A는 잔차계수행렬, v는 잔차벡터, f는 조건계수벡터를 나타낸다.

혼합방정식: 미지수를 구하고자 하는데 관측값 뿐만 아니라 조건식을 같이 적용해야 될 때 사용하는 방법

$$\underset{(c\times n)}{A}\underset{(n\times1)}{v} + \underset{(c\times u)}{B}\underset{(u\times1)}{\Delta} = \underset{(c\times1)}{f}$$

A는 잔차계수행렬, v는 잔차벡터, B는 매개변수행렬, Δ는 매개변수벡터, f는 조건계수벡터를 나타낸다.

8. 다음의 최소제곱법에서 v^TWv가 최소가 되는 조건을 만족하도록 하여 $\Delta=(B^TWB)^{-1}(B^TWf)$ 임을 증명하시오.

해설

관측방정식을 이용하여 최소제곱법 v^TWv가 최소가 되게 증명하시오

$$v+B\Delta=f$$

$$v=f-B\Delta$$

v는 잔차벡터, B는 매개변수행렬, Δ는 매개변수벡터, f는 조건계수벡터를 나타내며, 잔차가 최소되었을 때, 매개변수 행렬과 매개변수벡터의 곱이 조건계수벡터에 근접한다.
따라서, 최소제곱법의 원리에 따른 잔차벡터의 최소화하는 수식은 다음과 같다.

$$v^TWv=(f-B\Delta)^TW(f-B\Delta)$$

분배법칙을 통해 다음과 같이 전개할 수 있다.

$$=f^TWf+\Delta^TB^TWB\Delta-\Delta^TB^TWf-f^TWB\Delta$$

$$=f^TWf+\Delta^TB^TWB\Delta-2\Delta^TB^TWf$$

매개변수벡터에 대해 편미분하면, 다음과 같다.

$$\frac{\partial}{\partial \Delta}(\text{expr}) = 2\Delta^T B^T W B - 2 f^T W B = 0$$

$$B^T W B \Delta - B^T W f = 0$$

$$B^T W B \Delta = B^T W f$$

$$\Delta = (B^T W B)^{-1} B^T W f$$

9. 다음의 표와 같이 3점을 지나는 직선방정식을 $y - ax - b = 0$으로 구성하고자 한다. 이때, 관측방정식을 $v + B\Delta = f$ 형태로 구성하시오.

번호	x(상수)	y(관측값)
P1	2	3.2
P2	4	4.0
P3	6	5.0

해설

x는 상수이고 y는 관측값이기 때문에 y에 잔차가 있다고 생각한다.

$v_1 + y_1 - ax_1 - b = 0$
$v_2 + y_2 - ax_2 - b = 0$
$v_3 + y_3 - ax_3 - b = 0$

$$\begin{bmatrix} v_1 \\ v_2 \\ v_3 \end{bmatrix} + \begin{bmatrix} -2 & -1 \\ -4 & -1 \\ -6 & -1 \end{bmatrix} \begin{bmatrix} a \\ b \end{bmatrix} = \begin{bmatrix} -3.2 \\ -4.0 \\ -5.0 \end{bmatrix}$$

10. 다음의 표와 같이 3점을 지나는 직선방정식을 $y-ax-b=0$으로 구성하고자 한다. 이때, 혼합방정식을 $Av+B\Delta=f$ 형태로 구성하시오.

번호	x(관측값)	y(관측값)
P1	2	3.2
P2	4	4.0
P3	6	5.0

해설

x는 관측값이고 y도 관측값이기 때문에 x와 y에 모두 잔차가 있다고 생각한다.

$$v_{y1}+y_1-a(x_1+v_{x1})-b=0$$
$$v_{y2}+y_2-a(x_2+v_{x2})-b=0$$
$$v_{y3}+y_3-a(x_3+v_{x3})-b=0$$

$$\begin{bmatrix} -a & 1 & 0 & 0 & 0 & 0 \\ 0 & 0 & -a & 1 & 0 & 0 \\ 0 & 0 & 0 & 0 & -a & 1 \end{bmatrix}\begin{bmatrix} v_{x1} \\ v_{y1} \\ v_{x2} \\ v_{y2} \\ v_{x3} \\ v_{y3} \end{bmatrix}+\begin{bmatrix} -2 & -1 \\ -4 & -1 \\ -6 & -1 \end{bmatrix}\begin{bmatrix} a \\ b \end{bmatrix}=\begin{bmatrix} -3.2 \\ -4.0 \\ -5.0 \end{bmatrix}$$

11. 다음 표와 같이 직선의 방정식($y=mx+b$)을 결정하기 위해 4개의 관측값이 주어졌다. 직선의 방정식에서 미지수(m, b)를 결정하기 위해 관측방정식을 이용하여 최소제곱조정을 수행하시오.

번호	x (상수)	y (관측값)
1	1.0	1.5
2	2.0	2.1
3	3.0	3.7
4	4.0	4.2

해설

① 관측방정식의 기본식

$$\underset{(n\times1)}{v}+\underset{(c\times u)}{B}\underset{(u\times1)}{\Delta}=\underset{(c\times1)}{f}$$

② 잉여도 및 조건식 수 계산

$$n=4$$
$$n_0=2$$
$$r=n-n_0=4-2=2$$
$$u=2(m, b)$$

③ $\hat{y}=mx+b$에서 관측값에는 잔차가 있으므로 $v+y=mx+b$로 나타낼 수 있다. 이를 잔차에 대한 수식으로 정리하면 $v=mx+b-y$가 된다.

$v_1=m\times1+b-1.5$

$v_2=m\times2+b-2.1$

$v_3=m\times3+b-3.7$

$v_4=m\times4+b-4.2$

④ 잔차 제곱의 합이 최소가 되는 목적함수를 표현

$\phi=v_1^2+v_2^2+v_3^2+v_4^2=\min$

$\phi=(m+b-1.5)^2+(2m+b-2.1)^2+(3m+b-3.7)^2+(4m+b-4.2)^2=\min$

⑤ 미지수(m, b)에 대해 편미분 수행

$\frac{\partial\phi}{\partial m}=2(m+b-1.5)\cdot1+2(2m+b-2.1)\cdot2+2(3m+b-3.7)\cdot3+2(4m+b-4.2)\cdot4$

$=60m+20b-67.2=0$

$=60m+20b=67.2$

$\frac{\partial\phi}{\partial b}=2(m+b-1.5)+2(2m+b-2.1)+2(3m+b-3.7)+2(4m+b-4.2)=0$

$=20m+8b-23.0=0$

$=20m+8b=23.0$

⑥ 행렬 구성 및 미지수 계산

$\begin{bmatrix}60 & 20\\20 & 8\end{bmatrix}\begin{bmatrix}m\\b\end{bmatrix}=\begin{bmatrix}67.2\\23.0\end{bmatrix},\ \begin{bmatrix}m\\b\end{bmatrix}=\begin{bmatrix}0.97\\0.45\end{bmatrix}$

⑦ 잔차 계산

$v_1=-0.08$

$v_2=0.29$

$v_3=-0.34$

$v_4=0.13$

12. 다음과 같이 2차 다항식으로 이루어진 벡터를 편미분하는 과정을 쓰시오.

$\boldsymbol{x} = [x_1\ x_2]^T$

$F = \begin{matrix} 3x_1^2 + 2x_2^2 \\ 2x_1^2 + 5x_2^2 \end{matrix}$

해설

$$\frac{d}{d\boldsymbol{x}}[x_1\ x_2]\begin{bmatrix}3 & 2\\2 & 5\end{bmatrix}\begin{bmatrix}x_1\\x_2\end{bmatrix}$$

$$\frac{d}{d\boldsymbol{x}}[3x_1^2 + 2x_1x_2 + 2x_1x_2 + 5x_2^2]$$

$$\frac{d}{d\boldsymbol{x}}[2\times 3x_1 + 2\times 2x_2 \quad 2\times 2x_1 + 2\times 5x_2]$$

$$\frac{d}{d\boldsymbol{x}} = \begin{bmatrix}2\times 3 & 2\times 2\\2\times 2 & 2\times 5\end{bmatrix}\begin{bmatrix}x_1\\x_2\end{bmatrix} = 2[x_1\ x_2]\begin{bmatrix}3 & 2\\2 & 5\end{bmatrix}$$

13. 주어진 값을 이용하여 x, y의 상관계수를 구하시오.

구분	x	y	$(x_1 - x)$	$(x_1 - \mu_{x_1})^2$	$(y_1 - y)$	$(y_1 - \mu_{y_1})^2$	$(x_1 - \mu_{x_1})(y_1 - \mu_{y_1})$
1	10	57	−19	361	−2	4	38
2	20	48	−9	81	−11	121	99
3	25	70	−4	16	11	121	−44
4	50	80	21	441	21	441	441
5	40	40	11	121	−19	361	−209
합계	145	295	0	1,360	0	1,048	325
평균	29	59		204		209.6	65

해설

$$\rho_{xy} = \frac{\sigma_{xy}}{\sigma_x \sigma_y}$$

$$= \frac{E[(x-\mu_x)(y-\mu_y)]}{\sqrt{E[(x-\mu_x)^2]}\ \sqrt{E[(y-\mu_y)^2]}}$$

$$= \frac{65}{\sqrt{204}\ \sqrt{209.6}}$$

$$= 0.3143$$

14. P_{xx}는 x_1과 x_2에 대한 분산-공분산 행렬이라 하고, y_1과 y_2가 각각 x_1과 x_2의 선형식으로 구성되어 있다고 할 때 z에 대한 분산-공분산 행렬을 구하시오.

$P_{xx} = \begin{bmatrix} 6 & 5 \\ 4 & 3 \end{bmatrix} \quad y_1 = x_1 + 3x_2 \quad y_2 = 2x_1 + x_2 \quad z = y_1 + 3y_2$

해설

$z = x_1 + 3x_2 + 3(2x_1 + x_2)$

$z = 7x_1 + 6x_2$

$z = [7\ 6]\begin{bmatrix} x_1 \\ x_2 \end{bmatrix}$

$P_{zz} = AP_{xx}A^T$

$P_{zz} = [7\ 6]\begin{bmatrix} 6 & 5 \\ 4 & 3 \end{bmatrix}\begin{bmatrix} 7 \\ 6 \end{bmatrix} = 780$

15. 다음과 같은 6개의 관측값이 있다고 할 때 데이터 스누핑 방법을 통해서 과대오차를 제거하시오(여기서, 과대오차를 줄이기 위해서 설정한 표준화된 잔차는 ±1로 가정한다).

번호	관측값	평균	관측값의 잔차 (평균−관측값)	잔차의 표준편차	표준화된 잔차
1	10				
2	11				
3	10				
4	11				
5	11				
6	100				

해설

과대오차를 제거하는 과정은 다음과 같으며, 계산된 값들은 다음 표와 같다.

① 관측값의 평균을 구한다.

② 평균값을 최확값으로 가정하고 관측값에서 빼서 잔차를 구한다.

③ 잔차값들의 표준편차를 구한다.

④ 잔차(v)와 잔차의 표준편차(σ_v)를 나누어 표준화된 잔차를 구한다.

⑤ 표준화된 잔차의 절대값을 취하여 특정한 기준값보다 큰 경우 제거한다.

번호	관측값	평균	관측값의 잔차 (평균–관측값)	잔차의 표준편차	표준화된 잔차
1	10	25.5	15.5	36.5	0.42
2	11	25.5	14.5	36.5	0.40
3	10	25.5	15.5	36.5	0.42
4	11	25.5	14.5	36.5	0.40
5	11	25.5	14.5	36.5	0.40
6	100	25.5	−74.5	36.5	−2.04

따라서, 설정된 기준값이 ±1이므로 표준화된 잔차값이 -2.04인 6번째 관측값 100은 제거가 된다.

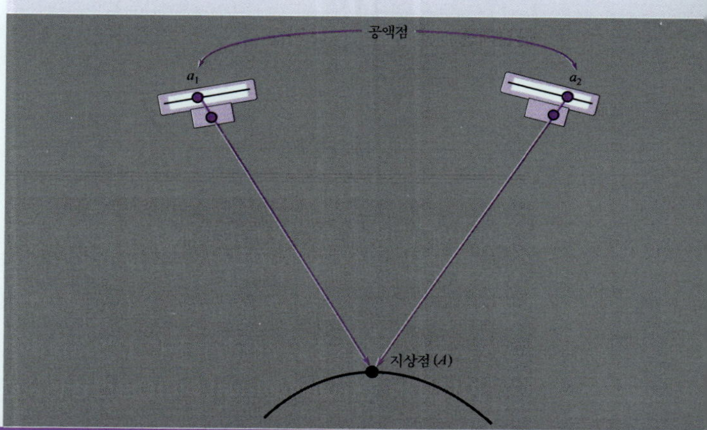

chapter

08

연습문제
정답 및 해설

1. 공선조건과 공면조건의 차이는 무엇인가?

해설

① 공선조건은 지상의 임의의 점 $A(X_{A,}Y_{A,}Z_A)$ 와 그에 대응하는 사진상의 점 $a(x_{a,}y_a)$ 및 카메라의 투영(또는 촬영)중심 $O(X_{O,}Y_{O,}Z_O)$ 가 동일 직선상에 있다는 것

② 공면조건은 좌측 사진의 투영중심과 우측 사진의 투영중심과 지상의 임의의 점 A 가 동일 평면상에 있다는 조건 또는 지상점을 사용하지 않고, 좌우 사진의 투영중심과 지상점이 사진에 맺힌 좌우 사진 좌표가 동일 평면상에 있다는 조건이다.

2. 다음 그림과 같은 조건에서 Y_A, Z_A 좌표값을 구하시오.
(단, 초점거리 f_c = 100㎜이고 X_A= 600m이며, 사진좌표는 왜곡량이 보정된 값이다.)

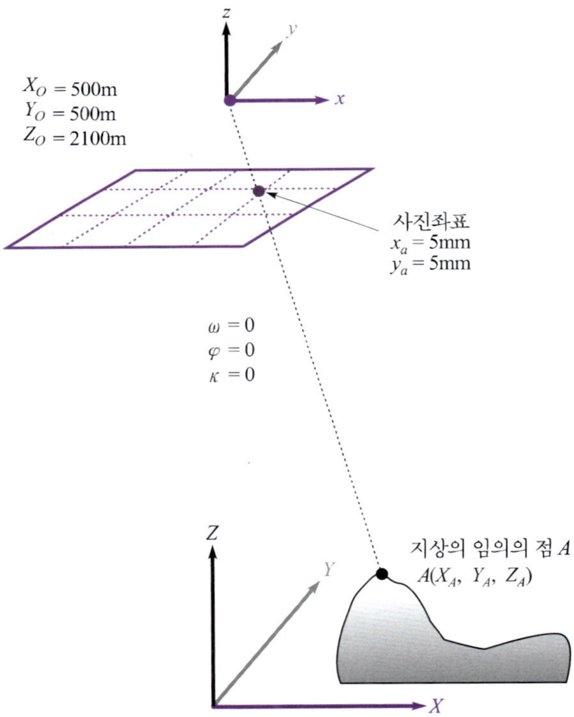

해설

공선조건식은 다음과 같다.

$$\begin{bmatrix} x_a - x_p - \Delta x \\ y_a - y_p - \Delta y \\ -f_c \end{bmatrix} = \lambda M \begin{bmatrix} X_A - X_O \\ Y_A - Y_O \\ Z_A - Z_O \end{bmatrix}$$

사진좌표는 왜곡량이 보정된 좌표이므로 $\Delta x, \Delta y$는 x_a, y_a에 고려되었다.
또한, 사진좌표계와 지상좌표계의 회전 값은 모두 0이므로 회전행렬은 다음과 같다.

$$\omega = \varphi = \kappa = 0$$

$$\therefore M = I_3$$

공선조건식을 변형하면 다음과 같다.

$$M^T \begin{bmatrix} x_a - x_p \\ y_a - y_p \\ -f_c \end{bmatrix} = \lambda \begin{bmatrix} X_A - X_O \\ Y_A - Y_O \\ Z_A - Z_O \end{bmatrix}$$

$$I_3 \begin{bmatrix} 5 \\ 5 \\ -100 \end{bmatrix} = \lambda \begin{bmatrix} 600 - 500 \\ Y_A - 500 \\ Z_A - 2{,}100 \end{bmatrix}$$

따라서, Y_A, Z_A 좌표값을 계산한 결과는 다음과 같다.

$$\frac{5}{5} = \frac{Y_A - 500}{100}$$

$$100 = Y_A - 500$$

$$Y_A = 600m$$

$$\frac{-100}{5} = \frac{Z_A - 2{,}100}{100}$$

$$-2{,}000 = Z_A - 2{,}100$$

$$Z_A = 100m$$

3. 수직사진의 조건을 모두 작성하시오.

해설

① 지상좌표계(XYZ)의 Z축과 사진좌표계(xyz)의 z축이 서로 평행해야 한다. 다시 말해서, 지상좌표계를 기준으로 사진좌표계의 x축과 y축의 회전이 없다($\omega = \varphi = 0$)는 것이다.

② 지상좌표계의 XY축이 사진좌표계의 xy축과 평행해야 한다. 다시 말해서, 지상좌표계의 Z축을 회전하여 사진좌표계의 z축과 일치시킬 필요가 없다($\kappa = 0$)는 것이다.

③ 지상좌표계의 원점이 수직으로 사진의 투영중심의 아래쪽에 위치하여야 한다. 즉, $X_O = Y_O = 0$이다.

④ 사진좌표계의 주점의 위치는 사진의 투영중심의 Z축을 따라서 위치하여야 한다. 다시 말해서, 사진상의 주점의 위치는 $x_p = y_p = 0$이라는 것이다.

⑤ 수직사진에서 카메라의 렌즈왜곡은 없다고 가정한다.

4. 수직사진에서 초점거리가 일정하다고 할 때 시차와 촬영고도, 기선고도비의 관계 중 옳은 것은?
   ① 시차가 클수록 촬영고도는 크게 된다.
   ② 기선길이가 클수록 촬영고도는 작게 된다.
   ③ 시차와 기선 고도비는 비례 관계이다.
   ④ 촬영고도가 클수록 시차는 크게 된다.

해설

$H: B = f_c : p_x$ 비례식을 통해 다음과 같이 식을 나타낼 수 있다.

$$H = \frac{B}{p_x} f_c \,,\; p_x = \frac{B}{H} f_c$$

① 시차가 클수록 촬영고도는 작게 된다.
② 기선길이가 클수록 촬영고도는 크게 된다.
④ 촬영고도가 클수록 시차는 작게 된다.

정답 ③

5. 초점거리 150mm의 항공사진측량용 카메라를 촬영고도 1,000m에서 중복촬영하여 스테레오 영상을 얻었다. 이때 스테레오 영상을 촬영한 기선길이는 600m로 관측되었다. 스테레오 영상에서 안기선대비 사물의 높이의 비가 0.2로 나타났을 때 과고감을 구하시오.

해설

과고감 = 기선고도비 × (1/안기선대비 사물의 높이)이다. 따라서, 주어진 값들을 이용하여 과고감을 다음과 같이 구할 수 있다.

$$\text{과고감}(V_E) = \left(\frac{B}{H}\right) \times \left(\frac{h}{b}\right) = \left(\frac{\text{촬영기선}}{\text{촬영고도}}\right) \times \left(\frac{\text{사물높이}}{\text{안기선}}\right) = \left(\frac{600m}{1{,}000m}\right) \times \left(\frac{1}{0.2}\right) = 3.0\text{가 된다.}$$

6. 촬영고도의 정밀도(정확도) σ_H가 수평위치 정밀도(정확도) σ_x보다 큰데 그 이유를 오차전파식을 이용하여 증명하시오.

해설

좌우 사진좌표를 관측할 때 서로 영향을 미치지 않았고, 좌우 사진의 x_l과 x_r의 분산이 같다($\sigma^2_{x_l} = \sigma^2_{x_r}$)고 가정하며, p_x의 분산과 표준편차는 $\sigma^2_{p_x} = 2\sigma^2_x, \sigma_{p_x} = \sqrt{2}\sigma_x$ 이다.

$$H = \frac{Bf_c}{p_x} = B f_c p_x^{-1}$$

$$\sigma^2_H = \frac{\partial H}{\partial p_x}\sigma^2_{p_x}\frac{\partial H}{\partial p_x} = \frac{-Bf_c}{p_x^2}\sigma^2_{p_x}\frac{-Bf_c}{p_x^2} = \frac{(Bf_c)^2}{(p_x^2)^2}\sigma^2_{p_x}$$

$$\sigma_H = \sqrt{2}\,\frac{Bf_c}{p_x^2}\sigma_x$$

$$\sigma_H = \sqrt{2}\,\frac{H}{B}\frac{H}{f_c}\sigma_x$$

7. 1/5,000 수치지형도를 제작하기 위해서 초점거리(f_c) 120㎜ 카메라로 촬영고도(H) 1,500m에서 사진을 촬영하여 항공삼각측량을 실시한 결과 수평위치정확도가 0.004㎜일 때 높이값에 대한 정확도는 얼마인가? (단, 항공사진은 수직사진으로 촬영되었다고 가정하고, 인접한 사진의 촬영기선길이(B)는 500m로 가정한다)

해설

$\sigma_H = \sqrt{2}\,\frac{H}{B}\frac{H}{f_c}\sigma_x$ 공식에 의해서

$$\sigma_H = \sqrt{2} \times \frac{1{,}500m}{500m} \times \frac{1{,}500m}{0.12m} \times 0.004mm \cong 21.21cm$$

8. 촬영고도 2,100m, 초점거리 210mm의 카메라를 사용하여 수직사진을 촬영하였다. 지상점 A, B에 상응하는 사진상의 점을 각각 a, b라고 하고 이들의 사진좌표는 다음 표와 같다. A와 B의 표고가 211m와 182m라고 할 경우, AB의 지상 수평거리를 구하시오.(단 소수 4자리에서 반올림하여 소수 3자리까지 나타내시오.)

ID	x(mm)	y(mm)
a	38.72	35.35
b	−23.15	−26.68

해설

사진과 지상의 축척을 다음과 같이 계산할 수 있다.

$$\frac{1}{s} = \frac{f}{H}$$

$$= \frac{0.210m}{2{,}100m}$$

$$= \frac{1}{10{,}000}$$

계산된 축척과 사진상의 거리를 통해 지상의 거리를 다음과 같이 계산할 수 있다.

$$사진상\ \overline{ab} = \sqrt{(X_a - X_b)^2 + (Y_a - Y_b)^2}$$

$$= \sqrt{(38.72 - (-23.15))^2 + (35.35 - (-26.68))^2}$$

$$= 87.611mm$$

$$= 0.087m$$

$$\frac{1}{s} = \frac{l}{L}$$

$$\frac{1}{10{,}000} = \frac{0.087}{L}$$

$$\therefore L = 870m$$

따라서, 다음과 같이 A와 B의 수평거리를 계산할 수 있다.

$$\overline{AB}\ 수평거리 = \sqrt{AB거리^2 - h^2}$$

$$= \sqrt{870^2 - (211 - 182)^2} = 869.517m$$

$$\therefore \overline{AB}\ 수평거리 = 869.517m$$

9. 그림은 초점거리 150mm의 카메라를 이용하여 1,250m 상공에서 건물을 수직 촬영하여 중첩한 것으로 건물의 정상부와 바닥부에 대해 그림에서와 같은 값을 얻었다. 이때, 건물의 높이를 구하시오.(단, 주점 기선길이는 6.82cm이다.)

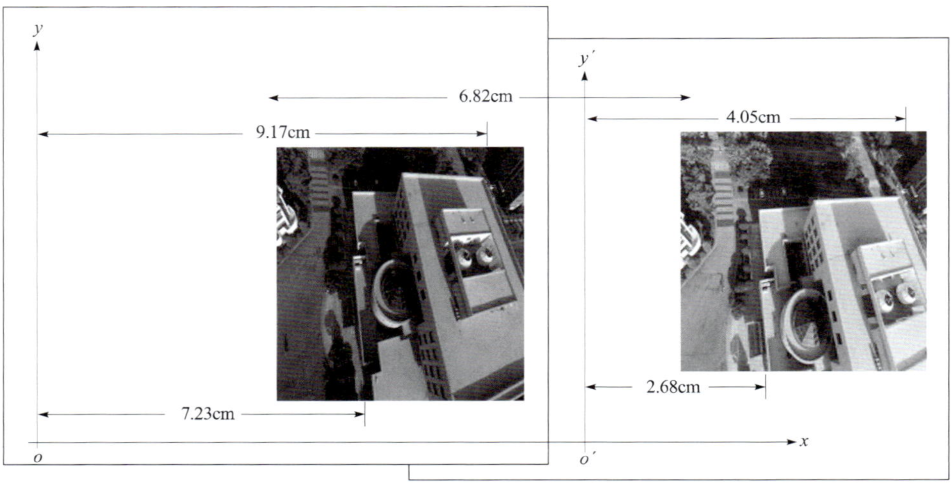

해설

건물의 시차차를 계산하면 다음과 같다.

$$\triangle P = \{(9.17 - 7.23) - (4.05 - 2.68)\} = 0.57cm$$

따라서, 다음과 같이 시차차와 주점 기선길이를 통해 건물의 높이를 계산할 수 있다.

$$\begin{aligned} h &= \frac{H}{b_0} \times \triangle p \\ &= \frac{1{,}250m}{6.82cm} \times 0.57cm \\ &= 104.472m \end{aligned}$$

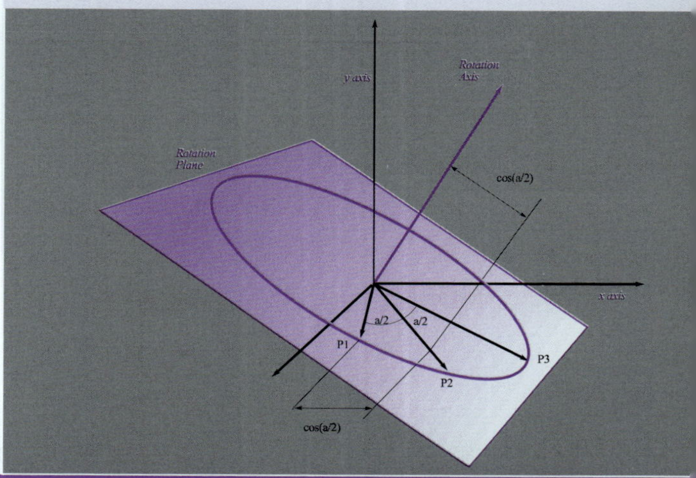

chapter

09

연습문제
정답 및 해설

1. 복소수 $a=3\sqrt{2}+3\sqrt{2}i$를 원점을 중심으로 $15°$ 회전시키는 복소수 b의 값과 회전된 복소수 a'의 값을 구하시오.

해설

한 복소수를 원점을 기준으로 θ만큼 회전시키는 복소수는 크기가 1이며 $\cos\theta+\sin\theta i$의 형태를 가진다.
그러므로 $b=\cos 15°+\sin 15° i$

b에 의해 회전된 복소수 $a'=(3\sqrt{2}+3\sqrt{2}i)(\cos 15°+\sin 15° i)$

$a=3\sqrt{2}+3\sqrt{2}i$의 크기가 6이므로, $a=6(\frac{1}{\sqrt{2}}+\frac{1}{\sqrt{2}}i)$과 같이 묶을 수 있는데, 이때 a는 $a=6(\cos 45°+\sin 45° i)$와 같이 변환할 수 있다.

그러므로 $a'=6(\cos 45°+\sin 45° i)(\cos 15°+\sin 15° i)=6(\cos 60°+\sin 60° i)=3+3\sqrt{3}i$

2. 짐벌락 현상이 발생하는 경우를 설명하시오.

해설

오일러 각을 이용하여 3차원 회전을 나타낼 때 회전각의 순서(예를 들면, $X\rightarrow Y\rightarrow Z$)가 있는데 특정한 상황은 이러한 회전각의 순서에서 두 번째 회전각(Y축의 회전각)이 ±90° 인 경우 나머지 두 회전축이 겹쳐져서 원하는 3차원 회전을 할 수 없는 현상을 짐벌락 현상이라고 한다.

3. 단위 쿼터니언이란 무엇인가?

해설

단위 쿼터니언은 크기 $\| q \| = \sqrt{q_w^2+q_x^2+q_y^2+q_z^2}=1$인 쿼터니언을 말한다.

4. 순 쿼터니언이란 무엇인가?

해설

쿼터니언의 실수부분이 0인 쿼터니언을 순 쿼터니언(pure quaternion)이라 한다.

5. $q_a=\begin{bmatrix}1\\2\\3\\4\end{bmatrix}$, $q_b=\begin{bmatrix}8\\7\\6\\5\end{bmatrix}$ 일 때, 두 쿼터니언의 곱 q_aq_b를 구하시오..

해설

$q_aq_b=(q_{wa}q_{wb}-\overrightarrow{q_a}\cdot\overrightarrow{q_b}\,;q_{wa}\overrightarrow{q_b}+q_{wb}\overrightarrow{q_a}+\overrightarrow{q_a}\times\overrightarrow{q_b})$ 이므로, 먼저 실수부부터 계산한다.

$$q_{wa}q_{wb}-\overrightarrow{q_a}\cdot\overrightarrow{q_b}=(1\times8)-\begin{bmatrix}2\\3\\4\end{bmatrix}\cdot\begin{bmatrix}7\\6\\5\end{bmatrix}=8-(14+18+20)=-44$$

이어서 허수부를 계산한다.

$$q_{wa}\overrightarrow{q_b}=1\times(7i+6j+5k)=7i+6j+5k,\ q_{wb}\overrightarrow{q_a}=8\times(2i+3j+4k)=16i+24j+32k$$

$$\overrightarrow{q_a}\times\overrightarrow{q_b}=\begin{vmatrix}i&j&k\\2&3&4\\7&6&5\end{vmatrix}=(15-24)i+(28-10)j+(12-21)k=-9i+18j-9k$$

$$q_{wa}\overrightarrow{q_b}+q_{wb}\overrightarrow{q_a}+\overrightarrow{q_a}\times\overrightarrow{q_b}=(7i+6j+5k)+(16i+24j+32k)+(-9i+18j-9k)=14i+44j+28k$$

따라서 $q_aq_b=-44+14i+48j+28k$이다.

6. 쿼터니언 $q=q_w+q_x+q_y+q_z$ 로 표현할 수 있는 행렬 $C_q, C_{q^*}\,\overline{C_q}, \overline{C_{q^*}}$을 모두 작성하시오.

해설

$$C_q=\begin{bmatrix}q_w&-q_x&-q_y&-q_z\\q_x&q_w&-q_z&q_y\\q_y&q_z&q_w&-q_x\\q_z&-q_y&q_x&q_w\end{bmatrix}$$

$$\overline{C_q}=\begin{bmatrix}q_w&-q_x&-q_y&-q_z\\q_x&q_w&q_z&-q_y\\q_y&-q_z&q_w&q_x\\q_z&q_y&-q_x&q_w\end{bmatrix}$$

$$C_q^{-1}=C_{q^*}=C_q^T=\begin{bmatrix}q_w&q_x&q_y&q_z\\-q_x&q_w&q_z&-q_y\\-q_y&-q_z&q_w&q_x\\-q_z&q_y&-q_x&q_w\end{bmatrix}$$

$$\overline{C}_q^{-1}=\overline{C}_q^T=\overline{C}_{q^*}=\begin{bmatrix}q_w&q_x&q_y&q_z\\-q_x&q_w&-q_z&q_y\\-q_y&q_z&q_w&-q_x\\-q_z&-q_y&q_x&q_w\end{bmatrix}$$

7. $q_a = (\cos\alpha\,;\sin\alpha\,\vec{u})$, $q_b = (\cos\beta\,;\sin\beta\,\vec{u})$, $\|u\|=1$, $\|q_a\|=1$, $\|q_b\|=1$ 일 때 q_aq_b가 단위 쿼터니언임을 증명하시오.

해설

쿼터니언 곱셈공식을 이용하여

$$q_aq_b = (\cos\alpha\cos\beta - \sin\alpha\sin\beta\,\vec{u}\cdot\vec{u}\ ;\cos\alpha\sin\beta\,\vec{u} + \sin\alpha\cos\beta\,\vec{u} + \sin\alpha\sin\beta\,\vec{u}\times\vec{u})$$

여기서 $\vec{u}\cdot\vec{u}=1$, $\vec{u}\times\vec{u}=0$ 이므로

$$q_aq_b = (\cos\alpha\cos\beta - \sin\alpha\sin\beta\ ;(\cos\alpha\sin\beta + \sin\alpha\cos\beta)\vec{u})$$

여기서 q_aq_b를 삼각함수 곱셈공식을 이용하여 전개한다.

참고

삼각함수 곱셈공식

$$\sin\alpha\cos\beta = \frac{1}{2}(\sin(\alpha+\beta)+\sin(\alpha-\beta))$$
$$\cos\alpha\sin\beta = \frac{1}{2}(\sin(\alpha+\beta)-\sin(\alpha-\beta))$$
$$\cos\alpha\cos\beta = \frac{1}{2}(\cos(\alpha+\beta)+\cos(\alpha-\beta))$$
$$\sin\alpha\sin\beta = -\frac{1}{2}(\cos(\alpha+\beta)-\cos(\alpha-\beta))$$

따라서 $q_aq_b = (\cos(\alpha+\beta)\,;\sin(\alpha+\beta)\vec{u})$ 가 된다.

q_aq_b의 크기는 $\|q_aq_b\| = \sqrt{\cos(\alpha+\beta)^2 + \sin(\alpha+\beta)^2\,\|\boldsymbol{u}\|}$ 가 된다.

여기서 $\|\boldsymbol{u}\|=1$, $\cos\theta^2+\sin\theta^2=1$ 이므로 $\|q_aq_b\|=1$ 이 된다.

8. $q_a = \begin{bmatrix} 0 \\ 0.4364 \\ 0.2182 \\ 0.8729 \end{bmatrix}$, $q_b = \begin{bmatrix} 0.3939 \\ 0.7878 \\ 0.3939 \\ 0.2626 \end{bmatrix}$, $q_c = \begin{bmatrix} 0.2063 \\ 0.1031 \\ 0.5157 \\ 0.8251 \end{bmatrix}$ 일 때, $q_a \cdot (q_bq_cq_b^*)$ 를 구하시오.

해설

$q_a \cdot (q_bq_cq_b^*) = (q_aq_b)\cdot(q_bq_c)$ 이므로, q_aq_b와 q_bq_c를 먼저 구한다.

$$q_aq_b = \begin{bmatrix} -0.6590 \\ -0.1146 \\ 0.6590 \\ 0.3438 \end{bmatrix},\ q_bq_c = \begin{bmatrix} -0.4198 \\ 0.3928 \\ -0.3386 \\ 0.7449 \end{bmatrix}$$

그 다음 q_aq_b와 q_bq_c의 내적을 구한다.

$$q_a \bullet (q_bq_cq_b^*) = (q_aq_b) \bullet (q_bq_c) = \begin{bmatrix} -0.6590 \\ -0.1146 \\ 0.6590 \\ 0.3438 \end{bmatrix} \bullet \begin{bmatrix} -0.4198 \\ 0.3928 \\ -0.3386 \\ 0.7449 \end{bmatrix} = 0.2647$$

9. 3차원 공간에서 $(1,1,1)$를 회전축으로 30° 만큼 회전하는 쿼터니언을 극형식으로 표현하시오.

해설

쿼터니언을 회전을 극형식으로 표현하면 다음과 같다.

$$q = (\cos\frac{\theta}{2}; \sin\frac{\theta}{2} \parallel u \parallel),\ 여기서\ \parallel u \parallel = 1$$

여기서 회전축은 $(1,1,1)$를 단위 벡터로 정규화하면 다음과 같다.

$$u = (\frac{1}{\sqrt{3}}, \frac{1}{\sqrt{3}}, \frac{1}{\sqrt{3}})$$

따라서 $q = (\cos 15^\circ; \sin 15^\circ (\frac{1}{\sqrt{3}}, \frac{1}{\sqrt{3}}, \frac{1}{\sqrt{3}}))$ 이 된다.

10. 3차원 공간상의 점 (7, 8, 6)을 쿼터니언 $q = 0.11686 + 0.19477i - 0.77909j + 0.58432k$를 이용하여 회전된 좌표를 구하시오.

해설

쿼터니언 $q = 0.11686 + 0.19477i - 0.77909j + 0.58432k$를 이용한 회전은 다음과 같이 계산할 수 있다.

$$qvq^* = \begin{bmatrix} 0.11686 \\ 0.19477 \\ -0.77909 \\ 0.58432 \end{bmatrix} \otimes \begin{bmatrix} 0 \\ 7 \\ 8 \\ 6 \end{bmatrix} \otimes \begin{bmatrix} 0.11686 \\ -0.19477 \\ 0.77909 \\ -0.58432 \end{bmatrix}$$

$$C_qvq^* = \begin{bmatrix} 0.11686 & -0.19477 & 0.77909 & -0.58432 \\ 0.19477 & 0.11686 & -0.58432 & -0.77909 \\ -0.77909 & 0.58432 & 0.11686 & -0.19477 \\ 0.58432 & 0.77909 & 0.19477 & 0.11686 \end{bmatrix} \begin{bmatrix} 0 \\ 7 \\ 8 \\ 6 \end{bmatrix} \otimes \begin{bmatrix} 0.11686 \\ -0.19477 \\ 0.77909 \\ -0.58432 \end{bmatrix} = \begin{bmatrix} 1.3634 \\ -8.5311 \\ 3.8565 \\ 7.7129 \end{bmatrix} \otimes \begin{bmatrix} 0.11686 \\ -0.19477 \\ 0.77909 \\ -0.58432 \end{bmatrix}$$

$$\overline{C_{q*}}C_qv = \overline{C_q}^TC_qv = \begin{bmatrix} 0.11686 & 0.19477 & -0.77909 & 0.58432 \\ -0.19477 & 0.11686 & -0.58432 & -0.77909 \\ 0.77909 & 0.58432 & 0.11686 & -0.19477 \\ -0.58432 & 0.77909 & 0.19477 & 0.11686 \end{bmatrix} \otimes \begin{bmatrix} 1.3634 \\ -8.5311 \\ 3.8565 \\ 7.7129 \end{bmatrix} = \begin{bmatrix} 0 \\ -9.5250 \\ -4.9742 \\ -5.7907 \end{bmatrix}$$

11. x축을 60°, y축을 90°, z축을 180° 만큼 회전시키는 단위 쿼터니언 q를 구하시오.

해설

임의의 벡터 $\vec{u}$ 회전축으로 하여 θ만큼 회전시키는 쿼터니언은 $q=\left(\cos\left(\frac{\theta}{2}\right);\sin\left(\frac{\theta}{2}\right)\vec{u}\right)$ 의 형태를 가지므로, 각 축을 회전시키는 쿼터니언 q_ω, q_φ, q_κ는 다음과 같이 표현할 수 있다.

$$q_\omega = (\cos(30^\circ);\sin(30^\circ)i) = (\frac{\sqrt{3}}{2};\frac{1}{2}i)$$

$$q_\varphi = (\cos(45^\circ);\sin(45^\circ)j) = (\frac{1}{\sqrt{2}};\frac{1}{\sqrt{2}}j)$$

$$q_\kappa = (\cos(90^\circ);\sin(90^\circ)k) = (0;k)$$

$q=q_\kappa q_\varphi q_\omega$이므로 회전 쿼터니언들을 순서에 맞게 곱한다.

$$q_\kappa q_\varphi = (0;k)\times(\frac{1}{\sqrt{2}};\frac{1}{\sqrt{2}}j) = (0;-\frac{1}{\sqrt{2}}i+\frac{1}{\sqrt{2}}k)$$

$$\begin{aligned} q_\kappa q_\varphi q_\omega &= (0;-\frac{1}{\sqrt{2}}i+\frac{1}{\sqrt{2}}k)\times(\frac{\sqrt{3}}{2};\frac{1}{2}i) = (\frac{1}{2\sqrt{2}};-\frac{\sqrt{3}}{2\sqrt{2}}i+\frac{1}{2\sqrt{2}}j+\frac{\sqrt{3}}{2\sqrt{2}}k) \\ &= 0.3536-0.6124i+0.3536j+0.6124k \end{aligned}$$

12. 임의의 벡터 $\vec{u}=(-1,0,1)$을 기준으로 60° 만큼 회전한 3차원 회전행렬을 구하시오.

해설

$\vec{u}=(-1,0,1)$을 기준으로 60° 회전시키기위해 우선 $\vec{u}$를 크기가 1인 단위벡터로 정규화한다.

$$\vec{u'}=(-\frac{1}{\sqrt{2}},0,\frac{1}{\sqrt{2}})$$

$\vec{u}$를 기준으로 60° 만큼 회전하는 단위 쿼터니언 q는 다음과 같다.

$$\begin{aligned} q &= (\cos\frac{60^\circ}{2};\sin\frac{60^\circ}{2}(-\frac{1}{\sqrt{2}},0,\frac{1}{\sqrt{2}})) \\ &= (\cos 30^\circ;\sin 30^\circ(-\frac{1}{\sqrt{2}},0,\frac{1}{\sqrt{2}}) = \frac{\sqrt{3}}{2}-\frac{1}{2\sqrt{2}}i+\frac{1}{2\sqrt{2}}k \end{aligned}$$

회전을 나타내는 단위 쿼터니언으로부터 3차원 회전행렬을 구하는 방법은 다음과 같다.

$$R_c^m = \begin{bmatrix} r_{11} & r_{12} & r_{13} \\ r_{21} & r_{22} & r_{23} \\ r_{31} & r_{32} & r_{33} \end{bmatrix} = \begin{bmatrix} q_w^2+q_x^2-q_y^2-q_z^2 & 2(q_xq_y-q_wq_z) & 2(q_xq_z+q_wq_y) \\ 2(q_xq_y+q_wq_z) & q_w^2-q_x^2+q_y^2-q_z^2 & 2(q_yq_z-q_wq_x) \\ 2(q_xq_z-q_wq_y) & 2(q_yq_z+q_wq_x) & q_w^2-q_x^2-q_y^2+q_z^2 \end{bmatrix}$$

$$= \begin{bmatrix} 0.7500 & -0.6124 & -0.2500 \\ 0.6124 & 0.5000 & 0.6124 \\ -0.2500 & -0.6124 & 0.7500 \end{bmatrix}$$

13. 3차원 회전행렬 $R_w R_\varphi R_k \equiv R_c^m = \begin{bmatrix} 0.7500 & -0.4330 & -0.5000 \\ -0.4330 & 0.2500 & -0.8660 \\ 0.5000 & 0.8660 & 0.0000 \end{bmatrix}$는 X, Y, Z축을 각각 90°, -30°, 30° 회전한 것이다. 이를 쿼터니언 q로 변환하시오.

해설

$r_{11}+r_{22}+r_{33}+1>0$의 값이 가장 크므로 q_w 가 가장 큰 경우에 따라 회전행렬을 쿼터니언으로 변환한다. 가장 먼저 q_w 를 구한다.

$$q_w = \frac{\sqrt{(r_{11}+r_{22}+r_{33}+1)}}{2} = 0.7071$$

$$q_x = (r_{32}-r_{23})/4q_w = 0.6124$$

$$q_y = (r_{13}-r_{31})/4q_w = -0.3536$$

$$q_z = (r_{21}-r_{12})/4q_w = 0.0000$$

$$q = \begin{bmatrix} q_w \\ q_x \\ q_y \\ q_z \end{bmatrix} = \begin{bmatrix} 0.7071 \\ 0.6124 \\ -0.3536 \\ 0.0000 \end{bmatrix}$$

q는 크기가 $q_w^2 + q_x^2 + q_y^2 + q_z^2 = 1$ 인 것을 확인할 수 있다.

14. 3차원 회전행렬을 이용한 회전 표현과 쿼터니언을 이용한 회전 표현의 장점과 단점을 각각 쓰시오.

해설

3차원 회전행렬의 장점 : X축, Y축, Z축 각각의 회전량을 표현하기 때문에 직관적이다.

3차원 회전행렬의 단점 : 짐벌락이 발생할 가능성이 있다.

쿼터니언의 장점 : 임의의 벡터를 회전축으로 사용하기 때문에 짐벌락을 방지할 수 있다.

쿼터니언의 단점 : 4×4 크기의 행렬연산을 해야하므로 3×3 행렬 연산을 하는 3차원 회전행렬에 비해 연산량이 증가한다.

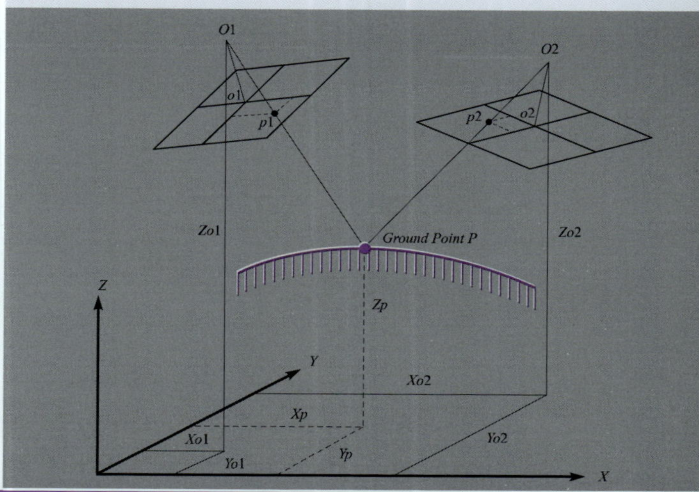

chapter

10 연습문제 정답 및 해설

1. 사진측량에서의 내부표정요소에 대하여 쓰시오.

해설

카메라의 주점(x_p, y_p), 초점거리(f_c), 렌즈왜곡계수 : 방사왜곡(Δr), 편심왜곡(Δd) 등을 나타낸다.

2. 테일러 급수를 이용하는 방사왜곡의 기본식을 쓰시오. (r^7항 까지)

해설

$\triangle r = K_0 r + K_1 r^3 + K_2 r^5 + K_3 r^7$

3. 다음과 같이 카메라의 내부표정요소가 주어지고 관측점(왜곡이 있는)의 사진좌표가 $x = 62.325$,$y = 56.440$ 일 때 왜곡이 보정된(왜곡이 없는) 사진좌표 x_{free}, y_{free}를 구하시오.

(단위 : mm)

내부표정요소(주점, 초점거리)

x_p (mm)	y_p (mm)	f_c (mm)
−0.338	0.046	35

내부표정요소(왜곡계수: 방사왜곡량)

K_0	K_1 (mm^{-2})	K_2 (mm^{-4})	K_3 (mm^{-6})
0	8.01e−10	4.53e−17	−3.85e−25

내부표정요소(왜곡계수: 편심왜곡량)

P_1 (mm^{-1})	P_2 (mm^{-1})	$P_3(mm^{-2})$
−1.88e−07	2.33e−07	0

해설

① 주점이 보정된 사진좌표

$\bar{x} = x - x_p = 62.663\,mm$

$\bar{y} = y - y_p = 56.394\,mm$

② 방사거리

$r = \sqrt{\bar{x}^2 + \bar{y}^2} = 84.303\,mm$

③ 방사왜곡량

$\triangle x_{RLD} = \bar{x}(K_0 + K_1 r^2 + K_2 r^4 + K_3 r^6) = 0.00036\,mm$

$\triangle y_{RLD} = \bar{y}(K_0 + K_1 r^2 + K_2 r^4 + K_3 r^6) = 0.00032\,mm$

④ 편심왜곡량

$$\Delta x_{DLD} = (1+P_3 r^2)\left[P_1(r^2+2\overline{x}^2)+2P_2\overline{xy}\right] = -0.00117\,mm$$
$$\Delta y_{DLD} = (1+P_3 r^2)\left[P_2(r^2+2\overline{y}^2)+2P_1\overline{xy}\right] = 0.00181\,mm$$

⑤ 렌즈왜곡량

$$\Delta x = \Delta x_{RLD} + \Delta x_{DLD} = -0.00081\,mm$$
$$\Delta y = \Delta y_{RLD} + \Delta y_{DLD} = 0.00213\,mm$$

⑥ 왜곡이 제거된 사진좌표

$$x_{free} = x - x_p - \Delta x = 62.66381\,mm$$
$$y_{free} = y - y_p - \Delta y = 56.39613\,mm$$

4. 컴퓨터비전에서 왜곡이 없다고 가정한 영상좌표가 $x = 19.650\ pix$, $y = 62.214\,pix$ 로 관측되었고, 다음과 같은 내부표정 요소 (단위 : 픽셀)가 주어졌을 때, 영상좌표(x,y)를 정규좌표(u,v)로 변환(소수 셋째 자리 까지) 하시오. 여기서 주점(x_p,y_p)은 영상좌표계에서 정의된 값이다.

주점		초점거리	
$x_p\ (pix)$	$y_p\ (pix)$	$f_x\ (pix)$	$f_y(pix)$
1516.286	998.645	100.900	100.800

해설

$$u = \frac{(x_{pix} - x_p)}{f_x} = \frac{(19.650\ pix - 1516.286\ pix)}{100.900\ pix} = -14.833$$

$$v = \frac{(y_{pix} - y_p)}{f_y} = \frac{(62.214\,pix - 998.645\,pix)}{100.800\ pix} = -9.290$$

5. 사진측량과 컴퓨터비전의 렌즈왜곡모델이 다른 이유를 서술하시오.

해설

사진측량은 관측자가 수동으로 관측한 공액점에 대하여 내부표정요소를 이용하여 왜곡을 제거하고, 왜곡이 제거된 공액점과 카메라들의 외부표정요소를 이용하여 3차원 위치를 정확하게 결정하는 것이 목적이다. 하지만 컴퓨터비전에서는 3차원 좌표의 정확도 보다는 데이터처리의 자동화 및 연산속도에 중점을 두었기 때문에 3차원 위치를 정확하기 결정하기보다 렌즈왜곡이 제거된 영상을 신속하게 만든 것이 목적이다.

6. 컴퓨터비전에서 렌즈왜곡이 없다고 가정한 영상좌표가 $x_{pix} = 500\,pix$, $y_{pix} = 400\,pix$ 로 관측되었고, 다음 같은 내부표정요소 (단위 : 픽셀)가 주어졌을 때, 렌즈왜곡이 부여된 영상좌표를 구하시오.

주점		초첨거리	
x_p (pix)	y_p (pix)	f_x (pix)	$f_y(pix)$
958.387	847.150	3503.657	3498.962

K_1	K_2	K_3
0.0004964	−0.0000006588	−0.000000002453

P_1	P_2	α
0.00007933	−0.00004511	0

해설

① 렌즈왜곡 제거 정규좌표(무단위)

$$u_{free} = \frac{(x_{pix} - x_p)}{f_x} = -0.131$$

$$v_{free} = \frac{(y_{pix} - y_p)}{f_y} = -0.128$$

② 방사거리(무단위)

$$r = \sqrt{u_{free}^2 + v_{free}^2} = 0.183$$

③ 정규좌표 왜곡량(무단위)

$$\begin{bmatrix} u_{add} \\ v_{add} \end{bmatrix} = (1 + K_1 r^2 + K_2 r^4 + K_3 r^6) \begin{bmatrix} u_{free} \\ v_{free} \end{bmatrix} + \begin{bmatrix} 2P_1 u_{free} v_{free} + P_2(r^2 + 2u_{free}^2) \\ P_1(r^2 + 2v_{free}^2) + 2P_2 u_{free} v_{free} \end{bmatrix}$$

$$= \begin{bmatrix} -0.1310025762 \\ -0.1279968717 \end{bmatrix}$$

④ 렌즈왜곡 부여 영상좌표

$$x_{add\_pix} = f_x u_{add} + x_p = 499.3989\,pix$$
$$y_{add\_pix} = f_y v_{add} + y_p = 399.2938 pix$$

7. 사진측량에서의 외부표정요소에 대하여 쓰시오.

해설

카메라의 위치(X_O, Y_O, Z_O), 카메라의 자세(ω, φ, κ)

8. 공간후방교회법(spatial resection)과 공간전방교회법(spatial intersection)의 역할을 서술하시오.

해설

공간후방교회법은 이미 알고 있는 카메라의 내부표정요소, 지상기준점, 지상기준점이 사진에 투영된 사진좌표를 이용하여 외부표정요소를 결정하는 방법이다. 반면에, 공간전방교회법은 좌우 영상에서 내부표정요소와 외부표정요소를 구하고 사진상의 공액점을 알고 있을 경우 X, Y, Z의 3차원 좌표를 계산하여 결정하는 것이다.

9. 상호 표정의 목적을 서술하시오.

해설

종시차를 제거하여 두 사진간의 상대적인 관계를 설정하고 이를 통해서 가상의 3차원 모델좌표를 얻는 것이다.

10. 공면조건식을 이용한 상호표정에 대한 설명에 대해 맞는 답에는 ○, 틀린 답에는 × 표시를 하시오. (단, 카메라의 내부표정요소는 알고 있다고 가정)

① 좌우 영상에서 동일한 지점의 영상 좌표만 있으면 된다. (　　)
② 최소 6점의 공액점이 필요하다 (　　)

해설

① ○
② ×
최소 5점의 공액점이 필요하다.

11. 다음의 표에 있는 종속적 상호표정, 독립적 상호표정을 비교하시오.

구분	방법	기지값	미지수
종속적 상호표정			
독립적 상호표정			

해설

구분	방법	기지값	미지수
종속적 상호표정	– 좌측 사진을 기준으로 좌측 카메라의 위치와 자세 고정 – 축척을 위해서 우측 사진 X_{O2} 고정	X_{O1}, Y_{O1}, Z_{O1}, $\omega_1, \varphi_1, \kappa_1, X_{O2}$	$Y_{O2}(=b_Y)$, $Z_{O2}(=b_Z)$, $\omega_2, \varphi_2, \kappa_2$
독립적 상호표정	– 좌우 사진의 위치를 고정 – 좌측 카메라의 w_1 고정	X_{O1}, Y_{O1}, Z_{O1}, $X_{O2}, Y_{O2}, Z_{O2}, \omega_1$	φ_1, κ_1 $\omega_2, \varphi_2, \kappa_2$

12. 데이텀(datum) 변환을 정의하기 위한 7개는 무엇인지 쓰시오. 다시 말해, 절대표정을 위한 7개 요소는 무엇인가?

해설

① 축척계수 (λ)

② 3차원 회전각 (ω, φ, κ)

③ 3차원 이동량 (X_T, Y_T, Z_T)

13. 상호표정의 일반식을 쓰시오.

해설

상호표정의 일반식: $R_{O1}^{m}\, r_{a1}^{O1} \bullet \left\{\left[r_{O2}^{m} - r_{O1}^{m}\right] \times R_{O2}^{m}\, r_{a2}^{O2}\right\} = 0$

좌측 카메라와 모델 좌표계의 회전행렬: $R_{O1}^{m} = R_{O1}^{m}(\omega_1) R_{O1}^{m}(\varphi_1) R_{O1}^{m}(\kappa_1) = \begin{bmatrix} r_{11} & r_{12} & r_{13} \\ r_{21} & r_{22} & r_{23} \\ r_{31} & r_{32} & r_{33} \end{bmatrix}_{O1}$

우측 카메라와 모델 좌표계의 회전행렬: $R_{O2}^{m} = R_{O2}^{m}(\omega_2) R_{O2}^{m}(\varphi_2) R_{O2}^{m}(\kappa_2) = \begin{bmatrix} r_{11} & r_{12} & r_{13} \\ r_{21} & r_{22} & r_{23} \\ r_{31} & r_{32} & r_{33} \end{bmatrix}_{O2}$

14. 기본행렬 및 필수행렬과 관련된 용어에 대하여 빈칸을 채우시오.

구분	사진측량	컴퓨터비전
카메라의 특성		
두 사진간의 관계		
카메라의 특성과 사진간의 관계		

해설

구분	사진측량	컴퓨터비전
카메라의 특성	내부표정요소 (IOP: Interior Orientation Parameters)	카메라행렬 (K: camera matrix)
두 사진간의 관계	상호표정요소 (ROP: Relative Orientation Parameters)	필수행렬 (E: essential matrix)
카메라의 특성과 사진간의 관계	내외부표정요소	기본행렬 (F: fundamental matrix)

15. 기본행렬의 일반식을 쓰고, 일반식의 요소가 의미하는 것을 설명하시오.

해설

기본행렬 일반식 : $F = (K_1^{-1})^T \hat{r}_{O2}^{O1} R_{O2}^{O1} K_2^{-1}$

K_1은 좌측 카메라의 내부표정요소, K_2는 우측 카메라의 내부표정요소를 나타내며,

$\hat{r}_{O2}^{O1}$과 R_{O2}^{O1}은 상호표정요소를 의미한다.

16. 필수행렬의 일반식을 쓰고, 일반식의 요소가 의미하는 바를 설명하시오.

해설

필수행렬 일반식: $E = \hat{r}_{O2}^{O1} R_{O2}^{O1}$

$\hat{r}_{O2}^{O1}$은 O_1에서 O_2로 향하는 벡터이며, R_{O2}^{O1}은 O_2에서 O_1로 향하는 회전행렬을 뜻한다.

17. 접합 표정의 목적을 서술하시오.

해설

인접한 2개 사진 및 입체모델에 공통인 요소를 이용하여 입체모델의 경사와 축척을 통일시켜 1개의 통일된 종접합모델(strip)의 좌표계로 변환하는 것이다.

18. 절대표정의 일반식을 쓰고, 절대표정요소 7개를 쓰시오.

해설

절대표정 일반식 : $\begin{bmatrix} X \\ Y \\ Z \end{bmatrix} = \lambda M^T_{\kappa\varphi\omega} \begin{bmatrix} x \\ y \\ z \end{bmatrix} + \begin{bmatrix} T_x \\ T_y \\ T_z \end{bmatrix}$

절대표정요소 : 3차원 회전각(w, φ, k), 3차원 이동량(T_x, T_y, T_z), 축척(λ)

chapter

11

연습문제
정답 및 해설

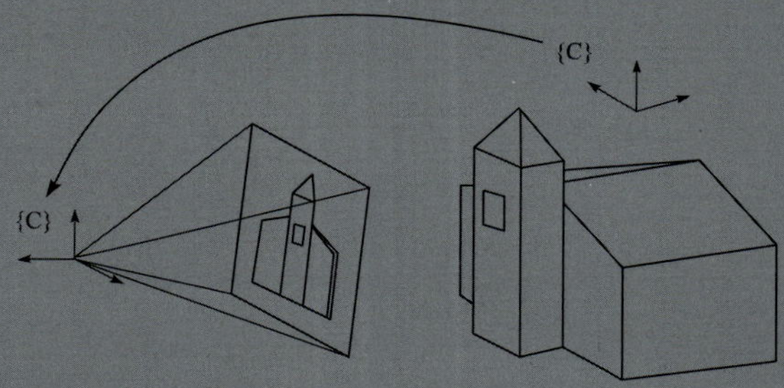

1. DLT 식을 통해 사진좌표를 구하기 위한 기초정보가 다음과 같을 때 사진좌표(x, y)를 구하시오.(단, 사진의 왜곡은 0이라 가정하며, 회전량의 단위는 라디안이다.)

가. 기초정보

구분	사진	구분	단위(m)
f_x	150mm	X	345.571
f_y	150mm	Y	452.617
ω	0.302694 (radian)	Z	37.552
φ	−0.119065 (radian)	X_O	500
κ	0.041268 (radian)	Y_O	600
		Z_O	1200

해설

① ω, φ, κ를 통해 계산한 3차원 회전행렬은 다음과 같다.

$$R = \begin{bmatrix} 1.0000 & -0.0007 & -0.0021 \\ 0.0007 & 1.0000 & -0.0053 \\ 0.0021 & 0.0053 & 1.0000 \end{bmatrix}$$

② DLT 식과 기초정보를 통해 계산한 L과 $L_1 \sim L_{11}$은 다음과 같다.

$$\begin{aligned}
L &= -1.1958e+03 \\
L_1 &= 1.2544e-04 \\
L_2 &= 8.7810e-08 \\
L_3 &= 2.6343e-07 \\
L_4 &= -0.0631 \\
L_5 &= -8.7810e-08 \\
L_6 &= 1.2544e-04 \\
L_7 &= 6.6484e-07 \\
L_8 &= -0.0760 \\
L_9 &= 1.7562e-06 \\
L_{10} &= 4.4323e-06 \\
L_{11} &= -8.3628e-04
\end{aligned}$$

③ L과 $L_1 \sim L_{11}$을 통해 계산한 사진좌표는 다음과 같다.

$$x = -0.0203mm$$

$$y = -0.0198mm$$

2. DLT 식의 $L_1 \sim L_{11}$이 다음과 같을 때 내부표정요소와 외부표정요소를 복원하시오.

$L_1 = -12.028900$
$L_2 = 10.196188$
$L_3 = -10.003100$
$L_4 = -10.412300$
$L_5 = 13.001256$
$L_6 = -10.015888$
$L_7 = -10.011200$
$L_8 = 19.118712$
$L_9 = 10.001255$
$L_{10} = 10.027440$
$L_{11} = -10.111584$

해설

① $L_1 \sim L_{11}$을 통해 계산한 내부표정요소는 다음과 같다(단, x_p, y_p, f_x, f_y의 단위는 mm이며, ω, φ, κ의 단위는 라디안이다).

구분	사진
x_p	0.2744
y_p	0.4320
f_x	1.0374
f_y	1.0168
ω	0.7812
φ	−0.6123
κ	$\cong 0$

② $L_1 \sim L_{11}$을 통해 계산한 외부표정요소는 다음과 같다.

구분	지상(m)
X_O	−0.5096
Y_O	0.8298
Z_O	0.4177

3. 다음과 같이 사진정보와 방사왜곡량, 편심왜곡량이 주어졌을 때 왜곡 보정계수를 계산하시오.

가. 사진정보

구분	사진(mm)	구분	왜곡
x	0.4	K_1	−0.000000276442
y	−0.26	K_2	0.000000018555
x_p	0.003	K_3	0.000000008912
y_p	0.003	P_1	0.000000251891
		P_2	−0.000000048101

해설

왜곡 보정계수를 계산하기 위한 식은 다음과 같다.

$$\triangle x = \bar{x}(K_1r^2 + K_2r^4 + K_3r^6) + P_1(r^2 + 2\bar{x}^2) + 2P_2\bar{x}\bar{y}$$
$$\triangle y = \bar{y}(K_1r^2 + K_2r^4 + K_3r^6) + P_2(r^2 + 2\bar{y}^2) + 2P_1\bar{x}\bar{y}$$

따라서, 계산한 $\triangle x$, $\triangle y$는 다음과 같다.

$$\triangle x = 1.2210e - 07$$
$$\triangle y = 8.6915e - 09$$

4. 사진좌표는 영상에서 서브픽셀 단위로 관측할 수 있다. 이 때 사진좌표의 관측정확도가 $\frac{1}{2}$ 일 경우에 경중률 W의 식을 작성하시오.(단, 사진좌표에 대한 관측값 x, y는 서로 독립이다.)

해설

경중률(W)은 사전분산값(σ_0^2)과 분산–공분산 행렬(P)의 역수로 구성된다.

$$W = \sigma_0^2 P^{-1} = (0.5)^2 P^{-1}$$

사진좌표에 대한 관측값 x, y가 서로 독립이므로 σ_x^2, σ_y^2는 각각 1로 설정한다.

$$P = \begin{bmatrix} \sigma_x^2 & 0 \\ 0 & \sigma_y^2 \end{bmatrix} = \begin{bmatrix} 1 & 0 \\ 0 & 1 \end{bmatrix}$$

분산–공분산 행렬(P)을 고려하여 경중률(W)를 구성하면 다음과 같다.

$$W = \sigma_0^2 P^{-1} = (0.5)^2 \begin{bmatrix} 1 & 0 \\ 0 & 1 \end{bmatrix}$$

5. DLT 식에서 카메라의 렌즈왜곡 중 SMAC 모델의 방사왜곡계수인 K_1을 고려한 경우의 예를 들어, 렌즈왜곡을 고려한 비선형식에 대하여 미지수의 해를 결정하기 위해 편미분을 수행해야한다. 렌즈왜곡 식은 다음과 같다.

$\triangle x = \bar{x} K_1 r^2$, $\triangle y = \bar{y} K_1 r^2$

렌즈왜곡 식을 DLT 식으로 나타내면 다음과 같다.

$$F_x = x + v_x - \frac{L_1 X + L_2 Y + L_3 Z + L_4}{L_9 X + L_{10} Y + L_{11} Z + 1} - \bar{x} K_1 r^2$$

$$F_y = y + v_y - \frac{L_5 X + L_6 Y + L_7 Z + L_8}{L_9 X + L_{10} Y + L_{11} Z + 1} - \bar{y} K_1 r^2$$

이 때, 편미분을 수행한 후 관측방정식을 이용한 최소제곱법을 적용하기 위해 B행렬과 f행렬을 구성해야한다. B행렬과 f행렬을 수식으로 나타내시오.

해설

관측방정식을 이용한 최소제곱법을 적용하기 위한 B행렬을 구성하면 다음과 같다.

$$B = \begin{bmatrix} \frac{\partial F_x}{\partial L_1} & \frac{\partial F_x}{\partial L_2} & \frac{\partial F_x}{\partial L_3} & \frac{\partial F_x}{\partial L_4} & \frac{\partial F_x}{\partial L_5} & \frac{\partial F_x}{\partial L_6} & \frac{\partial F_x}{\partial L_7} & \frac{\partial F_x}{\partial L_8} & \frac{\partial F_x}{\partial L_9} & \frac{\partial F_x}{\partial L_{10}} & \frac{\partial F_x}{\partial L_{11}} & \frac{\partial F_x}{\partial K_1} \\ \frac{\partial F_y}{\partial L_1} & \frac{\partial F_y}{\partial L_2} & \frac{\partial F_y}{\partial L_3} & \frac{\partial F_y}{\partial L_4} & \frac{\partial F_y}{\partial L_5} & \frac{\partial F_y}{\partial L_6} & \frac{\partial F_y}{\partial L_7} & \frac{\partial F_y}{\partial L_8} & \frac{\partial F_y}{\partial L_9} & \frac{\partial F_y}{\partial L_{10}} & \frac{\partial F_y}{\partial L_{11}} & \frac{\partial F_y}{\partial K_1} \end{bmatrix}$$

f행렬을 구성하면 다음과 같다.

$$f = \begin{bmatrix} x - \frac{L_1 X + L_2 Y + L_3 Z + L_4}{L_9 X + L_{10} Y + L_{11} Z + 1} + \bar{x} K_1 r^2 \\ y - \frac{L_5 X + L_6 Y + L_7 Z + L_8}{L_9 X + L_{10} Y + L_{11} Z + 1} + \bar{y} K_1 r^2 \end{bmatrix}$$

6. 컴퓨터비전에서 사용하는 카메라 행렬(K)의 구성 요소를 행렬로 나타내시오.

해설

컴퓨터비전에서 사용하는 카메라 행렬(K)은 초점거리(c_x, c_y), 주점(x_p, y_p), 사진좌표계(x, y)의 비직교성을 나타내는 각(α)으로 구성되어 있으며 다음 식과 같다.

$$K = \begin{bmatrix} -c_x & -\alpha c_x & x_p \\ 0 & -c_y & y_p \\ 0 & 0 & 1 \end{bmatrix}$$

컴퓨터비전의 카메라 행렬 K는 지상좌표계 X, Y축과 사진좌표계$(x-y)$는 비직교성으로 인하여 사진좌표계의 x축과 y축이 직교하지 않을 수 있다는 가정에서부터 시작된다. 이는 지상 3차원 좌표계(X, Y, Z)에서 Z축을 기준으로 κ(kappa)만큼 회전하여 사진좌표계$(x-y)$에 일치시키는 것이다.

7. 2차원 공간에서 1차원 공간으로 투영시키기 위해 공선조건을 이용한다. 이때, 지상의 $X-Z$ 상에 존재하는 2차원 상의 점이 사진의 1차원 x축에 맺히는 것을 수식으로 나타내시오.

해설

2차원 공간의 1차원 투영을 식으로 나타내면 다음과 같다.

$$\begin{bmatrix} x - x_p \\ -f_c \end{bmatrix} = \lambda R_m^c \begin{bmatrix} X - X_O \\ Z - Z_O \end{bmatrix}$$

여기서, $R_m^c = \begin{bmatrix} \cos\theta & \sin\theta \\ -\sin\theta & \cos\theta \end{bmatrix} = \begin{bmatrix} m_{11} & m_{12} \\ m_{21} & m_{22} \end{bmatrix} = \begin{bmatrix} r_{11} & r_{12} \\ r_{21} & r_{22} \end{bmatrix}^T$ 이다.

8. DLT는 사진좌표와 지상좌표간의 관계가 간단하게 표현되는 것이다. 공선조건식에는 6개의 외부표정요소$(\omega, \varphi, \kappa, X_O, Y_O, Z_O)$와 3개의 내부표정요소$(x_p, y_p, f_c)$가 미지수라고 할 때 DLT에서는 몇 개의 미지수가 존재하는지 쓰고, 미지수에 대한 해를 결정하기 위해 최소 몇 점 이상의 기준점이 필요한지 쓰시오.

해설

DLT에서는 $L_1 \sim L_{11}$의 11개의 미지수가 존재한다.

이로 인해 DLT에서는 11개의 미지수에 대한 해를 결정하기 위해서 최소 6점 이상의 기준점이 필요하다.

9. 렌즈왜곡(K_1)을 고려한 비선형 DLT 식을 풀이하기 위해 최소제곱법이 필요하다. 최소제곱법의 목적은 잔차 제곱의 합이 최소가 되는 해를 결정하기 위함이며, 잔차를 구하는 수식은 다음과 같다.

$$v_i = f - B\Delta$$

이 때, 잔차 제곱의 합을 구하기 위한 수식이 다음과 같다면 분모가 $2n-12$인 이유를 설명하시오.

$$\hat{\sigma}_0^2 = \frac{\sum_{i=1}^{n} v_i^T v_i}{2n-12}$$

해설

$\hat{\sigma_0}^2$은 사후분산을 나타내며 분모가 $2n-12$인 이유는 사진좌표를 관측할 때마다 (x, y)에 대한 수식이 만들어지므로 n개의 관측값이 있다면 $2n$ 개의 수식에 만들어지고, 구해야 될 미지수는 $L_1 \sim L_{11}$, 그리고 K_1 이므로 12개가 되어 이를 제외해야 관측방정식의 자유도가 되기 때문이다.

chapter

12

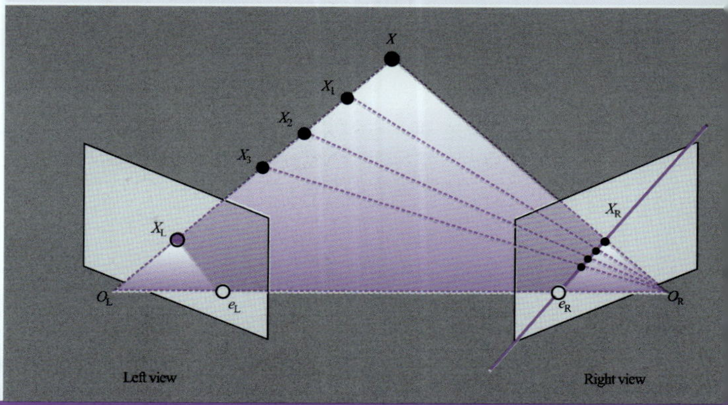

연습문제 정답 및 해설

1. 다음 에피폴라 기하관련 용어에 대해 설명하시오.

① 에피폴라 평면 :
② 에피폴 :
③ 에피폴라 라인 :

해설

① 에피폴라 평면 : 한 영상에서 영상점 p에 대한 에피폴라 평면은 투영중심 O_1, O_2와 점 p를 지나는 평면이다. 에피폴라 평면은 기선과 지상점, 좌측영상의 점 p, 우측영상의 점 p에 의해 각각 정의할 수 있다.
② 에피폴 : 영상 또는 영상을 포함하는 평면과 기선의 교차점이며, 에피폴라 라인은 점과 점에 따라 변하지만 에피폴은 점과 점에 따라 변하지 않는 점이다.
③ 에피폴라 라인(epipolar line) : 에피폴라 라인은 2가지 형태로 정의할 수 있다. 첫째, 에피폴라 평면과 영상면의 교차점으로 정의할 수 있으며 프레임카메라를 이용한 영상에서는 직선으로 나타난다. 둘째, 입체쌍의 경우 좌측영상에서 지상좌표의 높이를 모르는 p점에 대해 우측영상에서 가능한 대응점의 궤적으로 표시할 수 있다.

2. 에피폴라 기하의 특징에 대해 서술하시오.

해설

① 에피폴라 라인을 결정하기 위해서 수치표고모델(DEM : Digital Elevation Model)에 대한 정보가 필요하지 않으며, 선분 O_1p를 따라 여러 점들을 선택하더라도 우측영상에서 동일한 에피폴라 라인(I_2p')을 얻고 이 에피폴라 라인은 에피폴을 통과한다.
② 프레임카메라를 주로 사용하는 항공사진에서 에피폴라 라인상에 대응점이 존재한다.
③ 좌측영상의 점 p에 대한 우측영상의 에피폴라 라인이 형성되며, 우측영상의 서로 다른 두 점은 좌측영상의 에피폴라 라인 상에 존재한다.

3. 단위벡터란 무엇인가?

해설

단위벡터는 벡터의 크기가 1이므로 방향만을 나타내는 벡터이다.

4. 다음의 내용에 ○, × 로 답하시오.

① 에피폴라 영상을 생성하기 위해서 내부표정요소가 필요하다.( )
② 에피폴라 영상을 생성하기 위해서 외부표정요소가 필요하다.( )
③ 에피폴라 영상을 생성하기 위해서 상호표정요소가 필요하다.( )
④ 에피폴라 영상을 생성하기 위해서 수치표고모델이 필요하다.( )

해설

① 에피폴라 영상을 생성하기 위해서 내부표정요소가 필요하다.(○)
② 에피폴라 영상을 생성하기 위해서 외부표정요소가 필요하다.(○)
③ 에피폴라 영상을 생성하기 위해서 상호표정요소가 필요하다.(○)
④ 에피폴라 영상을 생성하기 위해서 수치표고모델이 필요하다.(×)

5. 에피폴라 영상을 생성하는 과정을 설명하시오.

해설

① 원 영상의 모서리 좌표(A, B, C, D)에 대한 변환된 에피폴라 영상의 좌표 (A', B', C', D')를 기반으로 최소 경계를 갖는 영상의 영역을 설정한다.
② 설정된 경계 영역으로 빈 에피폴라 영상을 만들고 에피폴라 영상에서 좌상단 좌표로 부터 시작하여 역으로 원 영상의 좌표를 결정한다. 여기서 주의할 점은 에피폴라 영상의 좌표는 정수값이고 계산된 원 영상의 좌표값은 정수가 아닌 소수점을 갖는 값이다.
③ 보간법을 적용하여 원 영상의 좌표값에 해당하는 픽셀의 밝기값을 계산한다. 기하학적인 왜곡이 없는 에피폴라 영상을 생성하기 위해서는 최근린(nearest) 보간법을 적용하면 되고 단순히 입체시를 위한 목적이면 공일차(bilinear) 보간법을 적용하여 픽셀의 밝기값을 계산한다.
④ 원 영상에서 얻어온 픽셀의 밝기값을 에피폴라 영상 좌표(x_n', y_n')에 할당하고 더 이상 계산할 에피폴라 영상 좌표가 없을 때 까지 ②③④의 과정을 반복한다.

6. 에피폴라 영상의 특징을 요약하여 설명하시오.

해설

① 초점거리는 원 영상(또는 사진)과 동일하며 이로 인해 에피폴라 영상의 축척은 원 영상과 동일하다.
② 에피폴라 영상은 종시차(y-parallax)가 없다.

7. 좌우영상의 투영중심 $O_1(X_{O1}, Y_{O1}, Z_{O1})$ 과 $O_2(X_{O2}, Y_{O2}, Z_{O2})$ 를 이용하여 기선에 평행한 좌표축을 설정하기 위해서 $\widehat{x_n}$ 벡터를 구하고, $\widehat{x_n}$ 를 이용하여 $\hat{y}_n$, $\hat{z}_n$ 도 구하시오.

구분	기초 정보
$R_{XYZ}^{x_1y_1z_1}$	$\begin{bmatrix} 0.3492 & 0.2218 & 0.9104 \\ 0.2264 & 0.9228 & -0.3117 \\ -0.9093 & 0.3149 & 0.2720 \end{bmatrix}$
$R_{XYZ}^{x_2y_2z_2}$	$\begin{bmatrix} 0.8307 & 0.5219 & -0.1940 \\ -0.5386 & 0.8415 & -0.0424 \\ 0.1411 & 0.1397 & 0.9801 \end{bmatrix}$
X_{O1}, Y_{O1}, Z_{O1}	350, 200, 2,000
X_{O2}, Y_{O2}, Z_{O2}	300, 210, 2,002

해설

$$\widehat{x_n} = \frac{O_2 - O_1}{\| O_2 - O_1 \|} = \frac{\begin{bmatrix} 300 - 350 \\ 210 - 200 \\ 2{,}002 - 2{,}000 \end{bmatrix}}{\sqrt{(-50)^2 + 10^2 + 2^2}} = \frac{[-50, 10, 2]^T}{51.0294} = \begin{bmatrix} -0.9798 \\ 0.1960 \\ 0.0392 \end{bmatrix}$$

$$\widehat{z_n} = \frac{\widehat{x_n} \times \left\{ \left(\frac{[0.9104\ \ -0.3117\ \ 0.2720]^T + [-0.1940\ \ -0.0424\ \ 0.9801]^T}{2} \right) \times \widehat{x_n} \right\}}{\left\| \widehat{x_n} \times \left\{ \left(\frac{[0.9104\ \ -0.3117\ \ 0.2720]^T + [-0.1940\ \ -0.0424\ \ 0.9801]^T}{2} \right) \times \widehat{x_n} \right\} \right\|}$$

$$= \begin{bmatrix} 0.0007 \\ -0.1638 \\ 0.9864 \end{bmatrix}$$

$$\widehat{y_n} = \widehat{z_n} \times \widehat{x_n} = \begin{bmatrix} -0.1998 \\ -0.9665 \\ -0.1604 \end{bmatrix}$$

8. 영상좌표에서 사진좌표로 변환하는 부등각사상변환의 매개변수가 다음과 같을 때 사진좌표 (x, y)를 구하시오.

구분	기초 정보
Nc	5,184
Nr	2,912
pixel size	1 mm / pixel
x'	4,200
y'	1,800

해설

영상좌표에서 사진좌표로 변환하기 위한 수식은 다음과 같다.

$$x_{mm} = (x_{pixel} - \frac{Nc}{2}) \times pixel\,size$$

$$y_{mm} = (\frac{Nr}{2} - y_{pixel}) \times pixel\,size$$

부등각 사상변환식은 다음과 같다.

$$x = a_0 + a_1 x' + a_2 y'$$

$$y = b_0 + b_1 x' + b_2 y'$$

부등각 사상변환식을 계산하면 다음과 같다.

$$a_0 = -\frac{Nc}{2} \times pixel\,size = -\frac{5,184}{2} \times 1 = -2,592$$

$$a_1 = pixel\,size = 1$$

$$a_2 = 0$$

$$b_0 = \frac{Nr}{2} \times pixel\,size = \frac{2,912}{2} \times 1 = 1,456$$

$$b_1 = 0$$

$$b_2 = -pixel\,size = 1$$

$$\begin{bmatrix} x \\ y \\ 1 \end{bmatrix} = \begin{bmatrix} 1 & 0 & -2592 \\ 0 & -1 & 1456 \\ 0 & 0 & 1 \end{bmatrix} \begin{bmatrix} 4,200 \\ 1,800 \\ 1 \end{bmatrix}$$

$$\begin{bmatrix} x \\ y \\ 1 \end{bmatrix} \begin{bmatrix} 1608 \\ -344 \\ 1 \end{bmatrix}$$

$$\therefore x = 1608, y = -344$$

9. 좌우 에피폴라 영상에서 도형의 닮음을 이용하여 시차와 축척이 고려된 z값을 계산하시오.

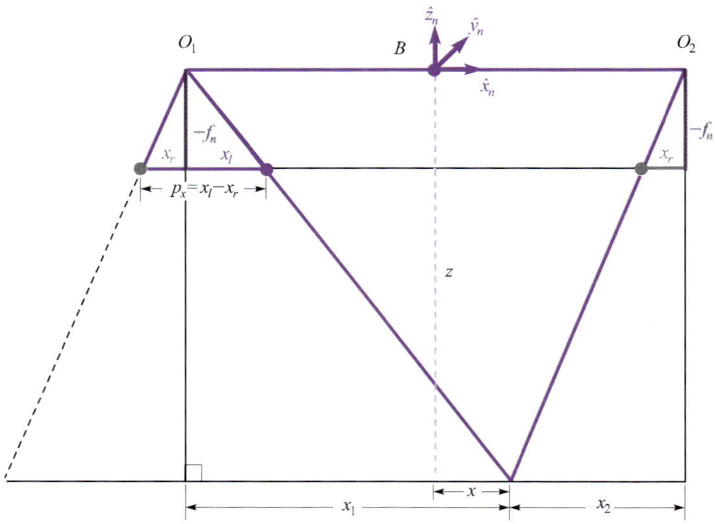

구분	기초 정보
f_n	0.150
x_l	100
x_r	120
X_{O1}, Y_{O1}, Z_{O1}	500, 500, 1,000
X_{O2}, Y_{O2}, Z_{O2}	540, 510, 998

해설

도형의 닮음을 이용한 비례식은 다음과 같다.

$$-f_n : x_l - x_r = z : \| O_2 - O_1 \|$$

$\hat{x}_n$벡터의 크기를 구하면 다음과 같다.

$$\| O_2 - O_1 \| = \sqrt{(540-500)^2 + (510-500)^2 + (998-1000)^2} = 41.2795$$

$\hat{x}_n$벡터의 크기를 이용하여 비례식을 세우면 다음과 같다.

$$-0.150 : 100 - (-120) = z : 41.2795$$

비례식에서 시차와 축척이 고려된 z에 대한 식으로 표현하면 다음과 같다.

$$z = \frac{-f_n}{x_l - x_r} \| O_2 - O_1 \|$$

z를 풀이하면 다음과 같다.

$$z = \frac{-(-0.150)}{100-(-120)} 41.2795 = 0.0281$$

10. 에피폴라 영상을 생성하기 위한 직접법과 간접법에 대해서 기술하시오.

해설

① 직접법: 원영상의 네 모서리점의 크기를 이용하여 출력될 에피폴라 영상의 크기를 정한 후 원영상의 밝기값을 에피폴라 영상에 바로 넣는 방법이다. 이 경우 원영상은 정수형의 영상좌표에서 시작할 수 있으나 변환된 에피폴라 좌표는 실수값이 될 수 있고, 이를 영상에 나타내기 위해서 정수형으로 바꾸는 과정에서 군데 군데 밝기값이 비는 경우가 발생할 수 있다.

② 간접법: 출력될 에피폴라 영상좌표에서 시작해서 변환식을 통해 원영상의 좌표로 계산한다. 그리고 원영상의 좌표에 해당하는 영상의 밝기값을 에피폴라 영상에 나타내기 때문에 출력될 에피폴라 영상이 비는 경우가 발생하지 않는다.

appendix

용어사전

ㄱ

- 가시광선 : 전자기파에서 극히 일부분인 파장이 380nm에서 780nm 사이의 광선
- 가역행렬 : 역행렬이 존재하는 행렬
- 감마선 : 핵폭발과 같은 알파 붕괴나 베타 붕괴를 한 불안정한 상태의 원자핵이 안정화 되는 과정에서 발생하는 광자
- 경중률 : 여러 관측 값이 있다고 할 때 관측값의 상대적인 신뢰도를 나타내는 것
- 고밀도 깊이지도 : 조밀한 스테레오 정합 결과
- 고주파 영역 : 픽셀값의 변화율이 큰 영역
- 공간 해상도 : 항공기 또는 위성에 장착된 물리적인 센서의 한 픽셀(pixel)이 지표면에서 차지하고 있는 크기 또는 넓이
- 공간전방교선법 : 카메라의 내외부표정요소와 사진좌표를 이용하여 지상의 3차원 좌표를 결정하는 것
- 공간후방교선법 : 이미 알고 있는 기준점을 이용하여 카메라의 위치와 자세에 해당하는 외부표정요소를 결정하는 것
- 공면조건 : 좌우 사진의 투영중심과 지상의 임의의 점이 동일 평면상에 있다는 조건 또는 좌우 사진의 투영중심과 좌우 사진점이 동일 평면상에 있다는 조건
- 공분산 : 두 확률변수의 상관정도를 나타내는 것
- 공선조건 : 지상의 임의의 점과 그에 대응하는 사진상의 점 그리고 카메라의 투영(또는 촬영)중심이 동일 직선상에 있다는 것
- 관측값 : 측정값과 유사한 의미로 사용되며 수학에서는 변량이라고 함
- 관측방정식 : 관측값을 이용하여 미지수를 중심으로 해를 구하는 방법
- 광속도 : 빛이 전파하는 속도 또는 빛의 속도를 나타내는 것으로 초속 약 30만km
- 광축 : 빛이 렌즈 시스템을 통해 전파되는 경로를 정의하는 가상의 선
- 굴절 : 전자기파의 파동이 진행하다가 성질이 다른 매질로 나아갈 때에 그 진행 방향이 꺾여서 진행하는 현상
- 기본행렬 : 카메라의 내부표정요소와 상호표정요소로 구성된 행렬
- 기복변위 : 지표면에 높고 낮음(기복)이 있을 경우 사진을 연직방향에서 촬영하여도 축척은 동일하지 않으며 사진면에서 연직점을 중심으로 방사상으로 발생하는 변위
- 기저 : 벡터 공간의 임의의 벡터를 선형결합으로 유일한 표현을 부여하는 벡터

ㄴ

- 내부표정 : 초점(주점)거리, 주점, 렌즈왜곡을 보정하는 작업

ㄷ

- 다운샘플링 : 영상의 크기를 작게 하는 과정
- 단위벡터 : 벡터의 크기가 1인 방향만을 나타내는 벡터
- 단위 쿼터니언 : 쿼터니언의 크기가 1인 쿼터니언
- 대칭행렬 : 어떤 행렬이 $A(n \times n)$가 있다고 할 때 행과 열을 바꾸어도 원래의 행렬과 같은 행렬
- 도화 : 항공삼각측량을 통해서 관측값 조정이 끝난 영상에서 지도를 만들어내기 위한 작업

ㄹ

- 랜색(RANSAC) : 과대오차를 줄이면서 모델의 매개변수를 예측하는 방법
- 랭크 : 행렬 A의 열벡터들의 선형독립의 개수
- 레버암 : GNSS/IMU와 카메라간의 이동거리
- 레이저 스캐너 : 대상물에 일정 간격으로 레이저(laser) 빔을 발사하여 대상물에서 반사된 레이저 빔의 방향과 거리를 이용하여 3차원 좌표를 관측하는 능동형 센서의 종류

ㅂ

- 방사 해상도 : 센서가 지표로부터 반사 또는 방사된 파장을 기록할 때 얼마나 작은 신호강도의 차이를 구별하여 기록할 수 있는 정도
- 방사거리 : 주점으로부터 사진좌표까지의 거리
- 방사왜곡 : 렌즈굴절에 의하여 광선의 방향이 변한 차이
- 방향코사인 : 어떤 벡터의 각 축과 이루는 각의 코사

인 값

- 벡터 : 주어진 시간과 공간에서 크기와 방향을 가지고 있는 양
- 보어사이트 : INS 또는 IMU와 카메라사이의 회전량
- 복소수 : 실제로 존재하는 수(실수)와 가상의 수(허수)를 복합한 수
- 분광 해상도 : 카메라 또는 위성에 장착된 센서가 얼마나 좁은 파장 대역의 전자파 에너지를 관측할 수 있는 정도
- 분산 : 편차제곱의 기댓값
- 빛 : 시각적인 측면에서 볼 수 있는 전자기 광선

ㅅ

- 사진지표 : 사진의 네 모서리 또는 네 변의 중앙에 표시하는 것으로 서로 마주보는 지표를 잇는 두 선의 교점이 사진의 실질적인 원점인 주점으로 결정
- 산란 : 전자기파가 진행하다가 만난 물체 표면에서 원자 혹은 분자 수준에서 물체표면과 전자기파의 상호작용의 결과로 전자기파가 사방으로 흩어지는 현상
- 상호표정 : 좌우 사진(또는 영상)간의 상대적인 위치와 자세를 재구성하여 가상의 3차원 모델(model)을 생성하는 작업
- 선형독립 : 2차원 공간에서 두 벡터가 주어질 때 두 벡터가 동일 직선상에 존재하지 않는 경우
- 선형종속 : 2차원 공간에서 두 벡터가 주어질 때 두 벡터가 동일 직선상에 존재하는 경우
- 수차 : 렌즈를 통과한 빛이 한 점에 모이지 않고 일그러지는 현상
- 순 쿼터니언 : 3차원 좌표를 쿼터니언으로 표현했을 때 실수 부분이 0인 쿼터니언
- 스칼라 : 주어진 시간과 공간에서 크기만 있고 방향을 가지지 않는 양
- 시차 : 서로 다른 두 개의 시점에 따라 발생하는 물체의 외관상 위치의 변위 또는 위치의 차이를 뜻하는 것으로 사진측량과 컴퓨터비전에서 시차는 동일점을 촬영한 두 장의 연속사진에서 위치의 변위
- 시차차 : 시차와 시차의 차이

ㅇ

- 에피폴 : 영상 또는 영상을 포함하는 평면과 기선의 교차점이며, 에피폴은 점과 점에 따라 변하지 않는 점
- 에피폴라 라인 : 프레임 영상에서 에피폴라 평면과 영상면의 교차점 또는 스테레오 영상의 경우 좌측영상에서 지상좌표의 높이를 모르는 한 점에 대해 우측영상에서 가능한 대응점의 궤적
- 에피폴라 평면 : 에피폴라 평면은 좌우카메라의 투영중심과 좌우사진 좌표를 이용하여 정의
- 엑스선(X선) : 파장이 0.01 ~ 10 나노미터인 전자기파
- 여인수행렬 : 분산-공분산을 기준분산으로 나눈 행렬
- 연직 : 중력의 방향
- 연직방향 : 지표면에 수직인 방향
- 영공간 : $Ax = 0$ 일 경우를 만족하는 x의 공간
- 영상 피라미드 : 동일한 영상을 다양한 해상도의 영상으로 순차적 나열하는 것
- 영상분할 : 배경과 추출해야 될 객체를 나누는 과정
- 영상서술 : 정량적인 정보를 이용하여 객체를 추출하는 것
- 영상의 전처리 : 잡영을 제거하거나 명암을 강조하여 영상을 개선하는 과정
- 영상인식 : 추출된 객체에 레이블을 부여하여 객체를 인식하는 것
- 영상정합 : 영상에서 동일한 대응관계를 갖는 점을 찾는 것
- 영상표현 : 객체를 추출하기 직전 단계로 일정한 경계나 영역을 나타내는 것
- 오차 : 관측값과 참값의 차이
- 오차 전파 : 관측값에 포함되어 있는 오차의 상호영향을 파악하기 위한 것
- 외부표정 : 카메라의 위치와 자세를 구하는 작업
- 위상 : 위치의 상태
- 위상차 : 위상값의 차이

ㅈ

- 자외선 : 지상에 도달하는 태양광선 중 파장이 200-400nm 사이인 광선
- 잔차 : 최확값과 관측값과의 차이

- 저주파 영역 : 픽셀값의 변화율이 작은 영역
- 적외선 : 마이크로파와 가시광선 사이에 있으며 파장이 750nm에서 1mm인 전자기파
- 절대표정 : 가상의 3차원 좌표를 실세계의 3차원 좌표로 변환하는 작업 또는 임의의 좌표계를 기준 좌표계로 변환하는 작업
- 절점 : 광축과 주점면이 교차하는 교차점
- 접합표정 : 입체모델 또는 스트립간을 접합시켜 좌표계를 통일하는 작업
- 정밀도 : 관측값의 밀도
- 정확도 : 관측값과 참값의 편차
- 조건방정식 : 관측값과 조건식을 이용하여 해를 구하는 방법
- 조건수 : 행렬에서 최대 고유값을 최소 고유값으로 나눈 수
- 주기 해상도 : 특정 지역을 얼마나 자주 방문하여 영상을 취득할 수 있는지를 나타내는 것
- 주점 : 사진의 중심점으로 렌즈의 광축에서 사진면에 내린 수선이 교차하는 점
- 주파수 : 1초 동안 진동한 횟수
- 지상표본거리 : 각 픽셀이 나타내는 지상거리
- 직접선형변환식 : 사진좌표와 지상좌표 간의 관계를 선형함수 관계로 표현한 식
- 직교행렬 : 어떤 행렬이 $A(n \times n)$가 있다고 할 때 전치행렬과 역행렬이 같은 행렬
- 진폭 : 주기적인 진동이 있을 때 진동의 중심으로부터 마루나 골까지의 거리
- 짐벌 : 물체가 회전하도록 중심축을 가진 구조물
- 짐벌락 : 3차원 좌표축을 회전하는 방식의 오일러 회전변환에서 특정 상황에 두 회전축이 겹쳐 한 회전축이 소실되는 현상

ㅊ

- 착란원 : 사진의 초점이 맞는 것으로 인식되는 범위
- 초점 : 광선 다발이 렌즈를 지나면서 안쪽으로 꺾여 광축 위의 한 점에 모이는 지점
- 초점거리 : 피사체에 초점을 맞추었을 때 렌즈와 영상면 사이의 거리
- 최확값 : 평균값을 대신할 수 있는 참값의 추정값을 사용하게 되는데 이는 확률적으로 가장 발생할 가능성이 높은 값

ㅋ

- 쿼터니언 : 1개의 실수와 3가지의 허수를 가진 4개의 원소를 갖는 복소수

ㅌ

- 테일러 급수 : 어떤 미지수의 함수를 다항 함수로 나타내어 근사화하는 방법 중의 하나
- 투영변환 : 다차원 공간에서 임의의 위치를 동일한 차원의 공간 혹은 다른 차원의 공간에 투영시키는 것
- 특수직교(SO)그룹 : 역행렬과 전치행렬이 같고 행렬의 크기와 행렬식이 1인 행렬
- 특이행렬 : 역행렬이 존재하지 않는 행렬
- 특징 기술자 : 특징점에 대한 정보를 담아두는 것
- 특징점 :영상에서 밝기값의 변화가 큰 특징이 있는 점

ㅍ

- 파장 : 파동이 일정한 주기 동안 나아가는 거리
- 편심왜곡 : 렌즈의 중심이 일치하지 않거나 렌즈와 이미지 센서 간의 수평이 완벽하게 맞지 않아 생기는 왜곡
- 편의 : 평균값과 참값의 차이
- 편차 : 관측값과 평균값과의 차이
- 평균제곱근오차(RMSE) : 오차제곱의 기댓값에 대한 제곱근을 나타내는 것
- 평균제곱오차(MSE) : 오차제곱의 기댓값으로 관측값이 참값에 얼마나 정확한지를 나타내는 척도
- 표정 : 사진 촬영 당시의 상황을 그대로 재현하는 것으로 촬영에 사용된 카메라의 내부적인 특성과 촬영 당시의 외부적인 특성을 결정하는 것
- 표준기저 : 기저들 중 성분 1개만이 1이고 나머지 성분이 모두 0인 표준적인 벡터
- 피사계 심도 : 일정 거리에 초점을 맞추었을 때 초점이 맞는 일정 거리 또는 범위
- 픽셀 : 디지털 영상을 구성하는데 있어서 가장 작은 단위

- 필수행렬 : 기선벡터와 회전행렬 원소로 구성된 행렬

ㅎ

- 항공사진측량 : 대공표지설치, 항공사진촬영, 지상기준점측량, 항공삼각측량, 세부도화 등을 포함하여 수치지형도 제작을 목적으로 수행하는 측량
- 혼합방정식 : 미지수를 구하고자 하는데 관측값 뿐만 아니라 조건식을 같이 적용해야 될 때 사용하는 방법
- 회절 : 파동이 진행하다가 장애물을 만나면 그 주위를 돌아서 진행하거나 좁은 틈을 통과한 파동이 넓게 퍼져 나가는 현상
- 흡수 : 전자기파가 반사, 굴절, 회절될 수 없는 매질에 부딪혔을 때 전자기파가 소실되는 것

appendix

기호정리

구분	용어	기호
표정	주점	x_p, y_p
	초점거리(주점거리)	f_c
	왜곡이 있는 사진좌표	x, y
	왜곡이 없는(보정된) 사진좌표	(x_c, y_c) 또는 (x_{free}, y_{free})
	왜곡량	$\Delta x, \Delta y$
	방사왜곡	Δ_{RLD}
	편심왜곡	Δ_{DLD}
	높이	h
	촬영고도	H
	기본행렬	F
	필수행렬	E
	카메라의 위치	X_O, Y_O, Z_O
	카메라의 자세	ω, φ, κ
	카메라의 위치초기값	X_O^0, Y_O^0, Z_O^0
	카메라의 자세초기값	$\omega^0, \varphi^0, \kappa^0$
	카메라좌표계에서 지상좌표계로의 3차원 회전행렬	$R_c^m = \begin{bmatrix} r_{11} & r_{12} & r_{13} \\ r_{21} & r_{22} & r_{23} \\ r_{31} & r_{32} & r_{33} \end{bmatrix}$
	지상좌표계에서 카메라좌표계로의 3차원 벡터	r_c^m
	지상좌표계에서 카메라좌표계로의 3차원 회전행렬	$R_m^c = (R_c^m)^{-1} = (R_c^m)^T$
	카메라좌표계에서 지상좌표계로의 3차원 벡터	r_m^c
최소제곱법	목적함수	F
	총관측수	n
	(모델의 미지수를 결정하기 위한) 최소관측수	n_0
	자유도(잉여도)	r
	미지수의 개수	u
	조건식의 개수	c
관측방정식	관측방정식	$v + B\Delta = f$
	잔차벡터	v
	매개변수행렬	B
	매개변수벡터	Δ
	조건벡터	f
	미지벡터	x

조건방정식	조건방정식	$Av=f$
	조건계수행렬	A
	잔차벡터	v
	조건계수벡터	f
혼합방정식	혼합방정식	$Av+B\Delta=f$
	잔차계수행렬	A
	잔차벡터	v
	매개변수행렬	B
	매개변수벡터	Δ
	미지벡터	x
	조건계수벡터	f
	상수벡터	d
	관측벡터	l
	조정된 관측벡터	$\hat{l}=l+v$
	미지벡터	x
	분산-공분산행렬	P
	사전분산(또는 기준분산)	σ_0^2
	경중률행렬	W
	여인수행렬	Q
	라그랑주승수벡터	k
	등가관측벡터	l_e
	등가경중률행렬	W_e
	등가여인수행렬	Q_e
	사후분산	$\hat{\sigma}_0^2$
	정규방정식행렬	$N=B^TW_eB$
	정규벡터	$t=B^TW_ef$

appendix

찾아보기

저자 소개

김 의 명

■ 이력

연세대학교 토목공학과 공학박사

한국건설기술연구원 GIS사업단 선임연구원

University of Calgary, Department of Geomatics Engineering, Post-doc

남서울대학교 드론공간정보공학과 교수

■ 주요연구분야

지상사진, 항공사진, 위성영상, 라이다(LIDAR), 모바일매핑시스템(MMS) 등의 기술개발 및 자료처리

■ 저서

GIS 프로그래밍, 시그마프레스, 2011

공간정보 프로젝트 실무, 드림북, 2016

사진측량과 컴퓨터비전의 기술 정가 38,000원

저자 : 김의명

발행인 : 임해진

발행처 : 도서출판 구미서관

발행 : 2020년 09월 03일 초판 1쇄
2025년 01월 15일 초판 2쇄

등록 : 1979년 6월 29일 No.9-6호

주소 : 서울시 마포구 신촌로 2길 5-15 구미빌딩

전화 : 02-333-1101

팩스 : 02-335-2201

http://www.goomibook.com

ISBN 979-11-6257-128-6 (93530)